Matemáticas

3 ESO

Este libro es una obra colectiva concebida, diseñada y creada en el Departamento de Ediciones de Santillana, bajo la dirección de **Teresa Grence Ruiz**.

En su elaboración han participado:

Alberto César Barbero
José Emilio Bascuñana Fernández
María Isabel Bascuñana Gallego
José Carlos Gámez Pérez
Ana Gaztelu Villorria
Queralt Gonfaus Saumell
Silvia Marín García
Carlos Pérez Saavedra
Juan Miguel Ribera Puchades
Federico Rodríguez Merinero
Domingo Sánchez Figueroa
José María Vázquez de la Torre

EDICIÓN
Ana de la Cruz Fayos
Silvia Marín García

EDICIÓN EJECUTIVA
Carlos Pérez Saavedra

DIRECCIÓN DEL PROYECTO
Domingo Sánchez Figueroa

Las actividades de este libro no deben ser realizadas en ningún caso en el propio libro. Las tablas, esquemas y otros recursos que se incluyen son modelos que deberán ser trasladados a un cuaderno.

PROYECTO **construyendo mundos**

Santillana

Índice

	Practica las competencias específicas	
Procedimientos básicos	**Matemáticas en el mundo real**	**Situación de aprendizaje**
• Cómo se halla el término desconocido de una fracción equivalente a otra • Cómo se calcula la fracción irreducible • Cómo se realizan operaciones combinadas con fracciones • Cómo se expresa un número decimal exacto mediante una fracción • Cómo se expresa un número decimal periódico puro mediante una fracción • Cómo se expresa un número decimal periódico mixto mediante una fracción • Cómo se representa una fracción en la recta numérica • Cómo se puede calcular una fracción comprendida entre otras dos • Cómo se resuelven operaciones con decimales periódicos • Cómo se calcula el total conociendo una parte	**MATEMÁTICAS Y...** • Alimentación • Biología • Consumo • Atletismo • Economía ***FAKE NEWS.*** Análisis de publicidad	¡No es magia, es industria! (Medidas y ensamblaje de las piezas de juegos de construcción)
• Cómo se calculan productos y cocientes de potencias • Cómo se expresan números en notación científica • Cómo se calculan las raíces de un radical • Cómo se extraen factores de un radical • Cómo se suman y restan radicales sacando factores • Cómo se resuelven productos de potencias con bases opuestas • Cómo se resuelven operaciones con potencias • Cómo se resuelven operaciones combinadas con potencias y raíces	**MATEMÁTICAS Y...** • Biología • Medicina • Naturaleza • Joyería • Ciencias ***FAKE NEWS.*** Análisis del consumo eléctrico en una ciudad	¡Socorro! Me quedo sin batería (Estudio sobre la duración de la batería en un móvil y su optimización)
• Cómo se calcula la diferencia, el primer término y el término general de una progresión aritmética • Cómo se halla la suma de los *n* primeros términos de una progresión aritmética • Cómo se calcula la razón, el primer término y el término general de una progresión geométrica • Cómo se suman los *n* primeros términos de una progresión geométrica • Cómo se suman infinitos términos de una progresión geométrica • Cómo se resuelven problemas de interés compuesto • Cómo se añaden números entre dos términos de una progresión aritmética • Cómo se determina si una progresión es aritmética o geométrica	**MATEMÁTICAS Y...** • Biología • Deporte • Medioambiente • Ciberseguridad ***FAKE NEWS.*** Reflexión crítica sobre la expansión de una pandemia	Tu propia vivienda: entre el miedo y la esperanza (Análisis de créditos hipotecarios)
• Cómo se dividen polinomios • Cómo se dividen polinomios con la regla de Ruffini • Cómo se extrae factor común en un polinomio • Cómo se expresa un polinomio mediante una igualdad notable • Cómo se factoriza un polinomio	**MATEMÁTICAS Y...** • Sociedad • Química • Física ***FAKE NEWS.*** Análisis del IMC	Desciframos el recibo de la luz (Análisis de los distintos conceptos que aparecen en el recibo de la luz)
• Cómo se resuelve una ecuación de primer grado • Cómo se averigua el número de soluciones de una ecuación de segundo grado • Cómo se resuelven ecuaciones de segundo grado • Cómo se resuelve una ecuación mediante factorización • Cómo se resuelven problemas mediante ecuaciones • Cómo se resuelven ecuaciones de segundo grado con paréntesis y denominadores	**MATEMÁTICAS Y...** • Economía • Consumo ***FAKE NEWS.*** Análisis de publicidad	¡Mamá, no quiero ser artista! Prefiero tener mi propia empresa (Estudio del proyecto para crear una empresa)
• Cómo se representan gráficamente las soluciones de una ecuación lineal • Cómo se determina gráficamente el número de soluciones de un sistema de ecuaciones lineales • Cómo se resuelve un sistema de ecuaciones lineales • Cómo se resuelve un problema mediante un sistema de ecuaciones lineales • Cómo se determina el número de soluciones de un sistema	**MATEMÁTICAS Y...** • Cocina • Igualdad • Mundo laboral ***FAKE NEWS.*** Análisis de un recibo de comida	¡Qué grande es el cine! (Estudio del formato de pantallas y su relación con el número de píxeles)

Índice

	Practica las competencias específicas	
Procedimientos básicos	**Matemáticas en el mundo real**	**Situación de aprendizaje**
• Cómo se calcula el área de un cuadrilátero utilizando el teorema de Pitágoras • Cómo se calcula el área de un polígono regular utilizando el teorema de Pitágoras • Cómo se calcula el área de una figura plana • Cómo se calcula la altura de un triángulo equilátero o isósceles	**MATEMÁTICAS Y...** • Gimnasia • Baloncesto • Transportes • Artesanía • Publicidad • Arte ***FAKE NEWS.*** Análisis de asistencia a concentraciones	¡Vamos a dar la nota! (Diseño y confección de camisetas deportivas)
• Cómo se realizan traslaciones y giros • Cómo se realizan simetrías de figuras geométricas • Cómo se divide un segmento en partes iguales o proporcionales • Cómo se determinan distancias utilizando triángulos en posición de Tales • Cómo se determinan distancias utilizando triángulos opuestos por el vértice • Cómo se resuelven problemas con escalas • Cómo se hallan los ejes y el centro de simetría de un polígono regular	**MATEMÁTICAS Y...** • Dibujo • Deporte • Astronomía • Geografía • Biología ***FAKE NEWS.*** Lectura crítica del plano de una vivienda	¿Todo el universo dentro de un mandala? (Estudio y uso de giros y simetrías para realizar dibujos)
• Cómo se calcula el área de un poliedro • Cómo se calcula el área de un cuerpo de revolución • Cómo se calcula el volumen de un cuerpo geométrico • Cómo se resuelven problemas de diferencias horarias • Cómo se calcula la altura de un tronco de cono • Cómo se calcula el área de un tronco de pirámide	**MATEMÁTICAS Y...** • Consumo • Medicina • Medioambiente ***FAKE NEWS.*** Cálculo de superficies aplicado a la reducción de residuos	Una imagen, ¿cien historias? (Cálculo de áreas y volúmenes para preparar un equipaje)
• Cómo se representa gráficamente una función • Cómo se calcula el dominio y el recorrido de una función • Cómo se hallan los puntos de corte con los ejes • Cómo se interpreta el crecimiento y decrecimiento de una función • Cómo se estudia una función • Cómo se calcula el dominio de una función con su expresión algebraica	**MATEMÁTICAS Y...** • Consumo • Economía • Salud ***FAKE NEWS.*** Análisis de relaciones funcionales que no lo son	Pero... ¿dónde se come aquí? (Elección de restaurante en función de los días que se va a ir)
• Cómo se representa gráficamente una función lineal • Cómo se halla la ecuación de una recta representada gráficamente • Cómo se representa gráficamente una función cuadrática • Cómo se calcula la pendiente de una recta de forma gráfica • Cómo se calcula la intersección entre dos funciones lineales	**MATEMÁTICAS Y...** • Economía • Atletismo ***FAKE NEWS.*** Estudio del impacto de los impuestos en la renta	¿Y si no tengo suficientes megas? (Estudio comparativo de ofertas telefónicas)
• Cómo se construyen tablas de frecuencias para datos agrupados • Cómo se construye un histograma y su polígono de frecuencias • Cómo se calculan e interpretan las medidas estadísticas para datos agrupados • Cómo se determina el espacio muestral utilizando un diagrama de árbol • Cómo se calcula la probabilidad utilizando permutaciones • Cómo se calcula la media de un grupo de datos desconocidos	**MATEMÁTICAS Y...** • Ciencias sociales • Comunicaciones • Igualdad de género • Videojuegos • Teléfonos móviles ***FAKE NEWS.*** Estudio de incidencia geográfica de enfermedades	¡Había una vez un patito chiquitito! (Estudio empírico de la probabilidad)

Itinerario didáctico

Aprender es un camino de largo recorrido que durará toda tu vida. Analizar el mundo que te rodea, comprenderlo e interpretarlo te permitirá intervenir en él para recorrer ese camino **CONSTRUYENDO MUNDOS** más equitativos, más justos y más sostenibles. Por ello, hemos pensado en:

1 EL PUNTO DE PARTIDA: **EL DESAFÍO MATEMÁTICO**

Acepta el DESAFÍO, utiliza tu ingenio y tu razonamiento para resolver el **DESAFÍO MATEMÁTICO** que te proponemos al inicio de la unidad.

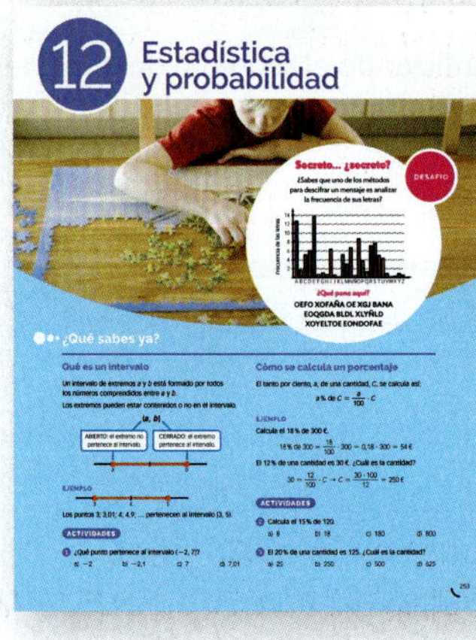

Recuerda los contenidos que ya sabes y que te serán útiles para la unidad. **Evalúa** esos conocimientos resolviendo las actividades propuestas.

2 CONSTRUYE TU CONOCIMIENTO: **LOS SABERES BÁSICOS**

Aprende a partir de textos claros y estructurados.

Afianza esos saberes mediante los **EJEMPLOS** incluidos para cada contenido.

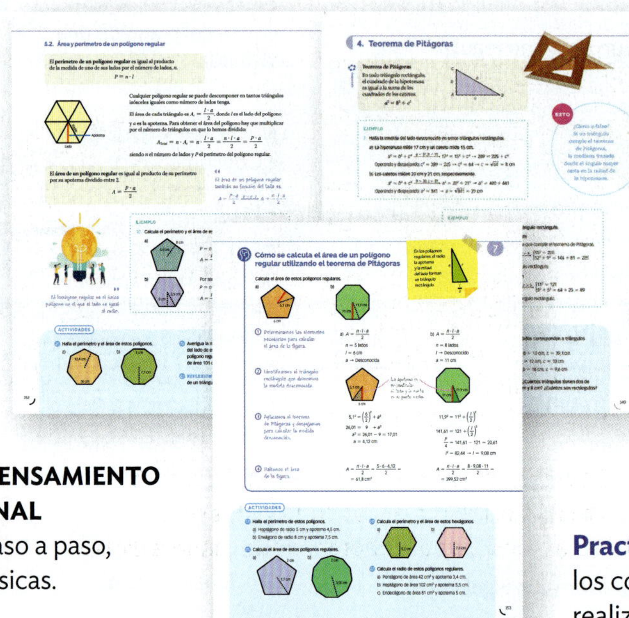

Pon a prueba tus conocimientos y ayúdate de tu razonamiento matemático para resolver el **RETO**. ¡Llegarás a resultados inesperados!

Desarrolla tu **PENSAMIENTO COMPUTACIONAL** aprendiendo, paso a paso, las destrezas básicas.

Practica, aplica y reflexiona sobre los conocimientos que has adquirido realizando las **ACTIVIDADES**.

3 CONSOLIDA LO APRENDIDO: **ACTIVIDADES FINALES**

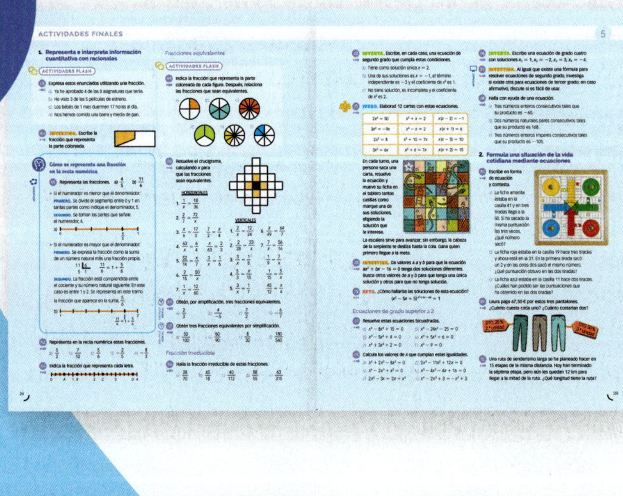

Trabaja los contenidos que has aprendido resolviendo actividades de todo tipo: **JUEGOS, INVENTA, INVESTIGA, RETOS, ACTIVIDADES FLASH**... Puedes resolver estas actividades mediante **CÁLCULO MENTAL**, utilizando **GEOGEBRA**, buscando algún tipo de información en **INTERNET**...

4

PRACTICA TUS DESTREZAS: **RESUELVE PROBLEMAS REALES**

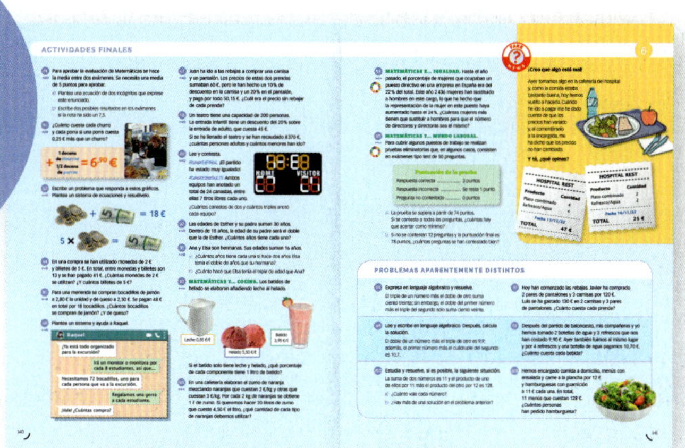

Enfréntate a las ***FAKE NEWS***. Utiliza los contenidos aprendidos para analizar la veracidad de noticias, comentarios y opiniones generalizadas en nuestro mundo.

Aplica los contenidos que has estudiado a situaciones de tu vida cotidiana relacionadas con los **ODS** y con distintos ámbitos del saber: **MATEMÁTICAS Y... NATURALEZA**, **ARQUITECTURA**, **CONSUMO**, **VIDA SALUDABLE**...

5

PASA A LA ACCIÓN: **SITUACIÓN DE APRENDIZAJE**

Comprende y analiza con sentido crítico situaciones reales en los contenidos que has aprendido para abordarlas de manera global.

6

EVALÚA LO QUE HAS APRENDIDO: **AUTOEVALUACIÓN**

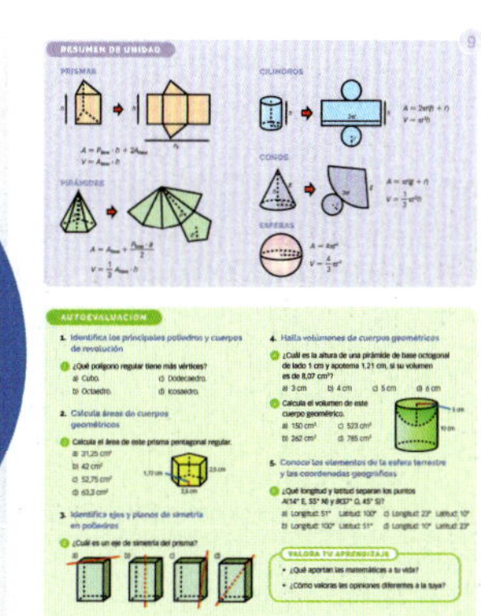

Repasa los saberes básicos de la unidad.

Evalúa lo que has aprendido resolviendo las actividades que se proponen en la **AUTOEVALUACIÓN**. Identifica y gestiona tus emociones aceptando el error como parte de tu aprendizaje.

1 Números racionales

DESAFÍO

Un montón...

En un montón de piedras hay 33 piedras que pesan 1 g, 2 g, 3 g... y 33 g, respectivamente.

¡A que no las repartes en tres montones que pesen lo mismo!

¿Qué sabes ya?

Descomponer en factores primos

Descomponer factorialmente un número es escribirlo como producto de potencias de números primos.

EJEMPLO

Realiza la descomposición factorial de 18 y 28.

	18	2
18 : 2 →	9	3
9 : 3 →	3	3
3 : 3 →	1	

$18 = 2 \cdot \underbrace{3 \cdot 3}_{3^2} = 2 \cdot 3^2$

	28	2
28 : 2 →	14	2
14 : 2 →	7	7
7 : 7 →	1	

$28 = \underbrace{2 \cdot 2}_{2^2} \cdot 7 = 2^2 \cdot 7$

ACTIVIDADES

1 ¿Cuál es la descomposición de 90 en factores primos?

a) $2 \cdot 3^2 \cdot 7$ b) $2 \cdot 3^2 \cdot 5$ c) $2 \cdot 3 \cdot 5$ d) $2^3 \cdot 5$

Calcular el m. c. d. y el m. c. m. de varios números

- El m. c. d. se obtiene multiplicando los factores primos comunes elevados al menor de sus exponentes.
- El m. c. m. se obtiene multiplicando los factores primos comunes y no comunes elevados al mayor de sus exponentes.

EJEMPLO

Calcula el m. c. d. y el m. c. m. de 18 y 27.

$18 = 2 \cdot 3^2$ $27 = 3^3$

m. c. d. (18, 27) $= 3^2 = 9$ m. c. m. (18, 27) $= 2 \cdot 3^3 = 54$

ACTIVIDADES

2 Decide cuál es el mínimo común múltiplo de 15 y 21.

a) 3 b) 21 c) 45 d) 105

1. Fracciones

Una **fracción** es una expresión $\frac{a}{b}$, con a y b números enteros y $b \neq 0$.

Al número a se le llama **numerador**, y a b, **denominador**.

EJEMPLO

1. Escribe fracciones que cumplan lo siguiente.

   a) Sus dos términos son positivos: $\frac{2}{5}, \frac{3}{4}$

   b) Tienen un término positivo y otro negativo: $\frac{-1}{6}, \frac{7}{-9}$

   c) Sus dos términos son negativos: $\frac{-7}{-5}, \frac{-4}{-3}$

RETO

¿Qué fracción del cuadrado está coloreada?

Fracciones equivalentes

Dos **fracciones** $\frac{a}{b}$ y $\frac{c}{d}$ son **equivalentes**, y se escribe $\frac{a}{b} = \frac{c}{d}$, si se cumple que $a \cdot d = b \cdot c$.

EJEMPLO

2. Decide si estas fracciones son equivalentes.

   a) $\frac{8}{-10}$ y $\frac{-12}{15} \rightarrow \begin{cases} 8 \cdot 15 = 120 \\ (-10) \cdot (-12) = 120 \end{cases} \rightarrow \frac{8}{-10}$ y $\frac{-12}{15}$ son equivalentes.

   b) $\frac{-3}{5}$ y $\frac{-16}{25} \rightarrow \begin{cases} (-3) \cdot 25 = -75 \\ 5 \cdot (-16) = -80 \end{cases} \rightarrow \frac{-3}{5}$ y $\frac{-16}{25}$ no son equivalentes.

Todo número entero puede expresarse en forma de fracción.

$3 = \frac{3}{1} = \frac{6}{2} = \frac{9}{3} = \dots$

$-4 = \frac{-4}{1} = \frac{-8}{2} = \frac{-12}{3} = \dots$

ACTIVIDADES

1 Escribe en forma de fracción.

   a) En una ciudad, 8 de cada 45 habitantes son mayores de 65 años.

   b) En el examen de Matemáticas resolví bien 5 de los 6 problemas.

   c) Esta semana ha habido 25 nacimientos en el hospital. En total han nacido 14 niñas.

2 Comprueba si estas fracciones son equivalentes.

   a) $\frac{10}{-12}$ y $\frac{-16}{18}$ b) $\frac{-12}{42}$ y $-\frac{14}{49}$

3 Relaciona las fracciones que sean equivalentes.

   $\frac{2}{3}, -\frac{3}{2}, \frac{-8}{-12}, \frac{-4}{6}, -\frac{2}{-3}, \frac{4}{6}, \frac{9}{6}, -\frac{-6}{9}$

4 **REFLEXIONA.** Inventa dos fracciones equivalentes de forma que:

   a) Sus numeradores sean uno el opuesto del otro.

   b) Sus denominadores sean de diferente signo y distinto valor absoluto.

   c) El denominador de una sea igual al numerador de la otra.

   d) Sus numeradores sean uno múltiplo de otro.

Cómo se halla el término desconocido de una fracción equivalente a otra

Calcula los términos desconocidos para que estas fracciones sean equivalentes.

a) $\dfrac{5}{-3} = \dfrac{x}{12}$ b) $\dfrac{4}{7} = \dfrac{-8}{x}$

Las fracciones del tipo $\dfrac{-a}{b}$ y $\dfrac{a}{-b}$ se escriben como $-\dfrac{a}{b}$.

$\dfrac{-3}{4} = \dfrac{3}{-4} = -\dfrac{3}{4}$ se denominan **fracciones negativas**.

Las fracciones del tipo $\dfrac{-a}{-b}$ se escriben como $\dfrac{a}{b}$.

$\dfrac{-7}{-8} = \dfrac{7}{8}$ se denominan **fracciones positivas**.

① Aplicamos la propiedad que deben cumplir las fracciones equivalentes.

a) $\dfrac{5}{-3} = \dfrac{x}{12}$

$5 \cdot 12 = -3 \cdot x$

$60 = -3x$

b) $\dfrac{4}{7} = \dfrac{-8}{x}$

$4 \cdot x = 7 \cdot (-8)$

$4x = -56$

El coeficiente de x pasa dividiendo con su signo.

② Despejamos el valor desconocido.

a) $x = \dfrac{60}{-3} = -20$

La fracción equivalente a $\dfrac{5}{-3}$ con denominador 12 es $\dfrac{-20}{12} = -\dfrac{20}{12}$.

Una fracción equivalente a una fracción negativa es siempre negativa.

b) $x = \dfrac{-56}{4} = -14$

La fracción equivalente a $\dfrac{4}{7}$ con numerador -8 es $\dfrac{-8}{-14} = \dfrac{8}{14}$.

Una fracción equivalente a una fracción positiva es siempre positiva.

ACTIVIDADES

5 Calcula el valor desconocido en estas igualdades.

a) $\dfrac{6}{8} = \dfrac{18}{x}$ d) $\dfrac{-7}{3} = \dfrac{x}{-12}$

b) $\dfrac{5}{2} = \dfrac{x}{8}$ e) $\dfrac{4}{-5} = \dfrac{12}{x}$

c) $\dfrac{x}{4} = \dfrac{9}{6}$ f) $\dfrac{8}{x} = \dfrac{-56}{7}$

6 Escribe fracciones equivalentes a 2 y a -3. ¿Cuántas fracciones equivalentes a un número entero existen?

7 Encuentra el término desconocido en cada caso.

a) $-5 = \dfrac{10}{x}$ b) $4 = \dfrac{x}{11}$ c) $7 = \dfrac{-14}{x}$

8 Escribe una fracción equivalente a $\dfrac{10}{8}$ tal que:

a) Su numerador es múltiplo de 3.

b) Su denominador es múltiplo de 10 y su numerador es impar.

9 Calcula el valor de x e y.

a) $\dfrac{y}{25} = \dfrac{18}{x} = \dfrac{3}{5}$ d) $\dfrac{10}{y} = \dfrac{5}{9} = \dfrac{x}{27}$

b) $\dfrac{21}{x} = \dfrac{35}{y} = \dfrac{7}{6}$ e) $\dfrac{28}{x} = \dfrac{7}{11} = \dfrac{y}{33}$

c) $\dfrac{6}{9} = \dfrac{x}{18} = \dfrac{2}{y}$ f) $\dfrac{6}{5} = \dfrac{24}{x} = \dfrac{y}{35}$

10 Determina los valores desconocidos y completa en tu cuaderno.

a) $\dfrac{5}{3} = \dfrac{15}{\square} = \dfrac{\square}{24} = \dfrac{-30}{\square} = \dfrac{\square}{12}$

b) $\dfrac{2}{11} = \dfrac{\square}{121} = \dfrac{-18}{\square} = \dfrac{30}{\square} = \dfrac{\square}{-77}$

c) $\dfrac{8}{\square} = \dfrac{\square}{12} = \dfrac{-4}{3} = \dfrac{40}{\square} = \dfrac{\square}{-45}$

11 Escribe una fracción equivalente a $\dfrac{2}{5}$ y otra equivalente a $\dfrac{9}{4}$ tales que tengan el mismo:

a) Denominador. b) Numerador.

2. Fracción irreducible

2.1. Amplificación y simplificación de fracciones

Existen dos métodos para obtener fracciones equivalentes a una fracción.

- **Amplificar.** Consiste en multiplicar el numerador y el denominador de la fracción por un mismo número distinto de cero. $\frac{a}{b} = \frac{a \cdot n}{b \cdot n}$
- **Simplificar.** Consiste en dividir el numerador y el denominador de la fracción entre un divisor común a ambos distinto de la unidad. $\frac{a}{b} = \frac{a : n}{b : n}$

EJEMPLO

3. Escribe tres fracciones equivalentes a $\frac{8}{12}$ por amplificación y dos más por simplificación.

Amplificación → $\frac{4}{12} = \frac{4 \cdot 2}{12 \cdot 2} = \frac{8}{24}$ $\quad \frac{4}{12} = \frac{4 \cdot 3}{12 \cdot 3} = \frac{12}{36}$ $\quad \frac{4}{12} = \frac{4 \cdot 4}{12 \cdot 4} = \frac{16}{48}$

Simplificación → $\frac{4}{12} = \frac{4 : 2}{12 : 2} = \frac{2}{6}$ $\quad \frac{4}{12} = \frac{4 : 4}{12 : 4} = \frac{1}{3}$

2.2. Fracción irreducible

La **fracción irreducible** de una fracción dada es una fracción equivalente a ella en la que el numerador y el denominador no tienen divisores comunes distintos de la unidad.

« Una fracción es irreducible cuando no se puede simplificar.

Cada fracción tiene una única fracción irreducible equivalente a ella.

RETO

Quitar una cifra de cada fracción las hace irreducibles.

19/95, 26/65, 16/64

EJEMPLO

4. Decide si estas fracciones son irreducibles.

a) $\frac{6}{32} \rightarrow \begin{cases} 6 = 2 \cdot 3 \\ 32 = 2^5 \end{cases} \rightarrow$ 6 y 32 tienen un divisor común, 2. No es irreducible.

b) $\frac{15}{14} \rightarrow \begin{cases} 15 = 3 \cdot 5 \\ 14 = 2 \cdot 7 \end{cases} \rightarrow$ 15 y 14 no tienen divisores comunes. Es irreducible.

ACTIVIDADES

12 Halla dos fracciones equivalentes por amplificación y otras dos por simplificación.

a) $\frac{6}{18}$ b) $\frac{9}{27}$ c) $\frac{10}{30}$ d) $\frac{28}{42}$

13 Estudia si las siguientes fracciones son irreducibles.

a) $\frac{6}{16}$ b) $-\frac{23}{42}$ c) $-\frac{36}{105}$ d) $\frac{39}{41}$

14 Calcula, si se puede, fracciones equivalentes a estas con denominador impar.

a) $-\frac{30}{18}$ b) $\frac{12}{20}$ c) $\frac{15}{6}$ d) $-\frac{6}{30}$

15 **REFLEXIONA.** Decide si estas fracciones pueden ser irreducibles, donde n es un número entero.

a) $\frac{n}{n+1}$ b) $\frac{n+1}{n}$ c) $\frac{n}{n+2}$

Cómo se calcula la fracción irreducible

Como la fracción irreducible a otra fracción dada es equivalente a ella, ambas deben tener el mismo signo.

Halla la fracción irreducible de las siguientes fracciones.

a) $\frac{36}{60}$ b) $\frac{-90}{135}$

① Calculamos el m.c.d. del numerador y del denominador de la fracción, sin tener en cuenta el signo.

$$\begin{array}{r|l} 36 & 2 \\ 18 & 2 \\ 9 & 3 \\ 3 & 3 \\ 1 & \end{array} \qquad \begin{array}{r|l} 60 & 2 \\ 30 & 2 \\ 15 & 3 \\ 5 & 5 \\ 1 & \end{array} \qquad \begin{array}{r|l} 90 & 2 \\ 45 & 3 \\ 15 & 3 \\ 5 & 5 \\ 1 & \end{array} \qquad \begin{array}{r|l} 135 & 3 \\ 45 & 3 \\ 15 & 3 \\ 5 & 5 \\ 1 & \end{array}$$

$36 = 2^2 \cdot 3^2$ $60 = 2^2 \cdot 3 \cdot 5$

m.c.d. (36, 60) = 12

$90 = 2 \cdot 3^2 \cdot 5$ $135 = 3^3 \cdot 5$

m.c.d. (90, 135) = 45

② Dividimos el numerador y el denominador entre el m.c.d. que hemos calculado.

$$\frac{36}{60} = \frac{36 : 12}{60 : 12} = \frac{3}{5}$$

La fracción irreducible de $\frac{36}{60}$ es $\frac{3}{5}$.

La fracción irreducible de una fracción positiva es siempre positiva.

$$\frac{-90}{135} = \frac{-90 : 45}{135 : 45} = \frac{-2}{3}$$

La fracción irreducible de $\frac{-90}{135}$ es $-\frac{2}{3}$.

La fracción irreducible de una fracción negativa es siempre negativa.

ACTIVIDADES

16 Halla las fracciones irreducibles de las siguientes.

a) $\frac{56}{72}$ b) $\frac{35}{-45}$ c) $\frac{4}{14}$ d) $\frac{22}{143}$ e) $\frac{14}{91}$ f) $\frac{23}{92}$ g) $\frac{-70}{120}$ h) $\frac{90}{108}$ i) $\frac{-36}{54}$ j) $\frac{81}{810}$ k) $\frac{45}{105}$ l) $\frac{-99}{108}$

17 Decide si estas fracciones son irreducibles o no, sin hacer los cálculos, utilizando los criterios de divisibilidad. Reduce aquellas que no lo sean.

a) $\frac{15}{21}$ b) $\frac{15}{8}$ c) $\frac{50}{60}$ d) $\frac{24}{45}$ e) $\frac{15}{45}$ f) $\frac{6}{125}$ g) $\frac{11}{13}$ h) $\frac{27}{81}$ i) $\frac{27}{202}$

18 Copia y completa los huecos para que estas fracciones sean propias y, además, irreducibles. Justifica qué números puedes colocar y cuáles no.

a) $\frac{\square}{6}$ b) $\frac{6}{\square}$ c) $\frac{15}{\square}$ d) $\frac{\square}{15}$ e) $\frac{36}{\square}$ f) $\frac{\square}{36}$

19 Comprueba si estos pares de fracciones son equivalentes, hallando previamente su fracción irreducible.

a) $\frac{14}{8}$ y $\frac{21}{12}$ b) $\frac{15}{18}$ y $\frac{30}{35}$ c) $\frac{12}{10}$ y $\frac{30}{25}$ d) $\frac{12}{9}$ y $\frac{20}{15}$ e) $\frac{8}{18}$ y $\frac{20}{43}$ f) $\frac{9}{12}$ y $\frac{21}{28}$

20 Calcula dos fracciones diferentes cuya fracción irreducible sean las siguientes.

a) $\frac{6}{5}$ b) $-\frac{4}{7}$ c) $\frac{5}{12}$ d) $\frac{3}{11}$ e) $\frac{-4}{9}$ f) $\frac{12}{13}$ g) $\frac{-6}{17}$ h) $\frac{4}{5}$ i) $\frac{23}{17}$

21 Agrupa las fracciones que tengan la misma fracción irreducible.

a) $\frac{50}{75}$ $\frac{12}{18}$ $\frac{15}{10}$ $\frac{18}{27}$ $\frac{36}{24}$ $\frac{90}{60}$ $\frac{30}{20}$ $\frac{10}{15}$ $\frac{45}{30}$

b) $-\frac{42}{24}$ $-\frac{56}{40}$ $-\frac{28}{20}$ $-\frac{45}{36}$ $-\frac{21}{12}$ $-\frac{20}{16}$ $-\frac{15}{12}$ $-\frac{21}{15}$ $-\frac{10}{8}$

3. Comparación de fracciones

3.1. Reducción a común denominador

Reducir a común denominador dos o más fracciones consiste en obtener otras fracciones equivalentes a ellas que tengan el mismo denominador.

Existen infinitos denominadores comunes.

El menor de ellos es el m. c. m. de los denominadores.

EJEMPLO

5. Reduce a común denominador las fracciones $\frac{5}{6}$ y $\frac{-9}{14}$.

Para hallar el denominador común, calculamos el m. c. m. de los denominadores.

$$\left.\begin{array}{l}6 = 2 \cdot 3\\ 14 = 2 \cdot 7\end{array}\right\} \text{m.c.m. } (6,\ 14) = 2 \cdot 3 \cdot 7 = 42$$

Para hallar los numeradores, dividimos el m. c. m. entre cada denominador y el resultado lo multiplicamos por su numerador.

$$\frac{5}{6} = \frac{5 \cdot 7}{42} = \frac{35}{42} \qquad \frac{-9}{14} = \frac{-9 \cdot 3}{42} = \frac{-27}{42}$$

3.2. Comparación de fracciones

GEOGEBRA

Para **comparar fracciones**, primero las reducimos a común denominador. Será mayor la fracción que tenga mayor numerador.

EJEMPLO

6. Ordena de menor a mayor estas fracciones: $\frac{5}{6}, \frac{4}{9}, \frac{7}{12}$.

Primero reducimos a común denominador:

$$\text{m.c.m. } (6, 9 \text{ y } 12) = 36 \rightarrow \frac{5}{6} = \frac{5 \cdot 6}{6 \cdot 6} = \frac{30}{36} \qquad \frac{4}{9} = \frac{4 \cdot 4}{9 \cdot 4} = \frac{16}{36} \qquad \frac{7}{12} = \frac{7 \cdot 3}{12 \cdot 3} = \frac{21}{36}$$

Después, comparamos las fracciones y las ordenamos: $\frac{16}{36} < \frac{21}{36} < \frac{30}{36} \rightarrow \frac{4}{9} < \frac{7}{12} < \frac{5}{6}$

ACTIVIDADES

22 Reduce las fracciones a común denominador.

a) $\frac{7}{12}$ y $\frac{5}{18}$ b) $\frac{11}{20}$ y $\frac{14}{35}$ c) $\frac{7}{10}, \frac{6}{15}$ y $\frac{23}{45}$

23 Ordena de menor a mayor estas fracciones.

a) $\frac{7}{10}, \frac{5}{6}$ y $\frac{4}{9}$ c) $\frac{5}{12}, \frac{4}{15}$ y $\frac{7}{18}$

b) $\frac{8}{15}, \frac{12}{25}$ y $\frac{27}{50}$ d) $\frac{4}{21}, \frac{11}{18}$ y $\frac{3}{4}$

24 Ordena de mayor a menor, reduciendo previamente a común denominador.

a) $\frac{5}{3}, \frac{13}{9}$ y $\frac{17}{12}$ b) $\frac{4}{10}, \frac{8}{15}$ y $\frac{10}{20}$

25 **REFLEXIONA.** En cada caso, encuentra una fracción comprendida entre estas dos.

a) $\frac{1}{2}$ y $\frac{1}{3}$ b) $-\frac{2}{5}$ y $-\frac{2}{6}$ c) $\frac{3}{7}$ y $\frac{4}{7}$

4. Operaciones con fracciones

4.1. Suma de fracciones

Para **sumar fracciones con igual denominador** se suman los numeradores y se deja el mismo denominador.

Para **sumar fracciones con distinto denominador**, primero se reducen las fracciones a común denominador y, después, se suman como fracciones con igual denominador.

EJEMPLO

7. Suma estas fracciones.

$$\frac{-2}{6}+\frac{3}{15}\underset{\text{m.c.m.}(6,15)=30}{=}\frac{-10}{30}+\frac{6}{30}=\frac{-10+6}{30}=\frac{-4}{30}\underset{\text{simplificando}}{=}\frac{-2}{15}$$

Al operar con fracciones hay que simplificar el resultado hasta obtener la fracción irreducible.

4.2. Resta de fracciones

Para **restar fracciones que tienen el mismo denominador** se restan los numeradores y se deja el mismo denominador.

Para **restar fracciones que tienen distinto denominador**, primero se reducen las fracciones a común denominador y, después, se restan como fracciones con igual denominador.

Los números enteros se pueden representar como fracciones de denominador 1.

EJEMPLO

8. Realiza esta resta.

$$\frac{7}{15}-2=\frac{7}{15}-\frac{2}{1}\underset{\text{m.c.m.}(1,15)=15}{=}\frac{7}{15}-\frac{2\cdot 15}{1\cdot 15}=\frac{7}{15}-\frac{30}{15}=\frac{-23}{15}$$

ACTIVIDADES

26 Calcula estas sumas y restas de fracciones.

a) $\frac{3}{5}+\frac{5}{6}+\frac{1}{10}$

b) $\frac{7}{9}+\frac{1}{6}+\frac{1}{12}$

c) $\frac{7}{5}-\frac{4}{3}-\frac{1}{10}$

d) $\frac{1}{3}-\frac{5}{6}-\frac{3}{12}$

27 Opera con los siguientes números.

a) $\frac{2}{3}-\frac{1}{4}+1$

b) $\frac{3}{5}-\frac{7}{6}-2$

c) $-\frac{5}{9}+\frac{4}{7}+3$

d) $2-\frac{6}{5}-\frac{7}{9}$

28 Resuelve.

a) $-\frac{1}{8}+1-\frac{1}{6}+\frac{3}{4}-\frac{1}{8}-\frac{2}{6}$

b) $-3+\frac{6}{8}-\frac{1}{2}-\frac{1}{3}+2-\frac{1}{6}+\frac{1}{4}$

c) $-\frac{1}{10}+\frac{1}{2}-2+\frac{1}{4}+\frac{1}{20}-\frac{1}{10}+\frac{2}{5}$

29 **REFLEXIONA.** Encuentra dos fracciones con denominadores 2 y 4 tales que al restarlas el resultado sea un número entero negativo.

4.3. Multiplicación de fracciones

El **producto de dos o más fracciones** es otra fracción que tiene como numerador el producto de los numeradores, y como denominador, el producto de los denominadores.

$$\frac{a}{b} \cdot \frac{c}{d} = \frac{a \cdot c}{b \cdot d}$$

Para operar con fracciones del tipo $-\frac{a}{b}$ es mejor sustituirlas por $\frac{-a}{b}$.

$$-\frac{5}{3} = \frac{-5}{3}$$

EJEMPLO

9. Multiplica estas fracciones y simplifica el resultado.

a) $\frac{2}{5} \cdot \left(-\frac{3}{4}\right) = \frac{2}{5} \cdot \frac{-3}{4} = \frac{2 \cdot (-3)}{5 \cdot 4} = \frac{-6}{20} = \frac{-3}{10}$

b) $\frac{1}{5} \cdot \frac{10}{9} \cdot \frac{3}{4} = \frac{1 \cdot 10 \cdot 3}{5 \cdot 9 \cdot 4} = \frac{30}{180} = \frac{1}{6}$

RETO

¿Qué hora del día es si queda del día $\frac{1}{3}$ de las horas que han pasado?

4.4. División de fracciones

Se llama **fracción inversa** de una fracción $\frac{a}{b}$ a la fracción $\frac{b}{a}$.

Para **dividir dos fracciones** se multiplica la primera fracción por la inversa de la segunda.

$$\frac{a}{b} : \frac{c}{d} = \frac{a}{b} \cdot \frac{d}{c} = \frac{a \cdot d}{b \cdot c}$$

EJEMPLO

10. Calcula la fracción inversa de $\frac{3}{5}$ y multiplícala por $\frac{3}{5}$. ¿Qué observas?

La fracción inversa es $\frac{5}{3}$.

$\frac{3}{5} \cdot \frac{5}{3} = \frac{15}{15} = 1 \rightarrow$ Una fracción multiplicada por su inversa da como resultado la unidad.

EJEMPLO

11. Realiza estas divisiones.

a) $\frac{2}{5} : \frac{3}{-10} = \frac{2}{5} \cdot \frac{-10}{3} = \frac{2 \cdot (-10)}{5 \cdot 3} = \frac{-20}{15} =$
$= \frac{-4}{3} = -\frac{4}{3}$

b) $6 : \frac{-5}{2} = \frac{6}{1} \cdot \frac{2}{-5} = \frac{6 \cdot 2}{1 \cdot (-5)} = \frac{12}{-5} = -\frac{12}{5}$

ACTIVIDADES

30 Multiplica las siguientes fracciones.

a) $\frac{2}{-3} \cdot \frac{-6}{10}$ b) $\frac{-10}{3} \cdot \frac{-9}{14}$ c) $\frac{-3}{7} \cdot \left(-\frac{5}{4}\right) \cdot \frac{14}{15}$

31 Halla la fracción inversa en cada caso.

a) $\frac{2}{3}$ c) $\frac{5}{-4}$ e) $\frac{-1}{3}$

b) 4 d) −3 f) −10

32 Realiza estas divisiones y simplifica el resultado si se puede.

a) $\frac{1}{-3} : \frac{2}{9}$ b) $\frac{6}{5} : \left(-\frac{3}{12}\right)$ c) $\frac{3}{-5} : \frac{-5}{3} : \left(-\frac{3}{5}\right)$

33 **REFLEXIONA.** Calcula la capacidad de un bidón con el que se han llenado 7 botellas de $\frac{6}{5}$ ℓ. ¿Cuántas botellas de $\frac{3}{10}$ ℓ se pueden llenar con él?

Cómo se realizan operaciones combinadas con fracciones

Recuerda la regla de los signos.

$+\cdot+=+$	$+:+=+$
$-\cdot-=+$	$-:-=+$
$+\cdot-=-$	$+:-=-$
$-\cdot+=-$	$-:+=-$

Resuelve la siguiente operación combinada.

$$-\frac{1}{4}-\frac{1}{3}\cdot\left(\frac{1}{2}+\frac{3}{4}\right):\frac{1}{3}-2=$$

① Realizamos las operaciones que hay entre paréntesis y corchetes.

$$=-\frac{1}{4}-\frac{1}{3}\cdot\left(\frac{1}{2}+\frac{3}{4}\right):\frac{1}{3}-\frac{2}{1}=$$

Expresamos los números enteros como una fracción con denominador 1.

m.c.m. (2, 4) = 4

$$=-\frac{1}{4}-\frac{1}{3}\cdot\left(\frac{2}{4}+\frac{3}{4}\right):\frac{1}{3}-\frac{2}{1}=$$

③ Calculamos las multiplicaciones y divisiones de izquierda a derecha.

$$=-\frac{1}{4}-\frac{1}{3}\cdot\frac{5}{4}:\frac{1}{3}-\frac{2}{1}=$$

Primero, realizamos la multiplicación que hay más a la izquierda.

$$=-\frac{1}{4}-\frac{1\cdot 5}{3\cdot 4}:\frac{1}{3}-\frac{2}{1}=$$

$$=-\frac{1}{4}-\frac{5}{12}:\frac{1}{3}-\frac{2}{1}=$$

⑤ Resolvemos las sumas y restas de izquierda a derecha.

$$=-\frac{1}{4}-\frac{5\cdot 3}{12\cdot 1}-\frac{2}{1}=$$

m.c.m. (1, 4, 12) = 12

$$=-\frac{3}{12}-\frac{15}{12}-\frac{24}{12}=-\frac{42}{12}=-\frac{7}{2}$$

Simplificamos el resultado.

ACTIVIDADES

34 Resuelve las siguientes operaciones combinadas.

a) $\frac{3}{2}-\frac{4}{5}\cdot\frac{5}{6}$

b) $\left(\frac{3}{2}-\frac{4}{5}\right)\cdot\frac{5}{6}$

c) $\frac{7}{2}+\frac{1}{5}\cdot\frac{5}{6}$

d) $\left(\frac{7}{2}+\frac{1}{5}\right)\cdot\frac{5}{6}$

e) $\frac{5}{3}:\frac{1}{9}+\frac{1}{6}$

f) $\frac{5}{3}:\left(\frac{1}{9}+\frac{1}{6}\right)$

g) $\frac{2}{7}:\frac{1}{4}-\frac{3}{14}$

h) $\frac{2}{7}:\left(\frac{1}{4}-\frac{3}{14}\right)$

35 Opera y simplifica el resultado.

a) $\frac{9}{8}\cdot\frac{3}{5}-\frac{7}{4}:\frac{5}{6}$

b) $\frac{3}{4}:\left(\frac{-10}{12}+\frac{1}{2}\right)-\frac{1}{3}$

c) $\frac{2}{3}-\left(\frac{4}{-3}+1\right):\frac{4}{7}$

d) $\frac{-7}{2}+\frac{2}{5}:\left(\frac{4}{6}-\frac{1}{3}\right)$

e) $\left(\frac{3}{5}-\frac{2}{4}\right):\frac{2}{5}+\frac{5}{3}\cdot\frac{3}{10}$

f) $\frac{2}{5}\cdot\frac{-4}{3}+\frac{1}{30}:\frac{1}{14}$

g) $\left(\frac{1}{3}-\frac{1}{2}\right):\left(\frac{2}{5}+\frac{1}{4}\right)$

h) $3\cdot\left(\left(\frac{-1}{3}-\frac{1}{5}\right):\frac{1}{2}\right)$

36 Calcula el resultado de estas operaciones combinadas.

a) $-\frac{1}{2}+\frac{1}{5}\cdot\frac{1}{3}+\frac{1}{2}$

b) $-\frac{1}{2}+\frac{1}{5}\cdot\left(\frac{1}{3}+\frac{1}{2}\right)$

c) $\left(-\frac{1}{2}+\frac{1}{5}\right)\cdot\frac{1}{3}+\frac{1}{2}$

d) $\left(-\frac{1}{2}+\frac{1}{5}\right)\cdot\left(\frac{1}{3}+\frac{1}{2}\right)$

37 Efectúa estas operaciones.

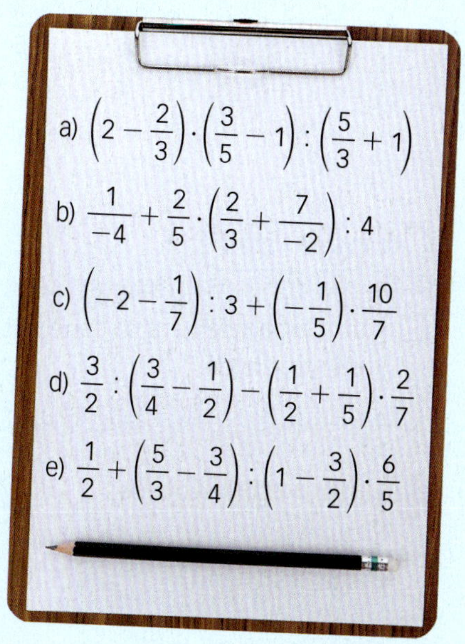

a) $\left(2-\frac{2}{3}\right)\cdot\left(\frac{3}{5}-1\right):\left(\frac{5}{3}+1\right)$

b) $\frac{1}{-4}+\frac{2}{5}\cdot\left(\frac{2}{3}+\frac{7}{-2}\right):4$

c) $\left(-2-\frac{1}{7}\right):3+\left(-\frac{1}{5}\right)\cdot\frac{10}{7}$

d) $\frac{3}{2}:\left(\frac{3}{4}-\frac{1}{2}\right)-\left(\frac{1}{2}+\frac{1}{5}\right)\cdot\frac{2}{7}$

e) $\frac{1}{2}+\left(\frac{5}{3}-\frac{3}{4}\right):\left(1-\frac{3}{2}\right)\cdot\frac{6}{5}$

5. Números decimales

Los números decimales expresan cantidades con unidades incompletas.

Un **número decimal** tiene una **parte entera**, situada a la izquierda de la coma, y una **parte decimal**, situada a la derecha.

PARTE ENTERA		PARTE DECIMAL			
Decenas	Unidades	décimas	centésimas	milésimas	diezmilésimas
3	7,	0	9	0	7

37,0907 → Treinta y siete unidades novecientas siete diezmilésimas

Tipos de números decimales

- Un **número decimal** es **exacto** cuando tiene un número finito de cifras decimales.
- Un **número decimal** es **periódico** si tiene infinitas cifras decimales y, además, una o varias de ellas se repiten periódicamente. La cifra o grupo de cifras que se repiten se llama **periodo**.
  - Si el periodo empieza inmediatamente después de la coma, es un decimal **periódico puro**.
  - En caso contrario, es un decimal **periódico mixto** y la cifra o cifras decimales que no se repiten se llama **anteperiodo**.
- Un **número decimal** es **no exacto y no periódico** si tiene infinitas cifras decimales y ninguna de ellas se repite periódicamente.

« Para abreviar la escritura de los decimales periódicos colocamos un arco sobre las cifras del periodo.

$1,666... = 1,\widehat{6}$

$1,0666... = 1,0\widehat{6}$

$1,060606... = 1,\widehat{06}$

$230,56\widehat{9}$ → Periodo: 9; Anteperiodo: 56

EJEMPLO

12. $\frac{5}{3}$ → 5 : 3 = 1,66... (restos 20, 20, 2) → Decimal periódico puro

$\frac{16}{15}$ → 16 : 15 = 1,066... (restos 100, 100, 10) → Decimal periódico mixto

$\frac{7}{5}$ → 7 : 5 = 1,4 (restos 20, 0) → Decimal exacto

$\sqrt{2} = 1,4142135...$ → Decimal no exacto y no periódico

ACTIVIDADES

38 Indica la parte entera, la parte decimal, el periodo y el anteperiodo.

a) 0,333... b) 3,37888... c) 0,012333...

39 Clasifica estos números.

a) 1,222... b) 34,45666... c) 125,6

40 Completa hasta diez cifras decimales.

a) 1,347347... b) 2,7474... c) 3,2666... d) 0,253737...

41 **REFLEXIONA.** Escribe dos números decimales no exactos y no periódicos.

6. Fracciones y números decimales

6.1. Paso de fracción a número decimal

Cualquier fracción, dividiendo su numerador entre su denominador, puede expresarse mediante:

- Un número entero, si el numerador es múltiplo del denominador.
- Un número decimal exacto, cuando su denominador solo tiene como factores primos 2, 5 o ambos números.
- Un número decimal periódico, en el caso de que no ocurra ninguna de las condiciones anteriores.

> Hay que simplificar las fracciones antes de aplicar estas reglas.

GEOGEBRA

EJEMPLO

13. Determina el tipo de número que expresan estas fracciones.

$\frac{8}{4} \xrightarrow{\text{8 es múltiplo de 4}}$ Número entero $\qquad \frac{8}{4} = 2$

$-\frac{7}{8} \xrightarrow{8 = 2^3\text{. Solo factor 2}}$ Número decimal exacto $\qquad -\frac{7}{8} = -0{,}875$

$\frac{7}{25} \xrightarrow{25 = 5^2\text{. Solo factor 5}}$ Número decimal exacto $\qquad \frac{7}{25} = 0{,}28$

$-\frac{69}{30} = -\frac{23}{10} \xrightarrow{10 = 2 \cdot 5\text{. Solo factores 2 y 5}}$ Número decimal exacto $\qquad -\frac{69}{30} = -2{,}3$

$\frac{13}{30} \xrightarrow{30 = 2 \cdot 3 \cdot 5\text{. Factores distintos de 2 y 5}}$ Número decimal periódico $\qquad \frac{13}{30} = 0{,}4\widehat{3}$

$-\frac{46}{18} = -\frac{23}{9} \xrightarrow{9 = 3^2\text{. Factores distintos de 2 y 5}}$ Número decimal periódico $\qquad -\frac{46}{18} = -2{,}\widehat{5}$

> Si un número es decimal periódico y la descomposición factorial del denominador no contiene ni a 2 ni a 5, se trata de un decimal periódico puro.
>
> Si contiene a 2 o a 5, además de otros factores, se trata de un decimal periódico mixto.

6.2. Paso de número decimal a fracción

La **fracción generatriz** de un número decimal es la fracción irreducible tal que, al dividir el numerador entre el denominador, el resultado es ese número decimal.

ACTIVIDADES

42. Clasifica estas fracciones según se expresen como un número entero, decimal exacto o periódico.

a) $\frac{5}{3}$ d) $\frac{175}{25}$ g) $-\frac{85}{17}$

b) $\frac{7}{6}$ e) $\frac{111}{240}$ h) $-\frac{84}{210}$

c) $\frac{9}{5}$ f) $\frac{17}{6}$ i) $\frac{-346}{-222}$

43. Escribe dos fracciones que expresen:

a) Un número decimal exacto.

b) Un número decimal periódico.

44. **REFLEXIONA.** Una fracción cuyo numerador no es múltiplo del denominador y cuyo denominador tiene factores distintos de 2 y 5, ¿qué tipo de número decimal expresa?

> La fracción generatriz de un número decimal negativo es siempre una fracción negativa. Si el número decimal es positivo, su fracción generatriz será positiva.

Cómo se expresa un número decimal exacto mediante una fracción

GEOGEBRA

Expresa estos números decimales mediante su fracción generatriz.

a) 5,55 b) −4,004

① El denominador de la fracción será la unidad seguida de tantos ceros como cifras decimales tenga el número.

② El numerador de la fracción será la parte entera y decimal del número sin la coma.

a) 5,55 → 2 cifras decimales
Denominador: 100
5,55 → Numerador: 555

b) −4,004 → 3 cifras decimales
Denominador: 1 000
−4,004 → Numerador: −4 004

③ Escribimos la fracción y hallamos su fracción irreducible.

Simplificamos la fracción.

$$\frac{555}{100} = \frac{111}{20} \qquad \frac{-4\,004}{1000} = -\frac{1001}{250}$$

La fracción generatriz de 5,55 es $\frac{111}{20}$.

La fracción generatriz de −4,004 es $-\frac{1001}{250}$.

ACTIVIDADES

45 Escribe estos números decimales en forma de fracción. ¿Puedes escribir otra fracción que represente los mismos números?

a) 9,52
b) 6,324
c) 58,19
d) 62,41
e) 672,4
f) 32,87
g) 1,759
h) 126,9

46 Expresa los siguientes números decimales mediante su fracción generatriz. ¿Cuáles son los divisores del denominador?

a) 16,4
b) 21,34
c) 9,83
d) 14,32
e) 74,85
f) 965,2
g) 0,625
h) 0,008

47 Calcula fracciones equivalentes con denominador 100 y relaciona cada fracción generatriz con el correspondiente número decimal.

$\frac{9}{4}$	$\frac{7}{20}$	$\frac{25}{4}$	$\frac{31}{25}$
0,35	1,24	2,25	6,25

48 En cada caso, completa una tabla como la siguiente, indicando la parte entera y la parte decimal de cada número. Después, exprésalos en forma de fracción y ordénalos de menor a mayor.

D	U	d	c	m	dm

a) 4,723; 4,72; 4,7239; 4,732
b) 7,1; 7,19; 7,119; 7,111
c) 6,48; 6,47; 6,475; 6,479
d) 5,21; 5,201; 5,2205; 5,209

49 Realiza estas operaciones de números decimales, expresándolos previamente en forma de fracción.

a) 5,2 + 16,3 − 4,9
b) 6,3 + 1,42 + 12,37
c) 0,4 · 1,2 · 0,03
d) 1,6 : 2,4 − 3,2
e) 5,7 − 4,8 : (1,3 + 1,2)
f) 3,1 · 7 − 4,2 : 2
g) (0,6 − 0,02) : 0,05 − 11
h) 2,125 · 1,2 + 0,6 · 4,5
i) ((3 + 4,2) · 6,3) : 0,06

Cómo se expresa un número decimal periódico puro mediante una fracción

Decimal periódico puro en forma de fracción:

$$4,\widehat{65} = \frac{465 - 4}{99}$$

- Parte entera y periodo → 465
- Parte entera → 4
- Tantos nueves como cifras tiene el periodo → 99

Halla la fracción generatriz de los siguientes números.

a) $4,\widehat{3}$ b) $9,\widehat{36}$

① Llamamos *A* al número decimal.

$A = 4,\widehat{3}$ $A = 9,\widehat{36}$

② Multiplicamos esa igualdad por la unidad seguida de tantos ceros como cifras tiene su parte periódica.

Parte periódica: 3 — 1 cifra decimal periódica

$10 \cdot A = 10 \cdot 4,\widehat{3}$

$10A = 43,\widehat{3}$

Parte periódica: 36 — 2 cifras decimales periódicas

$100 \cdot A = 100 \cdot 9,\widehat{36}$

$100A = 936,\widehat{36}$

③ Restamos a ese resultado el número decimal periódico de partida.

$$\begin{array}{r} 10A = 43,\widehat{3} \\ -\quad A = 4,\widehat{3} \\ \hline 9A = 39 \end{array} \qquad \begin{array}{r} 100A = 936,\widehat{36} \\ -\quad A = 9,\widehat{36} \\ \hline 99A = 927 \end{array}$$

Al hacer la resta todas las cifras decimales se cancelan.

④ Despejamos *A*.

$$A = \frac{39}{9} = \frac{13}{3} \qquad A = \frac{927}{99} = \frac{103}{11}$$

Simplificamos la fracción.

La fracción generatriz de $4,\widehat{3}$ es $\frac{13}{3}$. La fracción generatriz de $9,\widehat{36}$ es $\frac{103}{11}$.

ACTIVIDADES

50 Expresa estos decimales mediante su fracción generatriz. Después, divide el numerador entre el denominador y comprueba que lo has hecho bien.

a) $3,\widehat{6}$
b) $27,\widehat{5}$
c) $42,\widehat{51}$
d) $71,\widehat{82}$
e) $7,\widehat{132}$
f) $0,\widehat{3465}$

51 Expresa los números decimales en forma de fracción y ordénalos de menor a mayor.

a) $6,\widehat{45}$; $6,\widehat{451}$; $6,\widehat{456}$
b) $13,\widehat{21}$; $13,\widehat{201}$; $13,\widehat{210}$
c) $4,\widehat{73}$; $4,\widehat{739}$; $4,\widehat{737}$
d) $0,\widehat{32}$; $0,\widehat{322}$; $0,\widehat{3223}$

52 Calcula el resultado de las siguientes operaciones, expresando cada número decimal como una fracción.

a) $1,\widehat{3} + 0,\widehat{8}$
b) $1,\widehat{148} - 0,\widehat{1}$
c) $22,\widehat{51} \cdot 4,\widehat{1}$
d) $30,\widehat{02} : 3$

53 Realiza estas operaciones combinadas con números decimales.

a) $4 + 0,\widehat{2} - 5 \cdot 1,\widehat{1}$
b) $(2 - 4,\widehat{82}) \cdot (1 : 0,\widehat{05})$
c) $0,\widehat{3} : 3 - 2,\widehat{50} \cdot 33$
d) $8,\widehat{34} + 7,\widehat{6} \cdot 6$

Cómo se expresa un número decimal periódico mixto mediante una fracción

Calcula la fracción generatriz del número $7{,}2\overset{\frown}{43}$.

① Llamamos A al número decimal.

$$A = 7{,}2\overset{\frown}{43}$$

② Multiplicamos esa igualdad por la unidad seguida de tantos ceros como cifras tiene su parte periódica y no periódica.

1 cifra decimal no periódica y 2 cifras periódicas

$$1000 \cdot A = 1000 \cdot 7{,}2\overset{\frown}{43}$$

$$1000A = 7\,243{,}\overset{\frown}{43}$$

③ Multiplicamos la igualdad inicial por la unidad seguida de tantos ceros como cifras tiene su parte decimal no periódica.

1 cifra decimal no periódica

$$10 \cdot A = 10 \cdot 7{,}2\overset{\frown}{43}$$

$$10A = 72{,}\overset{\frown}{43}$$

④ Restamos los resultados obtenidos.

$$\begin{array}{r} 1000A = 7\,243{,}\overset{\frown}{43} \\ -\quad 10A = \quad 72{,}\overset{\frown}{43} \\ \hline 990A = 7\,171 \end{array}$$

← Al hacer la resta se cancelan todas las cifras decimales.

⑤ Despejamos A.

$$A = \frac{7\,171}{990}$$

← La fracción es irreducible.

La fracción generatriz de $7{,}2\overset{\frown}{43}$ es $\dfrac{7171}{990}$.

Decimal periódico mixto en forma de fracción:

$$3{,}7\overset{\frown}{45} = \frac{3\,745 - 37}{990}$$

- Parte entera, anteperiodo y periodo → 3 745
- Parte entera y anteperiodo → 37
- Tantos nueves como cifras tiene el periodo y tantos ceros como cifras tiene el anteperiodo → 990

ACTIVIDADES

54 Señala el periodo y el anteperiodo de estos números decimales. Después, exprésalos mediante su fracción generatriz.

a) $12{,}2\overset{\frown}{3}$
b) $2{,}24\overset{\frown}{6}$
c) $3{,}8\overset{\frown}{35}$
d) $8{,}4\overset{\frown}{21}$
e) $7{,}32\overset{\frown}{45}$
f) $9{,}0\overset{\frown}{585}$
g) $4{,}573\overset{\frown}{4}$
h) $62{,}00\overset{\frown}{15}$

55 Resuelve las siguientes operaciones, expresando los números decimales en forma de fracción.

a) $51{,}4\overset{\frown}{76} - 26{,}6\overset{\frown}{47}$
b) $2{,}16\overset{\frown}{23} + 2{,}03\overset{\frown}{8}$
c) $3{,}6\overset{\frown}{4} + 2{,}3\overset{\frown}{5}$
d) $3{,}70\overset{\frown}{52} + 1{,}3\overset{\frown}{98} - 2{,}6\overset{\frown}{34}$
e) $6{,}\overset{\frown}{71} \cdot (-3)$
f) $(1{,}\overset{\frown}{2} + 0{,}\overset{\frown}{5}) : 0{,}5625$
g) $-2 \cdot (0{,}\overset{\frown}{75} - 0{,}\overset{\frown}{1})$

7. Números racionales

El conjunto de todos los números que se pueden expresar mediante fracciones se llama conjunto de los **números racionales** y se representa por $\mathbb{Q}$.

Los números naturales, los enteros, los decimales exactos y los decimales periódicos se pueden expresar mediante fracciones.

Números racionales
- Números enteros
  - Números naturales: 1, 2, 3, ...
  - El número cero: 0
  - Enteros negativos: -1, -2, -3, ...
- Números decimales
  - Decimales exactos: 1,35; 0,079; ...
  - Decimales periódicos: $9,\widehat{64}$; $8,12\widehat{3}$; ...

Los números decimales no exactos y no periódicos no se pueden expresar mediante una fracción y, por tanto, no son racionales. Se denominan **números irracionales.**

EJEMPLO

14. Clasifica los siguientes números. Ten en cuenta que cada uno de ellos puede pertenecer a varios conjuntos.

a) 7,24 → Es un número racional, decimal exacto.

b) $5,3\widehat{6}$ → Es un número racional, decimal periódico mixto.

c) $\frac{7}{3} = 2,\widehat{3}$ → Es un número racional, decimal periódico puro.

d) $\frac{-12}{3} = -4$ → Es un número racional, entero.

e) $\frac{18}{3} = 6$ → Es un número racional, entero, natural.

f) $12,\widehat{351}$ → Es un número racional, decimal periódico puro.

g) 1,010010001... → Es un número irracional.

h) $\sqrt{2} = 1,414213562...$ → Es un número irracional.

ACTIVIDADES

56 Di todos los conjuntos a los que pertenecen los siguientes números.

a) 1,1121231234...

b) $5,\widehat{2}$

c) 72,002002002...

d) $\frac{-297}{99}$

e) $\frac{131}{25}$

f) $-3,2\widehat{4}$

g) 0,1819202122...

h) $8,\widehat{431}$

i) $\frac{17}{4}$

j) $\frac{126}{-7}$

57 Indica tres números que pertenezcan a los siguientes grupos.

a) Racional y decimal periódico puro, que esté comprendido entre 1 y 3.

b) Racional y decimal periódico mixto, que esté comprendido entre 10 y 11.

c) Irracional, que esté comprendido entre 7 y 8.

58 **REFLEXIONA.** Escribe tres números irracionales cuyo valor absoluto sea menor que 1.

1. Representa e interpreta información cuantitativa con racionales

ACTIVIDADES FLASH

59 Expresa estos enunciados utilizando una fracción.

a) Ya he aprobado 4 de las 8 asignaturas que tenía.

b) He visto 3 de las 5 películas de estreno.

c) Los bebés de 1 mes duermen 17 horas al día.

d) Nos hemos comido una barra y media de pan.

60 **INVESTIGA.** Escribe la fracción que representa la parte coloreada.

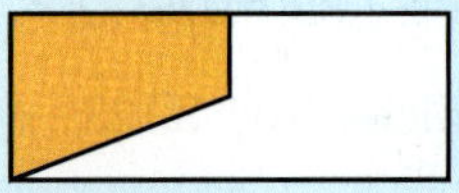

Cómo se representa una fracción en la recta numérica

GEOGEBRA

61 Representa las fracciones. a) $\frac{4}{5}$ b) $\frac{11}{6}$

- Si el numerador es menor que el denominador:

PRIMERO. Se divide el segmento entre 0 y 1 en tantas partes como indique el denominador, 5.

SEGUNDO. Se toman las partes que señale el numerador, 4.

a) 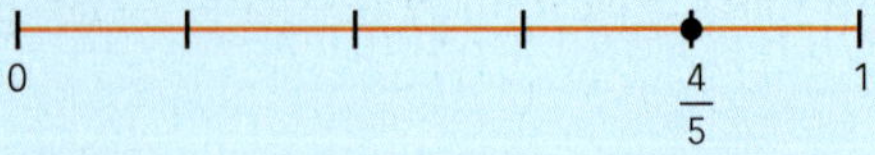

- Si el numerador es mayor que el denominador:

PRIMERO. Se expresa la fracción como la suma de un número natural más una fracción propia.

$$11 \,\underline{|\,6\;} \qquad \frac{11}{6} = 1 + \frac{5}{6}$$
$$5 \quad 1$$

SEGUNDO. La fracción está comprendida entre el cociente y su número natural siguiente. En este caso es entre 1 y 2. Se representa en este tramo la fracción que aparece en la suma, $\frac{5}{6}$.

b) 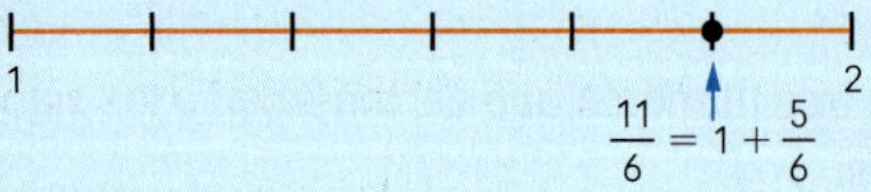

62 Representa en la recta numérica estas fracciones.

a) $\frac{5}{2}$ b) $\frac{7}{10}$ c) $\frac{5}{6}$ d) $-\frac{2}{5}$ e) $-\frac{8}{3}$

63 Indica la fracción que representa cada letra.

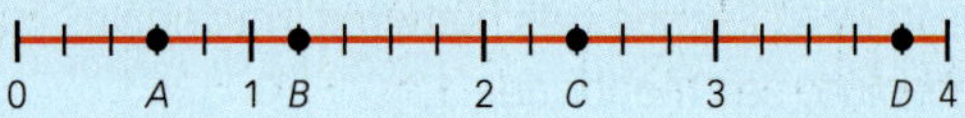

Fracciones equivalentes

ACTIVIDADES FLASH

64 Indica la fracción que representa la parte coloreada de cada figura. Después, relaciona las fracciones que sean equivalentes.

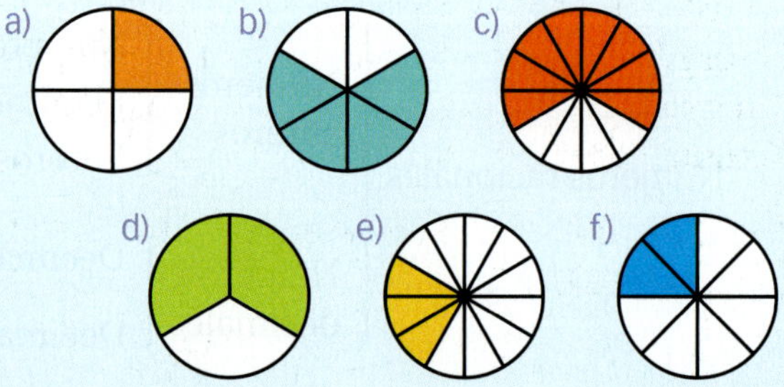

65 Resuelve el crucigrama, calculando x para que las fracciones sean equivalentes.

HORIZONTALES

1. $\frac{1}{x} = \frac{18}{36}$
2. $\frac{2}{7} = \frac{72}{x}$
3. $\frac{x}{6} = \frac{17}{3}$ $\quad \frac{7}{2} = \frac{x}{4}$
4. $\frac{63}{x} = \frac{6}{4}$ $\quad \frac{x}{63} = \frac{2}{3}$
5. $\frac{52}{14} = \frac{x}{7}$ $\quad \frac{3}{x} = \frac{1}{6}$
6. $\frac{2}{15} = \frac{50}{x}$
7. $\frac{1}{x} = \frac{12}{60}$

VERTICALES

1. $\frac{2}{x} = \frac{12}{24}$
2. $\frac{2}{28} = \frac{23}{x}$
3. $\frac{3}{x} = \frac{1}{8}$ $\quad \frac{1}{9} = \frac{7}{x}$
4. $\frac{5}{3} = \frac{x}{15}$ $\quad \frac{1}{15} = \frac{5}{x}$
5. $\frac{3}{x} = \frac{1}{7}$ $\quad \frac{45}{12} = \frac{x}{4}$
6. $\frac{x}{49} = \frac{64}{7}$
7. $\frac{7}{x} = \frac{56}{16}$

CÁLCULO MENTAL

66 Obtén, por amplificación, tres fracciones equivalentes.

a) $\frac{2}{3}$ b) $\frac{4}{-5}$ c) $\frac{7}{2}$ d) $-\frac{6}{7}$

CÁLCULO MENTAL

67 Obtén tres fracciones equivalentes por simplificación.

a) $\frac{50}{100}$ b) $\frac{60}{90}$ c) $\frac{8}{32}$ d) $\frac{180}{540}$

Fracción irreducible

68 Halla la fracción irreducible de estas fracciones.

a) $\frac{28}{70}$ b) $\frac{45}{18}$ c) $\frac{40}{112}$ d) $\frac{88}{55}$ e) $\frac{63}{315}$

69 **JUEGO.** Dos jugadores lanzan un dado cada uno y forman una fracción menor o igual que 1. Si es irreducible, gana quien tenga el denominador de la fracción. ¿Cuántas fracciones irreducibles podéis obtener? ¿Qué fracción representa respecto del total de posibilidades?

70 Decide si estas fracciones son irreducibles y, en caso contrario, simplifícalas.

a) $\frac{7}{4}$ b) $\frac{12}{9}$ c) $\frac{124}{200}$ d) $\frac{51}{17}$ e) $\frac{13}{65}$

71 **INVESTIGA.** Dos fracciones equivalentes a $\frac{1}{2}$ y a $\frac{1}{3}$ con el mismo denominador, ¿pueden ser irreducibles?

72 Descompón el numerador y el denominador de estas fracciones en factores primos. Después, simplifica hasta obtener la fracción irreducible.

a) $\frac{56}{98}$ b) $\frac{108}{60}$ c) $\frac{504}{294}$ d) $\frac{250}{375}$ e) $\frac{210}{1\,260}$

73 **INVESTIGA.** ¿Verdadero o falso? «Cualquier fracción es equivalente a su fracción irreducible».

Comparación de fracciones

ACTIVIDADES FLASH

74 Ordena de menor a mayor estas fracciones.

a) $\frac{3}{7}, \frac{8}{7}, \frac{11}{-7}, \frac{-1}{7}, \frac{4}{7}, \frac{2}{-7}, \frac{-3}{7}, -\frac{5}{7}$

b) $\frac{6}{-2}, \frac{6}{5}, \frac{6}{9}, \frac{6}{3}, \frac{6}{7}, \frac{6}{-5}, \frac{6}{4}, \frac{6}{10}$

75 La altura de la torre Eiffel coincide con el denominador común a estas fracciones. ¿Cuál es?

$\frac{1}{4}$ $\frac{5}{6}$ $\frac{2}{9}$ $\frac{7}{12}$ $\frac{11}{18}$ $\frac{17}{27}$ $\frac{7}{36}$ $\frac{11}{54}$ $\frac{13}{81}$ $\frac{5}{108}$

76 ¿Quién escribió *La vida del Buscón*? Ordena las fracciones de mayor a menor para averiguarlo.

U	E	Q	D	O	E	V
$\frac{7}{15}$	$\frac{-2}{15}$	$\frac{7}{3}$	$-\frac{3}{10}$	$\frac{3}{-5}$	$\frac{3}{10}$	$\frac{1}{10}$

77 **INVESTIGA.** Reducimos a común denominador dos fracciones menores que la unidad.

a) ¿Son las fracciones obtenidas siempre menores que la unidad?

b) ¿Y si reduces dos fracciones mayores que la unidad?

78 **RETO.** Alicia quiere la mitad de un bizcocho, y Santi, la tercera parte. Si Alicia coge primero la mitad, ¿cómo puede obtener Santi después la tercera parte? ¿Y si Santi coge primero su parte?

Cómo se puede calcular una fracción comprendida entre otras dos

79 Di una fracción comprendida entre $\frac{1}{2}$ y $\frac{1}{3}$.

PRIMERO. Se suman las dos fracciones.

$$\frac{1}{2}+\frac{1}{3}=\frac{3}{6}+\frac{2}{6}=\frac{5}{6}$$

SEGUNDO. Se divide el resultado de la suma entre 2.

$$\frac{5}{6}:2=\frac{5}{12}$$

La fracción $\frac{5}{12}$ está comprendida entre $\frac{1}{2}$ y $\frac{1}{3}$.

80 Rocío, Lucas y Juan están jugando a las cartas. Quien saca la carta más alta gana las otras dos.

a) ¿Quién se lleva las cartas en cada jugada?

	Rocío	Lucas	Juan
Jugada 1.	$\frac{1}{5}$	$\frac{1}{7}$	$\frac{1}{10}$
Jugada 2.	$-\frac{8}{7}$	$-\frac{10}{7}$	$-\frac{4}{6}$

b) Di tres cartas que hubiese podido sacar Lucas en estas cuatro jugadas, si sabemos que las cuatro veces ganó Rocío y que Juan sacó la carta más baja.

	Rocío	Lucas	Juan
Jugada 1.	$\frac{4}{5}$	¿?	$\frac{3}{5}$
Jugada 2.	$\frac{9}{7}$	¿?	$\frac{11}{9}$
Jugada 3.	$-\frac{4}{6}$	¿?	$-\frac{5}{6}$
Jugada 4.	$-\frac{2}{5}$	¿?	$-\frac{3}{7}$

2. Calcula el valor de expresiones numéricas con fracciones

ACTIVIDADES FLASH

81 Efectúa las siguientes operaciones.

a) $\frac{3}{12}+\frac{5}{12}-\frac{1}{12}+\frac{7}{12}-1$

b) $1-\frac{1}{5}+\frac{2}{5}-\frac{3}{5}+\frac{4}{5}-\frac{6}{5}$

c) $\left(\frac{3}{7}+\frac{4}{7}\right)-1+\frac{2}{7}-\frac{6}{7}+\frac{5}{7}$

82 Resuelve estos cuadrados mágicos donde la suma de todas sus filas, columnas y diagonales coincide.

a)

$\frac{1}{10}$			$\frac{2}{5}$
$\frac{11}{10}$	$\frac{7}{10}$		
	1	1	$\frac{1}{2}$
		$\frac{3}{10}$	$\frac{3}{2}$

b)

1			$\frac{1}{2}$
$-\frac{5}{6}$	$\frac{1}{6}$		
	$-\frac{1}{2}$	$-\frac{2}{3}$	$\frac{1}{3}$
		$\frac{5}{6}$	$-\frac{3}{2}$

83 ¿En qué año tuvo lugar la batalla naval de Lepanto? Construye la pirámide y averígualo. El valor de cada casilla se obtiene sumando las dos casillas que tiene debajo.

	?	?	?	?	
$\frac{-1}{2}$	$\frac{2}{3}$	$\frac{1}{6}$	4	$\frac{-7}{6}$	$-\frac{2}{3}$

84 ¿Qué día se promulgó la primera constitución española? Opera y coloca los resultados para obtener la fecha exacta.

a) b) / c) d) / e) f) g) h)

a) $\left(\frac{2}{9}+4\right)\cdot\frac{3}{8}-\frac{7}{12}$

b) $\frac{5}{6}:\left(\frac{5}{6}-\frac{1}{2}\right)\cdot\frac{18}{5}$

c) $\frac{6}{5}-\left(\frac{1}{3}+\frac{4}{15}\right):\frac{1}{2}$

d) $\frac{2}{5}:\frac{4}{5}+4-\frac{3}{2}$

e) $\left(\frac{3}{4}-\frac{1}{10}\right)+\frac{7}{2}:10$

f) $-\frac{17}{40}:\left(\frac{1}{8}-\frac{4}{15}\right)+5$

g) $\frac{3}{5}\cdot\frac{3}{8}:\frac{9}{40}$

h) $\frac{2}{5}:\frac{1}{2}+\frac{3}{2}\cdot\frac{4}{5}$

85 El Día Internacional del Libro se celebra en conmemoración al fallecimiento de Cervantes y Shakespeare. Resuelve las operaciones y obtén la fecha.

a) b) / c) d) / e) f) g) h)

a) $\frac{18}{5}\cdot\left(\frac{2}{3}-\frac{1}{9}\right):\left(-\frac{3}{2}+\frac{11}{4}\right)+\frac{2}{5}$

b) $\frac{1}{3}:\left(\frac{5}{9}-3\right):\left[\frac{1}{4}\cdot\left(-\frac{2}{11}\right)\right]$

c) $\frac{5}{4}-\left(\frac{2}{5}\cdot\frac{10}{3}-\frac{1}{9}:\frac{4}{3}\right)$

d) $\frac{3}{2}:\frac{3}{4}\cdot\left(\frac{1}{2}-\frac{1}{8}\right)+\frac{13}{4}$

e) $\left[\frac{5}{2}+\frac{3}{4}\cdot\left(-\frac{2}{9}\right)\right]:\left(4-\frac{2}{3}\right)+\frac{3}{10}$

f) $\left(\frac{5}{2}+\frac{7}{3}+\frac{13}{6}\right)-\frac{1}{2}:\left(\frac{4}{5}-\frac{3}{10}\right)$

g) $\frac{1}{6}+\frac{5}{2}-\left[\frac{3}{2}-\frac{1}{4}:\left(-\frac{3}{2}\right)\right]$

h) $10\cdot\left(-\frac{1}{5}+\frac{1}{8}\cdot\left(-\frac{3}{2}+4\right)\right):\frac{3}{16}$

86 **INVESTIGA.** Si sumamos un número natural y una fracción, ¿se obtiene una fracción o un número natural? ¿Y si los restamos?

87 **RETO.** Calcula las siguientes diferencias.

$1-\frac{1}{2}\qquad\frac{1}{2}-\frac{1}{3}\qquad\frac{1}{3}-\frac{1}{4}\qquad\frac{1}{4}-\frac{1}{5}\qquad\frac{1}{5}-\frac{1}{6}$

a) Con los resultados, halla $\frac{1}{2}+\frac{1}{6}+\frac{1}{12}+\frac{1}{20}+\frac{1}{30}$.

b) ¿Cuál crees que será el resultado de esta suma?

$$\frac{1}{2}+\frac{1}{6}+\frac{1}{12}+\frac{1}{20}+\frac{1}{30}+\frac{1}{42}+\ldots+\frac{1}{1\,001\,000}$$

3. Clasifica números decimales en exactos y periódicos

ACTIVIDADES FLASH

88 Clasifica estos decimales e indica su periodo cuando lo tengan.

a) 2,34444444…

b) 5,050050005…

c) 73,747576…

d) −6,32323232…

e) 7,523333333…

f) 2,35711131719…

g) 2,123412341234…

h) 325,36

89 Copia y completa el crucigrama.

HORIZONTALES

1. Al revés, anteperiodo de $2{,}13\widehat{5}$.
2. Al revés, parte entera de 45,62. Periodo de $\frac{1}{3}$.
3. Periodo de $0{,}2\widehat{147}$.
4. Parte entera de $\frac{7}{3}$. Periodo de $\frac{13}{11}$.

VERTICALES

1. Parte entera de $\frac{27}{5}$. Parte decimal de 5,2.
2. Periodo de $\frac{2\,339}{999}$.
3. Anteperiodo de $\frac{50}{12}$. Periodo de $2{,}4\widehat{41}$
4. Periodo de $\frac{51}{37}$.

90 Razona qué tipo de número (entero, decimal exacto o periódico) expresan las siguientes fracciones.

$\frac{17}{2}$ $\quad \frac{5}{27}$ $\quad \frac{2}{15}$ $\quad \frac{9}{12}$ $\quad \frac{11}{16}$ $\quad \frac{91}{7}$ $\quad \frac{32}{46}$

91 **INVESTIGA.** Expresa en forma decimal y comprueba. Después, contesta justificadamente.

a) $\frac{23}{9}, \frac{24}{9}, \frac{25}{9}$ son decimales periódicos puros.
¿Crees que cualquier número dividido entre 9 será decimal periódico puro?

b) $\frac{123}{90}, \frac{124}{90}, \frac{125}{90}$ son decimales periódicos mixtos.
¿Crees que cualquier número dividido entre 90 será decimal periódico mixto?

92 **INVESTIGA.** Una fracción cuyo denominador es 30, ¿puede ser un número natural? ¿Y entero? ¿Puede ser un número decimal exacto o periódico?

4. Halla la fracción generatriz de un decimal exacto o periódico

ACTIVIDADES FLASH

93 Expresa estos decimales en forma de fracción.

a) 7,32 b) −60,5 c) 0,00001 d) 12,237

94 ¿Quién escribió *La fábula de Polifemo y Galatea*? Ordena los números de menor a mayor y contesta.

O → $0{,}5\widehat{54}$ N → $0{,}\widehat{54}$ G → $\frac{1}{2}$ Ó → $\frac{7}{13}$

R → $\frac{5}{9}$ G → 0,55 A → $\frac{4}{7}$

95 **INVESTIGA.** Relaciona cada fracción con su correspondiente número decimal. ¿Qué estrategia puedes seguir para hacerlo rápidamente?

1) $\frac{7}{5}$ 2) $\frac{8}{5}$ 3) $\frac{8}{6}$ 4) $\frac{7}{6}$

a) $1{,}\widehat{3}$ b) 1,4 c) 1,6 d) $1{,}1\widehat{6}$

96 **INVESTIGA.** Expresa en forma de fracción los siguientes números decimales. ¿Qué observas?

a) $1{,}\widehat{9}$ b) $3{,}\widehat{9}$ c) $1{,}0\widehat{9}$ d) $3{,}0\widehat{9}$

5. Calcula el valor de expresiones numéricas con decimales

Cómo se resuelven operaciones con decimales periódicos

97 Calcula esta operación: $4{,}2 \cdot 3{,}\widehat{06} - 0{,}8\widehat{67}$.

PRIMERO. Se transforman los decimales en fracciones.

$$4{,}2 = \frac{42}{10} \qquad 3{,}\widehat{06} = \frac{303}{99} \qquad 0{,}8\widehat{67} = \frac{859}{990}$$

SEGUNDO. Se opera con las fracciones.

$$4{,}2 \cdot 3{,}\widehat{06} - 0{,}8\widehat{67} = \frac{42}{10} \cdot \frac{303}{99} - \frac{859}{990} =$$

$$= \frac{12\,726}{990} - \frac{859}{990} = \frac{11\,867}{990}$$

98 Resuelve las siguientes operaciones.

a) $0{,}\widehat{7} + 1{,}\widehat{4}$ b) $9{,}5\widehat{4} - 6{,}\widehat{3}$ c) $2{,}34\widehat{5} - 1{,}\widehat{23}$

99 Indica el resultado en forma de fracción irreducible. ¿Qué tipo de número resulta en cada caso?

a) $3 \cdot 0{,}\widehat{3} - 1{,}4\widehat{5} \cdot 22{,}5$

b) $1{,}\widehat{1} \cdot 0{,}9 - 0{,}\widehat{5} \cdot 1{,}8$

c) $(12{,}\widehat{4} - 7{,}\widehat{32}) \cdot 5{,}\widehat{12}$

d) $(1{,}0\widehat{24} + 3{,}\widehat{6}) \cdot 0{,}8\widehat{3}$

100 **INVENTA.** Escribe sumas de números decimales que cumplan lo siguiente. Después, contesta.

a) Un decimal periódico puro y un decimal periódico mixto cuya suma sea un decimal exacto.

b) La suma de dos números decimales periódicos puros que den un número entero.

¿Puede la suma de dos decimales exactos ser un decimal periódico?

¿Puede la suma de dos decimales periódicos puros ser un decimal periódico mixto?

101 **INVENTA.** Escribe tres números irracionales y súmalos. ¿El resultado será siempre otro irracional?

6. Emplea números racionales para resolver problemas

102 De una tortilla de patata se obtienen 4 raciones. Hemos vendido 13 raciones de tortilla.

a) Expresa la cantidad vendida con una fracción.

b) Si dividimos cada tortilla en 6 raciones, ¿cómo expresarías que hemos vendido 13 raciones?

103 Se han dividido dos fincas iguales en parcelas.

Finca 1 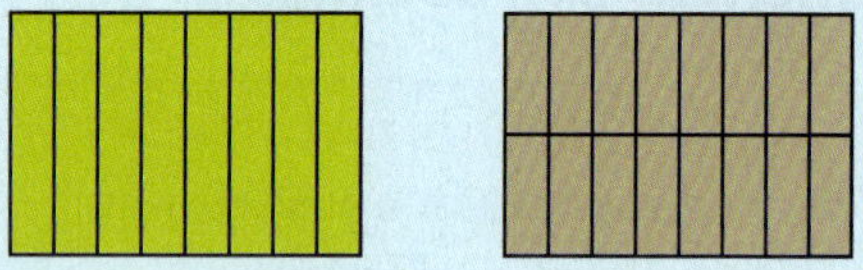 Finca 2

De la finca 1 se han vendido 3 parcelas y de la otra 8 parcelas.

a) ¿Se ha vendido de alguna de las dos la mitad? ¿De cuál de las dos fincas se ha vendido más terreno?

b) ¿De qué finca queda más terreno por vender? ¿Cuánto queda?

INTERNET

104 **MATEMÁTICAS Y... ALIMENTACIÓN.** Un plato está compuesto por 200 g de pollo, 55 g de brócoli y 45 g de arroz. Calcula la fracción que representa cada alimento con respecto al plato y averigua si sigue el modelo de plato saludable de Harvard.

105 Mi padre prepara zumo de naranja para desayunar. Para llenar una jarra de 1 litro, utiliza 8 naranjas.

a) Esta mañana me he bebido un vaso de un cuarto de litro. Si la jarra estaba llena, ¿cuánto zumo queda?

b) ¿Podré volver a llenar la jarra con el zumo de una sola naranja? ¿Cuánto faltará?

c) Mañana vendrán mis primos a desayunar. Para ellos prepararemos dos vasos de 200 ml. Si nosotros nos solemos beber tres cuartos de la jarra de 1 litro, ¿qué cantidad de zumo necesitamos en total?

106 Si vaciamos estos dos recipientes iguales en una jarra, ¿cuál es la proporción de agua y vinagre en ella?

107 Tenemos una jarra con $\frac{14}{20}$ ℓ de leche. ¿Qué recipientes puedes llenar sin que sobre leche?

108 **MATEMÁTICAS Y... BIOLOGÍA.** En el Loro Parque de Tenerife se pueden encontrar animales de América y de África en proporción de 2 a 1, es decir, por cada animal africano hay dos americanos. El área de América está dividida en una proporción de 5 a 2 entre aves y mamíferos, mientras que el área de África está dividida en una proporción de 1 a 3 entre aves y mamíferos. ¿Cuál es la proporción entre todas las aves y todos los mamíferos?

Cómo se calcula el total conociendo una parte

109 Un teatro tiene ocupadas las $\frac{4}{9}$ partes de sus butacas. Si han quedado libres 50, ¿cuántas butacas tiene el teatro en total?

PRIMERO. Se calcula la fracción que representa el dato entero que nos dan.

En este caso se sabe el número de butacas libres.

$$1 - \frac{4}{9} = \frac{9}{9} - \frac{4}{9} = \frac{5}{9}$$

$\frac{5}{9}$ de las butacas están libres.

SEGUNDO. Se llama x al total y se relaciona la fracción calculada y el dato entero que da el enunciado.

$$\frac{5}{9} \text{ de } x = 50 \rightarrow \frac{5 \cdot x}{9} = 50$$

TERCERO. Se despeja x.

$$\frac{5x}{9} = 50 \rightarrow 5x = 50 \cdot 9 \rightarrow x = \frac{50 \cdot 9}{5} = 90$$

El aforo del teatro son 90 butacas.

110 **MATEMÁTICAS Y... CONSUMO.** Con una ducha, gastamos un cuarto del agua del calentador. Nos hemos duchado 3 personas seguidas y aún quedan 6 ℓ. ¿Cuál es la capacidad del calentador?

111 Una piscina tiene una altura de 6 baldosas y el agua llega justo hasta el comienzo de la sexta baldosa. Si su capacidad es de 42 m^3, ¿cuánta agua falta?

112 La prueba para obtener el carné de conducir está compuesta por dos exámenes: uno práctico y otro teórico. Según un estudio, solo 8 de cada 25 personas aprueban el práctico a la primera, mientras que el teórico lo aprueba el 45 %. Esta mañana se han presentado 260 personas al teórico y 75 al práctico. ¿Cuántas personas, aproximadamente, se espera que suspendan el examen teórico? ¿Y el práctico?

113 **MATEMÁTICAS Y... ATLETISMO.** El récord del mundo de los 100 m lisos lo ostenta Usain Bolt, con una marca de 9,58 s; y el récord de España, Bruno Hortelano, con 10,06 s. Si hubieran participado en la misma carrera, ¿a cuántos metros hubiera quedado el atleta español de Usain Bolt?

114 **MATEMÁTICAS Y... ECONOMÍA.** Las tarifas del aparcamiento del aeropuerto son:

0,017 € en los primeros 30 minutos.
0,032 € en los minutos restantes de estancia.
40 € cada 24 horas.

a) ¿Cuánto nos costará aparcar durante una hora?

b) Si nos queda media hora para cumplir las 24 horas aparcados y no tenemos prisa, ¿económicamente nos interesa esperar que se cumpla el día entero?

FAKE NEWS

Publicidad engañosa

Estos fueron los anuncios publicitarios que una empresa de transporte llevaba en sus autobuses.

VENTE A LA PLAYA CON NOSOTROS

1 billete → 40 €

4 billetes ~~160~~ € → 120 €

Tu billete un 25 % más barato

El descuento se aplicará sobre el cuarto billete comprado al mismo destino.

Compramos 5 billetes con el mismo destino y nos cobraron 160 €. Al protestar porque no nos ahorrábamos un 25 % en cada billete, nos dijeron que la publicidad indicaba que ese era el precio que nos debían cobrar.

Y tú, ¿qué opinas?

PROBLEMAS APARENTEMENTE DISTINTOS

115 Realiza esta operación combinada con fracciones y números decimales.

$$423 \cdot \left(1 - \frac{7}{9}\right) \cdot 19{,}50$$

116 Un videojuego se vende en una tienda por 19,50 €. Esa tienda hoy ha tenido 423 clientes y, de cada 9 clientes, 7 no lo han comprado. ¿Cuánto dinero han obtenido por el videojuego?

117 Calcula.

a) $\frac{2}{5}$ de 340 b) $\frac{5}{6}$ de $\frac{3}{5}$ de 340

¿Qué diferencia hay entre 340 y la suma de los apartados anteriores?

118 Se va a hacer una marcha cicloturista de 3 días entre dos poblaciones que distan 340 km. Los participantes cubrirán el primer día las dos quintas partes del trayecto. El segundo día recorrerán las cinco sextas partes de lo que les queda; y el tercer día, el resto. ¿Qué distancia recorrerán el tercer día?

119 Resuelve y expresa el resultado con números enteros o decimales.

a) $\frac{2}{5}$ de 10 000 b) $\frac{1}{4} \cdot \left(1 - \frac{2}{5}\right) \cdot 10\,000$ c) $\frac{4\,500}{300}$

120 Una ONG ha reunido 10 000 € para un proyecto. Dos quintas partes las han obtenido mediante donaciones. La cuarta parte del resto procede de una rifa; y el dinero restante, de la venta de 300 pulseras. ¿A cuánto han vendido cada pulsera?

¡No es magia, es industria!

Los juegos de construcción están compuestos por un conjunto de piezas que suelen tener forma rectangular, de tamaños iguales o diferentes. Estas piezas se ensamblan unas con otras mediante salientes y hendiduras, pudiendo hacerse múltiples combinaciones para crear diferentes construcciones.

Entre las distintas piezas existen relaciones numéricas. Por ejemplo, un bloque de 2×4 contiene dos filas con 4 salientes cada una, y un bloque de 1×2 tiene una fila con dos salientes. Es decir, sobre un bloque de 2×4 se pueden encajar hasta 4 bloques de 1×2.

Piezas de construcción

Bloques

2×4

2×2

1×2

1×1

Piezas especiales

Planchas

6×6

4×6

2×6

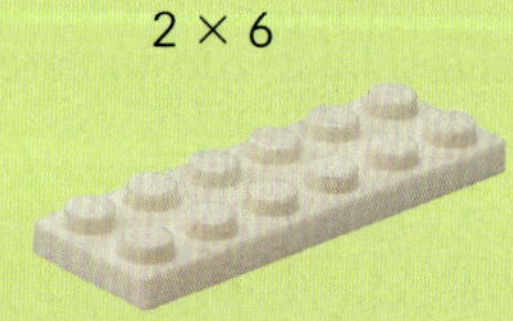

1×6

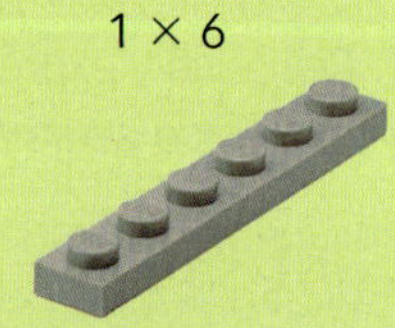

1 Todo está relacionado

Veo que para poder ensamblar unas piezas con otras tienen que guardar alguna relación.

- ¿Cuál es el bloque más grande? ¿Y cuál le sigue en tamaño? ¿Qué fracción representa este con respecto al más grande?
- ¿Cuál es el bloque más pequeño? ¿Qué fracción representa del bloque más grande?
- Considerando el bloque más grande como la unidad, expresa los demás bloques en forma de fracción del bloque más grande.
- Haz lo mismo con las placas. Considera la placa más grande como la unidad y escribe en forma de fracción de esta placa las demás.

También hay relaciones entre los bloques y las placas.

- De los bloques más grandes, ¿cuántos puedes colocar sobre la placa más grande? ¿Cuál es la fracción que representa un bloque?
- ¿Cuántos bloques de 2 × 2 se pueden colocar sobre una placa de 4 × 6? ¿Cuál es la fracción que representa cada bloque?
- ¿Qué fracción representa cada bloque de 1 × 1 sobre la placa de 1 × 6?

2 Y, ahora, ¡a medir!

He encontrado este gráfico que indica las medidas de algunos bloques y placas. ¡Uf, qué lío!

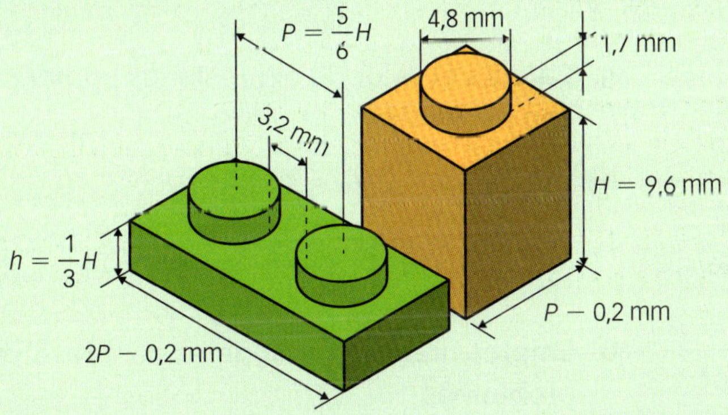

- ¿Cuál será la altura de todos los bloques? ¿Y la altura de todas las placas?
- ¿Cuánto medirá de ancho el bloque más grande? ¿Y de largo?
- De la placa mayor, ¿cuáles serán su largo y su ancho?
- ¿Cuáles serán las medidas de los demás bloques y placas?

3 Construir es fácil

Quiero construir un remolque con piezas de construcción, que engancharé a un tractor de juguete que tengo.

16 cm

5 cm

El remolque tiene que ser de ancho, más o menos, como el ancho del tractor, y de largo, como máximo, igual que la longitud del tractor.

- ¿Qué placas puedo unir para formar la base del remolque?
- ¿Qué tipo de bloques puedo utilizar para que me encajen las paredes sobre la placa? ¿Cuántas filas pueden tener? ¿Y cuántos salientes?
- ¿Cuántas piezas de cada tipo serán necesarias?

RESUMEN DE UNIDAD

Fracción

Numerador → 3
Denominador → 4

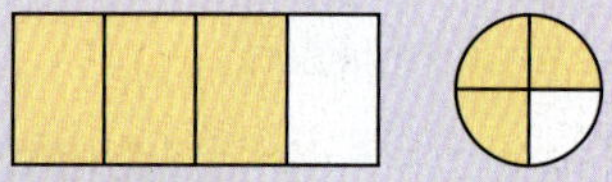

Fracciones equivalentes

$$\frac{2}{7} = \frac{4}{14} \rightleftarrows 2 \cdot 14 = 7 \cdot 4$$

Fracción irreducible

$$\frac{24}{30} = \frac{24 : \text{m.c.d. }(24,\ 30)}{30 : \text{m.c.d. }(24,\ 30)} = \frac{4}{5}$$

Número decimal

$17,2\widehat{08}$

Anteperiodo: 2 · Periodo: 08 · Parte entera: 17 · Parte decimal: 208

Exacto:	0,03	9,1586	−12,2
Periódico puro:	$0,\widehat{03}$	$9,\widehat{1586}$	$-12,\widehat{2}$
Periódico mixto:	$0,0\widehat{3}$	$9,15\widehat{86}$	$-12,0\widehat{2}$

No exacto y no periódico: 1,234… 1,112233…

Números racionales
- NÚMEROS ENTEROS
  - Números naturales: 1, 2, 3, …
  - El número cero: 0
  - Enteros negativos: −1, −2, −3, …
- NÚMEROS DECIMALES
  - Decimales exactos: 0,2; 0,34; …
  - Decimales periódicos: $0,\widehat{7}$; $0,89\widehat{4}$; …

AUTOEVALUACIÓN

1. Representa e interpreta información cuantitativa con racionales

1 ¿Cuál de las siguientes fracciones es irreducible?

a) $\frac{52}{16}$ b) $\frac{28}{25}$ c) $\frac{17}{34}$ d) $\frac{45}{36}$

2. Calcula el valor de expresiones numéricas con fracciones

2 Calcula: $\frac{9}{2} - \left[\frac{7}{2} - \left(-\frac{3}{5}\right) \cdot \frac{10}{9}\right]$

a) $\frac{1}{3}$ b) $\frac{2}{3}$ c) $\frac{1}{4}$ d) $\frac{3}{4}$

3. Clasifica números decimales en exactos y periódicos

3 La fracción $\frac{7}{64}$ expresa un número:

a) Entero.
b) Decimal exacto.
c) Decimal periódico.
d) Irracional.

4. Halla la fracción generatriz de un decimal exacto o periódico

4 La expresión en forma de fracción de $0,10\widehat{2}$ es:

a) $\frac{23}{25}$ b) $\frac{23}{225}$ c) $\frac{51}{450}$ d) $\frac{51}{900}$

5. Calcula el valor de expresiones numéricas con decimales

5 Calcula: $2,\widehat{3} - (1,1\widehat{6} + 1,8\widehat{3}) \cdot 1,25$

a) $-\frac{17}{12}$ b) $\frac{73}{12}$ c) $-\frac{5}{6}$ d) $\frac{15}{4}$

6. Emplea números racionales para resolver problemas

6 En una ciudad, 3 de cada 20 ciudadanos son menores de 15 años. Además, una de cada cuatro personas menores de 65 años es también menor de 15 años. ¿Qué fracción de cada tramo de edad hay?

	< 15 años	[15, 65]	> 65 años
a)	3/20	3/4	1/10
b)	3/20	9/20	2/5
c)	3/20	3/5	1/4

VALORA TU APRENDIZAJE

- ¿Los errores te motivan a intentarlo otra vez?
- ¿Ayudas a otros cuando puedes?

2 Potencias y raíces

DESAFÍO

De Sierpinski

El paso de una figura a la siguiente se llama iteración.

¿Cuántos triángulos azules hay en la cuarta iteración? ¿Qué área ocupan con respecto al primer triángulo?

¿Y en la décima iteración?

¿Qué sabes ya?

Calcular potencias de números enteros

$2^4 = \underbrace{2 \cdot 2 \cdot 2 \cdot 2}_{\text{4 veces}}$ $\qquad (-2)^5 = \underbrace{(-2) \cdot (-2) \cdot (-2) \cdot (-2) \cdot (-2)}_{\text{5 veces}}$

EJEMPLO

- Si la base es un número entero positivo, la potencia es siempre positiva.

  $4^3 = 4 \cdot 4 \cdot 4 = 64$

- Si la base es un número entero negativo, la potencia es positiva si el exponente es par y negativa si es impar.

  $(-2)^3 = (-2) \cdot (-2) \cdot (-2) = -8$

  $(-2)^4 = (-2) \cdot (-2) \cdot (-2) \cdot (-2) = 16$

ACTIVIDADES

1 ¿Cuál de las siguientes potencias tiene como resultado un número negativo?

a) $(+5)^2$ b) $(-5)^2$ c) $(+5)^3$ d) $(-5)^3$

Calcular la raíz cuadrada de un racional

El número b es un cuadrado perfecto si existe un número a tal que $a^2 = b$. Su raíz cuadrada es un número racional. Si un número no es un cuadrado perfecto, su raíz tiene infinitas cifras decimales no periódicas.

EJEMPLO

Estos números son cuadrados perfectos y su raíz es exacta:

$2^2 = 4$	$4{,}1^2 = 16{,}81$	$\left(\frac{1}{3}\right)^2 = \frac{1}{9}$
$\sqrt{4} = 2$	$\sqrt{16{,}81} = 4{,}1$	$\sqrt{9} = 3$

El número 2 no es un cuadrado perfecto y su raíz no es exacta ni periódica.

$\sqrt{2} = 1{,}41421356237309504880168872420 97\ldots$

ACTIVIDADES

2 ¿Cuál de estas raíces no es exacta?

a) $\sqrt{25}$ b) $\sqrt{40}$ c) $\sqrt{100}$ d) $\sqrt{121}$

1. Potencias de números racionales

1.1. Potencias de exponente entero positivo

Una **potencia de exponente un número entero positivo** es una forma abreviada de expresar una multiplicación en la que todos los factores son iguales.

$$a^n = \underbrace{a \cdot a \cdot a \cdot ... \cdot a}_{n \text{ veces}} \quad \text{si } n > 0$$

USA LA CALCULADORA

Para hallar potencias con la calculadora utilizamos la tecla $x^{\blacksquare}$.

Por ejemplo, para calcular $1{,}2^3$ tecleamos:

1 [·] 2 [$x^{\blacksquare}$] 3 [=] [1.728]

EJEMPLO

1. Calcula estas potencias.

a) $5^2 = 5 \cdot 5 = 25$

b) $\left(\frac{3}{4}\right)^4 = \frac{3}{4} \cdot \frac{3}{4} \cdot \frac{3}{4} \cdot \frac{3}{4} = \frac{81}{256}$

c) $2{,}4^3 = 2{,}4 \cdot 2{,}4 \cdot 2{,}4 = 13{,}824$

d) $\left(\frac{2}{3}\right)^3 = \frac{2}{3} \cdot \frac{2}{3} \cdot \frac{2}{3} = \frac{8}{27}$

En una potencia de exponente entero positivo:

- Si la base es un número positivo, la potencia es siempre positiva.
- Si la base es un número negativo, la potencia es positiva si el exponente es par y negativa si es impar.

EJEMPLO

2. Escribe en forma de fracción el resultado de estas potencias.

a) $\left(-\frac{4}{3}\right)^2 = \left(-\frac{4}{3}\right) \cdot \left(-\frac{4}{3}\right) = +\frac{16}{9}$ (Par)

b) $\left(-\frac{4}{3}\right)^3 = \left(-\frac{4}{3}\right) \cdot \left(-\frac{4}{3}\right) \cdot \left(-\frac{4}{3}\right) = -\frac{64}{27}$ (Impar)

Debes tener en cuenta que:

$(-2)^4 = (-2) \cdot (-2) \cdot (-2) \cdot (-2) = 16$

Y, sin embargo:

$-2^4 = -(2 \cdot 2 \cdot 2 \cdot 2) = -16$

ACTIVIDADES

1 Escribe en forma de potencia y halla el resultado.

a) $3 \cdot 3 \cdot 3 \cdot 3 \cdot 3 \cdot 3 \cdot 3 \cdot 3$

b) $(-1) \cdot (-1) \cdot (-1) \cdot (-1) \cdot (-1)$

c) $\left(\frac{2}{3}\right) \cdot \left(\frac{2}{3}\right) \cdot \left(\frac{2}{3}\right) \cdot \left(\frac{2}{3}\right) \cdot \left(\frac{2}{3}\right)$

d) $\left(-\frac{5}{3}\right) \cdot \left(-\frac{5}{3}\right) \cdot \left(-\frac{5}{3}\right)$

e) $\left(-\frac{2}{5}\right) \cdot \left(-\frac{2}{5}\right) \cdot \left(-\frac{2}{5}\right) \cdot \left(-\frac{2}{5}\right)$

2 Sin operar, indica el signo del resultado.

a) $(-6)^9$

b) $\left(-\frac{7}{4}\right)^{17}$

c) $(+4)^7$

d) $\left(\frac{4}{3}\right)^{21}$

e) $(-2)^{14}$

f) $\left(-\frac{15}{2}\right)^{34}$

3 **REFLEXIONA.** Copia y completa en tu cuaderno.

a) $(\square)^3 = -512$

b) $(\square)^3 = -\frac{8}{27}$

c) $3^{\square} = \square^3 = \square^2 = 729$

d) $\left(\frac{2}{\square}\right)^{\square} = -\frac{8}{125}$

1.2. Potencias de exponente entero negativo

Una **potencia de exponente un número entero negativo** es igual al cociente entre la unidad y dicha potencia con el exponente positivo.

$$a^{-n} = \frac{1}{a^n}, \text{ si } a \neq 0$$

USA LA CALCULADORA

Para hallar $1{,}2^{-3}$ tecleamos:

1 [·] 2 [$x^{■}$] [(−)] 3 [=]

y en la pantalla aparece:

0.57870370

EJEMPLO

3. Calcula estas potencias de exponente negativo.

a) $3^{-2} = \frac{1}{3^2} = \frac{1}{9}$

b) $(-2)^{-5} = \frac{1}{(-2)^5} = \frac{1}{-32}$

c) $0{,}2^{-2} = \frac{1}{0{,}2^2} = \frac{1}{0{,}04} = 25$

d) $\left(\frac{2}{5}\right)^{-3} = \frac{1}{\left(\frac{2}{5}\right)^3} = \frac{1}{\frac{8}{125}} = 1 : \frac{8}{125} = \frac{125}{8}$

1.3. Potencias de exponente 1, −1 y 0

Para cualquier valor de a, con $a \neq 0$, siempre se cumple que:

$$a^0 = 1 \qquad a^1 = a \qquad a^{-1} = \frac{1}{a}$$

RETO

$12^2 = 144$ $21^2 = 441$

$13^2 = 169$ $31^2 = 961$

Encuentra otro número de dos cifras que cumpla la misma propiedad.

EJEMPLO

4. Calcula estas potencias de números racionales.

a) $3^0 = 1$

b) $(-3)^0 = 1$

c) $\left(\frac{1}{3}\right)^0 = 1$

d) $3^1 = 3$

e) $(-3)^1 = -3$

f) $\left(-\frac{1}{3}\right)^1 = -\frac{1}{3}$

g) $3^{-1} = \frac{1}{3}$

h) $(-3)^{-1} = \frac{1}{-3} = -\frac{1}{3}$

i) $\left(-\frac{1}{3}\right)^{-1} = \frac{1}{-\frac{1}{3}} = -3$

ACTIVIDADES

4 Calcula estas potencias.

a) 2^0

b) 5^{-3}

c) $6{,}25^{-1}$

d) $\left(-\frac{2}{3}\right)^{-1}$

e) $\left(-\frac{1}{2}\right)^{-4}$

f) $(-2)^0$

g) $(-4)^{-4}$

h) $3{,}4^0$

i) $\left(\frac{3}{8}\right)^{-1}$

j) $\left(\frac{2}{5}\right)^{-3}$

k) -2^{-1}

l) $(-3{,}2)^{-2}$

m) $(-7{,}21)^{-1}$

n) $\left(-\frac{2}{7}\right)^0$

ñ) $\left(-\frac{4}{3}\right)^{-2}$

5 Opera.

$$\left(-\frac{2}{5}\right)^{-2} + 2{,}45^0 - (-4)^{-1}$$

6 **REFLEXIONA.** Justifica si estas parejas de números son iguales.

a) $\left(-\frac{2}{3}\right)^{-1}$ y $\frac{2}{3}$

b) $\left(\frac{5}{4}\right)^{-2}$ y $\frac{16}{25}$

c) $\left(-\frac{1}{2}\right)^{-2}$ y 4

2. Operaciones con potencias

Si a y b son dos números racionales y m y n son dos números enteros, se cumplen las siguientes propiedades:

- **Producto y cociente de potencias con la misma base**

  $a^n \cdot a^m = a^{n+m}$

  $a^n : a^m = \dfrac{a^n}{a^m} = a^{n-m}$

- **Potencia de un producto y potencia de un cociente**

  $(a \cdot b)^n = a^n \cdot b^n$

  $(a : b)^n = \left(\dfrac{a}{b}\right)^n = \dfrac{a^n}{b^n}$

- **Potencia de una potencia**

  $(a^n)^m = a^{n \cdot m}$

RETO

Halla un número que al elevarlo al cuadrado y sumarle 2 se convierta en un número al cubo.

EJEMPLOS

5. Opera con las siguientes potencias que tienen la misma base.

a) $(-3)^3 \cdot (-3)^4 = (-3)^{3+4} = (-3)^7 = -2\,187$

b) $4^{-5} \cdot 4^3 = 4^{-5+3} = 4^{-2} = \dfrac{1}{4^2} = \dfrac{1}{16}$

c) $5^{-2} : 5^{-4} = 5^{-2-(-4)} = 5^2 = 25$

d) $2^{-1} : 2^4 = 2^{-1-4} = 2^{-5} = \dfrac{1}{2^5} = \dfrac{1}{32}$

e) $\left(-\dfrac{3}{4}\right)^{-3} \cdot \left(-\dfrac{3}{4}\right)^{2} = \left(-\dfrac{3}{4}\right)^{-3+2} = \left(-\dfrac{3}{4}\right)^{-1} = \dfrac{1}{-\dfrac{3}{4}} = -\dfrac{4}{3}$

f) $\left(\dfrac{2}{5}\right)^{-3} : \left(\dfrac{2}{5}\right)^{-1} = \left(\dfrac{2}{5}\right)^{-3-(-1)} = \left(\dfrac{2}{5}\right)^{-2} = \dfrac{1}{\left(\dfrac{2}{5}\right)^2} = \left(\dfrac{5}{2}\right)^2 = \dfrac{25}{4}$

6. Calcula estas potencias de potencias.

a) $(2^3)^{-2} = 2^{3\cdot(-2)} = 2^{-6} = \dfrac{1}{2^6} = \dfrac{1}{64}$

b) $\left(\left(\dfrac{3}{4}\right)^2\right)^{-1} = \left(\dfrac{3}{4}\right)^{2\cdot(-1)} = \left(\dfrac{3}{4}\right)^{-2} = \dfrac{1}{\left(\dfrac{3}{4}\right)^2} = \dfrac{16}{9}$

ACTIVIDADES

7 Realiza las siguientes operaciones con potencias.

a) $(-5)^2 \cdot (-5)^3$

b) $2^3 \cdot 2^{-3}$

c) $\left(\dfrac{6}{5}\right)^{-2} \cdot \left(\dfrac{6}{5}\right)^{3}$

d) $\left(-\dfrac{5}{3}\right)^{-1} \cdot \left(-\dfrac{5}{3}\right)^{-2}$

e) $\left(\dfrac{2}{7}\right)^{3} \cdot \left(\dfrac{2}{7}\right)^{-1}$

f) $\left(\dfrac{-2}{5}\right)^{-2} \cdot \left(\dfrac{-2}{5}\right)$

g) $(-7)^{-1} : (-7)^2$

h) $3^{-5} : 3^{-1}$

i) $\left(-\dfrac{2}{3}\right)^{-3} : \left(-\dfrac{2}{3}\right)^{-2}$

j) $\left(\dfrac{1}{2}\right)^{-3} : \left(\dfrac{1}{2}\right)^{-5}$

k) $\left(-\dfrac{4}{5}\right)^{-4} : \left(-\dfrac{4}{5}\right)^{2}$

l) $\left(\dfrac{3}{7}\right)^{-5} : \left(\dfrac{3}{7}\right)^{-2}$

8 Expresa en forma de una sola potencia.

a) $(5^{-3})^2$

b) $(7^{-1})^{-3}$

c) $((-3)^{-2})^2$

d) $\left(\left(\dfrac{1}{3}\right)^4\right)^{-2}$

e) $\left(\left(-\dfrac{3}{2}\right)^0\right)^{-7}$

f) $\left(\left(\dfrac{1}{5}\right)^2\right)^{-3}$

g) $((2^2)^{-1})^{-1}$

h) $\left(\left(\left(\dfrac{1}{3}\right)^{-2}\right)^{-2}\right)^{-1}$

i) $\left(\left(\left(-\dfrac{5}{7}\right)^{-1}\right)^{-3}\right)^{2}$

9 **REFLEXIONA.** Señala qué desigualdad es cierta.

a) $\left(\dfrac{1}{2}\right)^3 < \dfrac{1}{4}$

b) $[2 \cdot (-1)]^4 < \dfrac{1}{2}$

Cómo se calculan productos y cocientes de potencias

Expresa, si se puede, en forma de una sola potencia.

a) $\left(\frac{1}{2}\right)^{-4} : \left(\frac{1}{2}\right)^{-2}$ b) $5^{-2} \cdot (-2)^{-2}$ c) $8^{-2} \cdot 4^{5}$

Un producto o un cociente de potencias solo se puede expresar mediante una única potencia si los factores tienen las mismas bases o los mismos exponentes.

$3^2 \cdot 5^{-3} \rightarrow$ No se puede expresar con una sola potencia.

$3^5 \cdot 6^{-3} = 3^5 \cdot (2 \cdot 3)^{-3} = 3^5 \cdot 2^{-3} \cdot 3^{-3} = 3^{5-3} \cdot 2^{-3} = 3^2 \cdot 2^{-3} \rightarrow$ No se puede expresar con una sola potencia.

① Estudiamos si son iguales las bases o los exponentes de las potencias.

a) Misma base. Distinto exponente. b) Distinta base. Mismo exponente. c) Distinta base y exponente.

② Operamos según cada caso.

- Si las bases son iguales, operamos con los exponentes según las propiedades de las potencias.

a) $\left(\frac{1}{2}\right)^{-4} : \left(\frac{1}{2}\right)^{-2}$

Cociente de potencias de la misma base: se restan los exponentes.

$$\left(\frac{1}{2}\right)^{-4} : \left(\frac{1}{2}\right)^{-2} = \left(\frac{1}{2}\right)^{-4-(-2)} = \left(\frac{1}{2}\right)^{-2} = \frac{1}{\left(\frac{1}{2}\right)^2} = 2^2 = 4$$

- Si las bases son distintas pero tienen el mismo exponente, operamos con las bases.

b) $5^{-2} \cdot (-2)^{-2}$

$$5^{-2} \cdot (-2)^{-2} = (5 \cdot (-2))^{-2} = (-10)^{-2} = \left(-\frac{1}{10}\right)^2 = \frac{1}{10^2} = \frac{1}{100}$$

- Si las bases y los exponentes son distintos, descomponemos las bases en factores primos y resolvemos la nueva operación entre potencias.

c) $8^{-2} \cdot 4^5$

$8 = 2^3$ $4 = 2^2$

Producto de potencias de la misma base: se suman los exponentes.

$$8^{-2} \cdot 4^5 = (2^3)^{-2} \cdot (2^2)^5 = 2^{-6} \cdot 2^{10} = 2^{-6+10} = 2^4 = 16$$

Potencia de una potencia: se multiplican los exponentes.

ACTIVIDADES

10 Expresa en forma de una sola potencia.

a) $6^5 \cdot 6^{-3}$
b) $5^{-4} \cdot 3^{-4}$
c) $8^3 : 2^4$
d) $(-7)^{-4} \cdot (-7)^{-2}$
e) $(-2)^3 \cdot (-5)^3$
f) $27^{-2} \cdot 9^5$

11 Simplifica estas expresiones.

a) $\left(\frac{2}{5}\right)^3 : \left(\frac{5}{3}\right)^3$
b) $\left(\frac{1}{3}\right)^{-2} \cdot 2^{-2}$
c) $\left(-\frac{2}{3}\right)^{-5} \cdot \left(\frac{3}{2}\right)^{-5}$
d) $\left(-\frac{2}{5}\right)^{-1} \cdot \left(\frac{3}{4}\right)^{-1}$

12 Expresa como una sola potencia.

a) $8^3 \cdot 4^{-3}$
b) $25^{-2} : 5^{-4}$
c) $81^{-2} : 9^{-3}$
d) $32^{-1} \cdot 4^3$
e) $49^{-2} : 7^{-5}$
f) $5^3 \cdot 125^{-2}$

13 Escribe como producto de dos potencias.

a) 15^3 b) 4^{-3} c) 6^3 d) 9^{-2} e) 21^{-5}

14 Opera y expresa el resultado como una sola potencia.

a) $6^{-3} \cdot 5^{-3} : 2^{-3}$
b) $5^{-2} \cdot 2^{-2} : 10^{-3}$
c) $\left(\frac{1}{5}\right)^2 : \left(\frac{1}{5}\right)^{-4} \cdot 7^{-6}$
d) $\left(\frac{2}{3}\right)^{-1} \cdot \left(\frac{3}{5}\right)^{-1} : \left(\frac{2}{5}\right)^{-6}$
e) $18^{-2} : 18^3 \cdot 2^{-5}$
f) $[(2^{-2})^{-3} \cdot 3^6] : 6^2$
g) $\left(-\frac{2}{5}\right)^{-3} \cdot \left(\frac{5}{3}\right)^{-3} : \left(-\frac{2}{3}\right)^{-4}$
h) $\left(\frac{4}{5}\right)^{-3} : \left[\left(\frac{7}{5}\right)^{-1} : \left(\frac{7}{5}\right)^2\right]$

15 Simplifica estos productos de potencias.

a) $-12^3 \cdot 18^{-5}$ b) $32^2 \cdot (-24)^3$ c) $15^{-2} \cdot 9^{-3}$

3. Notación científica

3.1. Potencias de base 10

- Una **potencia de base 10 y exponente entero positivo** es igual a la unidad seguida de tantos ceros como indique su exponente.
- Una **potencia de base 10 y exponente entero negativo** es igual a la unidad dividida entre dicha potencia con exponente positivo.

EJEMPLO

7. Calcula estas potencias de 10.

a) $10^2 = 100$ c) $10^3 = 1000$ e) $10^5 = 100\,000$

b) $10^{-1} = \frac{1}{10} = 0{,}1$ d) $10^{-2} = \frac{1}{100} = 0{,}01$ f) $10^{-3} = \frac{1}{1000} = 0{,}001$

Una potencia de base 10 con exponente negativo es igual a un número decimal.

$10^{-2} = 0{,}01$ (2 decimales) $10^{-5} = 0{,}00001$ (5 decimales)

3.2. Expresión de números muy grandes y muy pequeños

La **notación científica** es una forma de expresar números mediante el producto de un número cuyo valor absoluto es mayor o igual que 1 y menor que 10 por una potencia de base 10.

Al exponente de la potencia de 10 se le llama **orden de magnitud**.

Las potencias de 10 se utilizan para expresar números muy grandes y números muy pequeños.

EJEMPLO

8. Decide si estos números están escritos en notación científica.

a) La distancia de la Tierra a la Luna es de 384 400 000 m.

No está en notación científica, la parte entera es mayor que 10.

$384\,400\,000 \text{ m} = 3{,}844 \cdot 100\,000\,000 \text{ m} = 3{,}844 \cdot 10^8 \text{ m}$

b) El grosor del cabello es de unos $8 \cdot 10^{-5}$ m.

Está escrito en notación científica. El grosor del cabello es de unos $8 \cdot 10^{-5} \text{ m} = \frac{8}{100\,000} \text{ m} = 0{,}00008 \text{ m}$.

ACTIVIDADES

16 Estudia si estos números están escritos en notación científica.

a) $154{,}02 \cdot 10^2$ e) $0{,}01 \cdot 10^3$

b) $3{,}45701 \cdot 10^{-1}$ f) $0{,}000023$

c) $1542 \cdot 10^5$ g) $0{,}500006 \cdot 10^{-4}$

d) $2{,}7 \cdot 10^{41}$ h) $78 \cdot 10^{-2}$

17 Completa las operaciones para que sean correctas.

a) $0{,}2 = 2 \cdot 10^{\square}$ c) $0{,}00032 = 3{,}2 \cdot 10^{\square}$

b) $1500 = 1{,}5 \cdot 10^{\square}$ d) $2\,300\,000 = 2{,}3 \cdot 10^{\square}$

18 **REFLEXIONA.** Escribe estas operaciones como el producto de un número por una potencia de 10.

a) $5^8 \cdot 2^{12}$ b) $750 \cdot (5^4 \cdot 2^4)^{-1}$ c) $25^7 : 125^4 : 10^{-6}$

Cómo se expresan números en notación científica

Para expresar un número en notación científica con la calculadora se utilizan las teclas [$\times 10^x$] y [(−)].

Para introducir el número $7{,}352 \cdot 10^9$ tecleamos:

7 [·] 352 [$\times 10^x$] 9

Y para introducir $8{,}64 \cdot 10^{-3}$ tecleamos:

8 [·] 64 [$\times 10^x$] 3 [(−)]

Expresa estos números en notación científica.

a) −42 700 b) 0,00000189

① Calculamos el orden de magnitud.

- Cuando la parte entera es distinta de 0, el orden de magnitud es positivo y coincide con el número de dígitos de la parte entera menos 1.

a) −42 700 (5 dígitos)

Su parte entera es distinta de 0.

Su orden de magnitud es: 5 − 1 = 4.

- Cuando la parte entera es 0, el orden de magnitud es negativo y coincide con el número de dígitos que hay desde la coma hasta el primer número distinto de 0.

b) 0,00000189 (6 dígitos)

Su parte entera es 0.

Su orden de magnitud es −6.

② Escribimos la cantidad con una sola cifra entera distinta de 0 y multiplicamos por 10 elevado al orden de magnitud que se ha calculado.

$42700 = 4{,}27 \cdot 10^4$ $0{,}00000189 = 1{,}89 \cdot 10^{-6}$

Parte entera de una cifra distinta de 0

ACTIVIDADES

19 Escribe estos números en notación científica.

a) 125 d) 400 100 000 000
b) 859 000 e) 2 610 000
c) 74 320 f) 6 040,24

20 Expresa en notación científica los siguientes números.

a) 0,001 d) 0,00000000807
b) 0,00002 e) 0,00000054
c) 0,000010002 f) 0,0003000007

21 Opera y expresa el resultado en notación científica.

a) $\left(\frac{1}{5}\right)^2$ c) $\left(-\frac{1}{2}\right)^{-11} \cdot \left(-\frac{1}{2}\right)^2$

b) $\left(\frac{1}{9}\right)^{-2} \cdot 2^{-2}$ d) $\left(\left(\frac{2}{5}\right)^{-2}\right)^{-1}$

22 ¿Cuáles de estos números están escritos en notación científica? Corrige los que no lo estén.

a) $6{,}05 \cdot 10^{-4}$ e) $324 \cdot 10^{-1}$
b) $52{,}3 \cdot 10^7$ f) $43{,}9 \cdot 10^{-7}$
c) $0{,}75 \cdot 10^{-2}$ g) $0{,}99 \cdot 10^8$
d) $41{,}27 \cdot 10^3$ h) $8{,}63 \cdot 10^{-1}$

23 Opera y expresa el resultado en notación científica.

a) $2^7 \cdot 5^3$ e) $3^4 : 10^{-5}$
b) $2^6 : 10^8$ f) $2^{10} \cdot 5^8$
c) $7^3 \cdot 10^{-6}$ g) $6^3 \cdot 5^2 : 3^2$
d) $2^3 : 5^{-4}$ h) $14^3 : 7 \cdot 5^3$

24 El metro es una unidad de medida internacional. Utilízalo y expresa estas distancias en notación científica.

a) Mercurio se encuentra, de media, a unos 77 millones de kilómetros de la Tierra.
b) El tamaño del virus de la gripe es de 0,00012 mm.

4. Operaciones en notación científica

4.1. Suma y resta en notación científica

GEOGEBRA

Para sumar o restar números en notación científica es necesario que el exponente de la potencia de 10 sea igual en todos los sumandos. Cuando esto ocurre, se suman o se restan los números, manteniendo la misma potencia de 10.

Si los sumandos tienen distinta potencia de 10, hay que transformar alguno de ellos para que las potencias sean iguales.

EJEMPLO

9. Opera y expresa en notación científica.

a) $2{,}01 \cdot 10^5 + 3{,}4 \cdot 10^5 = (2{,}01 + 3{,}4) \cdot 10^5 = 5{,}41 \cdot 10^5$

b) $4{,}2 \cdot 10^{-2} + 7 \cdot 10^{-2} = (4{,}2 + 7) \cdot 10^{-2} = 11{,}2 \cdot 10^{-2} = 1{,}12 \cdot 10^{-1}$

c) $1{,}04 \cdot 10^{-7} - 2{,}6 \cdot 10^{-7} = (1{,}04 - 2{,}6) \cdot 10^{-7} = -1{,}56 \cdot 10^{-7}$

d) $7{,}62 \cdot 10^3 - 5{,}2 \cdot 10^2 \rightarrow$ Diferente potencia de 10

$7{,}62 \cdot 10 \cdot 10^2 - 5{,}2 \cdot 10^2 = 76{,}2 \cdot 10^2 - 5{,}2 \cdot 10^2 =$
$= (76{,}2 - 5{,}2) \cdot 10^2 = 71 \cdot 10^2 = 7{,}1 \cdot 10^3$

4.2. Multiplicación y división en notación científica

Para multiplicar o dividir números en notación científica, se multiplican o dividen, por un lado, las potencias de 10 y, por otro, los números que las preceden.

EJEMPLO

10. Resuelve estas operaciones y expresa el resultado en notación científica.

a) $(3{,}2 \cdot 10^{-4}) \cdot (4{,}5 \cdot 10^2) = (3{,}2 \cdot 4{,}5) \cdot (10^{-4} \cdot 10^2) = \underbrace{14{,}4 \cdot 10^{-2}}_{\text{No está en notación científica}} =$
$= (14{,}4 : 10) \cdot (10^{-2} \cdot 10) = 1{,}44 \cdot 10^{-1}$

b) $(1{,}47 \cdot 10^{-5}) : (4{,}2 \cdot 10^{-3}) = (1{,}47 : 4{,}2) \cdot (10^{-5} : 10^{-3}) = \underbrace{0{,}35 \cdot 10^{-2}}_{\text{No está en notación científica}} =$
$= (0{,}35 \cdot 10) \cdot (10^{-2} : 10) = 3{,}5 \cdot 10^{-3}$

Si el resultado no aparece en notación científica, hay que transformarlo.

ACTIVIDADES

25. Opera y expresa el resultado en notación científica.

a) $7{,}4 \cdot 10^2 + 3{,}2 \cdot 10^2$
b) $6{,}1 \cdot 10^5 - 2{,}9 \cdot 10^5$
c) $5{,}42 \cdot 10^3 + 3{,}2 \cdot 10^2$
d) $1{,}05 \cdot 10^5 - 9{,}9 \cdot 10^4$
e) $9{,}2 \cdot 10^{-3} + 6{,}5 \cdot 10^{-4}$
f) $1{,}7 \cdot 10^{-1} - 7{,}4 \cdot 10^{-2}$
g) $(2{,}5 \cdot 10^3) \cdot (4{,}2 \cdot 10^6)$
h) $(1{,}4 \cdot 10^{-2}) \cdot (6{,}1 \cdot 10^3)$
i) $(6{,}8 \cdot 10^{-1}) \cdot (3{,}5 \cdot 10^{-6})$
j) $(6{,}36 \cdot 10^5) : (5{,}3 \cdot 10^{-1})$
k) $(2{,}4 \cdot 10^{-3}) : (1{,}5 \cdot 10^2)$
l) $(3{,}84 \cdot 10^{-2}) : (1{,}2 \cdot 10^{-5})$

26. Copia y completa.

a) $9{,}4 \cdot 10^5 + \square = 1{,}2 \cdot 10^6$
b) $\square - 9{,}5 \cdot 10^2 = 7{,}3 \cdot 10^3$
c) $3{,}42 \cdot 10^{-5} - \square = 8{,}59 \cdot 10^{-6}$

27. **REFLEXIONA.** Copia y completa los huecos.

a) $(3 \cdot 10^{\square}) \cdot (7 \cdot 10^5) = 2{,}1 \cdot 10^8$
b) $(1{,}8 \cdot 10^3) : (2 \cdot 10^{\square}) = 9 \cdot 10^5$

5. Raíces

5.1. Raíz cuadrada de un número racional

La **raíz cuadrada** de un número racional a es otro número b tal que al elevarlo al cuadrado obtenemos el número a.

$$\sqrt{a} = b \quad \text{si} \quad b^2 = a$$

a es el **radicando**, $\sqrt{\ }$ es el símbolo de la raíz y b es la **raíz**.

- La raíz cuadrada de un número racional positivo tiene siempre dos resultados, uno positivo y otro negativo.
- La raíz cuadrada de un número racional negativo no existe.

EJEMPLO

11. Calcula estas raíces cuadradas.

a) $\left.\begin{array}{l}\sqrt{64} = 8 \quad \text{porque} \quad 8^2 = 64 \\ \sqrt{64} = -8 \ \text{porque} \ (-8)^2 = 64\end{array}\right\} \rightarrow$ Lo escribimos como $\sqrt{64} = \pm 8$.

b) $\sqrt{-9}$ no existe, porque ningún número elevado al cuadrado es negativo.

RETO

Un número racional soy
y mi raíz es mayor que
yo mismo.
Con premura y sin desvío,
señala dónde estoy.

5.2. Expresión decimal de una raíz cuadrada no exacta

GEOGEBRA

Cuando la raíz cuadrada de un número no es exacta, su expresión decimal tiene infinitas cifras decimales. Podemos calcular algunos de sus decimales por tanteo o con la calculadora.

EJEMPLO

12. Aproxima $\sqrt{55}$ con una cifra decimal.

$7^2 = 49$ y $8^2 = 64 \rightarrow$ La parte entera es 7, ya que $64 > 55$.

$7{,}3^2 = 53{,}29 \qquad 7{,}4^2 = 54{,}76 \qquad 7{,}5^2 = 56{,}25$

La primera cifra decimal es 4, ya que $56{,}25 > 55$.

El valor de $\sqrt{55}$ es, aproximadamente, 7,4.

ACTIVIDADES

28. Calcula, si existen, las raíces cuadradas.

a) $\sqrt{49}$ c) $\sqrt{-10^2}$ e) $\sqrt{(-12)\cdot 3}$
b) $\sqrt{100}$ d) $\sqrt{(-13)^2}$ f) $\sqrt{(-8)\cdot(-18)}$

29. ¿Entre qué dos números enteros se encuentran estas raíces?

a) $\sqrt{38}$ b) $\sqrt{70}$ c) $\sqrt{120}$

30. Calcula, por tanteo, estas raíces cuadradas con dos cifras decimales. Después, comprueba tu resultado con la calculadora.

a) $\sqrt{20}$ b) $\sqrt{65}$ c) $\sqrt{90}$

31. **REFLEXIONA.** ¿Cuántos números enteros tienen su raíz comprendida entre 7 y 8? ¿Y cuántos números racionales?

6. Radicales

Raíz *n*-ésima de un número racional

La operación inversa de la potenciación es la radicación.

Se llama raíz *n*-ésima de un número *a*, y se escribe $\sqrt[n]{a}$, a un número real *b* que cumple que $b^n = a$.

$$\sqrt[n]{a} = b \text{ si } b^n = a$$

La expresión $\sqrt[n]{a}$ es el radical, *n* es el índice de la raíz, *a* es el radicando y *b* es la raíz.

EJEMPLOS

13. Decide si −2 y 2 son raíces de estos radicales.

a) $\sqrt[3]{8} \rightarrow (-2)^3 = -8 \rightarrow$ No es raíz. $2^3 = 8 \rightarrow$ Es raíz. $\Big\} \rightarrow \sqrt[3]{8} = 2$

b) $\sqrt[3]{-8} \rightarrow (-2)^3 = -8 \rightarrow$ Es raíz. $2^3 = 8 \rightarrow$ No es raíz. $\Big\} \rightarrow \sqrt[3]{-8} = -2$

c) $\sqrt[4]{16} \rightarrow (-2)^4 = 16 \rightarrow$ Es raíz. $2^4 = 16 \rightarrow$ Es raíz. $\Big\} \rightarrow \sqrt[4]{16} = \pm 2$

d) $\sqrt[5]{32} \rightarrow (-2)^5 = -32 \rightarrow$ No es raíz. $2^5 = 32 \rightarrow$ Es raíz. $\Big\} \rightarrow \sqrt[5]{32} = 2$

14. Halla cuatro radicales que tengan a 3 como raíz.

Como $3^2 = 9 \rightarrow \sqrt{9}$ tiene a 3 como raíz.

Como $3^3 = 27 \rightarrow \sqrt[3]{27}$ tiene a 3 como raíz.

Como $3^4 = 81 \rightarrow \sqrt[4]{81}$ tiene a 3 como raíz.

Como $3^5 = 243 \rightarrow \sqrt[5]{243}$ tiene a 3 como raíz.

Para averiguar cuántas raíces tiene un radical, debemos tener en cuenta el índice y el signo del radicando.

	Radicando	Índice	Número de raíces
$\sqrt[n]{a}$	$a > 0$	*n* impar	1 raíz: positiva
		n par	2 raíces: una positiva y su opuesta
	$a = 0$	*n* par o impar	1 raíz: $\sqrt[n]{0} = 0$
	$a < 0$	*n* impar	1 raíz: negativa
		n par	No tiene raíz real.

Aunque haya dos raíces, al realizar operaciones siempre consideramos la raíz positiva.
$\sqrt{9} - 2 = +3 - 2 = 1$

ACTIVIDADES

32. Indica el índice y el radicando de estos radicales.

a) $\sqrt[3]{-15}$
b) $\sqrt[6]{73}$
c) $\sqrt{45}$
d) $\sqrt[4]{152}$
e) $\sqrt[7]{-56}$
f) $\sqrt[5]{24}$
g) $\sqrt[4]{-331}$
h) $\sqrt[7]{28}$
i) $\sqrt[5]{-200}$
j) $\sqrt[6]{121}$

33. Estudia si −5 y 5 son raíces de los siguientes radicales.

a) $\sqrt[3]{-125}$
b) $\sqrt[5]{3125}$
c) $\sqrt[4]{625}$
d) $\sqrt[5]{-3125}$

34. **REFLEXIONA.** Se sabe que 4 es una raíz de un radical de índice 4. ¿Cuál es el radicando?

> Cuando el radicando es 0, aunque el índice sea par, la única raíz posible es 0, ya que él y su opuesto coinciden.

Cómo se calculan las raíces de un radical

Calcula las raíces de los siguientes radicales.

a) $\sqrt[3]{27}$ b) $\sqrt[6]{64}$ c) $\sqrt[5]{-243}$ d) $\sqrt[4]{-16}$

① Decidimos cuántas raíces hay estudiando si el índice, n, es par o impar y el signo del radicando.

a) $\sqrt[3]{27}$
$n = 3 \rightarrow$ Índice impar
Radicando $= 27 > 0$
Una única raíz positiva

b) $\sqrt[6]{64}$
$n = 6 \rightarrow$ Índice par
Radicando $= 64 > 0$
Dos raíces: una positiva y su opuesta

c) $\sqrt[5]{-243}$
$n = 5 \rightarrow$ Índice impar
Radicando $= -243 < 0$
Una única raíz negativa

d) $\sqrt[4]{-16}$
$n = 4 \rightarrow$ Índice par
Radicando $= -16 < 0$
No existe raíz real.

② Buscamos los números b que cumplen que $b^n = a$.

a) $\sqrt[3]{27} = 3$ porque $3^3 = 27$.

b) $\sqrt[6]{64} = \pm 2$ porque $2^6 = 64$ y $(-2)^6 = 64$.

c) $\sqrt[5]{-243} = -3$ porque $(-3)^5 = -243$.

d) No existe ningún número que elevado a la cuarta nos dé -16.

ACTIVIDADES

35 Indica el índice y el radicando de los siguientes radicales y decide, en función de ellos, cuántas raíces tiene cada uno.

a) $\sqrt{7}$
b) $\sqrt[3]{-18}$
c) $\sqrt[4]{-52}$
d) $\sqrt[5]{100}$
e) $\sqrt[6]{152}$
f) $\sqrt[7]{-300}$
g) $\sqrt[8]{500}$
h) $\sqrt[9]{615}$

36 Decide cuántas raíces reales tienen estos radicales y si son positivas o negativas.

a) $\sqrt[7]{-34}$
b) $\sqrt[6]{84}$
c) $\sqrt[3]{57}$
d) $\sqrt[10]{-10}$
e) $\sqrt[3]{0}$
f) $\sqrt[4]{0}$
g) $\sqrt[7]{65}$
h) $\sqrt[5]{3\,200}$

37 Estudia cuántas raíces reales tienen estos radicales y calcúlalas.

a) $\sqrt[4]{-80}$
b) $\sqrt[3]{-27}$
c) $\sqrt[6]{0}$
d) $\sqrt[8]{256}$
e) $\sqrt[5]{-32}$
f) $\sqrt[6]{1}$
g) $\sqrt[3]{125}$
h) $\sqrt[3]{-216}$

38 Observa el índice y el radicando de estos radicales. Después, indica el número de raíces que tienen y calcúlalas.

a) $\sqrt[7]{128}$
b) $\sqrt[3]{343}$
c) $\sqrt[8]{-1\,260}$
d) $\sqrt[5]{-1\,024}$
e) $\sqrt[4]{-81}$
f) $\sqrt[5]{243}$
g) $\sqrt[5]{0}$
h) $\sqrt[6]{729}$

39 Escribe un radical en cada caso que cumpla las siguientes condiciones.

a) No tiene raíces reales.
b) Solo tiene una raíz real positiva.
c) Solo tiene una raíz real negativa.
d) Su única raíz real es 2. ¿Cuántos radicales cumplen esta condición?
e) Tiene dos raíces reales y una de ellas es 3. ¿Sabrías decir cuál es la otra raíz? ¿Existen varios radicales que cumplan esta condición?
f) Su única raíz real es -3. ¿Puedes escribir dos radicales de distinto índice cuya única raíz real sea -3?

7. Operaciones con radicales

7.1. Suma y resta de radicales

Para poder sumar o restar dos radicales es necesario que el índice y el radicando sean el mismo. Cuando esto ocurre, se suman o restan los números que acompañan a las raíces, manteniendo la misma raíz.

EJEMPLO

15. Realiza esta operación de radicales.

$$6\sqrt[3]{7} + 2\sqrt[3]{7} + \frac{1}{3}\sqrt[3]{7} = \left(6 + 2 + \frac{1}{3}\right)\sqrt[3]{7} = \frac{25}{3}\sqrt[3]{7}$$

EJEMPLO

16. Resuelve estas operaciones.

$$5\sqrt[4]{8} - \frac{2}{3}\sqrt[4]{8} = \left(5 - \frac{2}{3}\right)\sqrt[4]{8} = \frac{13}{3}\sqrt[4]{8}$$

7.2. Producto y cociente de radicales

Para poder multiplicar o dividir dos radicales es necesario que el índice sea el mismo.

Cuando esto ocurre, multiplicamos o dividimos los coeficientes por un lado y los radicandos por otro, dejando la raíz con el mismo índice.

EJEMPLO

17. Opera estos radicales.

a) $5\sqrt{7}\cdot(3\sqrt{2}) = (5\cdot 3)\cdot(\sqrt{7\cdot 2}) = 15\sqrt{14}$

b) $2\sqrt[3]{25}\cdot(4\sqrt[3]{5}) = (2\cdot 4)\cdot(\sqrt[3]{25}\cdot\sqrt[3]{5}) =$
$= 8\sqrt[3]{25\cdot 5} = 8\sqrt[3]{125} = 8\cdot 5 = 40$

c) $16\sqrt[3]{12} : (8\sqrt[3]{3}) = (16 : 8)\cdot(\sqrt[3]{12 : 3}) = 2\sqrt[3]{4}$

d) $6\sqrt[4]{64} : (2\sqrt[4]{4}) = (6 : 2)\cdot(\sqrt[4]{64} : \sqrt[4]{4}) =$
$= 3\sqrt[4]{64 : 4} = 3\sqrt[4]{16} = 3\cdot 2 = 6$

7.3. Extracción de factores

Podemos extraer factores de un radical para obtener expresiones más simples.

Observa que la propiedad del producto se puede aplicar de dos formas:

$\sqrt{a}\cdot\sqrt{b} = \sqrt{a\cdot b}$ $\qquad$ $\sqrt{a\cdot b} = \sqrt{a}\cdot\sqrt{b}$

EJEMPLO

18. Extrae los factores que puedas de este radical: $\sqrt{12}$.

$$\sqrt{12} = \sqrt{2^2\cdot 3} = \sqrt{2^2}\cdot\sqrt{3} = 2\cdot\sqrt{3} = 2\sqrt{3}$$

ACTIVIDADES

40 Efectúa estas operaciones con radicales.

a) $5\sqrt[7]{2} + \frac{2}{3}\sqrt[7]{2}$

b) $3\sqrt[4]{5} - \frac{1}{3}\sqrt[4]{5}$

c) $3\sqrt[6]{2}\cdot(5\sqrt[6]{10})$

d) $20\sqrt[3]{24} : (4\sqrt[3]{6})$

e) $2\sqrt[6]{3} + \frac{2}{5}\sqrt[6]{3} - \frac{5}{3}\sqrt[6]{3}$

f) $\frac{4}{3}\sqrt[5]{9} - \frac{2}{5}\sqrt[5]{9} + \sqrt[5]{9}$

g) $5\sqrt[3]{9}\cdot(2\sqrt[3]{3})$

h) $14\sqrt{12} : (7\sqrt{3})$

41 Calcula.

a) $2\sqrt{6}\cdot\sqrt{24} - \sqrt{18}\cdot\sqrt{8}$

b) $3\sqrt[3]{90} : \sqrt[3]{5} + \frac{1}{2}\sqrt[3]{9}\cdot\sqrt[3]{2}$

42 **REFLEXIONA.** Resuelve.

$$(\sqrt[3]{4} - \sqrt[3]{2})\cdot\sqrt[3]{2} + \sqrt[3]{4}$$

Cómo se extraen factores de un radical

$\sqrt{2^6} = \sqrt{2^{3\cdot 2}} = \sqrt{(2^3)^2} = 2^3$

$\sqrt[3]{2^5} = \sqrt[3]{2^{3+2}} = \sqrt[3]{2^3 \cdot 2^2} = 2\sqrt[3]{2^2}$

Extrae todos los factores que puedas de estos radicales.

a) $\sqrt{1\,440}$ b) $\sqrt[3]{432}$

① Descomponemos el radicando en factores primos.

a) $1\,440 = 2^5 \cdot 3^2 \cdot 5$

b) $432 = 2^4 \cdot 3^3$

② Dividimos los exponentes de cada factor entre el índice de la raíz.

- El cociente es el exponente de la potencia que sale del radical.
- El resto es el exponente de la potencia que queda dentro del radical.

Consideramos el factor 2^5:
$5 \div 2$: Se queda $2^1 \rightarrow 1$, $2 \leftarrow$ Sale 2^2

Consideramos el factor 3^2:
$2 \div 2$: Se queda $3^0 \rightarrow 0$, $1 \leftarrow$ Sale 3^1

Consideramos el factor 5^1:
$1 \div 2$: Se queda $5^1 \rightarrow 1$, $0 \leftarrow$ Sale 5^0

Consideramos el factor 2^4:
$4 \div 3$: Se queda $2^1 \rightarrow 1$, $1 \leftarrow$ Sale 2^1

Consideramos el factor 3^3:
$3 \div 3$: Se queda $3^0 \rightarrow 0$, $1 \leftarrow$ Sale 3^1

③ Reescribimos el resultado.

$\sqrt{1\,440} = 2^2 \cdot 3\sqrt{2 \cdot 5} = 12\sqrt{10}$

$\sqrt[3]{432} = 2 \cdot 3\sqrt[3]{2} = 6\sqrt[3]{2}$

Recuerda que $3^1 = 3$ y $5^0 = 1$.

Recuerda que $2^1 = 2$, $3^0 = 1$ y $5^1 = 5$.

ACTIVIDADES

43 Extrae los factores que sea posible de las siguientes raíces.

a) $\sqrt{48}$	f) $\sqrt{864}$
b) $\sqrt{54}$	g) $\sqrt{1800}$
c) $\sqrt{72}$	h) $\sqrt{2\,304}$
d) $\sqrt{100}$	i) $\sqrt{2\,450}$
e) $\sqrt{216}$	j) $\sqrt{4\,375}$

44 Completa en tu cuaderno.

a) $\sqrt{5^{\square}} = 5^3$

b) $\sqrt{7^{\square}} = 7^4$

c) $\sqrt{2^{\square} \cdot 3^{\square}} = 2 \cdot 3^2$

d) $\sqrt{5^{\square} \cdot 7^{\square}} = 5^3 \cdot 7^2$

e) $\sqrt{11^{\square} \cdot 3^{\square}} = 11^5 \cdot 3$

f) $\sqrt{2^{\square} \cdot 7^{\square} \cdot 13^{\square}} = 2 \cdot 7^4 \cdot 13$

45 Saca todos los factores que puedas de los radicales.

a) $\sqrt[3]{48}$

b) $\sqrt[3]{56}$

c) $\sqrt[3]{135}$

d) $\sqrt[3]{392}$

e) $\sqrt[3]{864}$

f) $\sqrt[3]{2\,000}$

g) $\sqrt[4]{512}$

h) $\sqrt[4]{2\,835}$

i) $\sqrt[4]{12\,960}$

j) $\sqrt[5]{64}$

k) $\sqrt[5]{486}$

l) $\sqrt[5]{31\,250}$

46 Copia y completa en tu cuaderno.

a) $\sqrt[3]{2^{\square} \cdot 5^{\square}} = 2^2 \cdot 5^3$

b) $\sqrt[3]{3^{\square} \cdot 5^{\square}} = 3 \cdot 5^2 \cdot \sqrt[3]{5}$

c) $\sqrt[3]{7^{\square} \cdot 11^{\square}} = 7^3 \cdot 11 \cdot \sqrt[3]{11}$

d) $\sqrt[3]{2^{\square} \cdot 3^{\square} \cdot 11^{\square}} = 2^2 \cdot 11 \cdot \sqrt[3]{2 \cdot 3}$

e) $\sqrt[4]{2^{\square} \cdot 5^{\square}} = 2 \cdot 5^2$

f) $\sqrt[4]{3^{\square} \cdot 7^{\square}} = 7 \cdot \sqrt[4]{3^2 \cdot 7^3}$

Cómo se suman y restan radicales sacando factores

> Para extraer factores de la raíz, agrúpalos en potencias que tengan el mismo exponente que el índice de la raíz y saca tantos factores como grupos tengas.

Resuelve: $3\sqrt{8} + 2\sqrt{32} - \sqrt{128}$.

① Descomponemos los radicandos en factores primos.

$8 = 2^3$

$32 = 2^5$

$128 = 2^7$

② Sustituimos los radicandos por su descomposición y extraemos factores de la raíz.

$$3\sqrt{8} + 2\sqrt{32} - \sqrt{128} = 3\sqrt{2^3} + 2\sqrt{2^5} - \sqrt{2^7} =$$

Sale 2^1 y se queda 2^1. Sale 2^2 y se queda 2^1. Sale 2^3 y se queda 2^1.

$$= 3 \cdot 2\sqrt{2} + 2 \cdot 2^2\sqrt{2} - 2^3\sqrt{2} = 6\sqrt{2} + 8\sqrt{2} - 8\sqrt{2} =$$

Índice y radicando coinciden. Se pueden sumar y restar.

③ Resolvemos la operación.

$$= (6 + 8 - 8)\sqrt{2} = 6\sqrt{2}$$

ACTIVIDADES

47 Extrae de los radicales los factores que puedas y calcula.

a) $\sqrt{12} + \sqrt{27}$

b) $\sqrt{45} - \sqrt{20}$

c) $\sqrt{147} - \sqrt{75} + \sqrt{12}$

d) $\sqrt{50} - \sqrt{98} + \sqrt{242}$

e) $-\sqrt{5} + \sqrt{80} - \sqrt{20} + \sqrt{45}$

f) $\sqrt{28} - \sqrt{63} - \sqrt{175} + \sqrt{112}$

48 Resuelve estas operaciones con radicales extrayendo factores de las raíces.

a) $-\sqrt[3]{40} - \sqrt[3]{135} + \sqrt[3]{625}$

b) $\sqrt[3]{250} - \sqrt[3]{54} - \sqrt[3]{16}$

c) $\sqrt[3]{2\,401} - \sqrt[3]{56} - \sqrt[3]{448}$

d) $\sqrt[4]{96} + \sqrt[4]{486}$

e) $\sqrt[4]{2\,592} - \sqrt[4]{1\,250}$

49 Saca los factores necesarios de los radicales y opera.

a) $2\sqrt{27} - 2\sqrt{243} + \sqrt{2\,187}$

b) $5\sqrt{2} - 2\sqrt{18} + \sqrt{8} - 2\sqrt{50}$

c) $-3\sqrt[3]{2\,187} + 5\sqrt[3]{24} - 7\sqrt[3]{375}$

50 Opera y simplifica.

a) $-\frac{1}{2}\sqrt{125} - \frac{3}{5}\sqrt{45} + 6\sqrt{20} - 2\sqrt{80}$

b) $-\frac{1}{5}\sqrt[3]{40} + \frac{2}{3}\sqrt[3]{135} - 3\sqrt[3]{5}$

c) $\frac{3}{2}\sqrt[3]{32} - \frac{4}{5}\sqrt[3]{500} + \frac{5}{3}\sqrt[3]{108}$

d) $\frac{2}{3}\sqrt[3]{72} - \frac{1}{4}\sqrt[3]{1125} - \frac{1}{2}\sqrt[3]{3\,087}$

e) $\frac{4}{5}\sqrt[3]{80} - \frac{2}{5}\sqrt[3]{40} - \frac{2}{3}\sqrt[3]{270} + \frac{1}{3}\sqrt[3]{135}$

f) $\frac{4}{3}\sqrt{48} - 3\sqrt{125} + \frac{7}{4}\sqrt{180} - \frac{1}{3}\sqrt{300}$

8. Números reales

8.1. Números irracionales

Los **números irracionales** son los números que no se pueden expresar en forma de fracción. Su expresión decimal tiene un número ilimitado de cifras decimales no periódicas.

Existen infinitos números irracionales, por ejemplo:

- Cualquier raíz no exacta: $\sqrt{5}$, $-\sqrt{7}$, $\sqrt{24}$, ...
- Algunos números *especiales*: π, e, Φ, ...
- Otros números, por ejemplo: 2,24224222...; 0,12345678910...; ...

EJEMPLO

19. Clasifica los siguientes números según sean racionales o irracionales.

$\sqrt{5}$ 0,50505050505... 0,5050050005...

Son irracionales $\sqrt{5} = 2{,}23606797...$ y 0,5050050005... porque su expresión decimal tiene infinitas cifras decimales no periódicas.

Es racional $0{,}50505050505... = 0{,}\widehat{50}$ porque es un número decimal periódico y se puede expresar mediante una fracción.

RETO

¿Puedes escribir solo con unos y ceros un número irracional?

8.2. Números reales

Los **números reales** se representan como $\mathbb{R}$, y son el conjunto formado por los números racionales y los números irracionales.

Los números decimales pueden ser racionales o irracionales.

Todos los números decimales son reales.

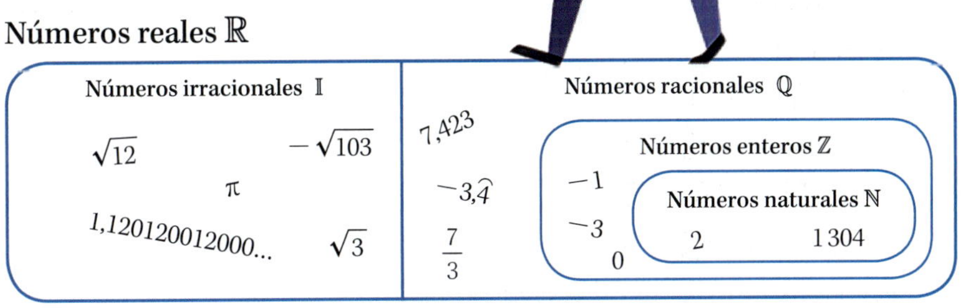

ACTIVIDADES

51 Clasifica estos números indicando todos los conjuntos numéricos a los que pertenecen.

a) $1{,}2\widehat{5}$
b) $3\sqrt{4}$
c) $1-\sqrt{5}$
d) $\dfrac{37}{5}$
e) $\sqrt[3]{-8}$
f) $\sqrt{1{,}44}$
g) $-(\sqrt{5})^2$
h) $\dfrac{1}{9}-\dfrac{\sqrt{4}}{6}$
i) $\sqrt{2}+\sqrt{3}$
j) $\sqrt{75}\cdot\sqrt{3}$
k) $-2\sqrt{6}$
l) $\sqrt{\dfrac{32}{50}}$

52 Con las cifras 1, 2 y 3, escribe un número:

a) Irracional.
b) Decimal exacto.
c) Decimal periódico puro.
d) Decimal periódico mixto.

53 **REFLEXIONA.** Escribe un radical que tenga una raíz:

a) Natural.
b) Entera no natural.
c) Racional no entera.
d) Irracional.

9. Aproximaciones y errores

9.1. Redondeo y truncamiento

GEOGEBRA

Para **truncar** un número decimal hasta un cierto orden, hay que eliminar del número las cifras decimales siguientes a la cifra que indica ese orden.

Para **redondear** hasta un cierto orden, hay que truncar el número. Si la cifra siguiente al orden es mayor o igual que 5, se aumenta una unidad la última cifra decimal. Si es menor que 5, se deja como está.

Los números irracionales tienen infinitas cifras decimales no periódicas. Por eso, para trabajar con ellos utilizamos aproximaciones.

Al número de cifras resultante de aproximar un número lo llamamos cifras significativas.

4,846

Redondeo a la centésima ↓

Tres cifras significativas → 4,85

EJEMPLO

20. Redondea y trunca a las décimas y a las centésimas $\sqrt{5} = 2{,}2360\ldots$

A las décimas:	A las centésimas:
Truncamiento → 2,2	Truncamiento → 2,23
Redondeo $\xrightarrow{3<5}$ 2,2	Redondeo $\xrightarrow{6>5}$ 2,24

Cuando la aproximación es mayor que el número, decimos que se ha realizado una **aproximación por exceso**. Cuando es menor, la **aproximación** es **por defecto**.

9.2. Error absoluto y error relativo

- **Error absoluto**, E_a, de una aproximación es el valor absoluto de la diferencia entre el número y su aproximación.
- **Error relativo**, E_r, de una aproximación es el valor absoluto del cociente entre el error absoluto y el número.

EJEMPLO

21. Halla los errores cometidos al redondear 5,1827 a las milésimas.

$5{,}1827 \xrightarrow{7>5} 5{,}183$

Error absoluto: $E_a = |5{,}1827 - 5{,}183| = 0{,}0003$

Error relativo: $E_r = \left|\dfrac{0{,}0003}{5{,}1827}\right| = 0{,}000058$

Valor absoluto:

$$|a| = \begin{cases} a & \text{si } a \geq 0 \\ -a & \text{si } a < 0 \end{cases}$$

$|3| = 3 \qquad |-3| = 3$

ACTIVIDADES

54 Trunca y redondea estos números a las décimas y a las centésimas.

a) 5,264 e) 9,864 i) −12,418

b) $3{,}2\hat{4}$ f) $0{,}\widehat{28}$ j) $71{,}\widehat{09}$

c) $\sqrt[3]{10}$ g) $\sqrt[4]{25}$ k) $\sqrt[5]{2}$

d) $\dfrac{7}{3}$ h) $\dfrac{1}{8}$ l) $-\dfrac{\sqrt{4}}{12}$

55 Redondea a las décimas los números 25,21 y 50,42. Calcula el error absoluto y el relativo cometido en cada caso y compáralos.

56 **REFLEXIONA.** Escribe dos números tales que al redondearlos a las décimas se cometa el mismo error absoluto pero distinto error relativo.
¿En cuál de los dos es más acertada la aproximación?

10. Intervalos

Un **intervalo** de extremos *a* y *b* está formado por todos los números comprendidos entre *a* y *b*.

EJEMPLO

22. Representa los puntos −5 y 2 en una recta numérica. Escribe algunos números que pertenezcan al intervalo de extremos −5 y 2.

Los números que pertenecen a este intervalo están comprendidos entre −5 y 2, por ejemplo:

−4   −3,25   0   0,6 $\sqrt{2}$

En general, cualquier número real que sea mayor que −5 y menor que 2 pertenece al intervalo.

Tipos de intervalo

GEOGEBRA

Un intervalo puede contener los dos extremos, uno o ninguno.

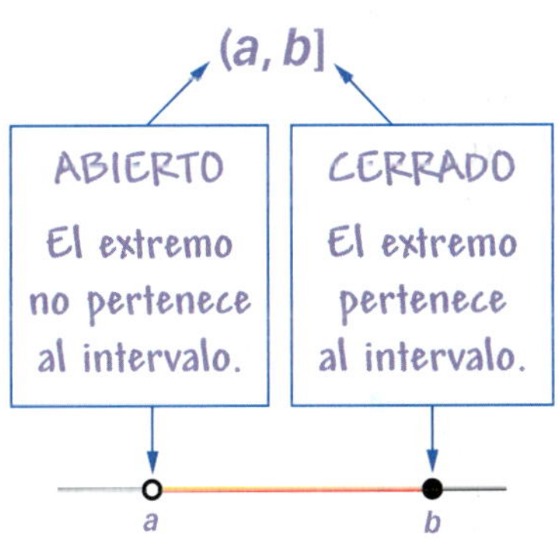

- Si los dos extremos pertenecen al intervalo, se dice que es **cerrado**.

[*a*, *b*]

- Si los extremos del intervalo no pertenecen a él, se dice que es **abierto**.

(*a*, *b*)

- Si el extremo menor pertenece al intervalo y el mayor no, se dice que es **cerrado por la izquierda** y **abierto por la derecha**.

[*a*, *b*)

- Si el extremo menor no pertenece al intervalo y el mayor sí, se dice que es **abierto por la izquierda** y **cerrado por la derecha**.

(*a*, *b*]

ACTIVIDADES

57 Representa los puntos −6 y 4 en una recta numérica. Indica un punto que pertenezca al intervalo de extremos −6 y 4 tal que sea:

a) Natural.
b) Entero negativo.
c) Decimal periódico.
d) Irracional.

58 Representa los siguientes intervalos e indica dos puntos que pertenezcan a ellos en cada caso.

a) [2, 5]
b) [3; 3,1)
c) (−2; 0,3]
d) [−5; −4,9)

59 Escribe el intervalo que se ha representado en cada caso.

a) 

b) 

60 **REFLEXIONA.** Dado un intervalo [*a*, *b*), donde $a < b$:

- ¿Existe siempre un entero que pertenezca a él?
- ¿Y uno racional?
- ¿Y uno irracional?

1. Calcula expresiones de números enteros y fraccionarios con potencias de exponente entero

Potencias

ACTIVIDADES FLASH

61 Indica en forma de potencia.

a) $2 \cdot 2 \cdot 2 \cdot 2 \cdot 2$
b) $\frac{1}{3} \cdot \frac{1}{3} \cdot \frac{1}{3} \cdot \frac{1}{3}$
c) $(-6) \cdot (-6) \cdot (-6) \cdot (-6)$
d) $\left(-\frac{2}{5}\right) \cdot \left(-\frac{2}{5}\right) \cdot \left(-\frac{2}{5}\right)$

62 Expresa en forma de producto estas potencias.

a) 5^4
b) $\left(\frac{1}{2}\right)^4$
c) $(-2)^5$
d) $\left(-\frac{3}{4}\right)^3$
e) $(-7{,}01)^3$
f) $\left(-\frac{5}{3}\right)^2$

63 Di cuál es el signo del resultado.

a) -2^3
b) $\left(-\frac{1}{2}\right)^4$
c) $(-2{,}4)^3$
d) $-\left(-\frac{2}{5}\right)^3$
e) $-(-5)^2$
f) $\left(\frac{-4}{3}\right)^3$

64 Expresa como potencia de exponente positivo.

a) $(-2)^{-1}$
b) $\left(\frac{1}{4}\right)^{-2}$
c) -2^{-1}
d) $-\left(\frac{2}{3}\right)^{-3}$
e) 6^{-5}
f) $\left(\frac{5}{3}\right)^{-6}$

65 Calcula estas potencias e indica su signo.

a) $\left(\frac{2}{3}\right)^3$
b) $\left(-\frac{6}{5}\right)^2$
c) $-\left(\frac{3}{4}\right)^{-4}$
d) $-\left(-\frac{1}{3}\right)^{-3}$

66 Ordena estas potencias de menor a mayor.

a) $4^{-3}, 4^{-7}, 4^0, 4^{-1}, 4^5, 4^7$
b) $(-2)^{-3}, (-2)^4, (-2)^{-2}, (-2)^0, (-2)^{-4}$

67 ¿Quién escribió *La Galatea*? Ordena de menor a mayor las potencias con sus letras y contesta.

R	N	C	A	S	T	E	V	E
$(-2)^{-3}$	$(-2)^2$	-2^7	2	$(-2)^6$	2^4	-2^4	2^{-2}	2^5

68 **INVESTIGA.** ¿Puede 549 528 651 332 097 ser el cuadrado de algún número natural?

69 Escribe como potencia de exponente positivo.

a) $\left(\frac{2}{5}\right)^{-1}$
b) 6^{-3}
c) $\left(\frac{5}{7}\right)^{-3}$

70 Escribe como potencia de exponente negativo.

a) $\frac{1}{5^3}$
b) $\frac{1}{4^2}$
c) $\frac{1}{10^5}$

CÁLCULO MENTAL

71 Expresa en forma de potencia.

a) 16
b) $\frac{1}{4}$
c) $0{,}49$
d) -27
e) $\frac{4}{9}$
f) 1
g) $10\,000$
h) $-\frac{25}{36}$
i) -1
j) $0{,}25$
k) $\frac{1}{81}$
l) $-0{,}001$

72 Corrige los errores.

a) $(-2)^2 = 2 \cdot (-2)$
b) $-3^4 = 3^4$
c) $5^{-3} = (-5)^3$
d) $(-4)^3 = 4^3$

73 **JUEGO.** Colocad las fichas de dominó de forma que se toquen los lados iguales.

-5^{-1}	$(3/2)^{-1}$	$(-2/3)^{-1}$	$6^{-(-2)}$	$-(3/2)^{-1}$	$-(1/6)^{-2}$	$1/5^{-1}$
6^2	$-(2/3)^{-2}$	4^{-1}	$-3/2$	$4/9$	-2^{-2}	$2/3$
$-1/3$	5^{-1}	$-9/4$	$3/2$	$(3/2)^{-2}$	$-1/4$	$1/4$
$(2/3)^{-1}$	-6^2	-3^{-1}	$-1/5$	5	$-2/3$	$1/5$

Después, en grupos de cuatro, elaborad 20 fichas de dominó utilizando potencias y jugad con ellas.

74 **INVESTIGA.** Completa con el número que falta.

a) $\square^2 = 25$
b) $5^\square = 0{,}2$
c) $5^\square = 0{,}04$
d) $\square^{-3} = 0{,}008$
e) $\square^3 = 8$
f) $2^\square = 0{,}5$

¿Qué relación encuentras entre 2^n y 5^{-n}?

75 **JUEGO.** Cada participante elegirá una tarjeta y el otro tratará de averiguar mediante preguntas.

$-(1/2)^{-3}$	$-(1/4)^{-1}$	$(-2)^{-3}$	-2^{-2}	-2^{-3}
$(1/2)^{-3}$	$(1/4)^{-1}$	$-(1/3)^{-3}$	$-(1/3)^{-2}$	$(-3)^{-3}$
-3^{-2}	3^{-3}	$(-3)^{-2}$	$(1/3)^{-3}$	$(1/9)^{-1}$

Podéis hacer preguntas como estas: ¿se puede escribir como potencia de base 2?, ¿es un número positivo?, ¿el exponente es par?...

76 **RETO.** Un cubo de Rubik está formado por 27 cubitos pequeños $(3 \times 3 \times 3)$. ¿Cuántos cubitos pequeños tiene una cara? ¿Y dos caras? ¿Y tres caras? Contesta estas preguntas para un cubo de tamaño $7 \times 7 \times 7$. ¿Y si el cubo tiene n cubitos en cada lado?

77 **INVESTIGA.** Una potencia de exponente entero positivo, ¿es siempre mayor que la base? ¿En qué casos? ¿Y una potencia de exponente negativo?

78 Determina si estas igualdades son verdaderas.

a) $0{,}2^3 = 5^{-3}$
b) $0{,}\hat{6}^3 = \dfrac{25}{81}$
c) $(-4)^{-3} = (-64)^{-1}$
d) $(-2)^{-4} = 2^4$

Operaciones con potencias

ACTIVIDADES FLASH

79 Expresa el resultado con una sola potencia.

a) $2^3 \cdot 2^5$
b) $(-7)^4 \cdot (-7)^6$
c) $(-3)^3 \cdot (-3)^2 \cdot (-3)$
d) $\left(\dfrac{4}{5}\right)^3 \cdot \left(\dfrac{4}{5}\right)^{-3}$
e) $\left(-\dfrac{2}{3}\right)^{-6} \cdot \left(-\dfrac{2}{3}\right)^2$
f) $(-5)^4 : (-5)^6$
g) $12^{-10} : 12^3$
h) $(-6)^{-4} : (-6)^2 : (-6)^{-1}$
i) $\left(-\dfrac{3}{7}\right)^{-4} : \left(-\dfrac{3}{7}\right)^{-5}$
j) $\left(-\dfrac{1}{3}\right)^5 \cdot \left(-\dfrac{1}{3}\right)^{-1} : \left(-\dfrac{1}{3}\right)^{-2}$

80 Calcula estos productos y cocientes de potencias.

a) $5^2 \cdot 6^2$
b) $3^{-1} \cdot 2^{-1}$
c) $7^{-3} \cdot 4^{-3}$
d) $\left(\dfrac{1}{2}\right)^5 \cdot \left(\dfrac{3}{2}\right)^5$
e) $\left(-\dfrac{2}{5}\right)^6 \cdot \left(-\dfrac{5}{2}\right)^6$
f) $35^{-4} : (-7)^{-4}$
g) $40^{-5} : 5^{-5}$
h) $16^6 : (-4)^6$
i) $\left(\dfrac{2}{7}\right)^3 : \left(-\dfrac{7}{2}\right)^3$
j) $\left(\dfrac{1}{2}\right)^{-2} \cdot \left(\dfrac{2}{3}\right)^{-2} : \left(-\dfrac{5}{3}\right)^{-2}$

81 Expresa en forma de una sola potencia.

a) $(2^2)^5$
b) $((-3)^5)^{-2}$
c) $\left[\left(-\dfrac{3}{5}\right)^2\right]^5$
d) $\left[\left(\dfrac{1}{2}\right)^3\right]^{-2}$
e) $((-7)^{-4})^6$
f) $(2^{-1})^{-2}$
g) $\left[\left(-\dfrac{4}{5}\right)^7\right]^{-3}$
h) $\left[\left(\dfrac{2}{5}\right)^{-1}\right]^{-3}$
i) $((-4)^9)^3$
j) $((-3)^{-2})^{-7}$
k) $\left[\left(-\dfrac{3}{7}\right)^{-2}\right]^4$
l) $\left[\left[\left(-\dfrac{1}{4}\right)^{-3}\right]^{-2}\right]^5$

82 CÁLCULO MENTAL. Realiza estas operaciones.

a) $1 + \left(\dfrac{1}{2}\right)^{-1}$
b) $\left(1 - \dfrac{1}{2}\right)^2$
c) $\left(1 - \dfrac{1}{2}\right)^{-1}$
d) $\left(\dfrac{1}{3} + \dfrac{1}{2}\right)^{-1}$
e) $\left(\dfrac{1}{3}\right)^{-2} + \left(\dfrac{1}{2}\right)^{-2}$
f) $\left(\dfrac{1}{3}\right)^{-1} - \left(\dfrac{1}{2}\right)^{-2}$

83 Indica y corrige el error.

a) $0{,}3^2 - 0{,}2^2 = (0{,}3 - 0{,}2)^2 = 0{,}1^2$
b) $(0{,}5 + 0{,}1)^{-1} = 0{,}5^{-1} + 0{,}1^{-1} = 2 + 10 = 12$

84 Completa los cuadrados mágicos multiplicativos, en los que el producto de los elementos de sus filas, columnas y diagonales coinciden.

a)

b)

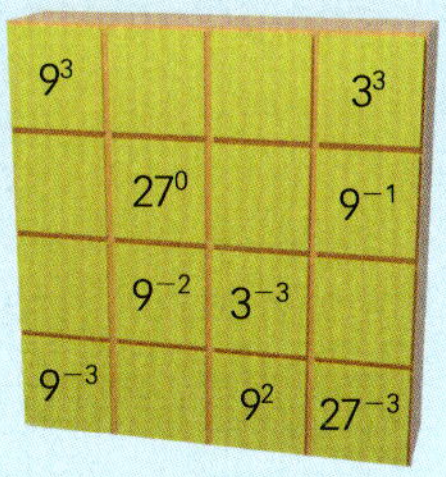

85 Copia y completa los huecos.

a) $3^7 \cdot \square = 3^5$
b) $\square \cdot 3^{-1} = 30^{-1}$
c) $\left(-\dfrac{1}{4}\right)^{-2} \cdot \square = \left(\dfrac{3}{20}\right)^{-2}$
d) $\square : (-4)^7 = (-4)^{-1}$
e) $6^{-5} : \square = 3^{-5}$
f) $\left(\dfrac{3}{4}\right)^{-5} : \square = \left(\dfrac{3}{4}\right)^2$

86 Expresa el resultado en forma de potencia.

a) $(13^3 \cdot 13^{-1})^{-1}$
b) $9^{-1} \cdot (3^{-2})^2$
c) $[(-5)^2]^{-1} \cdot 25^3$
d) $\left(\dfrac{1}{2}\right)^4 \cdot 2^{-5}$
e) $\left(\dfrac{1}{7^5} \cdot 49^{-2}\right)^{-3}$
f) $(4^2)^{-3} : (4^5)^{-2}$
g) $(3^{-7} : 81^{-3})^{-2}$
h) $2^{-3} : (2^5 : 4^{-2})^2$
i) $\left(-\dfrac{1}{3}\right)^{-4} : 3^5$
j) $\left[125^3 : \left(\dfrac{1}{5}\right)^2\right]^{-1}$

87 Justifica si son ciertas o no las igualdades.

a) $9^{-1} = -9$
b) $(2^{-5})^{-1} = 2^{-6}$
c) $(-3)^{-3} = (-3)^{-2} \cdot 3^{-1}$
d) $4^{-3} = (-4)^{-1} \cdot (-4)^4$

88 **RETO.** Comprueba que el cubo de cualquier número par es múltiplo de 8.

Cómo se resuelven productos de potencias con bases opuestas

89 Expresa como una sola potencia: $(-3)^4 \cdot 3^2$.

PRIMERO. Se descompone la base negativa y, después, se aplica la propiedad de potencia de un producto.

$$(-3)^4 \cdot 3^2 = (-1 \cdot 3)^4 \cdot 3^2 = (-1)^4 \cdot 3^4 \cdot 3^2$$

SEGUNDO. Se efectúan las operaciones con potencias de la misma base y se opera.

$$(-1)^4 \cdot 3^4 \cdot 3^2 = (-1)^4 \cdot 3^{4+2} = 1 \cdot 3^6 = 3^6$$

90 Expresa como una sola potencia.

a) $6^5 \cdot (-6)^3$
b) $7^3 \cdot (-7)^2 \cdot 7^{-1}$
c) $(-1)^{-3} \cdot (-1)^2 \cdot 1^5$
d) $7^6 : (-7)^4$

Cómo se resuelven operaciones con potencias

91 Resuelve: $[(-6)^3 : 4^5]^{-2}$.

PRIMERO. Se descomponen las bases de las potencias en factores primos.

$$-6 = (-1) \cdot 2 \cdot 3 \qquad 4 = 2^2$$

SEGUNDO. Se sustituyen las bases por su descomposición y se opera.

$$\begin{aligned}[(-6)^3 : 4^5]^{-2} &= [[(-1) \cdot 2 \cdot 3]^3 : (2^2)^5]^{-2} = \\ &= [[(-1)^3 \cdot 2^3 \cdot 3^3] : 2^{10}]^{-2} = \\ &= [(-1)^3 \cdot 2^{3-10} \cdot 3^3]^{-2} = \\ &= [(-1)^3 \cdot 2^{-7} \cdot 3^3]^{-2} = (-1)^{-6} \cdot 2^{14} \cdot 3^{-6} = \\ &= \frac{1}{(-1)^6} \cdot 2^{14} \cdot \frac{1}{3^6}\end{aligned}$$

TERCERO. Si aparece alguna potencia de -1, se sustituye por 1 si el exponente es par y por -1 si el exponente es impar.

$$= \frac{1}{(-1)^6} \cdot 2^{14} \cdot \frac{1}{3^6} = 2^{14} \cdot \frac{1}{3^6} = \frac{2^{14}}{3^6}$$

92 Resuelve estas operaciones.

a) $[(-12)^2 \cdot 6^{-2}]^3$
b) $[18^{-1} \cdot 3^2]^{-1}$
c) $(5^2 \cdot 25^2)^3$
d) $[9^2 : (-27)^4]^4$
e) $[(-2)^{12}]^3 \cdot 8^5$
f) $(6^3 \cdot 36^2)^6$
g) $[3^{12}]^3 \cdot [(-27)^5]^2$
h) $(16^2 : 64^3)^5 \cdot 4^4$
i) $[(-50)^{-3} \cdot 20^4]^{-1}$
j) $[(-42)^4 : 14^3]^{-2}$

93 Efectúa las operaciones y simplifica.

a) $40^{12} : [(-4)^6]^{-6}$
b) $(-45)^{15} \cdot [(-15)^3]^{-6}$
c) $(9^2 : 27^4)^{-4} \cdot (6^{-3} \cdot 36^{-2})$
d) $\left[\left(\frac{3}{4} \cdot \frac{4}{3}\right)^{-3} : \left(\frac{3}{2} \cdot (-4)\right)\right]^{-1}$

94 Simplifica y expresa el resultado como un producto de potencias de exponente positivo.

a) $\frac{2^3 \cdot 5^4 \cdot 3^2}{3^2 \cdot 5^3 \cdot 2^4}$
b) $\frac{7^2 \cdot 5^4 \cdot 11}{11^4 \cdot 7^3 \cdot 5}$
c) $\frac{2^8 \cdot 5^3 \cdot 2^{-3} \cdot 3}{5^{-2} \cdot 3^{-3} \cdot 2^2}$

95 Descompón en factores primos cada término y simplifica el resultado expresándolo como un producto de potencias de exponente positivo.

a) $\frac{40 \cdot 12 \cdot 8}{25 \cdot 64 \cdot 18}$
b) $\frac{14 \cdot 15 \cdot 36}{50 \cdot 49 \cdot 16}$
c) $\frac{12^2 \cdot 25^{-2} \cdot 16^{-1}}{15^{-2} \cdot 20^3}$
d) $\frac{(-15)^{-3} \cdot 35^2 \cdot 49^{-1}}{243 \cdot 343 \cdot 70^{-2}}$

2. Expresa números en notación científica y opera con ellos

ACTIVIDADES FLASH

96 Expresa cada número como potencia de base 10.

a) 1000
b) 1000000
c) 100000
d) 1
e) 0,0001
f) 0,00000001

97 Expresa estos números en notación científica.

a) 50000
b) 123,7
c) $45,96 \cdot 10^5$
d) $0,123 \cdot 10^4$
e) $453,2 \cdot 10^{-5}$
f) $0,894 \cdot 10^{-1}$

98 Halla el resultado en notación científica.

a) $100 \cdot 1000$
b) $1000 \cdot 1000$
c) $10000 \cdot 0,1$
d) $100 \cdot 0,01$
e) $0,01 \cdot 0,1$
f) $0,001 \cdot 0,001$

99 ¿Cuál es la distancia de la Tierra al Sol en metros? Cada casilla se obtiene sumando las dos que tiene debajo.

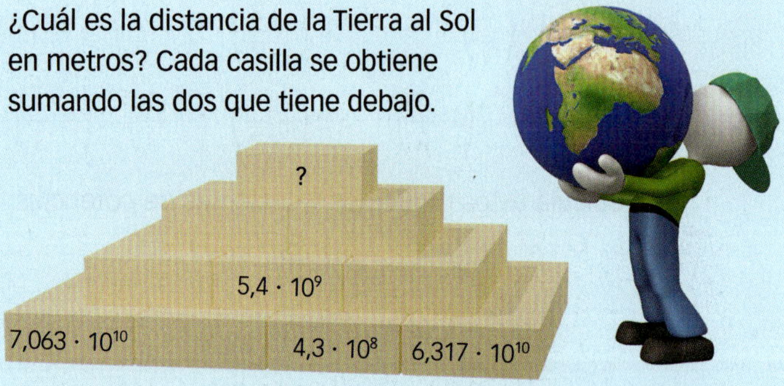

100 **INVESTIGA.** Averigua qué es un gúgol e intenta escribirlo en tu calculadora. ¿Qué diferencia hay entre un gúgol y el número más grande que puedes escribir?

INTERNET

101 Resuelve y expresa en notación científica.

a) $41,1 \cdot 10^{-3} + 5,1 \cdot 10^{-2}$
b) $5,8 \cdot 10^5 - 4,2 \cdot 10^3$
c) $724 \cdot 10^{-2} - 54 \cdot 10^{-1}$
d) $4,62 \cdot 10^5 \cdot 3,7 \cdot 10^2$
e) $10,08 \cdot 10^3 : (7,2 \cdot 10^{-2})$
f) $25,83 \cdot 10^{-1} : (4,1 \cdot 10^5)$

102 Calcula la velocidad de la luz en m/s. Cada casilla se obtiene multiplicando las dos que tiene debajo.

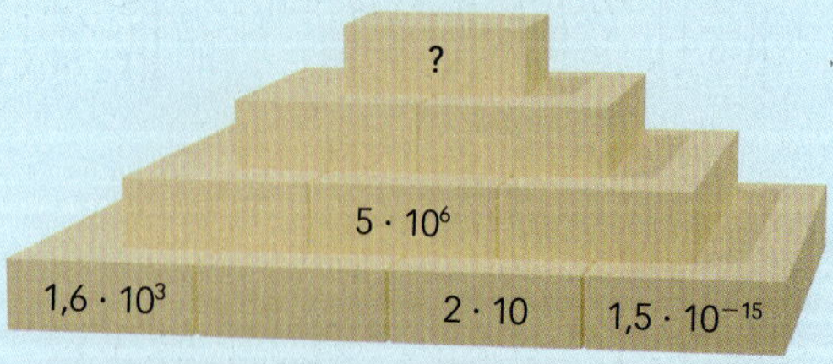

103 **JUEGO.** El factorial de un número, $n!$, es el producto de todos los números naturales menores o iguales que él. Así, $5! = 5 \cdot 4 \cdot 3 \cdot 2 \cdot 1 = 120$. En cada turno, una persona planteará un número factorial, y el resto tendrá que aproximarlo por una potencia de 10. Ganará la potencia que más se aproxime al número.

INTERNET

104 **INVESTIGA.** ¿Qué es un año luz? Pon un ejemplo, en notación científica, de una distancia en años luz.

3. Factoriza expresiones numéricas que contengan raíces, opera y simplifica los resultados

ACTIVIDADES FLASH

105 Indica cuántas raíces reales tienen estos radicales.

a) $\sqrt{30}$ c) $\sqrt[3]{81}$ e) $\sqrt[4]{-16}$ g) $\sqrt[5]{55}$

b) $\sqrt{-6}$ d) $\sqrt[3]{-27}$ f) $\sqrt[4]{256}$ h) $\sqrt[7]{-80}$

106 Di el resultado de estas operaciones.

a) $2\sqrt[5]{6} + 5\sqrt[5]{6}$

b) $\sqrt{5} - 2\sqrt{5}$

c) $\sqrt[3]{2} + 2\sqrt[3]{2} - 3\sqrt[3]{2}$

d) $7\sqrt[3]{4} \cdot 2\sqrt[3]{5}$

e) $(5\sqrt{6}) : (\sqrt{2})$

f) $(10\sqrt[4]{32}) : (5\sqrt[4]{8})$

107 **INVESTIGA.** ¿Cuánto tiene que valer a para que $\sqrt{a} < a$? ¿Y para que $\sqrt{a} > a$?

Cómo se resuelven operaciones combinadas con potencias y raíces

108 Resuelve esta operación.

$$\frac{2}{5} \cdot \frac{1}{3} - 0{,}3 + \sqrt{9{,}61} - 2^2$$

PRIMERO. Se calculan las potencias y las raíces.

$$\frac{2}{5} \cdot \frac{1}{3} - 0{,}3 + \sqrt{9{,}61} - 2^2 = \frac{2}{5} \cdot \frac{1}{3} - 0{,}3 + 3{,}1 - 4$$

SEGUNDO. Se resuelve siguiendo la jerarquía de las operaciones.

$$\frac{2}{5} \cdot \frac{1}{3} - 0{,}3 + 3{,}1 - 4 = \frac{2}{15} - 1{,}2$$

TERCERO. Se expresa el número decimal en forma de fracción.

$$\frac{2}{15} - 1{,}2 = \frac{2}{15} - \frac{12}{10} = -\frac{16}{15}$$

109 Calcula el resultado de estas operaciones.

a) $52 - 0{,}6 \cdot \sqrt{25} + 0{,}4 : 0{,}2$

b) $\frac{4}{13} \cdot \sqrt{1{,}69} - 0{,}2^2 : \frac{1}{6} + \left(\frac{3}{2}\right)^2$

c) $\frac{1}{2} \cdot \sqrt{2 + \sqrt{2 + \sqrt{5^2 - 7 \cdot 3}}}$

110 Copia y completa el crucigrama. Para ello, introduce los factores dentro del radical y calcula el radicando.

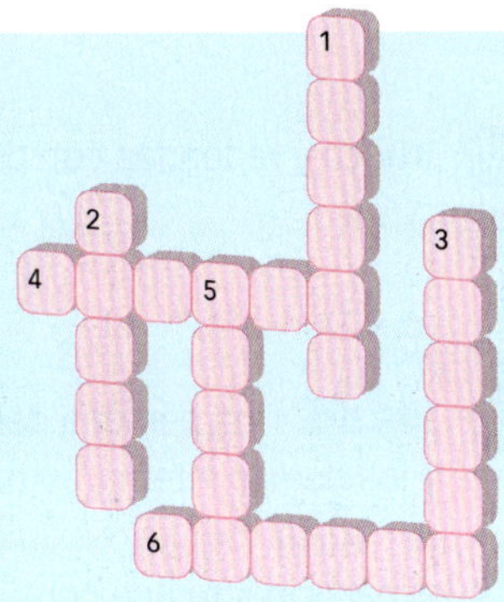

HORIZONTALES:

4. $2^2 \cdot 3 \cdot \sqrt[4]{7} = \sqrt[4]{\square}$

6. $2^3 \cdot 3\sqrt[4]{2} = \sqrt[4]{\square}$

VERTICALES:

1. $3 \cdot 5 \cdot \sqrt[3]{5 \cdot 7} = \sqrt[3]{\square}$

2. $5 \cdot 6^2 \cdot \sqrt{2} = \sqrt{\square}$

3. $2^3 \cdot 7^2 \cdot \sqrt{3} = \sqrt{\square}$

5. $2^2 \cdot 3 \cdot \sqrt[3]{7} = \sqrt[3]{\square}$

111 Extrae los factores que sea posible de las raíces.

a) $\sqrt{18}$ c) $\sqrt{45}$ e) $\sqrt{90}$ g) $\sqrt[3]{72}$

b) $\sqrt{28}$ d) $\sqrt{60}$ f) $\sqrt{150}$ h) $\sqrt[3]{1\,250}$

112 Extrae los factores que sea posible y simplifica.

a) $\sqrt[3]{\frac{8}{27}}$ b) $\sqrt[4]{\frac{5}{16}}$ c) $\sqrt[3]{\frac{64}{81}}$ d) $\sqrt[4]{\frac{32}{243}}$

113 Calcula estas sumas y restas. Para ello, extrae de la raíz todos los factores que puedas.

a) $2\sqrt[3]{24} + 5\sqrt[3]{81}$

b) $-\sqrt[3]{16} + 6\sqrt[3]{250}$

c) $3\sqrt[4]{112} - 2\sqrt[4]{567}$

d) $5\sqrt[4]{3\,125} + 4\sqrt[4]{6\,480}$

114 Realiza estas operaciones.

a) $3\sqrt{3} - 3\sqrt{27} + 2\sqrt{48}$

b) $-2\sqrt{27} + 5\sqrt{36} - \frac{2}{3}\sqrt{12} + \frac{1}{2}\sqrt{64}$

c) $2\sqrt[3]{3} - \frac{1}{3}\sqrt[3]{24} + \frac{2}{3}\sqrt[3]{375}$

d) $-3\sqrt[3]{48} + \frac{1}{2}\sqrt[3]{750} - \frac{3}{8}\sqrt[3]{1296}$

e) $\frac{1}{4}\sqrt[4]{32} - \frac{1}{2}\sqrt[4]{1250} + \frac{2}{5}\sqrt[4]{20\,000}$

115 **RETO.** Si a es un número entero positivo, ¿es mayor $\sqrt{a}$ o $\sqrt[3]{a}$? ¿Por qué?

4. Trunca y redondea reconociendo los errores de aproximación

ACTIVIDADES FLASH

116 Redondea a las décimas.

a) 5,64 b) 18,43 c) 2,008 d) 1,99

117 Trunca a las centésimas.

a) 9,876 b) 5,412 c) 5,999 d) 2,345

118 Trunca y redondea con dos cifras significativas.

a) $\sqrt{5}+2$ c) $\sqrt{6}-\sqrt{5}$ e) $1{,}0\widehat{7}+2{,}13$

b) $\sqrt{17}-4$ d) $\frac{2}{3}$ f) $\frac{5}{7}$

119 **JUEGO.** Una persona del grupo propondrá un número y los demás intentarán hallar, durante 1 minuto, un radical lo más próximo posible, sin pasarse. Ganará el participante que cometa menor error relativo.

Por ejemplo: número: 7,2

Aproximaciones: $\sqrt{49}$, $\sqrt{51}$, $\sqrt{51{,}7}$...

120 **INVENTA.** Escribe un número tal que:

a) El redondeo y truncamiento a las décimas sea igual.

b) Al redondearlo a las centésimas, dé como resultado 11,56 y el error absoluto cometido sea 0,003.

c) Al truncarlo a las décimas, dé como resultado 0,7 y el error absoluto sea 0,025.

121 Halla el valor de la hipotenusa de un triángulo rectángulo cuyos catetos miden 2 cm y 3 cm con un error absoluto menor de una centésima.

122 **RETO.** ¿Qué potencia de 2 es la que más se aproxima a 0,00000000001? Calcula los errores cometidos.

5. Reconoce distintos tipos de números y los utiliza

ACTIVIDADES FLASH

123 Indica a qué conjunto pertenece cada número.

a) $\sqrt{5}$ c) $+7$ e) $\sqrt{64}$ g) π i) $0{,}6\widehat{7}$

b) $\frac{17}{5}$ d) $\sqrt[3]{-27}$ f) $-\frac{1}{3}$ h) $\sqrt[4]{6}$ j) $-4{,}\widehat{82}$

124 Relaciona cada número con su intervalo.

a) $\sqrt{7}$ b) $\sqrt{8}-1$ c) $\sqrt{9}+1$

1. [2, 4] 2. (1, 3] 3. [2, 3)

125 Representa los intervalos de los números:

a) Mayores que -2 y menores o iguales que 4.

b) Mayores que 3 y menores que 5.

c) Mayores o iguales que 0 y menores que 2.

126 **INVENTA.** Escribe con un radical.

a) Un número irracional.

b) Un número decimal exacto.

c) Un número decimal periódico puro.

d) Un número decimal periódico mixto.

¿Puedes escribir otras raíces con distinto índice?

127 Escribe un intervalo en cada caso.

a) De longitud 1 y que contenga a $\sqrt{2}+1$.

b) De longitud 1 y que contenga a $-\sqrt{5}$.

c) De longitud 2 y que contenga a $\sqrt{5}+1$ y $2\sqrt{2}$.

d) De longitud 2 y que contenga a $\sqrt{5}-1$ y $\sqrt{3}+1$.

e) De longitud 3 y que contenga a $-\sqrt{3}$ y $\frac{8}{9}$.

6. Emplea números reales para resolver problemas de la vida cotidiana

128 En el árbol genealógico se pueden expresar relaciones como potencias. Expresa en forma de potencia cuántos abuelos, bisabuelos y tatarabuelos tienes.

129 **MATEMÁTICAS Y... BIOLOGÍA.**

Glóbulos rojos en un ser humano
Entre $4{,}20\cdot10^9$ y $5{,}90\cdot10^9$ por cada ml de sangre

Cantidad media de sangre
Hombre: 5,5 ℓ
Mujer: 4,25 ℓ

Escribe los intervalos de glóbulos rojos totales que deben tener un hombre y una mujer.

130 **MATEMÁTICAS Y... MEDICINA.** En medicina se usan intervalos de referencia para interpretar los análisis de sangre.

Glucosa: entre 70 y 105 mg
Plaquetas: entre $150\cdot10^9$ y $400\cdot10^9$
Hemoglobina: entre 140 y 180 g
Creatinina: entre 0,7 y 1,3 mg

Convierte las unidades en gramos y escribe los intervalos utilizando la notación científica.

131 **MATEMÁTICAS Y... NATURALEZA.** Se estima que 1,5 kg de peso de una persona adulta corresponde a bacterias y que cada persona tiene 10^{14} bacterias en su cuerpo. ¿Cuánto pesa una bacteria?

132 **MATEMÁTICAS Y... JOYERÍA.**

La onza troy es una medida de masa usada en joyería. Una onza de oro se paga a 1 550 €. Las balanzas tienen una precisión hasta la milésima de gramo. ¿A cuántos euros asciende el error que puede cometer una balanza?

1 onza = 31 gramos

El diamante también es muy cotizado. Su unidad de medida es el quilate, que equivale a $\frac{1}{5}$ de gramo.

Su precio es de unos 25 000 €, ¿tiene sentido utilizar la balanza anterior?

133 **MATEMÁTICAS Y... CIENCIAS.**

Células macroscópicas

Se observan a simple vista. Por ejemplo, la yema de un huevo.

Células microscópicas

Para observarlas se necesita un microscopio óptico. Por ejemplo, un glóbulo rojo, de $7 \cdot 10^{-6}$ m.

Células ultramicroscópicas

Solo se pueden observar con un microscopio electrónico. Por ejemplo, el virus de la gripe, que mide $1{,}2 \cdot 10^{-7}$ m.

a) ¿Qué microscopio se necesita para observar células de estos tamaños?

$6 \cdot 10^{-4}$ $4{,}56 \cdot 10^{-10}$

$5 \cdot 10^{-8}$ $1{,}2 \cdot 10^{-4}$

$7{,}1 \cdot 10^{-3}$ $2{,}7 \cdot 10^{-5}$

b) Una neurona humana puede llegar a medir 1 m. Si colocamos glóbulos rojos en fila, ¿cuántos se necesitan para medir como una neurona de 1 m?

FAKE ? NEWS

¿La energía eléctrica se evapora?

¿Sabes que un cargador enchufado, aunque no esté cargando el móvil, gasta energía?

Se estima que, en España, la mitad de los cargadores de teléfono se mantienen enchufados durante todo el día. Con esa energía que se pierde se podría cubrir el consumo eléctrico de una ciudad de 25 000 habitantes.

Número de teléfonos móviles en España: 54 millones

Tiempo necesario para la recarga de un móvil: 2 horas

Consumo por hora de un cargador enchufado: $1{,}5 \cdot 10^{-4}$ kWh

Consumo eléctrico medio anual por persona: $1{,}1 \cdot 10^{3}$ kWh

Y tú, ¿qué opinas?

PROBLEMAS APARENTEMENTE DISTINTOS

134 Copia y completa los huecos.

a) $100 \cdot 2^3 = \square$

b) $100 \cdot 2^8 = \square$

c) $2^{\square} \geq \frac{100\,000}{100}$

135 Una población de 100 ardillas se duplica cada año hasta estabilizarse en torno a los 100 000 ejemplares.

a) ¿Cuántas ardillas habrá en 3 años? ¿Y en 8?

b) ¿Cuánto tardará en estabilizarse la población?

136 Calcula y expresa el resultado en notación científica.

a) $(3 \cdot 10^5) \cdot (60 \cdot 60 \cdot 24)$

b) $365 \cdot (2{,}592 \cdot 10^{10})$

c) $(9{,}4608 \cdot 10^{12}) \cdot 4{,}37$

137 El sistema estelar más cercano al nuestro es Alfa Centauri, que está a 4,37 años luz. Un año luz es la distancia que recorre la luz, cuya velocidad es $3 \cdot 10^5$ km/s, en un año. ¿A cuántos kilómetros se encuentra?

138 Los catetos de un triángulo rectángulo miden 104 m y 30 m, respectivamente.

Calcula la medida de la hipotenusa en metros.

139 La Giralda de Sevilla tiene 104 m de altura, aproximadamente. A 30 m de la base, alzo la vista para observar su punto más elevado, el Giraldillo. ¿Cuántos metros habrá desde donde estoy hasta ese punto?

¡Socorro! Me quedo sin batería

¡Vaya día llevo!

Por la noche se me olvidó cargar el teléfono. ¡Acabo de ver que me queda un 50 % de batería!

Vamos a hacer una caminata por el bosque. Llegaremos al punto de partida a las 9 de la mañana y estimamos que tardaremos 5 horas en regresar al coche.

No sé si tendré batería suficiente para todo el camino.

La capacidad de la batería de un móvil

La capacidad de las baterías para *smartphone* se mide en miliamperios hora (mAh).

En concreto, la capacidad de la batería de mi teléfono, estando al 100 %, es de 3420 mAh.

Mientras el teléfono está en reposo, hay ciertas aplicaciones que consumen energía. Este es el motivo por el que, aunque no se utilice el teléfono, la carga de la batería va disminuyendo.

Consumo medio de un móvil

- Teléfono encendido: 1,71 mAh cada minuto.
- GPS activado: 0,17 mAh cada minuto.
- Grabación de vídeos o fotos: 50 · 1,71 mAh cada minuto.

1 ¿Dónde estamos?

He decidido activar el GPS durante todo el trayecto, porque temo perderme, y así también lo puedo usar como mapa para el camino.

Las fotos y los vídeos los grabaré a la vuelta, ya que regresaremos al coche por la misma ruta. Así me aseguro de que la batería dure hasta el final.

- Tan solo con el teléfono encendido y el GPS activado, ¿qué porcentaje de batería consumiré durante todo el trayecto? ¿Cuánta batería me quedará?
- En hacer y guardar una foto tardo 2 segundos. ¿Cuánta batería consumiré en hacer y guardar 30 fotos?
- ¿Qué cantidad de batería necesito por cada 10 segundos de vídeo que grabe?

2 ¡Hemos llegado a una cascada!

Quiero enseñárselo a todo el mundo, así que voy a grabar un vídeo. Utilizaré la calidad máxima que tenga mi móvil, que si mal no recuerdo ocupaba, aproximadamente, 5 MB por cada segundo de grabación.

Consulto en mi móvil y esto es lo que indica:

Memoria

Almacenamiento usado: 28,8 / 32 GB

Aplicaciones	8,5 GB
Imágenes	9,8 GB
Audios	6,6 GB
Vídeos	3,9 GB

He utilizado ya 28,8 GB de los 32 GB que tiene en total mi teléfono. Además, aparece el reparto de la memoria utilizada según los distintos tipos de archivos que tengo.

- Con la memoria que me queda, ¿cuántos minutos de grabación de vídeo puedo hacer? Recuerda que 1 GB equivale a 2^{10} MB.
- Si al final grabo dos vídeos de 3 minutos cada uno, ¿qué cantidad de memoria me queda libre?
- También tendré que considerar otro factor que leí hace poco. Parece ser que, cuando queda menos de un 10 % de la memoria, el consumo de la batería se incrementa en un 20 %. Si es así, ¿cuánta batería consumiré para grabar los dos vídeos de 3 minutos?

3 Asunto resuelto

Mantendré activado el GPS durante todo el trayecto, haré dos vídeos de 3 minutos cada uno y...

- ¿Para cuántas fotos me queda batería? ¿Tendré memoria suficiente?
- En vez de hacer fotos, ¿puedo hacer otro vídeo de 3 minutos?

Recuerda que el consumo es diferente cuando al teléfono le queda menos espacio de memoria por utilizar.

RESUMEN DE UNIDAD

POTENCIA Base → a^n ← Exponente

POTENCIA DE EXPONENTE POSITIVO

$a^n = \underbrace{a \cdot a \cdot a \cdot ... \cdot a}_{n \text{ veces}}$ $\left(\frac{a}{b}\right)^n = \frac{a^n}{b^n}$

POTENCIA DE EXPONENTE NEGATIVO

$a^{-n} = \frac{1}{a^n}$ $\left(\frac{a}{b}\right)^{-n} = \left(\frac{b}{a}\right)^n$

RADICALES Índice → $\sqrt[n]{R}$ ← Radicando

NÚMEROS REALES ℝ

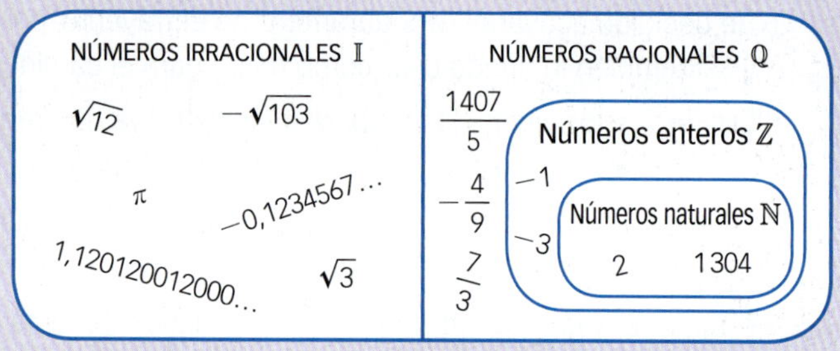

INTERVALOS

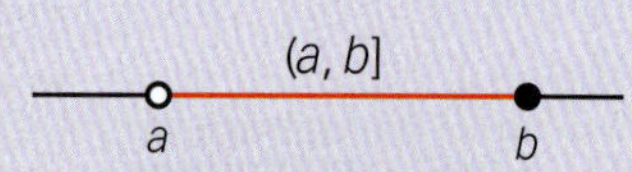

AUTOEVALUACIÓN

1. Calcula expresiones de números enteros y fraccionarios con potencias de exponente entero

1 ¿Cuál de los siguientes resultados es 4?

a) -4^{-1} b) $\left(-\frac{1}{4}\right)^{-1}$ c) $\left(\frac{1}{4}\right)^{-1}$ d) $\frac{1}{-4}$

2 ¿Qué afirmación es la correcta?

a) Cualquier número elevado a 0 es 0.

b) Cualquier número elevado a 0 es 1.

c) Cualquier número elevado a 1 es 1.

3 Calcula: $[6^3 \cdot (18^5 : 3^5)]^{-1}$.

a) 6^{-8} b) 6^8 c) 6^{-15} d) 6^{15}

2. Expresa números en notación científica y opera con ellos

4 Indica, en notación científica, el resultado de esta operación: $7{,}5 \cdot 10^3 + 4{,}2 \cdot 10^3$.

a) $11{,}7 \cdot 10^3$ b) $1{,}17 \cdot 10^2$ c) $1{,}17 \cdot 10^4$

5 Opera y expresa en notación científica.

$$(33{,}8 \cdot 10^{-6}) : (52 \cdot 10^{-2})$$

a) $6{,}5 \cdot 10^{-5}$ b) $6{,}5 \cdot 10^{-8}$ c) $0{,}65 \cdot 10^{-4}$

3. Factoriza expresiones numéricas que contengan raíces, opera y simplifica los resultados

6 ¿Cuántas raíces reales tiene $\sqrt[5]{32}$?

a) 0 b) 1 c) 2 d) 5

7 Opera y simplifica: $2\sqrt[3]{12} \cdot 3\sqrt[3]{18} - 5\sqrt[3]{54} \cdot \sqrt[3]{4}$.

a) 2 b) 3 c) 4 d) 6

4. Trunca y redondea reconociendo los errores de aproximación

8 Al redondear $\sqrt{15}$ a las milésimas, indica el error absoluto cometido si se aproxima el resultado por 3,8.

a) $7{,}3 \cdot 10^{-1}$ b) $7{,}3 \cdot 10^{-2}$ c) $7{,}3 \cdot 10^{-3}$

5. Reconoce distintos tipos de números y los utiliza

9 ¿Qué intervalo está representado?

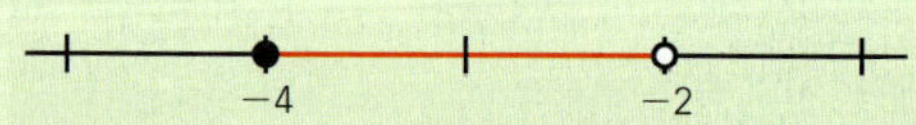

a) $(-4, -2)$ b) $[-4, -2)$ c) $(-4, -2]$ d) $[-4, -2]$

6. Emplea números reales para resolver problemas de la vida cotidiana

10 En la fiesta de la Tomatina participaron 22 000 personas y se utilizaron 159,5 toneladas de tomates. Indica los gramos de tomates que, de media, utilizó cada persona.

a) 7,25 b) $7{,}25 \cdot 10^2$ c) $7{,}25 \cdot 10^3$

VALORA TU APRENDIZAJE

- ¿Crees que lo importante es aprender, aunque no sea a la primera?
- ¿Haces que todo el equipo se sienta importante?

3 Progresiones

DESAFÍO

Dame un folio y te llevaré a la Luna

Cada vez que doblas un folio por la mitad obtienes el doble de su grosor.

¿Cuántas veces deberías doblar un folio para que fuese más alto que tú?

¿Y para llegar a la Luna? ¿Por qué no lo intentas?

¿Hasta cuántas veces podrás doblar un folio?

¿Qué sabes ya?

Cómo se escribe un enunciado mediante expresiones algebraicas

Una expresión algebraica es un conjunto de números y letras unidos por los signos de las operaciones aritméticas.

EJEMPLOS

Un número más dos unidades → $n + 2$

El siguiente a un número → $n + 1$

Un número par → $2n$

Un número impar → $2n + 1$

ACTIVIDADES

1 ¿Cuál de estas expresiones no es equivalente a la expresión algebraica $2(n + 1)$?

a) El doble de un número más una unidad.

b) El doble de la suma de un número más una unidad.

c) El doble del siguiente de un número.

Cómo se resuelven operaciones con potencias

- Potencias con base negativa y exponente positivo:

$$(-a)^n = \begin{cases} a^n & \text{si } n \text{ es par} \\ -a^n & \text{si } n \text{ es impar} \end{cases}$$

- Producto con la misma base: $a^n \cdot a^m = a^{n+m}$
- Cociente con la misma base: $a^n : a^m = a^{n-m}$
- Potencia de una potencia: $(a^n)^m = a^{n \cdot m}$

EJEMPLOS

$(-3)^2 = 3^2 = 9$

$(-3)^3 = -3^3 = -27$

$3^4 \cdot 3^2 = 3^{4+2} = 3^6 = 729$

$4^6 : 4^4 = 4^{6-4} = 4^2 = 16$

$((-2)^3)^2 = (-2)^{3 \cdot 2} = (-2)^6 = 2^6 = 64$

ACTIVIDADES

2 ¿Cuál de estas operaciones tiene resultado negativo?

a) $3^5 : 3^7$ b) $(-5)^2 \cdot (-7)^2$ c) $(-2)^4 \cdot (-2)^3$

1. Sucesiones

Una **sucesión** es un conjunto ordenado de números reales:

$$a_1, a_2, a_3, a_4, a_5, a_6, \ldots$$

Cada número de la sucesión se llama **término** y se designa por a_i, donde i indica el lugar que ocupa en la sucesión.

En una sucesión sabemos cuál es el primer término, cuál es el segundo...

El conjunto de los números reales no es una sucesión: se pueden ordenar, pero no se pueden numerar.

EJEMPLO

1. Indica cuáles son los términos a_2 y a_5 en las siguientes sucesiones.

   a) 5, 9, 13, 17, 21, 25, ...

   b) 6, 3, 0, −3, −6, −9, −12, ...

   c) 3, 6, 12, 24, 48, 96, ...

   d) 31, 29, 27, 25, 23, 21, ...

   a_2 es el segundo término y a_5 es el quinto.

   a) $a_2 = 9, a_5 = 21$

   b) $a_2 = 3, a_5 = -6$

   c) $a_2 = 6, a_5 = 48$

   d) $a_2 = 29, a_5 = 23$

1.1. Regla de formación

Existen sucesiones en las que se pueden determinar sus términos a partir de un cierto criterio; a este criterio se le llama **regla de formación**.

Para determinar la regla de formación, estudiamos la relación que existe entre los términos y la posición que ocupan.

EJEMPLO

2. Indica la regla de formación de cada sucesión y averigua sus dos términos siguientes.

   a) −1, −2, −3, −4, −5, ... → Cada término es el opuesto de la posición que ocupa: −6, −7.

   b) 1, 11, 111, 1111, 11111, ... → Cada término tiene tantos unos como el lugar que ocupa en la sucesión: 111111, 1111111.

   c) −3, −6, −9, −12, −15, ... → Cada término es el anterior menos 3 unidades: −18, −21.

   d) 7, 9, 11, 13, 15, ... → Cada término es el anterior más dos unidades: 17, 19.

   e) 1, 4, 9, 16, 25, ... → Cada término es el cuadrado de la posición que ocupa: 36, 49.

   f) 4, 2, 6, 8, 14, ... → El primer término es 4, el segundo es 2 y los siguientes son la suma de los dos términos anteriores: 22, 36.

ACTIVIDADES

1. Escribe los términos a_1 y a_4 en las siguientes sucesiones.

   a) 1, 12, 123, 1234, 12345, ...

   b) 6, 8, 10, 12, 14, 16, 18, ...

   c) 11, 121, 1331, 14641, 161051, ...

   d) $\frac{1}{6}, \frac{2}{6}, \frac{3}{6}, \frac{4}{6}, \frac{5}{6}, \ldots$

2. Averigua la regla de formación de estas sucesiones y escribe dos términos más de cada una de ellas.

   a) 0,1; 0,2; 0,3; 0,4; 0,5; ...

   b) 5, 8, 11, 14, 17, 20, ...

   c) 1, 8, 27, 64, 125, ...

   d) 3, 7, 10, 17, 27, 44, ...

3. **REFLEXIONA.** Escribe la sucesión cuyos primeros términos son $a_1 = 2$, $a_2 = 3$ y $a_3 = 4$, y los siguientes se calculan sumando los tres anteriores.

1.2. Término general

El **término general** de una sucesión es una expresión algebraica que permite calcular cualquier término de la sucesión sabiendo el lugar que ocupa. Se representa por a_n.

EJEMPLO

3. Calcula el término general de cada sucesión y sus términos a_{10} y a_{100}.

a) 5, 10, 15, 20, 25, 30, …

$\left.\begin{matrix} a_1 = 5 \cdot 1 & a_3 = 5 \cdot 3 \\ a_2 = 5 \cdot 2 & a_4 = 5 \cdot 4 \end{matrix}\right\} \rightarrow$ Cada término es el lugar que ocupa multiplicado por 5.

Término general: $a_n = 5 \cdot n \rightarrow$ Siendo n el lugar que ocupa.

$a_n = 5n \xrightarrow{n\,=\,10} a_{10} = 5 \cdot 10 = 50$ $\qquad a_n = 5n \xrightarrow{n\,=\,100} a_{100} = 5 \cdot 100 = 500$

b) 2, 5, 8, 11, 14, 17, …

$\left.\begin{matrix} a_1 = 3 \cdot 1 - 1 & a_3 = 3 \cdot 3 - 1 \\ a_2 = 3 \cdot 2 - 1 & a_4 = 3 \cdot 4 - 1 \end{matrix}\right\} \rightarrow$ Cada término es el lugar que ocupa multiplicado por 3 menos una unidad.

Término general: $a_n = 3 \cdot n - 1 \rightarrow$ Siendo n el lugar que ocupa.

$a_n = 3n - 1 \xrightarrow{n\,=\,10} a_{10} = 3 \cdot 10 - 1 = 29$

$a_n = 3n - 1 \xrightarrow{n\,=\,100} a_{100} = 3 \cdot 100 - 1 = 299$

RETO

Construimos pirámides con cubos. Si tenemos 140 cubos, ¿hasta qué altura podemos llegar?

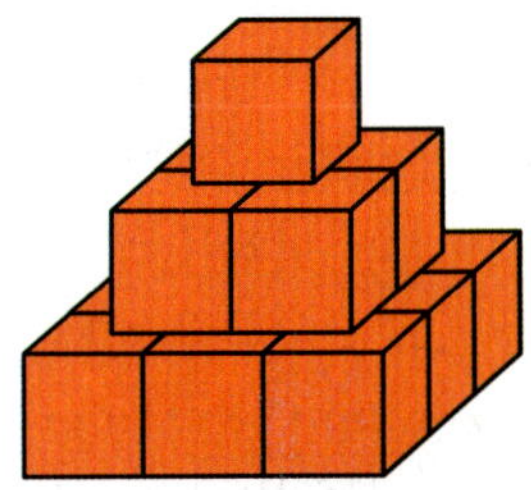

1.3. Sucesiones recurrentes

GEOGEBRA

Una **sucesión** es **recurrente** cuando cada término, después de un término dado, se obtiene a partir de los anteriores.

El término anterior a a_n es a_{n-1} y el término posterior es a_{n+1}.

EJEMPLO

4. Halla el término general de esta sucesión y calcula dos términos más: 1, 2, 3, 6, 11, 20, …

Cada término se forma sumando los tres anteriores.

Término general: $a_n = a_{n-1} + a_{n-2} + a_{n-3}$

$a_7 = a_6 + a_5 + a_4 \rightarrow a_7 = 6 + 11 + 20 = 37$

$a_8 = a_7 + a_6 + a_5 \rightarrow a_8 = 11 + 20 + 37 = 68$

ACTIVIDADES

4 Escribe los 5 primeros términos de las sucesiones que tienen estos términos generales.

a) $a_n = 4n$

b) $a_n = \dfrac{n}{3}$

c) $a_n = n^2 + n$

d) $a_n = \dfrac{n+1}{n}$

5 Halla los 4 primeros términos de una sucesión recurrente tal que $a_1 = 2$ y $a_n = -3 \cdot a_{n-1} + 5$.

6 **REFLEXIONA.** Determina el término general de esta sucesión recurrente:

1, −2, 1, 2, −5, 4, 3, −12, …

2. Progresión aritmética

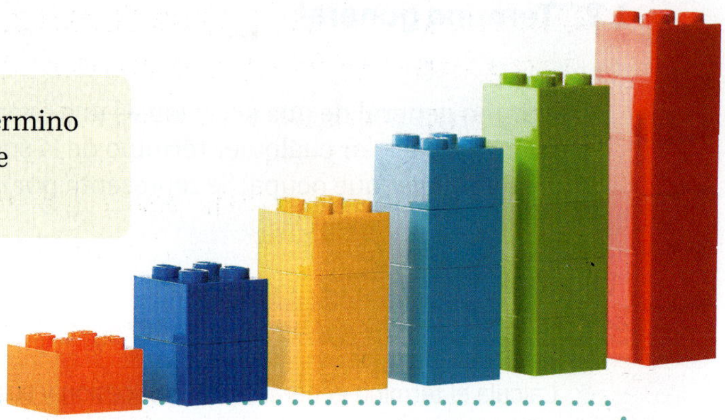

Una **progresión aritmética** es una sucesión en la que cada término (menos el primero) se obtiene a partir del anterior sumándole un número fijo d, llamado **diferencia** de la progresión.

En una progresión aritmética se cumple que:

$$a_2 - a_1 = a_3 - a_2 = a_4 - a_3 = ... = d$$

EJEMPLO

5. Estudia estas sucesiones y decide si son progresiones aritméticas.

a) 4, 7, 10, 13, 16, 19, ... b) 1, 2, 4, 7, 11, 16, ...

Una sucesión es una progresión aritmética si $a_n - a_{n-1} = d$. Es decir:

$$a_2 - a_1 = a_3 - a_2 = a_4 - a_3 = a_5 - a_4 = a_6 - a_5 = ... = d$$

a) $7 - 4 = 10 - 7 = 13 - 10 = 16 - 13 = 19 - 16 = ... = 3$ → Es una progresión aritmética con diferencia $d = 3$.

b) $2 - 1 = 1; 4 - 2 = 2; 7 - 4 = 3; 11 - 7 = 4; 16 - 11 = 5$ → No es una progresión aritmética.

2.1. Término general de una progresión aritmética

GEOGEBRA

En una progresión aritmética, cada uno de sus términos es igual al anterior más la diferencia.

$a_2 = a_1 + d$

$a_3 = a_2 + d = (a_1 + d) + d = a_1 + 2d$

$a_4 = a_3 + d = (a_1 + 2d) + d = a_1 + 3d$

...

$a_n = a_1 + (n - 1)d$ ← Término general

El término general de una progresión aritmética es:

$$a_n = a_1 + (n - 1)d$$

siendo a_1 el primer término y d la diferencia.

Dados dos términos a_p y a_q de una progresión aritmética ($p < q$), se cumple que $a_q = a_p + (q - p)d$.

Dos términos de una progresión aritmética siempre están relacionados.

$a_8 = a_5 + (8 - 5)d = a_5 + 3d$

$a_{11} = a_4 + (11 - 4)d = a_4 + 7d$

...

ACTIVIDADES

7. Estudia si estas sucesiones son progresiones aritméticas y, en caso afirmativo, indica la diferencia.

a) 7, 14, 21, 28, 35, ...

b) −3, −5, −7, −9, −11, ...

c) −1, 1, 5, 11, 19, 29, ...

d) 7, 6, 4, 1, −3, −8, ...

e) $3, \frac{7}{3}, \frac{5}{3}, 1, \frac{1}{3}, -\frac{1}{3}, ...$

8. Comprueba que son progresiones aritméticas y calcula la diferencia y el primer término.

a) $a_n = 1 - 2n$ b) $a_n = \frac{2}{3}(n - 1)$

9. **REFLEXIONA.** Halla la diferencia de la progresión aritmética que tiene como segundo y quinto términos estos dos siguientes:

$$a_2 = -\frac{1}{3}, a_5 = \frac{7}{6}$$

Cómo se calcula la diferencia, el primer término y el término general de una progresión aritmética

> La fórmula
> $a_n = a_1 + (n-1)d$
> solo es válida si la sucesión es una progresión aritmética.

Halla la diferencia y el término general de estas progresiones aritméticas.

a) $7, 4, 1, -2, -5, \ldots$ b) $d = 2, a_5 = 5$ c) $a_3 = 5, a_7 = -3$

(1) Si no conocemos la diferencia o el primer término, a_1, utilizamos la fórmula $a_q = a_p + (q-p)d$.

a) $7, 4, 1, -2, -5, \ldots$

Conocemos a_1 pero no d. → $a_1 = 7$

Siempre $q > p$. Tomamos $q = 2$ y $p = 1$. →
$a_2 = a_1 + (2-1)d$
$4 = 7 + d$
$d = 4 - 7 = -3$

b) $d = 2, a_5 = 5$

Conocemos d, pero no a_1.

$a_5 = a_1 + (5-1)d$
$5 = a_1 + 4 \cdot 2$
$a_1 = 5 - 8 = -3$

c) $a_3 = 5, a_7 = -3$

No conocemos a_1 ni d. Tomamos $q = 7$ y $p = 3$.

$a_7 = a_3 + (7-3)d$
$-3 = 5 + 4d$
$d = \dfrac{-3-5}{4} = -2$

$a_3 = a_1 + (3-1)d$
$5 = a_1 + 2 \cdot (-2)$
$a_1 = 5 + 4 = 9$

(2) Hallamos el término general utilizando la fórmula $a_n - a_1 + (n-1)d$.

a) $a_n = 7 + (n-1) \cdot (-3)$ → Simplificando → $a_n = 7 - 3n + 3$; $a_n = 10 - 3n$

b) $a_n = -3 + (n-1) \cdot 2$ → Simplificando → $a_n = -3 + 2n - 2$; $a_n = 2n - 5$

c) $a_n = 9 + (n-1) \cdot (-2)$ → Simplificando → $a_n = 9 - 2n + 2$; $a_n = 11 - 2n$

ACTIVIDADES

10 Halla la diferencia en estas progresiones aritméticas.

a) 5,4; 4,8; 4,2; 3,6; 3; ...

b) $a_1 = -5, a_{10} = -0{,}5$

c) $a_4 = 7, a_8 = 10$

d) $a_2 = 1{,}9, a_5 = 1{,}6$

11 Calcula el término general de las siguientes progresiones aritméticas.

a) $-13, -7, -1, 5, 11, \ldots$

b) $d = -1{,}2; a_3 = 2$

c) $a_1 = 5, a_6 = 4$

d) $a_3 = -\dfrac{1}{2}, a_6 = 1$

12 Averigua la diferencia de las progresiones aritméticas cuyo término general es el siguiente.

a) $a_n = 3n + 4$

b) $a_n = 5 - 2n$

c) $a_n = 3(n+1)$

d) $a_n = \dfrac{n}{2} - 3$

13 Calcula la diferencia y el término general de las siguientes progresiones aritméticas.

a) $a_2 = 6, a_3 = 4$

b) $a_3 = 8, a_6 = \dfrac{29}{4}$

c) $a_{17} = 5, a_{21} = 4{,}6$

d) $a_3 = \dfrac{2}{5}, a_7 = \dfrac{6}{5}$

14 Comprueba que se trata de progresiones aritméticas y calcula su término general.

a) $\dfrac{2}{3}, \dfrac{7}{6}, \dfrac{5}{3}, \dfrac{13}{6}, \dfrac{8}{3}, \ldots$

b) $-\dfrac{1}{5}, -\dfrac{7}{10}, -\dfrac{6}{5}, -\dfrac{17}{10}, -\dfrac{11}{5}, \ldots$

15 En una piscina hay una escalera con cuatro escalones. El más alto se encuentra a 185 cm del fondo de la piscina y el siguiente está a 155 cm del fondo. ¿A qué distancia del fondo está el primer escalón?

2.2. Suma de los *n* primeros términos de una progresión aritmética

GEOGEBRA

Vamos a buscar una fórmula general para sumar los n primeros términos de una progresión aritmética. Para ello consideramos la suma de los n primeros términos de la progresión y cambiamos el orden:

$S_n = a_1 + a_2 + ... + a_{n-1} + a_n \qquad S_n = a_n + a_{n-1} + ... + a_2 + a_1$

Sumando ambas expresiones:

$$\begin{array}{rlllll} & S_n = a_1 & + a_2 & + ... + a_{n-1} & + a_n \\ + & S_n = a_n & + a_{n-1} & + ... + a_2 & + a_1 \\ \hline & 2S_n = (a_1 + a_n) & + (a_2 + a_{n-1}) & + ... + (a_{n-1} + a_2) & + (a_n + a_1) \end{array}$$

Además, en una progresión aritmética, se cumple que:

$$a_1 + a_n = a_2 + a_{n-1} = a_3 + a_{n-2} = ...$$

Como los sumandos son iguales a $(a_1 + a_n)$, tenemos que:

$$2S_n = (a_1 + a_n) \cdot n \rightarrow S_n = \frac{(a_1 + a_n) \cdot n}{2}$$

RETO

Hay números que se pueden expresar como suma de números consecutivos:

$3 = 1 + 2$

$18 = 3 + 4 + 5 + 6$

¿Puedes escribir así las 5 primeras potencias de 3? ¿Y 3^{100}?

La suma de los n primeros términos de una progresión aritmética, $S_n = a_1 + a_2 + a_3 + a_4 + ... + a_{n-1} + a_n$, es: $S_n = \frac{(a_1 + a_n) \cdot n}{2}$

En la progresión aritmética:

3, 7, 11, 15, 19, 23

se cumple que:

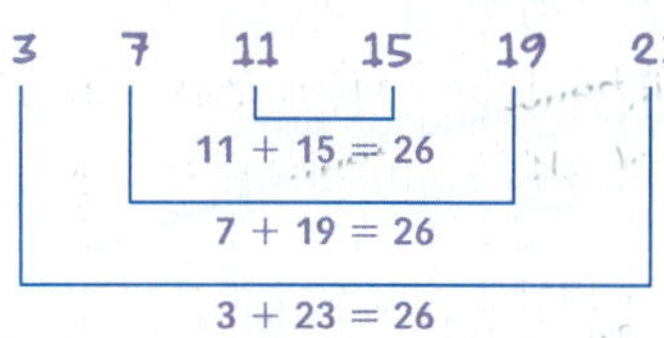

EJEMPLO

6. Calcula la suma de los 5 primeros términos de esta progresión aritmética: 5, 7, 9, 11, 13, ...

- Sumando los cinco primeros términos: $5 + 7 + 9 + 11 + 13 = 45$
- Aplicando la fórmula: $S_5 = \frac{(5 + 13) \cdot 5}{2} = 45$

En ambos casos obtenemos el mismo resultado.

Como $a_n = a_1 + (n - 1)d$, la fórmula para calcular la suma de los términos de una progresión aritmética se puede escribir también de la siguiente manera:

$$S_n = a_1 \cdot n + \frac{n(n-1) \cdot d}{2}$$

ACTIVIDADES

16 Halla los dos siguientes términos de estas progresiones aritméticas y calcula la suma de los 8 primeros términos mediante la fórmula. Después, comprueba el resultado haciendo la suma término a término.

a) 7, 4, 1, −2, −5, −8, ...

b) $-\frac{3}{2}, -\frac{7}{6}, -\frac{5}{6}, -\frac{1}{2}, -\frac{1}{6}, \frac{1}{6}, ...$

17 Halla la suma de los 50 primeros términos de estas progresiones aritméticas.

a) $a_n = 7n - 4$ b) $a_n = 2n - 5$ c) $a_n = 1 - 3n$

18 **REFLEXIONA.** De una progresión aritmética se sabe que los términos cuarto y quinto suman 28. ¿Cuánto sumarán los 8 primeros términos?

Cómo se halla la suma de los *n* primeros términos de una progresión aritmética

Para poder calcular la suma de los *n* primeros términos de una progresión aritmética, necesitamos saber a_1 y a_n, o bien a_1 y d.

Calcula la suma de los 10 primeros términos de estas progresiones aritméticas.

a) $1, -1, -3, -5, -7, \ldots$ b) $d = 4, a_3 = 5$ c) $a_4 = 10, a_8 = -2$

① Si no conocemos la diferencia o el primer término, a_1, usamos la fórmula $a_q = a_p + (q - p)d$.

a) $1, -1, -3, -5, -7, \ldots$

$a_1 = 1$ ← Conocemos a_1 pero no d.

$a_2 = a_1 + (2-1)d$ ← Tomamos $q = 2$ y $p = 1$.

$-1 = 1 + d$

$d = -1 - 1 = -2$

b) $d = 4, a_3 = 5$ ← Conocemos d pero no a_1.

$a_3 = a_1 + (3-1)\cdot d$

$5 = a_1 + 2\cdot 4$

$a_1 = 5 - 8 = -3$

c) $a_4 = 10, a_8 = -2$ ← No conocemos ni a_1 ni d.

$a_8 = a_4 + (8-4)d$ ← Tomamos $q = 8$ y $p = 4$.

$-2 = 10 + 4d$

$d = \dfrac{-2-10}{4} = -3$

$a_4 = a_1 + (4-1)d$

$10 = a_1 + 3\cdot(-3)$

$a_1 = 10 + 9 = 19$

② Calculamos la suma utilizando la fórmula $S_n = a_1 \cdot n + \dfrac{n\cdot(n-1)d}{2}$.

a) $S_{10} = 1\cdot 10 + \dfrac{10\cdot(10-1)\cdot(-2)}{2} = 10 + \dfrac{10\cdot 9\cdot(-2)}{2} = -80$

b) $S_{10} = (-3)\cdot 10 + \dfrac{10\cdot 9\cdot 4}{2} = -30 + \dfrac{90\cdot 4}{2} = 150$

c) $S_{10} = 19\cdot 10 + \dfrac{10\cdot 9\cdot(-3)}{2} = 190 + \dfrac{90\cdot(-3)}{2} = 55$

ACTIVIDADES

19 Calcula la suma de los 15 primeros términos de las progresiones aritméticas que cumplen lo siguiente.

a) $a_1 = -1, a_3 = 5$
b) $a_1 = 5, a_4 = 2$
c) $a_1 = \dfrac{1}{5}, a_6 = \dfrac{27}{10}$
d) $a_1 = 20, a_6 = -5$
e) $a_1 = 8, a_5 = 0$
f) $a_1 = \dfrac{3}{4}, a_5 = \dfrac{31}{20}$

20 Halla la suma de los 10 primeros términos de estas progresiones aritméticas.

a) $3, 10, 17, 24, \ldots$
b) $\dfrac{2}{5}, \dfrac{6}{5}, 2, \dfrac{14}{5}, \ldots$
c) $-3{,}2; -2{,}7; -2{,}2; -1{,}7; \ldots$
d) $-\dfrac{5}{4}, \dfrac{1}{4}, \dfrac{7}{4}, \dfrac{13}{4}, \ldots$

21 Calcula la suma de los 12 primeros términos de las siguientes progresiones.

a) $a_n = n + 4$
b) $a_n = \dfrac{n-2}{3}$
c) $a_n = \dfrac{3}{5} - \dfrac{2}{5}n$
d) $a_n = \dfrac{2}{3}n - 3$

22 De una progresión aritmética se sabe que $a_1 = 3$ y que la suma de sus 10 primeros términos es 255.

a) ¿Cuál es el décimo término?
b) ¿Cuál es la diferencia?
c) ¿Cuánto vale la suma de todos los términos entre el tercero y el décimo, ambos incluidos?
d) ¿Cuánto vale la suma de sus 20 primeros términos?

23 De una progresión aritmética se conoce que $a_3 = 7$ y que la suma de sus 8 primeros términos es 68.

a) Calcula su término general.
b) Escribe los ocho primeros términos de la sucesión.
c) Halla la suma de los 15 primeros términos de la sucesión.

24 Considera la progresión $a_n = 5 + 3n$.

a) Calcula la suma de los 50 primeros términos.
b) ¿Cuántos términos de la progresión hay que sumar para que el resultado sea 93?

3. Progresión geométrica

Una **progresión geométrica** es una sucesión en la que cada término (menos el primero) se obtiene multiplicando el anterior por un número fijo, *r*, llamado **razón** de la progresión.

En una progresión geométrica se cumple que:

$$\frac{a_2}{a_1} = \frac{a_3}{a_2} = \frac{a_4}{a_3} = \ldots = r$$

RETO

Una ameba se reproduce cada minuto dividiéndose en dos amebas. Si dos amebas, reproduciéndose, llenan un tubo de ensayo en 2 horas, ¿cuánto tiempo tardaría una ameba sola?

EJEMPLO

7. Estudia si las siguientes sucesiones son progresiones geométricas.

a) 3, 6, 12, 24, 48, …

$\frac{6}{3} = \frac{12}{6} = \frac{24}{12} = \frac{48}{24} = \ldots = 2 \rightarrow$ Es una progresión geométrica de razón 2.

b) 5, 10, 30, 120, 600, …

$\frac{10}{5} = 2;\ \frac{30}{10} = 3;\ \frac{120}{30} = 4;\ \frac{600}{120} = 5 \rightarrow$ No es una progresión geométrica.

3.1. Término general de una progresión geométrica

En una progresión geométrica, cada uno de sus términos es igual al anterior multiplicado por la razón.

$a_2 = a_1 \cdot r$

$a_3 = a_2 \cdot r = (a_1 r) \cdot r = a_1 r^2$

$a_4 = a_3 \cdot r = (a_1 r^2) \cdot r = a_1 r^3$

…

$a_n = a_1 r^{n-1} \leftarrow$ Término general

Dos términos de una progresión geométrica siempre están relacionados.

$a_8 = a_5 \cdot r^{8-5} = a_5 \cdot r^3$

$a_{11} = a_4 \cdot r^{11-4} = a_4 \cdot r^7$

…

El término general de una progresión geométrica es $\mathbf{a_n = a_1 \cdot r^{n-1}}$, siendo a_1 el primer término y r la razón.

Dados dos términos, a_p y a_q, de una progresión geométrica ($p < q$), se cumple que $a_q = a_p \cdot r^{q-p}$.

ACTIVIDADES

25 Estudia si estas progresiones son geométricas y calcula su razón en caso de que lo sean.

a) 4, 12, 36, 108, 324, …

b) 3,5; 2,5; 1,5; 0,5; …

c) 2; 0,4; 0,08; 0,016; …

d) $\frac{1}{8}, \frac{1}{4}, \frac{1}{2}, 1, \ldots$

e) −3, 12, −48, 192, …

f) 0,9; 0,8; 0,7; 0,6; …

g) 8, 6, 4, 2, …

h) $-\frac{1}{5}, \frac{2}{15}, -\frac{4}{45}, \frac{8}{135}, \ldots$

26 Calcula el primer y el segundo término de estas progresiones geométricas.

a) $a_n = 7 \cdot (-2)^{n+2}$

b) $a_n = 4 \cdot \left(\frac{1}{2}\right)^n$

c) $a_n = -0{,}3^{n+1}$

d) $a_n = \sqrt{3^n}$

27 **REFLEXIONA.** En una progresión geométrica se sabe que $a_5 = 8$ y $|r| = \sqrt{2}$. Calcula a_1 y a_2.

Cómo se calcula la razón, el primer término y el término general de una progresión geométrica

La fórmula
$a_n = a_1 \cdot r^{n-1}$
solo es válida si la sucesión es una progresión geométrica.

Calcula la razón y el término general de estas progresiones geométricas.

a) 5, 15, 45, 135, … b) $r = 3$, $a_3 = 9$ c) $a_4 = -16$, $a_6 = -64$

(1) Si no conocemos la razón o el primer término, a_1, usamos la fórmula $a_q = a_p \cdot r^{q-p}$.

a) 5, 15, 45, 135, …

Conocemos a_1 pero no r.

$a_1 = 5$

Siempre $q > p$. Tomamos $q = 2$ y $p = 1$.

$a_2 = a_1 \cdot r^{2-1}$

$15 = 5 \cdot r$

$r = \frac{15}{5} = 3$

b) $r = 3$, $a_3 = 9$

Conocemos r pero no a_1.

$a_3 = a_1 \cdot r^{3-1}$

$9 = a_1 \cdot 3^2$

$a_1 = \frac{9}{9} = 1$

c) $a_4 = -16$, $a_6 = -64$

No conocemos a_1 ni r. Tomamos $q = 6$ y $p = 4$.

$a_6 = a_4 \cdot r^{6-4}$

$-64 = (-16) \cdot r^2$

$r^2 = \frac{-64}{-16} = 4$

$r = \sqrt{4} = 2$

Tomamos la raíz positiva. También podría ser $r = -2$.

$a_4 = a_1 \cdot r^{4-1}$

$-16 = a_1 \cdot 2^3$

$a_1 = \frac{-16}{8} = -2$

(2) Obtenemos el término general utilizando la fórmula $a_n = a_1 \cdot r^{n-1}$.

a) $a_n = 5 \cdot 3^{n-1}$

b) $a_n = 1 \cdot 3^{n-1} = 3^{n-1}$

$a_n = 3^{n-1}$

c) Producto de potencias de la misma base.

$a_n = (-2) \cdot 2^{n-1} = (-1) \cdot 2 \cdot 2^{n-1} =$

$= (-1) \cdot 2^{n-1+1} = (-1) \cdot 2^n = -2^n$

$a_n = -2^n$

ACTIVIDADES

28 Calcula la razón en estas progresiones geométricas.

a) $a_1 = 6$, $a_2 = 12$
b) $a_3 = 6$, $a_4 = 7$
c) $a_3 = -2$, $a_6 = 250$
d) $a_2 = 5$, $a_5 = 10\sqrt{2}$

29 Obtén el término general y el quinto término en estas progresiones geométricas.

a) $a_4 = 5$, $r = 1$
b) $a_7 = 2$, $r = -1$
c) $a_3 = \frac{1}{9}$, $r = 3$
d) $a_2 = 6$, $r = -2$
e) $a_3 = 10$, $r = 0{,}1$
f) $a_4 = \frac{1}{25}$, $r = -\frac{1}{5}$

30 Halla el término general en cada caso.

a) 3, −3, 3, −3, 3, …
b) 2, 6, 18, 54, 162, …
c) $\sqrt{5}, \sqrt{10}, \sqrt{20}, \sqrt{40}, \sqrt{80}, \ldots$
d) $20, 10, 5, \frac{5}{2}, \frac{5}{4}, \ldots$

31 Averigua la razón y el término general de estas sucesiones.

a) $a_3 = 8$, $a_4 = 4$
b) $a_2 = 7$, $a_5 = 56$
c) $a_4 = 5$, $a_5 = -5$
d) $a_2 = \frac{3}{2}$, $a_5 = \frac{4}{9}$
e) $a_5 = -64$, $a_8 = -1$
f) $a_6 = 3$, $a_{11} = 3$
g) $a_3 = 5$, $a_6 = 10\sqrt{2}$
h) $a_4 = \frac{\sqrt{27}}{5}$, $a_5 = \frac{9}{5}$

32 En una progresión geométrica se sabe que $a_4 = 2$ y que $a_7 = 54$. Calcula:

a) La razón.
b) El primer término.
c) El término general.
c) El tercer término.

33 Calcula la razón y el término general de estas progresiones geométricas.

a) $a_1 = 1$, $a_3 = 9$
b) $a_2 = 7$, $a_4 = 14$
c) $a_5 = \frac{1}{32}$, $a_7 = \frac{1}{128}$
d) $a_3 = 5$, $a_5 = 20$
e) $a_4 = -12$, $a_6 = -6$
f) $a_2 = \frac{1}{4}$, $a_6 = 4$

3.2. Suma de *n* términos de una progresión geométrica

Buscamos una fórmula general para calcular la suma de *n* términos de una progresión geométrica:

$$S_n = a_1 + a_2 + ... + a_{n-1} + a_n$$

Multiplicando los dos miembros de la igualdad por la razón *r*, obtenemos:

$$S_n \cdot r = \underbrace{a_1 \cdot r}_{a_2} + \underbrace{a_2 \cdot r}_{a_3} + ... + \underbrace{a_{n-1} \cdot r}_{a_n} + a_n \cdot r = a_2 + a_3 + ... + a_n + a_n \cdot r$$

Restando ambas expresiones:

$$\begin{array}{rcl} S_n \cdot r = & & \cancel{a_2} + \cancel{a_3} + ... + \cancel{a_{n-1}} + \cancel{a_n} + a_n \cdot r \\ - \quad S_n = & a_1 + & \cancel{a_2} + \cancel{a_3} + ... + \cancel{a_{n-1}} + \cancel{a_n} \\ \hline S_n \cdot r - S_n = & -a_1 & \qquad\qquad\qquad\qquad + a_n \cdot r \end{array}$$

Sacando factor común S_n y despejando:

$$S_n(r-1) = -a_1 + a_n \cdot r = a_n \cdot r - a_1$$

$$S_n = \frac{a_n r - a_1}{r-1} = \frac{(a_1 r^{n-1})r - a_1}{r-1} = \frac{a_1(r^n - 1)}{r-1}$$

RETO

Si tengo 50 € y cada día gasto la mitad del dinero que tengo, ¿cuándo gastaré mi última moneda?

La suma de *n* términos, S_n, de una progresión geométrica de razón *r* es:

$$S_n = \frac{a_1(r^n - 1)}{r-1}$$

Si conocemos el primer término y el último, para calcular S_n también podemos utilizar esta fórmula:

$$S_n = \frac{a_n r - a_1}{r-1}$$

EJEMPLO

8. Calcula la suma de los 5 primeros términos de esta progresión geométrica: 1, 2, 4, 8, 16, ...

- Sumando los 5 términos: $1 + 2 + 4 + 8 + 16 = 31$
- Aplicando la fórmula:

$$a_1 = 1,\ r = \frac{2}{1} = \frac{4}{2} = ... = 2 \rightarrow S_5 = \frac{1 \cdot (2^5 - 1)}{2-1} = 31$$

En ambos casos obtenemos el mismo resultado.

ACTIVIDADES

34 Suma los 6 primeros términos de estas progresiones geométricas. Después, comprueba el resultado aplicando la fórmula.

a) 2, 6, 18, 54, 162, 486, ...

b) 125; 25; 5; 1; 0,2; 0,04; ...

c) 0,25; 0,5; 1; 2; 4; 8; ...

d) $3, 3\sqrt{3}, 9, 9\sqrt{3}, 27, 27\sqrt{3}, ...$

e) $\frac{1}{2}, \frac{3}{2}, \frac{9}{2}, \frac{27}{2}, \frac{81}{2}, \frac{243}{2}, ...$

f) $\frac{2}{5}, \frac{2}{15}, \frac{2}{45}, \frac{2}{135}, \frac{2}{405}, \frac{2}{1\,215}, ...$

35 Dada la progresión geométrica $a_n = 2^{n-2}$, halla:

a) La razón.

b) El primer término.

c) La suma de sus 6 primeros términos.

Ahora, escribe los 6 primeros términos y súmalos.

36 **REFLEXIONA.** Una carretera se bifurca después de 3 km en línea recta. Cada una de las ramificaciones se vuelve a bifurcar tras otros 3 km, y así sucesivamente hasta un total de 6 veces. ¿Cuántos kilómetros se acumulan entre todas las bifurcaciones?

Cómo se suman los *n* primeros términos de una progresión geométrica

> Para poder calcular la suma de los *n* primeros términos de una progresión geométrica, necesitamos saber a_1 y a_n, o bien a_1 y r.

Calcula la suma de los 6 primeros términos de estas progresiones geométricas.

a) $1, -3, 9, -27, 81, \ldots$ b) $r = 2,\ a_4 = 24$ c) $a_2 = 4,\ a_5 = -32$

① **Si no conocemos la diferencia o el primer término, a_1, utilizamos la fórmula $a_q = a_p \cdot r^{q-p}$.**

a) $1, -3, 9, -27, 81, \ldots$

$a_1 = 1$ ← Conocemos a_1 pero no r.

$a_2 = a_1 \cdot r^{2-1}$ ← Siempre $q > p$. Tomamos $q = 2$ y $p = 1$.

$-3 = 1 \cdot r$

$r = -3$

b) $r = 2,\ a_4 = 24$ → Conocemos r pero no a_1.

$a_4 = a_1 \cdot r^{4-1}$

$24 = a_1 \cdot 2^3$

$a_1 = \dfrac{24}{8} = 3$

c) $a_2 = 4,\ a_5 = -32$

$a_5 = a_2 \cdot r^{5-2}$ ← No conocemos a_1 ni r. Tomamos $q = 5$ y $p = 2$.

$-32 = 4 \cdot r^3$

$r^3 = \dfrac{-32}{4} = -8$

$r = \sqrt[3]{-8} = -2$ ← La raíz cúbica de un número solo tiene una solución.

$a_2 = a_1 \cdot r^{2-1}$

$4 = a_1 \cdot (-2)$

$a_1 = \dfrac{4}{-2} = -2$

② **Calculamos la suma utilizando la fórmula $S_n = \dfrac{a_1(r^n - 1)}{r - 1}$.**

a) $S_6 = \dfrac{1 \cdot ((-3)^6 - 1)}{(-3) - 1} = \dfrac{729 - 1}{-4} = -182$

b) $S_6 = \dfrac{3 \cdot (2^6 - 1)}{2 - 1} = \dfrac{3 \cdot (64 - 1)}{1} = 189$

c) $S_6 = \dfrac{(-2) \cdot ((-2)^6 - 1)}{(-2) - 1} = \dfrac{(-2) \cdot (64 - 1)}{-3} = 42$

ACTIVIDADES

37 Calcula la suma de los 8 primeros términos de las siguientes progresiones geométricas en las que conocemos un término y la razón.

a) $a_2 = 5,\ r = 2$
b) $a_3 = 2,\ r = 5$
c) $a_5 = \dfrac{81}{2},\ r = -3$
d) $a_3 = 343,\ r = -7$
e) $a_5 = 2,\ r = -1$
f) $a_3 = \dfrac{9}{2},\ r = \dfrac{1}{2}$

38 Calcula la suma de los 5 primeros términos de estas progresiones geométricas mediante la fórmula. Después, escribe los términos, súmalos y comprueba que lo has hecho bien.

a) $a_1 = 3,\ a_4 = 81$
b) $a_1 = -3,\ a_4 = 24$
c) $a_1 = 6,\ a_4 = \dfrac{3}{4}$
d) $a_1 = 8,\ a_2 = 4$
e) $a_1 = \sqrt{5},\ a_3 = 4\sqrt{5}$
f) $a_1 = \dfrac{25}{4},\ a_5 = \dfrac{4}{25}$

39 Halla la suma de los 10 primeros términos de estas progresiones geométricas dadas mediante su término general.

a) $a_n = -2 \cdot 3^{n+1}$
b) $a_n = 2 \cdot (-3)^n$
c) $a_n = -\left(\sqrt{5}\right)^{n+1}$
d) $a_n = 2^{n-6}$

40 Calcula la suma de los 6 primeros términos de estas progresiones geométricas.

a) $a_2 = 8,\ a_3 = 4$
b) $a_2 = 2,\ a_5 = 2$
c) $a_2 = \dfrac{1}{2},\ a_3 = \dfrac{3}{2}$
d) $a_4 = 5,\ a_5 = -5$
e) $a_3 = 7,\ a_6 = 56$
f) $a_4 = 5\sqrt{2},\ a_5 = 10$

41 Calcula la suma de los 7 primeros términos de estas progresiones geométricas.

a) $a_2 = 4,\ a_4 = 16$
b) $a_1 = 4,\ a_3 = 36$
c) $a_3 = 2,\ a_5 = 50$
d) $a_2 = 16,\ a_4 = 1$

3.3. Suma de todos los términos de una progresión geométrica con $|r| < 1$

En las progresiones geométricas en las que la razón, r, está entre los valores $-1 < r < 1$, podemos calcular la suma de todos sus términos.

Sabemos que la suma de n términos de una progresión geométrica es:

P-G

$a_n = a_1 \cdot r^{n-1}$

Si $-1 < r < 1$, a medida que [illegible] suma crece, el valor de r^n es menor, hasta que se convier[illegible]:

$S_n = \frac{a_1 \cdot [illegible])}{r-1}$

- $r^n - 1$ sería prácticamente [illegible]
- $r - 1 = -(1 - r)$

Así, la suma de los infinitos tér[illegible] de la siguiente manera:

$S_n = \frac{a_n \cdot [illegible]}{r-1}$

La suma de todos los términos de una progresión geométrica con razón $-1 < r < 1$ es:

$$S = \frac{a_1}{1-r}$$

EJEMPLO

9. Halla la suma de todos los términos de la progresión geométrica:

$$1, \frac{1}{2}, \frac{1}{4}, \frac{1}{8}, \frac{1}{16}, \ldots$$

- El primer término es $a_1 = 1$.
- Calculamos la razón:

$$a_n = a_1 \cdot r^{n-1} \rightarrow a_2 = a_1 \cdot r^{2-1} \rightarrow \frac{1}{2} = 1 \cdot r \rightarrow r = \frac{1}{2} < 1$$

- Como $r < 1$, podemos aplicar la fórmula:

$$S = \frac{a_1}{1-r} = \frac{1}{1-\frac{1}{2}} = \frac{1}{\frac{1}{2}} = 2$$

$0{,}1^2 = 0{,}01$

$0{,}1^3 = 0{,}001$

$0{,}1^4 = 0{,}0001$

…

$0{,}1^{10} = 0{,}0000000001$

Con un exponente grande, la potencia de un número que está entre −1 y 1 es prácticamente 0.

ACTIVIDADES

42 Escribe los cinco primeros términos de estas progresiones geométricas y calcula la suma de todos sus términos.

a) $a_1 = 4,\ r = \frac{1}{2}$

b) $a_1 = 9,\ r = \frac{1}{3}$

c) $a_1 = 1,\ r = -\frac{1}{4}$

d) $a_1 = -2,\ r = -\frac{1}{5}$

43 Calcula la suma de todos los términos de esta progresión geométrica: 64; 12,8; 2,56; 0,512; …

44 Obtén la suma de todos los términos de estas progresiones geométricas.

a) $a_n = 16 \cdot \left(\frac{1}{9}\right)^{n-1}$

b) $a_n = 100 \cdot \left(\frac{1}{11}\right)^{n-1}$

c) $a_n = \frac{3}{5} \cdot \left(-\frac{1}{3}\right)^{n}$

d) $a_n = -98 \cdot \left(-\frac{1}{7}\right)^{n+1}$

45 **REFLEXIONA.** La suma de todos los términos de una progresión geométrica es 1,5 y $a_1 = 1$. ¿Cuánto vale la razón?

Cómo se suman infinitos términos de una progresión geométrica

- La sucesión 1, 2, 4, 8, 16, … tiene como razón $2 > 1$. La suma de todos sus términos es $+\infty$.
- La sucesión $-1, -2, -4, -8, -16, \dots$ tiene como razón $2 > 1$. La suma de todos sus términos es $-\infty$.

Calcula la suma de los infinitos términos de estas progresiones geométricas.

a) $r = 2, a_1 = 3$ b) $a_1 = -8, a_4 = -\frac{1}{8}$ c) $a_3 = -4, a_4 = 8$

① Calculamos la razón de cada progresión.

a) $r = 2, a_1 = 3$

Conocemos r.

b) $a_1 = -8, a_4 = -\frac{1}{8}$

$$a_4 = a_1 \cdot r^{4-1}$$

$$-\frac{1}{8} = (-8) \cdot r^3 \rightarrow r^3 = \frac{1}{64}$$

$$r = \sqrt[3]{\frac{1}{64}} = \frac{1}{4}$$

c) $a_3 = -4, a_4 = 8$

$$a_4 = a_3 \cdot r^{4-3}$$

$$8 = (-4) \cdot r$$

$$r = \frac{8}{-4} = -2$$

② Analizamos los distintos casos según el valor de r y calculamos el valor de la suma.

- Si $r \geq 1$, la suma siempre es $+\infty$ o $-\infty$.

$r = 2 > 1 \rightarrow$ La suma es $+\infty$ o $-\infty$.

La progresión es 3, 6, 12, 24, 48, … Todos los términos son positivos y la suma de todos ellos es $+\infty$.

- Si $-1 < r < 1$, se aplica la fórmula $S = \frac{a_1}{1-r}$.

$-1 < r = \frac{1}{4} < 1 \rightarrow$ Aplicamos la fórmula.

$$S = \frac{a_1}{1-r} = \frac{-8}{1-\frac{1}{4}} = -\frac{32}{3}$$

La suma de los infinitos términos es $-\frac{32}{3}$.

- Si $r \leq -1$, no se puede calcular la suma.

$r = -2 < -1 \rightarrow$ La suma no se puede calcular.

La progresión es $-1, 2, -4, 8, 16, 32, \dots$ Hay términos positivos y negativos. No se puede calcular su suma.

ACTIVIDADES

46 Calcula la suma de los infinitos términos de estas progresiones geométricas.

a) $a_1 = 3, r = \frac{1}{5}$

b) $a_1 = -27, r = -\frac{2}{3}$

c) $a_1 = -1, r = \frac{4}{3}$

d) $a_1 = 2, r = -\frac{1}{3}$

e) $a_2 = \frac{3}{4}, r = \frac{1}{2}$

f) $a_3 = \frac{1}{16}, r = -\frac{1}{4}$

g) $a_4 = \frac{27}{50}, r = \frac{3}{5}$

h) $a_5 = \frac{7}{2}, r = -3$

47 Di cuánto suman los infinitos términos de estas progresiones geométricas.

a) $a_1 = 2, a_2 = 1$

b) $a_1 = 5, a_4 = \frac{5}{8}$

c) $a_2 = -\frac{1}{2}, a_3 = \frac{1}{4}$

d) $a_2 = 1, a_5 = 8$

e) $a_2 = -\frac{4}{3}, a_4 = -\frac{4}{27}$

f) $a_1 = 5, a_5 = \frac{81}{125}$

48 La suma de los infinitos términos de una progresión geométrica es 4,5 y su razón es $\frac{1}{3}$. Escribe los 5 primeros términos de la sucesión.

4. Interés compuesto

Cuando depositamos un **capital** durante un periodo de **tiempo**, t, a un **rédito**, r%, y, al finalizar cada periodo de inversión, los intereses se añaden al capital, se produce el **interés compuesto**.

Los capitales, al finalizar cada periodo de tiempo, forman una progresión geométrica donde a_1 es el capital inicial y la razón es $\left(1 + \frac{r}{100}\right)$.

EJEMPLO

10. Carlos ingresa en un banco 5 000 € al 2 % de interés compuesto anual. Calcula cuánto dinero tendrá en cada uno de los siguientes casos.

a) Al finalizar el primer año.

Al finalizar el primer año recibirá el 2 % del capital que depositó inicialmente.

$$\text{Capital}_{1.^{\text{er}}\text{ año}} = 5\,000 + \frac{2}{100} \cdot 5\,000 = 5\,000 \cdot \left(1 + \frac{2}{100}\right) = 5\,100 \text{ €}$$

b) Al finalizar el segundo año.

Al finalizar el segundo año recibirá el 2 % del capital que tenía al finalizar el primer año.

$$\text{Capital}_{2.^{\text{o}}\text{ año}} = 5\,100 + \frac{2}{100} \cdot 5\,100 = 5\,100 \cdot \left(1 + \frac{2}{100}\right) =$$
$$= 5\,000 \cdot \left(1 + \frac{2}{100}\right)^2 = 5\,202 \text{ €}$$

c) Al finalizar el tercer año.

Al finalizar el tercer año recibirá el 2 % del capital que tenía al finalizar el segundo año.

$$\text{Capital}_{3.^{\text{er}}\text{ año}} = 5\,202 + \frac{2}{100} \cdot 5\,202 = 5\,000 \cdot \left(1 + \frac{2}{100}\right)^3 = 5\,306{,}04 \text{ €}$$

El **capital final**, C_f, obtenido al invertir a un rédito, r %, un capital, C, durante un tiempo, t, a interés compuesto es:

$$C_f = C \cdot \left(1 + \frac{r}{100}\right)^t, \text{ siendo } t \text{ el tiempo en años}$$

Para aplicar esta fórmula con el tiempo en meses y días, basta con sustituir r por el rédito mensual o diario y t por el número de meses o días de inversión.

ACTIVIDADES

49 Calcula el capital final que se obtendrá al invertir, con un interés compuesto, 1 200 €:

a) Al 3 % anual durante 2 años.

b) Al 3 % anual durante 3 años.

c) Al 3 % anual durante 4 años.

50 Andrea deposita 2 000 € en un banco que le ofrece un interés compuesto anual del 5 %. ¿Cuánto le devuelve el banco al final del segundo año?

51 **REFLEXIONA.** ¿Qué da mayores beneficios, un depósito de 1 año al 2 % o uno de 2 años al 1 %?

Cómo se resuelven problemas de interés compuesto

GEOGEBRA

Las cantidades de dinero se suelen aproximar a los céntimos. Por eso, cuando el resultado de una operación es una cantidad de dinero, los números que intervienen se suelen aproximar a las centésimas.

Julia quiere ahorrar para comprar una moto que cuesta 3 475 €. Para ello, decide ingresar el dinero que tiene en un depósito bancario a un interés compuesto del 3 % anual durante 5 años.

a) ¿Cuánto dinero tendrá que ingresar para obtener el dinero que le cuesta la moto al finalizar el depósito?

b) ¿Cuánto le darán si los intereses se abonan mensualmente, ingresa 2 500 € y saca el dinero a los 8 meses?

① Identificamos los datos que sabemos y los que no sabemos.

a) $C_f = 3\,475$ €

$t = 5$ años

$r\,\% = 3\,\%$

¿C? No sabemos el dinero que hay que ingresar.

b) $C = 2\,500$ €

$t = 8$ meses (Como el tiempo es en meses, el interés tiene que ser mensual.)

$r\,\% = 3\,\%$ anual $\rightarrow \dfrac{r\,\%}{12} = \dfrac{3\,\%}{12} = 0{,}25\,\%$ mensual

¿C_f? No sabemos el dinero que recibirá del banco.

② Sustituimos los datos conocidos en la fórmula.

a) $$3\,475 = C\left(1 + \frac{3}{100}\right)^5$$

$$3\,475 = C \cdot 1{,}03^5$$

b) $$C_f = 2\,500\left(1 + \frac{0{,}25}{100}\right)^8$$

③ Calculamos el valor del dato que desconocemos.

a) $$C = \frac{3\,475}{1{,}03^5} = 2\,997{,}57$$

Tendrá que ingresar 2 998 €, aproximadamente.

b) $$C_f = 2\,500 \cdot 1{,}0025^8 = 2\,550{,}44$$

A los 8 meses recibirá 2 550,44 €.

ACTIVIDADES

52 Se depositan 10 000 € al 0,5 % anual. Calcula el capital final que se obtiene después de los siguientes periodos.

a) 1 año	d) 20 años
b) 5 años	e) 30 años
c) 10 años	f) 50 años

¿Cuál es el beneficio obtenido en cada caso?

53 Se quiere invertir cierto capital durante 10 años con un interés del 2 %.

a) ¿Qué dinero hay que invertir para obtener 6 095 €?

b) ¿Qué dinero hay que invertir para obtener 12 190 €?

c) Si invertimos el doble de dinero, al mismo rédito y en el mismo tiempo, ¿obtendremos el doble al finalizar el periodo?

54 Marcos quería aumentar sus ahorros y para ello invirtió 10 000 € en un banco. Al cabo de 10 años obtuvo 11 046,23 €. ¿Qué rédito le dio el banco?

55 Lee y contesta.

a) ¿A qué rédito anual hay que invertir 20 000 € durante 5 años para obtener 25 525,63 €?

b) ¿Y para obtener 32 210,20 €?

c) Si invertimos una cantidad de dinero durante un cierto tiempo al doble de rédito, ¿obtendremos el doble de dinero?

d) Si invertimos 20 000 € al 5 % durante 10 años, ¿cuánto dinero obtendremos? ¿Será el doble que si lo invertimos durante 5 años?

1. Calcula términos de una sucesión numérica

ACTIVIDADES FLASH

56 Indica los tres términos siguientes de estas sucesiones.

a) 1, −1, 2, −2, 3, −3, ...

b) 2, 3, 5, 7, 11, ...

c) $a_1 = 2, a_n = -a_{n-1}$

d) $a_1 = 2, a_2 = 1, a_n = a_{n-1} + a_{n-2}$

57 Encuentra los 4 primeros términos.

a) Su primer término es 5 y cada término se obtiene sumando 3 al término anterior.

b) Su primer término es −2 y cada término se obtiene multiplicando por 3 el término anterior.

58 Decide si en estas sucesiones aparece el número 50.

a) La sucesión formada por los múltiplos de 3.

b) La sucesión formada por los cuadrados de los números naturales.

c) La sucesión en la que cada término es el número que indica su posición.

59 Siendo $a_1 = 3$, da 5 términos de estas sucesiones:

a) Cada término es el triple del anterior.

b) Cada término es igual al cuadrado de la posición que ocupa más el término anterior.

60 Resuelve el crucigrama. Para ello, completa las horizontales con los términos que faltan en las sucesiones. Después, comprueba que lo has hecho bien calculando a_3 en las sucesiones verticales.

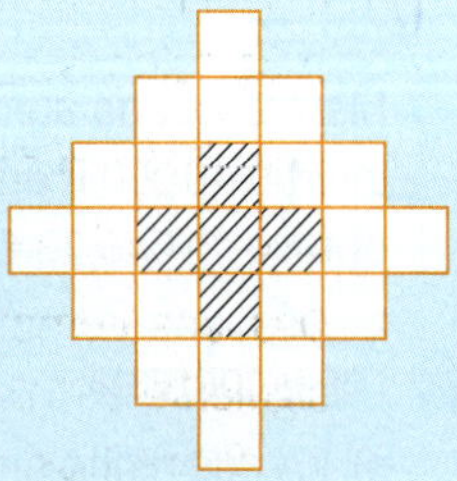

HORIZONTALES:	VERTICALES:
1. 2, 5, □, 11, 14, ...	1. $a_n = n^2 - 2^n$
2. 3, 33, □, 3333, ...	2. $a_n = n^2 \cdot (n+2)^2 + 3$
3. 1, 8, □, 64, ...;	3. $a_n = 12n + 1$
15, 20, □, 30, ...	$a_n = 2n^2 + n$
4. 3, 6, □, 24, ...;	4. $a_n = n^4 + 2$
10, −12, □, −16, ...	$a_n = (4^n - 2) : 2$
5. 90, 86, □, 78, ...;	5. $a_n = 2^{n+2}$
24, □, 13, 9, 6, ...	$a_n = 7n - 6$
6. 1, 13, □, 1357, ...	6. $a_n = 8^n + 2n$
7. 1, −1, □, −1, ...	7. $a_n = 10 - 2n$

61 **INVENTA.** Escribe una sucesión recurrente. Para ello, da valores a a_1 y a_2 y crea una regla de recurrencia. Después, halla los 5 primeros términos de la sucesión.

62 En la sucesión de los números impares:

a) ¿Cuál es el término a_{12}? ¿Y a_{23}? ¿Y a_{157}?

b) ¿Qué posición ocupa el número 15? ¿Y 1427?

c) ¿Existe un n tal que $a_n = 126$?

d) ¿Qué términos hay entre el número 25 y el 35?

63 Escribe los términos que se piden.

a) a_3 y a_4, siendo $a_n = (-1)^{n+1} \cdot 3n$

b) a_2 y a_3, siendo $a_n = \frac{1}{n^2} - n$

c) a_4 y a_5, siendo $a_n = n^3 \cdot (-1)^n$

d) a_6 y a_8, siendo $a_n = 2n - n^2 + 3$

64 **INVESTIGA.** Di si el número 52 es un término de estas sucesiones e indica qué posición ocupa.

a) $a_n = 2n + 7$

b) $a_n = 3n + 7$

c) $a_n = 5n - 8$

d) $a_n = 5n - 4$

65 **INVENTA.** Escribe los términos generales de tres sucesiones en las que el cuarto término sea 18.

66 Calcula los términos de las sucesiones y asigna a cada número la letra que corresponde a su posición en el alfabeto inglés.

a) $a_n = \frac{a_{n-1}}{2} + n$, si $n > 1$, con $a_1 = 0$.

Ma$a_{11}a_5$emaa_{11}ics is a $a_9a_7$ace wa_5ea_{10}e you caa_8 a_3o $a_{11}a_5$i$a_8$gs w$a_5$ica_5 you caa_8'a_{11} a_3o ia_8 $a_{11}a_5$e a_{10}eaa_7 wo$a_{10}a_7a_3$.

MARCUS DU SAUTOY

b) $b_n = b_{n-1} + b_{n-2}, b_1 = 5, b_2 = -2$

Mb_4thb_6mb_4tb_7b_3s b_7s b_4 gb_4mb_6 plb_4yb_6b_5 $b_4b_3b_3$or$b_5b_7b_8$g to $b_3b_6$rt$b_4b_7b_8$ s$b_7$mplb_6 rulb_6s b_9b_7th m$b_6b_4b_8b_7b_8$gless m$b_4$rks ob_8 pb_4pb_6r.

DAVID HILBERT

67 **INVENTA.** Busca la regla de formación de la sucesión de Fibonacci. Elige dos valores negativos para a_1 y a_2 y escribe los 6 primeros términos de una sucesión similar.

INTERNET

68 Calcula los 6 primeros términos de estas sucesiones.

a) $a_3 = 5$ y $a_n = -a_{n-1} + 2$

b) $a_3 = 6$, $a_4 = 5$ y $a_n = a_{n-1} + a_{n-2}$

2. Obtiene una ley de formación para el término general de una sucesión

ACTIVIDADES FLASH

69 Relaciona cada sucesión con su término general.

a) 1, 2, 4, 8, …   1. 2^n

b) 2, 4, 8, 16, …   2. $2^n - 1$

c) 1, 3, 7, 15, …   3. 2^{n-1}

70 Calcula el término general de estas sucesiones.

a) $-1, 1, -1, 1, -1, \ldots$

b) $1, -1, 1, -1, 1, \ldots$

c) $1, -2, 3, -4, 5, \ldots$

d) 2, 4, 6, 8, 10, …

71 Escribe el término general de la sucesión si:

a) Multiplicamos por 2 cada uno de los términos de la sucesión de término general $a_n = 3n - \frac{1}{2}$.

b) Sumamos 2 unidades a cada uno de los términos de la sucesión $a_n = 3n - \frac{1}{2}$.

72 **INVESTIGA.** Los números triangulares son los que siguen esta serie:

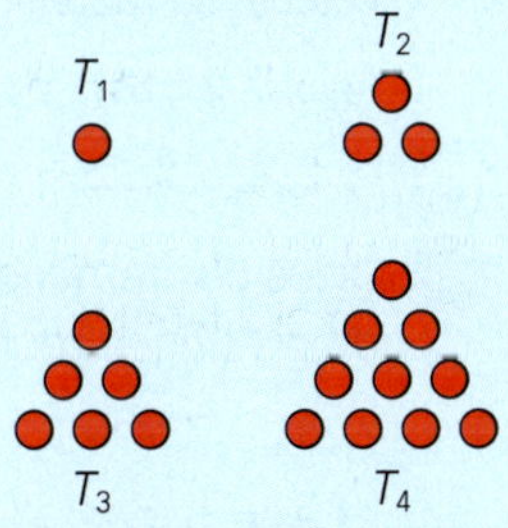

a) Calcula T_5 y T_{10}.

b) Determina el término general.

73 Las siguientes sucesiones están relacionadas con la sucesión $a_n = n^2$. Deduce cuál es esa relación y, a partir de ella, escribe su término general.

a) 2, 8, 18, 32, …   b) 4, 9, 16, 25, …   c) 3, 6, 11, 18, …

74 **JUEGO.** Una persona escribe en secreto el término general de una sucesión y dice en voz alta su primer término. El resto de los participantes, por turnos, pueden pedirle el siguiente término, o bien intentar adivinar el término general.

75 **RETO.** ¿Cuál es el término general de estas sucesiones?

a) $-1, \frac{1}{2}, -\frac{1}{3}, \frac{1}{4}, \ldots$

b) $1, \frac{1}{3}, \frac{1}{5}, \frac{1}{7}, \frac{1}{9}, \ldots$

c) $\frac{1}{3}, -\frac{1}{6}, \frac{1}{9}, -\frac{1}{12}, \ldots$

d) $1, \frac{2}{3}, \frac{3}{5}, \frac{4}{7}, \frac{5}{9}, \ldots$

76 Dada la sucesión con ley de recurrencia:

$a_1 = 2,\ a_2 = 3,\ a_3 = 4$ y $a_n = a_{n-1} + a_{n-2} - a_{n-3}$

a) Escribe el término a_{n+2} en función a_n, a_{n-1} y a_{n-2}.

b) Calcula a_5 a partir de la expresión de a_{n+2}.

3. Identifica los elementos de progresiones aritméticas y geométricas

Progresiones aritméticas

ACTIVIDADES FLASH

77 Decide si estas sucesiones son progresiones aritméticas y, si lo son, calcula su diferencia.

a) 7, 6, 5, 4, …

b) 20, 18, 16, 14, …

c) 2, 4, 2, 6, 2, 8, …

d) 6, 5, 3, 7, 6, 5, …

78 Indica la diferencia y el término a_4 de estas progresiones aritméticas.

a) $a_5 = 0$ y $a_6 = 5$

b) $a_6 = -1$ y $a_7 = 2$

c) $a_3 = 1$ y $a_5 = 7$

d) $a_6 = 3$ y $a_8 = 13$

79 Ordena los términos de esta progresión aritmética con $d < 0$, y escribe el nombre de uno de los padres del álgebra.

N	O	D	I	O	F	A	I
−9	3	11	7	−17	−1	−5	−13

80 Averigua el término general y el quinto término.

a) $a_1 = 5$ y $d = -3$

b) $a_1 = -3$ y $d = -1$

c) $a_2 = -17$ y $d = 4$

d) $a_8 = 2$ y $d = -1$

81 Calcula la diferencia y el término general de estas progresiones aritméticas.

a) $a_1 = 1$ y $a_7 = 13$

b) $a_1 = -3$ y $a_5 = 17$

c) $a_2 = -5$ y $a_6 = 11$

d) $a_3 = 1$ y $a_8 = 16$

Después, completa el siguiente sudoku, utilizando las diferencias obtenidas en los huecos correspondientes. Recuerda, rellena los números del 1 al 6 en cada fila, columna y área sin que se repitan.

	2		4		
c)				d)	
			a)	6	
	3	2			
	b)				6
		3		2	

82 Calcula el lugar que ocupa el número 24 en estas progresiones aritméticas.

a) $a_n = 3n + 6$

b) $a_n = 2n - 10$

c) $a_n = 8 - n$

d) $a_n = 4n + 12$

83 Calcula el primer término, la diferencia y el término general de estas progresiones aritméticas.

a) $a_4 = 13$ y $a_{11} = 41 - a_2$

b) $a_3 = 6$ y $a_8 = 21 - a_1$

ACTIVIDADES FINALES

84 Completa esta progresión aritmética.

$$\square, \frac{1}{2}, \square, \frac{5}{6}, \square, \square, \dots$$

85 **INVENTA.** Escribe el término general y calcula los primeros 5 términos de una progresión aritmética sabiendo que $a_3 = 23$.

86 De una progresión aritmética se sabe que los términos quinto y sexto suman 15,321.

a) ¿Cuánto suman los términos a_4 y a_7?

b) ¿Cuánto suman los términos a_3, a_4, a_7 y a_8?

Cómo se añaden números entre dos términos de una progresión aritmética

87 Añade tres números entre 7 y 23 para que todos ellos formen una progresión aritmética.

PRIMERO. Se calculan a_1 y d.

La progresión es 7, a_2, a_3, a_4, 23. $\rightarrow \begin{cases} a_1 = 7 \\ a_5 = 23 \end{cases}$

Como debe ser una progresión aritmética:

$$a_n = a_1 + (n-1)d \rightarrow 23 = 7 + (5-1) \cdot d \rightarrow$$
$$\rightarrow 23 - 7 = 4d \rightarrow d = 4$$

SEGUNDO. Se hallan los términos intermedios.

$$a_2 = a_1 + (2-1)d = 7 + 4 = 11$$
$$a_3 = a_1 + (3-1)d = 7 + 8 = 15$$
$$a_4 = a_1 + (4-1)d = 7 + 12 = 19$$

La progresión es 7, 11, 15, 19, 23.

88 ¿En qué año nació Gauss? Estos matemáticos nacieron en años que siguen una progresión aritmética.

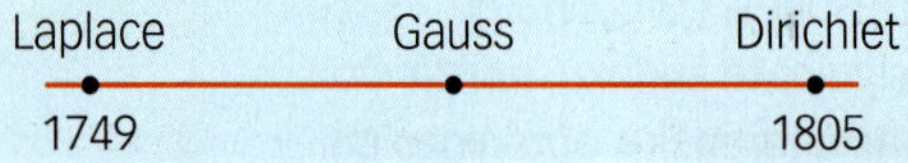

89 En un tablero de la oca hay colocadas 8 fichas. La primera está en la casilla 7 y la última en la casilla 63. Si todas están a igual distancia de la siguiente y de la anterior, ¿cada cuántas casillas hay una ficha? ¿En qué casillas están?

90 **INVESTIGA.** Crea dos progresiones aritméticas, a_n y b_n. Suma los términos de ambas y crea la sucesión $c_n = a_n + b_n$. ¿Es c_n una progresión aritmética?

91 ¿Cuánto suman todas las caras de estos dados?

a) Dado de 20 caras numeradas del 1 a 20.

b) Dado de 10 caras con los múltiplos de 10 desde 0 en cada cara.

c) Dado de 8 caras con números pares desde 50.

d) Dado de 12 caras numeradas desde 100 a 111.

92 Averigua el término general de la progresión aritmética en cada caso.

a) $S_{16} = -528$ y $a_{16} = -3$

b) $S_{52} = 6682$ y $a_1 = 1$

c) $S_{35} = 1960$ y $a_3 = 11$

d) $S_{13} = 0$ y $a_8 = 8$

93 **RETO.** Escribe los números enteros positivos en filas poniendo 13 números en cada fila. ¿En qué fila se cumple que la suma de sus números es 341 458?

Progresiones geométricas

ACTIVIDADES FLASH

94 Decide si son progresiones geométricas y, si lo son, calcula su razón.

a) 3, 9, 27, 81, …

b) 2, 4, 6, 8, 16, …

c) −8, 4, −2, 1, −0,5, …

d) 10, 5, 8, 4, 6, 3, …

95 Di los dos términos siguientes en estas progresiones geométricas.

a) $a_1 = 7$, $r = 2$

b) $a_1 = 5$, $r = -1$

c) $a_1 = -1$, $a_2 = 1$

d) $a_1 = 3$, $a_2 = 9$

Cómo se determina si una progresión es aritmética o geométrica

96 ¿Son progresiones aritméticas o geométricas?

a) 2, 6, 10, 14, … b) 6, 12, 24, 48, …

PRIMERO. Se resta a cada término el anterior y se comprueba si las diferencias son iguales.

a) $6 - 2 = 10 - 6 = 14 - 10 = 4 \rightarrow$ Es aritmética.

b) $12 - 6 \neq 24 - 12 \neq 48 - 24 \rightarrow$ No es aritmética.

SEGUNDO. Se divide cada término entre el anterior y se comprueba si las razones son iguales.

a) $\frac{6}{2} \neq \frac{10}{6} \neq \frac{14}{10} \rightarrow$ No es geométrica.

b) $\frac{12}{6} = \frac{24}{12} = \frac{48}{24} = 2 \rightarrow$ Es geométrica.

97 Decide si son progresiones aritméticas o geométricas y calcula su diferencia o su razón.

a) 1, 3, 9, 27, …
b) 1, 3, 5, 7, 9, …
c) $2, 1, \frac{1}{2}, \frac{1}{4}, \ldots$
d) −4, 4, −4, 4, …
e) 6, 3, 0, −3, …
f) $\frac{1}{25}, \frac{1}{5}, 1, 5, \ldots$

98 **INVESTIGA.** ¿Pueden existir progresiones que sean al mismo tiempo aritméticas y geométricas?

99 Ordena los términos de esta progresión geométrica sabiendo que $-1 < r < 0$, y averigua el nombre de este matemático.

D	U	C	E	E	I	L	S
1/3	27	−9	−1/9	−81	−1	3	1/27

100 Halla el término general de estas sucesiones.

a) 7, −7, 7, −7, 7, …
b) $\frac{1}{4}, \frac{1}{2}, 1, 2, \ldots$
c) $7^{-1}, 7^{-2}, 7^{-3}, 7^{-4}, \ldots$
d) $1{,}25; \frac{15}{4}; 11{,}25; \frac{135}{4}; \ldots$

101 Calcula a_5 y averigua la altura de estos picos.

a) Everest → Progresión con $a_1 = 553$ y $r = 2$.
b) Kanchenjunga → Progresión con $a_1 = 106$ y $r = 3$.

102 **INVESTIGA.** ¿Puede ser el número 0 el primer término de una progresión geométrica o aritmética?

103 Calcula los 5 primeros términos y la razón.

a) $a_n = (-3)^n$
b) $a_n = 3 \cdot (-2)^{n+1}$
c) $a_n = 2^{1-n}$
d) $a_n = \frac{a_{n-1}}{7}$ siendo $a_1 = 2401$

104 **INVENTA.** Escribe el término general y calcula 5 términos de una progresión geométrica con $a_4 = 32$.

105 Halla y escribe el término general de estas progresiones geométricas. ¿Tienen una única razón?

a) $a_2 = 6$, $a_3 = 12$
b) $a_3 = 5$, $a_4 = -10$
c) $a_3 = 18$, $a_5 = 648$
d) $a_2 = -1$, $a_6 = -81$

106 **RETO.** Contesta razonadamente.

a) En una progresión geométrica en la que $a_1 \cdot a_2 = a_3$, ¿cuánto vale la razón?
b) En una progresión geométrica en la que $a_2 \cdot a_3 = a_4$, ¿cuánto vale el primer término?

107 El tercer término de una progresión geométrica es $\frac{12}{5}$ y la razón es 10. ¿Qué lugar ocupan estos números en la progresión?

a) $\frac{12}{500}$ b) 24 c) 240000

108 Dos términos consecutivos de una progresión geométrica son 7 y 8. Averigua qué lugar ocupan sabiendo que $a_1 = \frac{343}{64}$.

109 **INVESTIGA.** Escribe dos progresiones geométricas a_n y b_n. Suma los términos de ambas progresiones y crea la sucesión $c_n = a_n + b_n$. ¿Es c_n una progresión geométrica? ¿Y la sucesión $d_n = a_n \cdot b_n$?

110 Obtén la suma de los 7 primeros términos de estas progresiones geométricas.

a) $a_n = (-2) \cdot 3^{n+1}$
b) $a_n = 3^{n-2}$
c) $a_n = (-3) \cdot 2^{n+2}$
d) $a_n = (-2)^{n-1}$

111 Halla los 5 primeros términos de estas progresiones.

a) $a_1 = 6$, $r = 1$
b) $a_2 = -1$, $r = \frac{1}{3}$
c) $a_2 = 10$, $a_3 = 1$
d) $a_2 = 2$, $a_4 = \frac{2}{9}$

Después, calcula su suma y utiliza la calculadora para comprobar que lo has hecho bien.

112 Calcula, si es posible, la suma de todos los términos de estas progresiones geométricas.

a) 10; 2; 0,4; 0,08; …
b) 16; 12; 9; 6,75; …

113 **RETO.** ¿Sabrías obtener una progresión geométrica de este gráfico?
Si utilizas la fórmula para calcular su suma, ¿sabrías decir cuál es la suma de sus infinitos términos?

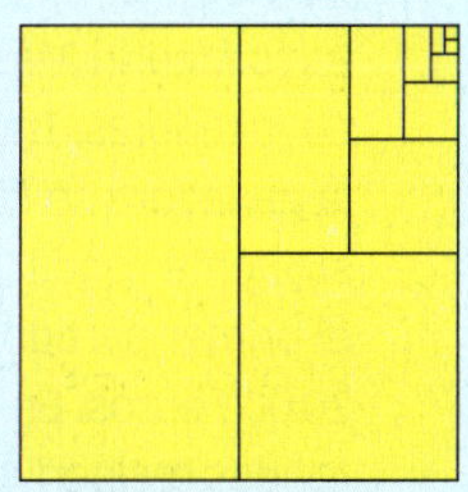

114 Halla, si se puede, la suma de los infinitos términos de estas progresiones geométricas.

a) $a_1 = 3$, $a_2 = -1$
b) $a_1 = -1$, $a_2 = -3$
c) $a_1 = -6$, $r = \frac{1}{5}$
d) $a_1 = -2$, $r = -3$

115 Escribe los 5 primeros términos de la progresión geométrica que tiene $a_1 = \frac{4}{3}$ y cuya suma de todos sus términos es 2.

116 **INVENTA.** Escribe el primer término y la razón de una progresión geométrica tal que la suma de sus infinitos términos sea:

a) $+\infty$ b) $-\infty$ c) No se pueda calcular.

4. Resuelve problemas utilizando sucesiones

117 Una persona decide empezar a correr y el primer día que sale tan solo aguanta 6 minutos. Se marca como objetivo correr cada día 3 minutos más que el anterior hasta que consiga correr una hora. ¿Cuántos días tardará en conseguirlo?

118 **MATEMÁTICAS Y… BIOLOGÍA.** El proceso de reproducción de las células se denomina *mitosis* y consiste en que cada célula se divide en dos células exactamente iguales. ¿Cuántas células se obtendrán a partir de la célula original cuando se haya cumplido este ciclo en 10 ocasiones?

119 Lanzamos un balón que da botes a lo largo de un pasillo.

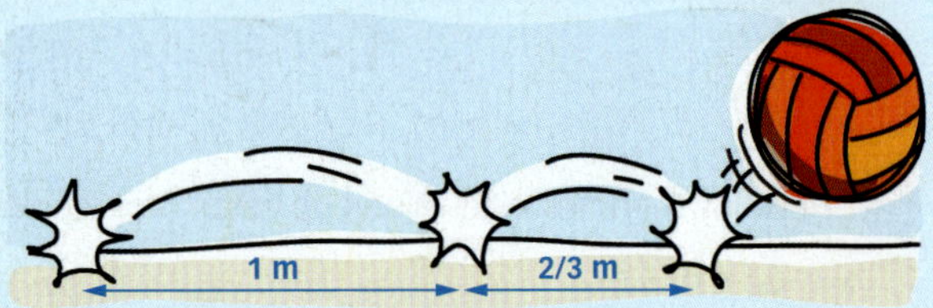

Si al séptimo bote choca con la pared y se para, ¿qué distancia habrá recorrido?

120 La primera etapa de la vuelta a Galicia son 35 km. Cada nueva etapa se hacen 5 km más. Si la vuelta dura 7 días, ¿cuántos kilómetros se recorren en total?

121 **MATEMÁTICAS Y… DEPORTE.** En el torneo de tenis Madrid Másters participan 64 jugadoras. Tras cada partido, la ganadora se clasifica para la siguiente ronda. Por ganar el primer partido reciben 20 000 euros. En las sucesivas rondas reciben 40 000 euros más que en la anterior. ¿Cuánto dinero recibirá la campeona?

122 **MATEMÁTICAS Y… MEDIOAMBIENTE.** Se estima que el nivel del mar está subiendo 3 mm anuales y que si sube un metro más desaparecerá el delta del Ebro. Si la situación no cambia, ¿cuánto tardaremos en perder este parque natural?

123 Una rana está en el borde de una charca circular de 5 m de radio y se desplaza saltando en línea recta hacia el centro. Cada vez avanza la mitad que en el salto anterior. En el primer salto avanza 3 m.

a) ¿En cuántos saltos llega al centro?

b) ¿Llega al centro si el primer salto es de 2 m?

124 María está mirando pisos de nueva construcción.

a) Si los precios ascienden en una progresión aritmética conforme aumenta la altura, ¿cuánto cuesta cada piso? ¿Qué diferencia hay entre ellos?

b) El portal mide 5 m de altura; y cada piso, 3,5 m. ¿A qué altura se encuentra el séptimo piso?

c) Si María quiere comprar un piso que esté a más de 18 m de altura, pero no puede pagar más de 250 000 €, ¿qué piso puede comprar?

125 La población de una ciudad de 20 000 habitantes crece a un ritmo de un 2 % al año, ¿cuántos habitantes tendrá dentro de 10 años?

126 El 31 de diciembre se depositan 5 000 € al 4 % anual. Si no se retiran durante 6 años, ¿qué capital habrá al finalizar cada uno de los 6 años?

127 Calcula el capital que, invertido a un interés compuesto del 5 %, produce 1 500 € en 4 años.

128 Si un capital de 5 000 € se convierte en 6 000 € en una situación de interés compuesto al cabo de 2 años, ¿cuál es el rédito al que ha estado invertido?

129 **MATEMÁTICAS Y… CIBERSEGURIDAD.** Uno de los tipos de virus que pueden afectar a tu móvil es el denominado *gusano*, que se puede transmitir a través de mensajes de WhatsApp. Estos virus eligen al azar varios de tus contactos y le envían un mensaje. Al abrirlo, la persona que lo recibe activa el virus, que vuelve a repetir el proceso de la misma forma. Imagina que un móvil ha sido infectado con un *gusano*. El *gusano* elige al azar a 5 personas de sus contactos y les manda un mensaje. Si suponemos que las personas a las que se manda el mensaje siempre son diferentes, cuando el virus se haya reproducido ocho veces, ¿podría haber contagiado a todos los móviles de las personas que viven en tu localidad?

130 ••• Si dejamos caer una canica, da un bote contra el suelo y sube hasta un tercio de la altura a la que se ha soltado. Si se deja caer a dos metros de altura, ¿cuántos rebotes dará antes de pararse? (Supondremos que deja de rebotar cuando se encuentra a menos de 1 cm de altura del suelo).

131 ••• Para construir una torre de naipes, se colocan en la base el doble de cartas del número de pisos que queramos tener. A continuación, se coloca una carta en horizontal que soportará el siguiente piso de naipes.

a) Halla la sucesión que forma el número de cartas horizontales necesario según el número n de pisos.

b) Halla la sucesión que forma el número de cartas ladeadas necesario según el número n de pisos.

c) ¿Forman una sucesión el número de cartas necesario para una torre de tamaño n?

¿Quién vigila la caja de Pandora?

La humanidad está alerta por una posible nueva pandemia.

El nuevo virus tiene una capacidad infección similar al de la varicela. Se estima que 10 personas contagiadas, sin vacunas y sin una férrea cuarentena podrían contagiar a toda la población de un país como España en menos de 2 meses y a la mitad de la población mundial en tan solo 2 semanas.

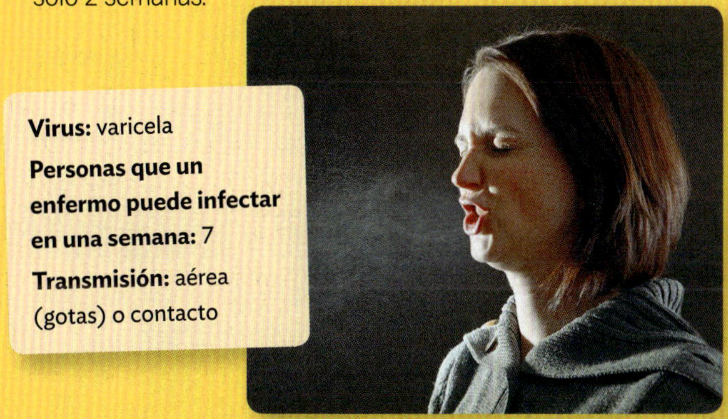

Y tú, ¿qué opinas?

PROBLEMAS APARENTEMENTE DISTINTOS

132 En una progresión aritmética de diferencia 540 y cuyo primer término es 17 990, calcula:

a) El quinto término.

b) La suma de los términos hasta el quinto.

c) La suma de los diez primeros términos.

133 El sueldo bruto de Eva es 17 990 €. Según su contrato, su sueldo anual aumentará 540 € brutos cada año, durante 10 años.

a) ¿Cuánto cobrará el 5.º año?

b) ¿Cuánto habrá cobrado en 5 años?

c) ¿Y al finalizar el contrato?

134 Observa la siguiente progresión geométrica:

$$a_1 = 1, a_2 = 2, a_3 = 4, \ldots$$

a) Halla el cuarto término.

b) ¿Cuánto suman los 4 primeros términos de la progresión?

c) Calcula la suma de los 8 primeros términos.

135 Una tienda decide dar a su clientela un descuento cada mes: el primero será de 1 €; el segundo, de 2 €; el tercero, de 4 € y así sucesivamente hasta el octavo mes.

a) ¿Qué descuento dan el cuarto mes?

b) ¿Cuánto dinero regalan en esos cuatro meses?

c) Y hasta el octavo mes, ¿cuánto descuento dan?

136 Calcula el capital final obtenido al invertir 4 000 € a interés compuesto en cada uno de los siguientes casos.

a) Interés compuesto anual del 0,3% durante 5 años.

b) 10 años a interés compuesto anual del 0,5%.

c) Interés compuesto del 0,8% durante 15 años.

¿Cuál es la suma de las tres cantidades anteriores?

137 He visto un anuncio de venta de Letras del Tesoro.

Quiero invertir 12 000 € a partes iguales entre los tres tipos de Letras, ¿cuánto tendré a los 15 años?

Letras del Tesoro
A 5 años.
Interés anual: 0,3%

Letras del Tesoro
A 10 años.
Interés anual: 0,5%

Letras del Tesoro
A 15 años.
Interés anual: 0,8%

Tu propia vivienda: entre el miedo y la esperanza

Hoy en día, la situación de los demandantes de vivienda se puede dividir en dos: los primeros son propietarios de una vivienda que, por diversas causas, necesitan otra y los segundos suelen ser profesionales jóvenes con algunos ahorros que quieren comprar su primera vivienda.

En cuanto a los bancos, sus ofertas hipotecarias no difieren mucho unas de otras: pequeñas variaciones en el tipo de interés y en los plazos de amortización.

Hipotecas más demandadas

Hipoteca corta
Periodo de amortización: 20 años
Interés aplicado: 2,05 %

Hipoteca media
Periodo de amortización: 25 años
Interés aplicado: 2,25 %

Hipoteca larga
Periodo de amortización: 30 años
Interés aplicado: 2,45 %

1 ¿Cuánto dinero tengo que pedir?

Esta es la vivienda que me gustaría comprar: tiene mucha luz, es espaciosa y las zonas comunes son magníficas.

No dispongo de todo el dinero necesario para comprarla, así que tendré que pedir un préstamo hipotecario a una entidad bancaria.

Llevo ahorrando desde que comencé a trabajar a los 22 años. Ahora tengo 34 y he ahorrado una media de 780 € anuales.

- Cuando tenía 27 años, la cantidad que había ahorrado en los 5 años anteriores la invertí en un fondo de vivienda que me ofrecía el 1,25 % durante 5 años. ¿Qué cantidad invertí en el fondo? ¿Qué cantidad recibí a los 5 años?
- Así que, ahora mismo, el dinero del que dispongo es lo que he ahorrado durante estos años más la cantidad que recibí del fondo de vivienda. ¿Cuánto dinero de hipoteca tengo que solicitar?

2 ¿Qué mensualidad hay que pagar?

Hay que tener en cuenta que el dinero que tenemos que devolver al banco es la cantidad que nos han prestado más los intereses que nos cobran por habérnoslo prestado. Esa cantidad que tenemos que devolver se calcula mediante esta fórmula:

$$C_{final} = C_0\left(1 + \frac{r}{100 \cdot 12}\right)^t$$

- C_0 es la cantidad de dinero que nos ha prestado el banco.
- r es el interés que nos cobra el banco por el dinero que nos ha prestado.
- t es el tiempo, en meses, que tardaremos en pagar todo el dinero al banco.
- C_{final} es la cantidad total de dinero que pagaremos al banco por el importe que nos ha prestado, al interés que nos ha marcado y en el tiempo que el préstamo estipula (periodo de amortización).

- Con ayuda de la calculadora obtén los intereses que tendría que pagar al banco en cada una de las hipotecas más demandadas.
- ¿Cuál es el importe que tendría que pagar al banco en cada hipoteca mensualmente?
- ¿Cuál de las tres hipotecas (corta, media o larga) me conviene seleccionar teniendo en cuenta el dinero que tengo ahorrado? ¿Por qué?

RESUMEN DE UNIDAD

SUCESIÓN

Términos → $\underbrace{2}_{a_1}, \underbrace{4}_{a_2}, \underbrace{6}_{a_3}, \underbrace{8}_{a_4}, \underbrace{10}_{a_5}, \ldots, \underbrace{2n}_{a_n}, \ldots$

a_n → Término general

PROGRESIÓN GEOMÉTRICA

$2, \ -4, \ 8, \ -16, \ 32, \ldots$ (cada término se obtiene multiplicando por (-2)) → Término general: $a_n = a_1 \cdot r^{n-1}$

PROGRESIÓN ARITMÉTICA

$6, \ 4, \ 2, \ 0, \ -2, \ldots$ (cada término se obtiene sumando -2) → Término general: $a_n = a_1 + (n-1)d$

INTERÉS COMPUESTO

$$C_f = C \cdot \left(1 + \frac{r}{100}\right)^t$$

C_f = Capital final
C = Capital inicial
r = Rédito
t = Tiempo en años

AUTOEVALUACIÓN

1. Calcula términos de una sucesión numérica

1 ¿Cuál es el sexto término de esta sucesión?

7, 5, 3, 1, …

a) 5 b) 2 c) -1 d) -3

2 Halla el tercer término de la sucesión $a_n = -n^2 + 2n$.

a) -3 b) 3 c) -15 d) 15

3 Indica cuál de estos números no es un término de la sucesión $a_n = 3n - 5$.

a) 10 b) 25 c) 37 d) 44

4 Escribe los primeros términos de $a_n = \dfrac{n-2}{n+1}$.

a) $-\frac{1}{2}, 0, \frac{1}{4}, \frac{2}{5}, \ldots$ c) $-\frac{1}{2}, 0, \frac{1}{3}, \frac{2}{4}, \ldots$

b) $\frac{1}{2}, 0, \frac{1}{4}, \frac{2}{5}, \ldots$ d) $\frac{1}{2}, 0, \frac{1}{3}, \frac{2}{4}, \ldots$

2. Obtiene una ley de formación para el término general de una sucesión

5 ¿Cuál es el término general de esta sucesión?

0, 2, 8, 26, 80, …

a) $a_n = 2^n - 2$ b) $a_n = 2(n-1)$ c) $a_n = 3^{n-1} - 1$

6 Indica el término general de la siguiente sucesión.

…, -1, 1, 0, 1, 1, 2, 3, …

a) $a_n = (-1)^{n-2}$ c) $a_n = a_{n-1} - a_{n-2}$

b) $a_n = a_{n-2} + a_{n-1}$ d) $a_n = a_{n-3} - a_{n-2} + a_{n-1}$

7 ¿Cuál de los siguientes no es el término general de la progresión aritmética en la que $a_4 = 9$ y $a_7 = 15$?

a) $a_n = 3 + (n-1) \cdot 2$ c) $a_n = 2 + (n-1) \cdot 3$

b) $a_n = 2n + 1$ d) $a_n = 2(n-2) + 5$

3. Identifica los elementos de progresiones aritméticas y geométricas

8 ¿Qué sucesión no es una progresión aritmética?

a) 1, 2, 3, 4, 5, … c) 15, 5, -5, -15, -25, …

b) 1, -1, 1, -1, 1, … d) 7, 12, 17, 22, 27, …

9 Indica cuál de estas sucesiones no es una progresión.

a) $a_n = 2n$ b) $a_n = n^2$ c) $a_n = 2^n$

10 Averigua el vigésimo término de una progresión aritmética tal que $a_2 = 5$ y $a_4 = 7$.

a) 23 b) 24 c) 25 d) 26

11 Obtén la suma de todos los términos de la progresión geométrica tal que $a_2 = 4$ y $r = \dfrac{1}{2}$.

a) $+\infty$ b) 4 c) 16 d) No se puede.

4. Resuelve problemas utilizando sucesiones

12 Amaia invierte 25 000 € al 2 % anual durante 10 años. ¿Cuánto dinero recibirá?

a) 30 474,86 € c) 33 597,91 €

b) 31 084,36 € d) 35 211,06 €

13 ¿A qué rédito se han invertido 4 000 € si después de 10 años se han obtenido 6 515,58 €?

a) 2 % c) 5 %

b) 3 % d) 10 %

VALORA TU APRENDIZAJE

- ¿Las dificultades te motivan a trabajar más?
- ¿Aportas tu experiencia personal al servicio de todos?

4 Polinomios

DESAFÍO

Con monedas...

Cada moneda toca a una moneda.

Cada moneda toca a dos monedas.

¿Cuántas monedas necesitas como mínimo para que cada moneda toque a 3 monedas? ¿Y a 4 monedas?

¿Qué sabes ya?

Cómo se expresa información en lenguaje algebraico

El lenguaje algebraico expresa la información matemática con **expresiones algebraicas**, que son conjuntos de números y letras que se combinan con los signos de las operaciones.

EJEMPLO

Lenguaje usual	Lenguaje algebraico
El doble de un número	$2x$
El cuadrado de un número más una unidad	$x^2 + 1$

ACTIVIDADES

1 ¿Qué expresión algebraica corresponde a la quinta parte de un número más el doble de su cuadrado?

a) $x + \dfrac{2x^2}{5}$ b) $\dfrac{x + 2x^2}{5}$ c) $\dfrac{x}{5} + 2x^2$

Cómo se aplica la propiedad distributiva

Distributiva de la suma

$a \cdot (b + c) = a \cdot b + a \cdot c$

Distributiva de la resta

$a \cdot (b - c) = a \cdot b - a \cdot c$

EJEMPLO

Calcula estas operaciones aplicando la propiedad distributiva.

$$(2 - 6) \cdot 3 = 2 \cdot 3 - 6 \cdot 3 = 6 - 18 = -12$$
$$x \cdot (x + 3) = x \cdot x + x \cdot 3 = x^2 + 3x$$

ACTIVIDADES

2 ¿Cuál es el desarrollo al aplicar la propiedad distributiva a la expresión algebraica $\dfrac{2}{3}(3x - 2)$?

a) $\dfrac{2}{3}(3x - 2) = \dfrac{2}{3} \cdot 3x + \dfrac{2}{3} \cdot 2 = 2x + \dfrac{4}{3}$

b) $\dfrac{2}{3}(3x - 2) = \dfrac{2}{3} \cdot 3x - \dfrac{2}{3} \cdot 2 = 2x - \dfrac{4}{3}$

1. Monomios

Un **monomio** es la expresión algebraica más sencilla, está formada por el producto de un número, llamado **coeficiente**, y una o varias letras elevadas a un número natural, que forman la **parte literal**.

Las letras de la parte literal se llaman **variables** y, si se sustituyen por números, obtenemos el **valor numérico** del monomio.

El **grado** de un monomio es el exponente de la letra que forma la parte literal si solo hay una o la suma de los exponentes si hay más de una.

- El signo del producto de números y letras no se suele escribir. $2 \cdot x^4 \cdot y^2 = 2x^4y^2$
- El exponente 1 no se escribe. $x^1y^1 = xy$
- Cuando un monomio está formado solo por letras, su coeficiente es 1. $x^3 = 1 \cdot x^3 \rightarrow$ Coeficiente 1

EJEMPLO

1. Señala los elementos de cada monomio y calcula su valor numérico para $x = 3$, $y = -2$ y $z = 2$.

Monomio	Coeficiente	Parte literal	Variables	Grado	Valor numérico
$-3x^4$	-3	x^4	x	4	$-3x^4 \xrightarrow{x=3} -3 \cdot 3^4 = -3 \cdot 81 = -243$
$5x^2y$	5	x^2y	x, y	$2 + 1 = 3$	$5x^2y \xrightarrow{x=3,\, y=-2} 5 \cdot 3^2 \cdot (-2) = -90$
$2x^2y^3z$	2	x^2y^3z	x, y, z	$2 + 3 + 1 = 6$	$2x^2y^3z \xrightarrow{x=3,\, y=-2,\, z=2} 2 \cdot 3^2 \cdot (-2)^3 \cdot 2 = -288$

Dos **monomios** son **semejantes** si tienen la misma parte literal.

Decimos que dos **monomios** son **opuestos** cuando son semejantes y tienen sus coeficientes opuestos.

Los monomios semejantes se diferencian solo en su coeficiente.

EJEMPLO

2. Escribe 4 monomios distintos de grado 3; tres de ellos deben ser semejantes y dos opuestos.

$3x^3$ $\quad 5x^3$ $\quad -3x^3$ $\quad 2xy^2$

Semejantes: $3x^3$, $5x^3$ y $-3x^3$ Opuestos: $3x^3$ y $-3x^3$ No semejante: $2xy^2$

ACTIVIDADES

1 Indica las expresiones algebraicas que son monomios y escribe su opuesto.

$3xy^2 \qquad \frac{2}{3}x^3 \qquad -\frac{3}{2}x^3 \qquad 2x^2 + y \qquad 2x^2y$

2 Con las variables x e y, escribe:

a) Tres monomios no semejantes de grado 1.

b) Tres monomios no semejantes de grado 2.

3 Escribe en forma algebraica. Después, indica el coeficiente, las variables y el grado.

a) El opuesto del producto de tres números.

b) El triple del área de un rectángulo.

4 **REFLEXIONA.** Escribe un monomio de grado 2. ¿Puedes escribir un monomio semejante al que has escrito con grado 3 y coeficiente -3?

2. Operaciones con monomios

2.1. Suma y resta de monomios

La **suma** (o **resta**) de dos o más monomios solo se puede realizar si son semejantes; en caso contrario, se deja indicada.

El resultado de la suma (o resta) de dos o más monomios semejantes es otro monomio que tiene por coeficiente la suma (o resta) de los coeficientes y la misma parte literal.

EJEMPLO

3. Calcula el resultado de estas operaciones con monomios.

a) $4x + 2x = (4 + 2)x = 6x$

b) $3x - 5x = (3 - 5)x = -2x$

c) $-6x + 2x + x = (-6 + 2 + 1)x = -3x$

d) $\frac{2}{3}x^2 - x^2 + \frac{1}{2}x^2 = \left(\frac{2}{3} - 1 + \frac{1}{2}\right)x^2 = \frac{1}{6}x^2$

e) $2xy^2 + \frac{3}{5}xy^2 - \frac{5}{3}xy^2 = \left(2 + \frac{3}{5} - \frac{5}{3}\right)xy^2 = \frac{14}{15}xy^2$

El grado del producto de monomios es la suma de los grados de sus factores, y el del cociente, la diferencia de los grados del dividendo y el divisor.

2.2. Producto y cociente de monomios

El **producto** de dos monomios es otro monomio que tiene por coeficiente el producto de los coeficientes y por parte literal el producto de las partes literales de ambos monomios.

El **cociente** de dos monomios tiene por coeficiente el cociente de los coeficientes y por parte literal el cociente de las partes literales de ambos monomios.

RETO

Si nos juntas nos anulas, si nos multiplicas nos transformas y si nos divides nos conviertes en -1. ¿Qué monomios somos?

EJEMPLO

4. Realiza los siguientes productos y divisiones de monomios.

a) $2x^2 \cdot 5x = (2 \cdot 5) \cdot (x^2 \cdot x) = 10x^{2+1} = 10x^3$

b) $-3y \cdot 2x^3 \cdot 4y^2 = (-3 \cdot 2 \cdot 4) \cdot (y \cdot x^3 \cdot y^2) = -24x^3y^3$

c) $(6x^5) : (3x) = (6 : 3) \cdot (x^5 : x) = 2 \cdot x^{5-1} = 2x^4$

d) $(5x^2y) : (xy) = (5 : 1) \cdot (x^2y) : (xy) = 5x^{2-1}y^{1-1} = 5x$

ACTIVIDADES

5 Realiza las siguientes operaciones con monomios.

a) $2x^2yz + 3x^2yz$

b) $-4yz^3 + 2yz^3$

c) $\frac{2}{5}x^2 + \frac{5}{2}x^2 + \frac{1}{10}x^2$

d) $3xy^2 - 4xy^2$

e) $-3x^4 - 2x^4$

f) $\frac{1}{2}x^3 - \frac{1}{6}x^3 - \frac{1}{3}x^3$

6 Opera con los monomios que sean semejantes.

a) $2x^2 - 5x^3 - 5x^2 + x^3 + 3x^2$

b) $7x^2y + 3xy^2 - (4xy^2 + 3x^2y)$

7 **REFLEXIONA.** Calcula $3x^3 + \frac{1}{3}x^2 - 2x$.

3. Polinomios

Un **polinomio** es una expresión algebraica formada por la suma o la resta de dos o más monomios no semejantes.

Al trabajar con un polinomio, conviene agrupar los monomios semejantes. Esta operación se denomina «reducir el polinomio». Un polinomio es reducido cuando no tiene monomios semejantes.

EJEMPLO

5. Opera con los monomios y reduce el polinomio.

$$-7x^2 + 3x - 9 + 8x^3 + 3x^2 - 4x$$

Este polinomio tiene varios monomios semejantes que se pueden sumar o restar.

$$-7x^2 + 3x - 9 + 8x^3 + 3x^2 - 4x = 8x^3 - 7x^2 + 3x^2 + 3x - 4x - 9 =$$
$$= 8x^3 + (-7 + 3)x^2 + (3 - 4)x - 9 = 8x^3 - 4x^2 - x - 9$$

Cada uno de los monomios (y su signo) que forman un polinomio se denomina **término**, y el que no tiene parte literal, **término independiente**.

Se llama **grado** del polinomio al mayor de los grados de los términos de un polinomio reducido.

Los polinomios se designan con letras mayúsculas, indicando entre paréntesis las variables que intervienen.

- $P(x) = 3x^6 - 3x^4 + 2x - 5$
  Polinomio de una variable, x.
- $P(x, y) = -x^3y - y^4 + 2x - 5y$
  Polinomio de dos variables, x e y.

EJEMPLO

6. Calcula el polinomio reducido, escribe su grado y sus términos.

$$P(x) = -x^2 + 2x + 3x^2 - 5x + 2 = -x^2 + 3x^2 + 2x - 5x + 2 =$$

$$= 2x^2 - 3x + 2 \rightarrow \begin{cases} \text{Grado} = 2 \\ \text{Términos: } 2x^2,\ -3x \text{ y } 2 \\ \text{Término independiente: } 2 \end{cases}$$

El polinomio opuesto de $P(x)$, que designamos como $-P(x)$, se obtiene cambiando de signo los coeficientes de todos los términos de $P(x)$.

EJEMPLO

7. Halla el polinomio opuesto.

$$P(x) = -x^3 + 3x^2 - x - 2 \xrightarrow{\text{Opuesto}} -P(x) = x^3 - 3x^2 + x + 2$$

ACTIVIDADES

8 Escribe el grado y los términos del polinomio reducido de cada uno de estos polinomios.

a) $P(x) = 2x^4 - 3x^2 + 2x - 4x^4 + x^3 - 1$

b) $Q(y) = y^3 - 2y^2 + y^3 + y^2 - 2y^3 + y + 3$

c) $R(x, y) = y^2 + 3xy - 2x^2 + 5 + x - y + 2x^2y$

¿Cuál es el polinomio opuesto de cada uno de los anteriores?

9 ¿Puedes escribir un polinomio que tenga todas estas características?

- Sea de grado 2.
- Tenga tres términos.
- El término independiente sea un número par.

10 **REFLEXIONA.** Si el polinomio $P(x)$ tiene grado 3 y uno de sus dos términos es $-2x$, ¿qué grado tiene su polinomio opuesto y cuál es su término independiente?

GEOGEBRA

3.1. Valor numérico de un polinomio

El **valor numérico** de un polinomio es el resultado que se obtiene al sustituir las variables por números determinados y operar después.

SE ESCRIBE ASÍ

El valor numérico de un polinomio $P(x)$, para un valor $x = a$, lo expresamos como $P(a)$.

Dado $P(x) = x^2 + 2$, su valor numérico para $x = 3$ es:

$P(3) = 3^2 + 2 = 11$

EJEMPLO

8. Calcula el valor numérico de los polinomios para los valores de la variable que se indican.

a) $P(x) = x^2 + 4x - 1$ para $x = -2$

$$P(x) = x^2 + 4x - 1 \xrightarrow{x=-2} P(-2) = (-2)^2 + 4\cdot(-2) - 1 =$$
$$= 4 - 8 - 1 = -5$$

b) $P(x, y) = x^2y - 3y^2 + \frac{3}{5}x$ para $x = 5, y = -1$

$$P(x, y) = x^2y - 3y^2 + \frac{3}{5}x \xrightarrow{x=5,\, y=-1} P(5, -1) = 5^2\cdot(-1) - 3\cdot(-1)^2 + \frac{3}{5}\cdot 5 =$$
$$= -25 - 3 + 3 = -25$$

3.2. Raíces de un polinomio

Un número es **raíz de un polinomio** (o, también, cero de un polinomio) cuando el valor numérico del polinomio para dicho número es cero.

EJEMPLO

9. Comprueba si $x = -2$ y $x = 1$ son raíces de estos polinomios.

a) $P(x) = x^3 - 6x^2 + 11x - 6$

$P(-2) = (-2)^3 - 6\cdot(-2)^2 + 11\cdot(-2) - 6 = -60$

$P(1) = 1^3 - 6\cdot 1^2 + 11\cdot 1 - 6 = 0$

$x = -2$ no es raíz de $P(x)$ porque $P(-2) \neq 0$.

$x = 1$ es raíz de $P(x)$ porque $P(1) = 0$.

b) $Q(x) = x^3 - 7x - 6$

$Q(-2) = (-2)^3 - 7\cdot(-2) - 6 = 0$

$Q(1) = 1^3 - 7\cdot 1 - 6 = -12$

$x = -2$ es raíz de $Q(x)$ porque $Q(-2) = 0$.

$x = 1$ no es raíz de $Q(x)$ porque $Q(1) \neq 0$.

ACTIVIDADES

11 Calcula el valor numérico de los siguientes polinomios.

a) $A(x) = x^3 - 2x + 1$ para $x = -2$

b) $B(x) = -2x^3 + x^2 + 6$ para $x = 1$

c) $C(x) = \frac{2}{3}x^2 + 1$ para $x = 0$ y para $x = 3$

d) $D(x, y) = x^3y - 6y + x$ para $x = 2$ e $y = 2$

e) $E(x, y, z) = -\frac{3}{4}xz^2 + 5y^3$ para $x = y = -2$ y $z = -1$

12 ¿Son $x = 1$ y $x = -1$ raíces de estos polinomios?

a) $P(x) = 2x^3 - x^2 - 2x + 1$

b) $Q(x) = 2x^3 - 2x^2 - x + 1$

c) $R(x) = x^3 - x^2 + 3x + 5$

13 **REFLEXIONA.** Si $x = 0$ es raíz de un polinomio $P(x)$, ¿qué podemos decir de su término independiente?

4. Operaciones con polinomios

4.1. Suma y resta de polinomios

Para **sumar** (o **restar**) polinomios se agrupan los monomios semejantes y se suman (o restan) sus coeficientes.

EJEMPLO

10. Calcula la suma y la resta de estos dos polinomios.

$$P(x) = x^2 - 3x + 5 \qquad Q(x) = 2x^3 - 3x^2 + 2x - 1$$

$$P(x) + Q(x) = (x^2 - 3x + 5) + (2x^3 - 3x^2 + 2x - 1) =$$
$$= x^2 - 3x + 5 + 2x^3 - 3x^2 + 2x - 1 =$$
$$= 2x^3 - 2x^2 - x + 4$$

$$P(x) - Q(x) = (x^2 - 3x + 5) - (2x^3 - 3x^2 + 2x - 1) =$$
$$= x^2 - 3x + 5 - 2x^3 + 3x^2 - 2x + 1 =$$
$$= -2x^3 + 4x^2 - 5x + 6$$

"Cuando hay un signo − delante de un paréntesis cambian de signo todos los elementos de su interior.

$$2x^3 - (x^2 - 1) = 2x^3 - x^2 + 1$$

RETO

$A \cdot B = 6$
$B \cdot D = 24$
$A \cdot C = 12$
$C \cdot D = 48$

¿Cuánto vale $A \cdot B \cdot C \cdot D$?

4.2. Multiplicación y división de polinomios

Para **multiplicar** dos polinomios se multiplica cada monomio de uno de ellos por todos los monomios del otro y, después, se suman los polinomios obtenidos.

EJEMPLO

11. Halla el resultado del producto de estos dos polinomios: $(-3x^2 + x + 2) \cdot (x^2 + 2)$.

$$(-3x^2 + x + 2) \cdot (x^2 + 2) = -3x^2 \cdot x^2 - 3x^2 \cdot 2 + x \cdot x^2 + x \cdot 2 + 2 \cdot x^2 + 2 \cdot 2 = -3x^4 - 6x^2 + x^3 + 2x + 2x^2 + 4 =$$
$$= -3x^4 + x^3 - 4x^2 + 2x + 4$$

Dados dos polinomios, $P(x)$ y $Q(x)$, al **dividirlos** obtenemos otros dos polinomios, $C(x)$ y $R(x)$, que cumplen:

$$P(x) = Q(x) \cdot C(x) + R(x), \text{ con grado de } R(x) < \text{grado de } Q(x).$$

Los polinomios $P(x)$, $Q(x)$, $C(x)$ y $R(x)$ se denominan polinomio **dividendo, divisor, cociente** y **resto** de la división, respectivamente.

ACTIVIDADES

14. Opera con los siguientes polinomios:

$$P(x) = 2x^3 - 3x + 1$$
$$Q(x) = 3x^2 + 2x + 1$$
$$R(x) = x^4 - 4x^3 + 2x^2 + 2x + 1$$

a) $P(x) + Q(x)$　　c) $R(x) - Q(x)$　　e) $P(x) \cdot Q(x)$

b) $P(x) + R(x)$　　d) $Q(x) - P(x)$　　f) $P(x) \cdot R(x)$

15. Dados los polinomios $P(x) = x^2 - x - 1$, $Q(x) = -x^3 + 2$ y $R(x) = x^3 + x^2 - 15x$, calcula el valor de $-Q(x) + 2 \cdot P(x) + R(x)$.

16. **REFLEXIONA.** Averigua el valor de a para que se cumpla la siguiente igualdad:

$$(3x - 4) \cdot (x - a) = 3x^2 + 2x - 8$$

Cómo se dividen polinomios

Realiza esta división de polinomios.

$$(3x^2 - 2x + 5) : (x + 2)$$

$$\frac{P(x)\ \big|\ Q(x)}{R(x)\quad C(x)}$$

Para comprobar que la división está bien hecha se multiplica el cociente, $C(x)$, por el divisor, $Q(x)$, se le suma el resto, $R(x)$, y el resultado tiene que ser el dividendo, $P(x)$.

① Calculamos el cociente del monomio de mayor grado del dividendo entre el monomio de mayor grado del divisor.

$3x^2 : x = 3x$ → (Primer término del cociente de la división) → $3x^2 - 2x + 5 \ \big|\ x + 2$; cociente: $3x$

Multiplicamos por el divisor.

② Multiplicamos el monomio obtenido por el divisor y restamos el resultado al dividendo.

$3x \cdot (x + 2) = 3x^2 + 6x$ →

$$\begin{array}{r|l} 3x^2 - 2x + 5 & x + 2 \\ -3x^2 - 6x & 3x \\ \hline -8x + 5 & \end{array}$$

← Grado igual que el grado del divisor

③ Repetimos la operación hasta obtener en el resto un polinomio de grado menor que el grado del divisor.

$-8x : x = -8$ → (Segundo término del cociente)

Multiplicamos por el divisor

$-8 \cdot (x + 2) = -8x - 16$ →

$$\begin{array}{r|l} 3x^2 - 2x + 5 & x + 2 \\ -3x^2 - 6x & 3x - 8 \\ -8x + 5 & \\ +8x + 16 & \\ \hline 21 & \end{array}$$

← Grado del resto menor que el grado del divisor

④ Comprobamos si la división está bien realizada.

$P(x) = Q(x) \cdot C(x) + R(x)$

$$Q(x) \cdot C(x) + R(x) = (x + 2) \cdot (3x - 8) + 21 =$$
$$= 3x^2 - 8x + 6x - 16 + 21 =$$
$$= 3x^2 - 2x + 5 = P(x)$$

ACTIVIDADES

17 Realiza las siguientes divisiones.

a) $(x^5 - 3x^2 + x + 4) : x$

b) $(x^4 + 6x^3 + x^2 - 2) : x^2$

c) $(x^5 - 1) : x^3$

d) $(4x^4 + 3x^3 - 2x^2 + x + 3) : (2x)$

e) $(6x^5 + 4x^2 - 3x + 4) : (3x^2)$

f) $(2x^5 + x^4) : (4x^3)$

18 Calcula el cociente y el resto de estas divisiones.

a) $(x^5 - x^3 + x) : (x + 1)$

b) $(x^5 - 243) : (x - 3)$

c) $(6x^4 + 3x^3 + 4x + 2) : (2x + 1)$

d) $(x^6 - 2x^5 + 3x^3 - 6x^2 - x + 6) : (x - 2)$

e) $(2x^3 - 8x^2 + 3x - 1) : (-x + 2)$

f) $x^5 : (2 + x)$

19 Efectúa las divisiones.

a) $(x^4 + x^2 + 1) : (x^2 + 1)$

b) $(2x^3 + 3x^2 - 2x - 3) : (x^2 - 1)$

c) $(2x^5 + x^4 + x^3 + x^2 + 2x + 2) : (2x^2 - x)$

20 Halla el dividendo de estas divisiones, siendo $Q(x)$ el divisor, $C(x)$ el cociente y $R(x)$ el resto.

a) $Q(x) = x^5 + 2x$, $C(x) = 2x + 1$ y $R(x) = -5$

b) $Q(x) = x + 3$, $C(x) = x + 3$ y $R(x) = 0$

c) $Q(x) = 3x + 1$, $C(x) = 2x^2 + 1$ y $R(x) = -2$

d) $Q(x) = x + 2x^2$, $C(x) = 1 + x^2$ y $R(x) = 2 - x$

21 Calcula el resto de esta división sin realizarla.

Dividendo → $P(x) = 9x^5 - 3x^4 - x^2 + 2x - 5$

Divisor → $Q(x) = 3x^3 - x^2$

Cociente → $C(x) = 3x^2$

Cómo se dividen polinomios entre monomios del tipo $(x - a)$ y $(x + a)$ (regla de Ruffini)

Este procedimiento solo se puede utilizar cuando el divisor es un polinomio de grado 1 con término independiente y es del tipo $(x - a)$ o $(x + a)$.

Si el divisor es $(x - a)$, se coloca a la izquierda $+a$, y si es $(x + a)$, se coloca a la izquierda $-a$.

GEOGEBRA

Realiza esta división de polinomios.

$(2x^3 - x^2 + 5) : (x + 2)$

① Escribimos los coeficientes de todos los términos del dividendo, desde el de mayor grado al término independiente, añadiendo un cero en el lugar de cada término que falte.

Añadimos un cero porque falta el término en *x*.

$$2x^3 - x^2 + 5 = 2x^3 - 1x^2 + 0x + 5$$

② A la izquierda colocamos el término independiente del divisor, cambiado de signo, y bajamos el primer coeficiente del dividendo.

Divisor: $(x + 2)$ Colocamos 2 cambiado de signo.

	2	−1	0	5
−2				
	2			

③ Multiplicamos el primer coeficiente por el término independiente del divisor, cambiado de signo, y se lo sumamos al siguiente coeficiente. Después, repetimos este proceso hasta llegar al último coeficiente.

	2	−1	0	5
−2		−4		
	2	−5		

Sumamos $-1 + (-4) = -5$

	2	−1	0	5
−2		−4	10	
	2	−5	10	

Sumamos $0 + 10 = 10$

	2	−1	0	5
−2		−4	10	−20
	2	−5	10	−15

Sumamos $5 + (-20) = -15$

④ Los primeros números que aparecen en la última fila corresponden a los coeficientes del polinomio cociente (que es siempre un grado menor que el dividendo) y el último número es el resto.

Divisor: $(x - (-2))$ — Dividendo: $2x^3 - x^2 \quad + 5$

	2	−1	0	5
−2		−4	10	−20
	2	−5	10	**−15**

Resto: -15

Cociente: $2x^2 - 5x + 10$

$$Q(x) \cdot C(x) + R(x) = P(x) \rightarrow (x + 2) \cdot (2x^2 - 5x + 10) - 15 = 2x^3 - x^2 + 5$$

ACTIVIDADES

22 Divide utilizando la regla de Ruffini.

a) $(x^5 - 1) : (x - 1)$

b) $(x^4 - 3x^3 + 2x^2 - 2) : (x + 1)$

c) $(x^5 + x^3 - x - 1) : (x - 2)$

d) $(4x^2 + 3) : (x + 2)$

e) $(2x^4 - 18x^2 - x + 6) : (x - 3)$

f) $(-x^5 + x^4) : (x + 1)$

g) $(2x^3 - 7x + x^5 - 3) : (x + 1)$

23 Indica el cociente y el resto de estas divisiones.

a) $(x^2 + x + 1) : (-x - 1)$

b) $(2x^4 - 3x^3 + 4x^2 - x - 2) : (-x + 1)$

24 Completa en tu cuaderno y escribe los polinomios dividendo, divisor, cociente y resto.

	1	2	0	3
?				
		0		

	3	3	1	?
−1				
				0

5. Factor común

Sacar factor común consiste en transformar una expresión de suma o resta en producto.

$$a \cdot b + a \cdot c = a \cdot (b + c)$$

Factor común (→) / Propiedad distributiva (←)

$$a \cdot b - a \cdot c = a \cdot (b - c)$$

Factor común (→) / Propiedad distributiva (←)

Cuando el factor común coincide con cualquiera de los sumandos, en su lugar queda la unidad.

$a + ab + ac = a \cdot (1 + b + c)$

EJEMPLO

12. Saca factor común en estos polinomios.

a) $4x - 4y$

Tenemos que encontrar los factores que se repiten en todos los términos. En este caso, las letras no se repiten, pero sí el número 4.

$$4x - 4y = 4(x - y)$$

b) $3x - 6y + 9z$

A veces no se repite un número, pero todos los coeficientes de los términos son múltiplos de un número.

En este caso, los coeficientes son múltiplos de 3. Cuando esto ocurre, para sacar factor común calculamos el m.c.d. de los coeficientes sin signo: m.c.d. (3, 6, 9) = 3.

$$3x - 6y + 9z = 3 \cdot x - 3 \cdot 2y + 3 \cdot 3z = 3(x - 2y + 3z)$$

c) $2x + 3xy + 4xyz$

En este caso, el máximo común divisor de los coeficientes es 1. La variable x es la que se repite en todos los términos.

$$2x + 3xy + 4xyz = x \cdot 2 + x \cdot 3y + x \cdot 4yz = $$
$$= x(2 + 3y + 4yz)$$

d) $5x^3 + 7x^4 + 9x^5$

En este caso, el máximo común divisor de los coeficientes es 1. La variable x es la que se repite en todos los términos. Entonces, tomamos la x que aparece con menor grado, es decir, x^3.

$$5x^3 + 7x^4 + 9x^5 = x^3 \cdot 5 + x^3 \cdot 7x + x^3 \cdot 9x^2 =$$
$$= x^3(5 + 7x + 9x^2)$$

RETO

$ab + bc = 6$

$\frac{1}{a} + \frac{1}{c} = 1$

Si a, b y c no son 0, ¿cuánto vale $a \cdot b \cdot c$?

ACTIVIDADES

25 Extrae factor común.

a) $2x + 2z$
b) $3x - 3y$
c) $5x + 5y$
d) $2x - 10y$
e) $3y + 6z$
f) $2x + 4y + 6z$
g) $9x - 18y + 36z$
h) $15x + 10y - 20z$
i) $48x - 72y + 12z$
j) $6x + 30y - 24z$

26 Completa en tu cuaderno.

a) $x^6 - 2x^2 = \square\,(x^4 - \square)$
b) $5z^3 + 3z^2 - 4z = \square\,(5\square^2 + 3\square - 4)$

27 **REFLEXIONA.** Escribe valores para a y b de forma que se cumpla que x^4 es el factor común del polinomio $2x^a + x^b - 3x^4$.

Cómo se extrae factor común en un polinomio

> Cuando el factor común coincide con uno de los términos del polinomio, en su lugar queda la unidad.
>
> $ax^2 + ax + a = a(x^2 + x + 1)$

Saca factor común en este polinomio.

$$24x^4 - 18x^3 + 6x^2$$

① Comprobamos si hay variables que se repiten en todos los términos del polinomio. Si las hay, tomamos las que se repiten con menor exponente.

$24x^4 - 18x^3 + 6x^2$ ← El menor exponente es 2. Tomamos x^2.

x se repite en todos los términos.

② Hallamos el m. c. d. de los coeficientes de los términos.

Hacemos la descomposición factorial para calcular el m. c. d.

$$\left.\begin{array}{r} 24 = 2^3 \cdot 3 \\ 18 = 2 \cdot 3^2 \\ 6 = 2 \cdot 3 \end{array}\right\} \rightarrow \text{m.c.d.}(24, 18, 6) = 2 \cdot 3 = 6$$

③ Obtenemos el factor común.

El factor común es el producto de las letras por los números obtenidos. → $6 \cdot x^2 = 6x^2$

④ Dividimos cada término del polinomio entre el factor común y expresamos el polinomio como el producto del factor común por el polinomio resultante de la división.

$$\left.\begin{array}{r} 24x^4 : (6x^2) = 4x^2 \\ 18x^3 : (6x^2) = 3x \\ 6x^2 : (6x^2) = 1 \end{array}\right\} \rightarrow 24x^4 - 18x^3 + 6x^2 = 6x^2(4x^2 - 3x + 1)$$

$6x^2 \cdot 4x^2 - 6x^2 \cdot 3x + 6x^2 \cdot 1$

ACTIVIDADES

28 Extrae factor común en los siguientes polinomios.

a) $3x + 6x^2$
b) $4x^3 - 2x$
c) $6x^4 - 3x^2 + x$
d) $4x^3 - 12x^2 + 16x$
e) $2x^2 + 3x^3 + 4x^4 + 5x^5$
f) $15x^3 + 10x^4 - 25x^5 + 35x^6$

29 Saca factor común en estos polinomios. Después, aplica la propiedad distributiva para comprobar que lo has hecho bien.

a) $8x^2 - 4x$
b) $18x^3y^2 - 12x^2y^3$
c) $30a^2b - 14ab^2 + 5a^2b^2$
d) $-9y^4 + 12y^2 - 3y^3$
e) $5xz^3 - 7x^3z^3 + xz^2$
f) $30b^2 + 18ab^2 + 12b - 18b^2$

30 Completa en tu cuaderno las siguientes igualdades para que sean ciertas.

a) $x^5 - 5x^2 = \square \cdot (x^3 - \square)$
b) $\square + 9x^3 - \square = 3x \cdot (x^3 + \square - 1)$
c) $49x^4y^3 + \square - \square = 7xy \cdot (\square + 2xy - 7y)$
d) $6x^3y^2 + \square x^2y^2 + 12x^2y = \square \cdot (2xy + 3\square + \square)$
e) $50xyz^2 + 15xy^2 - \square = \square \cdot (\square + 3y \, \square \, 4xz)$

31 Piensa y escribe, en cada caso, un polinomio de grado cinco del que se pueda extraer como factor común el siguiente factor.

a) $2x^3$
b) $6x^2$
c) $10x^2$
d) $9x$
e) x^4
f) 3

32 Calcula a, b y c para que el factor común de $x^2y^5z^4 + x^ay^bz^c$ sea xy^3z^2.

6. Igualdades notables

Las **igualdades notables** resultan muy eficaces para abreviar algunos cálculos con expresiones algebraicas. Se forman a partir de ciertos productos de binomios.

6.1. Cuadrado de una suma

GEOGEBRA

El **cuadrado de una suma** es igual al cuadrado del primero más el doble producto del primero por el segundo más el cuadrado del segundo.

$$(a + b)^2 = a^2 + 2ab + b^2$$

La expresión $(a + b)^2$ es el cuadrado de la suma de dos monomios.

$$(a + b)^2 = (a + b) \cdot (a + b) = a \cdot a + a \cdot b + b \cdot a + b \cdot b = a^2 + 2ab + b^2$$

6.2. Cuadrado de una diferencia

El **cuadrado de una diferencia** es igual al cuadrado del primero menos el doble producto del primero por el segundo más el cuadrado del segundo.

$$(a - b)^2 = a^2 - 2ab + b^2$$

La expresión $(a - b)^2$ es el cuadrado de la diferencia de dos monomios.

$$(a - b)^2 = (a - b) \cdot (a - b) = a \cdot a - a \cdot b - b \cdot a + b \cdot b = a^2 - 2ab + b^2$$

Los polinomios de dos términos se denominan binomios.

$2x + 1$ $\quad$ $x - 3$

$3a^2 + 5b$ $\quad$ $-1 + 2x$

EJEMPLO

13. Aplica las igualdades notables y desarrolla los siguientes cuadrados.

a) $(5x + 3)^2 = (5x)^2 + 2 \cdot 5x \cdot 3 + 3^2 = 25x^2 + 30x + 9$

$a = 5x,\ b = 3$

b) $(2x - 3y)^2 = (2x)^2 - 2 \cdot 2x \cdot 3y + (3y)^2 = 4x^2 - 12xy + 9y^2$

$a = 2x,\ b - 3y$

ACTIVIDADES

33 Observa los siguientes binomios y desarrolla sus cuadrados.

a) $(x + 7)^2$

b) $(x - 4)^2$

c) $(6 + x)^2$

d) $(3a^2 + 2b)^2$

e) $(2a + 1)^2$

f) $(3a - b)^2$

g) $\left(\frac{1}{2}x + 4\right)^2$

h) $(2b^2 - 5b^3)^2$

i) $(3z^3 - 4)^2$

j) $(7 + xyz)^2$

k) $(8x^2 - 3b)^2$

l) $(1 - z^4)^2$

m) $(5y^3 - 4z^2y^2)^2$

n) $\left(\frac{3}{5}xy^2 - \frac{1}{4}y\right)^2$

34 Desarrolla estas expresiones algebraicas utilizando igualdades notables.

a) $(3x^3 - a^2)^2$

b) $(x^2 + x^3)^2$

c) $(2x + x^3)^2$

d) $(6ab^2 - 2y)^2$

35 **REFLEXIONA.** Expresa como cuadrado de una suma o una diferencia, según corresponda.

a) $x^2 + 6x + 9$

b) $4x^2 - 12xy + 9y^2$

c) $\frac{1}{4}x^2 + 1 - x$

d) $x^2 + 4xy + 4y^2$

e) $x^4 + 2x^2 + 1$

f) $9y^2 + \frac{25}{4}x^2z^2 + 15xyz$

6.3. Suma por diferencia

GEOGEBRA

El **producto de una suma por su diferencia** es igual a la diferencia de sus cuadrados.

$$(a + b) \cdot (a - b) = a^2 - b^2$$

Dados los monomios a y b, podemos operar para obtener el producto de su suma por su diferencia.

$$(a + b) \cdot (a - b) = a \cdot a - a \cdot b + b \cdot a - b \cdot b = a^2 - b^2$$

EJEMPLO

14. Simplifica los siguientes productos.

a) $(2x + y) \cdot (2x - y) = (2x)^2 - y^2 = 4x^2 - y^2$
$a = 2x$
$b = y$

b) $(3x^3 - 5x) \cdot (3x^3 + 5x) = (3x^3)^2 - (5x)^2 = 9x^6 - 25x^2$
$a = 3x^3$
$b = 5x$

6.4. Aplicaciones

Al igual que con el procedimiento de sacar factor común, estas igualdades sirven para convertir expresiones de suma y resta en productos. Para poder expresar un polinomio mediante una igualdad notable, su grado debe ser par.

EJEMPLO

15. Estudia si estos polinomios se pueden expresar como el cuadrado de una suma o una diferencia.

a) $x^2 + 6x + 9 = (x + 3)^2$
$a = x$ $b = 3$
$2ab = 2 \cdot 3 \cdot x = 6x$

b) $x^2 + 4x + 16$ → No lo podemos expresar como cuadrado
$a = x$ $b = 4$
$2ab = 2 \cdot 4 \cdot x = 8x$

EJEMPLO

16. Estudia si estos polinomios se pueden expresar como una suma por una diferencia.

a) $x^2 - 9 = (x + 3) \cdot (x - 3)$
$a = x$
$b = 3$

b) $4x^2 - 8 = \left(2x + \sqrt{8}\right) \cdot \left(2x - \sqrt{8}\right)$
$a = 2x$
$b^2 = 8 \rightarrow b = \sqrt{8}$

ACTIVIDADES

36 Calcula los siguientes productos.

a) $(x + 7) \cdot (x - 7)$
b) $(7x + 4y) \cdot (7x - 4y)$
c) $(3x^2 + 1) \cdot (3x^2 - 1)$

37 Estudia si estos polinomios se pueden expresar como suma por diferencia.

a) $x^2 - 1$
b) $\frac{16}{9} - x^2$
c) $x^4 - 9$
d) $x^4 - \frac{1}{4}$

38 Expresa en forma de producto.

a) $4x^2 - 4$
b) $9a^2 - 25b^2$
c) $100x^2 - 4z^6$

39 **REFLEXIONA.** Observa el siguiente ejemplo y calcula mentalmente.

$$1000^2 - 999^2 = (1000 + 999) \cdot (1000 - 999) = 1999 \cdot 1 = 1999$$

a) $46^2 - 45^2$
b) $26^2 - 24^2$
c) $102^2 - 98^2$

Cómo se expresa un polinomio mediante una igualdad notable

> Un polinomio solo se puede expresar como una igualdad notable si tiene 3 términos o si tiene 2 términos con signos opuestos.

Expresa estos polinomios como un cuadrado o una suma por diferencia.

a) $4x^2 + 9$ b) $9x^2 - 25$ c) $4x^2 - 15x + 25 - 5x$

① **Reducimos el polinomio si es necesario y evaluamos, según el número de términos, a qué igualdad notable puede corresponder.**

a) $4x^2 + 9$

b) $9x^2 - 25$

Dos términos: puede ser suma por diferencia.

c) $4x^2 - 15x + 25 - 5x =$
$4x^2 - 20x + 25$

Tres términos: puede ser el cuadrado de una suma o de una diferencia.

② **Determinamos a y b para que se cumplan las igualdades.**

$a^2 + 2ab + b^2 = (a + b)^2$ $a^2 - 2ab + b^2 = (a - b)^2$ $a^2 - b^2 = (a + b) \cdot (a - b)$

a) $a^2 - b^2$
$4x^2 + 9$

Es una suma de términos positivos.

b) $a^2 - b^2$
$9x^2 - 25$

El término positivo es a^2.

$9x^2 = a^2 \rightarrow a = 3x$
$25 = b^2 \rightarrow b = 5$

c) $a^2 - 2ab + b^2$
$4x^2 - 20x + 25$

El término de mayor grado es a^2.

$4x^2 - a^2 \rightarrow a - 2x$
$25 = b^2 \rightarrow b = 5$

Comprobamos si el término que falta es $2ab$.

$-2ab \xrightarrow{a = 2x, b = 5} -2 \cdot 2x \cdot 5 = -20x$

③ **Expresamos cada polinomio como la igualdad notable correspondiente, si se puede.**

a) No es una igualdad notable. b) $9x^2 - 25 = (3x + 5) \cdot (3x - 5)$ c) $4x^2 - 20x + 25 = (2x - 5)^2$

ACTIVIDADES

40 Escribe los polinomios como producto de dos factores o como un cuadrado.

a) $x^2 - 16$
b) $x^4 - 36$
c) $4x^2 - 25$
d) $x^2 - 4x + 4$
e) $16x^2 - 24xy + 9y^2$
f) $16x^4 + 24x^2 + 9$

41 Expresa estos polinomios como el cuadrado de una suma o diferencia.

a) $9x^2 + 18x + 9$
b) $16x^2 - 16x + 4$
c) $x^2 + 16x + 64$
d) $4x^2 - 4x + 1$
e) $9x^4 + 6x^2 + 1$
f) $25x^4 + 20x^3 + 4x^2$

42 Expresa como igualdad notable si es posible.

a) $16xy + 4xy^2$
b) $9x^2 - 6x + 1$
c) $x^2 + 4xy + 4y^2$
d) $9x^2 + 16$
e) $36z^2 - y^4$
f) $9x^2 + xy + 4y^2$

43 Escribe como igualdades notables, si se puede.

a) $\dfrac{x^2}{4} - 4y^2$
b) $4y^2 + \dfrac{x^2}{9} + \dfrac{4}{3}xy$
c) $\dfrac{x^2}{4} - \dfrac{2}{3}xy + \dfrac{4y^2}{9}$
d) $\dfrac{x^2}{4} + \dfrac{2}{3}x$

7. Factorización de un polinomio

7.1. Divisores de un polinomio

Un polinomio, $Q(x)$, es **divisor** de otro polinomio, $P(x)$, cuando la división $P(x) : Q(x)$ tiene como resto 0.

Si $(x - a)$ es divisor de un polinomio $P(x)$, entonces a es divisor del término independiente de $P(x)$.

Cuando una división no tiene resto 0, el dividendo es igual al cociente por el divisor más el resto.

EJEMPLO

17. Comprueba si $(x - 2)$ es divisor de estos polinomios.

a) $x^4 - 3x^2 - 5x + 6$

Dividimos el polinomio entre $(x - 2)$ y comprobamos si el resto es cero.

$(x^4 - 3x^2 - 5x + 6) : (x - 2)$

	1	0	−3	−5	6
2		2	4	2	−6
	1	2	1	−3	**0**

El resto de la división es cero, luego $(x - 2)$ es divisor de $x^4 - 3x^2 - 5x + 6$.

$$x^4 - 3x^2 - 5x + 6 = (x - 2) \cdot (x^3 + 2x^2 + x - 3)$$

b) $x^4 - 2x^3 - 3x + 12$

Dividimos el polinomio entre $(x - 2)$ y comprobamos si el resto es cero.

$(x^4 - 2x^3 - 3x + 12) : (x - 2)$

	1	−2	0	−3	12
2		2	0	0	−6
	1	0	0	−3	**6**

El resto de la división no es cero, luego $(x - 2)$ no es divisor de $x^4 - 2x^3 - 3x + 12$.

$$x^4 - 2x^3 - 3x + 12 = (x - 2) \cdot (x^3 - 3) + 6$$

7.2. Factorización de polinomios

Factorizar un polinomio consiste en escribirlo como producto de sus polinomios divisores de menor grado.

Para factorizar un polinomio utilizamos estas técnicas, cuando sea posible sacar factor común (cuando todos los términos tienen un divisor común), las igualdades notables y la regla de Ruffini.

ACTIVIDADES

44. Comprueba si $(x - 3)$ es divisor de los siguientes polinomios.
   a) $P(x) = x^4 - 3x^3 - 3x^2 + 12x - 10$
   b) $Q(x) = x^4 - 5x^3 + 6x^2 + 3x - 9$
   c) $R(x) = x^4 - 81$
   d) $S(x) = x^4 - 2x^3 - 3x^2$
   e) $T(x) = x^3 + 2x^2 - 9x - 18$

45. Halla la suma de los polinomios con divisor $(x + 1)$.
   $P(x) = 2x^4 + x^3 - 7x^2 - 6x$
   $Q(x) = x^4 + x^3 - 11x^2 - 9x + 18$
   $R(x) = x^4 - 4x^3 - 3x^2 - 6x - 8$

46. **REFLEXIONA.** Calcula los divisores del polinomio $P(x) = x(x - 1)(x + 1)$.

Cómo se factoriza un polinomio

- En polinomios sin término independiente que tienen una única variable, se puede sacar factor común.
- Si el m.c.d. de los coeficientes de los términos es 1, el factor común tiene coeficiente 1.

Factoriza el polinomio:

$P(x) = 9x^5 + 9x^4 - 4x^3 - 4x^2$

① Sacamos factor común, si es posible.

- $P(x) = 9x^5 + 9x^4 - 4x^3 - 4x^2$ ← El menor exponente es 2. Tomamos x^2.

  x aparece en todos los términos.

- m.c.d. $(9, 9, 4, 4) = 1$

→ Factor común: x^2

$9x^5 + 9x^4 - 4x^3 - 4x^2 = x^2(9x^3 + 9x^2 - 4x - 4)$

② Aplicamos la regla de Ruffini para encontrar factores del tipo $(x - a)$, donde a siempre tiene que ser un número divisor del término independiente del polinomio.

Continuamos factorizando el polinomio de grado 3.

$9x^3 + 9x^2 - 4x - 4$

El término independiente es 4.

$\text{Div}(4) = \{1, -1, 2, -2, 4, -4\}$

	9	9	−4	−4
1		9	18	14
	9	18	14	10

$10 \neq 0$ No es divisor.

	9	9	−4	−4
−1		−9	0	4
	9	0	−4	0

Es divisor.

$9x^3 + 9x^2 - 4x - 4 = (x + 1)(9x^2 - 4)$

③ Comprobamos si se pueden aplicar las igualdades notables.

$9x^2 - 4$

Dos términos y una resta: es suma por diferencia.

$a^2 - b^2$

$9x^2 - 4$

$9x^2 = a^2 \rightarrow a = 3x$

$4 = b^2 \rightarrow b = 2$

$9x^2 - 4 = (3x + 2)(3x - 2)$

④ Escribimos el polinomio inicial como el producto de todos los polinomios divisores de menor grado que hemos calculado.

$$
\begin{aligned}
P(x) = 9x^5 + 9x^4 - 4x^3 - 4x^2 &= x^2(9x^3 + 9x^2 - 4x - 4) = \\
&= x^2(x + 1)(9x^2 - 4) = \\
&= x^2(x + 1)(3x + 2)(3x - 2)
\end{aligned}
$$

ACTIVIDADES

47 Factoriza estos polinomios.

a) $A(x) = x^2 - x - 6$

b) $B(x) = 2x^2 - 6x + 4$

c) $C(x) = 16x^2 - 49$

d) $D(x) = x^2 + x - 20$

e) $E(x) = x^2 + 9x + 20$

f) $F(x) = x^2 + 5x + 6$

g) $G(x) = x^2 + 2x - 8$

48 Encuentra la descomposición factorial de estos polinomios.

a) $x^3 + x^2 - 12x$

b) $x^3 + 8x^2 + 19x + 12$

c) $x^3 + 10x^2 + 33x + 36$

d) $x^4 + x^3 - x^2 + x - 2$

e) $x^5 + 4x^4 - 5x^3 - 20x^2 + 4x + 16$

f) $2x^6 + 6x^5 - 2x^2 - 6x$

1. Realiza operaciones con polinomios

Monomios

ACTIVIDADES FLASH

49 Indica el coeficiente de cada uno de los monomios en horizontal y su grado en vertical para completar el crucigrama.

1. x^2y $\quad 5xy^2$
2. $32x^6y^6$ $\quad 11x^{44}y^{20}z^{18}$
3. $6x^2y^2z^2$
4. $38x^{17}y^{14}z^{20}$ $\quad 32a^5b^{20}c^{12}$
5. $2z$ $\quad 7xy$

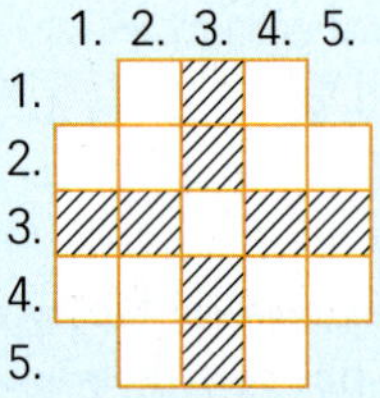

50 Justifica si estas expresiones son monomios.

a) $2(x - y)$ c) $-7xy^3z$ e) $5xy + z$

b) $\dfrac{xy}{2}$ d) $\dfrac{x+y}{2}$ f) $\dfrac{3x^2}{4}$

51 Escribe, utilizando monomios, estas expresiones. Después, indica su coeficiente, sus variables y su grado.

a) El doble del producto de dos números.

b) Cinco veces el área de un cuadrado de lado d.

c) El área de un triángulo de base b y altura h.

52 **INVENTA.** Anota, en cada caso, dos monomios diferentes que cumplan lo siguiente:

a) Su coeficiente es 5 y su parte literal tiene 3 variables.

b) Su parte literal es x^2y.

53 **INVESTIGA.** ¿Se puede escribir un monomio de grado 5 semejante a $3xy^5$? ¿Y un monomio opuesto a $-2xy^2z$ con parte literal x^2yz?

54 **INVESTIGA.** ¿Es un producto de dos monomios siempre otro monomio? ¿Y el cociente?

55 Copia y resuelve el cuadrado mágico en el que el producto de los monomios de sus filas, columnas y diagonales coincide.

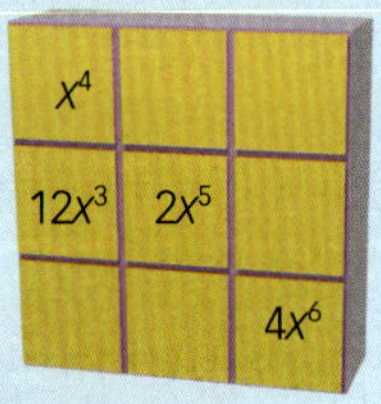

56 Halla el resultado de estas operaciones.

a) $x^3 \cdot (2x^2 + 3x^2) - x \cdot [x^4 - (-3x^4)]$

b) $xy \cdot \left(x^2y - \dfrac{1}{2}yx^2\right) + 6x^5y^2 : (2x^2)$

c) $\dfrac{1}{2}x^3y^5 : \left(\dfrac{3x^2y}{5} : \dfrac{2x}{7} - xy\right) + x^2y^4$

Polinomios

ACTIVIDADES FLASH

57 Indica el grado, las variables, sus coeficientes y el término independiente de cada polinomio.

a) $2x + 3$

b) $x^2 - y$

c) $-5xy + 6$

d) $-1 + \dfrac{1}{3}a$

e) $2a^2 - 3bc + b^3$

f) $-4xy - 5xz + 3$

g) $abc - ab + ca - 1$

h) $\dfrac{1}{2}(xy - 4)$

58 **INVENTA.** Escribe, en cada caso, dos polinomios diferentes que cumplan las siguientes características.

a) Es la suma de tres monomios, es de grado 4, su única variable es x y su término independiente es negativo.

b) El grado del polinomio, su número de términos y su término independiente es 3.

59 Calcula el valor de a sin realizar las operaciones.

a) $P(x) = (x + a)(x + 3)$ si $P(0) = 6$

b) $P(x) = (x - a)(2 - x^2)$ si $P(1) = 0$

c) $P(x) = (x - a)(x - 2)^2$ si $P(3) = 1$

60 Di el valor de a en $P(x) = x^2 + ax - 2$ sabiendo que:

a) $P(2) = 4$ b) $P(-1) = 0$ c) $P(1) = -1$

61 **JUEGO.** Jugad al bingo toda la clase con este cartón.

4	12		31	40		65		
	16	23	35				72	83
7		28	39		55			84

Las bolas salen del bombo por orden, desde $x = 1$ hasta $x = 15$. Introducid el número de la bola en el polinomio que os convenga para calcular su valor numérico.

$P(x) = x^2 + 3$ $\qquad R(x) = x^2 - 11x + 5$

$Q(x) = x^2 - 6x$ $\qquad S(x) = x^2 - 12x + 55$

Id tachando los números que estén en el cartón.

Los primeros que logren tachar todos los números de una fila deben decir «LÍNEA!»; los que lleguen a tachar todos los números del cartón dirán «¡BINGO!».

Gana un punto la pareja que primero haga una línea y 3 puntos la primera en hacer bingo.

62 **INVESTIGA.** ¿Puede un polinomio tener el mismo valor numérico para distintos valores de las variables? Justifica tu respuesta con un polinomio de una sola variable y con otro de dos variables.

ACTIVIDADES FLASH

63 Decide cuáles de las siguientes son raíces de este polinomio: $P(x) = x^3 - 2x^2 - x + 2$.

a) $x = 0$ c) $x = -1$ e) $x = -2$

b) $x = 1$ d) $x = 2$ f) $x = 3$

64 Indica las raíces de estos polinomios.

a) $(x - 1)^2$ c) $2(x + 1)x^2$ e) $-x - 4$

b) $(x + 1)(x - 1)$ d) $x(3x + 3)$ f) $2x(x + 5)$

65 Halla el valor de a para que los valores de la variable que se indican sean raíz de los polinomios.

a) $P(x) = ax^3 - 3x - 2$ en $x = 2$

b) $P(x) = x^4 + ax^2 - 9$ en $x = 3$

c) $P(x) = 2ax^2 + ax + 3$ en $x = -1$

d) $P(x) = x^2 + ax + a$ en $x = -2$

e) $P(x) = ax^3 - 3ax^2 + x + a$ en $x = 0$

Operaciones con polinomios

INTERNET

66 Completa la pirámide en tu cuaderno donde cada casilla es la suma de las dos que tiene inmediatamente debajo. Después, responde usando los coeficientes del polinomio de la cúspide.

$P(x) = x^3 + 6x^2 + 5x - 3$

$Q(x) = x^3 - x^2 + 2$

$R(x) = -3x^3 - x^2 + 3x + 2$

$S(x) = x^3 + x^2 + 1$

¿En qué año nació Amalie Emmy Noether?

67 Expresa el área de cada figura mediante un polinomio. Simplifica su expresión.

a)
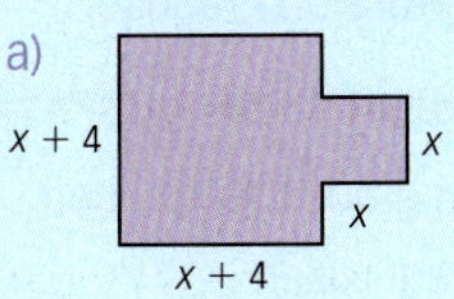

c)
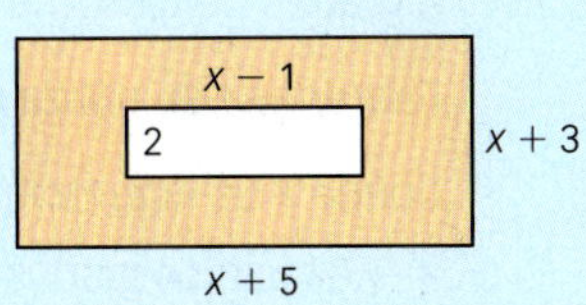

b)
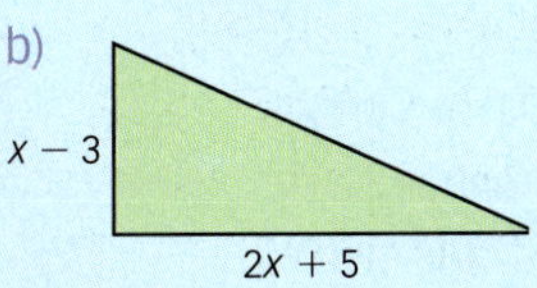

d)
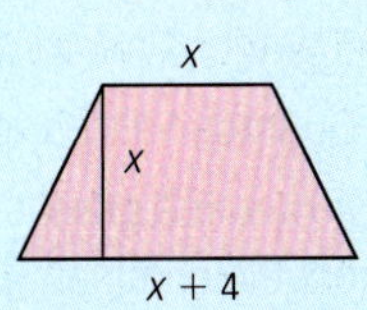

68 Resuelve las operaciones con estos polinomios.

$P(x) = x^5 - 3x^3 + x^2 - 5x + 2$ $R(x) = x^2 - 3$

$Q(x) = x^4 - 7x^3 + 3x^2 - 5$

a) $P(x) - [Q(x) - R(x)]$ c) $P(x) + 2Q(x) - R(x)$

b) $P(x) \cdot R(x) - Q(x)$ d) $R(x) \cdot Q(x) - xP(x)$

69 Divide con la regla de Ruffini y di el cociente y el resto.

a) $(18x^5 - 17x^4 + x^3 - 2x^2 + 3) : (x - 1)$

b) $(-x^5 + 14x - 5) : (x + 2)$

c) $(x^7 - 1) : (2x - 2)$

2. Conoce y utiliza las igualdades notables

ACTIVIDADES FLASH

70 Relaciona cada igualdad notable con su desarrollo.

a) $(2x + 1)^2$ 1. $4x^2 - 1$

b) $(2x + 1) \cdot (2x - 1)$ 2. $x^2 - 4$

c) $(2x - 1)^2$ 3. $4x^2 - 4x + 1$

d) $(x + 2) \cdot (x - 2)$ 4. $4x^2 + 4x + 1$

71 Indica el desarrollo de estos cuadrados.

a) $(x + 5)^2$ c) $(5x - 1)^2$ e) $(2x - 6)^2$

b) $(x - 3)^2$ d) $(4x + 1)^2$ f) $(3x + 1)^2$

72 Expresa como el cuadrado de un binomio.

a) $x^2 - 6x + 9$ c) $36x^2 + 60x + 25$

b) $4x^2 - 28x + 49$ d) $121x^4 + 44x^3 + 4x^2$

73 Copia y completa las igualdades en tu cuaderno.

a) $(\square - 3x)^2 = \square - 12x + \square$

b) $(x - \square)^2 = \square - x + \square$

c) $(\square - \square)^2 = 4x^2 + 9y^4 - \square$

CÁLCULO MENTAL

74 **RETO.** Aplica las igualdades notables para poder calcular mentalmente. Explica cómo lo haces.

a) 12^2 b) 19^2 c) $22 \cdot 18$ d) $42^2 - 41^2$

75 Simplifica estas expresiones.

a) $5x^2 + (2x^2 + 1)^2 - 2x^4 - (x - 1)^2$

b) $(x - 1)^2 - (x^2 + x + 1)$

c) $(5x + 5)^2 - (5x - 5)^2$

76 Calcula el área de estas figuras.

a)
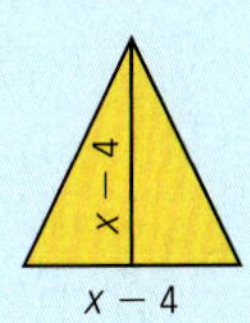

b)
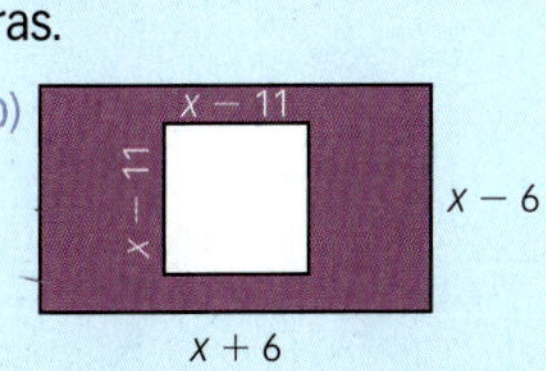

3. Factoriza polinomios

ACTIVIDADES FLASH

77 ¿Qué monomio puedes sacar como factor común en estas expresiones?

a) $6x + 4xy$
b) $3xz + 9yz$
c) $4x^2y - 6xy^2$
d) $6xy + 14xz - 8yz$
e) $9x^2 + 12x^3 + 15x^4$
f) $5x + 15y - 10xyz$

78 ¿Cuáles son los divisores de estos polinomios?

a) $x \cdot (x - 1)$
b) $(x + 2)(x - 4)$
c) $\left(x + \frac{5}{3}\right)(x + 1)$
d) $2 \cdot (x - 2)$
e) $(x + 3) \cdot x$
f) $(x - 5)^2\left(x - \frac{1}{2}\right)$

79 Sin hacer los cálculos, razona cuáles de estos polinomios tienen a $(x - 1)$ como divisor.

a) $(x + 1)(x - 1)$
b) $(x - 2)(x + 1)$
c) $(x + 1)^2(x + 2)$
d) $(3x - 3)(x + 4)$
e) $x(5x + 5)$
f) $(x - 1)^3$

80 Saca factor común siempre que puedas.

a) $2(x + 1) - x(x + 1) + x + 1$
b) $2(x + 1)(x - 1) - 3(x - 1)$
c) $3(x + y) - z(x + y) + (z + 1)(x + y)$
d) $xy + y + (x + 1)(y + 2)$
e) $x(y + z) + xz - 2(yx + zx)$

81 Simplifica estas expresiones aplicando las igualdades notables y extrayendo factor común.

a) $7x^2 - 14x + 7$
b) $16x^2 + 64x + 64$
c) $x^3 - 2x^2 + x$
d) $18x^4 - 12x^2 + 2$
e) $(2x + 4) \cdot (x - 2)$
f) $(x - 5) \cdot (x^2 + 5x)$
g) $(-x - 7) \cdot (x - 7)$
h) $(-x^2 + 5) \cdot (-x^2 - 5)$

82 Decide si $(x - 1)$ es divisor de estos polinomios.

a) $x^3 - x^2 + x - 1$
b) $2x^4 - 3x^3 + 2x - 1$
c) $x^5 - 5x^4 - 7x + 2$
d) $x^4 - \frac{1}{2}x^3 - \frac{1}{6}x^2 - \frac{1}{4}x - \frac{1}{12}$

83 **INVENTA.** Escribe en cada caso un polinomio de grado 6 que tenga como divisor a:

a) $2xy$
b) $x - 5$
c) $x - 1, x + \frac{3}{4}$
d) x^3
e) $x - \frac{1}{2}, x + \frac{1}{3}$
f) $x - 4, x - 1$

84 Calcula a para que el polinomio $P(x) = x^2 - x - a$ sea divisible entre estos binomios y completa.

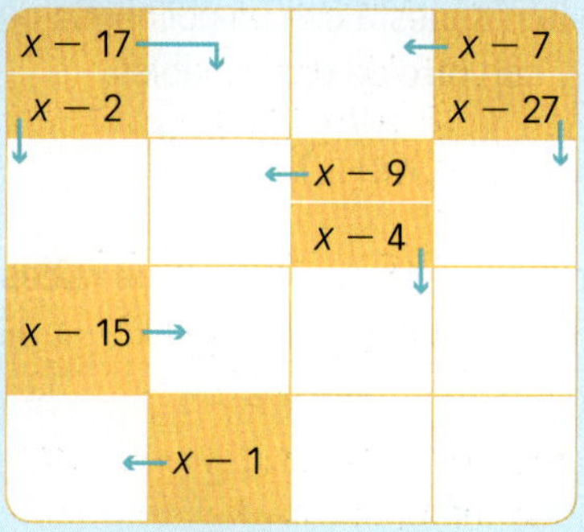

85 Factoriza estos polinomios.

a) $x^3 - 6x^2 + 11x - 6$
b) $x^3 - 4x^2 - 7x + 10$
c) $x^6 - 16x^4$
d) $x^4 - x^3 - 7x^2 + 13x - 6$

86 Calcula la descomposición factorial y las raíces.

a) $P(-x)$, siendo $P(x) = x^2 - x$
b) $P(-x^2)$, siendo $P(x) = (x + 9)^2$

87 **RETO.** ¿Puedes factorizar el polinomio $2x^4 + 3x^3 - 2x^2$? ¿Y el polinomio $2x^2 + 3x + 2$?

4. Resuelve problemas con polinomios

88 **MATEMÁTICAS Y... SOCIEDAD.** Este gráfico aparece en la página web de una ONG. En él se muestra cómo invierten el dinero, x, que reciben de sus donantes.

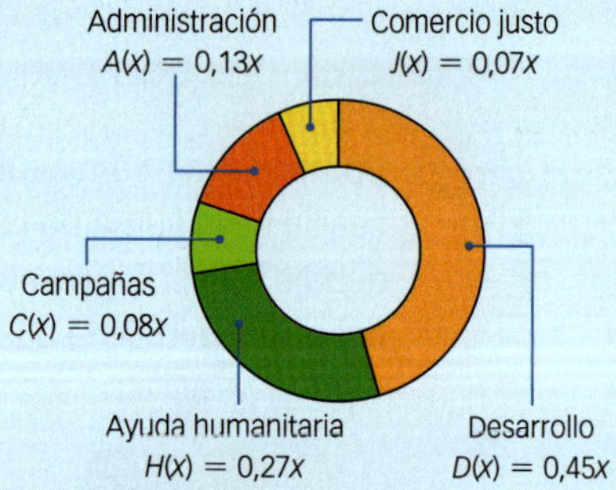

a) Según ellos, la ayuda directa es la que se da a través de la ayuda humanitaria y del desarrollo. ¿Qué monomio expresa la ayuda directa? ¿Y la indirecta?

b) Si donamos 200 €, ¿cuánto dinero se dedica a la ayuda humanitaria? ¿Y a la ayuda directa? ¿Cuánto de ese dinero se dedicará a gastos administrativos?

89 **MATEMÁTICAS Y... QUÍMICA.** Para transformar a grados Celsius una temperatura en grados Fahrenheit se utiliza esta fórmula: $P(x) = \frac{5}{9}(x - 32)$, donde x es la temperatura en grados Fahrenheit.

a) ¿A cuántos grados Celsius equivalen 95 grados Fahrenheit?

b) ¿Cuántos Fahrenheit son 36 Celsius?

c) ¿A cuántos grados Fahrenheit se congela el agua? ¿A cuántos hierve?

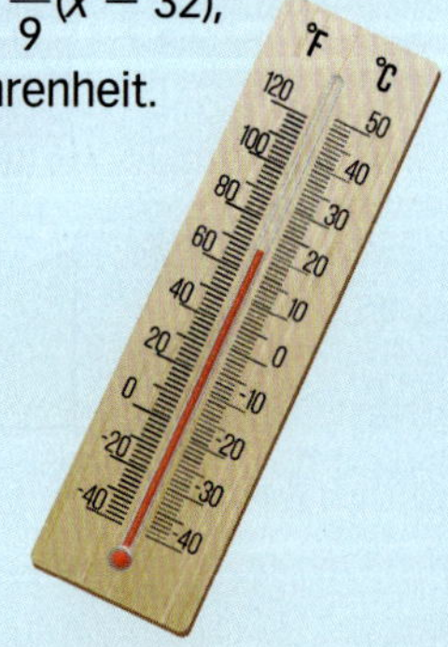

90 **MATEMÁTICAS Y... FÍSICA.** Si dejamos caer una pelota, el espacio, en metros, que recorre viene dado por $e(t) = 4{,}9t^2$, donde t es el tiempo en segundos. Determina el piso desde el que la hemos tirado si tarda en llegar al suelo 3 s y cada piso mide 3,5 m.

91 **MATEMÁTICAS Y... ECONOMÍA.** El precio de venta de un producto viene dado por:

$$P(x) = C \cdot \left(\frac{100}{100 - x}\right)$$

$P(x)$ = precio de venta del producto para que el beneficio sea el x%.

C = precio al que se ha comprado el producto.

x = % que se quiere ganar.

¿A qué precio debo vender los balones que cuestan 5 € para que el beneficio sea un 40 % del precio?

FAKE NEWS

Índice de masa corporal

¿En qué consiste el IMC? ¿Cómo se calcula?

$$\text{IMC} = \frac{\text{PESO (kg)}}{\text{ALTURA}^2\text{ (m)}}$$

IMC	
Normal	18,5 − 24,9
Sobrepeso	25 − 29,9
Obesidad I	30 − 34,9
Obesidad II	35 − 39,9
Obesidad III	≥ 40

Y tú, ¿qué opinas?

Jay Cutler

Datos personales

Nombre completo	Jason Isaac Cutler
Nacionalidad(es)	Estadounidense
Altura	1,78 m (5 ft 10 in)
Peso	124 kg (273 lb)

Carrera

Deporte	Culturismo

PROBLEMAS APARENTEMENTE DISTINTOS

92 Dados los monomios $\frac{3}{2}x$ y $\frac{7}{2}y$:

a) Escribe el polinomio $P(x, y)$ formado por la suma de ambos monomios y halla $P(15, 3)$.

b) Calcula el polinomio $Q(x, y) = P(x, y) + \frac{1}{4}P(x, y)$.

93 Un servicio de mensajería cobra 1,50 € por cada carta y 3,50 € por cada paquete entregado dentro del distrito Centro y un 25 % más si la entrega es exterior.

a) ¿Cuánto cobrará por entregar 15 cartas y 3 paquetes en el distrito Centro? ¿Y x cartas e y paquetes?

b) ¿Cuánto costará entregar x cartas e y paquetes fuera del distrito Centro?

94 Dado el polinomio:

$$P(x) = 10x - \frac{9}{10}x^2$$

Calcula $P(5)$ y $P(10)$.

95 Un géiser expulsa un chorro de vapor de agua cuya altura viene dada por la fórmula: $H(t) = 10t - \frac{9}{10}t^2$, donde H es la altura, en metros, que alcanza el agua y t es el tiempo, en segundos, desde que se expulsa el agua.

¿Qué altura alcanza el agua tras 5 segundos desde su expulsión? ¿Y si han pasado 10 segundos?

96 Dados los polinomios:

$$P(x) = x^3 - 8x$$
$$Q(x) = x^3 - x + 500$$

a) Calcula el polinomio $R(x) = Q(x) - P(x)$.

b) Halla el valor de $R(x)$ para $x = 1\,000\,000$.

97 Los costes de fabricación de teléfonos móviles vienen dados por la fórmula $C(n) = n^3 - 8n$, y los ingresos por $I(n) = n^3 - n + 500$, siendo n, en ambos casos, el número de teléfonos vendidos.

a) Escribe una fórmula para calcular el beneficio.

b) ¿Cuál es el beneficio si se venden un millón de móviles?

Desciframos el recibo de la luz

Facturación y consumos

ENERGÍA		
Potencia facturada ①	5,75 kW × 30 días x 0,117146 €/kW día	20,21 €
Energía facturada ②	303 kWh × 0,141219 €/kWh	42,79 €
Impuesto sobre la electricidad ③	5,1127 % s/63,00	3,22 €
Total energía		**66,22 €**
SERVICIOS Y OTROS CONCEPTOS		
Alquiler de equipos de medida ④	30 días × 0,02663 €/día	0,80 €
Total servicios y otros conceptos		**0,80 €**
IMPORTE TOTAL		67,02 €
IVA ⑤	21 % s/67,0189 €	14,07 €
Total importe factura		**81,09 €**

Energía

① **Potencia facturada**: se calcula multiplicando los kW de la potencia contratada por el número de días del periodo de facturación y por 0,117146, que es el precio del kW día.

② **Energía facturada**: se calcula multiplicando los kWh que se han consumido en ese periodo por 0,141219, que es el precio del kWh.

③ **Impuesto sobre la electricidad**: impuesto de los denominados especiales, se calcula multiplicando lo que se paga por potencia y energía por 5,1127 %.

Servicios y otros conceptos

④ **Alquiler de equipos de medida**: se calcula multiplicando el número de días del periodo de facturación por 0,02663, que es el precio del alquiler del contador por día.

Importe total

⑤ **Importe total**: recoge el importe total a facturar de energía, servicios y demás conceptos de los apartados anteriores. Sobre este importe se añade el **IVA** (21 %).

1 Potencia facturada

La potencia contratada es la cantidad de energía que nos suministra la empresa eléctrica para conectar nuestros aparatos eléctricos. La potencia necesitada depende del número de aparatos eléctricos que tenemos y de su potencia.

- Según la factura, ¿cuál es la potencia que se ha contratado? ¿A cuántos días corresponde la factura? ¿Cuál es el precio del kW día en el momento en que se hizo la factura?
- Si en mi casa tenemos contratados 4,5 kW, ¿cuánto pagamos por la potencia facturada por 30 días? ¿Y si la potencia contratada es 6 kW y la factura corresponde a 28 días?
- Escribe una fórmula con la que se pueda calcular el importe de la potencia facturada dependiendo de la potencia que se ha contratado y del número de días que se facturan. Para ello llama P_F a la potencia facturada, P_C a la potencia contratada y N al número de días facturados.

2 Energía facturada

La energía consumida es el número de kW que han consumido los aparatos eléctricos que hemos utilizado.

- Según esa factura, ¿cuál ha sido el consumo de electricidad de los 30 días que se facturan? ¿Cuál es el precio del kWh en el momento en el que se emitió la factura?
- Escribe una fórmula con la que se pueda calcular el importe de la energía facturada. Para ello llama E_F a la energía facturada y E_C a la energía consumida.

3 Impuesto sobre la electricidad

El impuesto sobre la electricidad es una cantidad de dinero que hay que pagar por la utilización de electricidad. Es un porcentaje de la suma de la potencia facturada más la energía facturada.

- Llama I a la cantidad que hay que pagar por el impuesto sobre la electricidad y escribe una fórmula que lo calcule. Llama P_F a la potencia facturada y E_F a la energía facturada.

4 Alquiler de equipos de medida

Los equipos de medida del consumo eléctrico de nuestras casas, los contadores, suelen pertenecer a la empresa eléctrica y, por tanto, pagamos un alquiler por ellos.

- ¿Cuál es el precio del alquiler por día? Llama A a este alquiler y escribe una fórmula que lo calcule.

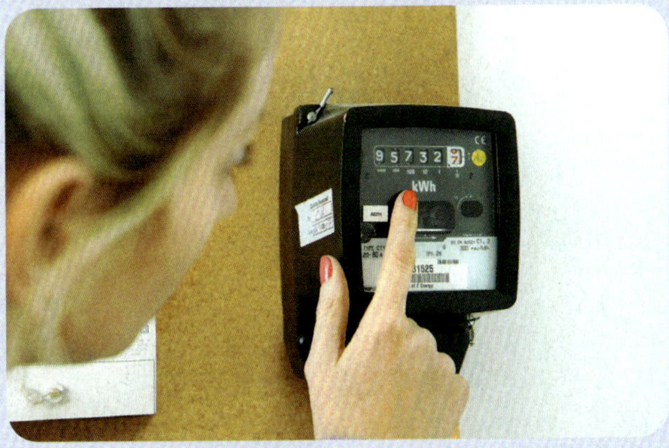

5 Importe total

- Escribe una fórmula con la que se pueda calcular el importe total de una factura de la luz.

RESUMEN DE UNIDAD

MONOMIO

Variable

$-4\,x^2$ → Grado

Coeficiente Parte literal

POLINOMIO

Polinomio

$7x^2 + 36xy^3 + y^2 + 4$ → Término independiente

Términos

IGUALDADES NOTABLES

- Cuadrado de una suma:
  $(a + b)^2 = a^2 + 2ab + b^2$
- Cuadrado de una diferencia:
  $(a - b)^2 = a^2 - 2ab + b^2$
- Suma por diferencia:
  $(a + b) \cdot (a - b) = a^2 - b^2$

AUTOEVALUACIÓN

1. Realiza operaciones con polinomios

1 ¿Cuál de los siguientes polinomios se corresponde con esta expresión verbal?

«El cuadrado de la tercera parte de la suma de dos números».

a) $P(x, y) = \left(\frac{x}{3} + y\right)^2$ c) $P(x, y) = \left(\frac{x + y}{3}\right)^2$

b) $P(x, y) = \frac{(x + y)^2}{3}$ d) $P(x, y) = \frac{x^2}{3} + y$

2 Calcula el valor de a en el polinomio $P(x) = \frac{x}{2} + 3a$ sabiendo que $P(2) = -2$.

a) $a = -4$ b) $a = -1$ c) $a = 1$ d) $a = 4$

3 Dados los polinomios $P(x) = x^2 - 1$ y $Q(x) = 3 - 2x^2$, calcula $R(x) = 2P(x) \cdot Q(x)$.

a) $R(x) = 4x^4 + 10x^2 - 6$

b) $R(x) = -4x^4 + 10x^2 - 6$

c) $R(x) = -4x^4 - 10x^2 - 6$

d) $R(x) = 4x^4 - 10x^2 + 6$

4 Señala el cociente y el resto de esta división.

$$(3x^5 + 9x^4 + 10x^2 - 6) : (x^2 + 3x - 1)$$

a) $C(x) = 3x^3 - 3x + 1$ $R(x) = x + 5$

b) $C(x) = 3x^3 + 3x - 1$ $R(x) = x - 5$

c) $C(x) = 3x^3 + 3x + 1$ $R(x) = -5$

d) $C(x) = 3x^3 - 3x - 1$ $R(x) = 5$

5 ¿De qué polinomio es divisor $(x - 1)$?

a) $2x^4 - 3x^3 + 7x^2 - 5x - 1$

b) $x^4 - 3x^3 + 7x^2 - 5x - 1$

c) $2x^4 - 3x^3 + 6x^2 - 5x - 1$

d) $2x^4 - 3x^3 + 7x^2 - 5x + 1$

2. Conoce y utiliza las igualdades notables

6 Señala el desarrollo de $(3x + 2y)^2$.

a) $9x^2 + 4y^2$ c) $9x^2 + 12xy + 4y^2$

b) $9x^2 - 4y^2$ d) $9x^2 - 12xy + 4y^2$

7 Indica el desarrollo de $(3x + 2y)(3x - 2y)$.

a) $9x^2 - 12xy + 4y^2$ c) $9x^2 + 12xy + 4y^2$

b) $9x^2 - 4y^2$ d) $9x^2 + 4y^2$

8 Señala el desarrollo de $(3x - 2y)^2$.

a) $9x^2 - 12xy + 4y^2$ c) $9x^2 + 12xy + 4y^2$

b) $9x^2 - 4y^2$ d) $9x^2 + 4y^2$

3. Factoriza polinomios

9 Elige la opción correcta.

$$P(x) = 16x^5 - 64x^4 + 52x^3 - 12x^2$$

a) $P(x) = 4x^2(x - 3)(2x - 1)^2$

b) $P(x) = 4x^2(x + 3)(2x + 1)^2$

4. Resuelve problemas con polinomios

10 Cada sobre de cromos cuesta 2 € y cada álbum vendido 5 €. ¿Cuánto cuestan x sobres de cromos y 2 álbumes?

a) $(x + 3) + 10$ c) $2x + 10$

b) $2(x + 10)$ d) $5x + 4$

VALORA TU APRENDIZAJE

- ¿Aplicas lo aprendido en tu vida?
- ¿Pones en común tus propuestas en el grupo?

5 Ecuaciones de primer y segundo grado

DESAFÍO

Dos bicis salen a la vez, una hacia la otra, a 10 km/h. Al comenzar, una mosca vuela a 15 km/h desde una de las bicis hasta la otra. Cuando llega, da la vuelta y regresa hasta la primera bici.

¿Cuántos kilómetros recorrerá la mosca hasta que se encuentren las bicis? ¿Y si la mosca fuera a 100 km/h?

¿Qué sabes ya?

Igualdad algebraica

Una igualdad algebraica está formada por dos expresiones algebraicas separadas por el signo =. Se puede cumplir para todos los valores de las letras, para algunos o para ninguno.

EJEMPLO

- $3x - 1 = 2 \rightarrow$ Igualdad algebraica que se cumple solo para ciertos valores de x.

  $x = 0 \rightarrow 3x - 1 = 2 \xrightarrow{\text{Si } x = 0} 3 \cdot 0 - 1 = -1 \neq 2$

  $x = 1 \rightarrow 3x - 1 = 2 \xrightarrow{\text{Si } x = 1} 3 \cdot 1 - 1 = 2 \rightarrow$ Se cumple.

- $x^2 = -9 \rightarrow$ Igualdad algebraica que no se cumple para ningún valor de x.

ACTIVIDADES

1 ¿Para qué valores de x se cumple la igualdad $x = 2x$?

a) $x = 1$

b) $x = 0$

c) Se cumple para cualquier valor.

d) No se cumple para ningún valor.

Ecuaciones

Una **ecuación** es una igualdad de expresiones algebraicas que solo es cierta para algunos valores de las letras.

Las **soluciones** de una ecuación son los valores numéricos de las incógnitas que hacen que la igualdad sea cierta.

Resolver una ecuación es encontrar su solución.

EJEMPLO

1.er miembro 2.º miembro

$5x - 6 = 4$ Incógnita: x Grado: 1

Términos

$5x - 6 = 4 \xrightarrow{x = 2} 5 \cdot 2 - 6 = 4$

La igualdad es cierta; por tanto, $x = 2$ es solución.

ACTIVIDADES

2 Comprueba si $x = -2$ es solución de $x^2 + x = x + 4$.

1. Ecuaciones de primer grado

Una **ecuación de primer grado** es una igualdad algebraica que se puede expresar de la forma $ax + b = 0$, siendo a y b números reales y $a \neq 0$.

Esta ecuación tiene solución única: $x = -\dfrac{b}{a}$.

RETO

Hay 7 niños y niñas. Cada uno lleva una bicicleta o un triciclo. Si en total hay 19 ruedas, ¿cuántas bicicletas tienen?

Transposición de términos

GEOGEBRA

- **Regla de la suma.** Si a los dos miembros de una ecuación les sumamos o restamos un mismo número, o la misma expresión algebraica, se obtiene otra ecuación equivalente a la dada.
- **Regla del producto.** Si multiplicamos o dividimos los dos miembros de una ecuación por un mismo número distinto de cero, se obtiene otra ecuación equivalente.

Estas dos reglas sirven para agrupar en un miembro todos los términos con la incógnita, y en el otro, todos los números.

Después, se reducen términos semejantes y se dividen los dos miembros entre el coeficiente de la incógnita.

Este paso final se llama **despejar la incógnita**.

EJEMPLO

1. Resuelve la ecuación usando la transposición de términos.

$$x + 3 = -3x + 5$$

$$x \boxed{+3} = -3x + 5 \xrightarrow[\text{al segundo miembro}]{\text{Pasamos } +3} x = -3x + 5 - 3$$

Pasa como -3

$$x = \boxed{-3x} + 5 - 3 \xrightarrow[\text{al primer miembro}]{\text{Pasamos } -3x} x + 3x = 5 - 3$$

Pasa como $+3x$

Ahora, reducimos términos semejantes y despejamos.

$$x + 3x = 5 - 3 \rightarrow \boxed{4}x = 2 \xrightarrow[\text{la incógnita}]{\text{Despejamos}} x = \frac{2}{4} = \frac{1}{2}$$

Simplificamos

Pasa dividiendo

En la práctica podemos resumir la transposición de términos en estas dos reglas:

- Si un término está sumando en un miembro, pasa restando al otro; y si está restando, pasa sumando.
- Si está multiplicando en un miembro, pasa al otro dividiendo; y si está dividiendo, pasa multiplicando.

ACTIVIDADES

1 Utiliza la transposición de términos y resuelve.

a) $6x + 5 = 5x - 4$
b) $3x - 3 = x + 7$
c) $6 - x = 2 + 3x$
d) $6x + 5 = 2x - 7$
e) $8x + 3 = -x + 4$
f) $x - 5 = 3 - 2x$

2 Copia y completa para que la solución sea $x = 7$.

$$2x - 5 = 3(\square - x)$$

3 **REFLEXIONA.** ¿Qué pasa cuando en los dos miembros de una ecuación aparece un mismo término?

Cómo se resuelve una ecuación de primer grado

Al multiplicar todos los términos por el m.c.m. de los denominadores, estos deben desaparecer de la ecuación.

Resuelve esta ecuación: $\frac{2x-3}{7} - \frac{x+1}{2} = 3 - x$.

① **Eliminamos los denominadores.**
Para ello, hallamos el mínimo común múltiplo de los denominadores de la ecuación y lo multiplicamos por todos los términos.

$$\frac{2x-3}{7} - \frac{x+1}{2} = 3 - x \rightarrow \text{m.c.m.}(7, 2) = 14$$

$$14 \cdot \frac{2x-3}{7} - 14 \cdot \frac{x+1}{2} = 14 \cdot (3-x)$$

$$2 \cdot (2x-3) - 7 \cdot (x+1) = 14 \cdot (3-x)$$

Desaparecen los denominadores.

② **Quitamos los paréntesis.**

$$4x - 6 - 7x - 7 = 42 - 14x$$

Al multiplicar por un número negativo, los términos cambian de signo.

③ **Utilizamos la transposición de términos para agrupar los términos con x en un miembro y los números en el otro.**

$$4x - 7x + 14x = 42 + 6 + 7$$

$$11x = 55$$

Como están restando, pasan sumando al otro miembro.

④ **Despejamos la incógnita.**

$$x = \frac{55}{11} \rightarrow x = 5$$

⑤ **Comprobamos la solución. Para ello, sustituimos la x por el resultado obtenido en la ecuación inicial.**

$$\frac{2x-3}{7} - \frac{x+1}{2} = 3 - x \xrightarrow{x=5} \frac{2 \cdot 5 - 3}{7} - \frac{5+1}{2} = 3 - 5 \rightarrow 1 - 3 = -2$$

Por tanto, $x = 5$ es la solución de la ecuación.

ACTIVIDADES

4 Resuelve estas ecuaciones.

a) $\frac{x+1}{2} = \frac{2x-1}{3}$

b) $\frac{x-3}{5} = \frac{x+1}{7}$

c) $\frac{2x-3}{5} = \frac{x+4}{2}$

d) $\frac{2x+7}{3} = \frac{3x-1}{5}$

e) $\frac{5x-1}{7} = \frac{2x+4}{3}$

f) $\frac{4x+12}{10} = \frac{x+4}{3}$

g) $\frac{2x+3}{12} = \frac{x-1}{5}$

h) $\frac{x-5}{2} = \frac{3x-6}{4}$

5 Encuentra el valor de x que hace cierta cada igualdad y comprueba que lo has hecho bien.

a) $\frac{3x+1}{5} - \frac{x}{2} = 1$

b) $\frac{x+5}{2} + \frac{1-2x}{3} = 2$

c) $\frac{4x+1}{5} + \frac{4-3x}{7} = \frac{x}{2}$

d) $\frac{2x-5}{3} - \frac{x-4}{2} = \frac{x}{5}$

6 Resuelve las ecuaciones y comprueba su solución.

a) $2 - \frac{3(x-2)}{6} = x$

b) $\frac{x+6}{5} - 2 = x$

c) $\frac{3x+4}{7} - \frac{6x-1}{5} = x - 1$

d) $\frac{x-2}{5} + \frac{1-2x}{7} = x + 3$

7 Halla la solución de estas ecuaciones.

a) $\frac{3x-2}{10} - \frac{2x+1}{3} = \frac{x-4}{5} - \frac{x}{2}$

b) $\frac{4x+1}{3} - \frac{3-2x}{5} = \frac{3x-1}{2} + x + 1$

c) $\frac{2x+3}{6} + \frac{3x-1}{2} + 5x = \frac{3x-2}{4} - \frac{x-1}{2}$

d) $\frac{x+3}{7} - \frac{3x-1}{2} + 2 = \frac{9-2x}{3} + 2(x+4)$

2. Ecuaciones de segundo grado

Una **ecuación de segundo grado con una incógnita** es una igualdad algebraica que se puede expresar de la forma $\mathbf{ax^2 + bx + c = 0}$, siendo a, b y c números reales y $a \neq 0$.

Si b y c son números distintos de cero, la ecuación es **completa**. Y si b o c es igual a cero, decimos que la ecuación es **incompleta**.

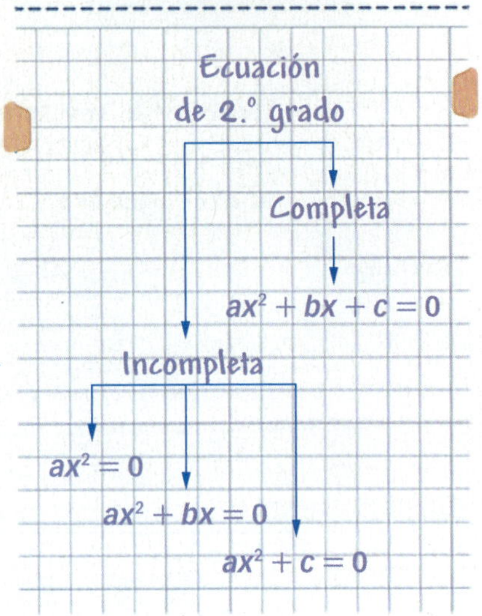

2.1. Ecuaciones de segundo grado completas

GEOGEBRA

Para obtener las soluciones de una ecuación de segundo grado completa usamos la fórmula:

$$x = \frac{-b \pm \sqrt{b^2 - 4ac}}{2a} \quad \textbf{(fórmula general)}$$

EJEMPLO

2. Resuelve esta ecuación de segundo grado: $x^2 + 4x - 5 = 0$.

Identificamos los valores de a, b y c: $a = 1$, $b = 4$, $c = -5$.

Aplicamos la fórmula:

$$x = \frac{-b \pm \sqrt{b^2 - 4ac}}{2a} = \frac{-4 \pm \sqrt{4^2 - 4 \cdot 1 \cdot (-5)}}{2 \cdot 1} =$$

$$= \frac{-4 \pm \sqrt{16 - (-20)}}{2} = \frac{-4 \pm \sqrt{16 + 20}}{2} = \frac{-4 \pm \sqrt{36}}{2} =$$

$$= \frac{-4 \pm 6}{2} \rightarrow \begin{cases} x_1 = \dfrac{-4 + 6}{2} = 1 \\ x_2 = \dfrac{-4 - 6}{2} = -5 \end{cases}$$

La ecuación tiene dos soluciones: $x_1 = 1$, $x_2 = -5$.

$\Delta = b^2 - 4ac$ se llama **discriminante** de la ecuación y nos permite averiguar el número de soluciones (una, dos o ninguna) de la ecuación.

ACTIVIDADES

8 Identifica los valores de los coeficientes a, b y c y resuelve las ecuaciones de segundo grado.

a) $x^2 - 8x + 15 = 0$
b) $x^2 - 3x - 28 = 0$
c) $x^2 - 10x + 9 = 0$
d) $x^2 + 8x + 15 = 0$
e) $x^2 - x - 42 = 0$
f) $x^2 - x - 12 = 0$
g) $2x^2 - 5x + 2 = 0$
h) $3x^2 + 2x - 1 = 0$
i) $5x^2 + 24x - 5 = 0$
j) $6x^2 + 5x + 1 = 0$

9 Escribe y resuelve la ecuación de segundo grado que tiene estos coeficientes.

a) $a = 6$, $b = 13$, $c = 6$
b) $a = 2$, $b = -11$, $c = 5$
c) $a = -15$, $b = -16$, $c = 15$

10 **REFLEXIONA.** ¿Cuántas soluciones tendrá una ecuación en la que $b^2 - 4ac < 0$? ¿Y si $b^2 - 4ac \geq 0$?

Cómo se averigua el número de soluciones de una ecuación de segundo grado

Estudia cuántas soluciones tienen estas ecuaciones.

a) $x^2 + 3x - 18 = 0$ b) $x^2 - 4x + 4 = 0$ c) $5x^2 + 2x + 1 = 0$

① Determinamos los coeficientes a, b y c de la ecuación y calculamos el discriminante $\Delta = b^2 - 4ac$.

a) $a = 1, b = 3, c = -18$

$\Delta = b^2 - 4ac =$
$= 3^2 - 4 \cdot 1 \cdot (-18) =$
$= 9 + 72 = 81$

b) $a = 1, b = -4, c = 4$

$\Delta = b^2 - 4ac =$
$= (-4)^2 - 4 \cdot 1 \cdot 4 =$
$= 16 - 16 = 0$

c) $a = 5, b = 2, c = 1$

$\Delta = b^2 - 4ac =$
$= 2^2 - 4 \cdot 5 \cdot 1 =$
$= 4 - 20 = -16$

② Analizamos el signo del discriminante.

- Si $\Delta > 0$, la ecuación tiene dos soluciones distintas.

  $\Delta = 81 > 0$

  $x^2 + 3x - 18 = 0$ tiene dos soluciones.

- Si $\Delta = 0$, la ecuación solo tiene una solución (solución doble).

  $\Delta = 0$

  $x^2 - 4x + 4 = 0$ tiene una única solución.

- Si $\Delta < 0$, la ecuación no tiene solución.

  $\Delta = -16 < 0$

  $5x^2 + 2x + 1 = 0$ no tiene solución.

$\sqrt{b^2 - 4ac}$ solo existe cuando $b^2 - 4ac \geq 0$. Por tanto:

- Si $b^2 - 4ac > 0$, la ecuación tiene dos soluciones.

  $x_1 = \dfrac{-b + \sqrt{b^2 - 4ac}}{2a}$

  $x_2 = \dfrac{-b - \sqrt{b^2 - 4ac}}{2a}$

- Si $b^2 - 4ac = 0$, la ecuación tiene una solución.

  $x = \dfrac{-b \pm \sqrt{b^2 - 4ac}}{2a} =$
  $= \dfrac{-b \pm 0}{2a} = -\dfrac{b}{2a}$

- Si $b^2 - 4ac < 0$, la ecuación no tiene solución.

  $\sqrt{b^2 - 4ac}$ no existe.

ACTIVIDADES

11 Estudia cuántas soluciones tienen estas ecuaciones de segundo grado. Después, resuelve las ecuaciones y comprueba que el número de soluciones coincide.

a) $x^2 - 5x - 6 = 0$
b) $-x^2 + x - 1 = 0$
c) $-x^2 + 7x - 12 = 0$
d) $x^2 + 8x + 16 = 0$
e) $x^2 + 6x - 40 = 0$
f) $x^2 - 6x + 9 = 0$
g) $3x^2 - x - 2 = 0$
h) $4x^2 - 2x + 1 = 0$
i) $4x^2 - 4x - 15 = 0$
j) $4x^2 + 4x + 1 = 0$

12 Calcula.

a) El valor de a para que la ecuación $ax^2 + 2x - 3 = 0$ tenga como solución $x = 1$.

b) El valor de b para que la ecuación $x^2 - bx + 6 = 0$ tenga como solución $x = 2$.

c) El valor de c para que la ecuación $-x^2 + x + c = 0$ tenga como solución $x = -1$.

¿Cuál es la otra solución en cada ecuación?

13 Encuentra una ecuación de segundo grado con $a = 1$ que tenga:

a) $b = 3$ y dos soluciones.
b) $c = 2$ y dos soluciones.
c) $b = 4$ y una solución única.
d) $c = 9$ y una solución única.
e) $b = -3$ y no tenga solución.
f) $c = 1$ y no tenga solución.

14 Considera estas ecuaciones de segundo grado. ¿Cuántas soluciones tienen? Razona tu respuesta.

a) $ax^2 + ax + a = 0$
b) $ax^2 + 2ax + a = 0$
c) $ax^2 + ax - a = 0$

15 Escribe una ecuación de segundo grado con dos soluciones, una con una solución doble y otra sin solución.

2.2. Ecuaciones de segundo grado incompletas

CASO 1. Si $b = 0$. Ecuaciones del tipo $ax^2 + c = 0$.

- Si $-\dfrac{c}{a}$ es positivo, hay dos soluciones: $x = \pm\sqrt{-\dfrac{c}{a}}$.
- Si $-\dfrac{c}{a}$ es negativo, no tienen solución.

CASO 2. Si $c = 0$. Ecuaciones del tipo $ax^2 + bx = 0$.

- Tienen dos soluciones: $x_1 = 0$ y $x_2 = -\dfrac{b}{a}$.

CASO 3. Si $b = 0$ y $c = 0$. Ecuaciones del tipo $ax^2 = 0$.

- Tienen una solución única: $x = 0$.

RETO

Calcula el valor del siguiente producto:

$(x - a)(x - b) \dots (x - z)$

EJEMPLOS

3. **Resuelve la ecuación $2x^2 = 18$ atendiendo al tipo al que pertenece y comprueba que obtienes el mismo resultado aplicando la fórmula general.**

Escribimos todos los términos en el primer miembro e igualamos a cero: $2x^2 - 18 = 0$.

Sus coeficientes son $a = 2, b = 0, c = -18$. → Estamos en el caso 1, donde $b = 0$ y $c \neq 0$.

Sus soluciones son: $x = \pm\sqrt{-\dfrac{c}{a}} = \pm\sqrt{-\dfrac{-18}{2}} = \pm\sqrt{9} = \pm 3$

Utilizando la fórmula general se tiene que: $x = \dfrac{-0 \pm \sqrt{0^2 - 4 \cdot 2 \cdot (-18)}}{2 \cdot 2} = \dfrac{\pm\sqrt{144}}{4} = \dfrac{\pm 12}{4} = \pm 3$

Se obtienen los mismos resultados en ambos casos.

4. **Resuelve estas ecuaciones atendiendo al tipo al que pertenecen y comprueba que su solución es correcta.**

a) $x^2 + 4x = 0$

Sus coeficientes son:

$a = 1, b = 4, c = 0$ → Estamos en el caso 2.

Sus soluciones son: $x_1 = 0$, $x_2 = -\dfrac{b}{a} = -\dfrac{4}{1} = -4$

Comprobamos el resultado:

$0^2 + 4 \cdot 0 = 0 \qquad (-4)^2 + 4 \cdot (-4) = 0$

b) $3x^2 = 0$

Sus coeficientes son:

$a = 3, b = 0, c = 0$ → Estamos en el caso 3.

Su única solución es $x = 0$.

Comprobamos el resultado:

$3 \cdot 0^2 = 0$

ACTIVIDADES

16 Resuelve estas ecuaciones y comprueba el resultado.

a) $x^2 + x = 0$
b) $4x^2 - 16 = 0$
c) $-x^2 = 0$
d) $-x^2 + 4 = 0$
e) $-x^2 + 4x = 0$
f) $5x^2 - 45 = 0$
g) $2x^2 + 5x = 0$
h) $-9x^2 = 0$
i) $-9x^2 = x$
j) $-9x^2 = 1$

17 Halla los valores de x que hacen ciertas las igualdades.

a) $2x(x + 1) = -x$
b) $(x + 1)(x - 1) = 8$
c) $x^2 + 2x = 3x^2 + x$
d) $2x(-x + 2) = x^2$
e) $-2x(x + 3) = -6x$
f) $(x + 2)(x - 2) = 21$

18 **REFLEXIONA.** Escribe una ecuación de segundo grado incompleta que no tenga ninguna solución.

Cómo se resuelven ecuaciones de segundo grado

Resuelve estas ecuaciones de segundo grado.

a) $x^2 - x - 2 = 0$

b) $-3x^2 + 27 = 0$

c) $2x^2 = 0$

d) $2x^2 - 6x = 0$

Aunque todas las ecuaciones de segundo grado se pueden resolver mediante la fórmula general, en las ecuaciones incompletas se utilizan métodos particulares que también te pueden servir para resolver otras ecuaciones de grado mayor que 2.

① Identificamos los coeficientes *a*, *b* y *c* para determinar si la ecuación de segundo grado es completa o incompleta.

a) $a = 1, b = -1, c = -2 \rightarrow$ Ecuación completa.

b) $a = -3, b = 0, c = 27 \rightarrow$ Ecuación incompleta del tipo $ax^2 + c = 0$.

c) $a = 2, b = 0, c = 0 \rightarrow$ Ecuación incompleta del tipo $ax^2 = 0$.

d) $a = 2, b = -6, c = 0 \rightarrow$ Ecuación incompleta del tipo $ax^2 + bx = 0$.

② Aplicamos el método adecuado a cada una.

- Si la ecuación es completa, utilizamos la fórmula general.

a) $x = \dfrac{-(-1) \pm \sqrt{(-1)^2 - 4 \cdot 1 \cdot (-2)}}{2 \cdot 1}$

$x = \dfrac{1 \pm \sqrt{1+8}}{2} = \dfrac{1 \pm 3}{2} \rightarrow \begin{cases} x_1 = 2 \\ x_2 = -1 \end{cases}$

- Si $b = 0$, despejamos x^2 y después calculamos x.

Caso 1 $ax^2 + c = 0$

b) $-3x^2 + 27 = 0 \rightarrow -3x^2 = -27$

$x^2 = \dfrac{-27}{-3} = 9 \rightarrow x = \pm\sqrt{9} \rightarrow \begin{cases} x_1 - 3 \\ x_2 = -3 \end{cases}$

Caso 3 $ax^2 = 0$

c) $2x^2 = 0 \rightarrow x^2 = \dfrac{0}{2} = 0 \rightarrow x = \pm\sqrt{0} = 0$

- Si $c = 0$, sacamos factor común a x e igualamos los factores a cero.

Caso 2 $ax^2 + bx = 0$

d) $2x^2 - 6x = 0 \rightarrow x(2x - 6) = 0$

$x(2x-6) = 0 \rightarrow \begin{cases} x_1 = 0 \\ 2x - 6 = 0 \rightarrow x = \dfrac{6}{2} \rightarrow x_2 = 3 \end{cases}$

ACTIVIDADES

19 Identifica los coeficientes *a*, *b* y *c* y determina las soluciones de estas ecuaciones.

a) $3x^2 + 5x = 0$

b) $-7x^2 = 0$

c) $2x^2 - 72 = 0$

d) $-3x^2 + 75x = 0$

e) $3x^2 = 192$

f) $5x^2 = x$

g) $-x^2 = -100$

h) $\sqrt{3}x^2 = 0$

20 Resuelve las siguientes ecuaciones.

a) $2x^2 - 4 = 0$

b) $6x^2 = 0$

c) $10x^2 = 12x$

d) $5x^2 + 7x = 0$

e) $16x^2 = 1$

f) $-\sqrt{10}x^2 = \sqrt{10}x$

21 Desarrolla estas ecuaciones de segundo grado, identifica los coeficientes y calcula sus soluciones.

a) $x(5 - x) = 2x + x^2$

b) $(3 - x)(x + 3) = -16$

c) $2x(x - 4) + x = 5x^2$

d) $x(6x + 1) = 6(1 - x^2)$

e) $2x(x + 1) - 2x = 1 - 2x^2$

f) $x(2x + 3) = x + 3x(x - 5)$

g) $5x(x - 5) - 5 = 2(x - 7) - 1$

3. Otros tipos de ecuaciones

3.1. Ecuaciones bicuadradas

Una **ecuación bicuadrada** es una igualdad algebraica que se puede expresar de la forma $ax^4 + bx^2 + c = 0$, siendo a, b y c números reales y $a \neq 0$.

Para resolver ecuaciones de este tipo, sustituimos x^2 por otra variable, z, y resolvemos la ecuación $az^2 + bz + c = 0$ de segundo grado.

El número de soluciones de una ecuación bicuadrada puede ser 4, 3, 2, 1 o no tener solución, dependiendo del valor de su discriminante.

Una ecuación bicuadrada es una ecuación de grado 4 sin términos de grado 3 ni de grado 1.

EJEMPLO

5. Resuelve la ecuación bicuadrada $x^4 - 7x^2 + 10 = 0$.

Realizamos el cambio $z = x^2$, por lo que $z^2 = x^4$.

$$x^4 - 7x^2 + 10 = 0 \xrightarrow{x^2 = z} z^2 - 7z + 10 = 0$$

$$z = \frac{7 \pm \sqrt{49 - 40}}{2} = \frac{7 \pm 3}{2} \rightarrow \begin{cases} z_1 = 5 \\ z_2 = 2 \end{cases}$$

Como $z = x^2$, tenemos que $x^2 = 5$ y $x^2 = 2$:

$$x^2 = 5 \rightarrow x = \pm\sqrt{5} \rightarrow x_1 = \sqrt{5},\ x_2 = -\sqrt{5}$$

$$x^2 = 2 \rightarrow x = \pm\sqrt{2} \rightarrow x_3 = \sqrt{2},\ x_4 = -\sqrt{2}$$

3.2. Ecuaciones factorizadas

GEOGEBRA

Una **ecuación factorizada** es una ecuación cuyo primer miembro es una expresión algebraica escrita como un producto de factores y cuyo segundo miembro es cero. Se expresa como $P_1(x) \cdot P_2(x) \cdot \ldots \cdot P_n(x) = 0$.

Para resolver estas ecuaciones se iguala cada factor a cero y se resuelven las ecuaciones resultantes.

EJEMPLO

6. Resuelve la siguiente ecuación: $x(x - 3)(x + 5) = 0$.

$x = 0$ $\quad$ $x - 3 = 0 \rightarrow x = 3$ $\quad$ $x + 5 = 0 \rightarrow x = -5$

Las soluciones son $x_1 = 0$, $x_2 = 3$, $x_3 = -5$.

ACTIVIDADES

22 Resuelve estas ecuaciones bicuadradas.

a) $x^4 - 5x^2 + 4 = 0$

b) $x^4 + 2x^2 - 8 = 0$

c) $4x^4 - 5x^2 + 1 = 0$

d) $x^4 + x^2 + 2 = 0$

e) $9x^4 - 40x^2 + 16 = 0$

f) $x^4 - 18x^2 + 81 = 0$

23 Halla las soluciones de estas ecuaciones.

a) $x(x - 1)(x + 2) = 0$ $\quad$ b) $(x - 4)(x + 5)(x - 3)x^2 = 0$

24 **REFLEXIONA.** ¿Puedes escribir una ecuación bicuadrada con soluciones dobles 0 y 1?

Cómo se resuelve una ecuación mediante factorización

Si el producto de varios factores es igual a 0, al menos uno de los factores tiene que ser 0.

Si $a \cdot b = 0 \rightarrow a = 0$ o $b = 0$

Resuelve la ecuación $2x^4 - x^3 - x^2 - 2x = x^4 - 3x^3$.

① Agrupamos todos los términos en uno de los miembros y operamos.

$$2x^4 - x^3 - x^2 - 2x = x^4 - 3x^3$$
$$2x^4 - x^4 - x^3 + 3x^3 - x^2 - 2x = 0$$
$$x^4 + 2x^3 - x^2 - 2x = 0$$

② Factorizamos el polinomio resultante.

Sacamos factor común a x.

$$x^4 + 2x^3 - x^2 - 2x = x(x^3 + 2x^2 - x - 2)$$

Aplicamos la regla de Ruffini.

El término independiente es 2.
Div (2) = {1, −1, 2, −2}

	1	2	−1	−2
−2		−2	0	2
	1	0	−1	0

Divisor $= x + 2$

Cociente $= x^2 - 1$

Resto $= 0 \rightarrow$ División exacta

$$x^4 + 2x^3 - x^2 - 2x = x(x^3 + 2x^2 - x - 2) =$$
$$= x(x+2)(x^2 - 1) = x(x+2)(x+1)(x-1)$$

Diferencia de cuadrados
$x^2 - 1 = (x+1)(x-1)$

③ Igualamos todos los factores a cero y resolvemos cada ecuación resultante.

Tenemos la ecuación factorizada:
$x^4 + 2x^3 - x^2 - 2x = x(x+2)(x+1)(x-1)$

$$x(x+2)(x+1)(x-1) = 0 \rightarrow \begin{cases} x = 0 \\ x + 2 = 0 \rightarrow x = -2 \\ x + 1 = 0 \rightarrow x = -1 \\ x - 1 = 0 \rightarrow x = 1 \end{cases}$$

Las soluciones son $x_1 = 0$, $x_2 = -2$, $x_3 = -1$, $x_4 = 1$.

ACTIVIDADES

25 Factoriza estas ecuaciones y obtén sus soluciones.

a) $x^3 = x$
b) $2x^2 = 4x$
c) $2x^3 + 6x^2 = 0$
d) $4x^3 = x$

26 Resuelve las ecuaciones.

a) $x^3 + 2x^2 - 4x = 4 + x^2$
b) $x^4 - 3x^3 + 4x^2 = x^3$
c) $x^4 - 5x^3 + 3x = 5x^2 - 3x^3 - 3x$
d) $x^4 + 3x^3 = 20x^2 - x^4 - 3x^3$
e) $2x^3 + 6x^2 + 13x - 25 = x^3 - 3x^2 - 2x$

27 Halla las soluciones de las siguientes ecuaciones.

a) $x^5 - 3x^3 + 2x = 0$
b) $9x^6 - 37x^4 + 4x^2 = 0$
c) $x^4 + 7x^3 + 15x^2 + 9x = 0$
d) $3x^4 - 16x^2 + x = 2x^4 + x$
e) $4x^5 + 8x^4 - 5x^3 = 10x^2 - x - 2$

28 Explica por qué esta no es una ecuación factorizada. Después, factorízala y calcula sus soluciones.

$$(x+1)(x+2)(x+3) - 5(x+1)(x+2) = 0$$

4. Resolución de problemas mediante ecuaciones

Para resolver un problema mediante una ecuación es necesario traducir su enunciado a lenguaje algebraico y encontrar la solución de la ecuación resultante comprobando después su validez.

EJEMPLO

7. **En esta situación, indica a quién asignarías la variable x y escribe una ecuación que lo resuelva.**

«El doble de un número más su mitad es 9. ¿Qué número es?».

Al dato desconocido lo llamamos x: $x \rightarrow$ Es el número.

Traducimos el enunciado al lenguaje algebraico: *El doble de un número*: $2x$

Su mitad: $\frac{x}{2}$

Escribimos la ecuación: $2x + \frac{x}{2} = 9$

EJEMPLO

8. **He comprado dos bolsas de pipas y tres bolsas de nueces y he pagado 7,90 € en total. Si cada bolsa de pipas cuesta 0,80 €, ¿cuánto cuesta cada bolsa de nueces?**

Al dato desconocido lo llamamos x: Precio de una bolsa de nueces $\rightarrow x$

Cada bolsa de pipas cuesta 0,80 €. Precio de la bolsa de pipas: 0,80 €

He comprado dos bolsas de pipas y tres bolsas de nueces.

$2 \cdot 0{,}8 + 3 \cdot x$

He pagado 7,90 € en total. $2 \cdot 0{,}8 + 3 \cdot x = 7{,}9$

$$1{,}6 + 3x = 7{,}9 \rightarrow 3x = 7{,}9 - 1{,}6 = 6{,}3 \rightarrow x = \frac{6{,}3}{3} = 2{,}1$$

Cada bolsa de nueces cuesta 2,10 €.

ACTIVIDADES

29. **Indica a quién asignarías la variable x en cada enunciado.**
   a) Al salir de casa gasté dos tercios del dinero que tenía en comprar un regalo para mi hermana. ¿Cuánto dinero me queda?
   b) Hoy hay 2 grados menos que ayer. ¿Cuántos grados había ayer?
   c) El largo de una piscina mide el triple que su ancho. ¿Cuánto mide el ancho?
   d) He pagado este libro con un 10 % de descuento. ¿Cuánto costaba?

30. **Escribe un problema que se resuelva con cada una de estas ecuaciones.**
   a) $x - 3 = 8$
   b) $x - 5 = 20$
   c) $2x + 3 = 15$
   d) $4x + 5 = 17$

31. **REFLEXIONA. Escribe una ecuación que resuelva estos enunciados.**
   a) La suma de dos números pares consecutivos es 26. ¿Cuáles son los números?
   b) La suma de tres números impares consecutivos es 39. ¿Cuáles son los números?

Cómo se resuelven problemas mediante ecuaciones

A veces, algunas de las soluciones de un problema podrían no tener sentido. Por ejemplo, una solución negativa como respuesta a una longitud, precio, edad, etc.

Resuelve estos problemas.

a) Un bocadillo cuesta 1,20 € más que un refresco. Tres bocadillos y tres refrescos nos han costado 11,40 €. ¿Cuánto cuesta un refresco?

b) Tomás tiene 2 años más que Pablo. El producto de sus edades es 35. ¿Cuántos años tiene Pablo?

① **Identificamos la incógnita.**

a)

Lo que sabemos	Lo que no sabemos
Un bocadillo cuesta 1,20 € más que un refresco.	Precio de un bocadillo
3 bocadillos y 3 refrescos cuestan 11,40 €.	Precio de un refresco

b)

Lo que sabemos	Lo que no sabemos
Tomás tiene 2 años más que Pablo.	Edad de Tomás
El producto de las edades de los dos es 35.	Edad de Pablo

Precio de un refresco → x

Edad de Pablo → x

Para averiguar x, contesta a la pregunta.

② **Traducimos el problema al lenguaje algebraico y planteamos la ecuación.**

a) Precio de un refresco → x

Un bocadillo cuesta 1,20 € más que un refresco.

Precio del bocadillo → $x + 1{,}20$

3 bocadillos y 3 refrescos cuestan 11,40 €.

$$3 \cdot (x + 1{,}20) + 3 \cdot x = 11{,}40$$

b) Edad de Pablo → x

Tomás tiene 2 años más que Pablo.

Edad de Tomás → $x + 2$

El producto de las edades es 35.

$$x \cdot (x + 2) = 35$$

③ **Resolvemos la ecuación.**

a)
$$3x + 3{,}6 + 3x = 11{,}4$$
$$3x + 3x = 11{,}4 - 3{,}6$$
$$6x = 7{,}8 \rightarrow x = \frac{7{,}8}{6} = 1{,}3$$

b)
$$x^2 + 2x = 35$$
$$x^2 + 2x - 35 = 0$$
$$x = \frac{-2 \pm \sqrt{2^2 + 140}}{2} = \frac{-2 \pm 12}{2} \rightarrow \begin{cases} x_1 = 5 \\ x_2 = -7 \end{cases}$$

④ **Comprobamos e interpretamos la solución.**

a)
$$3(x + 1{,}2) + 3x = 11{,}4$$
$$\downarrow x = 1{,}3$$
$$3 \cdot (1{,}3 + 1{,}2) + 3 \cdot 1{,}3 = 11{,}4$$
$$11{,}4 = 11{,}4$$

La solución es correcta.

Un refresco vale 1,30 € y un bocadillo 1,30 + 1,20 = 2,50 €.

b)
$$x(x + 2) = 35 \xrightarrow{x = 5} 5 \cdot (5 + 2) = 35 \rightarrow 35 = 35$$
$$x(x + 2) = 35 \xrightarrow{x = -7} (-7) \cdot (-7 + 2) = 35 \rightarrow 35 = 35$$

Las soluciones son correctas.

Sin embargo, como la edad de una persona no puede ser negativa, la única solución válida es:
Pablo tiene 5 años y Tomás 5 + 2 = 7 años.

ACTIVIDADES

32 Gerardo gasta en una entrada de cine las $\frac{2}{5}$ partes de su paga. Después, gasta una tercera parte de lo que le queda en palomitas y con una sexta parte del resto compra una papeleta para la rifa escolar. Al final le quedan 5 €. ¿Cuál es su paga semanal?

33 El producto de un número y su doble es 72. ¿Cuál es ese número?

34 El volumen de una caja es de 20,25 dm³. ¿Cuáles son sus dimensiones si el largo es el triple que el alto y el ancho es el doble que el alto?

1. Resuelve ecuaciones e interpreta el resultado obtenido

Ecuaciones de primer grado

ACTIVIDADES FLASH

35 ¿Para qué ecuaciones es solución $x = 1$?

a) $2x - 3 = 1 - 5x$
b) $2x - x + 1 = 0$
c) $x - 6 = 2x + 3$
d) $x - 2x = -1$
e) $2(x + 3) - 4(x - 1) = 4x$
f) $(x - 2) + x = x - 1$
g) $(x - 3)(x + 2)(x - 1) = 0$
h) $\frac{2 + x}{6} - \frac{2 - x}{2} = \frac{1 - x}{3}$

36 Indica cuáles de los siguientes números son solución de la ecuación $3x - 4 = x + 2$.

a) $x = 1$
b) $x = -1$
c) $x = 2$
d) $x = -2$
e) $x = 3$
f) $x = -3$

37 **JUEGO.** Formad parejas para jugar al *memory*. Elaborad estas cartas, mezcladlas y colocadlas bocabajo formando filas y columnas.

$x - 2 = 3$	$x = 5$
$x + 6 = 4$	$x = -2$
$x + 3 = 5 - x$	$x = 1$
$4x = 12$	$x = 3$
$1 - x = 4$	$x = -3$
$2x - x = 2$	$x = 2$
$6 - 2x = 8$	$x = -1$
$2 - 2x = 2 + 5x$	$x = 0$
$8 - x = 18 + x$	$x = -5$

En cada turno, un participante levanta dos cartas, una azul y otra verde. Si la ecuación de la carta azul tiene como solución el valor de la carta verde se las queda, y continúa levantando cartas; en caso contrario, vuelve a ponerlas bocabajo, y pasa su turno. Gana el juego quien consiga más cartas.

38 **INVENTA.** Escribe tres ecuaciones de primer grado que tengan como solución $x = -1$.

39 **INVENTA.** Razona cuál de estas ecuaciones tiene la misma solución que $3x - 1 = 4x + 3$. Después, crea otras tres ecuaciones equivalentes a ella.

a) $3(x + 4) - x = 4$
b) $x^2 - x = 1$
c) $2(x - 1) + 3x - 4 - x$
d) $x^2 + 7x + 12 = -(x + 4)$

40 Escribe una ecuación adecuada para cada enunciado.

a) La suma de dos números consecutivos es 43.
b) La suma del doble de un número y su anterior es 38.

ACTIVIDADES FLASH

41 Di el valor de x en cada ecuación.

a) $x + 1 = 5$
b) $3 + x = 10$
c) $x - 2 = 9$
d) $8 - x = 2$
e) $2x + 3 = 11$
f) $3x - 5 = 10$
g) $4 + 2x = 8$
h) $9 - 2x = 7$

42 Expresa en forma de ecuación y calcula.

43 Resuelve esta pirámide, donde cada casilla es igual a la suma de las dos que tiene inmediatamente debajo. En la base encontrarás el año en el que nació Bolzano.

	$6z - 13$		
	$2z + 3$	$3z - 6$	
$5y - 2$	$7y + 1$	$4y + 1$	
$x/5$	$2x - 3$	$x + 3$	$x - 4$

44 La suma de los valores de las 4 casillas que forman cada uno de los 4 cuadrados de esta cruz es 5. ¿Qué valores tienen x, y y z?

	$x + 3$	x	
$y - 5$	$x - 2$	-4	$2x - y$
$2y$	$4 - 2y$	$z + 2$	$3z - \frac{x}{8}$
	$z + 3$	3	

45 **RETO.** Halla x en este cuadrado mágico, donde la suma de todas las filas, columnas y diagonales coincide.

$x - 1$	$2x - 1$	$x - 3$
$x - 2$	x	$2x - 3$
$2(x - 1)$	$-x + 6$	$x + 1$

CÁLCULO MENTAL

46 ¿Qué número falta para que la solución sea $x = 2$?

a) $\square x - 2 = 10$
b) $7x + \square = 25$
c) $3x + 7 = \square$
e) $3(x + 2) - 4x = \square x$
f) $x - 3(x - \square) = 4x$
g) $-2 + 2(\square x - 4) = 2$

CÁLCULO MENTAL

46 ¿Qué número falta para que la solución sea $x = 2$?

a) $\square x - 2 = 10$

b) $7x + \square = 25$

c) $3x + 7 = \square$

d) $2(x - 1) + 1 = \square$

e) $3(x + 2) - 4x = \square x$

f) $x - 3(x - \square) = 4x$

g) $-2 + 2(\square x - 4) = 2$

h) $3(2x - 1) = \square x + 5$

47 Averigua el valor de las letras y resuelve el sudoku. Los números van del 1 al 9 y no pueden repetirse en la misma fila, columna o zona.

	c	4	*h*	*e*	9			
3	5	7	*f*	4	*c*	9	2	6
	9		5	3	*d*			7
	6		1	*f*	*b*	7		9
	8		*g*	9	5	3		
	b		2	*d*	7	1		
5	*h*	*f*	3	1	2			
9	*g*	3	*d*	*h*	*f*	2	5	
1	*e*	6	9	*a*	*g*		7	

a) $2 \cdot (a - 3) + 5(a - 4) = 2a - 1$

b) $-b + 2(b - 1) = -1 - 2(b - 4)$

c) $3c - (1 - c) = 3(2c - 1)$

d) $d - 3(5 - d) - (d - 4) = d + 1$

e) $-4(5 - 2e) - 3(e - 1) = 3 - 5e$

f) $4f - 3(f - 2) + 2 = 2f$

g) $-9(g - 5) - 2(1 - g) + 1 = 4g$

h) $4h + 3(h - 9) = 2(h + 4)$

48 Resuelve las siguientes ecuaciones con paréntesis.

a) $2(x + 3) - (1 - x) = x + 1$

b) $5(x - 1) + 3(1 - 3x) = 2(x + 2)$

c) $3(2x + 1) - (4x - 3) = 8x + 3$

d) $1 - 3(x + 4) - (1 - x) \cdot 2 = 3x - 1$

e) $1 - (3 - 2x) + (5 - 6x) = 3 - 4x$

f) $3x - 4(x + 5) - 2(3 - x) = 4(x - 5)$

49 **INVENTA.** Escribe, en cada caso, una ecuación.

a) El primer miembro está compuesto por los términos $2x$, -5, $-3x$, $+7$ y su solución es $x = 1$.

b) Tiene un paréntesis en el primer miembro, el segundo tiene 2 términos y su solución es $x = 3$.

c) Uno de los términos del primer miembro es $\frac{x}{2}$ y su solución es $x = 2$.

CÁLCULO MENTAL

50 Resuelve estas ecuaciones mentalmente.

a) $\frac{x}{8} = \frac{14}{16}$ b) $\frac{x + 1}{3} = \frac{15}{9}$ c) $\frac{4}{3 - x} = \frac{12}{9}$

51 ¿Qué día nació Paolo Ruffini? Resuelve las ecuaciones y sustituye las letras por su valor en esta fecha:

a b / c d / e f g h

a) $\frac{a + 1}{3} - \frac{a - 2}{5} = \frac{a}{2}$

b) $\frac{3b + 2}{4} - \frac{5b - 1}{3} = 1 - b$

c) $\frac{c}{3} - \frac{3c + 1}{2} = c - \frac{1}{2}$

d) $\frac{d + 3}{6} + \frac{2d - 3}{5} = \frac{d + 1}{2}$

e) $\frac{3e + 4}{7} \cdot 2 - \frac{e - 1}{5} = 3e - 1$

f) $\frac{4f - 3}{5} - \frac{3f - 11}{10} = \frac{2(f - 1)}{3}$

g) $\frac{5g}{3} - \frac{3(g - 2)}{2} = \frac{2(g + 4)}{5}$

h) $\frac{1 - 3h}{7} - \frac{1 - h}{2} + 5 = h$

52 Resuelve las siguientes ecuaciones y comprueba el resultado con ayuda de la calculadora.

a) $\frac{1 - 3x}{2} + \frac{3(3 - 2x)}{6} = \frac{2(3x + 2)}{3}$

b) $\frac{5 - x}{2} - \frac{4 - 2x}{5} = \frac{-2x}{3}$

c) $\frac{5x + 4}{3} - \frac{7x + 4}{10} = \frac{x}{2}$

d) $\frac{2x + 5}{-5} - \frac{2(4x - 1)}{3} = 5 - 2x$

53 Calcula con ayuda de una ecuación.

a) Cuatro números consecutivos tales que su suma sea 66.

b) Dos números pares consecutivos cuya suma es 74.

c) Tres números impares consecutivos cuya suma es 81.

d) Un número que sumado a su triple da 60.

e) Un número de dos cifras cuya cifra de las unidades es el doble que la de las decenas y la suma de sus dos cifras es 12.

54 **RETO.** ¿Se puede escribir cualquier número de 3 cifras, con todas sus cifras iguales, como suma de tres números consecutivos? ¿Y de 4 cifras?

55 **RETO.** Observa y calcula el valor de JUANA.

JOAN = 19 JUAN = 18

JOANA = 22 JUANA = ¿?

ACTIVIDADES FINALES

Ecuaciones de segundo grado

ACTIVIDADES FLASH

56 Resuelve mentalmente estas ecuaciones.

a) $x^2 - 36 = 0$
b) $x^2 - 49 = 0$
c) $x^2 + 81 = 0$
d) $x^2 - 4 = 0$
e) $x^2 - 64 = 0$
f) $x^2 + 100 = 0$

57 Halla los valores de x en estas ecuaciones.

a) $x^2 = 6x$
b) $x^2 = -9x$
c) $x^2 = 10x$
d) $x^2 - 8x = 0$
e) $x^2 - 11x = 0$
f) $x^2 + 20x = 0$

58 Resuelve estas ecuaciones factorizadas.

a) $(x-2)(x-3) = 0$
b) $(x-8)(x-1) = 0$
c) $(x+1)(x-4) = 0$
d) $(x+2)(x+3) = 0$

59 Resuelve las siguientes ecuaciones y comprueba los resultados con la calculadora.

a) $x^2 + x - 12 = 0$
b) $x^2 - 4x - 5 = 0$
c) $2x^2 + 5x - 3 = 0$
d) $2x^2 - 3x - 2 = 0$
e) $4x^2 - 2x - 2 = 0$
f) $7x^2 + 12x - 4 = 0$
g) $6x^2 + 13x - 5 = 0$
h) $6x^2 - 13x + 6 = 0$

60 Di, sin resolverlas, cuántas soluciones tienen estas ecuaciones de segundo grado.

a) $4x^2 - 12x + 5 = 0$
b) $4x^2 - 12x + 9 = 0$
c) $2x^2 + 3x + 4 = 0$
d) $3x^2 - 8x + 5 = 0$
e) $-x^2 + 2x - 6 = 0$
f) $-2x^2 + 3x + 3 = 0$
g) $25x^2 - 20x + 4 = 0$
h) $x^2 + 5x + 7 = 0$

61 Estudia si estas ecuaciones son equivalentes.

$2x + 3x - 5 = 4x + 1$ $\qquad (x-5)^2 = 1$

62 Resuelve estas ecuaciones incompletas.

a) $7x^2 = 28$
b) $x^2 + 21 = 102$
c) $x^2 - 1 = 63$
d) $4x^2 - 576 = 0$
e) $2x^2 + 28 = 100$
f) $5x^2 - 2 = 3x^2$
g) $8x^2 - 20 = 3x^2$
h) $x^2 + 1 = \dfrac{13}{4}$

63 Resuelve las siguientes ecuaciones de segundo grado.

a) $(2x-3)(3x-4) = 0$
b) $(4x-1)(5x+3) = 0$
c) $(3x-2)(2x+3) = 0$
d) $(-2x+1)(2x-1) = 0$
e) $(7x+6)(5x+4) = 0$
f) $(-3x-2)(-2x+5) = 0$

64 **INVESTIGA.** ¿Una ecuación de primer grado puede tener las mismas soluciones que una de segundo grado? Si tu respuesta es afirmativa, pon un ejemplo.

65 Calcula x para que este cuadrado sea mágico (la suma de todas las filas, columnas y diagonales coincide).

$x+1$	x^2	$x-1$
x	$x+2$	x^2-2
x^2-1	$x-2$	$2x$

66 **JUEGO.** Cada participante dirá un número entero. El otro debe completar estas dos ecuaciones para que el número sea solución.

$x^2 + \square \cdot x = 0 \qquad x^2 + \square = 0$

67 Calcula x en cada caso.

a)

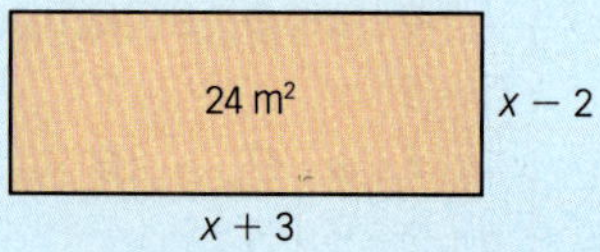

b)

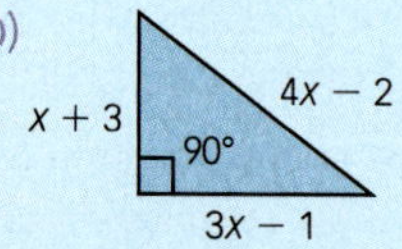

Cómo se resuelven ecuaciones de segundo grado con paréntesis y denominadores

68 Resuelve $\dfrac{(x+1)^2}{9} - (x-2) = \dfrac{3-x}{3} + \dfrac{x^2}{6}$.

PRIMERO. Se eliminan los denominadores. Para ello se multiplican los dos miembros por el m.c.m. de los denominadores.

m.c.m. $(9, 3, 6) = 18$

$$18\left(\frac{(x+1)^2}{9} - (x-2)\right) = 18\left(\frac{3-x}{3} + \frac{x^2}{6}\right)$$

$$2(x+1)^2 - 18(x-2) = 6(3-x) + 3x^2$$

SEGUNDO. Se opera para eliminar los paréntesis.

$$2x^2 + 4x + 2 - 18x + 36 = 18 - 6x + 3x^2$$

TERCERO. Se agrupan todos los términos en el mismo miembro y se opera.

$$2x^2 + 4x + 2 - 18x + 36 - 18 + 6x - 3x^2 = 0$$

$$-x^2 - 8x + 20 = 0$$

CUARTO. Se resuelve la ecuación de segundo grado.

$$-x^2 - 8x + 20 = 0 \rightarrow x = \frac{8 \pm \sqrt{(-8)^2 - 4 \cdot (-1) \cdot 20}}{2 \cdot (-1)}$$

$$\rightarrow x = \frac{8 \pm 12}{-2} \rightarrow \begin{cases} x_1 = -10 \\ x_2 = 2 \end{cases}$$

69 Resuelve las siguientes ecuaciones.

a) $\dfrac{(x-2)^2}{3} + \dfrac{14x-5}{6} = \dfrac{11}{6}$

b) $\dfrac{(x-2)^2}{2} - (x+1) = \dfrac{(x+2)^2 - 2}{3} - \dfrac{23x}{6}$

70 **INVENTA.** Escribe, en cada caso, una ecuación de segundo grado que cumpla estas condiciones.

a) Tiene como solución única $x = 2$.

b) Una de sus soluciones es $x = -1$, el término independiente es -3 y el coeficiente de x^2 es 1.

c) No tiene solución, es incompleta y el coeficiente de x^2 es 2.

71 **JUEGO.** Elaborad 12 cartas con estas ecuaciones.

$2x^2 = 50$	$x^2 + x = 2$	$x(x - 2) = -1$
$3x^2 = -9x$	$x^2 - x = 2$	$x(x + 1) = 6$
$2x^2 = 8$	$x^2 + 10 = 7x$	$x(x - 3) = 10$
$3x^2 = 6x$	$x^2 + 6 = 7x$	$x(x + 2) = 15$

En cada turno, una persona saca una carta, resuelve la ecuación y mueve su ficha en el tablero tantas casillas como marque una de sus soluciones, eligiendo la solución que le interese.

La escalera sirve para avanzar; sin embargo, la cabeza de la serpiente te desliza hasta la cola. Gana quien primero llegue a la meta.

72 **INVESTIGA.** Da valores a a y b para que la ecuación $ax^2 + bx - 16 = 0$ tenga dos soluciones diferentes. Busca otros valores de a y b para que tenga una única solución y otros para que no tenga solución.

73 **RETO.** ¿Cómo hallarías las soluciones de esta ecuación?

$$(x^2 - 5x + 5)^{x^2 + 4x - 60} = 1$$

Ecuaciones de grado superior a 2

74 Resuelve estas ecuaciones bicuadradas.

a) $x^4 - 8x^2 + 15 = 0$

b) $x^4 - 5x^2 + 4 = 0$

c) $x^4 + 3x^2 + 2 = 0$

d) $x^4 - 24x^2 - 25 = 0$

e) $x^4 + 5x^2 + 6 = 0$

f) $x^4 - 9 = 0$

75 Calcula los valores de x que cumplan estas igualdades.

a) $x^2 + 2x^3 - 8x^2 = 0$

b) $x^4 - 2x^3 + x^2 = 0$

c) $2x^3 - 3x = 2x + x^3$

d) $2x^3 - 11x^2 + 12x = 0$

e) $x^3 - 4x^2 - 4x + 16 = 0$

f) $x^4 - 2x^3 + 3 = -x^3 + 3$

76 **INVENTA.** Escribe una ecuación de grado cuatro con soluciones $x_1 = 1$, $x_2 = -2$, $x_3 = 3$, $x_4 = -4$.

INTERNET

77 **INVESTIGA.** Al igual que existe una fórmula para resolver ecuaciones de segundo grado, investiga si existe otra para ecuaciones de tercer grado; en caso afirmativo, discute si es fácil de usar.

78 Halla con ayuda de una ecuación.

a) Tres números enteros consecutivos tales que su producto es -60.

b) Dos números naturales pares consecutivos tales que su producto es 168.

c) Tres números enteros impares consecutivos tales que su producto es -105.

2. Formula una situación de la vida cotidiana mediante ecuaciones

79 Escribe en forma de ecuación y contesta.

a) La ficha amarilla estaba en la casilla 41 y en tres tiradas llega a la 50. Si ha sacado la misma puntuación las tres veces, ¿qué número sacó?

b) La ficha roja estaba en la casilla 19 hace tres tiradas y ahora está en la 31. En la primera tirada sacó un 2 y en las otras dos sacó el mismo número. ¿Qué puntuación obtuvo en las dos tiradas?

c) La ficha azul estaba en la casilla 11 hace dos tiradas. ¿Cuáles han podido ser las puntuaciones que ha obtenido en las dos tiradas?

80 Laura paga 67,50 € por estos tres pantalones. ¿Cuánto cuesta cada uno? ¿Cuánto costarían dos?

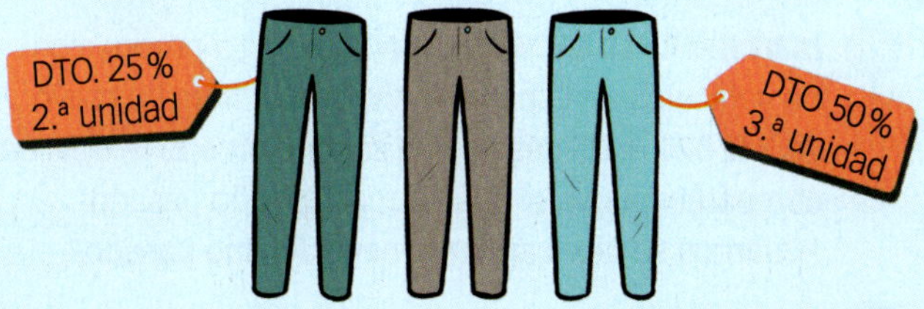

81 Una ruta de senderismo larga se ha planeado hacer en 15 etapas de la misma distancia. Hoy han terminado la séptima etapa, pero aún les quedan 12 km para llegar a la mitad de la ruta. ¿Qué longitud tiene la ruta?

82 Raquel y Silvia hacen el descenso del Sella en canoa. Antes de parar a tomar el bocadillo, han recorrido la mitad del camino que quieren hacer y, después, recorren otros $\frac{2}{5}$. Si aún les faltan 2 km para llegar a su destino, ¿qué distancia van a recorrer en total?

83 Una receta de pollo con verduras lleva la mitad de pollo, un décimo de cebolla y el resto se reparte a partes iguales entre calabacín y pimiento. Jesús, según la receta, ha necesitado 200 g de calabacín. ¿Cuánto pollo ha usado?

84 En el viaje de fin de curso de Bachillerato, los estudiantes visitan Viena, Praga y Budapest. La tercera parte del viaje la emplean en visitar Viena. De los días que les quedan, la mitad la dedican a ver Praga y el resto a Budapest. Si están 4 días en Budapest, ¿cuántos días dura el viaje? ¿Cuántos días están en cada sitio?

85 Una piscina tiene 135 m^3 de capacidad. Su largo es el triple que su profundidad y su ancho tiene 4 m menos que su largo. ¿Cuáles son sus dimensiones?

86 Reparte el número 20 en dos partes de forma que la suma de sus cuadrados valga 202.

87 Un cine tiene igual número de filas que de butacas por fila. La propietaria decide remodelarlo quitando una butaca por fila y tres filas. Después de la remodelación, el número de butacas es de 323.

a) ¿Cuántas filas tenía el cine antes del cambio?

b) ¿Cuántas butacas hay ahora en cada fila?

88 **MATEMÁTICAS Y... ECONOMÍA.** La producción de vehículos en España se situó en el mes de mayo en 312 824 unidades, lo que supone un 6,27 % más en comparación con el mismo mes del año pasado. ¿Cuántos se fabricaron en mayo del año pasado?

89 **INVENTA.** Escribe un problema que se resuelva utilizando cada ecuación.

a) $2x + 5 = 17$

b) $(x + 1)(x + 2)x = 210$

90 **MATEMÁTICAS Y... CONSUMO.**

¿Cuánto vale el coche en total?

Cómo se resuelven problemas de edades

91 Ana tiene ahora 12 años más que su primo Luis. Dentro de 2 años, la edad de Ana será el triple de la edad que tenga su primo. ¿Qué edades tienen Ana y Luis ahora?

PRIMERO. Se plantea el problema.

	Edad de Ana	Edad de Luis
Ahora	x	$x - 12$
Dentro de 2 años	$x + 2$	$x - 12 + 2 = x - 10$

Dentro de 2 años, la edad de Ana será el triple de la edad que tenga su primo → $x + 2 = 3(x - 10)$

SEGUNDO. Se resuelve la ecuación.

$$x + 2 = 3(x - 10) \rightarrow x + 2 = 3x - 30 \rightarrow$$
$$\rightarrow 32 = 2x \rightarrow x = 16$$

TERCERO. Se comprueba e interpreta la solución.

Ana tiene 16 años; por tanto, Luis tiene:

$16 - 12 = 4$ años

Dentro de 2 años, Ana tendrá 18 años y Luis 6.

$18 = 3 \cdot 6$ → Ana tendrá el triple de edad.

92 ¿Qué edad tengo ahora si dentro de 12 años tendré el triple de la edad que tenía hace 6 años?

93 Miguel tiene 4 años más que su primo Ignacio y, dentro de 3 años, entre los dos sumarán 20 años. ¿Cuántos años tiene cada uno?

94 Cuando Amaia nació, Laura tenía 24 años.

a) ¿Cuántos años tiene Amaia, si ahora Laura tiene el cuádruple de su edad?

b) ¿Dentro de cuántos años tendrá el triple de su edad?

Cómo se resuelven problemas de movimiento

95 Un coche sale de Torla hacia Seto a 120 km/h y una furgoneta sale en dirección contraria, a la misma hora, a 80 km/h. Torla y Seto distan 400 km. ¿A qué distancia de Torla se cruzan?

PRIMERO. Se plantea el problema.

Se llama x al tiempo transcurrido hasta el encuentro.

	Momento del encuentro
Distancia recorrida por el coche	$120x$
Distancia recorrida por la furgoneta	$80x$

La suma de las distancias recorridas es igual a la distancia entre las ciudades: $120x + 80x = 400$.

SEGUNDO. Se resuelve: $200x = 400 \rightarrow x = 2$

TERCERO. Se comprueba e interpreta la solución. Se encuentran pasadas 2 horas y estarán a $120 \cdot 2 = 240$ km de Torla.

96 Las estaciones de AVE de Madrid y Valencia están a 397 km. Un AVE sale de Madrid a Valencia a las 6:37 h a 233 km/h, y otro sale de Valencia a Madrid a las 6:30 h a 212 km/h. ¿Dónde se encontrarán?

¡Debería haber aguantado!

Probamos una nueva funda para el *smartphone*.
Su publicidad en diversos medios de comunicación y redes sociales asegura una protección total para caídas de menos de 1,5 m de altura.

Funda protectora

Protege completamente para velocidades de choque inferiores a 5 m/s.

Velocidad en caída libre

$v^2 = 2 \cdot g \cdot d$

v = velocidad en m/s

$g = 9{,}8$ m/s^2

d = distancia en m

Y tú, ¿qué opinas?

PROBLEMAS APARENTEMENTE DISTINTOS

97 Escribe en lenguaje algebraico.

a) La decimoctava parte de un número.

b) La treintava parte de la suma de un número más 14 unidades.

Escribe y resuelve la ecuación que resulta de igualar las expresiones algebraicas de los apartados a) y b).

98 Hermi y Úrsula van a hacer el Camino de Santiago, en total 780 km. Hermi va a hacerlo andando en 30 etapas. Úrsula lo hará en bicicleta en 18 días. Hermi empieza a andar el día 1 de agosto, y Úrsula comienza dos semanas después. ¿Cuándo alcanzará Úrsula a Hermi?

99 Observa el siguiente rectángulo y calcula su perímetro.

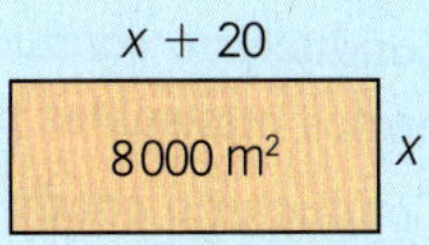

100 Se quiere vallar un campo rectangular de 8000 m^2. Este campo mide 20 m más de largo que de ancho. ¿Cuántos metros de alambre se necesitan?

101 Dada esta ecuación: $(x - 1)(x + 1)x = 24$.

a) ¿Cuál es su grado?

b) ¿Puedes encontrar su solución? Explica cómo lo haces.

102 Para una misión humanitaria se han utilizado contenedores de comida de 24 m^3. Miden 1 m menos de alto que de ancho, y de largo, 1 m más que de ancho. Indica sus medidas.

¡Mamá, no quiero ser artista! Prefiero tener mi propia empresa

PROYECTO PARA LA CREACIÓN DE UNA EMPRESA

Nombre: EcoExpress.

Actividad: empresa de transporte y mensajería.

Ubicación: Valladolid.

Necesidades materiales: una furgoneta eléctrica (cero emisiones) y varias bicicletas eléctricas para el reparto de documentación y pequeños paquetes.

Necesidades de personal:

- Conducción: una persona por cada 6 horas de funcionamiento de la furgoneta y otra por cada 4 horas de la bicicleta.
- Administración: dos personas, trabajando por turnos, que presten apoyo logístico a quienes conducen.

Actividad diaria: 12 horas, tanto en vehículos como en oficina.

COMPRA DE VEHÍCULOS

Furgoneta	26000 €/unidad
Bicicleta	5500 €/unidad

PLAN DE VIABILIDAD ECONÓMICA

Origen: comunidad autónoma.

Nombre: *Ayuda a jóvenes emprendedores.*

Asignación: 120000 €, a devolver en 15 cuotas mensuales a partir del segundo año. Intereses: 0 % TAE.

GASTOS DE PERSONAL Y OFICINA

- Conductor o conductora de furgoneta: 2 000 € brutos mensuales por 6 horas diarias.
- Conductor o conductora de bicicleta: 1 000 € brutos mensuales por 4 horas al día.
- Personal de administración: 2 600 € brutos al mes por 8 horas de trabajo diario.
- Alquiler del local y mantenimiento de vehículos: 2 500 € al mes.

1 Comenzamos a contar

Es importante tener acotados los gastos para poder hacerles frente. El tiempo de actividad diaria que se ha establecido es de 12 horas. Eso quiere decir que se necesita tener disponibles todos los vehículos, furgoneta y bicicletas, durante ese tiempo.

- Expresa algebraicamente, en función del número de bicicletas, el gasto inicial en la compra de vehículos.
- ¿Cuántos conductores o conductoras se necesitan para la furgoneta si tiene que estar activa durante toda la jornada laboral? ¿Y por cada bicicleta?
- Escribe, en función del número de bicicletas, el gasto mensual en conductores o conductoras.

2 Suma y sigue

Pero aún hay más gastos. Necesitamos también personal en la oficina para que organice toda la labor logística de quienes conduzcan: selección de itinerarios, organización de paquetes, recepción de clientes... Y luego queda el alquiler y el mantenimiento de los vehículos, ¡que también es un gasto al mes!

- ¿Cuánto dinero gasta la empresa en personal administrativo?
- Escribe una expresión algebraica que, en función del número de bicicletas, muestre el gasto total mensual de la empresa: coste de personal, de alquiler y mantenimiento de vehículos.

3 Cuadrando gastos

Según el plan de viabilidad que nos han hecho, la facturación de la furgoneta cubrirá los gastos del préstamo a partir del segundo año. ¡Una preocupación menos!

- ¿Cuánto factura la furgoneta mensualmente?

Además, por nuestra experiencia después del primer año, cada bicicleta recauda unos 6 900 € al mes hasta un máximo de 5 bicicletas; después, la recaudación baja y no merece la pena tener más bicicletas.

- ¿Cuál es el número mínimo de bicicletas que hay que tener para cubrir los gastos mensuales?
- ¿A cuánto asciende la ganancia anual con 5 bicicletas?

RESUMEN DE UNIDAD

IGUALDAD ALGEBRAICA

$x + x = 2x$ → Identidad $x + 1 = 2x$ → Ecuación

ECUACIÓN

Primer miembro: $3xy + 4x$; Segundo miembro: 12

$3xy + 4x = 12$ → Incógnitas: x, y; Grado: $1 + 1 = 2$

Términos: $3xy$, $4x$, 12 — Término independiente: 12

ECUACIÓN DE PRIMER GRADO

$ax + b = 0 \xrightarrow{\text{Solución}} x = -\dfrac{b}{a}$

ECUACIÓN DE SEGUNDO GRADO COMPLETA

$ax^2 + bx + c = 0 \xrightarrow{\text{Solución}} x = \dfrac{-b \pm \sqrt{b^2 - 4ac}}{2a}$

ECUACIÓN DE SEGUNDO GRADO INCOMPLETA

$ax^2 + c = 0 \xrightarrow{\text{Solución}} x = \pm\sqrt{-\dfrac{c}{a}}$

$ax^2 + bx = 0 \xrightarrow{\text{Solución}} \begin{cases} x_1 = 0 \\ x_2 = -\dfrac{b}{a} \end{cases}$

$ax^2 = 0 \xrightarrow{\text{Solución}} x = 0$

ECUACIÓN BICUADRADA

$ax^4 + bx^2 + c = 0 \xrightarrow{z = x^2} az^2 + bz + c = 0$

Solución: $x_1 = +\sqrt{z_1}$, $x_2 = -\sqrt{z_1}$, $x_3 = +\sqrt{z_2}$, $x_4 = -\sqrt{z_2}$

ECUACIÓN FACTORIZADA

$P_1(x) \cdot P_2(x) \cdot \ldots \cdot P_n(x) = 0$

Solución: $P_1(x) = 0, P_2(x) = 0, \ldots, P_n(x) = 0$

AUTOEVALUACIÓN

1. Resuelve ecuaciones e interpreta el resultado obtenido

1 ¿Cuál de las siguientes igualdades es una ecuación?

a) $2(3 + 4) - 5 = 9$
c) $6x(x + 1) = 5x^2$
b) $4x - 5x = -x$
d) $4x - 5x = x - 2x$

2 Señala el grado de la ecuación $2x^3 - 6x^2 + x = 5$.

a) 2 b) 3 c) 4 d) 5

3 ¿De qué ecuación no es solución $x = -1$?

a) $3x^2 + 5x + 2 = 0$
c) $\dfrac{3 + x}{2} - \dfrac{x + 1}{3} = -x$
b) $3x^2 - x - 2 = 0$
d) $6(2 - x) - 7(1 - x) = -4x$

4 Indica los coeficientes a, b y c en esta ecuación.

$$-4 - x + 7x^2 = 0$$

a) $a = -4, b = -1, c = 7$
b) $a = -4, b = -x, c = 7x^2$
c) $a = 7, b = -1, c = -4$

5 ¿Cuántas soluciones tiene esta ecuación?

$$-x(x + 3) + 1 = 2(x + x^2 - 1) - x^2$$

a) 0 b) 1 c) 2 d) 4

6 Resuelve la ecuación $x^2 + 2x = x + 42$.

a) $x_1 = 6, x_2 = -7$
c) $x_1 = -6, x_2 = 7$
b) $x_1 = 6, x_2 = 7$
d) $x_1 = -6, x_2 = -7$

7 Resuelve la ecuación $4x^4 - 17x^2 + 4 = 0$.

a) $x_1 = 4, x_2 = \dfrac{1}{4}$
b) $x_1 = 2, x_2 = -2, x_3 = \dfrac{1}{2}, x_4 = -\dfrac{1}{2}$
c) $x_1 = 4, x_2 = -4, x_3 = \dfrac{1}{4}, x_4 = -\dfrac{1}{4}$

8 Resuelve $x(2x + 1)(3x - 2) = 0$.

a) $x_1 = 1, x_2 = -1, x_3 = 2$
b) $x_1 = 0, x_2 = \dfrac{1}{2}, x_3 = -\dfrac{2}{3}$
c) $x_1 = 0, x_2 = -\dfrac{1}{2}, x_3 = \dfrac{2}{3}$

2. Formula una situación de la vida cotidiana con ecuaciones

9 Un libro cuesta 4 € menos que un MP3. Dos libros y tres MP3 cuestan 102 €. ¿Cuánto cuesta el libro?

a) 18 € b) 20 € c) 22 €

VALORA TU APRENDIZAJE

- ¿Te gusta aprender conceptos matemáticos?
- ¿Razonas en el grupo con respeto a los demás?

6 Sistemas de ecuaciones

DESAFÍO

Buscando a Wally

Coge un mapa y ten en cuenta la escala a la que está hecho.

Marca el punto del mapa en el que está situada esta señal de tráfico.

¿Qué sabes ya?

Cómo se construye una tabla de valores

En una tabla de valores se relacionan los valores de dos variables.

EJEMPLO

Construimos la tabla de $y = 4x - 3$ dando valores a x.

Para $x = -3 \rightarrow y = 4 \cdot (-3) - 3 = -15$

Para $x = -2 \rightarrow y = 4 \cdot (-2) - 3 = -11$

x	-3	-2	-1	0	1
y	-15	-11	-7	-3	1

ACTIVIDADES

1 Indica la ecuación que corresponde a la siguiente tabla.

x	-1	0	1
y	-9	-5	-1

a) $y = 3x - 7$
b) $y = 4x - 5$
c) $y = -4x - 5$

Cómo se representan funciones lineales

Las **funciones lineales** son del tipo $y = mx + n$, donde x e y son variables y m y n son coeficientes conocidos. Su representación gráfica es siempre una línea recta.

EJEMPLO

Para representar gráficamente la función $y = -2x + 1$ elaboramos una tabla de valores con dos puntos.

Para $x = 0 \rightarrow y = -2 \cdot 0 + 1 = 1 \rightarrow (0, 1)$

Para $x = 1 \rightarrow y = -2 \cdot 1 + 1 = -1 \rightarrow (1, -1)$

x	0	1
y	1	-1

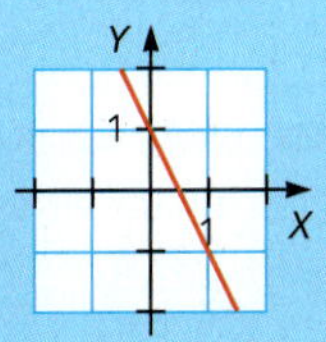

ACTIVIDADES

2 Indica tres puntos de la gráfica de $y = 3x - 2$.

a) $(0, -2)$, $(1, 3)$ y $(2, 4)$
b) $(1, 1)$, $(2, 4)$ y $(3, 5)$
c) $(-1, -5)$, $(2, 4)$ y $(4, 10)$
d) $(-1, -5)$, $(0, 2)$ y $(3, 7)$

1. Ecuaciones lineales

Una **ecuación lineal con dos incógnitas** es una ecuación de primer grado que se puede expresar de la forma $ax + by = c$, donde x e y son las incógnitas y a, b y c son números reales.

Los **coeficientes** de x e y son a y b, y el **término independiente** es c.

RETO

La ecuación $2x + 3y - 4z = 8$, ¿cuántas soluciones tiene si x es 1?

EJEMPLO

1. Di qué ecuaciones son lineales y determina sus incógnitas.

   a) $2x = 5y - 3 \rightarrow 2x - 5y = -3 \rightarrow$ Ecuación lineal con dos incógnitas: x, y.

   b) $2x^3 = -2y + 1 \rightarrow$ No es lineal, porque es de grado 3.

   c) $\frac{2}{x} - 3y = 5 \rightarrow$ No es lineal, porque tiene incógnitas en el denominador.

   d) $2x - 3 = 4 \rightarrow 2x = 7 \rightarrow$ Ecuación lineal con una incógnita: x.

Solución de una ecuación lineal

GEOGEBRA

Una **solución de una ecuación lineal con dos incógnitas** es un par de valores, uno para cada incógnita, que hacen cierta la igualdad.

Una ecuación lineal con dos incógnitas tiene infinitas soluciones.

EJEMPLO

2. Averigua si los siguientes pares son solución de la ecuación $2x + 3y = 4$.

   a) $x = 3, y = 1 \rightarrow 2 \cdot 3 + 3 \cdot 1 = 9 \rightarrow 9 \neq 4 \rightarrow x = 3, y = 1$ no es solución.

   b) $x = -1, y = 2 \rightarrow 2 \cdot (-1) + 3 \cdot 2 = 4 \rightarrow 4 = 4 \rightarrow x = -1, y = 2$ es solución.

Las soluciones de una ecuación lineal con dos incógnitas se pueden expresar como puntos del plano.

$x = 0$, $y = 1$ es solución de la ecuación $x + y = 1$.

$0 + 1 = 1 \rightarrow 1 = 1$

La solución $x = 0$, $y = 1$ se puede expresar como $(0, 1)$.

ACTIVIDADES

1. Escribe estas ecuaciones de la forma $ax + by = c$ e indica los coeficientes y el término independiente.

   a) $3x = 2y - 3$
   b) $y - 2x - 4 = x + 5$
   c) $3 - (x - y) = 5(x - y)$
   d) $2y - 3(2x - y) = -2y + 3$

2. ¿De qué ecuaciones es solución $x = -2, y = 3$?

   a) $-x + 2y = 2$
   b) $3x + 2y = 0$
   c) $-5x - 2y = 4$
   d) $2(x + 2) = y - 3$

3. Indica los pares que son solución de $-2x + 3y = 5$.

   a) $x = 2, y = 2$
   b) $x = -4, y = -1$
   c) $x = -2, y = 3$
   d) $x = 2, y = 3$

   Da otro par de valores que sea solución.

4. **REFLEXIONA.** Escribe una ecuación con las soluciones $x = 2, y = -5$. ¿Cuántas ecuaciones hay con esa solución?

Cómo se representan gráficamente las soluciones de una ecuación lineal

La representación gráfica de las infinitas soluciones de una ecuación lineal con dos incógnitas es siempre una línea recta.

GEOGEBRA

Representa gráficamente las soluciones de $-2x + y = 1$.

① Despejamos una de las incógnitas. $y = 2x + 1$

② Damos valores a la otra incógnita y obtenemos el valor de la incógnita despejada.

Si $x = -1 \rightarrow y = 2 \cdot (-1) + 1 = -1 \rightarrow x = -1, y = -1$
Si $x = 0 \rightarrow y = 2 \cdot 0 + 1 = 1 \rightarrow x = 0, y = 1$
Si $x = 1 \rightarrow y = 2 \cdot 1 + 1 = 3 \rightarrow x = 1, y = 3$
Si $x = 2 \rightarrow y = 2 \cdot 2 + 1 = 5 \rightarrow x = 2, y = 5$

Estos pares de valores son soluciones de la ecuación.

③ Elaboramos una tabla de valores con las soluciones obtenidas.

x	-1	0	1	2
y	-1	1	3	5

④ Consideramos las soluciones como puntos del plano y los representamos.

⑤ Unimos los puntos formando una recta.

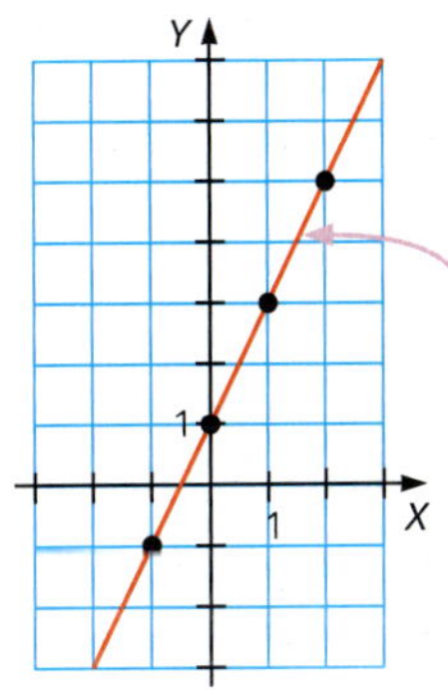

La línea recta está formada por las infinitas soluciones de la ecuación.

ACTIVIDADES

5 Halla las soluciones de la ecuación $4x - 2y = 6$ para los valores que se dan:

a) $x = 0$ d) $x = -1$ g) $x = 3$
b) $x = 1$ e) $x = -2$ h) $x = 4$
c) $x = 2$ f) $x = -3$ i) $x = -4$

Elabora una tabla de valores con los resultados obtenidos, represéntalos en el plano y únelos mediante una línea. ¿Qué obtienes?

6 Representa las soluciones de estas ecuaciones.

a) $x + y = 5$ d) $3x = y - 5$
b) $2x - y = 1$ e) $2(x - y) + 4 = 0$
c) $2x + y = 3$ f) $-3(x - 2) + 3y = -3$

7 Razona si los siguientes puntos pueden ser soluciones de una ecuación lineal.

a) $(0, -5), (1, -2)$ y $(3, 4)$ c) $(1, 2), (3, 6)$ y $(5, 7)$
b) $(-1, 1), (0, 0)$ y $(1, 1)$ d) $(-4, 1), (0, -1)$ y $(4, -3)$

8 Considera el punto $(a, a + 1)$. Indica el valor de a para que sea solución de la ecuación $2x - y = 3$.

9 Los puntos $(-1, 3)$ y $(1, 1)$ son dos soluciones de una ecuación lineal. Indica tres puntos más que sean solución de esa ecuación.

10 Elabora una tabla de valores con cuatro puntos de esta recta. Después, indica de qué ecuación son las soluciones representadas y contesta.

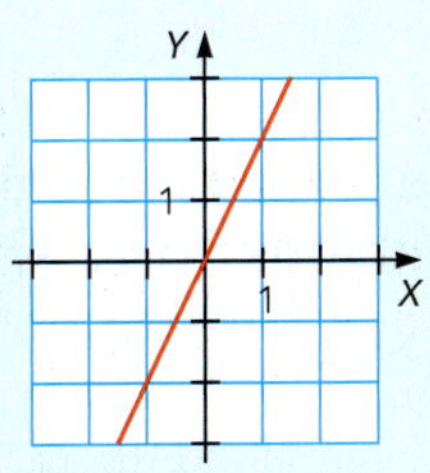

a) ¿Qué valor de y corresponde a $x = 6$?
b) ¿Qué valor de x corresponde a $y = 18$?

2. Sistemas de ecuaciones lineales

Dos ecuaciones lineales de las que se busca una solución común forman un **sistema de ecuaciones lineales**.

Una **solución** de ese sistema es cualquier par de números que hace ciertas las dos ecuaciones a la vez. **Resolver un sistema** es encontrar sus soluciones.

EJEMPLO

3. Averigua si estos pares de valores son solución de este sistema.

$$\left.\begin{array}{r} 2x - 2y = -2 \\ -x + 3y = 5 \end{array}\right\}$$

a) (1, 2) $\quad \left.\begin{array}{r} 2\cdot 1 - 2\cdot 2 = -2 \\ -1 + 3\cdot 2 = 5 \end{array}\right\} \rightarrow \left.\begin{array}{r} -2 = -2 \\ 5 = 5 \end{array}\right\}$

$x = 1, y = 2$ es solución de las dos ecuaciones, por lo que también es solución del sistema.

b) (−2, 1) $\quad \left.\begin{array}{r} 2\cdot(-2) - 2\cdot 1 \neq -2 \\ -(-2) + 3\cdot 1 = 5 \end{array}\right\} \rightarrow \left.\begin{array}{r} -6 \neq -2 \\ 5 = 5 \end{array}\right\}$

$x = -2, y = 1$ es solución de la segunda ecuación, pero no lo es de la primera. Por tanto, no es solución del sistema.

SE ESCRIBE ASÍ

Los sistemas de ecuaciones lineales se escriben así:

$$\left.\begin{array}{r} ax + by = c \\ a'x + b'y = c' \end{array}\right\}$$

Número de soluciones de un sistema de ecuaciones lineales

La **resolución gráfica de un sistema** consiste en representar las rectas que determinan las soluciones de las ecuaciones del sistema y hallar su intersección. El punto o los puntos de intersección de las rectas son sus soluciones.

Los sistemas de ecuaciones, según su número de soluciones, se pueden clasificar en:

- **Sistemas compatibles determinados.** Tienen una única solución. La representación gráfica del sistema son rectas que se cortan en un solo punto.
- **Sistemas compatibles indeterminados.** Tienen infinitas soluciones. La representación gráfica son rectas que coinciden.
- **Sistemas incompatibles.** No tienen solución. La representación gráfica del sistema son rectas paralelas.

ACTIVIDADES

11 Observa los siguientes sistemas de ecuaciones lineales con dos incógnitas. Averigua si el par de valores (−2, 5) es solución de alguno de ellos.

a) $\left.\begin{array}{r} -x + 2y = 12 \\ x + y = 2 \end{array}\right\}$ c) $\left.\begin{array}{r} 2x - y = -9 \\ 3x + y = 0 \end{array}\right\}$

b) $\left.\begin{array}{r} x + 2y = 8 \\ -2x - y = -1 \end{array}\right\}$ d) $\left.\begin{array}{r} x - 3y = -17 \\ 2x + 3y = 12 \end{array}\right\}$

12 Halla el valor de a y b para que el par (3, −1) sea solución del sistema.

$$\left.\begin{array}{r} ax + y = 5 \\ -3x + by = -5 \end{array}\right\}$$

13 **REFLEXIONA.** Escribe dos sistemas, uno compatible determinado y otro compatible indeterminado, para los que (4, −3) sea solución.

Cómo se determina gráficamente el número de soluciones de un sistema de ecuaciones lineales

Para calcular las soluciones de una ecuación lineal despejamos la incógnita que resulte más fácil.

$x + 2y = 1 \rightarrow x = 1 - 2y$

La otra incógnita, *y*, resulta más difícil de despejar, obtendríamos una fracción.

GEOGEBRA

Determina el número de soluciones de estos sistemas.

a) $\left.\begin{array}{r} -2x + y = 1 \\ x + 2y = 2 \end{array}\right\}$ b) $\left.\begin{array}{r} 3x + y = 2 \\ 3x + y = -1 \end{array}\right\}$ c) $\left.\begin{array}{r} x + 3y = 2 \\ 2x + 6y = 4 \end{array}\right\}$

① Para cada ecuación, despejamos una de las incógnitas y hacemos una tabla de valores con dos soluciones, el resto de soluciones están en la misma recta.

a) $-2x + y = 1$

$y = 2x + 1$

x	0	1
y	1	3

$x + 2y = 2$

$x = 2 - 2y$

x	2	0
y	0	1

No es necesario despejar la misma incógnita en las dos ecuaciones.

b) $3x + y = 2$

$y = -3x + 2$

x	0	1
y	2	−1

$3x + y = -1$

$y = -3x - 1$

x	−1	0
y	2	−1

c) $x + 3y = 2$

$x = -3y + 2$

x	2	−1
y	0	1

$2x + 6y = 4 \rightarrow 2x = -6y + 4$

$x = -3y + 2$

x	2	−1
y	0	1

② Representamos en un mismo eje de coordenadas las soluciones de las dos ecuaciones y las unimos mediante líneas rectas. Los puntos de corte entre las dos líneas determinan las soluciones del sistema.

a)

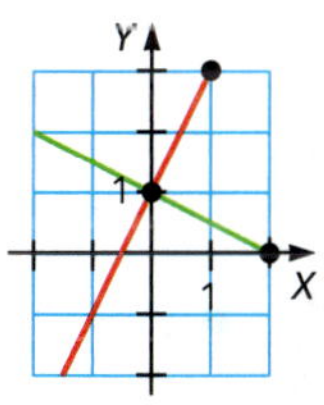

Se cortan en un solo punto. El sistema tiene una única solución.

b)

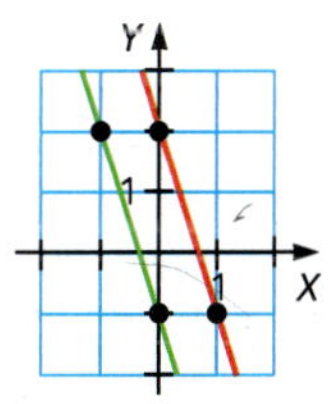

Las rectas son paralelas, no se cortan. El sistema no tiene solución.

c)

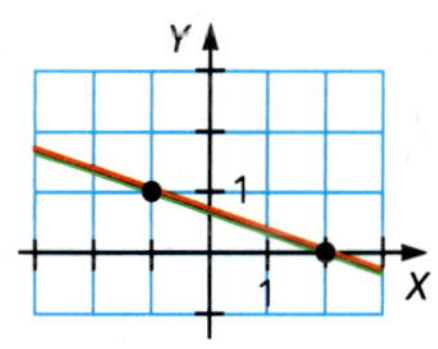

Las dos rectas coinciden. El sistema tiene infinitas soluciones.

ACTIVIDADES

14 Representa los siguientes sistemas e indica el número de soluciones.

a) $\left.\begin{array}{r} 3x + 3y = 15 \\ -x + 7y = -5 \end{array}\right\}$

b) $\left.\begin{array}{r} 3x - y = 2 \\ -6x + 2y = 14 \end{array}\right\}$

c) $\left.\begin{array}{r} -2x + y = -2 \\ -2x + y = 8 \end{array}\right\}$

d) $\left.\begin{array}{r} 4x - 6y = 12 \\ -2x + 5y = -4 \end{array}\right\}$

e) $\left.\begin{array}{r} 4x + 6y = -4 \\ -6x - 9y = 6 \end{array}\right\}$

f) $\left.\begin{array}{r} -3x + 5y = 2 \\ -4x + y = 14 \end{array}\right\}$

15 Considera la ecuación $x + y = 3$. Escribe otra ecuación para formar un sistema:

a) Compatible determinado.

b) Compatible indeterminado.

c) Incompatible.

Representa gráficamente en tu cuaderno las soluciones de las ecuaciones lineales de cada sistema para comprobar que lo has hecho bien.

3. Métodos de resolución de sistemas

Para resolver un sistema, además de su representación, se utilizan otras técnicas llamadas métodos de resolución de sistemas de ecuaciones.

3.1. Método de sustitución

Resolver un sistema por el **método de sustitución** consiste en despejar una incógnita en una de las ecuaciones y sustituir su valor en la otra ecuación.

EJEMPLO

4. Resuelve este sistema por sustitución y comprueba la solución.
$$\left.\begin{aligned} 2x + y &= 5 \\ -3x + 4y &= 9 \end{aligned}\right\}$$

- Despejamos una de las incógnitas.

  Preferiblemente se despeja aquella que tenga coeficiente 1 o −1 para evitar trabajar con denominadores.

  En este caso, despejamos y en la primera ecuación:

  $$2x + y = 5 \rightarrow y = 5 - 2x$$

- Sustituimos el valor obtenido en la otra ecuación:

  $$-3x + 4y = 9 \xrightarrow{y = 5 - 2x} -3x + 4(5 - 2x) = 9$$

- Resolvemos la ecuación que resulta.

  $$\begin{aligned} -3x + 4(5 - 2x) &= 9 \\ -3x + 20 - 8x &= 9 \\ -11x &= -11 \rightarrow x = 1 \end{aligned}$$

- Calculamos el valor de la otra incógnita, sustituyendo el valor obtenido en la ecuación con la incógnita ya despejada.

  $$y = 5 - 2x \xrightarrow{x = 1} y = 5 - 2 \cdot 1 = 3$$

- Comprobamos que la solución obtenida es correcta, sustituyendo x e y en las ecuaciones.

  $$\left.\begin{aligned} 2x + y &= 5 \\ -3x + 4y &= 9 \end{aligned}\right\} \xrightarrow{x = 1, y = 3} \left.\begin{aligned} 2 \cdot 1 + 3 &= 5 \\ -3 \cdot 1 + 4 \cdot 3 &= 9 \end{aligned}\right\} \rightarrow \left.\begin{aligned} 5 &= 5 \\ 9 &= 9 \end{aligned}\right\}$$

  Como obtenemos dos igualdades, la solución es $x = 1$, $y = 3$.

Si hubiéramos despejado una incógnita en la segunda ecuación, tendríamos que trabajar con denominadores.

$$\left.\begin{aligned} 2x + y &= 5 \\ -3x + 4y &= 9 \end{aligned}\right\} \rightarrow y = \frac{9 + 3x}{4}$$

RETO

Una botella y su tapón pesan 1 kg y 10 g. La botella pesa 1 kg más que el tapón. ¿Cuánto pesa la botella?

ACTIVIDADES

16 Resuelve estos sistemas de ecuaciones lineales y comprueba la solución.

a) $\left.\begin{aligned} x + 2y &= 3 \\ -2x + 4y &= 10 \end{aligned}\right\}$

b) $\left.\begin{aligned} 2x + y &= 3 \\ -x + 3y &= -5 \end{aligned}\right\}$

c) $\left.\begin{aligned} -2x + 8y &= 12 \\ -3x + 2y &= -12 \end{aligned}\right\}$

d) $\left.\begin{aligned} -x + y &= 9 \\ -3x + 2y &= 22 \end{aligned}\right\}$

e) $\left.\begin{aligned} -3x + 2y &= 6 \\ 4x + 3y &= -25 \end{aligned}\right\}$

f) $\left.\begin{aligned} -3x + 4y &= -17 \\ 3x + 2y &= 5 \end{aligned}\right\}$

17 Opera y resuelve el sistema.

$$\left.\begin{aligned} -2(7 - x) - (x + 2y) &= 8y - x \\ 2(x - 3) - 2y &= -3(2y + 2) \end{aligned}\right\}$$

18 **REFLEXIONA.** Resuelve por sustitución.

$$\left.\begin{aligned} \frac{x + 10}{3} &= -y \\ \frac{y - 2}{5} &= x \end{aligned}\right\}$$

3.2. Método de igualación

Resolver un sistema por el **método de igualación** consiste en despejar la misma incógnita en las dos ecuaciones e igualar sus valores.

EJEMPLO

5. Resuelve este sistema por igualación.

$$\left.\begin{array}{r} 2x + y = 5 \\ -3x + 4y = 9 \end{array}\right\}$$

- Despejamos una de las incógnitas de ambas ecuaciones. Elegimos la incógnita que vaya a dar una expresión más sencilla.

$$\left.\begin{array}{r} 2x + y = 5 \\ -3x + 4y = 9 \end{array}\right\} \begin{array}{l} \rightarrow y = 5 - 2x \\ \rightarrow y = \dfrac{9 + 3x}{4} \end{array}$$

- Como ambas expresiones representan el mismo valor, igualamos las dos expresiones obtenidas.

$$5 - 2x = \frac{9 + 3x}{4}$$

- Resolvemos la ecuación resultante.

$$5 - 2x = \frac{9 + 3x}{4}$$
$$4(5 - 2x) = 9 + 3x$$
$$20 - 8x = 9 + 3x$$
$$-8x - 3x = 9 - 20 \rightarrow -11x = -11 \rightarrow x = 1$$

- Calculamos el valor de la otra incógnita, sustituyendo el valor obtenido en cualquiera de las ecuaciones del sistema.

$$2x + y = 5 \xrightarrow{x=1} 2 \cdot 1 + y = 5 \rightarrow y = 3$$

Por tanto, la solución del sistema es $x = 1$, $y = 3$.

Para resolver una ecuación con un solo denominador, se multiplican todos los términos de la ecuación por el denominador.

$$5 - 2x = \frac{9 + 3x}{4}$$
$$4(5 - 2x) = \cancel{4} \cdot \frac{9 + 3x}{\cancel{4}}$$
$$4(5 - 2x) = 9 + 3x$$

ACTIVIDADES

19 Resuelve estos sistemas por el método de igualación y por el de sustitución. ¿Obtendrás el mismo resultado de las dos formas?

a) $\left.\begin{array}{r} x + 3y = 2 \\ -2x + 3y = 5 \end{array}\right\}$

b) $\left.\begin{array}{r} 3x + 4y = 14 \\ -2x + y = -13 \end{array}\right\}$

c) $\left.\begin{array}{r} -x + 2y = 0 \\ 5x - y = 36 \end{array}\right\}$

d) $\left.\begin{array}{r} 4x + 3y = -10 \\ -3x + 2y = -1 \end{array}\right\}$

20 Resuelve el siguiente sistema utilizando el método de igualación.

$$\left.\begin{array}{r} 3x + 4y = 8 \\ 10 - 2y = 3x \end{array}\right\}$$

21 Escribe un sistema de ecuaciones lineales equivalente a $\left.\begin{array}{r} -(4x - 2) + y = 6x + 3(y + 2x) \\ -2(x + y) = 4(y + 4) + 1 \end{array}\right\}$ que sea de la forma $\left.\begin{array}{r} ax + by = c \\ a'x + b'y = c' \end{array}\right\}$. Después, resuélvelo.

22 **REFLEXIONA.** Resuelve el siguiente sistema por el método de igualación.

$$\left.\begin{array}{r} \dfrac{2x - 4}{5} - \dfrac{y + 3}{2} = 3 \\ \dfrac{x + y}{2} = 1 \end{array}\right\}$$

3.3. Método de reducción

Resolver un sistema por el **método de reducción** consiste en buscar otro sistema, con las mismas soluciones, en el que los coeficientes de una de las incógnitas tengan el mismo valor absoluto.

EJEMPLO

6. Resuelve este sistema por reducción.

$$\left.\begin{aligned} 2x + y &= 5 \\ -3x + 4y &= 9 \end{aligned}\right\}$$

- Igualamos los coeficientes de una de las incógnitas multiplicando todos los términos de una ecuación, o de las dos, por los números adecuados.

  Si multiplicamos la primera ecuación por 4, los coeficientes de y serán iguales en ambas ecuaciones.

$$\left.\begin{aligned} 2x + y &= 5 \\ -3x + 4y &= 9 \end{aligned}\right\} \xrightarrow{\cdot 4} \left.\begin{aligned} 8x + 4y &= 20 \\ -3x + 4y &= 9 \end{aligned}\right\}$$

- Sumamos o restamos las dos ecuaciones, según los coeficientes tengan distinto o igual signo para eliminar una incógnita.

$$\begin{array}{rl} & 8x + \cancel{4y} = 20 \\ - & -3x + \cancel{4y} = 9 \\ \hline & 11x \quad\quad = 11 \end{array}$$

- Resolvemos la ecuación resultante.

$$11x = 11 \rightarrow x = 1$$

- Calculamos el valor de la otra incógnita sustituyendo en cualquiera de las ecuaciones del sistema.

$$2x + y = 5 \xrightarrow{x = 1} 2 \cdot 1 + y = 5 \rightarrow y = 3$$

Por tanto, la solución del sistema es $x = 1, y = 3$.

"Para restar dos ecuaciones, restamos los coeficientes de cada una de las incógnitas y los términos independientes de cada ecuación.

$$\begin{array}{rl} & 8x + 4y = 20 \\ - & -3x + 4y = 9 \\ \hline & (8 - (-3))x + (4 - 4)y = 20 - 9 \\ & 11x \quad\quad = 11 \end{array}$$

ACTIVIDADES

23 Resuelve estos sistemas por el método de reducción y comprueba la solución.

a) $\left.\begin{aligned} 5x - 2y &= -1 \\ -5x + 6y &= 13 \end{aligned}\right\}$

b) $\left.\begin{aligned} 2x - y &= -10 \\ x + 3y &= 9 \end{aligned}\right\}$

c) $\left.\begin{aligned} 5x - 4y &= 2 \\ 3x + 2y &= -12 \end{aligned}\right\}$

d) $\left.\begin{aligned} 5x - 2y &= 12 \\ 4x + 3y &= 5 \end{aligned}\right\}$

24 Resuelve este sistema por sustitución, igualación y reducción. ¿Qué método te parece más adecuado para resolverlo?

$$\left.\begin{aligned} 3 - 2y &= 5x \\ 5x + 3y &= 7 \end{aligned}\right\}$$

25 Opera y resuelve este sistema.

$$\left.\begin{aligned} 2(3y - x) + y &= 9 + 2y \\ 3(x + 1) - y &= 2x \end{aligned}\right\}$$

26 **REFLEXIONA.** Resuelve por reducción.

a) $\left.\begin{aligned} 2 \cdot (x + y) - y &= 5 \\ -2 \cdot (x + y) + \frac{4y}{3} &= -4 \end{aligned}\right\}$

b) $\left.\begin{aligned} \frac{x - 2y}{2} + \frac{x}{4} &= 0 \\ -x + 5 \cdot \left(\frac{2x + y + 1}{6}\right) &= 6 \end{aligned}\right\}$

Cómo se resuelve un sistema de ecuaciones lineales

Un sistema puede resolverse por cualquiera de los métodos de resolución (sustitución, igualación o reducción). Se suele elegir uno u otro dependiendo del tipo de ecuaciones que componen el sistema.

GEOGEBRA

Resuelve este sistema de ecuaciones.

$$\left.\begin{array}{r}\dfrac{2x-5y}{2}=3-x\\ 2(x-3)=3y-2\end{array}\right\}$$

① Escribimos las dos ecuaciones en la forma $ax + by = c$.

Quitamos denominadores. Eliminamos paréntesis. Agrupamos términos. Operamos.

$$\left.\begin{array}{r}\dfrac{2x-5y}{2}=3-x\\ 2(x-3)=3y-2\end{array}\right\}\rightarrow\left.\begin{array}{r}2x-5y=2(3-x)\\ 2(x-3)=3y-2\end{array}\right\}\rightarrow\left.\begin{array}{r}2x-5y=6-2x\\ 2x-6=3y-2\end{array}\right\}\rightarrow\left.\begin{array}{r}2x+2x-5y=6\\ 2x-3y=-2+6\end{array}\right\}\rightarrow\left.\begin{array}{r}4x-5y=6\\ 2x-3y=4\end{array}\right\}$$

② Elegimos el método más adecuado para resolver el sistema.

- El método de **reducción** es el más rápido. Se utiliza sobre todo si los coeficientes de la misma incógnita son iguales o uno es múltiplo de otro.
- El de **sustitución** es cómodo si alguna de las incógnitas tiene como coeficiente 1 o −1.
- El de **igualación** se utiliza en el resto de los casos.

Como los coeficientes de x son proporcionales, utilizamos el método de reducción.

$$\left.\begin{array}{r}4x-5y=6\\ 2x-3y=4\end{array}\right\}\xrightarrow{\cdot 2}\left.\begin{array}{r}4x-5y=6\\ 4x-6y=8\end{array}\right\}\rightarrow\begin{array}{r}-\ \cancel{4x}-5y=6\\ \cancel{4x}-6y=8\\ \hline y=-2\end{array}$$

Multiplicamos la segunda ecuación por 2 para igualar los coeficientes de x.

$$4x-5y=6\xrightarrow{y=-2}4x-5\cdot(-2)=6\rightarrow 4x+10=6$$
$$4x=6-10$$
$$4x=-4$$
$$x=-1$$

Sustituimos $y = -2$ en la primera ecuación para calcular x.

La solución del sistema es $x = -1$, $y = -2$.

ACTIVIDADES

27 Resuelve estos sistemas de ecuaciones.

a) $\left.\begin{array}{r}2x+3y=5+x+2y\\ 3x+3+y=5-x-y\end{array}\right\}$

b) $\left.\begin{array}{r}-5+2x+3y=x+2y\\ 2x=3-y\end{array}\right\}$

c) $\left.\begin{array}{r}\dfrac{x-y}{2}+x=-1\\ 3(y-x)=6\end{array}\right\}$

d) $\left.\begin{array}{r}\dfrac{2x}{3}=12-y\\ 2y+1=\dfrac{y-x}{3}\end{array}\right\}$

e) $\left.\begin{array}{r}2(3-2x-y)=6+y\\ x-2=3(y+1)-5\end{array}\right\}$

28 Resuelve los siguientes sistemas por el método que consideres más adecuado.

a) $\left.\begin{array}{r}\dfrac{x+2y}{5}-5=0\\ \dfrac{x+2y}{5}-4=-\dfrac{y}{5}\end{array}\right\}$

b) $\left.\begin{array}{r}4(x+2y)=8+y\\ \dfrac{x+2y}{3}=1\end{array}\right\}$

c) $\left.\begin{array}{r}2x-2=-3y\\ \dfrac{3(2x-2)}{2}-\dfrac{3(y+1)}{9}=-10\end{array}\right\}$

29 Escribe un sistema de ecuaciones que sea apropiado para resolverlo por sustitución y otro por reducción.

4. Resolución de problemas mediante sistemas

Resolver un problema mediante un sistema de ecuaciones consiste en traducir al lenguaje algebraico las condiciones de su enunciado y, después, encontrar la solución del problema mediante la resolución del sistema.

EJEMPLO

7. Expresa este enunciado mediante un sistema de ecuaciones.

La edad de un padre y la de su hija suman 77 años. Dentro de dos años, la edad del padre será el doble que la de su hija. ¿Qué edades tienen ahora?

Lo que sabemos	Lo que no sabemos
La suma de las edades es 77.	La edad del padre.
Dentro de 2 años, la edad del padre será el doble que la de la hija.	La edad de la hija.

A los datos desconocidos los llamamos x e y.

$x \rightarrow$ Edad del padre

$y \rightarrow$ Edad de la hija

La edad de un padre y la edad de su hija suman 77 años.

$$x + y = 77$$

Dentro de dos años. → Edad del padre $= x + 2$

Edad de la hija $= y + 2$

Dentro de dos años, la edad del padre será el doble que la de su hija.

$$x + 2 = 2 \cdot (y + 2)$$

La traducción al lenguaje algebraico de este problema es el sistema:

$$\left.\begin{array}{l} x + y = 77 \\ x + 2 = 2(y + 2) \end{array}\right\}$$

Resolviendo este sistema obtenemos la edad del padre, x, y la edad de la hija, y.

RETO

Un número tiene dos cifras. Si multiplico la suma de sus cifras por 6 y obtengo dicho número, ¿qué número es?

ACTIVIDADES

30. Expresa mediante ecuaciones con dos incógnitas e indica el significado de las incógnitas.
    a) La diferencia de dos números es 15.
    b) Entre bicicletas y triciclos hay 45 ruedas.
    c) Hay el triple de alumnos en la ESO que en Bachillerato.
    d) En tres años, Juana tendrá el doble de edad que Eva.
    e) Las latas de refresco valen 0,90 € y las bolsas de pipas 0,45 €. Hemos comprado unos refrescos y unas bolsas de pipas y nos han cobrado 3,60 € en total.

31. Expresa en forma de un enunciado e indica el significado que has asignado a x e y.
    a) $2x - y = 0$
    b) $2(x + y) = 8$
    c) $10x + y = 12$
    d) $4x + 2y = 10$

32. Carlota tiene el triple de monedas de 1 € que de 2 €. En total tiene 10 euros. Expresa el problema mediante un sistema de ecuaciones.

33. **REFLEXIONA.** En una reunión, si cada persona come 5 pasteles, sobran 3; pero si comen 6, falta 1. ¿Cuántas personas y pasteles hay?

Cómo se resuelve un problema mediante un sistema de ecuaciones lineales

Es necesario comprobar que la solución sea válida, porque a veces se puede obtener una solución que no tenga sentido. Por ejemplo, un número de animales negativo o decimal.

En una granja hay cerdos y gallinas. En total son 37 animales y 120 patas. ¿Cuántos animales hay de cada tipo?

① Identificamos las incógnitas.

¿Qué sabemos?	¿Qué queremos saber?
Los cerdos tienen 4 patas.	El número de cerdos.
Las gallinas tienen 2 patas.	El número de gallinas.
Tenemos 37 animales.	
Hay 120 patas en total.	

Número de cerdos $\longrightarrow x$
Número de gallinas $\rightarrow y$

Las incógnitas deben responder a la pregunta del problema: «¿Cuántos animales hay de cada tipo?».

② Planteamos el sistema utilizando los datos que sabemos.

Tenemos 37 animales entre cerdos y gallinas. $\longrightarrow x + y = 37$
Los cerdos tienen 4 patas. $\longrightarrow$ Número de patas de los cerdos $= 4x$
Las gallinas tienen 2 patas. $\longrightarrow$ Número de patas de las gallinas $= 2y$
Tenemos 120 patas en total. $\longrightarrow$ N.º de patas de los cerdos + N.º de patas de las gallinas = 120

$$\underbrace{\text{N.º de patas de los cerdos}}_{4x} + \underbrace{\text{N.º de patas de las gallinas}}_{2y} = 120$$

El sistema que tenemos que resolver es: $\left.\begin{array}{r} x + y = 37 \\ 4x + 2y = 120 \end{array}\right\}$

③ Resolvemos el sistema.

$$\left.\begin{array}{r} x + y = 37 \\ 4x + 2y = 120 \end{array}\right\} \xrightarrow{\cdot 2} \left.\begin{array}{r} 2x + 2y = 74 \\ 4x + 2y = 120 \end{array}\right\} \rightarrow \begin{array}{r} 2x + \cancel{2y} = 74 \\ -\ 4x + \cancel{2y} = 120 \\ \hline -2x \quad = -46 \end{array} \rightarrow x = 23$$

Multiplicamos la primera ecuación por el menor número posible para obtener coeficientes iguales.

$$x + y = 37 \xrightarrow{x = 23} 23 + y = 37 \rightarrow y = 14$$

Sustituimos $x = 23$ en la primera ecuación para calcular y.

④ Comprobamos e interpretamos la solución.

$$\left.\begin{array}{r} x + y = 37 \\ 4x + 2y = 120 \end{array}\right\} \xrightarrow{x = 23,\, y = 14} \left.\begin{array}{r} 23 + 14 = 37 \\ 4 \cdot 23 + 2 \cdot 14 = 120 \end{array}\right\} \rightarrow \left.\begin{array}{r} 37 = 37 \\ 120 = 120 \end{array}\right\}$$

La solución es correcta, porque tenemos dos igualdades.

La solución es válida porque es factible tener 23 cerdos y 14 gallinas. Hay 23 cerdos y 14 gallinas.

ACTIVIDADES

34 Un club de alpinistas tiene 120 miembros. Los mayores de 25 años pagan una cuota anual de 22 € y el resto paga 8 €. Con las cuotas anuales recaudan 1 982 €. ¿Cuántos miembros mayores de 25 años hay?

35 Las edades de una madre y su hija suman 56 años. Dentro de dos años, la madre tendrá el triple de la edad de su hija. ¿Cuántos años tenía la madre cuando nació su hija?

36 En una frutería, un cliente paga 6,25 € por 2,5 kg de manzanas y 2 kg de peras. Otra clienta paga 5,75 € por 3 kg de manzanas y 1 kg de peras. ¿Cuánto cuesta un kilo de cada fruta?

37 Escribe un problema que se pueda resolver mediante este sistema de ecuaciones. Explica el significado que has asignado a cada incógnita y resuélvelo. $\left.\begin{array}{r} x + y = 40 \\ 7x = y \end{array}\right\}$

1. Resuelve sistemas de ecuaciones e interpreta el resultado obtenido

Ecuaciones lineales

ACTIVIDADES FLASH

38 Di y explica si los valores $x = 2$ e $y = -1$ son solución de alguna de estas ecuaciones.

a) $x + 2y = 0$
b) $2x - y = 0$
c) $x - y = 1$
d) $3x + y = 5$
e) $2x + 5y = -1$
f) $-x - y = 1$

39 Relaciona cada solución con su ecuación y di por qué.

a) $2x - y = 0$ b) $x - 4y = 0$ c) $3x + 2y = 14$

1. (2, 4) 2. (0, 0) 3. (4, 1)

CÁLCULO MENTAL

40 Calcula *a* en cada caso para que los pares de valores sean solución de la ecuación $2x - y = a$.

a) $x = 1, y = 0$
b) $x = -1, y = 1$
c) $x = 3, y = 0$
d) $x = 2, y = 1$
e) $x = 0, y = 4$
f) $x = 1, y = 2$

41 Estos barcos siguen las trayectorias indicadas por las soluciones de estas ecuaciones. ¿Cuáles llegarán al faro? ¿Y a la isla?

$5x - y = 1$ $x + 4y = 17$

$2x - 3y = 1$ $x + y = 3$

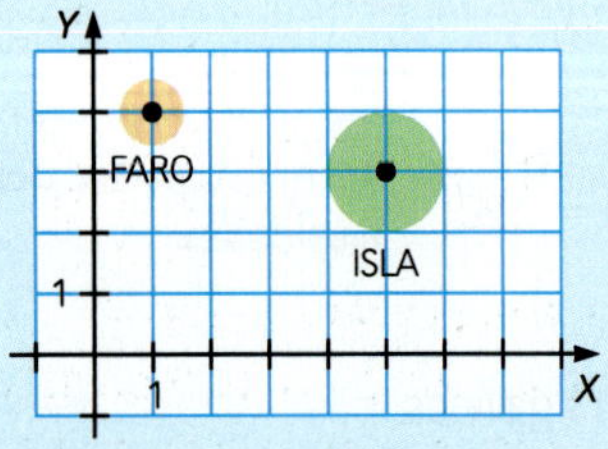

42 **INVENTA.** Escribe en cada caso dos ecuaciones lineales para las que estos valores son solución.

a) $x = 0, y = -2$
b) $x = 3, y = 2$
c) $x = 4, y = -2$
d) $x = 3, y = -2$

43 Calcula el valor de la coordenada desconocida en estos pares de soluciones de la ecuación $5x - 3y = 2$.

a) $(a, 1)$ b) $(4, b)$ c) $(a, -4)$ d) $(-5, b)$

44 **INVESTIGA.** Representa los pares de valores y di si pueden ser soluciones de la misma ecuación lineal.

a) (0, −4), (2, 2), (3, 5)
b) (−4, 0), (0, −2), (2, −3)
c) (−2, 0), (0, 4), (2, 2)
d) (−1, −1), (3, 5), (5, 8)

45 En una partida de billar se ha llegado a esta situación.

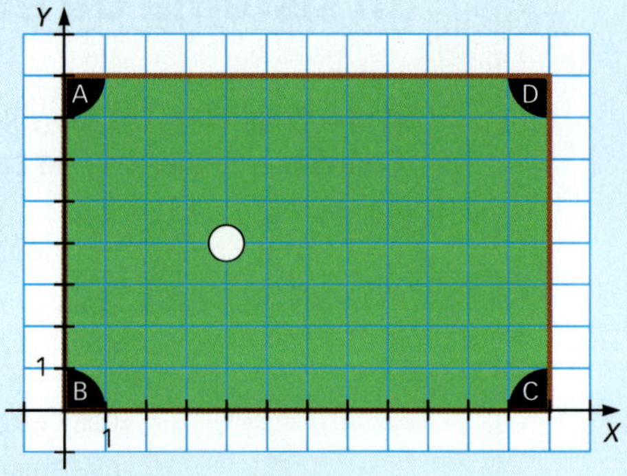

a) Estas ecuaciones indican la trayectoria que debe seguir la bola blanca para entrar en cada esquina. Asocia cada ecuación con la esquina donde entrará.

$x - 2y = -4$ $x + 2y = 12$ $x - y = 0$ $x + y = 8$

b) La bola roja se encuentra en la trayectoria entre la bola blanca y la esquina *D*. Si su coordenada *x* es 8, ¿en qué punto se encuentra?

c) La bola verde está en la trayectoria entre la bola blanca y la esquina *A*. Si su coordenada *y* es 7, ¿dónde está exactamente?

d) Comprueba gráfica y numéricamente si estas bolas están alineadas con alguna de las esquinas y la bola blanca.

Azul: (6, 3) Gris: (5, 7) Amarilla: (5, 3) Violeta: (1, 1)

46 **RETO.** Si al numerador y al denominador de una fracción irreducible se les suma el denominador y a la fracción resultante se le resta la de partida, se obtiene de nuevo la fracción inicial. ¿De qué fracción se trata?

47 **RETO.** Busca todos los valores de *x* e *y* que son solución de la ecuación $\frac{1}{x} + \frac{1}{y} = \frac{1}{5}$.

Sistemas de ecuaciones

ACTIVIDADES FLASH

48 Razona y di si los siguientes pares son soluciones del sistema de ecuaciones $\left.\begin{array}{r} 3x - 2y = 5 \\ 2x + y = 1 \end{array}\right\}$.

a) (2, −1) b) (−1, 3) c) (1, −1) d) (−1, 1)

49 Explica de qué sistemas es solución (2, −1).

a) $\left.\begin{array}{r} x + 2y = 0 \\ x - y = 3 \end{array}\right\}$
b) $\left.\begin{array}{r} 3x + 5y = 1 \\ 2x - 3y = 1 \end{array}\right\}$
c) $\left.\begin{array}{r} x - y = 3 \\ 2x + y = 5 \end{array}\right\}$
d) $\left.\begin{array}{r} 3(x - 1) - 2(y + 1) = 3 \\ \frac{x + 1}{3} - \frac{y - 1}{2} = 2 \end{array}\right\}$

50 Dada la ecuación $x + 3y = 2$, ¿con qué ecuaciones forma un sistema cuya solución es (−4, 2)?

a) $x + 3y = 0$
b) $2(y - 4) = x$
c) $1 - x = y + 3$
d) $3 - (x + y) = 1$

CÁLCULO MENTAL

51 Indica cuál es la solución de estos sistemas.

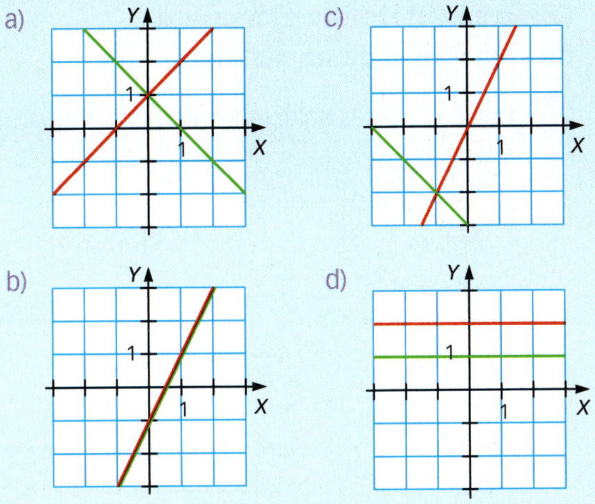

52 **INVESTIGA.** ¿Puede tener dos soluciones un sistema de ecuaciones? ¿Cuál sería su representación gráfica?

53 **INVENTA.** Escribe dos ecuaciones lineales con dos incógnitas tales que el par de valores (1, 2) sea solución de ambas. Después, representa las soluciones de las ecuaciones. ¿Puedes crear dos ecuaciones distintas que cumplan la misma condición?

54 Copia y completa este refrán en inglés determinando la solución de cada sistema.

A a)b)c)d)e)f) c)e) e)d)d)f)

is a a)b)c)d)e)f) c)e)f)d)d)f)

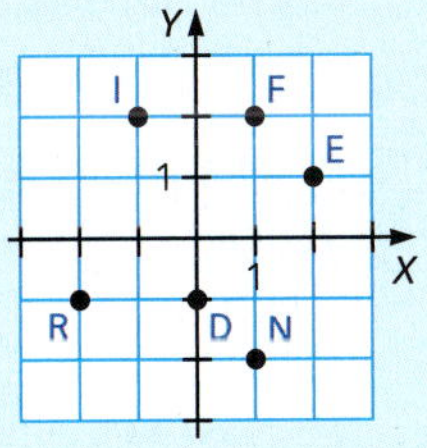

a) $\left.\begin{aligned} 3x - y &= 1 \\ x + y &= 3 \end{aligned}\right\}$

b) $\left.\begin{aligned} x - 2y &= 0 \\ x + 3y &= -5 \end{aligned}\right\}$

c) $\left.\begin{aligned} -3x + y &= 5 \\ 2x + y &= 0 \end{aligned}\right\}$

d) $\left.\begin{aligned} x - y &= 1 \\ x + y &= 3 \end{aligned}\right\}$ e) $\left.\begin{aligned} 2x + y &= 0 \\ x + y &= -1 \end{aligned}\right\}$ f) $\left.\begin{aligned} x - y &= 1 \\ x + y &= -1 \end{aligned}\right\}$

55 Resuelve gráficamente estos sistemas de ecuaciones e indica de qué tipo son y cuántas soluciones tienen.

a) $\left.\begin{aligned} 7x - 6y &= 1 \\ 2x - 3y &= -1 \end{aligned}\right\}$ c) $\left.\begin{aligned} x - 3y &= 1 \\ -2x + 5y &= -3 \end{aligned}\right\}$

b) $\left.\begin{aligned} 6x + 9y &= 3 \\ 4x + 6y &= 3 \end{aligned}\right\}$ d) $\left.\begin{aligned} x + 3y &= 3 \\ 2x + 6y &= 3 \end{aligned}\right\}$

56 **INVENTA.** Escribe un sistema de ecuaciones cuya solución sea (0, −1). Después, modifica solo una ecuación y escribe otro sistema diferente que tenga la misma solución. ¿Puedes escribir otro sistema equivalente que tenga los mismos términos independientes que el primero?

57 Estos aviones vuelan a la misma altura y siguen las trayectorias de las soluciones de las ecuaciones que se indican. ¿Qué dos aviones no corren peligro al volar a la vez?

$x + 5y = 6$ $x - y = 0$

$y + 2x = 12$ $2x + 10y = 0$

Representa sus trayectorias. ¿Qué tipo de sistema forman las trayectorias de cada par de aviones?

58 **JUEGO.** En un sistema de ejes cartesianos marcad un punto que representará el aeropuerto. Los demás tenéis que escribir ecuaciones cuyas soluciones representen la trayectoria de aviones que lleguen al aeropuerto.

59 Copia y completa el sudoku, en el que los números no pueden repetirse en cada fila, columna o zona.

8	***b***	5	***e***	4		1	9	6
1	4	3	9	***a***	6			
h	9	7				4	***g***	5
7	3	9		6		2	4	
a	***h***	***c***	1	9	2			
b	8	***f***	3	***e***	1	6	5	9
4	7	8			9		***h***	
9	***c***	6				5		***d***
g	***a***	***b***	6		7	9		4

Averigua los valores de *a*, *b*, *c*, *d*, *e*, *f*, *g* y *h*.

$\left.\begin{aligned} ax - 4y &= 2 \\ x + by &= 6 \end{aligned}\right\} \rightarrow (2, 2)$ $\left.\begin{aligned} ex + 4y &= -1 \\ x - fy &= 9 \end{aligned}\right\} \rightarrow (1, -2)$

$\left.\begin{aligned} cx - 3y &= -7 \\ -x + dy &= 15 \end{aligned}\right\} \rightarrow (-1, 2)$ $\left.\begin{aligned} gx + 2y &= 0 \\ x - hy &= -20 \end{aligned}\right\} \rightarrow (-2, 3)$

60 **JUEGO.** Partimos de la ecuación $x + y = 2$. En la primera ronda, un participante escribe otra ecuación para que el sistema que forman tenga una solución en la que $x = 1$. En la segunda ronda, y partiendo de la última ecuación, el otro participante escribe otra ecuación para que el sistema tenga una solución en la que $x = 2$, y así sucesivamente.

Métodos de resolución de sistemas

61 En los cuadrados mágicos las sumas de cada fila, columna y diagonal coinciden. Halla las incógnitas.

a)

$2x + y$	$5x + 2y$	y
$x + y$	$3x + y$	$3x + 2y$
$4y$	1	$6x$

b)

$a + c$	5	$2c - 2a$
$2d + 3b$	$2c - a$	a
d	b	$6c$

62 Corrige los errores cometidos.

$$\left.\begin{array}{r} 5x - y = 1 \\ 2x - 4y = 22 \end{array}\right\} \rightarrow y = 1 - 5x$$

$$2x - 4y = 22 \xrightarrow{y = 1 - 5x} 2x - 4(1 - 5x) = 22 \rightarrow$$

$$\rightarrow 2x - 4 - 20x = 22 \rightarrow -18x = 18 \rightarrow x = \frac{18}{18} = 1$$

$$5x - y = 1 \xrightarrow{x = 1} 5 \cdot 1 - y = 1 \rightarrow y = -4$$

63 El número π es un número irracional, es decir, tiene infinitas cifras decimales no periódicas. Calcula sus primeras ocho cifras averiguando el valor de cada letra por el método de reducción.

$$\pi = a{,}bcdefgh\ldots$$

a) $\left.\begin{array}{r} a + b = 4 \\ a - b = 2 \end{array}\right\}$

b) $\left.\begin{array}{r} c + 2d = 6 \\ 2c - 4d = 4 \end{array}\right\}$

c) $\left.\begin{array}{r} 2e - f = 1 \\ 3e - 2f = -3 \end{array}\right\}$

d) $\left.\begin{array}{r} 5g - h = 4 \\ 3g - h = 0 \end{array}\right\}$

64 El número e se llama número de Euler y es irracional. Halla sus primeras ocho cifras averiguando el valor de cada letra por sustitución.

$$e = a{,}bcdefgh\ldots$$

a) $\left.\begin{array}{r} 3a + b = 13 \\ -4a + b = -1 \end{array}\right\}$

b) $\left.\begin{array}{r} 5c - d = -3 \\ c - 2d = -15 \end{array}\right\}$

c) $\left.\begin{array}{r} 4e - f = 0 \\ 3e - 2f = -10 \end{array}\right\}$

d) $\left.\begin{array}{r} 6g - 2h = -10 \\ g + h = 9 \end{array}\right\}$

65 El número $\varphi = \dfrac{1 + \sqrt{5}}{2}$ es el número áureo o número de oro, y también es irracional. Averigua sus primeras ocho cifras resolviendo los sistemas por igualación.

$$\varphi = a{,}bcdefgh\ldots$$

a) $\left.\begin{array}{r} 4a - b = -2 \\ 3a + 2b = 15 \end{array}\right\}$

b) $\left.\begin{array}{r} c + d = 9 \\ 2c - d = -6 \end{array}\right\}$

c) $\left.\begin{array}{r} 6e + f = 3 \\ 5e + 2f = 6 \end{array}\right\}$

d) $\left.\begin{array}{r} 2g - 2h = -12 \\ 9g - 3h = 0 \end{array}\right\}$

66 **JUEGO.** Juega a los barquitos. Dibuja una cuadrícula de 5 × 5 y sitúa tres barquitos de tamaño 3. En su turno, cada persona inventa un sistema de ecuaciones cuya solución sea la coordenada que quiere marcar.

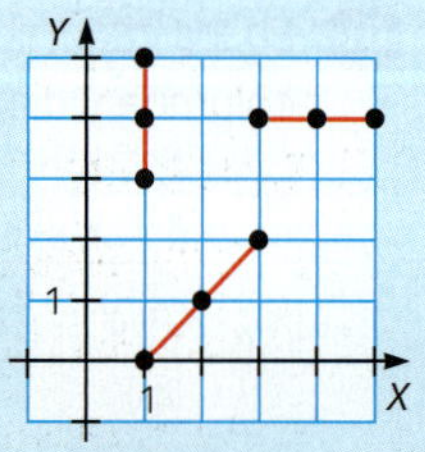

Cómo se determina el número de soluciones de un sistema

67 Decide cuántas soluciones tienen estos sistemas.

a) $\left.\begin{array}{r} x + y = 2 \\ x + 2y = 3 \end{array}\right\}$

b) $\left.\begin{array}{r} 2x + y = 2 \\ 4x + 2y = 4 \end{array}\right\}$

c) $\left.\begin{array}{r} 2x + y = 4 \\ 4x + 2y = 5 \end{array}\right\}$

PRIMERO. Se resuelve el sistema.

a) $\left.\begin{array}{r} x + y = 2 \\ x + 2y = 3 \end{array}\right\} \rightarrow \begin{array}{r} -\left.\begin{array}{r} x + y = 2 \\ x + 2y = 3 \end{array}\right\} \\ \hline -y = -1 \rightarrow y = 1 \end{array}$

b) $\left.\begin{array}{r} 2x + y = 2 \\ 4x + 2y = 4 \end{array}\right\} \xrightarrow{\cdot 2} \begin{array}{r} -\left.\begin{array}{r} 4x + 2y = 4 \\ 4x + 2y = 4 \end{array}\right\} \\ \hline 0 = 0 \end{array}$

c) $\left.\begin{array}{r} 2x + y = 4 \\ 4x + 2y = 5 \end{array}\right\} \xrightarrow{\cdot 2} \begin{array}{r} -\left.\begin{array}{r} 4x + 2y = 8 \\ 4x + 2y = 5 \end{array}\right\} \\ \hline 0 \neq 3 \end{array}$

SEGUNDO. Se analiza cada caso.

- Si se obtiene el valor de una de las variables, es compatible determinado.
  a) Tiene solución única.
- Si se obtiene una igualdad cierta (un número igual al mismo número), es compatible indeterminada.
  b) Tiene infinitas soluciones.
- Si se obtiene una igualdad falsa, es incompatible.
  c) No tiene solución.

68 Determina el número de soluciones de estos sistemas.

a) $\left.\begin{array}{r} 4x - 6y = -2 \\ -6x + 9y = 3 \end{array}\right\}$

b) $\left.\begin{array}{r} x - 2y = 5 \\ -2x + 4y = -8 \end{array}\right\}$

c) $\left.\begin{array}{r} 21x - 35y = 14 \\ -9x + 15y = -6 \end{array}\right\}$

d) $\left.\begin{array}{r} 6x - y = 1 \\ -12x + 2y = -10 \end{array}\right\}$

69 Completa los sistemas en tu cuaderno para que el primero sea compatible indeterminado, y el segundo, incompatible.

a) $\left.\begin{array}{r} 3x - 2y = \square \\ \square x + 2y = 6 \end{array}\right\}$

b) $\left.\begin{array}{r} \square x + 2y = 3 \\ 2x + \square y = \square \end{array}\right\}$

70 **INVENTA.** Calcula un valor de a en cada ecuación, para formar un sistema junto con $3x - 2y = 4$.

a) $ax - 2y = 4$ y que sea compatible determinado.

b) $3x - 2y = a$ y que sea incompatible.

71 **JUEGO.** Copiad este tablero y estas cartas con sistemas de ecuaciones.

$\left.\begin{array}{r}3x+y=5\\x-y=-1\end{array}\right\}$	$\left.\begin{array}{r}x+2y=1\\x+y=0\end{array}\right\}$	$\left.\begin{array}{r}x+2y=4\\2x+y=-1\end{array}\right\}$
$\left.\begin{array}{r}2x+y=3\\4x+2y=5\end{array}\right\}$	$\left.\begin{array}{r}x-2y=5\\-2x+4y=-10\end{array}\right\}$	$\left.\begin{array}{r}3x-y=-1\\2x+5y=5\end{array}\right\}$
$\left.\begin{array}{r}-2x+y=2\\x-3y=-1\end{array}\right\}$	$\left.\begin{array}{r}x+2y=0\\2x-y=10\end{array}\right\}$	$\left.\begin{array}{r}-x+3y=2\\2x-6y=7\end{array}\right\}$
$\left.\begin{array}{r}3x-y=4\\-9x+3y=-12\end{array}\right\}$	$\left.\begin{array}{r}x+y=1\\2x+3y=1\end{array}\right\}$	$\left.\begin{array}{r}2x-y=-3\\x+y=3\end{array}\right\}$
$\left.\begin{array}{r}2x+y=2\\x+y=0\end{array}\right\}$	$\left.\begin{array}{r}2x-3y=5\\-4x+6y=-8\end{array}\right\}$	$\left.\begin{array}{r}-x-y=-2\\3x+4y=3\end{array}\right\}$

Barajad las cartas y colocadlas bocabajo. En cada turno, una persona levanta una carta y resuelve el sistema.

- Si tiene solución única, mueve su ficha tantas casillas como indique el valor de x o el de y, según prefiera.
- Si tiene más de una solución, levanta otra carta.
- Si no tiene solución, se queda un turno sin jugar.

Si llegas a una escalera, subes hasta el otro extremo. Si es una serpiente, bajas hasta su cola.

72 **RETO.** ¿En qué números de dos cifras, xy, la suma de sus cifras es a y la diferencia también es a?

73 ¿Cuántas soluciones tienen estos sistemas?

a) $\left.\begin{array}{l}2(x+y)-y=3x-y+3\\x-2(y-3)=3(x+1)-y-1\end{array}\right\}$

b) $\left.\begin{array}{r}2x-3(y+x)-4=-2(x+y)-3\\5x-2(y+3)=3y-1\end{array}\right\}$

74 Resuelve los sistemas compatibles determinados.

a) $\left.\begin{array}{r}3x=2y\\\dfrac{y}{3}+\dfrac{x}{2}=x\end{array}\right\}$

b) $\left.\begin{array}{r}\dfrac{x+y}{3}=\dfrac{y}{2}\\\dfrac{3x+y}{5}=x\end{array}\right\}$

c) $\left.\begin{array}{r}5x-y=-4\\\dfrac{y-3x}{2}=y-2\end{array}\right\}$

d) $\left.\begin{array}{r}\dfrac{x+2y}{5}=x-2\\\dfrac{2x+y}{3}=\dfrac{x}{2}\end{array}\right\}$

75 **INVESTIGA.** Coloca los números $-4, -3, -1, 1, 2, 3$ para formar un sistema con solución (1, 2).

$\left.\begin{array}{r}ax+by=c\\dx+ey=f\end{array}\right\}$

76 Resuelve cuando sea compatible determinado.

a) $\left.\begin{array}{r}\dfrac{2(3x-2y)}{3}-5(x-y)=1-x\\\dfrac{-3(y-1)}{2}+\dfrac{2(x+y+2)}{5}=2y-x\end{array}\right\}$

b) $\left.\begin{array}{r}\dfrac{2x+y}{2}-\dfrac{2(x+2y)}{3}=-y\\\dfrac{3y-x}{7}-\dfrac{3(y+2x)}{2}=-x\end{array}\right\}$

77 **RETO.** Resuelve este sistema utilizando alguno de los métodos de resolución que conoces.

$\left.\begin{array}{r}x^2+y^2=8\\2x-y=2\end{array}\right\}$

2. Formula algebraicamente una situación de la vida cotidiana mediante sistemas de ecuaciones

ACTIVIDADES FLASH

78 Elige la respuesta adecuada.

a) Hace tres años, la edad de un tío era el triple de la edad de su sobrino, pero dentro de 5 años será solo el doble. Las edades del tío y del sobrino son:

1. Tío: 15, sobrino: 5.
2. Tío: 35, sobrino: 15.
3. Tío: 27, sobrino: 11.
4. No tiene solución.

b) En un teatro se han vendido 250 entradas entre butacas de patio y de palco. Las primeras cuestan 15 € cada una, y las segundas, 30 €.
Si la recaudación total fue de 4 500 €, las entradas de cada tipo vendidas fueron:

1. Patio: 50, palco: 250.
2. Patio: 100, palco: 150.
3. Patio: 200, palco: 50.
4. Patio: 125, palco: 125.

79 Expresa mediante ecuaciones con dos incógnitas.

a) Un bocadillo y un refresco valen 5 €.

b) Dos bocadillos y tres refrescos cuestan 15 €.

c) Un bocadillo vale 1 € más que un refresco.

d) He pagado con 10 € un bocadillo y dos refrescos y me han devuelto 3 €.

80 Expresa mediante ecuaciones con dos incógnitas.

a) Elena tiene el doble de años que Marcos.

b) Hace 5 años, Ana tenía el triple de años que Juan.

c) En un garaje hay 50 ruedas entre coches y motos.

81 ●○○ Para aprobar la evaluación de Matemáticas se hace la media entre dos exámenes. Se necesita una media de 5 puntos para aprobar.

a) Plantea una ecuación de dos incógnitas que exprese este enunciado.

b) Escribe dos posibles resultados en los exámenes si la nota ha sido un 7,5.

82 ●○○ ¿Cuánto cuesta cada churro y cada porra si una porra cuesta 0,25 € más que un churro?

1 docena de churros + 1/2 docena de porras = 6,90 €

83 ●●○ Escribe un problema que responda a estos gráficos. Plantea un sistema de ecuaciones y resuélvelo.

84 ●●○ En una compra se han utilizado monedas de 2 € y billetes de 5 €. En total, entre monedas y billetes son 13 y se han pagado 41 €. ¿Cuántas monedas de 2 € se utilizan? ¿Y cuántos billetes de 5 €?

85 ●●○ Para una merienda se compran bocadillos de jamón a 2,80 € la unidad y de queso a 2,50 €. Se pagan 48 € en total por 18 bocadillos. ¿Cuántos bocadillos se compran de jamón? ¿Y de queso?

86 ●●○ Plantea un sistema y ayuda a Raquel.

Raquel

¿Ya está todo organizado para la excursión?

Irá un monitor o monitora por cada 8 estudiantes, así que...

Necesitamos 72 bocadillos, uno para cada persona que va a la excursión.

Regalamos una gorra a cada estudiante.

¡Vale! ¿Cuántas compro?

87 ●●○ Juan ha ido a las rebajas a comprar una camisa y un pantalón. Los precios de estas dos prendas sumaban 60 €, pero le han hecho un 10 % de descuento en la camisa y un 20 % en el pantalón, y paga por todo 50,15 €. ¿Cuál era el precio sin rebajar de cada prenda?

88 ●●○ Un teatro tiene una capacidad de 200 personas. La entrada infantil tiene un descuento del 20 % sobre la entrada de adulto, que cuesta 45 €.

Si se ha llenado el teatro y se han recaudado 8 370 €, ¿cuántas personas adultas y cuántos menores han ido?

89 ●●○ Lee y contesta.

#bAskEtFiNaL ¡El partido ha estado muy igualado!

#bAskEtReSuLTS Ambos equipos han anotado un total de 24 canastas, entre ellas 7 tiros libres cada uno.

¿Cuántas canastas de dos y cuántos triples anotó cada equipo?

90 ●●○ Las edades de Esther y su padre suman 30 años. Dentro de 18 años, la edad de su padre será el doble que la de Esther. ¿Cuántos años tiene cada uno?

91 ●●○ Ana y Elsa son hermanas. Sus edades suman 16 años.

a) ¿Cuántos años tiene cada una si hace dos años Elsa tenía el doble de años que su hermana?

b) ¿Cuánto hace que Elsa tenía el triple de edad que Ana?

92 ●●● **MATEMÁTICAS Y... COCINA.** Los batidos de helado se elaboran añadiendo leche al helado.

Si el batido solo tiene leche y helado, ¿qué porcentaje de cada componente tiene 1 litro de batido?

93 ●●● En una cafetería elaboran el zumo de naranja mezclando naranjas que cuestan 2 €/kg y otras que cuestan 3 €/kg. Por cada 2 kg de naranjas se obtiene 1 ℓ de zumo. Si queremos hacer 20 litros de zumo que cueste 4,50 € el litro, ¿qué cantidad de cada tipo de naranjas debemos utilizar?

94 **MATEMÁTICAS E... IGUALDAD.** Hasta el año pasado, el porcentaje de mujeres que ocupaban un puesto directivo en una empresa en España era del 22 % del total. Este año 2 436 mujeres han sustituido a hombres en este cargo, lo que ha hecho que la representación de la mujer en este puesto haya aumentado hasta el 24 %. ¿Cuántas mujeres más tienen que sustituir a hombres para que el número de directores y directoras sea el mismo?

95 **MATEMÁTICAS Y... MUNDO LABORAL.** Para cubrir algunos puestos de trabajo se realizan pruebas eliminatorias que, en algunos casos, consisten en exámenes tipo test de 50 preguntas.

Puntuación de la prueba

Respuesta correcta	3 puntos
Respuesta incorrecta	Se resta 1 punto
Pregunta no contestada	0 puntos

a) La prueba se supera a partir de 74 puntos. Si se contesta a todas las preguntas, ¿cuántas hay que acertar como mínimo?

b) Si no se contestan 12 preguntas y la puntuación final es 78 puntos, ¿cuántas preguntas se han contestado bien?

FAKE NEWS

¡Creo que algo está mal!

Ayer tomamos algo en la cafetería del hospital y, como la comida estaba bastante buena, hoy hemos vuelto a hacerlo. Cuando he ido a pagar me he dado cuenta de que los precios han variado y, al comentárselo a la encargada, me ha dicho que los precios no han cambiado.

Y tú, ¿qué opinas?

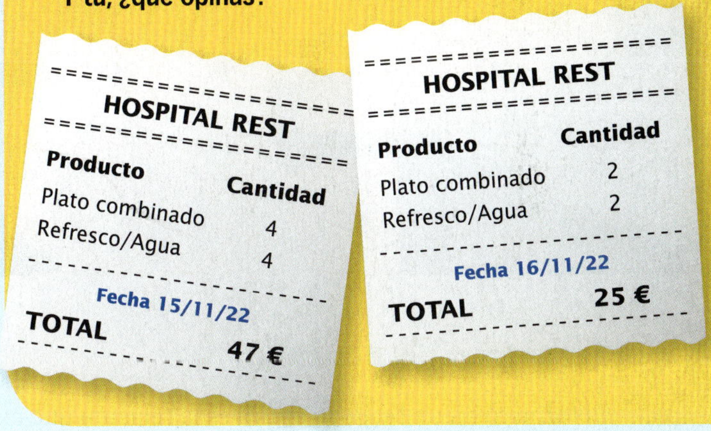

PROBLEMAS APARENTEMENTE DISTINTOS

96 Expresa en lenguaje algebraico y resuelve.

El triple de un número más el doble de otro suma ciento treinta; sin embargo, el doble del primer número más el triple del segundo solo suma ciento veinte.

97 Hoy han comenzado las rebajas. Javier ha comprado 2 pares de pantalones y 3 camisas por 120 €. Luis se ha gastado 130 € en 2 camisas y 3 pares de pantalones. ¿Cuánto cuesta cada prenda?

98 Lee y escribe en lenguaje algebraico. Después, calcula la solución.

El doble de un número más el triple de otro es 9,9; además, el primer número más el cuádruple del segundo es 10,7.

99 Después del partido de baloncesto, mis compañeras y yo hemos tomado 2 botellas de agua y 3 refrescos que nos han costado 9,90 €. Ayer también fuimos al mismo lugar y por 4 refrescos y una botella de agua pagamos 10,70 €. ¿Cuánto cuesta cada bebida?

100 Estudia y resuelve, si es posible, la siguiente situación.

La suma de dos números es 11 y el producto de uno de ellos por 11 más el producto del otro por 12 es 128.

a) ¿Cuánto vale cada número?

b) ¿Hay más de una solución en el problema anterior?

101 Hemos encargado comida a domicilio, menús con ensalada y carne a la plancha por 12 € y hamburguesas con guarnición a 11 € cada una. En total, 11 menús que cuestan 128 €. ¿Cuántas personas han pedido hamburguesa?

Formatos de pantalla

El formato en un teléfono móvil es la relación que existe entre el ancho y el alto de su pantalla. El formato más habitual suele ser 16:9. Esto significa que por cada 9 cm que mida en vertical debe medir 16 cm en horizontal. O lo que es lo mismo:

$\frac{16}{9} = 1{,}78 \rightarrow$ Por cada centímetro que mida en vertical, debe medir 1,78 cm, aproximadamente, en horizontal.

Es decir, un teléfono cuya pantalla mida 6,95 cm de alto medirá $6{,}95 \cdot 1{,}78 = 12{,}371$ cm de ancho.

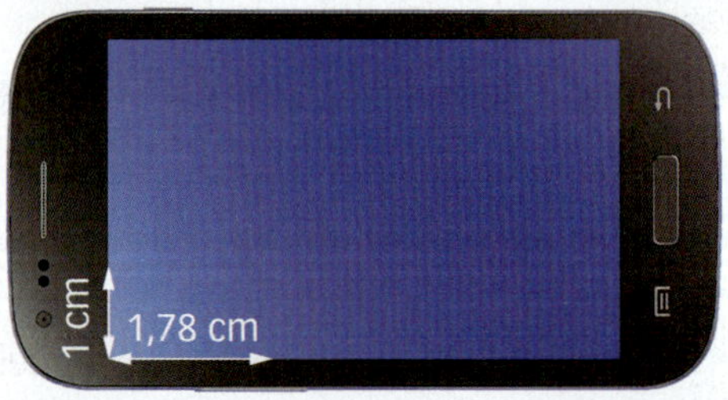

Resolución de pantalla

Las imágenes que ves en un móvil se forman iluminando multitud de puntos que se encuentran en la pantalla. Estos puntos se llaman píxeles.

Resoluciones para el formato 16:9

- 4 K: $h = 4\,096$ píxeles
- Ultra HD: $h = 3\,840$ píxeles
- Full HD: $h = 1\,920$ píxeles
- HD: $h = 1\,280$ píxeles

La resolución de la pantalla viene dada por el número de píxeles que tiene. Cuanto mayor número de píxeles haya, mayor resolución tendrán las imágenes y aumentará el consumo de datos.

Si tu móvil tiene un formato de pantalla 16:9 y una resolución Full HD, significa que la pantalla está formada por 1 920 columnas de píxeles.

Para calcular cuántos píxeles hay en cada columna, hay que resolver la siguiente operación:

$$\frac{1\,920}{x} = \frac{16}{9} \rightarrow x = \frac{1\,920 \cdot 9}{16} = 1\,080$$

Es decir, un móvil con formato de pantalla 16:9 y con resolución Full HD tiene 1 920 columnas con 1 080 puntos de luz en cada línea. En total: $1\,920 \cdot 1\,080 = 2\,073\,600$ píxeles.

Por tanto, cada imagen que veas en tu móvil está formada por más de 2 millones de puntos de luz.

1 La importancia del formato

Desde el origen de los teléfonos inteligentes, el formato más utilizado en las pantallas era 16:9. Esto hacía que todos los contenidos audiovisuales que se generaban se adaptasen a este formato.

- En un teléfono con formato de pantalla 16:9, ¿cuál será la longitud en vertical de la pantalla si mide 11,36 cm en horizontal?
- ¿Y la longitud en horizontal si la pantalla mide 7,5 cm en vertical?
- Considera la variable x como la longitud en horizontal de la pantalla y la variable y como la longitud en vertical. Escribe una ecuación lineal con estas dos incógnitas que relacione estas medidas en una pantalla de formato 16:9.

2 La resolución

En ocasiones, se tiende a confundir el tamaño de una pantalla con la resolución. Sin embargo, dos pantallas de igual tamaño pueden tener resoluciones distintas y, en consecuencia, ofrecernos resultados completamente diferentes.

- Una pantalla con formato 16:9 en resolución Ultra HD, ¿cuántas columnas de píxeles tiene? ¿Y cuántos píxeles en cada columna?
- Considera x como el número de columnas de píxeles que tiene una pantalla e y como el número de píxeles que tiene cada columna. Escribe una ecuación lineal que relacione estas variables en una pantalla con formato 16:9.

3 Ahora viene el problema de los datos

Una pantalla con resolución Full HD en formato 16:9 tiene en total más de 2 millones de píxeles. Cada imagen que se reproduzca en esa pantalla necesita almacenar la información de cómo se tienen que iluminar todos esos píxeles. Eso hace que el consumo de datos sea muy grande.

Un vídeo es una serie de imágenes que se proyectan a gran velocidad, normalmente se utilizan 24 imágenes por segundo.

Equivalencia píxel-bytes

1 píxel = 2 bytes

Unidades de información

- 1 byte (b) = 8 bits
- 1 kilobyte (KB) = 10^3 bytes
- 1 megabyte (MB) = 10^6 bytes
- 1 gigabyte (GB) = 10^9 bytes
- 1 terabyte (TB) = 10^{12} bytes

- ¿Cuántos megabytes se necesitan para reproducir una imagen en una pantalla con formato 16:9 en una resolución Full HD? ¿Y 20 segundos de vídeo?
- Considera x como el número de columnas de píxeles que tiene una pantalla e y como el número de píxeles que tiene cada columna. Escribe una fórmula que nos dé el número de megabytes que se necesitan para reproducir una imagen en una pantalla con formato 16:9 en resolución Full HD.

RESUMEN DE UNIDAD

ECUACIÓN LINEAL CON DOS INCÓGNITAS

$$ax + by = c \rightarrow \begin{cases} x, y & \rightarrow \text{Incógnitas} \\ a & \rightarrow \text{Coeficiente de } x \\ b & \rightarrow \text{Coeficiente de } y \\ c & \rightarrow \text{Término independiente} \end{cases}$$

SISTEMA DE ECUACIONES LINEALES CON DOS INCÓGNITAS

$$\left.\begin{array}{r} ax + by = c \\ a'x + b'y = c' \end{array}\right\} \rightarrow \begin{cases} x, y & \rightarrow \text{Incógnitas} \\ a, a' & \rightarrow \text{Coeficientes de } x \\ b, b' & \rightarrow \text{Coeficientes de } y \\ c, c' & \rightarrow \text{Términos independientes} \end{cases}$$

SISTEMA COMPATIBLE DETERMINADO

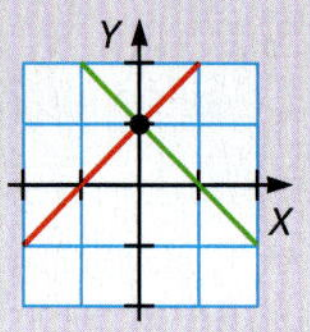

SISTEMA COMPATIBLE INDETERMINADO

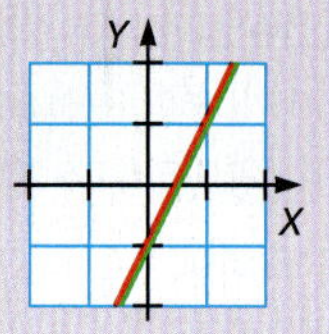

SISTEMA INCOMPATIBLE

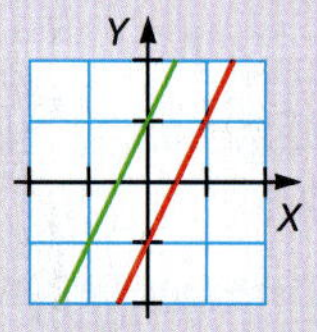

AUTOEVALUACIÓN

1. Resuelve sistemas de ecuaciones e interpreta el resultado obtenido

1 En la gráfica están representadas las soluciones de una ecuación. Indica la ecuación de la que se trata.

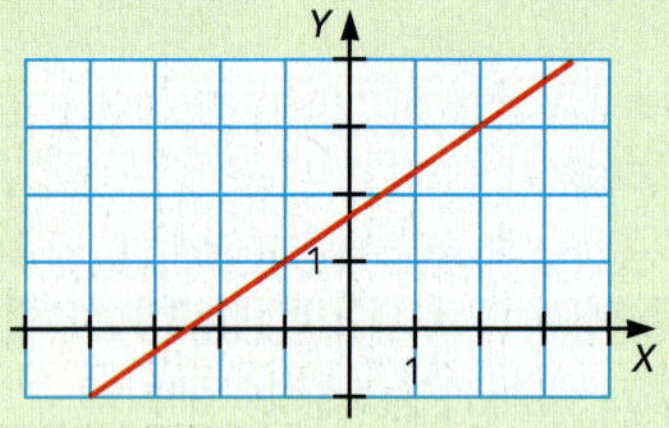

a) $-x + y = 0$

b) $-2x + 3y = 5$

c) $6x - 2y = 2$

2 Determina el número de soluciones de este sistema.

$$\left.\begin{array}{r} 3x + 9y = 21 \\ -2x - 6y = 10 \end{array}\right\}$$

a) 0 b) 1 c) 2 d) Infinitas

3 ¿Qué sistema es compatible indeterminado?

a) $\left.\begin{array}{r} -x + 2y = 6 \\ -x + 4y = 14 \end{array}\right\}$ c) $\left.\begin{array}{r} -x + 2y = 3 \\ 2x - 4y = -6 \end{array}\right\}$

b) $\left.\begin{array}{r} 2x + 3y = -3 \\ -4x - 6y = 4 \end{array}\right\}$ d) $\left.\begin{array}{r} x - y = 0 \\ x + 3y = 8 \end{array}\right\}$

4 Indica la solución del siguiente sistema.

$$\left.\begin{array}{r} \dfrac{5}{2}x + 3y = 4 \\ -\dfrac{3}{2}x + 3y = 0 \end{array}\right\}$$

a) No hay.

b) $x = 1, y = \dfrac{1}{2}$

c) $x = 2, y = -1$

5 Calcula la solución del siguiente sistema.

$$\left.\begin{array}{r} \dfrac{-x + y}{2} = 4 \\ \dfrac{x}{4} + y = 1 + \dfrac{3y}{4} \end{array}\right\}$$

a) $x = 1, y = 3$ b) $x = -2, y = 6$ c) $x = 1, y = 9$

2. Formula algebraicamente una situación de la vida cotidiana mediante sistemas de ecuaciones

6 Dentro de tres años, María tendrá el doble de edad que su hija. Sean x la edad de María e y la edad de la hija. ¿Qué ecuación no describe el problema?

a) $x + 3 = 2(y + 3)$ c) $y + 3 = 2x + 6$

b) $x - 3 = 2y$ d) $x - 2y = 3$

7 Necesito 3 kg de fruta entre naranjas y mandarinas y me quiero gastar 6,50 euros. El precio de las naranjas es 2,50 €/kg y el de las mandarinas 1,50 €/kg. ¿Cuántos kilos de cada fruta compraré?

a) 1,5 kg de naranjas y 1,5 kg de mandarinas.

b) 2 kg de naranjas y 1 kg de mandarinas.

c) 1 kg de naranjas y 2 kg de mandarinas.

d) 1,8 kg de naranjas y 1,2 kg de mandarinas.

8 En una prueba se suman 3 puntos por cada respuesta acertada y se restan 2 puntos por las erróneas. Rita ha respondido 12 preguntas y ha obtenido 16 puntos. Indica un sistema que describa el problema, siendo x el número de respuestas acertadas e y las erróneas.

a) $\left.\begin{array}{r} x - 2y = 12 \\ 2x - 3y = 16 \end{array}\right\}$ b) $\left.\begin{array}{r} x + y = 12 \\ 3x - 2y = 16 \end{array}\right\}$

VALORA TU APRENDIZAJE

- ¿Aceptas la corrección como principio de mejora?
- ¿Asumes tu rol en el equipo con alegría?

7 Lugares geométricos. Áreas y perímetros

DESAFÍO

¿Cuándo se come?

En la posición 1, hay espaguetis para mi padre, mi hermano y yo. En la 3, el radio del círculo en que metemos los espaguetis se duplica.

Hoy seremos 6 personas. ¿Qué posición utilizo?

¿Qué sabes ya?

Cómo se trazan rectas paralelas y perpendiculares por un punto

Dos rectas son **paralelas** cuando no tienen ningún punto en común, y son **perpendiculares** cuando se cortan en un punto y los ángulos que forman miden 90°.

EJEMPLO

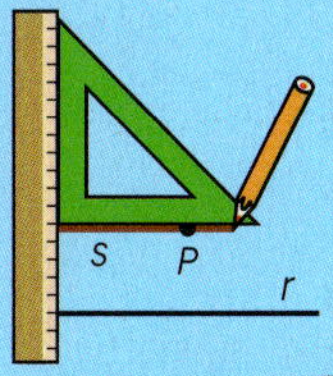

- Para trazar una **paralela a *r* por *P***, apoyamos un borde perpendicular de la escuadra sobre *r* y colocamos la regla pegada al otro borde. Deslizamos la escuadra hasta *P*.
- Para trazar una **perpendicular a *r* que pase por *P***, deslizamos sobre *r* hasta *P*.

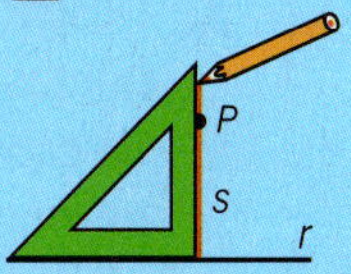

ACTIVIDADES

1 ¿Sobre qué recta deslizarías la escuadra para trazar una paralela a *u* que pase por *P*?

a) *r* b) *s* c) *t* d) *u*

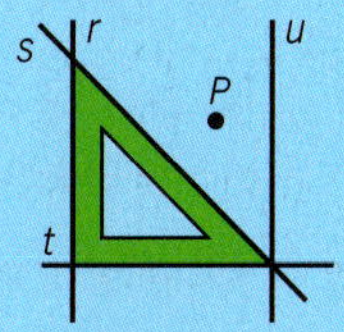

Qué es un polígono regular

Un **polígono regular** tiene todos sus lados y todos sus ángulos iguales. En otro caso, es **irregular**.

- Apotema: segmento perpendicular a un lado trazado desde el centro a su punto medio.
- Radio: segmento que une el centro del polígono con uno de los vértices.

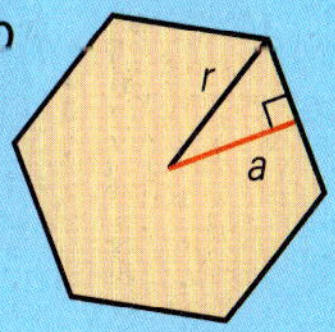

EJEMPLO

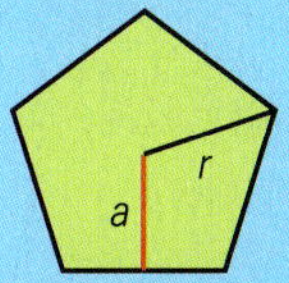

Pentágono regular

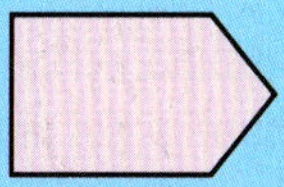

Pentágono irregular

ACTIVIDADES

2 ¿Cuál de las siguientes afirmaciones es verdadera?

a) Si un polígono tiene sus ángulos iguales, es regular.

b) Si un polígono tiene sus lados iguales, es regular.

c) En un polígono regular siempre se cumple que $r > a$.

1. Lugares geométricos

Se llama **lugar geométrico** al conjunto de todos los puntos que cumplen una determinada propiedad geométrica.

EJEMPLOS

1. **Determina y representa el lugar geométrico de los puntos del plano cuya distancia a un punto *P* es *r*.**

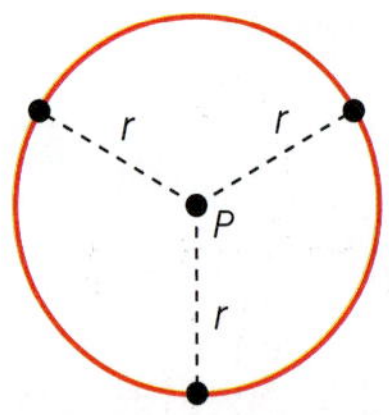

Los puntos que cumplen esta condición forman una circunferencia con centro en el punto *P* y cuyo radio es la distancia hasta ese punto, *r*.

2. **Define y representa el lugar geométrico de los puntos del plano cuya distancia a un punto *P* es menor o igual que *r*.**

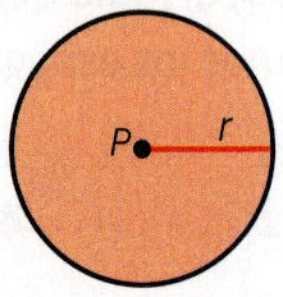

Los puntos que cumplen esta propiedad son los puntos que pertenecen a un círculo con centro en *P* y radio *r*.

Para trazar una recta paralela a otra recta que pase por un punto, desliza la escuadra sobre la regla.

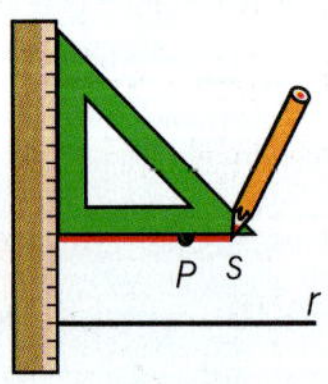

EJEMPLO

3. **Determina y representa el lugar geométrico de los puntos del plano que están a la misma distancia de dos rectas paralelas.**

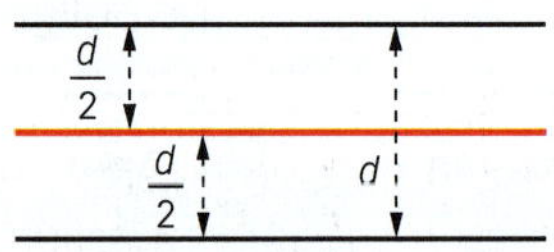

Los puntos del plano que cumplen esta propiedad forman una recta paralela a las rectas dadas que se encuentra a la mitad de la distancia que hay entre ellas.

ACTIVIDADES

1 Determina y representa el lugar geométrico de los puntos del plano cuya distancia al origen de coordenadas es:

a) Igual a 5 cm.

b) Igual a 1 cm.

c) Menor que 5 cm.

d) Mayor que 2 cm y menor que 4 cm.

e) Menor o igual que 3 cm.

f) Mayor que 3 cm.

2 Describe y representa el lugar geométrico de los puntos que se encuentran a una distancia de 1 cm de cada extremo de un segmento de 2 cm de longitud.

3 **REFLEXIONA.** Determina el lugar geométrico de los puntos que cumplen que:

a) Están a una distancia de 1 cm del eje de ordenadas.

b) Están a una distancia de 2 cm del eje de abscisas.

2. Mediatriz y bisectriz

2.1. Mediatriz de un segmento

La **mediatriz de un segmento** es la recta perpendicular al segmento que pasa por su punto medio.

La mediatriz de un segmento es el lugar geométrico de los puntos del plano que están a la misma distancia de los extremos del segmento.

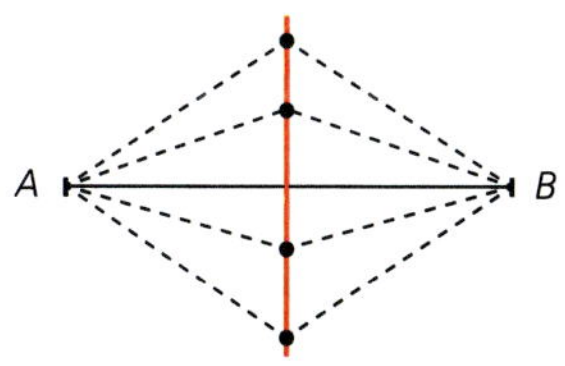

EJEMPLO

4. Traza la mediatriz del segmento AB.

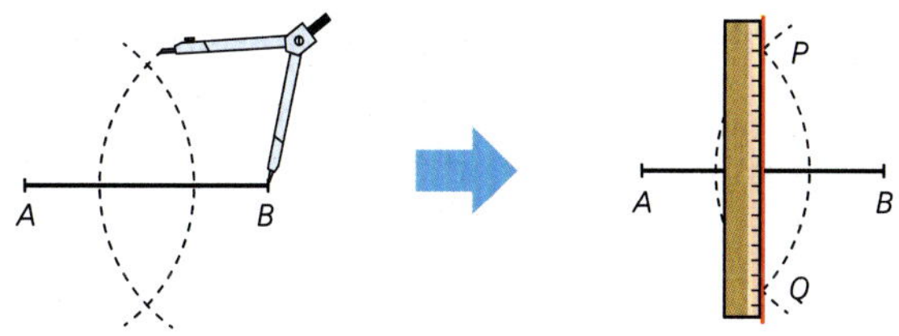

Trazamos dos arcos de igual radio, con centro en A y B, que se cortan.

La recta que pasa por los puntos de corte P y Q es la mediatriz.

2.2. Bisectriz de un ángulo

GEOGEBRA

La **bisectriz de un ángulo** es la recta que pasa por el vértice y divide el ángulo en dos ángulos iguales.

EJEMPLO

5. Dibuja la bisectriz de un ángulo.

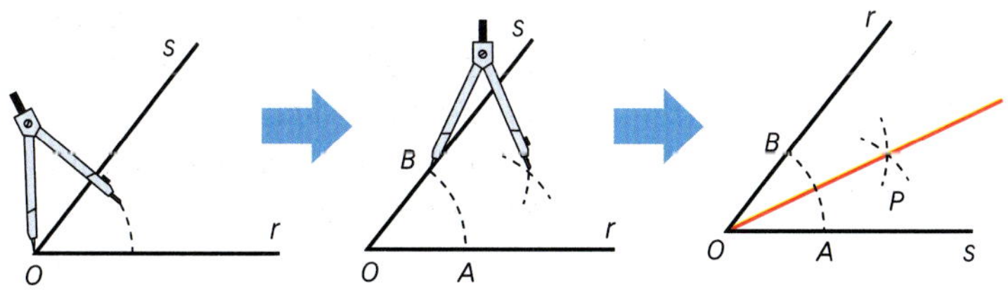

Con centro en O y cualquier abertura, trazamos un arco.

Trazamos dos arcos de igual radio con centro en A y en B.

La recta que pasa por O y P es la bisectriz.

La bisectriz de un ángulo es el lugar geométrico de los puntos cuya distancia a los lados del ángulo es la misma.

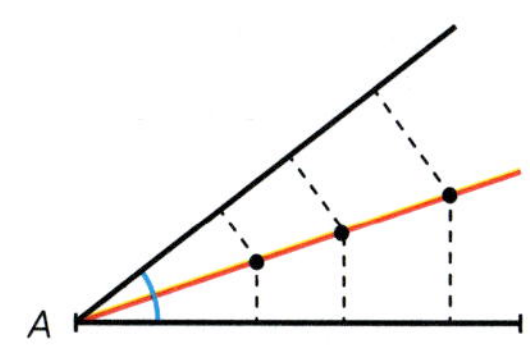

ACTIVIDADES

4 Representa el lugar geométrico de los puntos que equidistan de los extremos de un segmento de longitud 5 cm. ¿Cuántos puntos lo cumplen?

5 Dada la recta que pasa por $A(4, 0)$ y $B(0, 4)$, traza las bisectrices de los ángulos que forma con los ejes.

6 **REFLEXIONA.** Traza un segmento de extremos (0, 0) y (6, 0) y dibuja estos lugares geométricos:

a) Puntos que equidistan de los extremos del segmento.

b) Puntos que distan 5 unidades de los extremos del segmento. ¿Cuántos puntos cumplen la condición?

3. Ángulos

3.1. Ángulos al cortarse dos rectas

Dos **ángulos** son **opuestos por el vértice** cuando tienen en común el vértice y sus lados están sobre las mismas rectas.

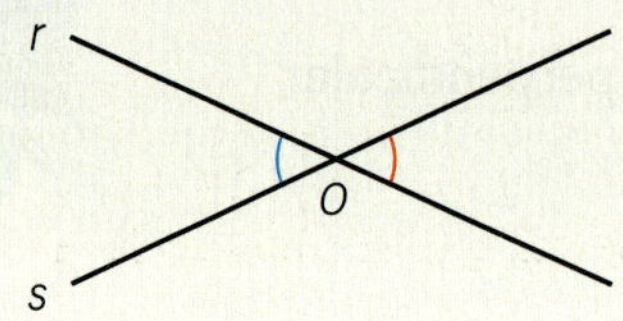

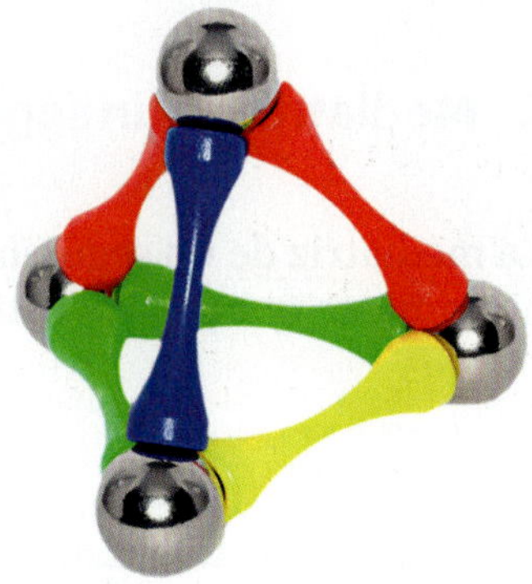

Dos ángulos opuestos por el vértice son iguales.

3.2. Ángulos al cortar una recta a otras dos rectas paralelas

GEOGEBRA

Cuando dos rectas paralelas son cortadas por una recta secante a ambas, se forman 8 ángulos.

Entre todos esos ángulos siempre se cumplen, por ser ángulos de lados paralelos, las siguientes igualdades.

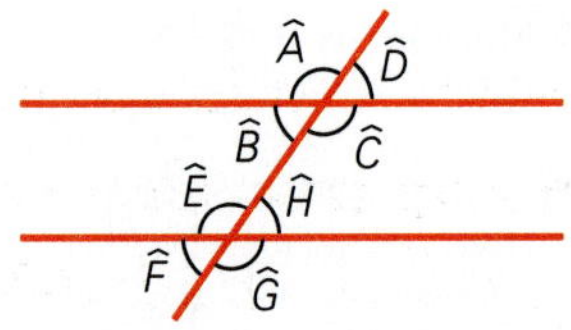

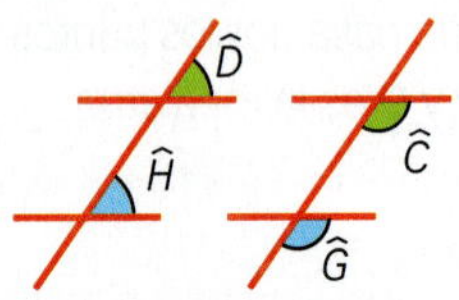

Ángulos correspondientes

$\widehat{D} = \widehat{H}$ $\widehat{C} = \widehat{G}$

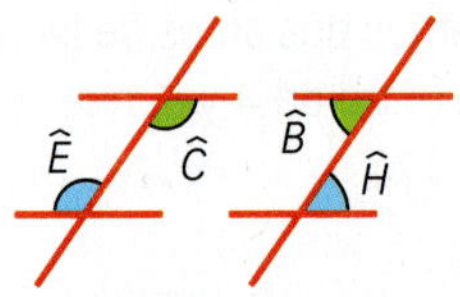

Ángulos alternos internos

$\widehat{C} = \widehat{E}$ $\widehat{B} = \widehat{H}$

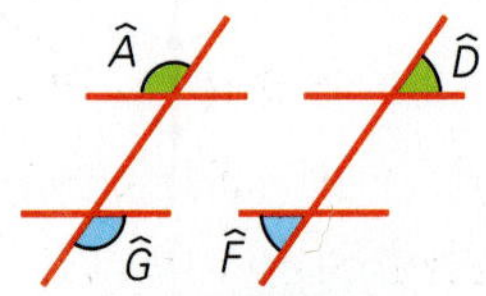

Ángulos alternos externos

$\widehat{A} = \widehat{G}$ $\widehat{D} = \widehat{F}$

EJEMPLO

6. Calcula el valor de cada ángulo.

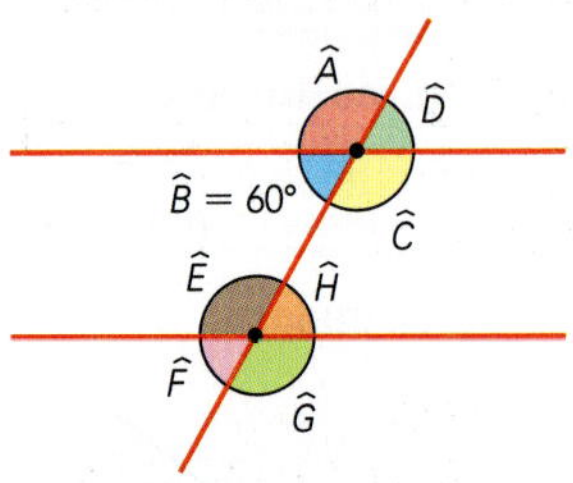

Por ser opuestos por el vértice, son iguales estos pares de ángulos:

$\widehat{A}$ y $\widehat{C}$ $\widehat{B}$ y $\widehat{D}$ $\widehat{G}$ y $\widehat{E}$ $\widehat{H}$ y $\widehat{F}$

Por ser rectas paralelas cortadas por una secante, son iguales los correspondientes:

$\widehat{A}$ y $\widehat{G}$ $\widehat{B}$ y $\widehat{H}$ $\widehat{C}$ y $\widehat{E}$ $\widehat{D}$ y $\widehat{F}$

Por tanto, $\widehat{B} = \widehat{D} = \widehat{H} = \widehat{F} = 60°$ y $\widehat{A} = \widehat{C} = \widehat{G} = \widehat{E} = 180° - 60° = 120°$.

ACTIVIDADES

7 Traza dos rectas secantes y mide solo un ángulo. ¿Puedes calcular, sin medirlos, los otros tres?

8 Calcula todos los ángulos de esta figura.

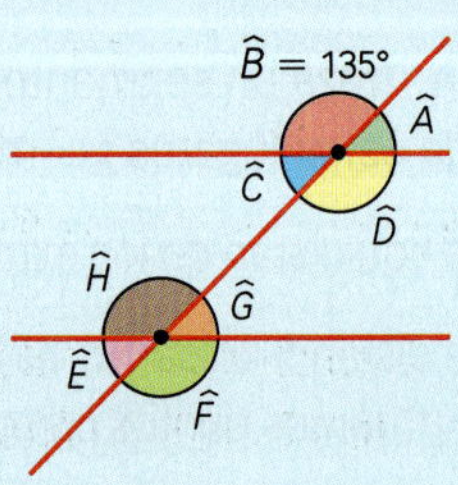

9 **REFLEXIONA.** Establece todas las igualdades que puedas entre estos ángulos.

¿Puedes dar una fórmula que relacione los ángulos $\widehat{A}$, $\widehat{L}$ y $\widehat{F}$?

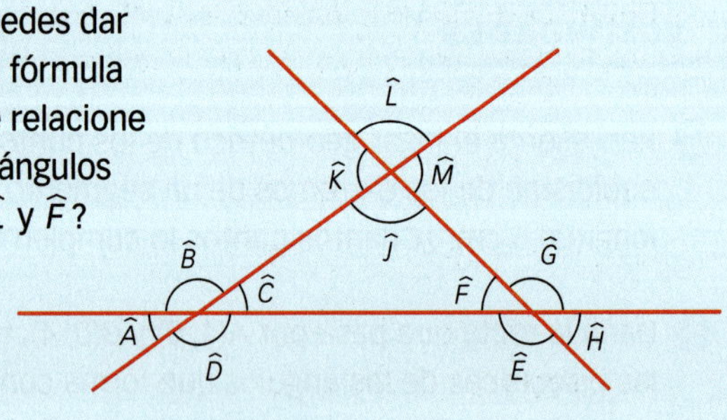

4. Teorema de Pitágoras

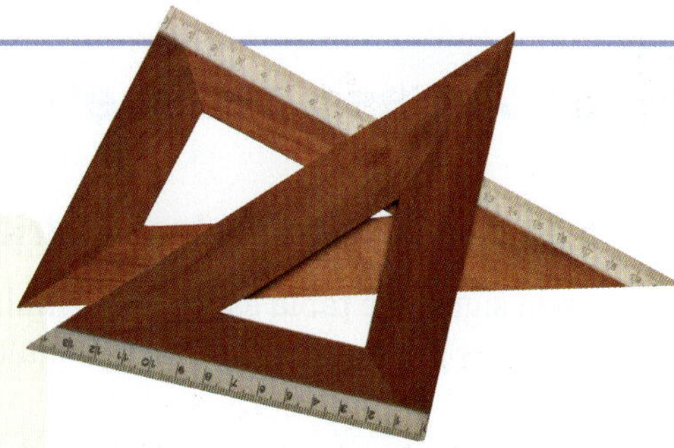

GEOGEBRA

Teorema de Pitágoras

En todo triángulo rectángulo, el cuadrado de la hipotenusa es igual a la suma de los cuadrados de los catetos.

$$a^2 = b^2 + c^2$$

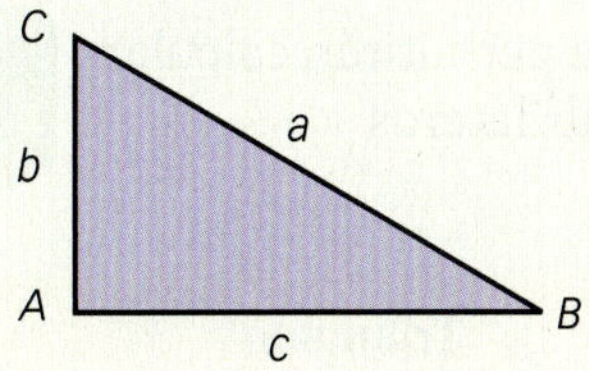

RETO

¿Cierto o falso? Si un triángulo cumple el teorema de Pitágoras, la mediana trazada desde el ángulo mayor corta en la mitad de la hipotenusa.

EJEMPLO

7. Halla la medida del lado desconocido en estos triángulos rectángulos.

a) La hipotenusa mide 17 cm y un cateto mide 15 cm.

$$a^2 = b^2 + c^2 \xrightarrow{a\,=\,17,\,b\,=\,15} 17^2 = 15^2 + c^2 \rightarrow 289 = 225 + c^2$$

Operando y despejando: $c^2 = 289 - 225 \rightarrow c^2 = 64 \rightarrow c = \sqrt{64} = 8$ cm

b) Los catetos miden 20 cm y 21 cm, respectivamente.

$$a^2 = b^2 + c^2 \xrightarrow{b\,=\,20,\,c\,=\,21} a^2 = 20^2 + 21^2 \rightarrow a^2 = 400 + 441$$

Operando y despejando: $a^2 = 841 \rightarrow a = \sqrt{841} = 29$ cm

El triángulo rectángulo es el único triángulo que cumple el teorema de Pitágoras.

EJEMPLO

8. Decide si estos lados forman un triángulo rectángulo.

a) $a = 15$ cm, $b = 12$ cm, $c = 9$ cm

Si un triángulo es rectángulo, tiene que cumplir el teorema de Pitágoras.

$$a^2 = b^2 + c^2 \xrightarrow{a\,=\,15,\,b\,=\,12,\,c\,=\,9} \begin{cases} 15^2 = 225 \\ 12^2 + 9^2 = 144 + 81 = 225 \end{cases}$$

Los lados pertenecen a un triángulo rectángulo.

b) $a = 11$ cm, $b = 8$ cm, $c = 5$ cm

$$a^2 = b^2 + c^2 \xrightarrow{a\,=\,11,\,b\,=\,8,\,c\,=\,5} \begin{cases} 11^2 = 121 \\ 8^2 + 5^2 = 64 + 25 = 89 \end{cases}$$

Los lados no pertenecen a un triángulo rectángulo.

ACTIVIDADES

10 Halla la medida del lado que falta en estos triángulos rectángulos, donde a es la hipotenusa.

a) $b = 12$ cm, $c = 16$ cm

b) $b = 2{,}6$ cm, $c = 16{,}8$ cm

c) $a = 6{,}1$ cm, $b = 1{,}1$ cm

d) $a = 7{,}8$ cm, $c = 7{,}2$ cm

e) $b = 3{,}6$ cm, $c = 4{,}8$ cm

11 Decide si estos lados corresponden a triángulos rectángulos.

a) $a = 40{,}9$ cm, $b = 12$ cm, $c = 39{,}1$ cm

b) $a = 15$ cm, $b = 12$ cm, $c = 10$ cm

c) $a = 20{,}4$ cm, $b = 18$ cm, $c = 9{,}6$ cm

12 **REFLEXIONA.** ¿Cuántos triángulos tienen dos de sus lados de 6 cm y 8 cm? ¿Cuántos son rectángulos?

5. Áreas y perímetros

5.1. Áreas y perímetros de triángulos y cuadriláteros

En la siguiente tabla están las fórmulas que te permitirán calcular las áreas y los perímetros de triángulos y cuadriláteros.

RETO

¿Cuánto mide el área de la zona coloreada?

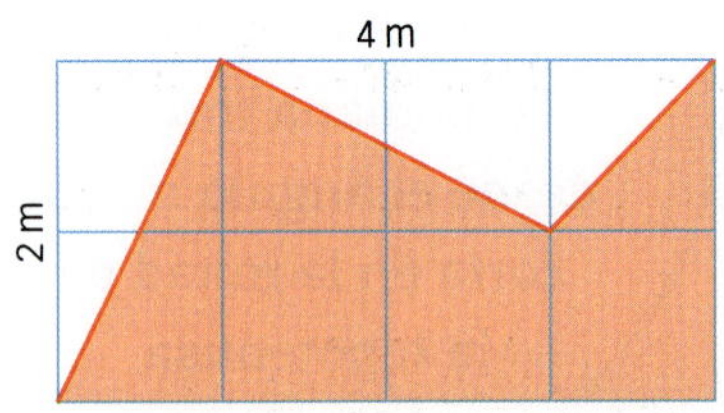

GEOGEBRA

Triángulo		Cuadrado	
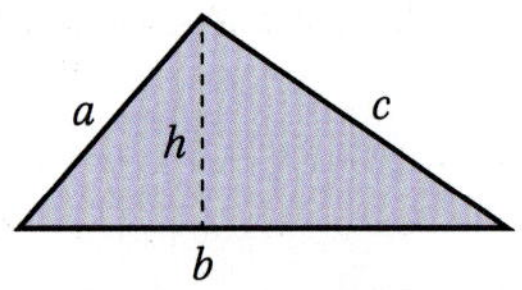	$A = \dfrac{b \cdot h}{2}$ $P = a + b + c$	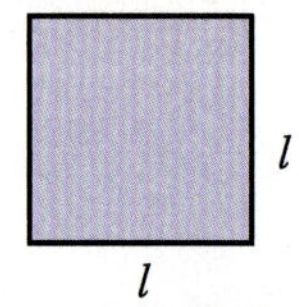	$A = l \cdot l = l^2$ $P = 4 \cdot l$
Rectángulo		**Rombo**	
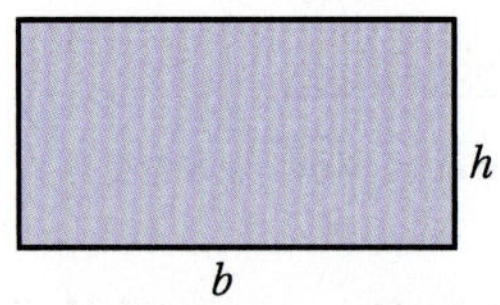	$A = b \cdot h$ $P = 2(b + h)$	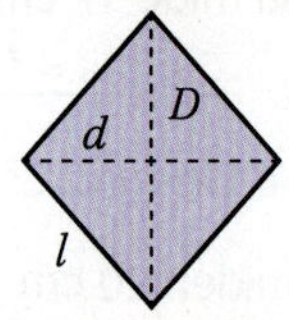	$A = \dfrac{D \cdot d}{2}$ $P = 4 \cdot l$
Romboide		**Trapecio**	
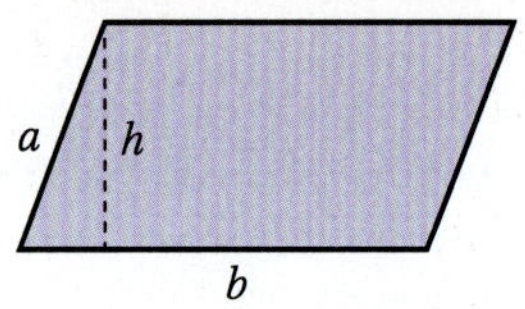	$A = b \cdot h$ $P = 2(a + b)$	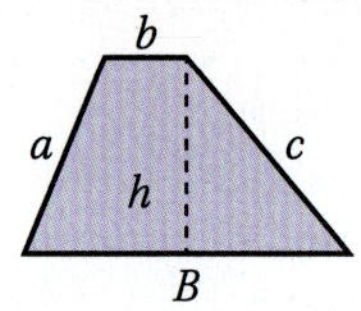	$A = \dfrac{(B + b) \cdot h}{2}$ $P = a + b + c + B$

EJEMPLO

9. Halla el área y el perímetro de estas figuras.

a)

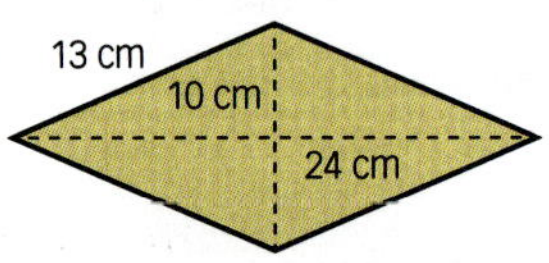

$P = 4 \cdot 13 = 52$ cm

$A = \dfrac{10 \cdot 24}{2} = 120$ cm^2

b)

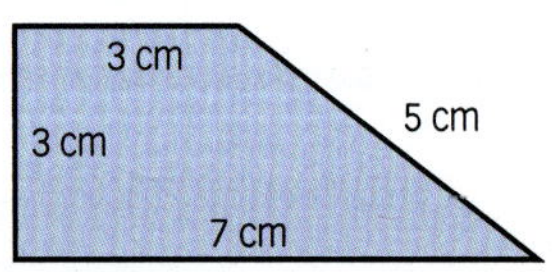

$P = 3 + 3 + 7 + 5 = 18$ cm

$A = \dfrac{(3 + 7) \cdot 3}{2} = 15$ cm^2

c)

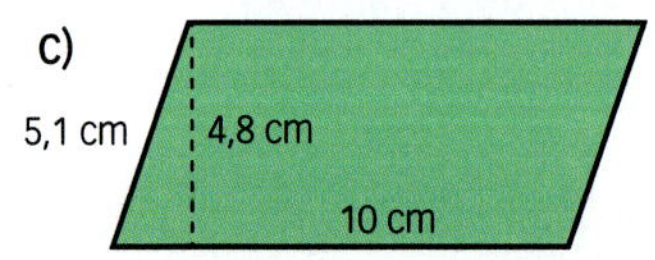

$P = 2(5,1 + 10) = 30,2$ cm

$A = 10 \cdot 4,8 = 48$ cm^2

ACTIVIDADES

13 Halla el perímetro y el área de estas figuras.

a)

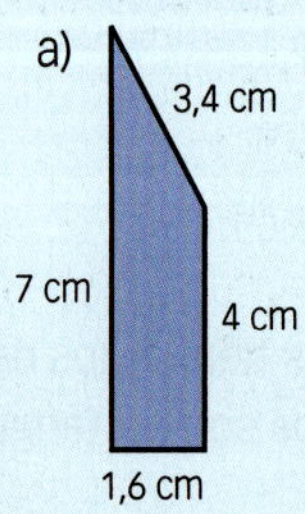

b)

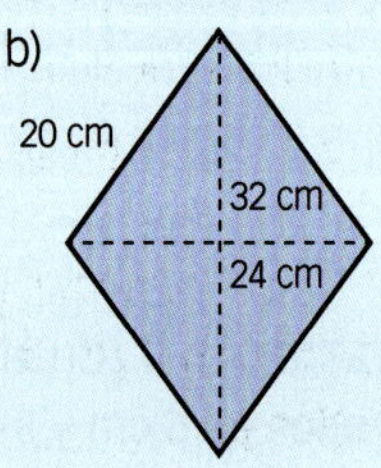

14 Calcula el área de estas figuras.

a) Rombo de diagonales 7 cm y 15 cm.

b) Romboide de base 6 cm y altura 5 cm.

c) Triángulo rectángulo de catetos 5 cm y 6 cm.

15 **REFLEXIONA.** Dibuja tres cuadriláteros diferentes de 36 cm^2 de área. ¿Cuál es el perímetro de cada uno?

Cómo se calcula el área de un cuadrilátero utilizando el teorema de Pitágoras

> Las diagonales de un rombo se cortan en su punto medio formando cuatro ángulos rectos.

Calcula el área de estos cuadriláteros.

a)

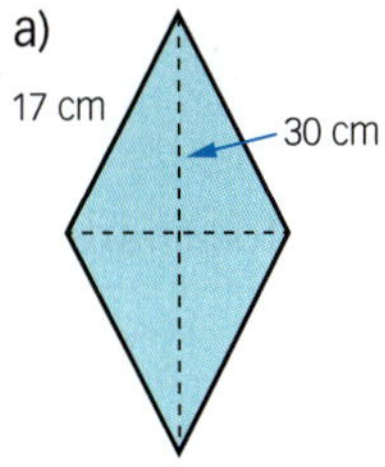

b)

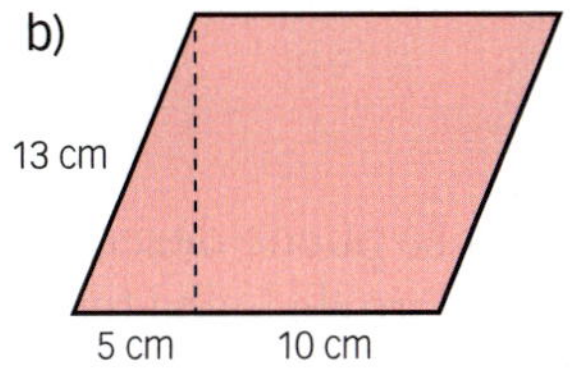

c)

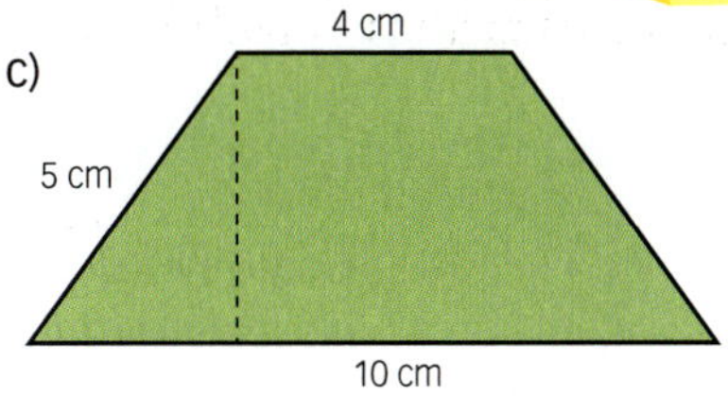

① Determinamos los elementos necesarios para calcular el área de la figura.

a) $A = \frac{D \cdot d}{2}$ — No conocemos la diagonal menor.

b) $A = b \cdot h$ — No conocemos la altura.

c) $A = \frac{(B + b) \cdot h}{2}$ — No conocemos la altura.

$D = 30$ cm | $b = 15$ cm | $B = 10$ cm, $b = 4$ cm

② Identificamos el triángulo rectángulo que determina la medida desconocida.

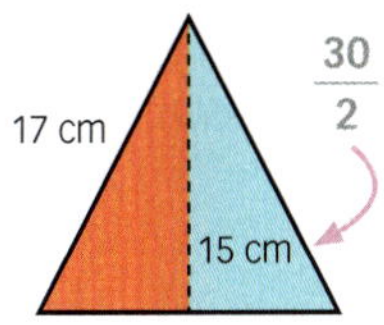

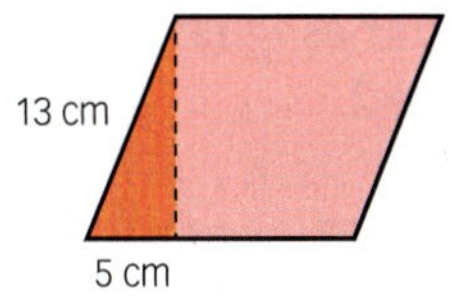

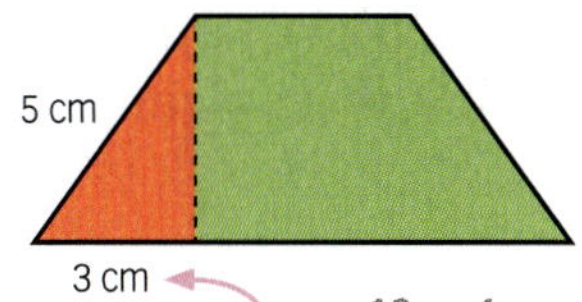

$\frac{10 - 4}{2} = 3$ cm

③ Aplicamos el teorema de Pitágoras y despejamos para calcular la medida desconocida.

a)

$$17^2 = 15^2 + \left(\frac{d}{2}\right)^2$$

$$\left(\frac{d}{2}\right)^2 = 17^2 - 15^2$$

$$\left(\frac{d}{2}\right)^2 = 64$$

$$\frac{d}{2} = 8 \rightarrow d = 16 \text{ cm}$$

b)

$$13^2 = h^2 + 5^2$$

$$h^2 = 13^2 - 5^2$$
$$h^2 = 169 - 25$$
$$h^2 = 144$$
$$h = 12 \text{ cm}$$

c)

$$5^2 = 3^2 + h^2$$

$$h^2 = 5^2 - 3^2$$
$$h^2 = 25 - 9$$
$$h^2 = 16$$
$$h = 4 \text{ cm}$$

④ Hallamos el área de cada figura.

$$A = \frac{30 \cdot 16}{2} = 240 \text{ cm}^2 \qquad A = 15 \cdot 12 = 180 \text{ cm}^2 \qquad A = \frac{(10 + 4) \cdot 4}{2} = 28 \text{ cm}^2$$

ACTIVIDADES

16 Calcula el área y el perímetro de estas figuras.

a) Rombo de diagonal menor 15 cm y lado 19,5 cm.

b) Trapecio isósceles de bases 6 cm y 9 cm y lados iguales de 2,5 cm.

17 La base de un rectángulo mide el triple que su altura. Escribe, en función de la altura:

a) El perímetro y el área.

b) La medida de sus diagonales.

18 Calcula el área y el perímetro de un cuadrado circunscrito a una circunferencia de radio 10 cm.

19 Calcula el perímetro y el área de un cuadrado inscrito en una circunferencia con estos radios.

a) 7 cm b) 8,5 cm c) 10 cm

20 La altura de un rectángulo mide 4,8 cm y su diagonal es de 14,8 cm. Calcula el perímetro y el área del rectángulo.

5.2. Área y perímetro de un polígono regular

El **perímetro de un polígono regular** es igual al producto de la medida de uno de sus lados por el número de lados, *n*.

$$P = n \cdot l$$

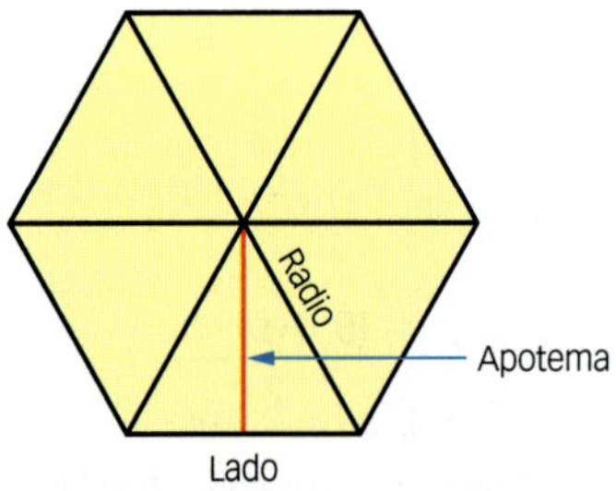

Cualquier polígono regular se puede descomponer en tantos triángulos isósceles iguales como número de lados tenga.

El área de cada triángulo es $A_t = \dfrac{l \cdot a}{2}$, donde *l* es el lado del polígono y *a* es la apotema. Para obtener el área del polígono hay que multiplicar por el número de triángulos en que lo hemos dividido:

$$A_{\text{Total}} = n \cdot A_t = n \cdot \frac{l \cdot a}{2} = \frac{n \cdot l \cdot a}{2} = \frac{P \cdot a}{2}$$

siendo *n* el número de lados y *P* el perímetro del polígono regular.

El **área de un polígono regular** es igual al producto de su perímetro por su apotema dividido entre 2.

$$A = \frac{P \cdot a}{2}$$

El área de un polígono regular también en función del lado es:

$$A = \frac{P \cdot a}{2} \xrightarrow{P = n \cdot l} A = \frac{n \cdot l \cdot a}{2}$$

El hexágono regular es el único polígono en el que el lado es igual al radio.

EJEMPLO

10. Calcula el perímetro y el área de estos polígonos regulares.

a)

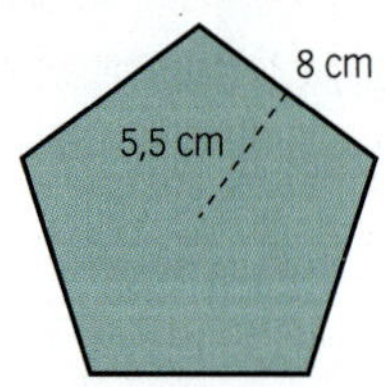

$P = n \cdot l = 5 \cdot 8 = 40$ cm

$A = \dfrac{P \cdot a}{2} = \dfrac{40 \cdot 5{,}5}{2} = 110$ cm^2

b)

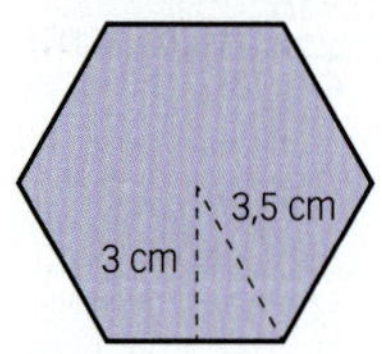

Por ser un hexágono regular: $l = r = 3{,}5$ cm

$P = n \cdot l = 6 \cdot 3{,}5 = 21$ cm

$A = \dfrac{P \cdot a}{2} = \dfrac{21 \cdot 3}{2} = 31{,}5$ cm^2

ACTIVIDADES

21 Halla el perímetro y el área de estos polígonos.

a)

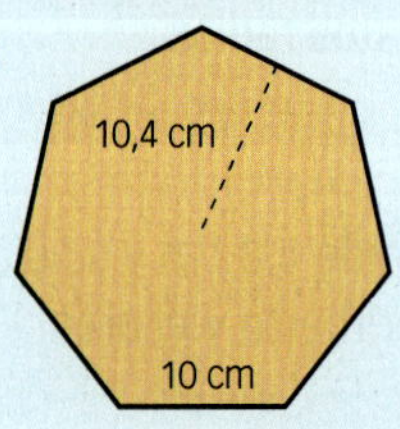

b)

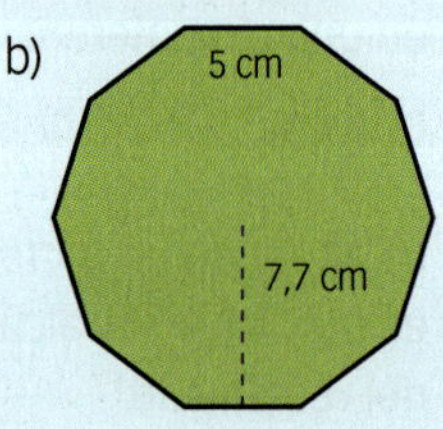

22 Averigua la medida del lado de este polígono regular de área 101 cm^2.

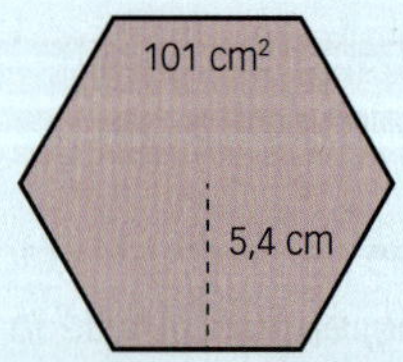

23 **REFLEXIONA.** Calcula la altura y el perímetro de un triángulo equilátero de área $\sqrt{3}$ cm^2.

Cómo se calcula el área de un polígono regular utilizando el teorema de Pitágoras

En los polígonos regulares, el radio, la apotema y la mitad del lado forman un triángulo rectángulo.

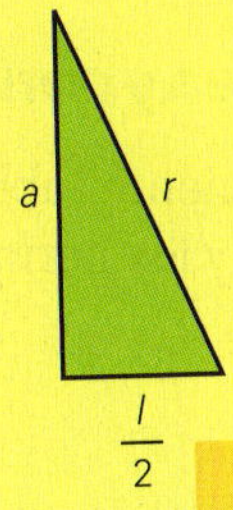

Calcula el área de estos polígonos regulares.

a)

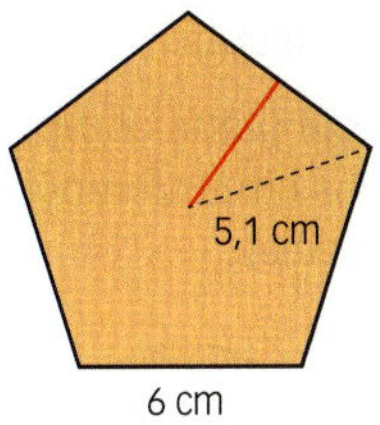

b)

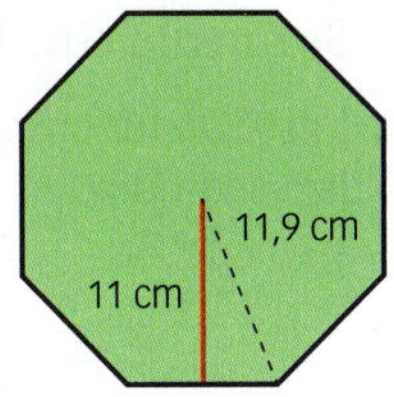

① Determinamos los elementos necesarios para calcular el área de la figura.

a) $A = \dfrac{n \cdot l \cdot a}{2}$

$n = 5$ lados

$l = 6$ cm

$a \rightarrow$ Desconocida

b) $A = \dfrac{n \cdot l \cdot a}{2}$

$n = 8$ lados

$l \rightarrow$ Desconocido

$a = 11$ cm

② Identificamos el triángulo rectángulo que determina la medida desconocida.

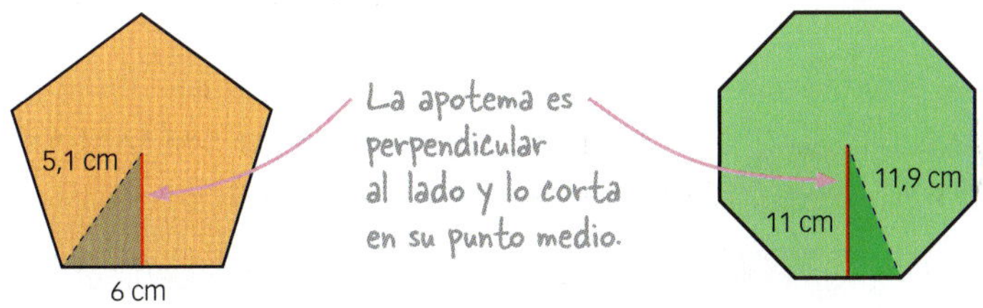

③ Aplicamos el teorema de Pitágoras y despejamos para calcular la medida desconocida.

$$5{,}1^2 = \left(\frac{6}{2}\right)^2 + a^2$$
$$26{,}01 = 9 + a^2$$
$$a^2 = 26{,}01 - 9 = 17{,}01$$
$$a = 4{,}12 \text{ cm}$$

$$11{,}9^2 = 11^2 + \left(\frac{l}{2}\right)^2$$
$$141{,}61 = 121 + \left(\frac{l}{2}\right)^2$$
$$\frac{l^2}{4} = 141{,}61 - 121 = 20{,}61$$
$$l^2 = 82{,}44 \rightarrow l = 9{,}08 \text{ cm}$$

④ Hallamos el área de la figura.

$$A = \frac{n \cdot l \cdot a}{2} = \frac{5 \cdot 6 \cdot 4{,}12}{2} = $$
$$= 61{,}8 \text{ cm}^2$$

$$A = \frac{n \cdot l \cdot a}{2} = \frac{8 \cdot 9{,}08 \cdot 11}{2} = $$
$$= 399{,}52 \text{ cm}^2$$

ACTIVIDADES

24 Halla el perímetro de estos polígonos.

a) Heptágono de radio 5 cm y apotema 4,5 cm.

b) Eneágono de radio 8 cm y apotema 7,5 cm.

25 Calcula el área de estos polígonos regulares.

a)

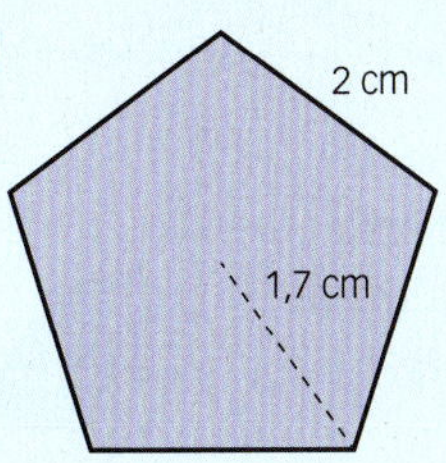

b)

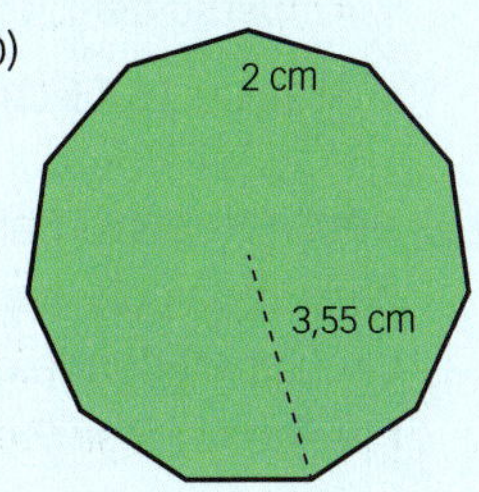

26 Calcula el perímetro y el área de estos hexágonos.

a)

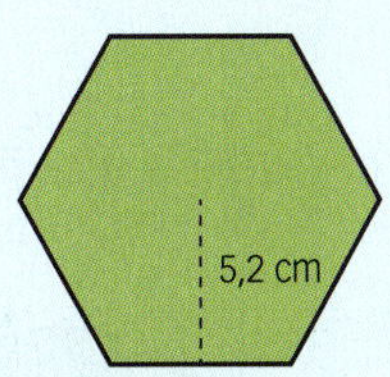

b)

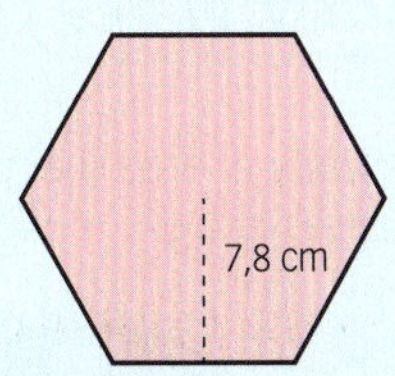

27 Calcula el radio de estos polígonos regulares.

a) Pentágono de área 42 cm^2 y apotema 3,4 cm.

b) Heptágono de área 102 cm^2 y apotema 5,5 cm.

c) Endecágono de área 81 cm^2 y apotema 5 cm.

5.3. Área y perímetro de figuras circulares

En la siguiente tabla puedes encontrar las fórmulas que te permitirán calcular las áreas y los perímetros de las figuras circulares.

Círculo	**Sector circular**	**Segmento circular**	**Corona circular**
Superficie plana contenida dentro de una circunferencia.	Parte de un círculo limitada por dos radios y un arco.	Parte de un círculo limitada por un arco y su cuerda.	Superficie plana comprendida entre dos circunferencias concéntricas.
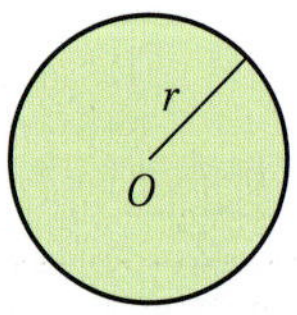	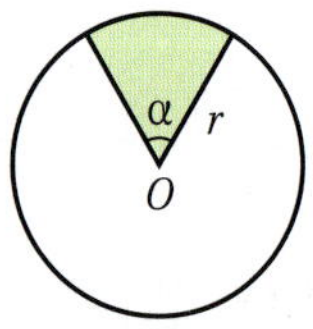	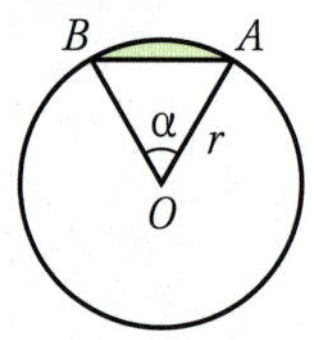	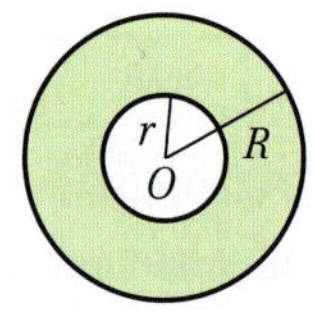
$P = 2\pi r$	$P = \dfrac{2\pi r\alpha}{360} + 2r$	$P = \dfrac{2\pi r\alpha}{360} + \overline{AB}$	$P = 2\pi(R + r)$
$A = \pi r^2$	$A = \dfrac{\pi r^2\alpha}{360}$	$A = A_{\text{Sector}} - A_{\text{Triángulo } OAB}$	$A = \pi(R^2 - r^2)$

RETO

Una araña, en 30 días, cubre con su tela un hueco circular. Cada día duplica la superficie hecha hasta entonces. ¿Cuánto tardarían entre dos arañas?

EJEMPLO

11. Calcula el perímetro y el área de estas figuras circulares.

a)

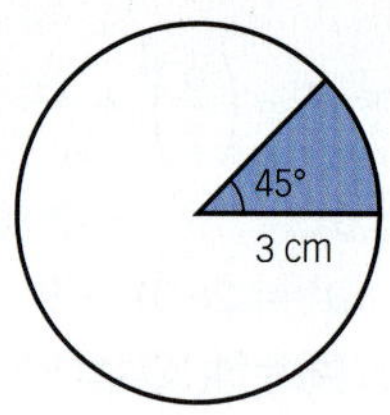

Es un sector circular.

$P = \dfrac{2\pi r\alpha}{360} + 2r = \dfrac{2\pi \cdot 3 \cdot 45}{360} + 2 \cdot 3$

$P = 8{,}36$ cm

$A = \dfrac{\pi r^2\alpha}{360} = \dfrac{\pi \cdot 3^2 \cdot 45}{360}$

$A = 3{,}53$ cm^2

b)

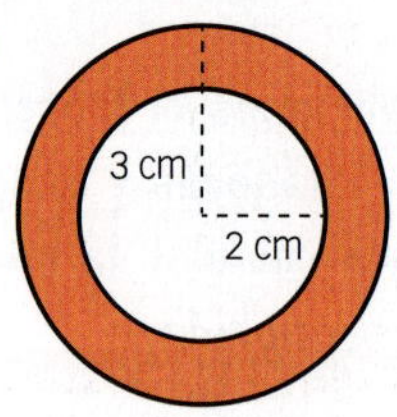

Es una corona circular.

$P = 2\pi(R + r) = 2\pi(3 + 2)$

$P = 10\pi = 31{,}4$ cm

$A = \pi(R^2 - r^2) = \pi(3^2 - 2^2)$

$A = 5\pi = 15{,}7$ cm^2

ACTIVIDADES

28 Halla el área y el perímetro de las siguientes figuras circulares.

a)

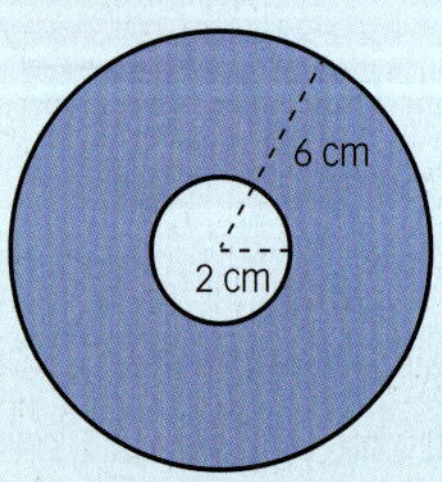

b)

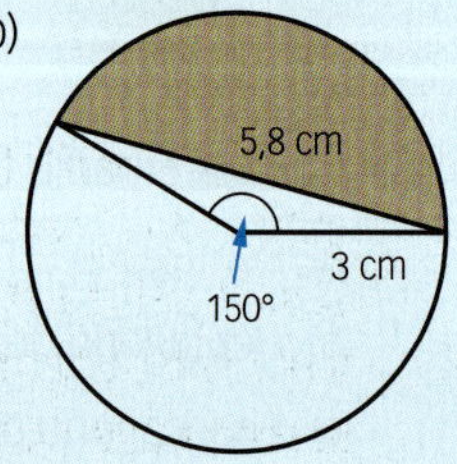

29 Calcula el radio de un sector circular con las siguientes características:

- Amplitud de 120°.
- Área de 16,76 cm^2.

30 **REFLEXIONA.** Calcula el área de la zona coloreada de la figura circular en donde $\alpha = 90°$, $r = 3$ cm y $R = 9$ cm.

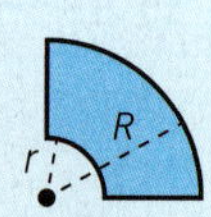

Cómo se calcula el área de una figura plana

La descomposición de una figura en otras más simples no es única, hay muchas posibilidades.

Calcula el área de esta figura plana.

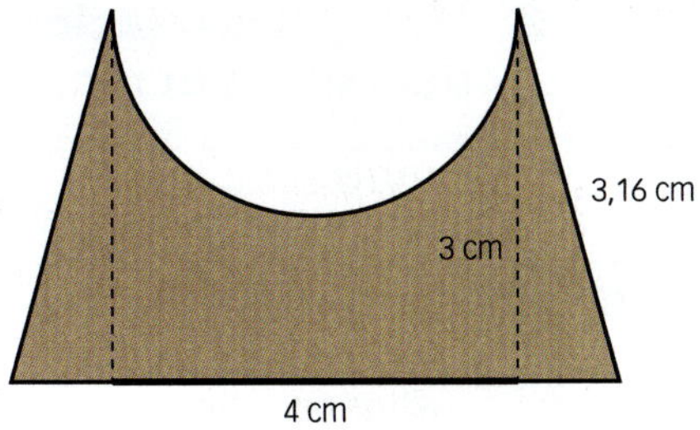

① **Descomponemos la figura en otras más sencillas cuyas áreas sepamos calcular.**

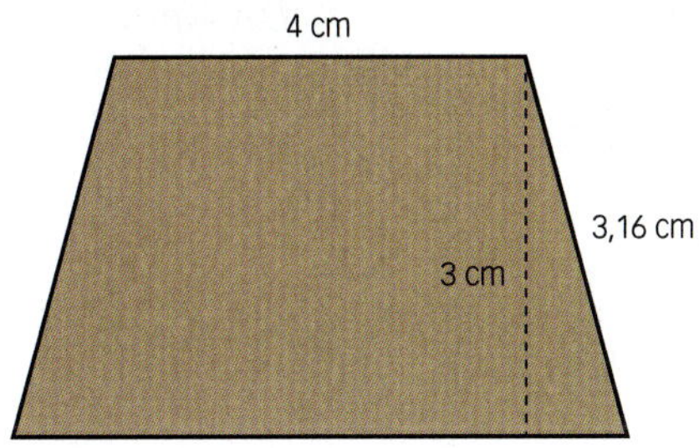

Trapecio de altura 3 cm, base menor 4 cm y lado 3,16 cm.

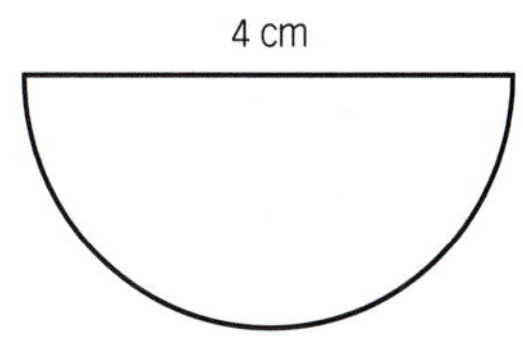

Semicírculo de radio $\frac{4}{2} = 2$ cm.

② **Hallamos las medidas que faltan en cada figura.**

Trapecio: calculamos la base mayor, B.

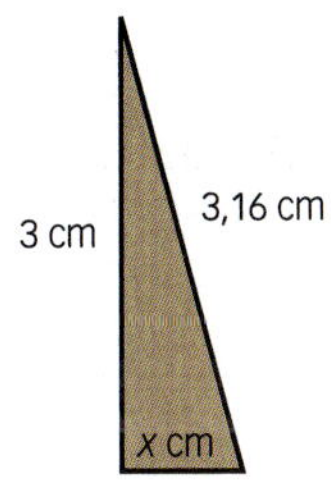

$3{,}16^2 = 3^2 + x^2$ ← Aplicamos el teorema de Pitágoras para averiguar x.

$x = \sqrt{3{,}16^2 - 3^2} = 1$ cm

$B - 4 + 1 + 1 - 6$ cm ← La base mayor es la base menor más dos veces la medida calculada.

③ **Calculamos cada una de las áreas de las figuras que se han obtenido en la descomposición.**

$A_{\text{Trapecio}} = \frac{(B + b) \cdot h}{2} = \frac{(6 + 4) \cdot 3}{2} = 15 \text{ cm}^2$

$A_{\text{Semicírculo}} = \frac{\pi r^2}{2} = \frac{\pi \cdot 2^2}{2} = 2\pi = 6{,}28 \text{ cm}^2$

④ **Operamos para obtener el área total.**

$A_{\text{Total}} = A_{\text{Trapecio}} - A_{\text{Semicírculo}}$

$A_{\text{Total}} = 15 - 6{,}28 = 8{,}72 \text{ cm}^2$

ACTIVIDADES

31 Calcula el área de la zona coloreada.

a)

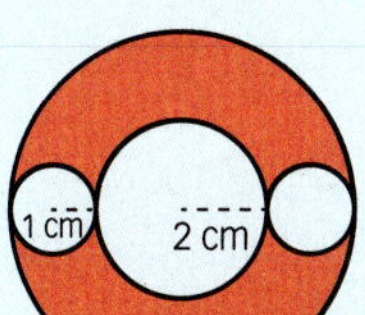

c)

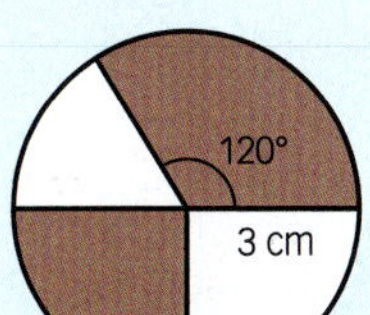

b)

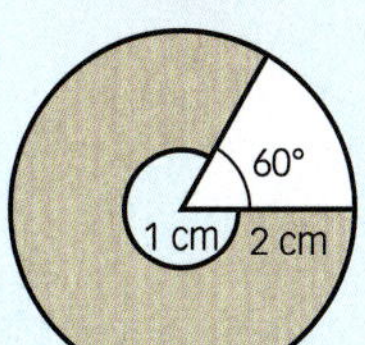

d)

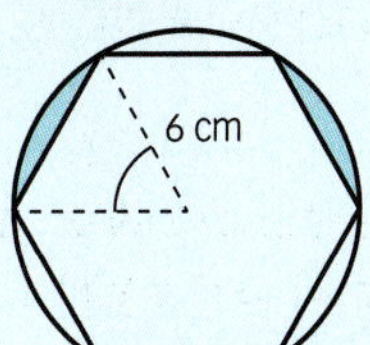

32 Halla el área de las siguientes figuras planas.

a)

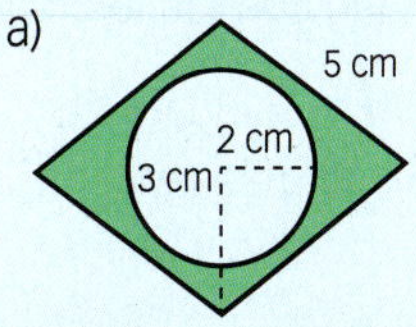

b)

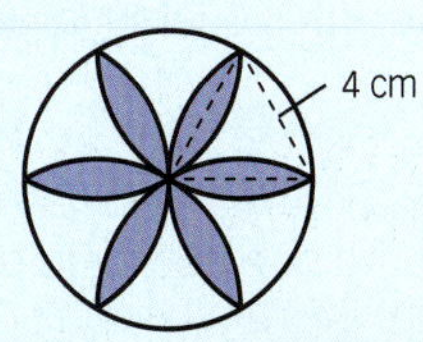

33 Calcula el área de la zona coloreada si se sabe que el lado del hexágono mide 2 cm y el radio de la circunferencia grande mide 4 cm.

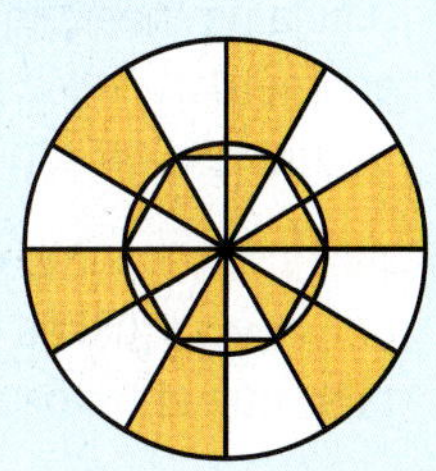

1. Conoce las propiedades de los puntos de la mediatriz y la bisectriz

34 ●○○ Dibuja el lugar geométrico de los puntos del plano que están a 10 cm del origen de coordenadas *O*(0, 0).

35 ●○○ Dibuja el lugar geométrico de los puntos del plano tales que su distancia a una recta *r* es 5 cm.

36 ●●○ Halla, dibuja y describe estos lugares geométricos.

a) Los puntos del plano que están a la misma distancia de los lados de un ángulo que mide 180°.

b) Los puntos del plano que están a la misma distancia de los extremos de un segmento que mide 12 cm.

c) Los puntos del plano que equidistan de dos vértices consecutivos de un rectángulo.

d) Los puntos del plano que equidistan de dos vértices no consecutivos de un cuadrado.

37 ●●○ Dibuja el lugar geométrico de los puntos del plano que:

a) Equidistan de dos rectas *r* y *s* que se cortan formando un ángulo de 60°.

b) Equidistan de dos rectas perpendiculares.

38 ●●○ **JUEGO.** Los pupitres de la clase deben estar dispuestos en filas y columnas.

Consideraremos como lugar geométrico el conjunto de las personas que cumplen una propiedad.

El profesor irá describiendo lugares geométricos como:

1. Lugar geométrico de las personas que tienen exactamente a 2 personas delante.
2. Lugar geométrico de las personas que se encuentran equidistantes de las paredes de la clase…

Debéis levantar la mano cuando seáis parte del lugar geométrico descrito. Quedarán eliminados aquellos estudiantes que no levanten la mano cuando les toca.

39 ●●○ INTERNET **MATEMÁTICAS Y… GEOGRAFÍA.** Ayúdate de un mapa para determinar la localidad más cercana al punto que equidista de Sevilla, Logroño y Málaga.

40 ●●○ Dibuja un triángulo cualquiera *ABC*. ¿Cuál es el lugar geométrico de los puntos *P* que cumplen que los segmentos *CP* son perpendiculares al segmento *AB*?

41 ●●○ **INVESTIGA.** Dibuja dos puntos *A* y *B* en una hoja de papel. ¿Cuál es el lugar geométrico de los puntos *C* tales que el triángulo *ABC* es rectángulo?

2. Maneja las relaciones entre ángulos definidos por rectas secantes y paralelas

ACTIVIDADES FLASH

42 ●○○ Si $\widehat{R}$ es un ángulo recto y *r* y *s* son rectas paralelas, determina la amplitud del resto de ángulos.

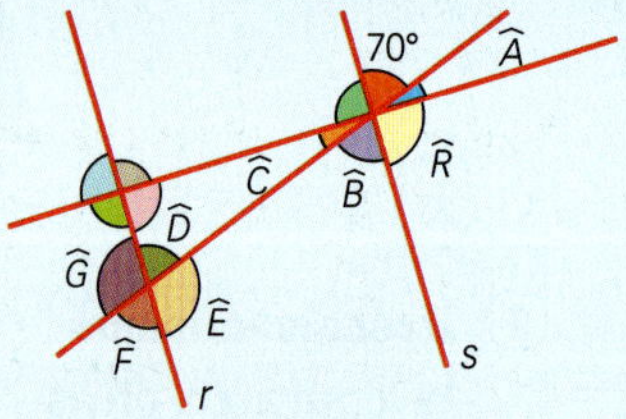

43 ●●○ Indica la medida de los ángulos coloreados.

a)

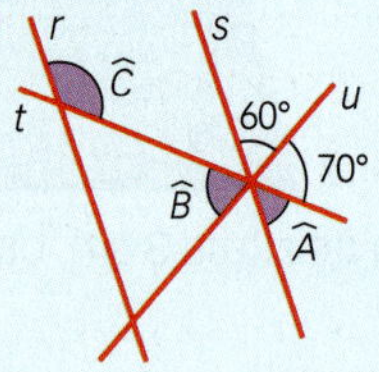

c)

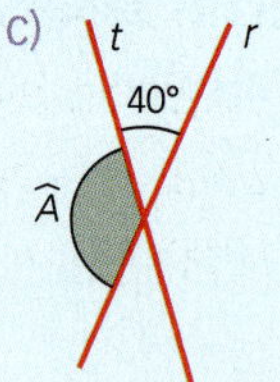

b)

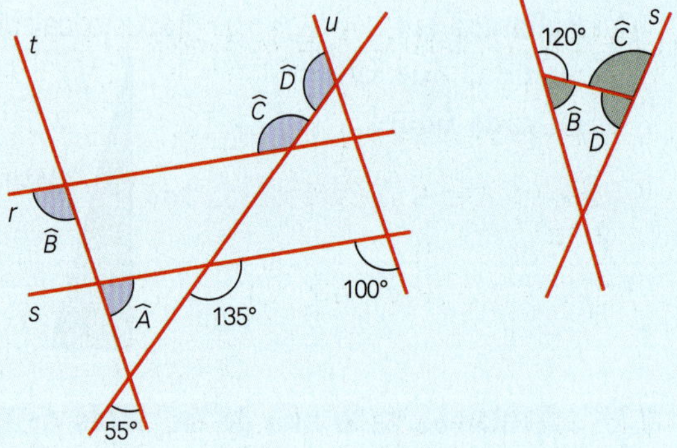

44 ●●○ Calcula la medida de los siguientes ángulos formados al intersecar cuatro rectas.

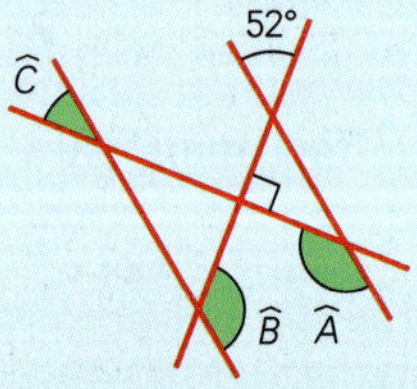

45 ●●● **RETO.** Prueba que, para los ángulos de la figura, se cumple que $\widehat{A} = \widehat{B} + \widehat{C}$.

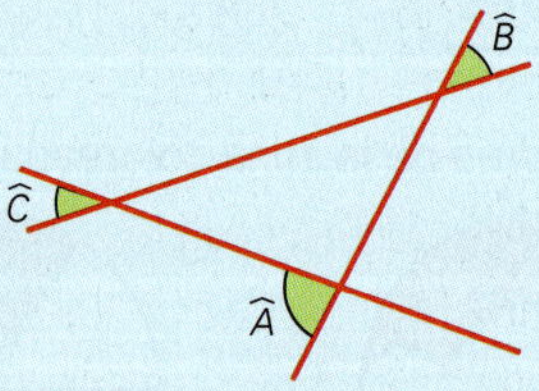

46 ●●● Calcula la medida del ángulo $\widehat{X}$.

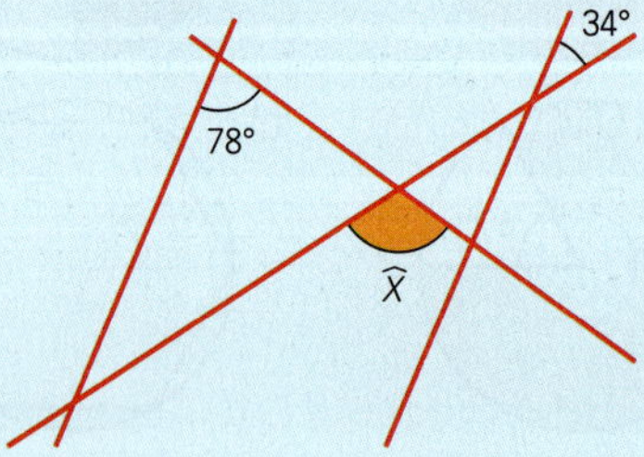

3. Calcula el perímetro y el área de polígonos y de figuras circulares

Teorema de Pitágoras

ACTIVIDADES FLASH

47 Di si estas medidas corresponden a los lados de un triángulo rectángulo.

a) 1, 2 y 3
b) 3, 4 y 5
c) 4, 5 y 8
d) 5, 7 y 9
e) 6, 8 y 10
f) 5, 5 y 10

48 Indica la medida del cateto que falta en estos triángulos rectángulos.

a) Un cateto mide 10 cm y la hipotenusa 26 cm.
b) Un cateto mide 9 cm y la hipotenusa 41 cm.
c) Un cateto mide 12 cm y la hipotenusa 37 cm.

49 **INVENTA.** Se llama terna pitagórica a tres números enteros *a*, *b* y *c* que cumplen $a^2 + b^2 = c^2$.

a) Comprueba si 5, 12 y 13 son una terna pitagórica.
b) ¿Son una terna pitagórica 13, 14 y 27? ¿Y $\sqrt{13}$, $\sqrt{14}$ y $\sqrt{27}$?
c) Escribe otra terna pitagórica.

Cómo se calcula la altura de un triángulo equilátero o isósceles

50 Determina la altura de estos triángulos.

a)

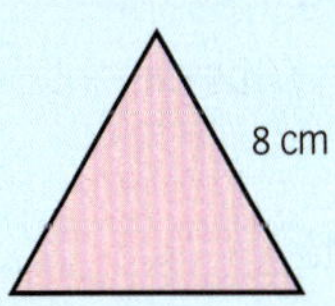

b)

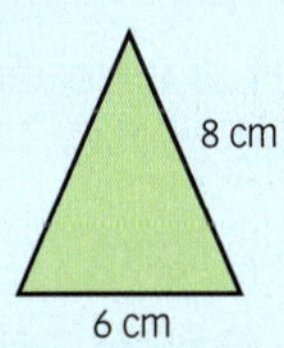

PRIMERO. Se aplica el teorema de Pitágoras al triángulo rectángulo de catetos la altura y la mitad de la base e hipotenusa el lado del triángulo.

a)

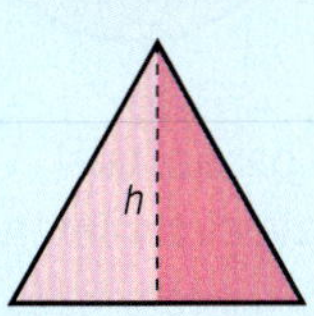

$8^2 = 4^2 + h^2$

b)

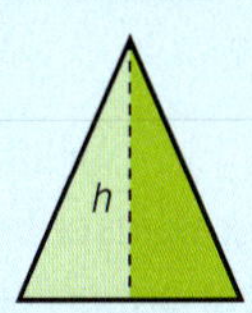

$8^2 = 3^2 + h^2$

SEGUNDO. Se despeja y se calcula la altura.

a) $8^2 = 4^2 + h^2$
$h^2 = 8^2 - 4^2 = 48$
$h = \sqrt{48} = 6,93$ cm

b) $8^2 = 3^2 + h^2$
$h^2 = 8^2 - 3^2 = 55$
$h = \sqrt{55} = 7,42$ cm

51 Calcula la altura de un triángulo:

a) Equilátero de perímetro 30 cm.
b) Isósceles cuyos lados iguales miden 12 cm y su perímetro 31 cm.

52 La altura de un triángulo equilátero mide 4,33 cm, ¿cuánto mide su lado?

53 El lado desigual de un triángulo isósceles mide 36 cm y la altura 45 cm. ¿Cuánto miden los lados iguales?

54 Calcula el perímetro de este triángulo rectángulo del que se conocen las siguientes longitudes.

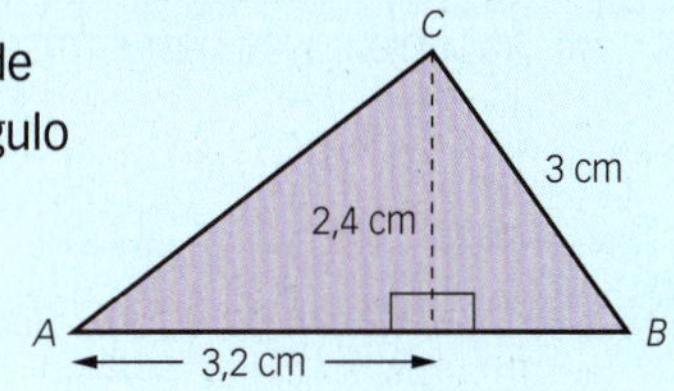

55 **INVESTIGA.** Indica razonadamente cuál es la expresión para hallar la altura en la figura.

a) $b^2 + 1$
b) $\sqrt{b^2 + a^2}$
c) $\sqrt{b^2 - 1}$
d) $\sqrt{b^2 + 1}$

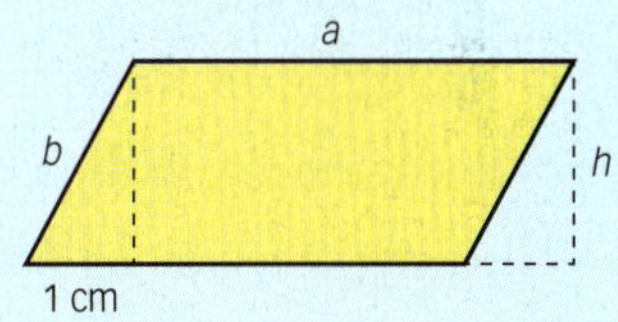

56 Calcula la distancia que falta en cada caso.

a)

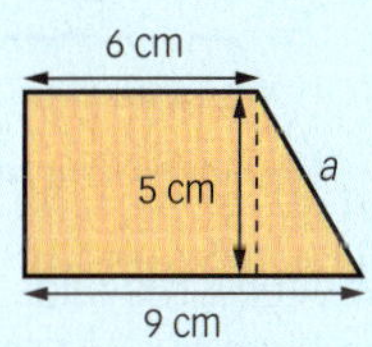

b)

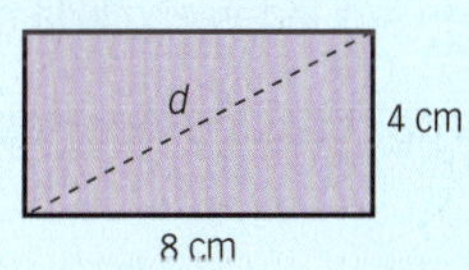

c)

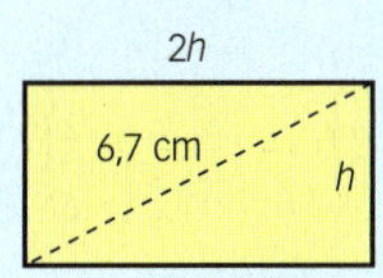

d)

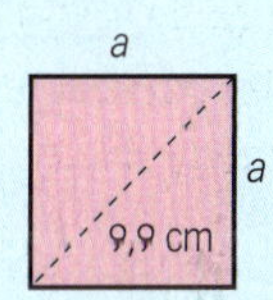

e)

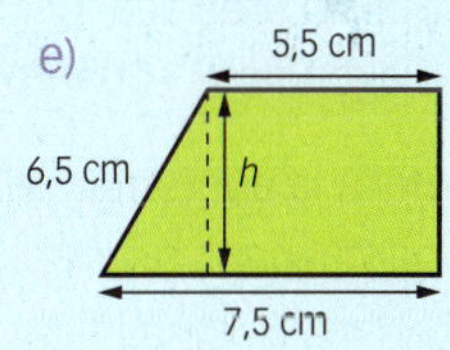

f)

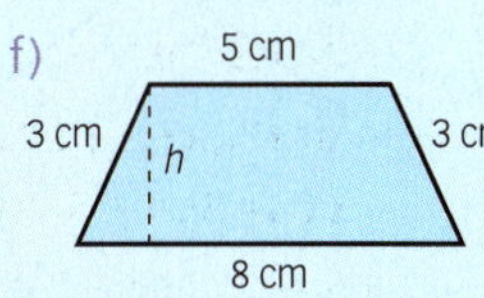

57 **INVESTIGA.** El lado de un cuadrado mide 2 cm. Di cuánto habría que aumentar o disminuir el tamaño del lado para que la nueva diagonal mida:

a) El doble que la original.
b) La mitad que la original.

58 **RETO.** Para que la distancia desde el punto *P* a *C* sea la misma que desde el punto *P* a *D*, ¿a qué distancia tienes que colocar el punto *P* de *A*?

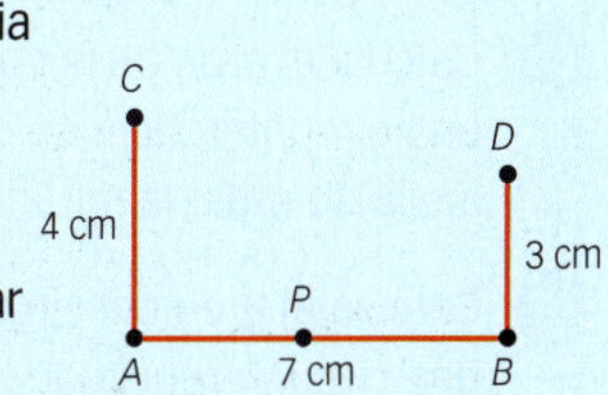

ACTIVIDADES FINALES

Áreas y perímetros

ACTIVIDADES FLASH

59 Calcula el área de cada una de estas figuras.

a) Cuadrado de perímetro 28 cm.

b) Triángulo rectángulo isósceles de catetos 5 cm.

c) Romboide cuya base mide 8 cm y la altura mide la mitad de la base.

d) Trapecio cuyas bases miden 4 y 8 cm y su altura es 5 cm.

60 Calcula el área de estas figuras.

a) Rectángulo de base 5,7 cm y diagonal 18,5 cm.

b) Rombo cuyo perímetro es 62,8 cm y una diagonal mide 17 cm.

c) Heptágono regular de lado 13 cm y apotema 13,5 cm.

d) Decágono regular de lado 6,8 cm y apotema 10,46 cm.

e) Hexágono regular de lado 9 cm.

61 Halla el área de estos trapecios isósceles.

a)

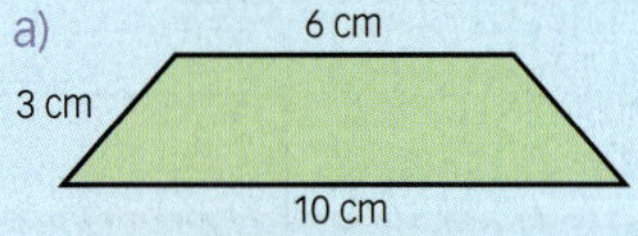

b)

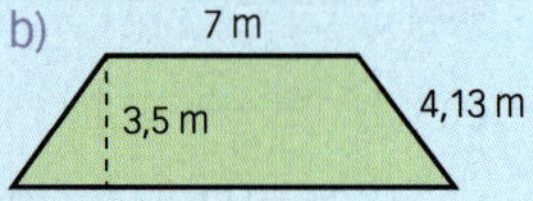

62 **INVENTA.** Dibuja dos rombos diferentes tales que su área sea 12 cm². ¿Cuánto pueden medir sus diagonales? ¿Cuánto miden sus lados en cada caso?

63 Halla la apotema y el área de cada uno de estos pentágonos regulares.

a)

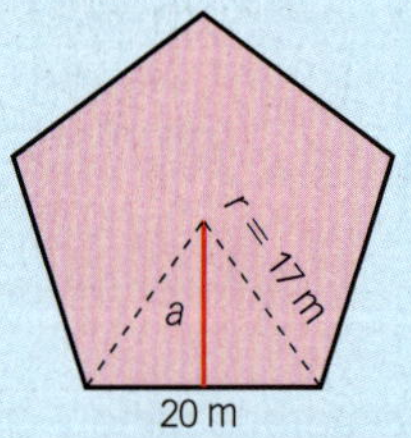

b)

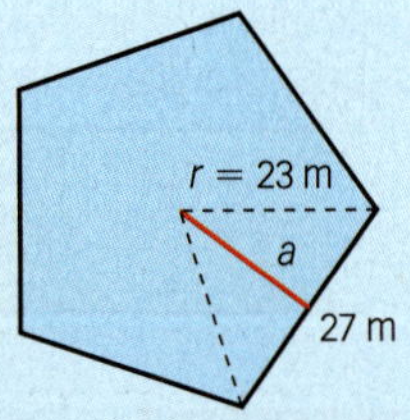

64 Calcula el perímetro y el área de un sector circular de 75° de amplitud en un círculo de radio 14 cm.

65 Calcula la longitud de un arco de 50° en una circunferencia de diámetro 13 cm.

66 Calcula el área de la corona definida entre una circunferencia de radio 9 cm y otra concéntrica a ella de radio la mitad de la primera.

67 Calcula el área del círculo encerrado por una circunferencia de longitud 30,16 cm.

68 Calcula el perímetro y el área de las zonas coloreadas.

a)

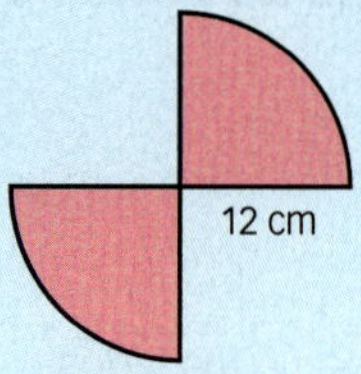

c)

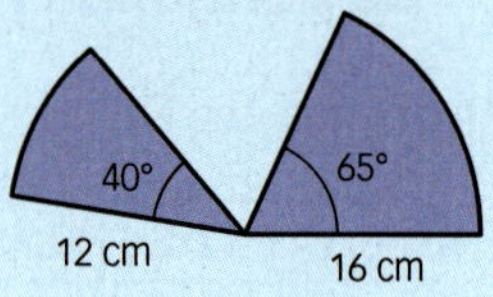

b)

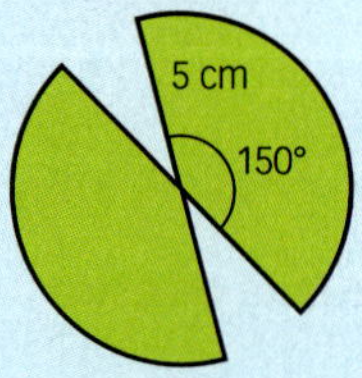

d)

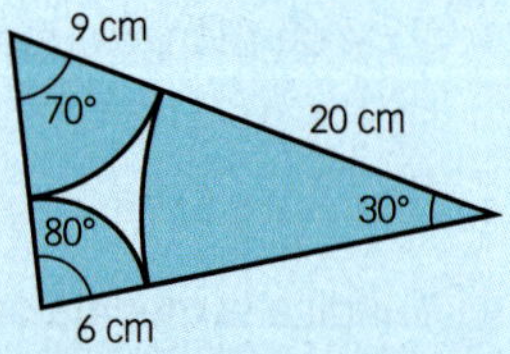

69 Calcula el perímetro y el área de un triángulo isósceles cuyos lados iguales miden 6 cm y el desigual mide 4,8 cm.

70 ¿Qué altura tiene un triángulo de área 8,25 cm² si la base mide 6,6 cm?

71 Un decágono regular tiene 15,39 cm de apotema y ocupa un área de 769,5 cm². Calcula su lado.

72 **INVESTIGA.** ¿Cuál es el perímetro de un romboide de 21 cm² de área si uno de sus lados mide 4 cm y la altura es 3,5 cm?

73 **INVESTIGA.** Dado un rectángulo cuyos lados miden 4 cm y 9 cm, decide si es verdadero o falso.

a) El área de un cuadrado con el mismo perímetro es 169 cm².

b) El perímetro de un cuadrado con igual área es 24 cm.

c) El área de un rectángulo cuyas dimensiones son el doble es $2 \cdot 36 = 72$ cm².

74 Observa la figura y contesta.

a) ¿Cuál es el perímetro del círculo?

b) ¿Cuál es la diferencia entre el área de ambas figuras?

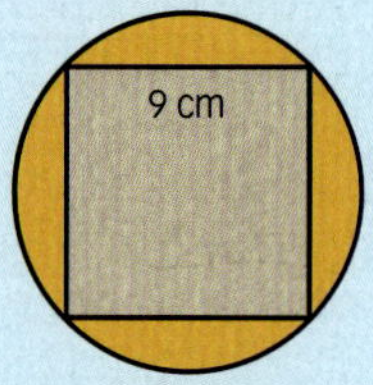

75 **INVESTIGA.** Decide, para cada pareja, cuál de las figuras inscritas en la misma circunferencia tiene mayor superficie.

a) Triángulo y cuadrado.

b) Cuadrado y hexágono.

c) Cuadrado y octógono.

d) Hexágono y octógono.

76 Calcula la medida de cada lado de un triángulo rectángulo isósceles sabiendo que su área es 84,5 cm².

77 ¿Cuál es el área de un triángulo equilátero de altura 10 cm?

78 Halla el perímetro y el área de un rectángulo de 12 cm de diagonal y del que se sabe que su base es tres veces su altura.

79 Calcula el área de un trapecio rectángulo de 34,7 cm de perímetro si su altura es 11 cm, la base mayor es doble que la menor y el lado oblicuo mide 11,7 cm.

80 Calcula las dimensiones de un rectángulo de área 28 cm^2 y diagonal 8,06 cm.

81 Calcula la altura de cada uno de los seis triángulos que forman dos radios consecutivos y un lado en un hexágono regular de 24 cm de perímetro, y halla el área de dicho hexágono.

82 **RETO.** Calcula el área de cada una de las piezas de este tangram chino. ¿Cuánto suman en total las áreas de todas las piezas?

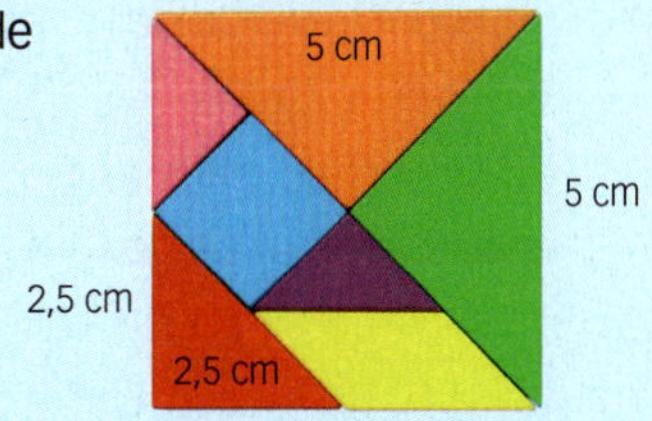

83 **RETO.** Calcula el área de las zonas coloreadas.

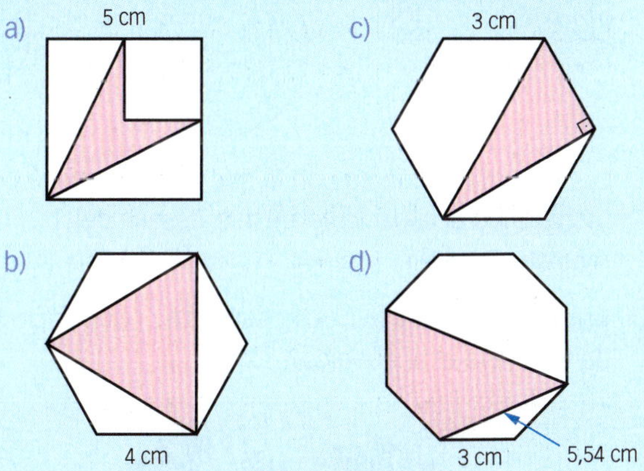

84 Calcula la amplitud de un sector circular de área 12,57 cm^2 que pertenece a un círculo de radio 6 cm.

85 Calcula la longitud de un arco de 80° para una circunferencia cuya longitud es 59,7 cm.

86 Calcula la longitud de un arco de 110° en un círculo de área 78,54 cm^2.

87 **RETO.** El camino verde va directamente desde A hasta E, y el azul lo hace a través de cuatro trayectos.

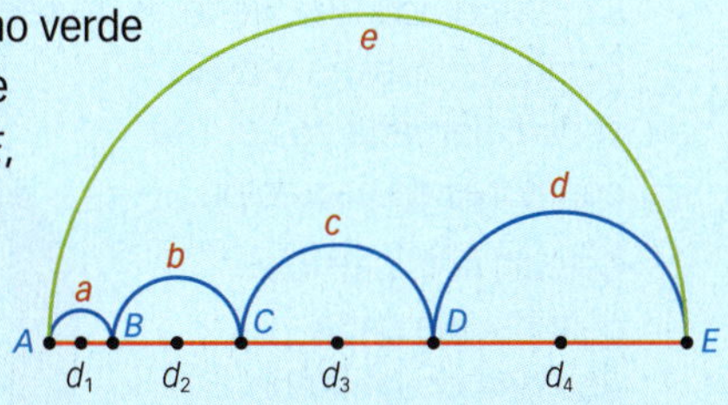

Si todos los caminos son semicircunferencias donde los diámetros cumplen que $d_2 = 2d_1$, $d_3 = 3d_1$ y $d_4 = 4d_1$, ¿qué camino es más largo?

88 Calcula el perímetro y el área de las siguientes figuras.

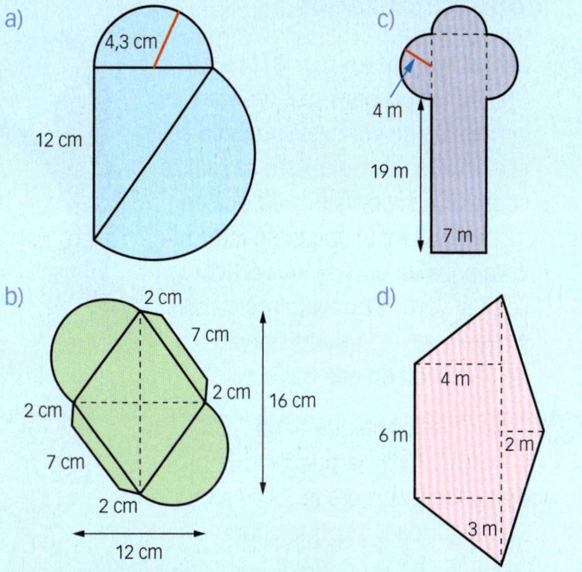

89 **RETO.** Halla el área de la zona coloreada sabiendo que el diámetro de la circunferencia es 10 cm.

90 Calcula el área de las zonas coloreadas.

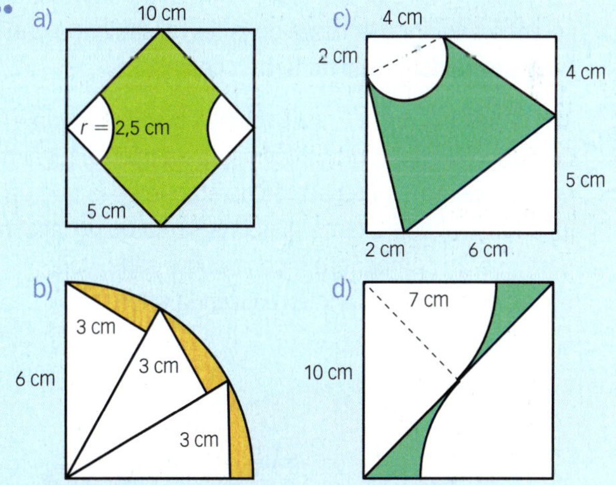

91 El área de la zona coloreada es 206,4 cm^2. Calcula el perímetro y el área del pentágono.

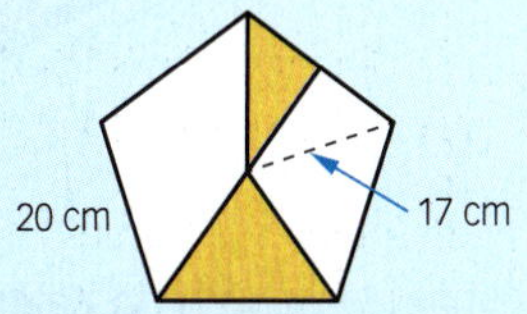

92 Calcula el área de la región coloreada.

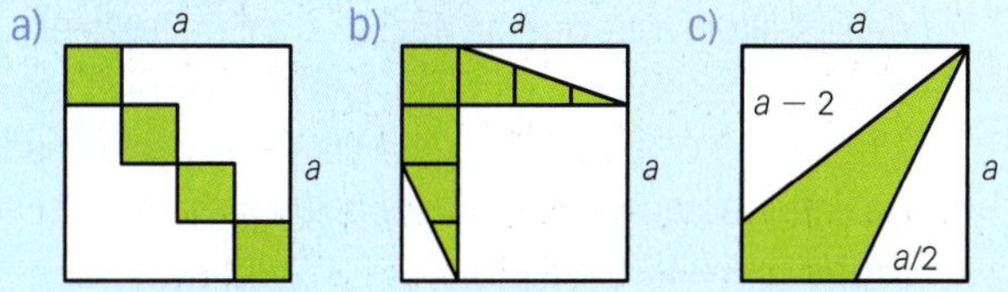

4. Calcula perímetros y áreas en problemas contextualizados

93 ●○○ **MATEMÁTICAS Y... GIMNASIA.** Una de las pruebas que realizan las gimnastas de gimnasia artística es el ejercicio de suelo. Este se realiza sobre una superficie cuadrada de 12 m × 12 m. Si una gimnasta comienza en uno de los vértices y llega al vértice opuesto realizando giros y vueltas, ¿qué distancia ha recorrido en ese trayecto?

94 ●○○ Esta es la forma que tiene la cerradura de la puerta de un local comercial. Por seguridad, hay que cubrir con una chapa de metal exactamente este orificio. ¿Qué superficie de metal necesitamos?

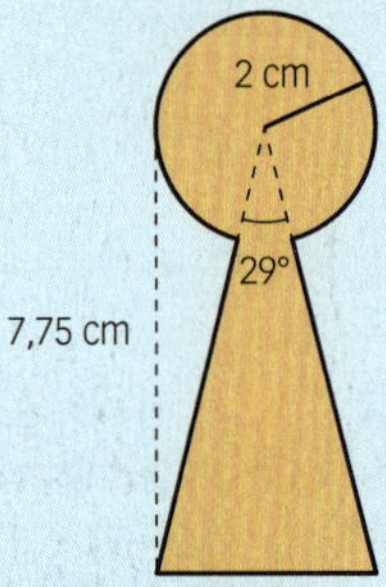

95 ●●○ En una calle se ha construido una mediana que se desea rellenar con arbustos.

La mediana tiene 80 cm de ancho y su longitud es de 240 m. Cada arbusto necesita una superficie de 80 cm × 25 cm. Calcula el número de arbustos que se debe adquirir y el coste de la tierra, sabiendo que cada metro cuadrado de tierra cuesta 15 €.

96 ●●○ **MATEMÁTICAS Y... BALONCESTO.** En lenguaje deportivo, se denomina *alley oop* a un tipo de jugada en baloncesto. Es una acción de ataque en la que un jugador o jugadora lanza la pelota cerca de la canasta para que un compañero o compañera salte, coja el balón en el aire y anote realizando un mate.

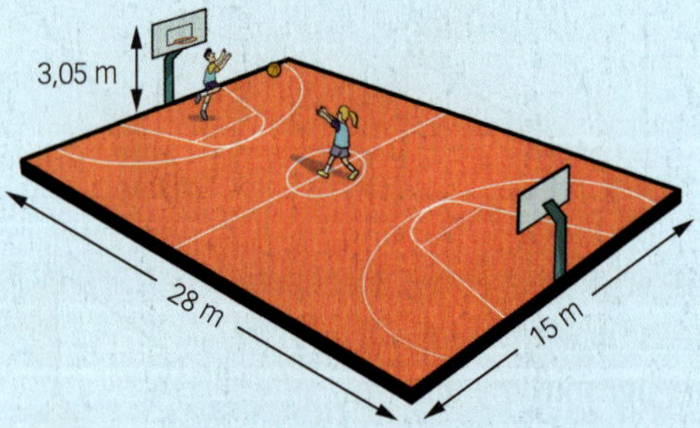

En un partido de baloncesto la base ha hecho, desde el centro de la pista, un pase recto en *alley oop* a uno de sus ala-pívots, que ha cogido el balón justo en el aro para anotar la canasta. Sabiendo que el aro está situado a 3,05 de altura, ¿qué distancia aproximada, en línea recta, ha recorrido el balón en el pase si salió desde una altura de 1 m?

97 ●○○ **MATEMÁTICAS Y... TRANSPORTES.** En los aeropuertos se debe pasar un control para el que se reserva una zona en la que establecen pasillos con cintas. Este plano muestra la zona de control de un aeropuerto.

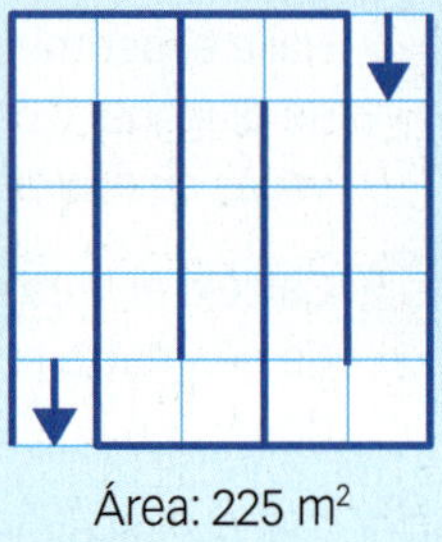

Calcula la longitud de la cinta azul que delimita el acceso.

98 ●●○ La familia Gómez quiere instalar una piscina, pero desea reservar un espacio verde de entre 60 y 75 m^2.

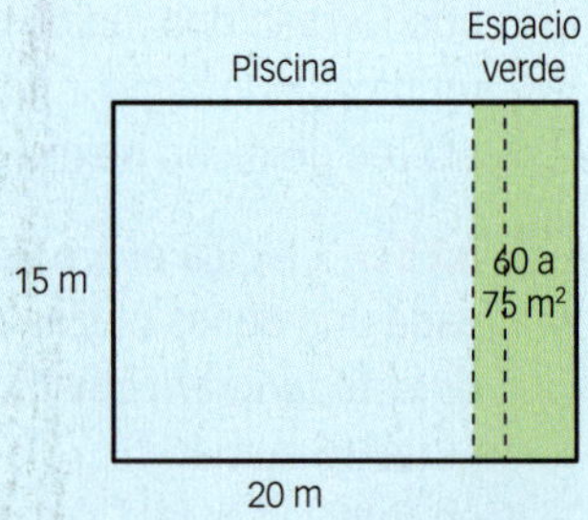

Estas son las piscinas que les han ofrecido.

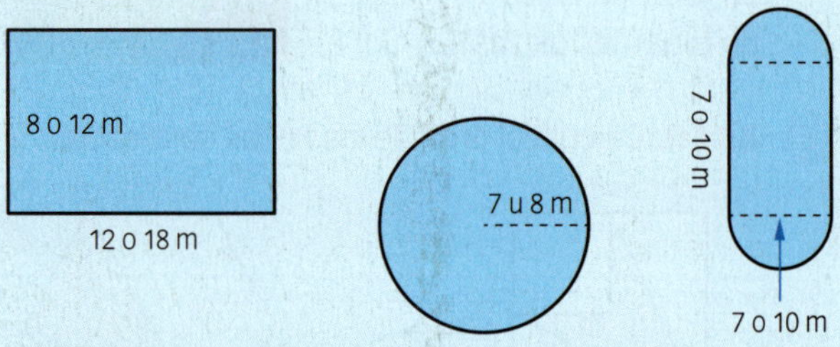

Les gustaría quedarse con la que más superficie ocupe respetando el espacio verde que desean dejar. Ayúdalos a elegir.

99 ●●○ **MATEMÁTICAS Y... ARTESANÍA.** ¿Qué superficie de tela lleva este abanico?

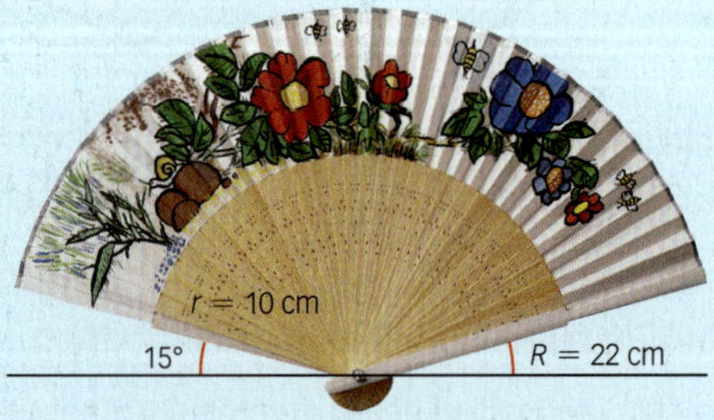

100 ●●○ Esta rotonda se suele adornar con flores. La temporada que viene, el diseño será como se muestra y cada zona coloreada se cubrirá con flores de ese color.

Calcula la superficie destinada a cada tipo de flor sabiendo que la longitud de la circunferencia que define la rotonda es de 66,59 m.

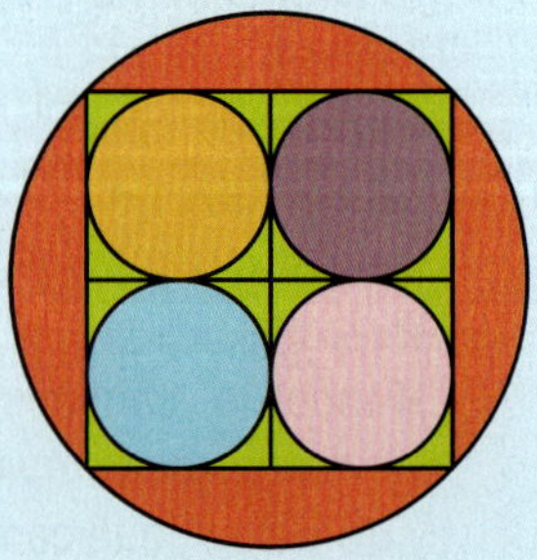

(101) **MATEMÁTICAS Y... PUBLICIDAD.** Algunas empresas son identificadas por sus logos. Muchos de ellos son figuras geométricas simples o composición de varias. Calcula el área de estos logos.

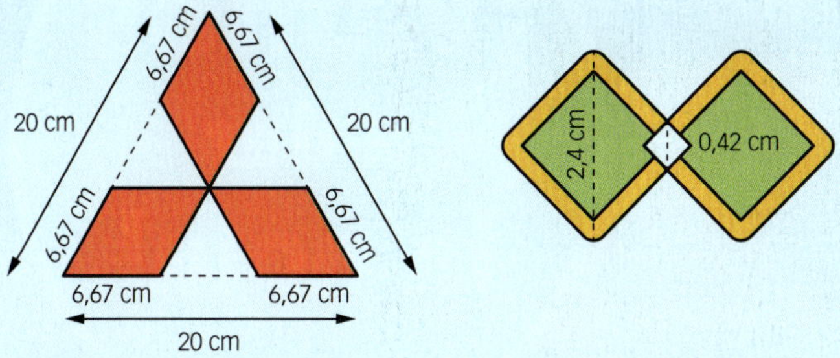

(102) **MATEMÁTICAS Y... ARTE.** A lo largo de la geografía española se pueden encontrar ejemplos de distintos tipos de arcos. Indica el proceso para calcular la longitud de cada uno de ellos para un determinado radio *r*.

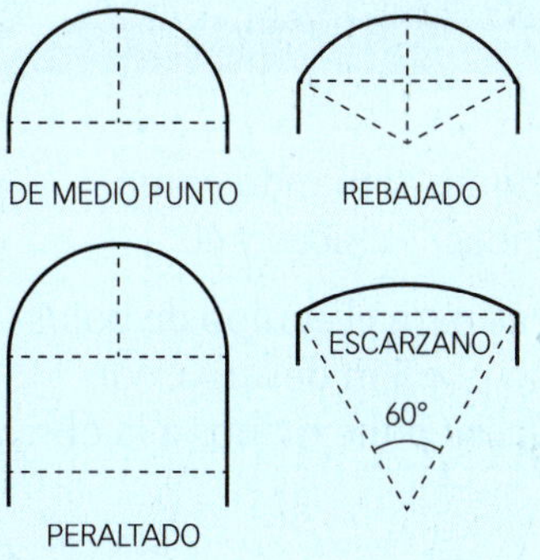

(103) Un camión 2,5 m de ancho quiere pasar por un túnel semicircular de radio 6,5 m. Calcula la altura máxima que puede tener para atravesar el túnel.

FAKE NEWS

Se concentran más de un millón de personas en la Puerta del Sol de Madrid a causa de la manifestación.

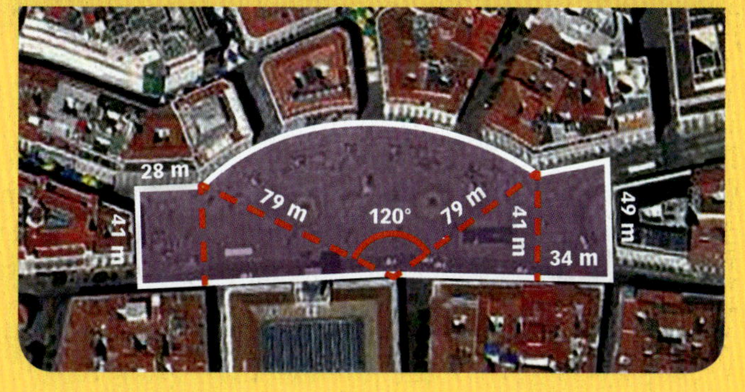

Y tú, ¿qué opinas?

PROBLEMAS APARENTEMENTE DISTINTOS

(104) Calcula y compara las áreas de estas figuras.

a) 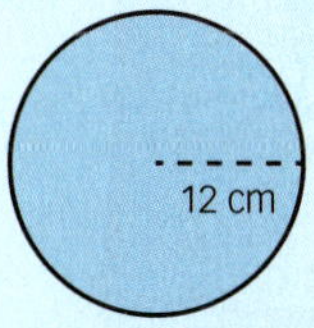

b) 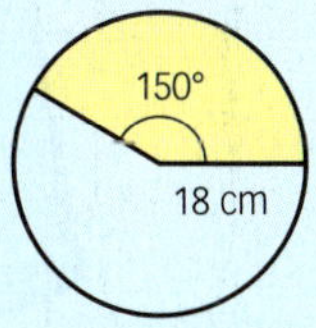

(105) Mi hermana se refresca con un abanico que abre 150° y mide 18 cm de longitud, y yo con un paipái de 24 cm de diámetro. Si la cantidad de aire que desplazan depende de su superficie, ¿quién se refresca más?

(106) Calcula el área de estos polígonos sabiendo que su lado mide 6 m. ¿Cuál es el polígono de mayor área?

a) Un triángulo equilátero.

b) Un cuadrado.

c) Un hexágono regular.

(107) Un pastor quiere hacer un redil para guardar sus ovejas durante la noche. Para ello dispone de seis vallas iguales de 6 m de longitud. Si no tiene por qué utilizar todas las vallas, ¿qué forma debe tener el redil para que la superficie sea máxima? ¿Cuál es la superficie que le queda para el ganado?

(108) Halla el área de las figuras y su diferencia.

a) Un hexágono regular de 12 mm de apotema.

b) Un círculo cuyo radio mide 11 mm.

(109) Una empresa fabrica tuercas y tornillos con estas medidas.

¿Cuál es la superficie de metal de la parte superior de la tuerca?

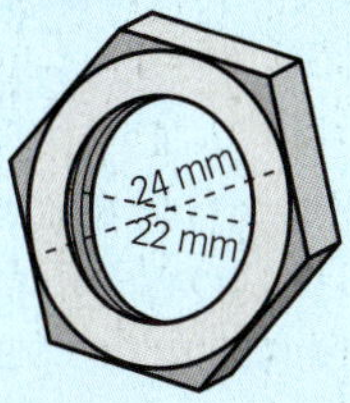

¡Vamos a dar la nota!

A sus 16 años, Mario comienza a realizar sus propias creaciones tomando como improvisados modelos a las 7 personas de su pandilla, 3 chicos, 3 chicas y él.

Se ha propuesto como reto diseñar y realizar unas camisetas para el equipo de bolos que forman. Partiendo de un rollo de tela de 1,2 m de ancho por 5 m de largo, con las características apropiadas de elasticidad y transpiración, se pone manos a la obra.

Patrones para confeccionar una camiseta

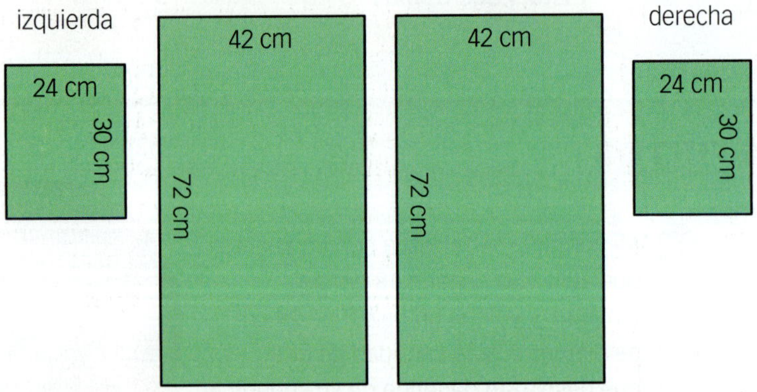

Medidas y colocación

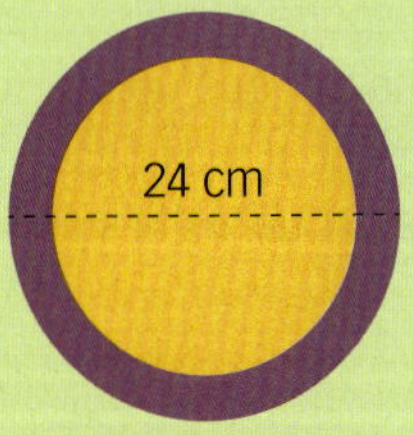

Círculo

Círculo de 24 cm de diámetro con borde de color morado e interior de color anaranjado.

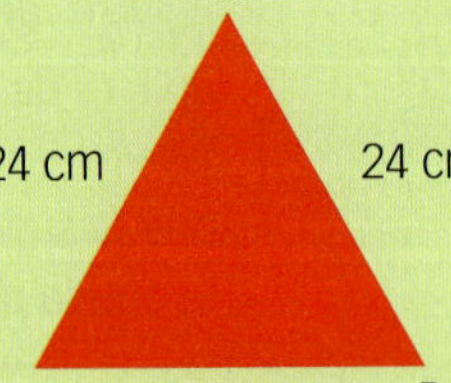

Triángulo

Triángulo equilátero de lado igual al diámetro del círculo con interior rojo.

Colocación

Uno de los vértices del triángulo colocado sobre el centro del círculo y su lado opuesto perpendicular al suelo.

1 Paso a paso

Se comienza con las camisetas. Sobre las medidas habrá que hacer alguna variación pues 4 de los miembros del equipo prefieren la ropa más ajustada, a Mario le vale la normal y los 2 últimos prefieren llevar la camiseta un poco más holgada.

- ¿Qué cantidad de tela necesita para confeccionar una camiseta normal?
- Para la versión ajustada, será suficiente reducir 2 cm de ancho para el frontal y la espalda y 2,5 cm para el ancho de la manga. ¿Qué cantidad de tejido es necesario para una camiseta ajustada?
- Para la versión holgada basta con añadir 1,5 cm tanto de ancho como de largo a la manga y 2,5 cm de ancho y 3,5 cm de largo al frontal y la espalda. ¿Qué cantidad de tejido necesita para la versión ancha?

2 El logo del equipo

Mario va a preparar ahora el logo del equipo, lo que le dará una personalidad única a la camiseta.

Primero tiene que decidir la posición en la que va a colocar el logo en las camisetas.

Una vez tomada esta decisión, tiene que saber cuánto ocupa cada logo para poder dibujarlos con un tamaño adecuado y, después, tintarlos.

- ¿Qué área de tela ocupará el círculo?
- ¿Cuánto ocupará el triángulo?
- ¿Cuál es el área total que ocupará la figura del logo?

3 El equipo espera

Llega el momento de la verdad. Mario comienza a marcar las piezas de tela que tiene que recortar para crear los logos.

Para ello, utiliza una regla, un compás y unas pinturas especiales para camisetas.

Al pintar y recortar las dos primeras piezas de tela, empieza a dudar si tendrá tela suficiente para hacer todos los logos.

- ¿Qué área ocuparán todas las camisetas juntas?
- ¿Tiene tela suficiente para confeccionarlas?
- ¿Cómo debería colocar las distintas piezas sobre el rollo de tela para que no faltase?

RESUMEN DE UNIDAD

MEDIATRIZ

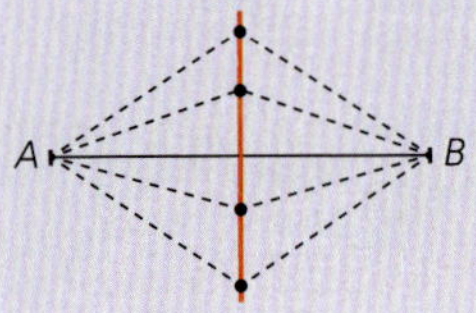

BISECTRIZ

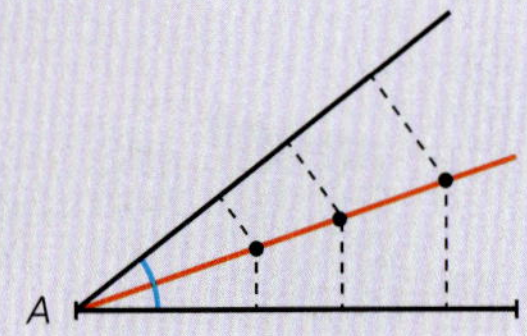

ÁNGULOS

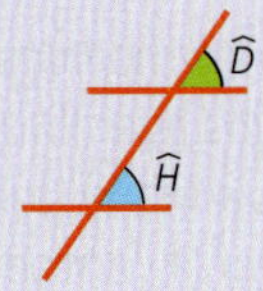

Correspondientes

$\widehat{D} = \widehat{H}$

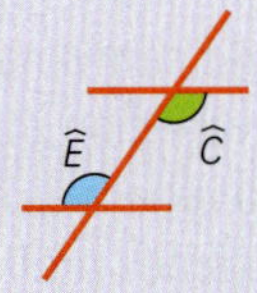

Alternos internos

$\widehat{C} = \widehat{E}$

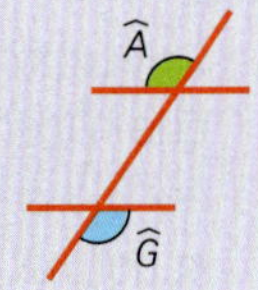

Alternos externos

$\widehat{A} = \widehat{G}$

ÁREA DE TRIÁNGULOS Y CUADRILÁTEROS

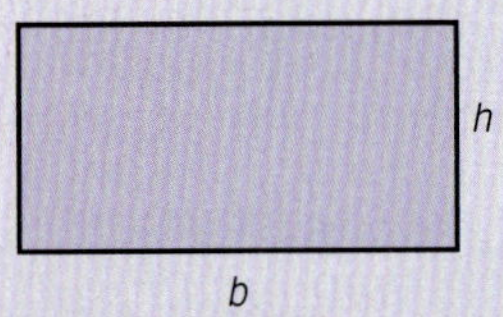

$A = b \cdot h$

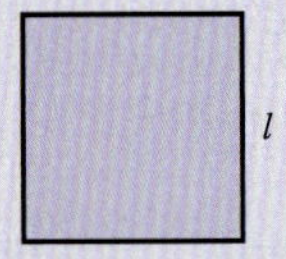

$A = l^2$

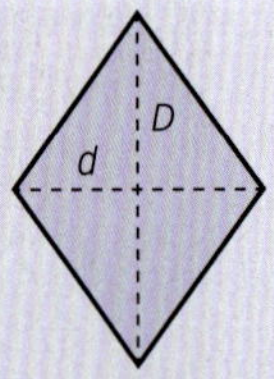

$A = \dfrac{D \cdot d}{2}$

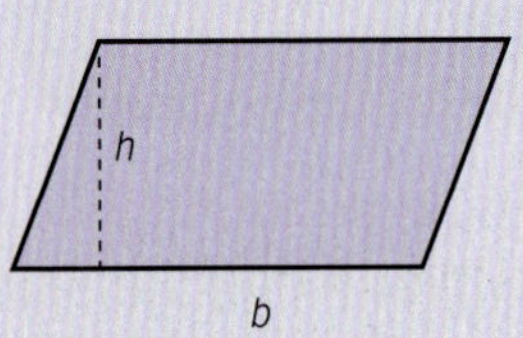

$A = b \cdot h$

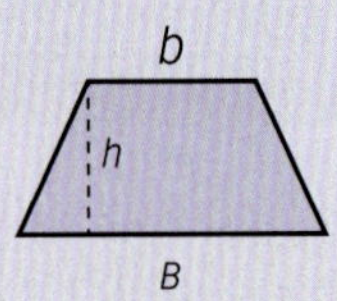

$A = \dfrac{(B + b) \cdot h}{2}$

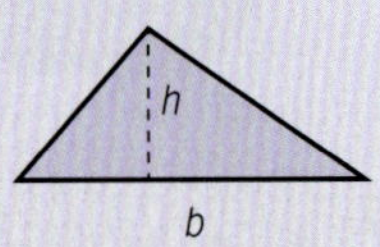

$A = \dfrac{b \cdot h}{2}$

ÁREA DE UN POLÍGONO REGULAR

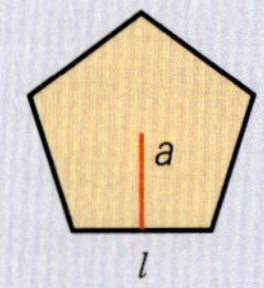

$A = \dfrac{P \cdot a}{2}$

ÁREA DE FIGURAS CIRCULARES

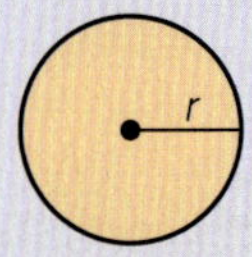

$A = \pi r^2$

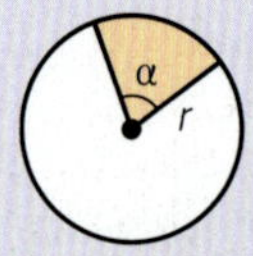

$A = \dfrac{\pi r^2 \alpha}{360}$

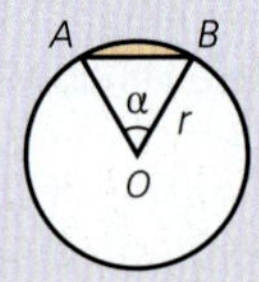

$A = A_S - A_{OAB}$

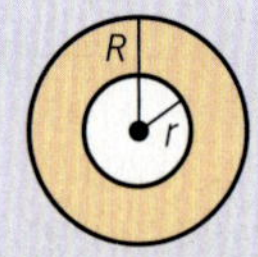

$A = \pi(R^2 - r^2)$

AUTOEVALUACIÓN

1. Conoce las propiedades de los puntos de la mediatriz y la bisectriz

1 ¿Qué describe el lugar geométrico de los puntos que distan 2 cm del punto $P(1, 1)$?

a) Dos puntos.
b) Una recta.
c) Una circunferencia.
d) Un círculo.

2. Maneja las relaciones entre ángulos definidos por rectas secantes y paralelas.

2 ¿Cuáles de los siguientes pares de ángulos no miden lo mismo?

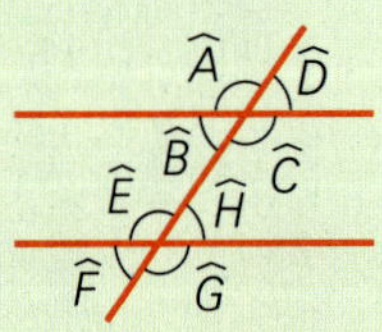

a) $\widehat{A}$ y $\widehat{G}$
b) $\widehat{B}$ y $\widehat{D}$
c) $\widehat{H}$ y $\widehat{B}$
d) $\widehat{F}$ y $\widehat{A}$

3. Calcula el perímetro y el área de polígonos y de figuras circulares

3 Indica cuáles de estos lados no forman un triángulo rectángulo.

a) 2,2 cm; 12 cm; 12,2 cm
b) 2,4 cm; 7 cm; 7,4 cm
c) 5,9 cm; 17 cm; 18,1 cm

4 Halla el área aproximada de este hexágono regular.

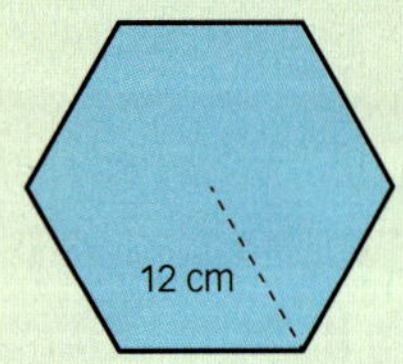

a) 158 cm²
b) 374 cm²
c) 432 cm²
d) 482 cm²

5 ¿Cuál es el área de un sector circular de 30° de amplitud y 6 cm de radio?

a) π cm²
b) 2π cm²
c) 3π cm²
d) 4π cm²

4. Calcula perímetros y áreas en problemas contextualizados

6 Halla el área de esta señal de tráfico si su altura es 90 cm y su lado mide 37 cm.

a) 504 cm²
b) 3330 cm²
c) 6660 cm²
d) 13320 cm²

VALORA TU APRENDIZAJE

- ¿Valoras las opciones para resolver un problema?
- ¿Evalúas las opiniones de todos antes de decidir?

8 Movimientos y semejanzas

DESAFÍO

Una mosca y una araña

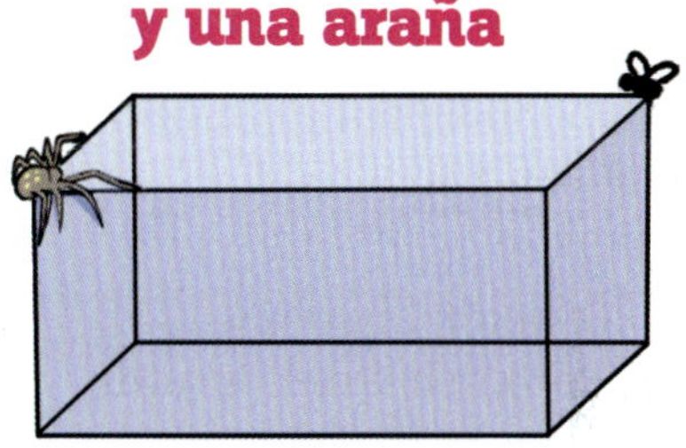

Si la caja no tiene tapa…

¿Cuál es el camino más corto para que la araña llegue hasta la mosca? ¿Qué distancia recorrerá?

¿Qué sabes ya?

Cómo se representa una recta

Para representar una recta a partir de su ecuación, damos valores a la variable x y obtenemos los valores correspondientes de y.

EJEMPLO

Representa la recta $y = 3x - 1$.

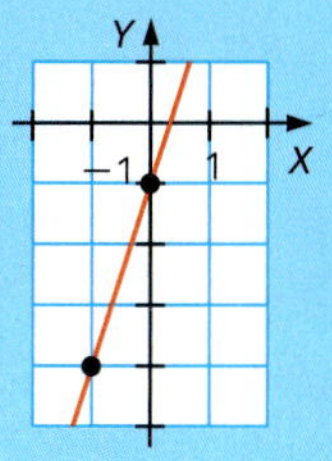

Para $x = -1 \rightarrow y = 3 \cdot (-1) - 1 = -4$
$\rightarrow (-1, -4)$

Para $x = 0 \rightarrow y = 3 \cdot 0 - 1 = -1$
$\rightarrow (0, -1)$

…

ACTIVIDADES

1 Indica la recta representada en la siguiente gráfica.

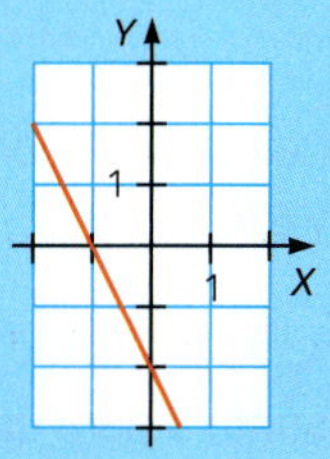

a) $y = 2x - 2$

b) $y = -2x - 2$

c) $y = -x - 2$

d) $y = 2x - 1$

Qué es una razón y una proporción

Una **razón** es un cociente entre dos cantidades comparables.

Una **proporción** es una igualdad de dos razones: $\frac{a}{b} = \frac{c}{d}$, donde a, b, c y d son números y se cumple que $a \cdot d = b \cdot c$.

EJEMPLO

En una cafetería, ayer se comieron 31 barras de pan entre 155 personas. Hoy han comprado 34 barras. ¿Cuántas personas se esperan hoy?

Ayer: $\frac{155 \text{ personas}}{31 \text{ barras}}$ Hoy: $\frac{x \text{ personas}}{34 \text{ barras}}$

$$\frac{155}{31} = \frac{x}{34} \rightarrow x = 34 \cdot \frac{155}{31} = 170 \text{ personas}$$

ACTIVIDADES

2 ¿Qué razones forman una proporción?

a) $\frac{10}{6}$ y $\frac{15}{10}$ b) $\frac{15}{9}$ y $\frac{12}{7}$ c) $\frac{6}{10}$ y $\frac{2}{3}$ d) $\frac{12}{20}$ y $\frac{9}{15}$

1. Vectores

Existen magnitudes en las que, además de su valor numérico, tenemos que saber su dirección y su sentido: son las **magnitudes vectoriales**.

Dos puntos del plano, A y B, determinan un **vector fijo** $\overrightarrow{AB}$, en el que A es el **origen** y B es el **extremo**.

La distancia entre A y B (longitud del segmento $\overline{AB}$) se llama **módulo** del vector y la recta que pasa por A y B es la **dirección** del vector. El **sentido** es el que va de A a B.

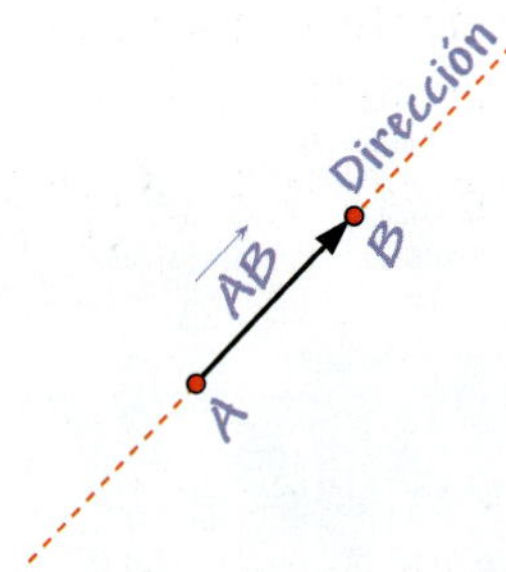

EJEMPLO

1. Determina el módulo, dirección y sentido de cada vector.

a) 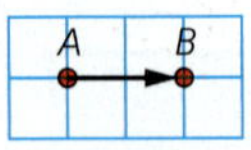

Módulo: 2 cuadritos.
Dirección: la de la recta AB.
Sentido: de A hacia B.

b) 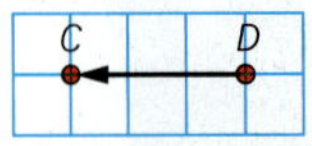

Módulo: 3 cuadritos.
Dirección: la de la recta CD.
Sentido: de D hacia C.

Coordenadas de un vector

Expresamos un vector mediante las letras de su origen y su extremo, $\overrightarrow{AB}$, o mediante una sola letra: $\vec{v}$, $\vec{w}$, $\vec{a}$, $\vec{b}$...

Un vector $\overrightarrow{OA}$ es un vector cuyo origen es el origen de coordenadas.

Dados los puntos $A(a_1, a_2)$ y $B(b_1, b_2)$, las coordenadas del vector $\overrightarrow{AB}$ son $\overrightarrow{AB} = (b_1 - a_1, b_2 - a_2)$.

El **módulo** de $\overrightarrow{AB}$ se define como: $|\overrightarrow{AB}| = \sqrt{(b_1 - a_1)^2 + (b_2 - a_2)^2}$.

EJEMPLO

2. Calcula las coordenadas y el módulo de $\overrightarrow{AB}$.

Las coordenadas de los puntos A y B son:

$A(-1, 1)$ y $B(1, 4)$

Las coordenadas del vector $\overrightarrow{AB}$ son:

$\overrightarrow{AB} = (1 - (-1), 4 - 1) = (2, 3)$

El módulo de $\overrightarrow{AB}$ es:

$|\overrightarrow{AB}| = \sqrt{2^2 + 3^2} = \sqrt{13}$

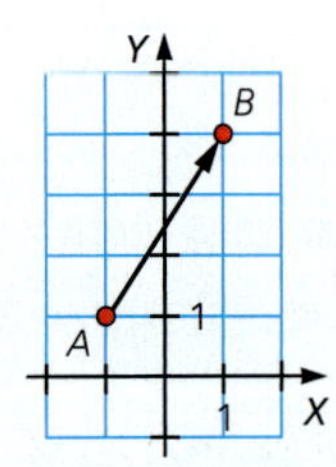

ACTIVIDADES

1. Dados los puntos $A(3, 1)$, $B(-1, 2)$ y $C(3, -3)$, dibuja los vectores $\overrightarrow{AB}$, $\overrightarrow{AC}$ y $\overrightarrow{BC}$, indica sus coordenadas y calcula sus módulos. Calcula después las coordenadas y el módulo de $\overrightarrow{BA}$, $\overrightarrow{CA}$ y $\overrightarrow{CB}$ y compáralos con los anteriores.

2. Calcula las coordenadas del punto A si $\overrightarrow{AB} = (3, -2)$ y $B(4, -1)$.

3. **REFLEXIONA.** Dado el vector $\overrightarrow{OA} = (3, 4)$, calcula un punto B para que $\overrightarrow{AB}$ y $\overrightarrow{OA}$ tengan el mismo módulo.

2. Movimientos en el plano

Una **transformación geométrica** en el plano nos permite obtener un punto P', a partir de otro punto P, mediante una regla precisa.

Un **movimiento** es una transformación geométrica que conserva las distancias y los ángulos. Es decir, si dos puntos P_1 y P_2 están a una distancia d, sus transformados P'_1 y P'_2 estarán también a una distancia d; y si dos rectas r y s forman un ángulo α, sus transformadas r' y s' también formarán un ángulo α.

Las figuras resultantes son iguales en forma y tamaño.

Al punto P' obtenido al aplicar al punto P una transformación geométrica se le llama transformado de P.

En una transformación, un punto se llama punto doble cuando su transformado es él mismo.

De la misma manera, una recta es una recta doble cuando su transformada es ella misma.

EJEMPLO

3. Observa las distintas transformaciones de la figura de la derecha y determina cuáles corresponden a movimientos.

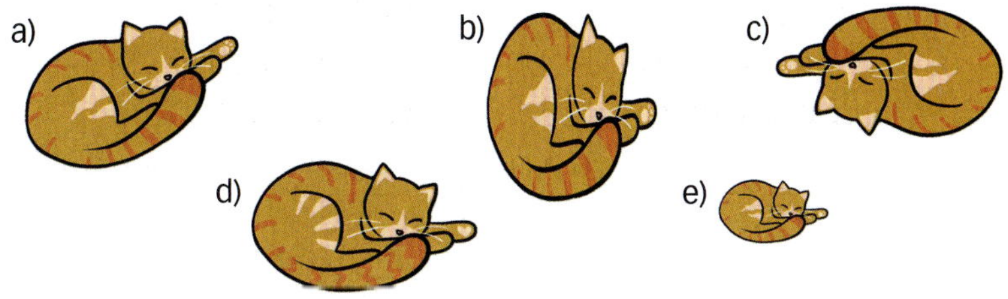

Las figuras a) y c) son movimientos porque se conservan los ángulos y las distancias de la figura original.

La figura b) no es un movimiento, no es igual ni en forma ni en tamaño.

La figura d) es igual en tamaño, pero no en forma. No es tampoco una transformación geométrica, porque tiene puntos que no están en la figura original.

La figura e) tampoco es un movimiento porque es igual en forma, pero no en tamaño.

ACTIVIDADES

4. Indica cuáles de estas monedas son transformaciones geométricas de la moneda de la derecha y cuáles de ellas son movimientos.

5. Dibuja un triángulo de vértices $O(0, 0)$, $A(-2, 3)$ y $B(3, 3)$. Dibuja a partir de él otros triángulos que mantengan estas características.

a) La forma.
b) El tamaño.
c) El tamaño y la forma.
d) Ni el tamaño ni la forma.

6. **REFLEXIONA.** Representa un paralelogramo con los cuatro vértices en los ejes de coordenadas. A partir de él dibuja una transformación suya con un vértice en los siguientes puntos:

a) $A'(1, 1)$
b) $B'(-3, 2)$
c) $C'(-1, -2)$
d) $D'(2, -1)$

3. Traslaciones y giros

Una **traslación de vector $\vec{v}$** es un movimiento que transforma cualquier punto P en otro punto P' de forma que $\overrightarrow{PP'}$ tiene el mismo módulo, dirección y sentido que $\vec{v}$. Se representa por $t_{\vec{v}}$.

Dados un punto $A(x, y)$ y un vector $\vec{v} = (v_1, v_2)$, el punto trasladado de A, A', tiene como coordenadas $A'(x + v_1, y + v_2)$.

RETO

Una butaca solo se puede mover mediante giros de 90° alrededor de cualquiera de sus patas. ¿Es posible colocarla justo detrás de donde estaba y mirando en el mismo sentido?

EJEMPLO

4. **Aplica una traslación del vector $\vec{v} = (1, -2)$ al punto $A(-2, 3)$.**

Se dibuja el vector $\vec{v}$ con origen en el punto A.

El extremo del vector es el punto transformado de A, A'.

En coordenadas:

$$A(-2, 3) \xrightarrow[v(1,\,-2)]{\text{traslación}} A'(-2 + 1, 3 + (-2)) \rightarrow A'(-1, 1)$$

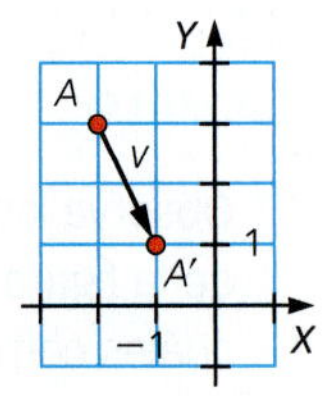

Un **giro de centro O y ángulo α** es un movimiento que asocia a cada punto P otro punto P', situado a la misma distancia de O que el punto P, y de forma que $\widehat{POP'} = \alpha$. Se expresa como $G(O; \alpha)$.

El giro de un ángulo positivo se hace en el sentido contrario a las agujas del reloj.

- En una traslación:
  Puntos dobles: no existen.
  Rectas dobles: las rectas que contienen al vector.
- En un giro:
  Puntos dobles: el centro de giro.
  Rectas dobles: si el giro es de 180°, las rectas que pasan por el centro de giro.

EJEMPLO

5. **Realiza un giro de 70° y centro O al punto A.**

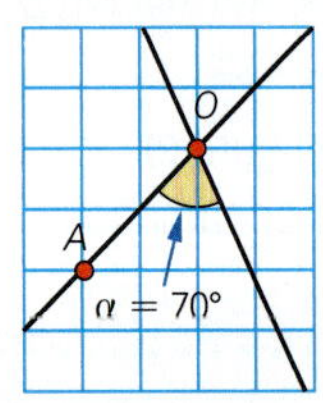

Trazamos una recta que pase por O y por A. Dibujamos otra recta que pase por O y que forme con ella un ángulo de 70°.

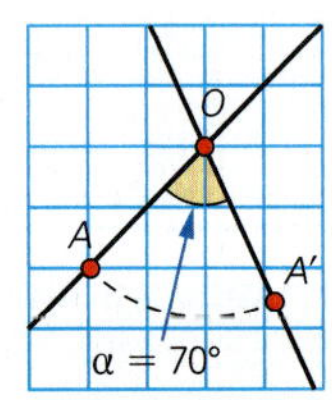

Medimos la distancia entre O y A, y la llevamos a la última recta dibujada. Obtenemos el punto A', transformado de A mediante el giro $G(O; 70°)$.

ACTIVIDADES

7. Aplica a cada punto A una traslación de vector $\vec{v}$. Determina las coordenadas del punto transformado y represéntalo en un plano.

   a) $A(2, 3)$, $\vec{v} = (2, 1)$
   b) $A(-2, 1)$, $\vec{v} = (3, 2)$
   c) $A(0, 0)$, $\vec{v} = (4, 2)$
   d) $A(1, -3)$, $\vec{v} = (5, 4)$

8. ¿Qué vector de traslación transforma $A(-6, 3)$ en $A'(3, 1)$?

9. **REFLEXIONA.** El transformado del punto $A(3, 4)$ mediante un giro de 90° es $A'(-2, 3)$. ¿Cuál es el centro de ese giro? ¿Cuántos posibles centros de giro hay?

Cómo se realizan traslaciones y giros

Transforma el triángulo $\widehat{ABC}$ mediante:

a) Una traslación de vector $\vec{v}$.

b) Un giro de centro O y ángulo 120°.

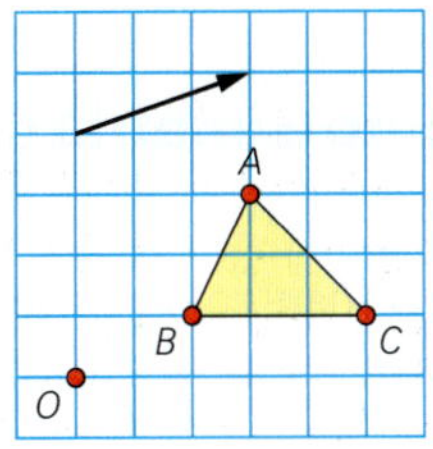

Las traslaciones y los giros son movimientos, es decir, transforman una figura en otra igual.

① Trazamos rectas que pasen por los vértices.

a)

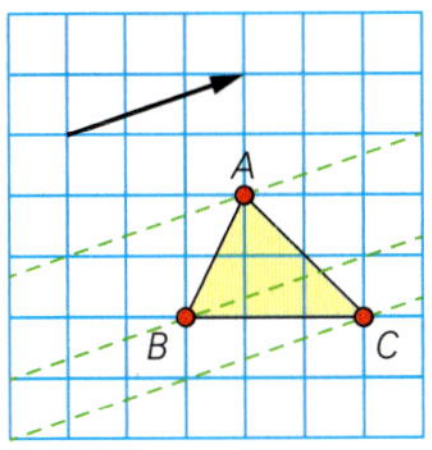

En una traslación, trazamos rectas paralelas al vector.

b)

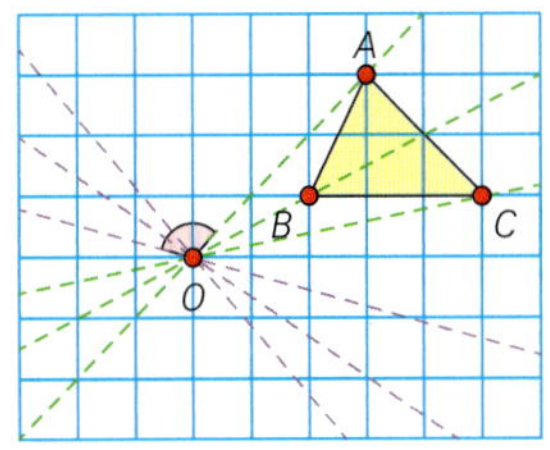

En un giro, trazamos rectas que pasen por el centro. Después, trazamos otras rectas que formen un ángulo de 120° con las anteriores.

② Medimos distancias con el compás.

Medimos el módulo del vector.

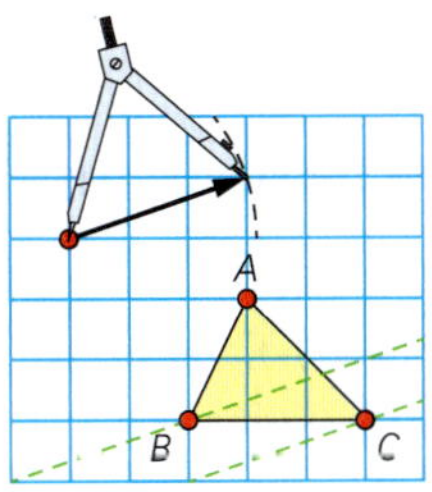

Medimos las distancias entre cada vértice y el centro O.

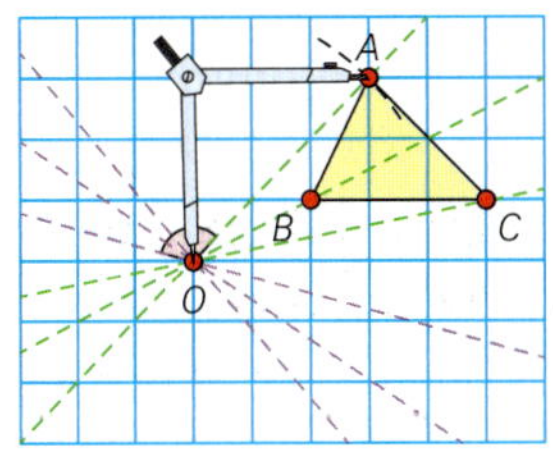

③ Trasladamos esas distancias sobre las rectas dibujadas y unimos los puntos obtenidos.

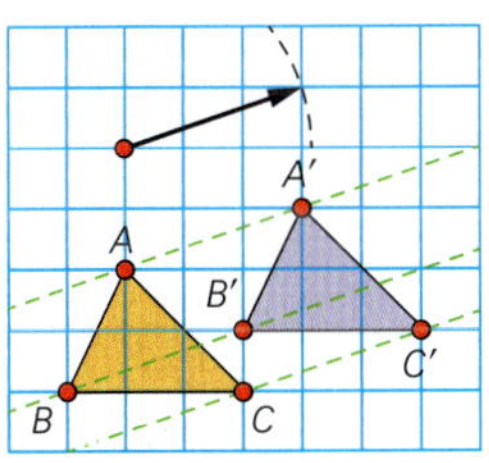

Utilizamos como origen los vértices de la figura.

Trasladamos las distancias sobre las rectas dibujadas con origen en el centro O.

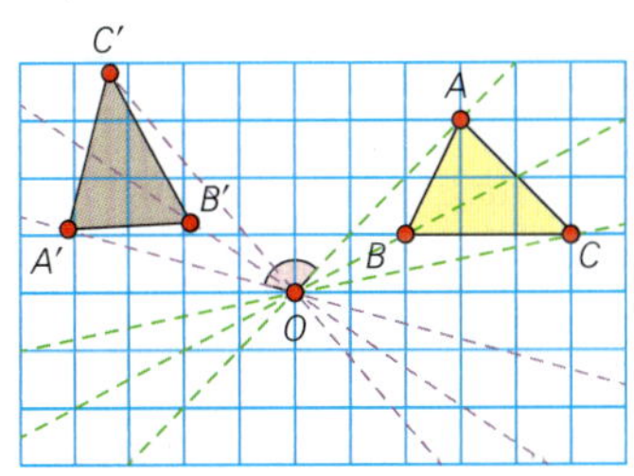

ACTIVIDADES

10 Dibuja el segmento $\overline{AB}$ determinado por estos puntos y aplícale una traslación de vector $\vec{v} = (3, -2)$.

a) $A(1, 2), B(3, 4)$

b) $A(-1, -3), B(5, 2)$

c) $A(2, -3), B(3, -2)$

d) $A(0, 0), B(3, -2)$

11 Dibuja el segmento $\overline{AB}$ y su transformado mediante un giro de ángulo α y centro O.

a) $A(2, 4), B(4, 1), O(3, 3)$ y $\alpha = 60°$

b) $A(4, 2), B(1, -4), O(-3, 3)$ y $\alpha = 90°$

c) $A(-1, -2), B(-2, 1), O(4, -3)$ y $\alpha = 150°$

12 Determina las coordenadas del vector $\vec{v}$ y traslada esta figura a partir de él.

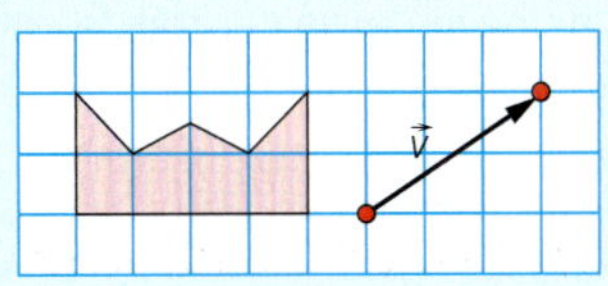

13 Dibuja el cuadrilátero de vértices $A(0, 2)$, $B(3, 5)$, $C(5, 4)$ y $D(3, 0)$ y traza la figura transformada por un giro de ángulo 100° y centro $O(-1, 5)$. A continuación, realiza la traslación con vector $\vec{v} = (3, 1)$.

4. Simetrías

4.1. Simetría respecto a un punto (simetría central)

GEOGEBRA

Una **simetría respecto a un punto O** (centro de simetría), **$S(O)$**, es un movimiento que asocia a cada punto P otro punto P' tales que:

- Los puntos P, O y P' están alineados.
- El punto O es el punto medio del segmento PP'.

EJEMPLO

6. Halla el transformado de P mediante una simetría de centro O.

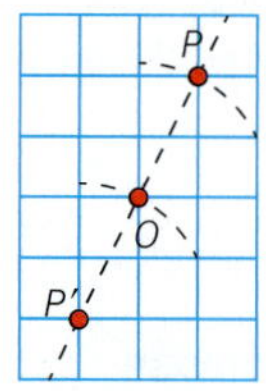

Para calcular P', trazamos una recta que pase por los puntos P y O y medimos la distancia entre los dos puntos.

Llevamos esa distancia al otro lado del punto O y obtenemos el punto trasladado P', transformado de P mediante la simetría.

RETO

¿Cuál es el resultado de esta operación?

4.2. Simetría respecto a una recta (simetría axial)

Una **simetría respecto a una recta r, S_r**, es un movimiento que asocia a cada punto P otro punto P' tales que:

- El segmento PP' es perpendicular a r.
- Las distancias desde P y P' a r son iguales.

Por tanto, r es mediatriz de PP' y se denomina **eje de simetría**.

- En una simetría central:
  Puntos dobles: el centro de simetría.
  Rectas dobles: las rectas que pasan por el centro de simetría.
- En una simetría axial:
  Puntos dobles: todos los puntos del eje de simetría.
  Rectas dobles: el eje de simetría y las rectas perpendiculares al eje.

EJEMPLO

7. Realiza una simetría axial de eje e al punto P.

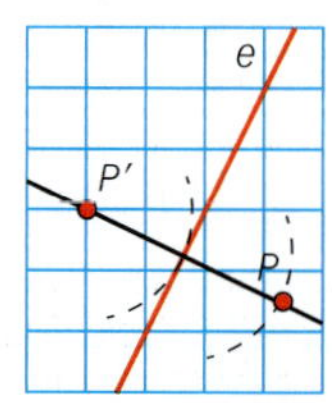

Trazamos una recta perpendicular al eje e que pase por P y medimos la distancia entre P y el eje.

Después, llevamos la distancia al otro lado del eje y obtenemos el punto trasladado P'.

ACTIVIDADES

14 Realiza una simetría central de centro $O(-2, 3)$ de los siguientes puntos.

a) $P(3, 2)$ c) $R(-1, -4)$
b) $Q(0, 0)$ d) $S(-3, 0)$

15 El punto A' es el transformado de A mediante una simetría central de centro O. Si volvemos a aplicar la misma simetría central al punto A', ¿qué sucederá?

16 Realiza una simetría axial del punto $P(4, 1)$ respecto al eje de abscisas.

17 **REFLEXIONA.** Completa la tabla en tu cuaderno.

Punto	Centro de simetría	Punto trasladado
	$O(2, 3)$	$B'(2, -1)$
$C(2, -5)$		$C'(8, -3)$

Cómo se realizan simetrías de figuras geométricas

Una simetría central de centro *O* equivale a un giro de ángulo 180° y centro *O*.

Transforma el siguiente triángulo mediante:

a) Una simetría de centro *O*.

b) Una simetría de eje *e*.

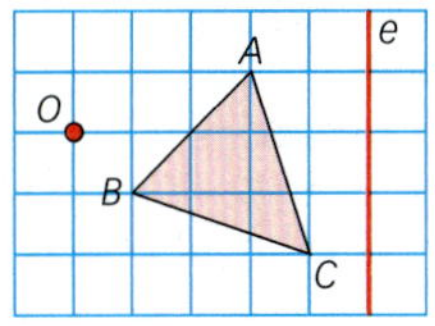

① Trazamos rectas desde los vértices.

a)

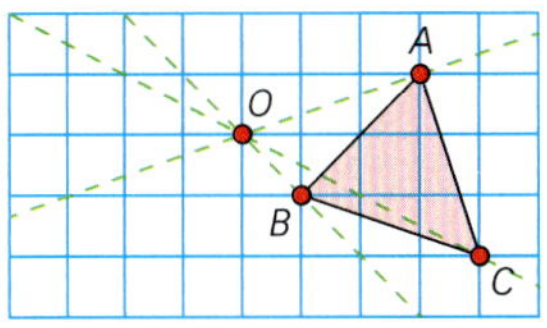

En la simetría central, que pasen por el centro *O*.

b)

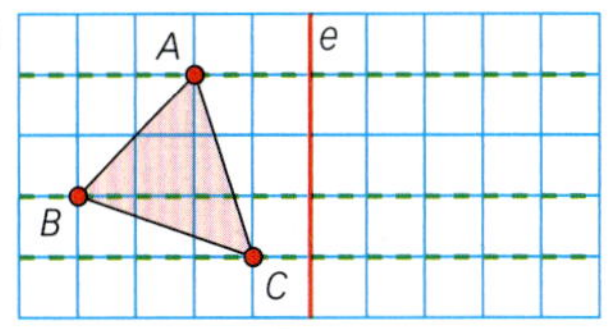

En la simetría axial, que sean perpendiculares al eje *e*.

② Medimos distancias.

Medimos las distancias entre el centro y los vértices.

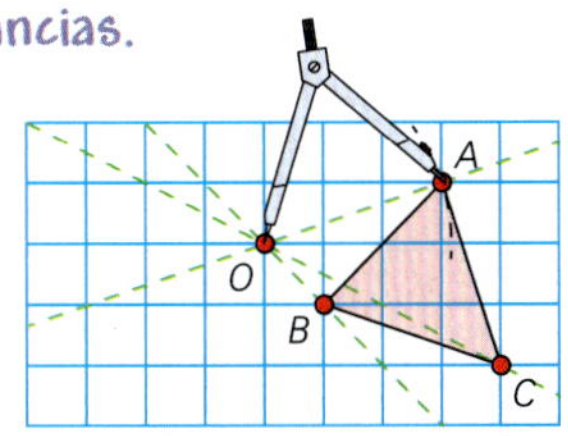

Medimos las distancias entre el eje y los vértices.

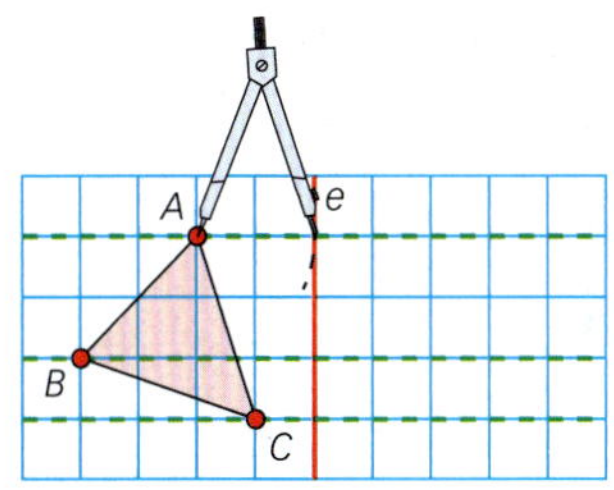

③ Trasladamos esas distancias sobre las rectas dibujadas y unimos los puntos obtenidos.

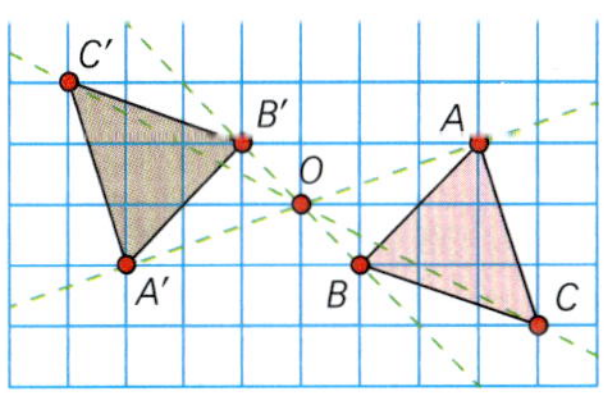

Trasladamos las distancias al otro lado del centro.

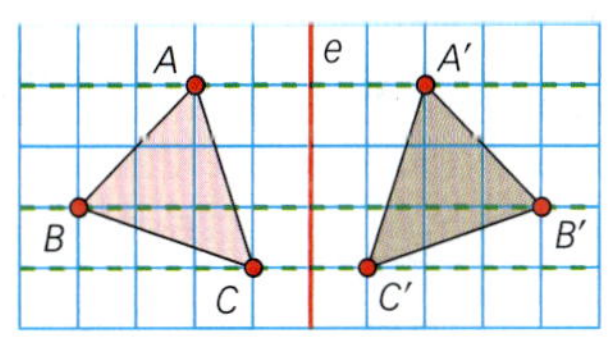

Trasladamos las distancias al otro lado del eje.

ACTIVIDADES

18 Aplica a estas figuras una simetría axial de eje *e* o una simetría central de centro *O*, según se indique.

a)

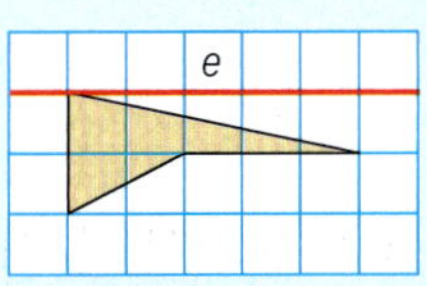

b)

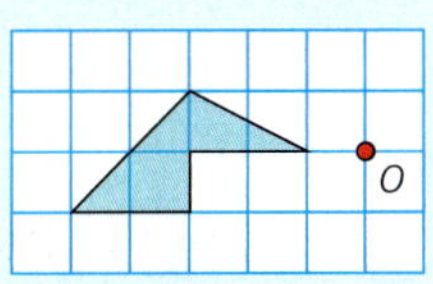

19 Dibuja la figura de vértices *A*(2, 2), *B*(4, 0), *C*(5, 2) y *D*(4, 3). Calcula la figura transformada por una:

a) Simetría central de centro *O*(−2, 2).

b) Simetría axial con eje en el eje de ordenadas.

c) Simetría central de centro *O*(4, 0).

d) Simetría axial con eje la recta que pasa por *A* y *B*.

20 Determina la figura transformada de *F* mediante una simetría axial con el eje de abscisas. A continuación, transforma la figura resultante mediante una simetría central con centro en el origen de coordenadas.

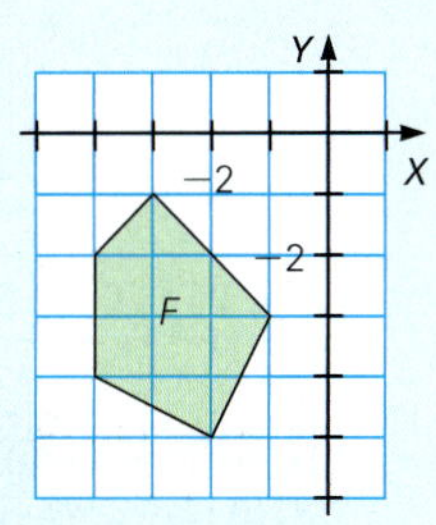

a) ¿Qué relación hay entre las coordenadas de las figuras transformadas y la figura original?

b) ¿Qué sucede si aplicas las simetrías en orden inverso?

c) Halla la transformada de *F* por una simetría axial con el eje de ordenadas. ¿Qué observas?

5. Teorema de Tales

Si tenemos rectas paralelas, *a*, *b* y *c*, que cortan a dos rectas, *s* y *t*, los segmentos que se determinan en una de las rectas son proporcionales a los correspondientes en la otra recta.

$$\frac{\overline{AB}}{\overline{A'B'}} = \frac{\overline{BC}}{\overline{B'C'}} = \frac{\overline{AC}}{\overline{A'C'}}$$

Esta igualdad es el **teorema de Tales.**

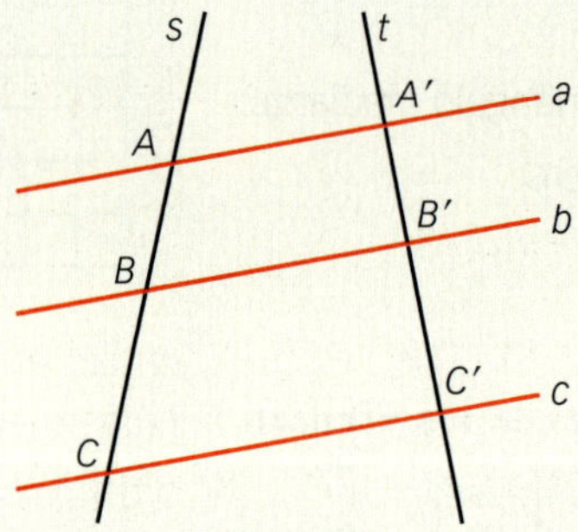

EJEMPLO

8. Calcula $\overline{AB}$ en cada caso.

a)

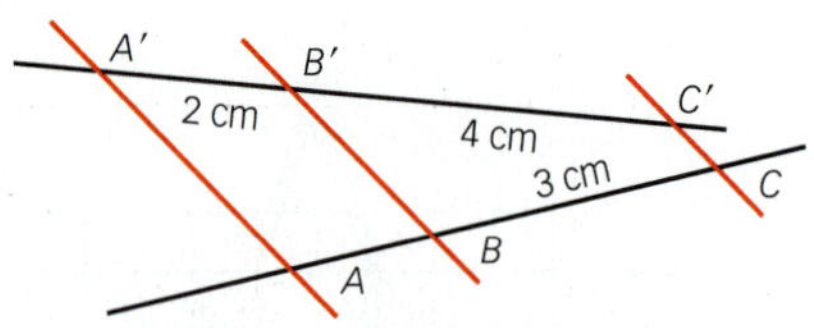

Por el teorema de Tales:

$$\frac{\overline{AB}}{\overline{A'B'}} = \frac{\overline{BC}}{\overline{B'C'}} \rightarrow \frac{\overline{AB}}{2} = \frac{3}{4} \rightarrow \overline{AB} = \frac{2 \cdot 3}{4} = 1{,}5 \text{ cm}$$

b)

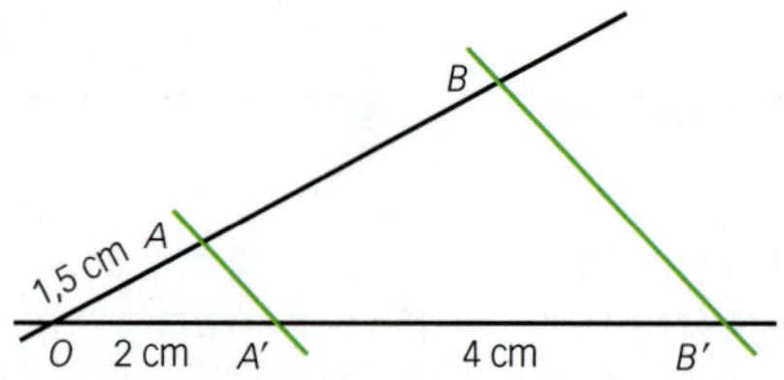

Por el teorema de Tales:

$$\frac{\overline{OA}}{\overline{OA'}} = \frac{\overline{AB}}{\overline{A'B'}} \rightarrow \frac{1{,}5}{2} = \frac{\overline{AB}}{4} \rightarrow \overline{AB} = \frac{1{,}5 \cdot 4}{2} = 3 \text{ cm}$$

Triángulos semejantes

Dos triángulos están en posición de Tales cuando tienen un ángulo en común y los lados opuestos son paralelos.

Dos triángulos son semejantes si sus ángulos correspondientes son iguales y sus lados correspondientes son proporcionales.

GEOGEBRA

Si dos triángulos se pueden poner en posición de Tales, son semejantes.

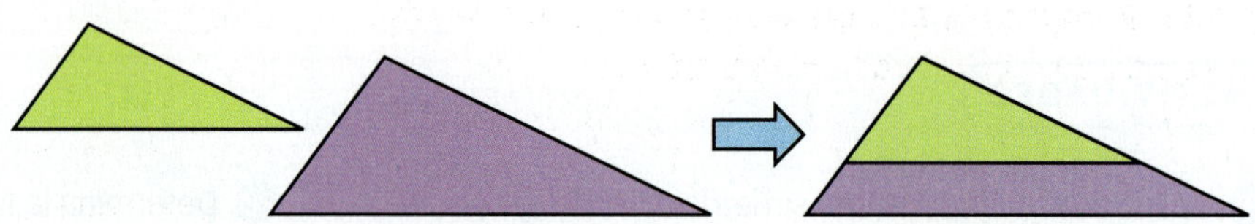

ACTIVIDADES

21. Halla las longitudes desconocidas aplicando el teorema de Tales.

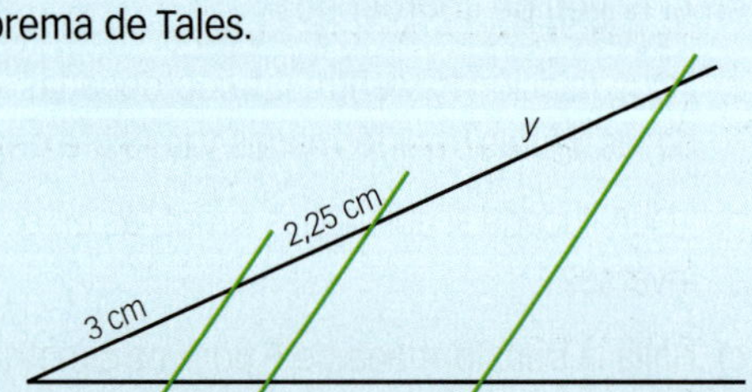

22. Sabiendo que la razón $\frac{\overline{OA}}{\overline{OA'}} = 1{,}6$, calcula $\overline{AB}$ y $\overline{OB}$.

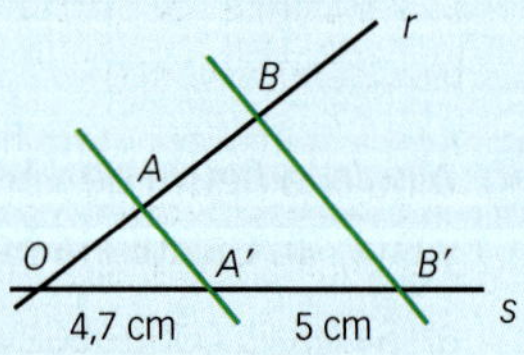

23. **REFLEXIONA.** Dibuja dos triángulos rectángulos en posición de Tales, uno con catetos de 6 cm y 8 cm, y otro con hipotenusa de 9 cm. ¿Son semejantes?

Cómo se divide un segmento en partes iguales o proporcionales

GEOGEBRA

La medida, *d*, de los segmentos auxiliares puede ser cualquier medida.

Divide, aplicando el teorema de Tales, el segmento *AB* en:

a) Tres partes iguales.

b) Partes proporcionales a 1, 2 y 3.

① Trazamos una semirrecta con origen en A. Dibujamos en esa semirrecta, a partir de A, el número de segmentos iguales o proporcionales que se nos pide. La medida de los segmentos sobre la semirrecta dibujada puede ser cualquiera.

a) Los tres segmentos miden lo mismo.

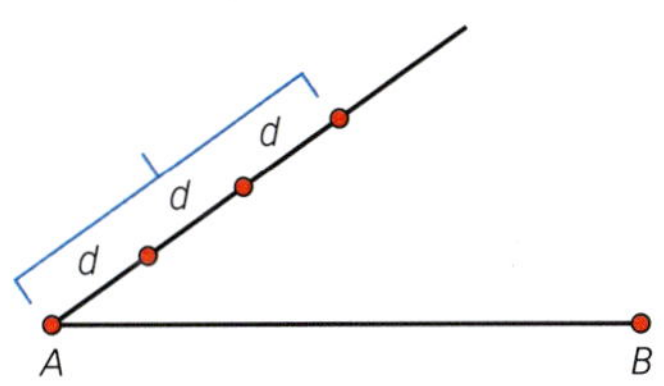

b) El segundo segmento mide el doble que el primero, y el tercero, el triple.

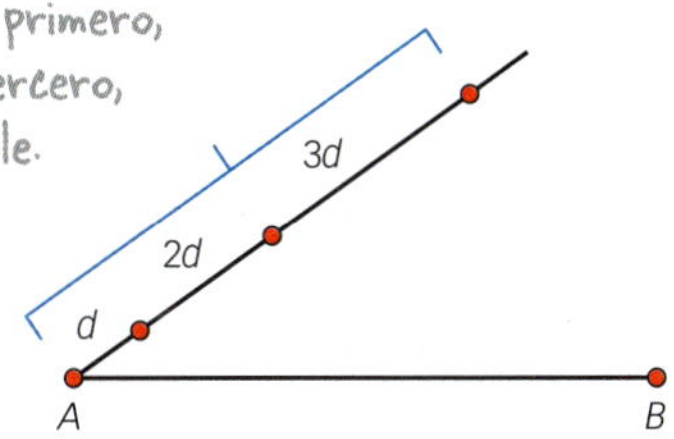

② Unimos el extremo del último segmento con B y trazamos rectas paralelas a esa recta por las demás divisiones.

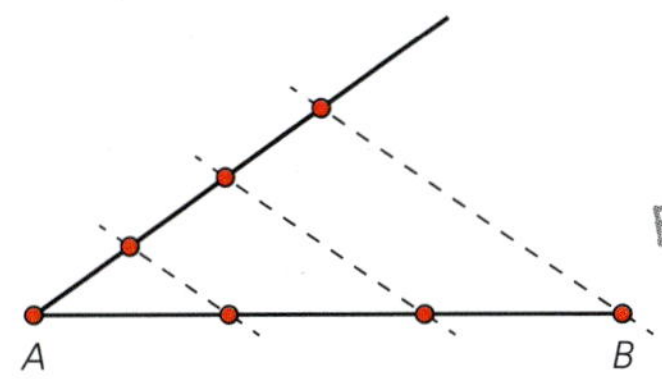

Los segmentos obtenidos en AB guardan la misma proporción que los dibujados en la semirrecta.

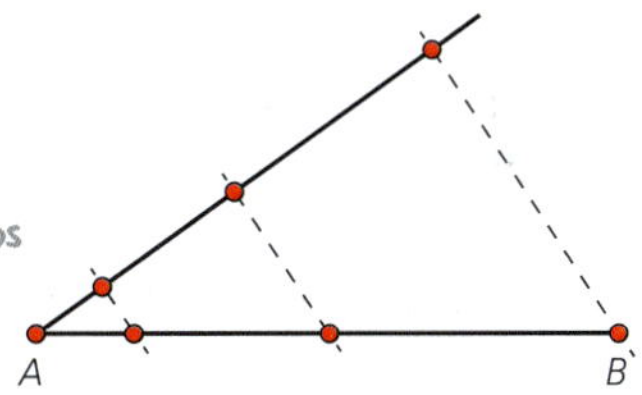

Los puntos de corte sobre el segmento *AB* marcan las divisiones que buscamos.

ACTIVIDADES

24 Copia en tu cuaderno este segmento y divídelo en 4 partes iguales.

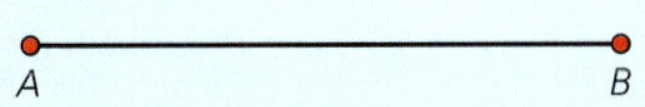

25 Dibuja sobre unos ejes de coordenadas los siguientes segmentos y divídelos según se indica.

a) Segmento de extremos $A(3, -2)$ y $B(-1, 4)$ dividido en 6 partes iguales.

b) Segmento de extremos $C(-1, -1)$ y $D(3, 2)$ dividido en 5 partes iguales.

26 Dibuja el segmento de extremos $P(0, 5)$ y $Q(-4, -3)$ en tu cuaderno y divídelo en cuatro partes proporcionales a 1, 3, 4 y 6.

27 Dibuja el triángulo de vértices $A(2, 3)$, $B(4, 5)$ y $C(4, 2)$. Después, aplicando el teorema de Tales:

a) Encuentra otro triángulo cuya área sea un tercio del triángulo original.

b) Divide el triángulo original en dos triángulos menores tales que uno tenga el triple de área que el otro.

28 Copia en tu cuaderno el segmento *AB*. Divídelo en partes proporcionales a los segmentos *x*, *y* y *z* aplicando el teorema de Tales.

a) 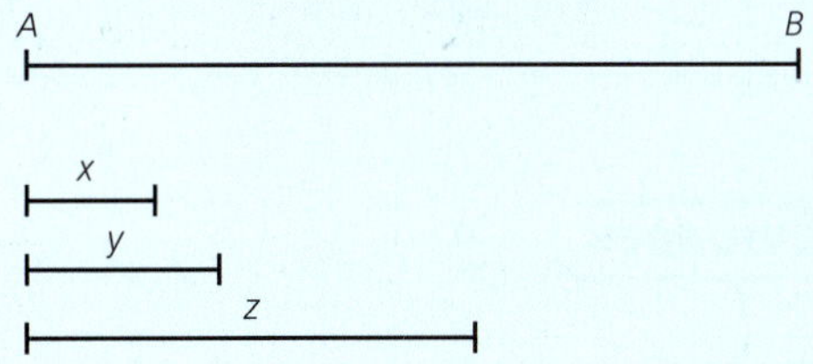

b) 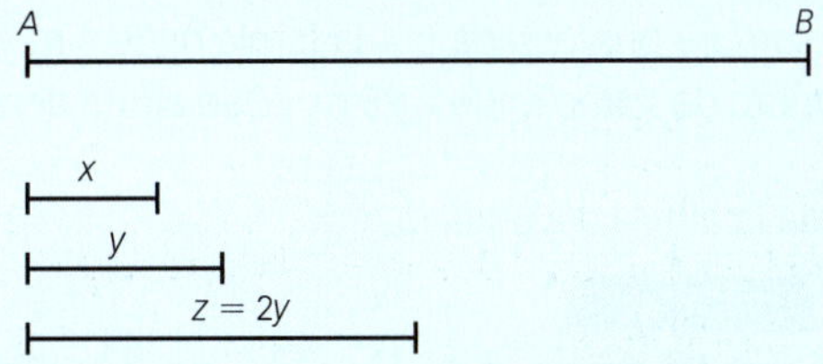

c) 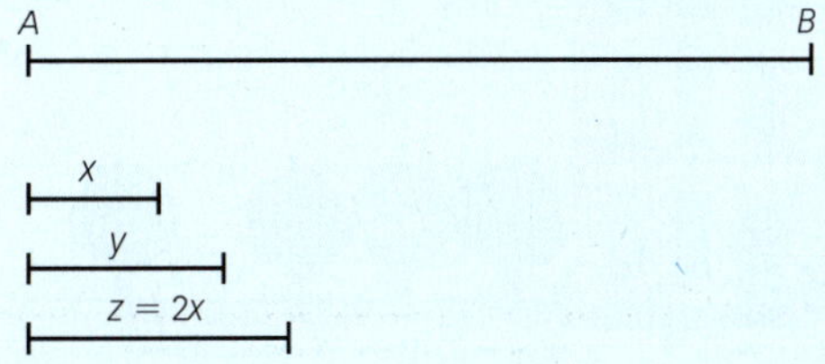

Cómo se determinan distancias utilizando triángulos en posición de Tales

Si dos triángulos se pueden poner en posición de Tales, son semejantes.

Una niña de 1,5 metros de altura está a 50 metros de un faro. La luz del faro crea una sombra de 2 metros de la niña. ¿Cuál es la altura del faro?

① Dibujamos la situación y buscamos dos triángulos semejantes.

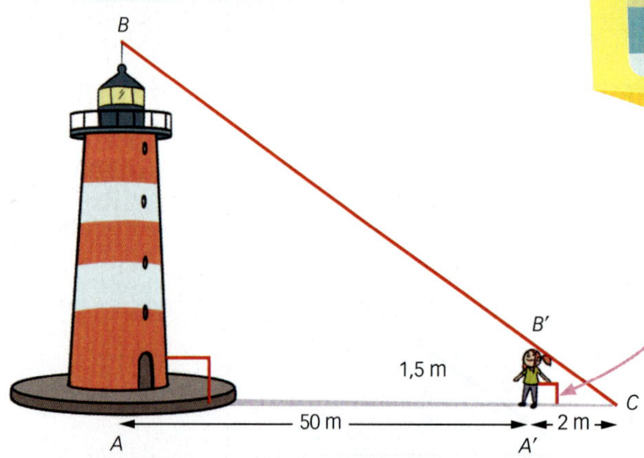

Los triángulos *ACB* y *A′CB′* están en posición de Tales; por tanto, son semejantes.

② Identificamos la incógnita y los datos.

Incógnita	Datos
Altura del faro: *AB*	Altura de la niña = $\overline{A'B'}$ = 1,5 m Distancia niña-faro = $\overline{AA'}$ = 50 m Sombra = $\overline{A'C}$ = 2 m

③ Planteamos la relación de semejanza entre la incógnita y los demás datos conocidos y resolvemos.

$$\frac{\overline{AB}}{\overline{A'B'}} = \frac{\overline{AC}}{\overline{A'C}} \rightarrow \frac{\overline{AB}}{1,5} = \frac{52}{2}$$

Observando la figura se ve que: $\overline{AC} = \overline{AA'} + \overline{A'C} = 50 + 2 = 52$ m

$$\rightarrow \overline{AB} = \frac{1,5 \cdot 52}{2} = 39 \text{ m}$$

La altura del faro es de 39 metros.

ACTIVIDADES

29 Jaime está apoyado en una farola de 3,2 m de altura. La sombra proyectada por la farola mide 4 m y la sombra de Jaime mide 2,25 m. ¿Qué altura tiene Jaime?

30 Halla la altura del edificio.

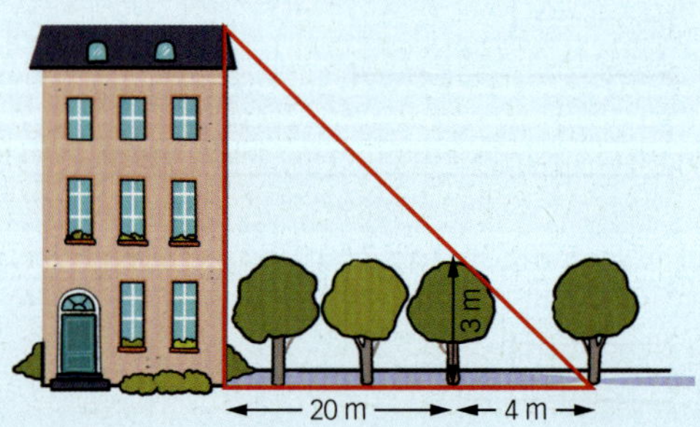

31 ¿Cuánto mide la sombra proyectada por un árbol de 20 m de altura sabiendo que en ese mismo momento la sombra de un chico de 1,6 m es de 2 m?

32 En un tejado se quiere poner una viga paralela a la base y a 3,48 m de esta. ¿Qué longitud tendrá la viga?

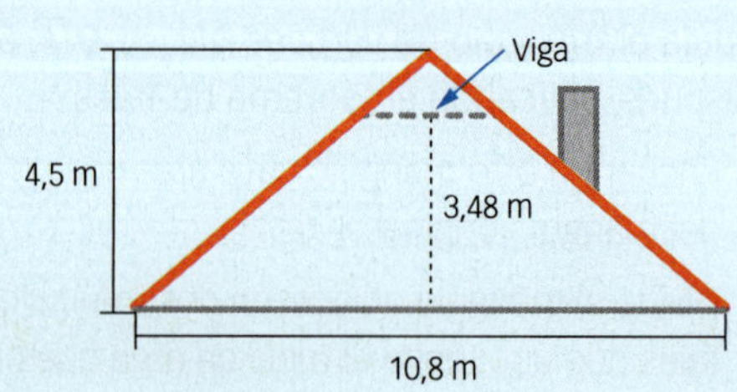

Cómo se determinan distancias utilizando triángulos opuestos por el vértice

Dos triángulos rectángulos opuestos por un vértice de ángulo agudo se pueden poner en posición de Tales y, por tanto, son semejantes.

Calcula el ancho del río.

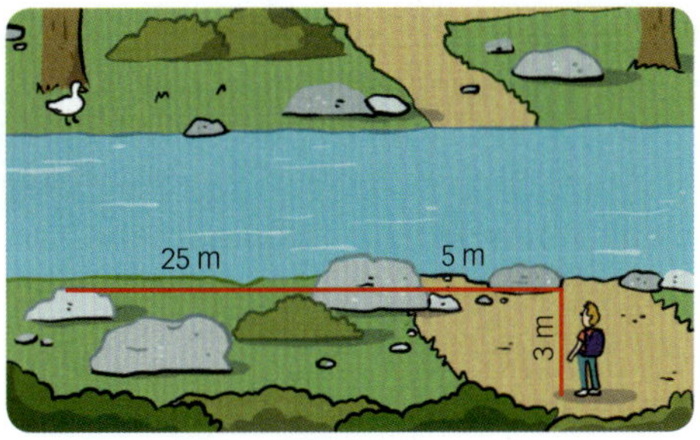

① Dibujamos la situación y buscamos dos triángulos semejantes.

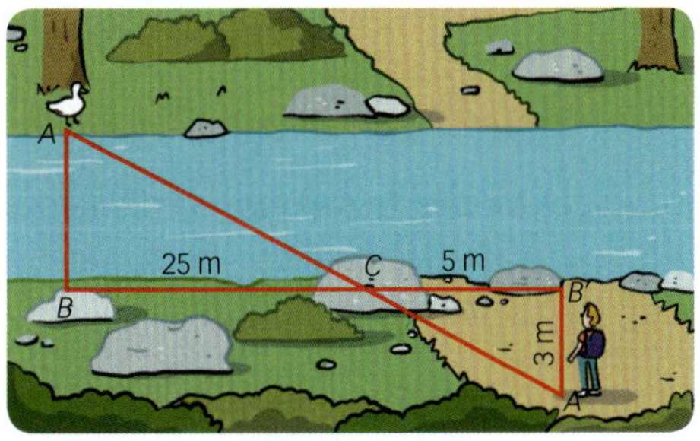

Si superponemos el triángulo A'B'C sobre el ABC, vemos que se pueden poner en posición de Tales.

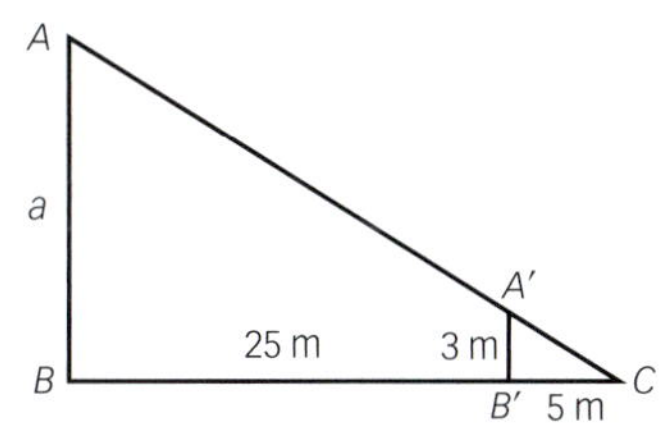

Los triángulos $\widehat{A'B'C}$ y $\widehat{ABC}$ son triángulos rectángulos y tienen el ángulo C igual (ángulo opuesto por el vértice). Se pueden poner en posición de Tales y, por tanto, son semejantes.

② Planteamos la relación de semejanza entre la incógnita y los demás datos conocidos y resolvemos.

$$\frac{\overline{AB}}{\overline{A'B'}} = \frac{\overline{BC}}{\overline{B'C}} \rightarrow \frac{\overline{AB}}{3} = \frac{25}{5} \rightarrow \overline{AB} = \frac{3 \cdot 25}{5} = 15 \text{ m}$$

El ancho del río mide 15 metros.

ACTIVIDADES

33 Calcula el ancho de la carretera.

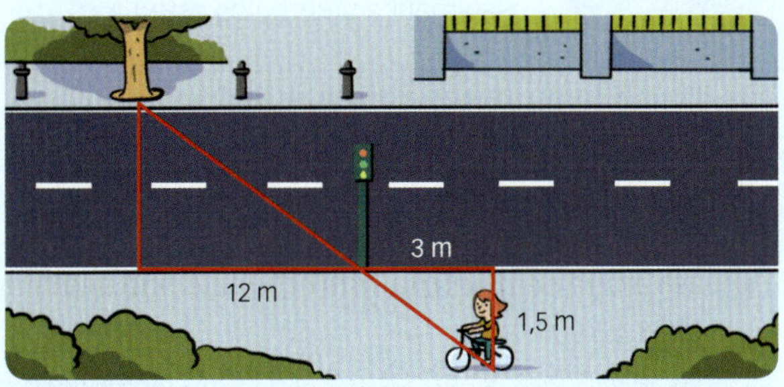

34 ¿Qué distancia hay de la boya a la playa?

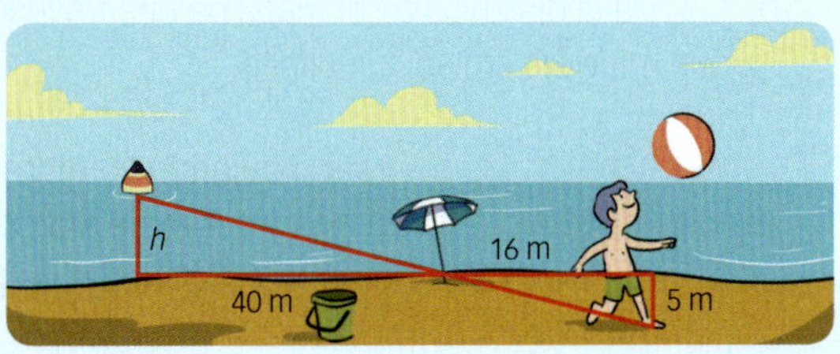

35 María es arquitecta. El alcalde de su pueblo le ha encargado construir un puente para poder cruzar el río hasta el embarcadero.

Ella decide acercarse al río para tomar las medidas necesarias para su nuevo proyecto.

¿Qué longitud debe tener al menos el puente?

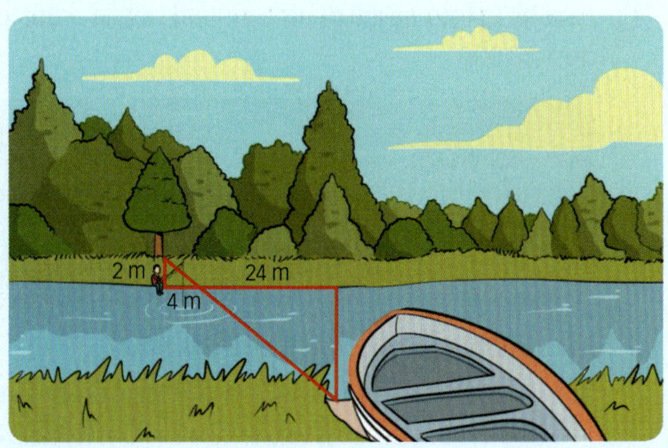

6. Escalas y mapas

Las semejanzas se utilizan para elaborar planos, mapas, maquetas, fotocopias… En ellos reproducimos, de manera proporcional, las dimensiones que tienen los objetos en la realidad, obteniendo una representación igual en forma, pero no en tamaño.

Se llama **escala** a la razón de semejanza entre la figura original y su representación.

$$\text{Escala} = \frac{\text{Distancia en la representación}}{\text{Distancia real}}$$

En la escala, la longitud real y su representación deben estar expresadas en las mismas unidades.

1:300

1 cm en el plano son 300 cm en la realidad.

RETO

La torre Eiffel tiene 320 m de altura y pesa 7 000 toneladas. Si construimos un modelo a escala con el mismo material y la mitad de altura, ¿cuánto pesaría?

EJEMPLOS

9. Calcula la longitud y la altura de la bicicleta sabiendo que este dibujo está hecho a una escala de 1:50.

La escala 1:50 significa que 1 cm en el dibujo equivale a 50 cm en la realidad.

La longitud de la bicicleta en el dibujo son 3,5 cm.

Por lo tanto, en la realidad mide $3{,}5 \cdot 50 = 175$ cm $= 1{,}75$ m.

La altura de la bicicleta en el plano son 2 cm. Por tanto, en la realidad mide $2 \cdot 50 = 100$ cm $= 1$ m.

10. Halla la distancia entre Salamanca y Barbalos.

La escala también se puede indicar de forma gráfica. En este caso, 1 cm equivale a 20 km. Por lo que tenemos una escala de 1:2 000 000.

La distancia entre Salamanca y Barbalos en el plano es de 2 cm:

$2 \cdot 2\,000\,000 = 4\,000\,000$ cm $= 40$ km

Salamanca y Barbalos están a 40 km.

ACTIVIDADES

36 Esta es la foto aérea de una ciudad hecha a una escala de 1:50 000.

a) ¿Cuánto mide la playa en la realidad?

b) Dos amigos están en la playa, a 1,5 km de distancia. ¿Qué distancia habrá entre ellos en la fotografía?

37 Un mapa de montaña está representado a una escala de 1:25 000.

a) Indica la longitud en la realidad de una travesía que sobre el mapa mide 8 cm.

b) Calcula la distancia en el mapa de una travesía que mide 3,5 km en la realidad.

38 **REFLEXIONA.** Martín está dibujando su última escultura. Mide 1,7 m de alto y 1,3 m de ancho. ¿Qué escala debe utilizar para dibujarla en un papel de tamaño DIN A4 (210 mm × 297 mm)?

Cómo se resuelven problemas con escalas

Para calcular el área de una figura en un plano se puede hallar el área con las medidas del plano y después multiplicarlo por el cuadrado de la escala.

Este plano representa el recinto en el que se celebrará un concierto.

Teniendo en cuenta que entre el escenario y el público hay que dejar 5 m de distancia, ¿qué dimensiones tendrá la zona para el público? ¿Cuál es su área?

1. **Determinamos el significado de la escala.**

   Escala 1:800

   1 cm en el plano = 800 cm en la realidad = 8 m

2. **Medimos sobre el plano las longitudes que necesitamos ayudados por una regla.**

   Largo del recinto sin el escenario: 6 cm

   Ancho del recinto: 3 cm

   Cada centímetro del plano representa 8 m en la realidad.

3. **Transformamos las medidas sobre el plano en medidas reales utilizando la escala.**

   Dimensiones en la realidad:

   Largo real: $6 \cdot 8 = 48$ m

   Ancho real: $3 \cdot 8 = 24$ m

   Solo se modifica el largo, el ancho se mantiene.

4. **Resolvemos el problema usando los datos reales.**

   Se dejan 5 metros entre el público y el escenario:

   Largo de la zona para el público: $48 - 5 = 43$ m

   La zona para el público es un rectángulo de 43 m de largo y 24 m de ancho.

   Área de la zona $= 43 \cdot 24 = 1\,032$ m^2

   El área total son 1 032 m^2.

ACTIVIDADES

39 Este es el plano del terreno adquirido para las nuevas instalaciones deportivas del barrio. Se construirán un edificio y una pista de 18 m de ancho y 24 m de largo. ¿Qué dimensiones tendrá el edificio? ¿Cuál será su superficie?

40 A la entrada de una cafetería hay un plano del comedor hecho a una escala 1:75 que ocupa un rectángulo de 15 cm × 25 cm. Sabiendo que, según la ley, el aforo máximo tiene que ser de 1,5 personas por metro cuadrado, ¿cuántas personas como máximo caben en el comedor de la cafetería?

41 ¿A qué escala está dibujado un hexágono regular en el que el lado mide 3 cm si la medida real es 60 cm? Halla la relación entre las áreas.

42 El cuadro de *Las meninas* de Velázquez mide 3,2 m × 2,8 m. Ainara quiere imprimir la foto que le ha hecho en un papel de 10 cm × 15 cm.

a) ¿Qué escala tendrá la foto?

b) ¿Sobra espacio? Si es así, indica cuánto.

43 Este es el plano del dormitorio de Icíar a escala 1:80.

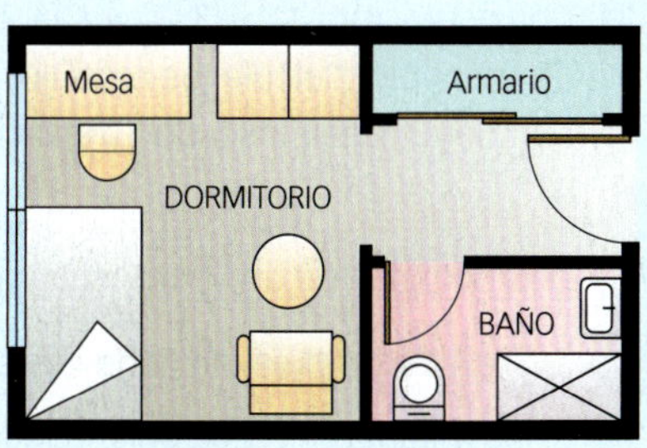

a) ¿Qué superficie tiene la habitación?

b) Si decide cambiar el sillón por un sofá más ancho, ¿qué tamaño máximo puede tener?

c) ¿Cabe una cama de 1,5 m × 2 m?

ACTIVIDADES FINALES

1. Identifica elementos característicos de los movimientos en el plano

Vectores

ACTIVIDADES FLASH

44 Calcula el módulo de estos vectores.

a) $\overrightarrow{AB} = (3, 4)$
b) $\overrightarrow{CD} = (-2, 3)$
c) $\overrightarrow{EF} = (4, -5)$
d) $\overrightarrow{GH} = (-2, -1)$

45 Calcula las coordenadas de los vectores $\overrightarrow{AB}$.

a) $A(2, 1)$, $B(4, 5)$
b) $A(6, -3)$, $B(1, -7)$
c) $A(-5, 5)$, $B(-1, -4)$
d) $A(-3, 2)$, $B(-7, -1)$

46 Calcula las coordenadas de los vectores $\overrightarrow{AB}$ y $\overrightarrow{BA}$ y compara los resultados.

a) $A(3, 2)$, $B(5, 7)$
b) $A(-1, -6)$, $B(2, -1)$

47 Dibuja el vector que resulta al realizar estos movimientos y calcula sus coordenadas.

a) Desplazarse tres unidades a la derecha y cuatro unidades hacia arriba desde $A(0, 0)$.
b) Desplazarse dos unidades a la izquierda y una unidad hacia arriba desde $B(-1, 5)$.
c) Desplazarse cinco unidades a la derecha y tres unidades hacia abajo desde $C(3, -1)$.

48 Halla las coordenadas y los módulos de los vectores.

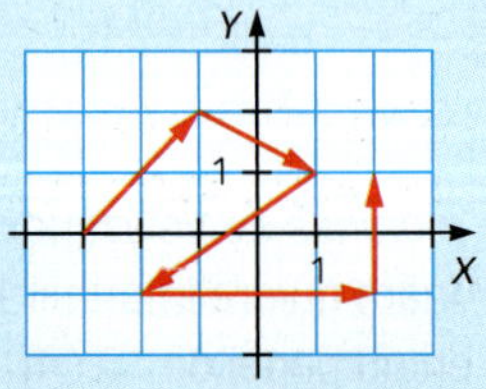

49 Dibuja la inicial de tu nombre sobre un eje de coordenadas y defínela mediante vectores.

50 Considera $A(1, 1)$, $B(3, 3)$ y $C(1, 5)$ vértices de un triángulo. Calcula los módulos de los vectores que determinan los lados y clasifica el triángulo.

51 **INVESTIGA.** ¿Qué significa que una de las dos coordenadas de un vector sea cero?

52 **INVENTA.** Dibuja, en cada caso, un vector.

a) Su módulo es 3 y su primera coordenada es 0.
b) Su módulo es $3\sqrt{2}$ y sus coordenadas son iguales.

53 **INVESTIGA.** ¿Cuál es el lugar geométrico de los vectores con origen en un punto dado, con una dirección determinada y cualquier módulo y sentido?

Movimientos en el plano

ACTIVIDADES FLASH

54 Indica, observando esta figura, si las siguientes se han obtenido mediante un movimiento o no. Razona tu respuesta.

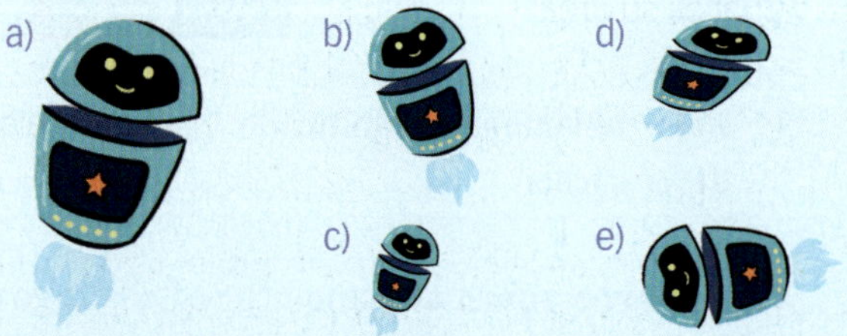

55 **JUEGO.** Formad grupos de tres personas. Por turnos, una dibuja una figura y otra tiene que dibujar una figura que no sea igual y que conserve lo que elija el tercer componente, entre los siguientes:

a) El tamaño y la forma.
b) El tamaño, pero no la forma.
c) La forma, pero no el tamaño.
d) Ni el tamaño ni la forma.

Traslaciones

ACTIVIDADES FLASH

56 ¿Qué figura es la transformada de esta figura mediante una traslación?

57 Determina las coordenadas de los puntos resultantes de aplicar a estos puntos una traslación de vector $\vec{u} = (2, 5)$.

a) $A(0, 6)$ b) $B(4, -1)$ c) $C(-3, -2)$ d) $D(2, -3)$

58 Calcula las coordenadas de los puntos resultantes de aplicar al punto $A(-2, 6)$ una traslación de vector:

a) $\vec{u} = (-1, 3)$ b) $\vec{v} = (2, -4)$ c) $\vec{w} = (-5, -2)$

59 ¿Cuáles son las coordenadas del vector de la traslación que transforma P en P'?

a) $P(2, -3)$, $P'(4, -2)$
b) $P(3, 5)$, $P'(0, 2)$
c) $P(-1, 0)$, $P'(-3, 4)$
d) $P(0, 1)$, $P'(3, -1)$

60 Halla la figura F que ha dado lugar a la figura F', al aplicarle una traslación de vector $\vec{v} = (-2, -3)$.

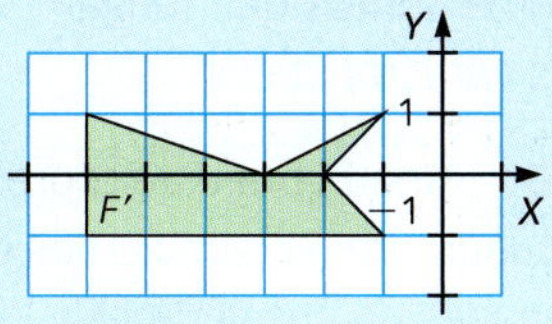

61 Dibuja en unos ejes el triángulo de vértices $A(3, 2)$, $B(2, 1)$ y $C(1, 5)$ y determina el triángulo transformado por una traslación con estos vectores.

a) $\vec{u} = (-2, 1)$ b) $\vec{v} = (3, -2)$

62 Dibuja en unos ejes el cuadrilátero de vértices $A(0, 2)$, $B(2, 5)$, $C(-1, 4)$ y $D(1, 8)$. Calcula el vector de la traslación que transforma A en $A'(-4, 1)$ y dibuja el cuadrilátero transformado por esa traslación.

63 ¿Cuáles son las coordenadas del vector que ha transformado F en F'?

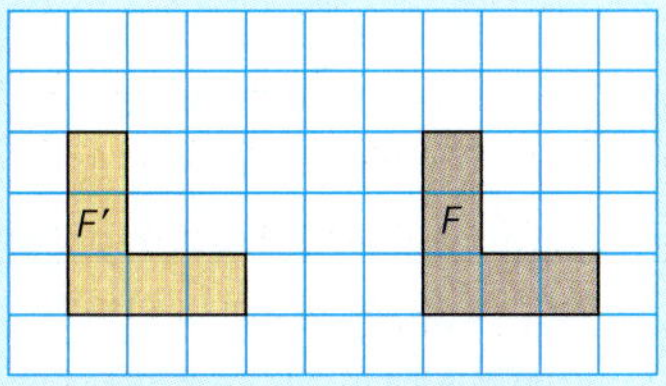

64 Obtén la figura transformada de la figura F mediante la traslación de vector $\vec{v}$. Llámala F'. Después, halla la figura transformada de F' por la traslación de vector $\vec{w}$. Llámala F''.

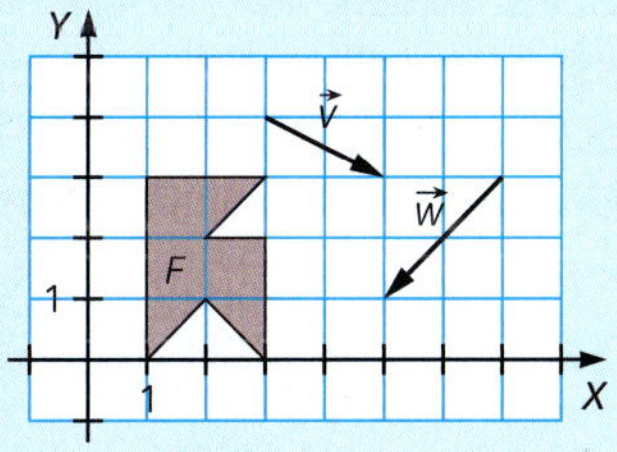

a) ¿Puedes pasar directamente de F a F'' con una traslación? Si crees que sí, dibuja el vector de dicha traslación y escribe sus coordenadas.

b) Escribe las coordenadas de $\vec{v}$ y $\vec{w}$ y suma sus abscisas y ordenadas. ¿Qué relación tiene el resultado con el del apartado anterior?

65 Determina gráficamente los vectores de las traslaciones que transforman la figura F en F' y F'', respectivamente. Obtén también sus coordenadas.

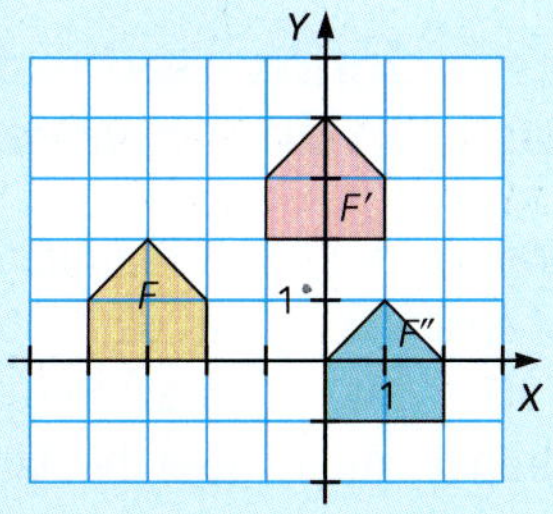

66 **INVESTIGA.** Considera la traslación que transforma el punto P en el punto P' y la que transforma P' en P. ¿Cómo son las coordenadas de estos vectores?

67 Dibuja un círculo de centro $A(4, 3)$ y radio $r = 2$. Halla su transformado por la traslación de vector $\vec{u} = (-5, 2)$. Determina la traslación que transforma este último círculo en otro con centro en el origen.

68 **INVENTA.** Dibuja sobre unos ejes un pentágono irregular que no tenga ninguno de sus vértices en el origen de coordenadas. Calcula la traslación que lo transforma en otro que tiene uno de sus vértices en el origen de coordenadas.

69 **RETO.** Determina los posibles vectores de traslación del movimiento de un caballo de ajedrez.

Giros

ACTIVIDADES FLASH

70 Considera un giro de centro el origen de coordenadas y ángulo de 90°. Calcula las coordenadas del transformado de estos puntos.

a) $A(1, 0)$ b) $B(0, 1)$ c) $C(1, 1)$ d) $D(-1, -1)$

71 Dibuja los segmentos AB y sus transformados por un giro de centro $O(3, 1)$ y ángulo de 100°.

a) $A(4, -1)$, $B(6, -1)$ c) $A(1, 0)$, $B(3, -2)$

b) $A(-1, 1)$, $B(-1, 3)$ d) $A(1, 5)$, $B(3, 6)$

72 **INVESTIGA.** Dibuja un segmento cualquiera AB. ¿Qué giro transforma el punto A en B y el punto B en A?

73 Dibuja la figura transformada de F por un giro de centro P y ángulo de 90°, y la transformada por un giro de centro Q y ángulo de 180°.

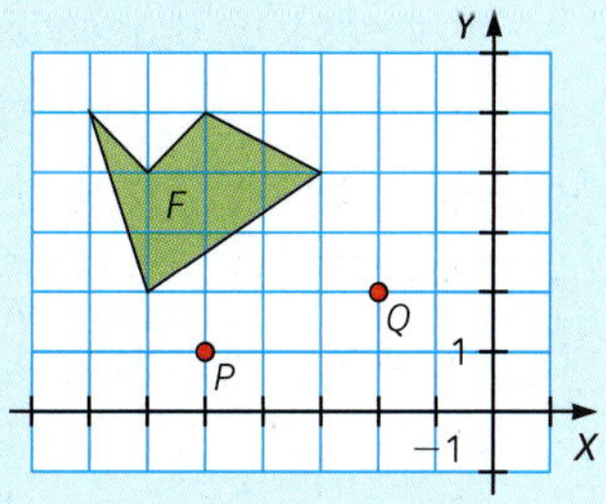

74 **INVENTA.** Dibuja un triángulo y su transformado:

a) Por un giro de centro uno de sus vértices y ángulo de 90°.

b) Por un giro de centro el punto medio de uno de sus lados y ángulo de 45°.

75 Halla la figura F sabiendo que F' es su transformada por un giro de centro el origen de coordenadas y ángulo de 90°.

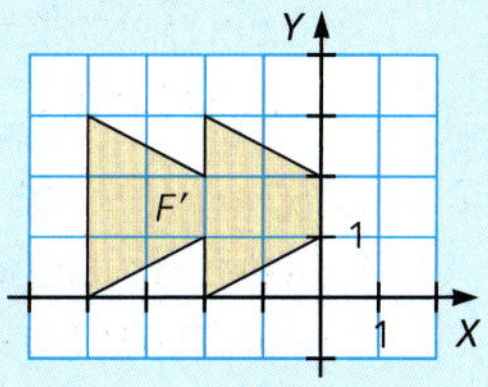

76 Determina el centro y el ángulo de giro que transforma F en F'.

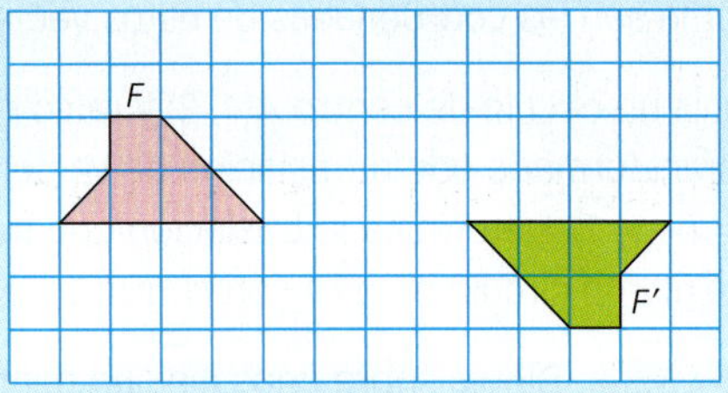

77 **INVENTA.** Dibuja un círculo de centro O y radio r. Después, halla su transformado por un giro de centro O y ángulo cualquiera. ¿Qué ocurre?

78 **RETO.** ¿Qué movimiento es necesario para que F se convierta en F'?

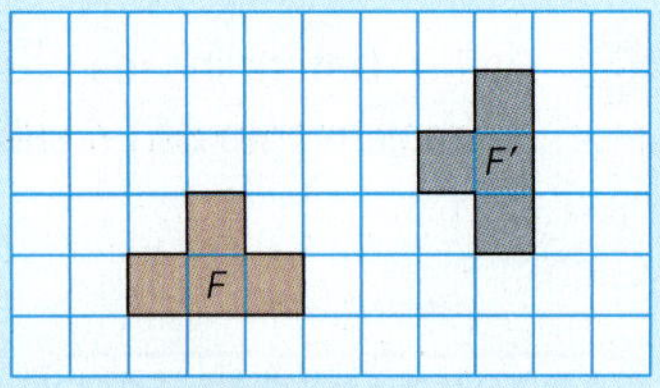

79 **INVESTIGA.** Dibuja un cuadrado. Nombra sus vértices con las letras A, B, C y D. ¿Qué centro y qué ángulo debe tener el giro que transforma A en B? ¿Y A en C? ¿Y A en D?

Simetrías

ACTIVIDADES FLASH

80 Determina las coordenadas del simétrico de estos puntos respecto del (0, 0).

a) $A(2, 0)$ b) $B(0, -3)$ c) $C(2, 2)$ d) $D(1, -2)$

81 Determina las coordenadas de los transformados de estos puntos mediante una simetría de eje de abscisas y de ordenadas.

a) $A(2, 0)$ b) $B(0, -3)$ c) $C(2, 2)$ d) $D(1, -2)$

82 Dibuja el triángulo de vértices $A(3, 0)$, $B(2, 1)$ y $C(5, 2)$. Halla su simétrico respecto:

a) Del origen de coordenadas.
b) Del punto $D(1, -2)$.
c) Del eje de abscisas.
d) Del eje de ordenadas.
e) De la bisectriz del primer cuadrante.
f) De la bisectriz del segundo cuadrante.

83 **INVENTA.** Dibuja una figura cuyos vértices se encuentren en el primer cuadrante. Después, dibuja su simétrica respecto de los ejes de coordenadas y respecto del origen.

84 **INVESTIGA.** ¿Cuál es el simétrico del punto A respecto de la recta r? ¿Existen otros puntos que tengan las mismas características?

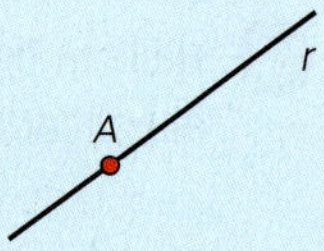

85 **INVESTIGA.** Una figura está representada en el primer cuadrante. Si cambiamos el signo de todas las coordenadas de sus vértices y los dibujamos, ¿qué simetría hemos hecho? ¿Qué sucede si solo cambiamos el signo de una de las coordenadas?

Cómo se hallan los ejes y el centro de simetría de un polígono regular

86 Determina los ejes y el centro de simetría de un pentágono regular y un octógono regular.

PRIMERO. Si el número de vértices es impar, se comprueba si son ejes de simetría las rectas que pasan por cada vértice y el punto medio del lado opuesto.

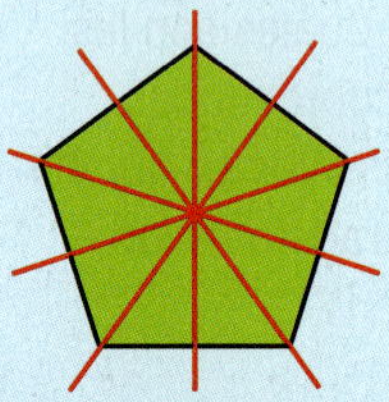

El pentágono regular tiene 5 ejes de simetría.

Los polígonos regulares con un número impar de lados no tienen centro de simetría.

SEGUNDO. Si el número de vértices es par, se comprueba si son ejes de simetría las rectas que unen dos vértices opuestos y las rectas que pasan por los puntos medios de dos lados opuestos.

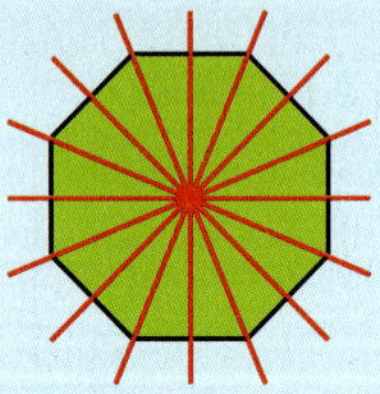

El octógono regular tiene 8 ejes de simetría.

En los polígonos regulares con un número par de lados, el centro de simetría es la intersección de sus ejes.

87 Dibuja los ejes de simetría y el centro, en caso de que exista, de un cuadrado, un rectángulo, un rombo y un triángulo isósceles.

2. Genera creaciones mediante la composición de movimientos

88 Dibuja el transformado del segmento AB, con $A(4, 2)$ y $B(6, 0)$, al aplicarle un giro de centro $O(0, 0)$ con ángulo de 90° y una simetría con respecto al punto A', que es el transformado de A mediante el giro.

89 Dibuja un triángulo de vértices $A(-2, -1)$, $B(1, 1)$ y $C(2, -2)$. Halla el transformado del triángulo $\widehat{ABC}$ al aplicarle, primero, una traslación de vector $\vec{u} = (3, -5)$ y, después, un giro de centro el origen de coordenadas y ángulo de 120°. ¿Qué obtienes si aplicas primero el giro y después la traslación?

90 Dibuja las siguientes construcciones aplicando a esta figura 3 veces los movimientos que se indican.

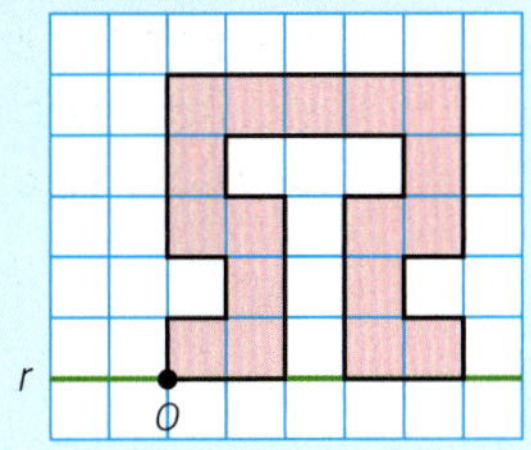

a) Una traslación de vector $\vec{v} = (5, 0)$.

b) Una simetría axial respecto de la recta r y una traslación de vector $\vec{w} = (8, 0)$.

91 **JUEGO.** Cada participante dibuja sobre unos ejes un triángulo y el resultado final de aplicarle un giro, una traslación y una simetría, en el orden en el que prefiera. El docente repartirá los dibujos entre los jugadores. Gana el que antes describa los movimientos del triángulo que ha recibido.

92 Dada una circunferencia de radio 2 cm y centro $C(-2, 3)$, le aplicamos una simetría axial con respecto al eje de ordenadas y, después, una simetría central con respecto al origen de coordenadas. ¿Cuál será el centro de la circunferencia que resulta?

93 **INVENTA.** Al dibujar una figura A y aplicar un movimiento, obtenemos la figura A'. A esta figura, A', le aplicamos otro movimiento y obtenemos A''. Indica dos movimientos diferentes que hagan posible que A sea A'' y otros dos que hagan que A sea una figura distinta a A''.

94 **INVESTIGA.** Halla el movimiento que equivale a realizar, a la misma figura, varios giros de distintas amplitudes con el mismo centro.

95 **RETO.** Describe todos los movimientos que se han realizado a partir de la primera figura para obtener la serie.

96 Averigua si es posible realizar esta composición partiendo de la figura 1.

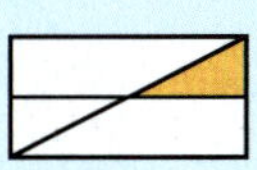
Figura 1

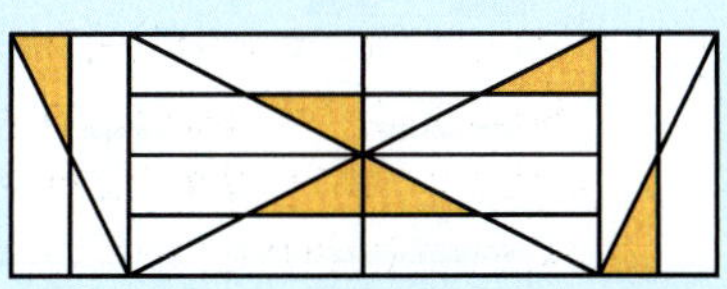

3. Establece relaciones de proporcionalidad y reconoce triángulos semejantes

ACTIVIDADES FLASH

97 Nombra los triángulos semejantes al triángulo $\widehat{ABC}$.

a)

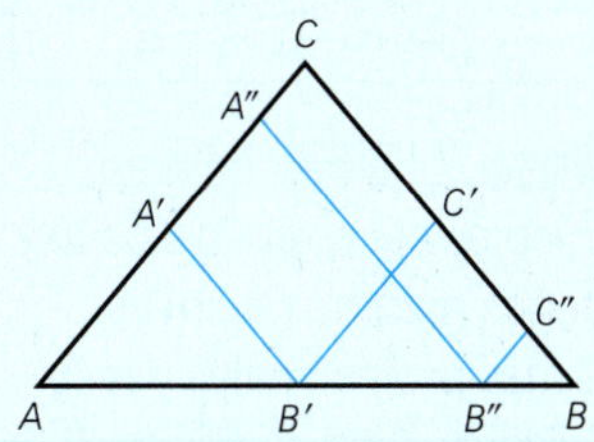

b)

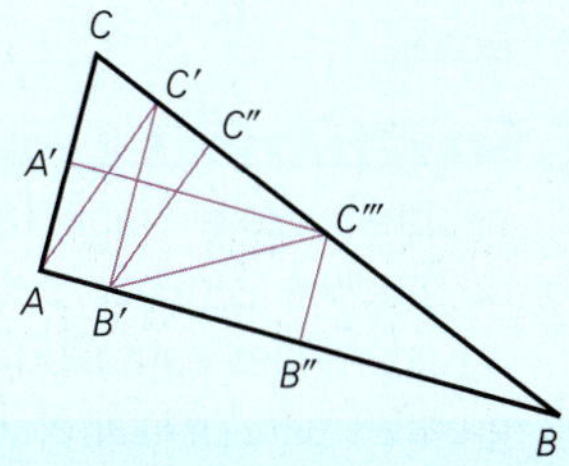

98 Calcula las medidas desconocidas.

a)

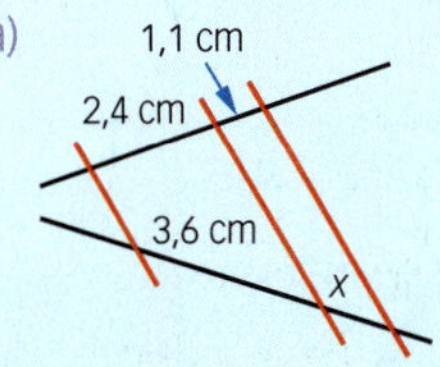

b)

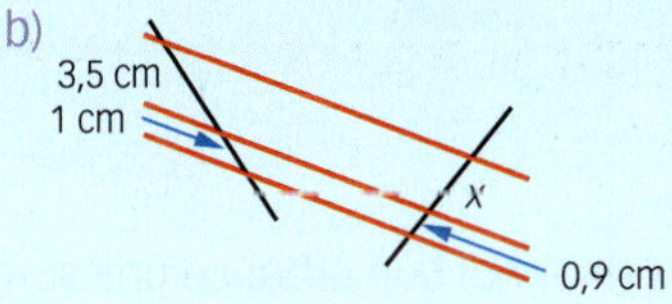

c)

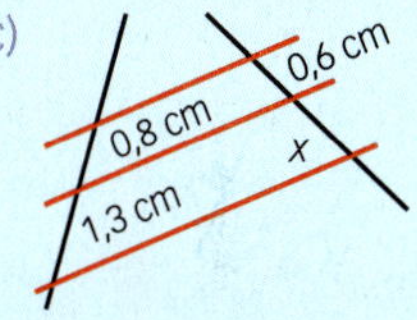

d)

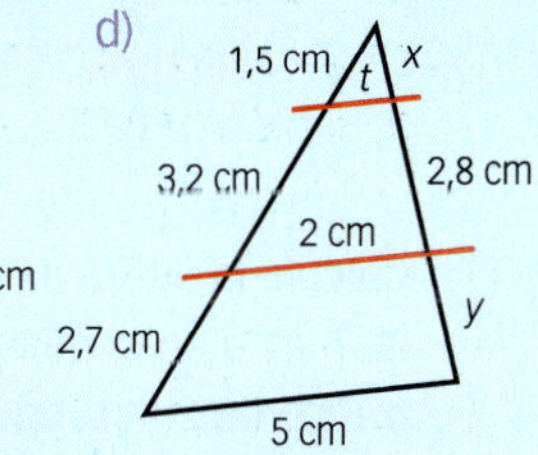

99 Copia los segmentos y divídelos en cinco partes iguales.

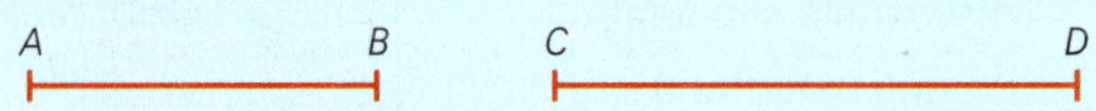

100 Dibuja un segmento AB de 5 cm de longitud y divídelo en partes proporcionales a 2, 3 y 5.

101 **RETO.** Un segmento está dividido en dos partes, una mide 5,6 cm y la otra 8,4 cm. Se sabe que esta división es proporcional a otros dos segmentos que suman 10 cm. Calcula las medidas de estos dos segmentos.

102 Calcula las medidas desconocidas.

a)

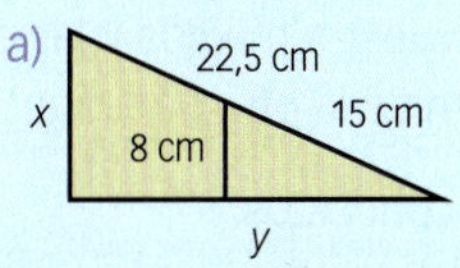

b)

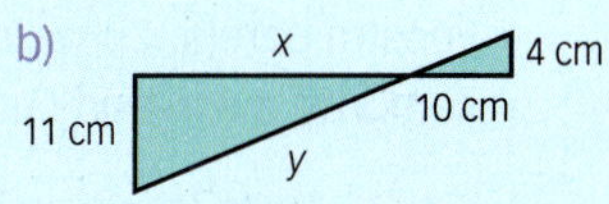

103 Calcula el perímetro y el área de esta figura.

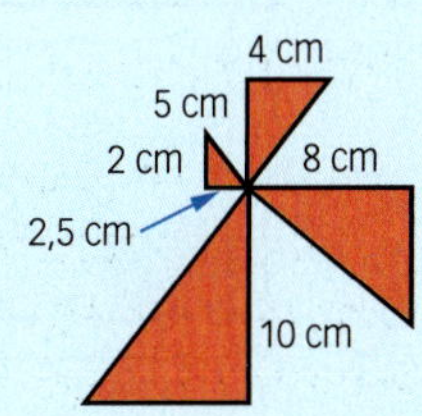

4. Utiliza el teorema de Tales para el cálculo indirecto de longitudes

104 Halla la medida de las fachadas que dan a la calle de las Rosas.

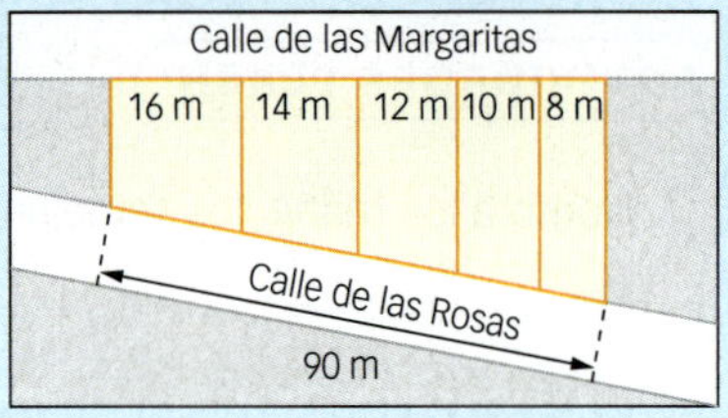

105 **MATEMÁTICAS Y… DIBUJO.** Una herramienta habitual para el dibujo técnico es el cartabón. Los hay de muchos tamaños: pequeños para trazar líneas, otros grandes para dibujos más profesionales y muy grandes para utilizar en la pizarra. Comprueba que estos cartabones son semejantes y calcula las medidas del cartabón de pizarra.

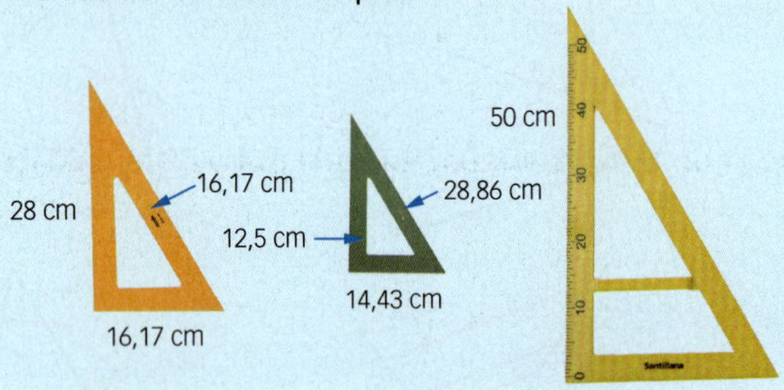

106 Calcula la altura de un árbol que produce una sombra de 6 m si en el mismo momento del día una señal de tráfico de 2 m produce una sombra de 1,75 m.

107 En un establecimiento se desea colocar la mercancía a la venta en una estantería expositora.

Calcula la profundidad de cada balda.

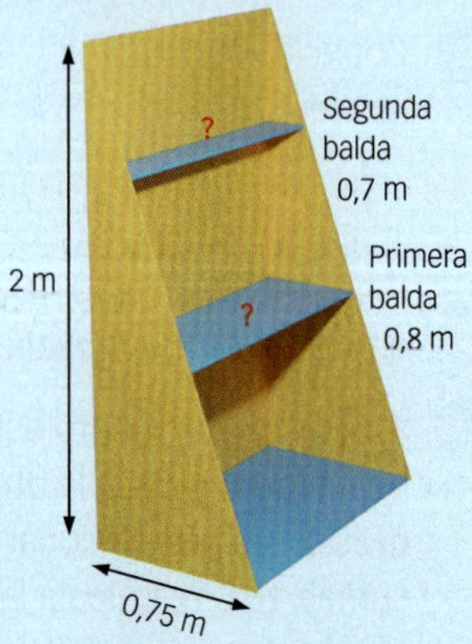

108 **JUEGO.** Cada persona debe saber cuánto mide. En el patio, colocaos por parejas y medid la sombra de vuestra pareja. Conociendo vuestra medida y las dos sombras, averiguad cuánto mide la otra persona.

109 **RETO.** Halla los valores desconocidos.

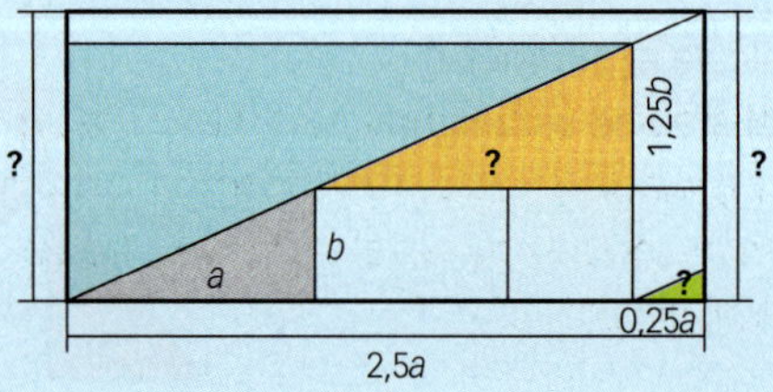

110 **MATEMÁTICAS Y… DEPORTE.** En esta pista de tenis, para sacar desde el centro de la línea de fondo en dirección a una de las esquinas laterales del terreno de juego, ¿a qué distancia del centro de la pista tiene que pasar la pelota por encima de la red?

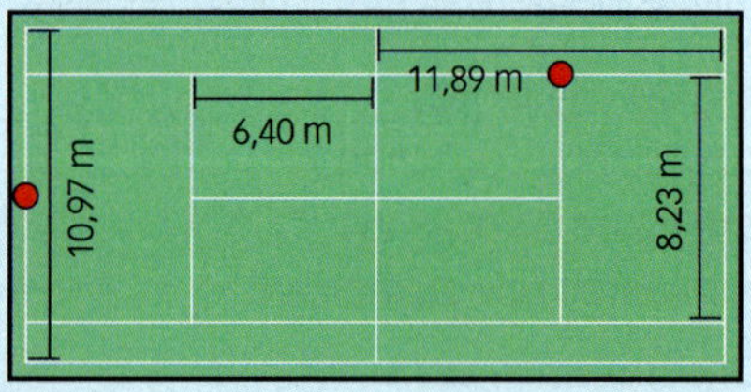

5. Calcula longitudes y superficies a partir de planos, mapas e imágenes

111 La escala de un mapa es 1:300 000. Calcula:

a) La distancia real que separa dos localidades que en el mapa están a una distancia de 20 cm.

b) La distancia en el mapa de dos pueblos que están a 90 km de distancia en la realidad.

112 Calcula la escala de estos planos:

a) Dos puntos que están separados 8 cm en el plano distan 120 m en la realidad.

b) Dos puntos que en la realidad están separados 1,5 km en el plano distan 3 cm.

113 Calcula el área de un jardín rectangular que en un mapa a escala 1:250 tiene 12 cm de ancho y 20 cm de largo.

114 La altura de un edificio en una maqueta es 50 cm. Calcula:

a) La altura real del edificio si, en esa misma maqueta, un árbol de 10 m mide 20 cm.

b) La escala de la maqueta.

c) La altura de una farola en la maqueta si en la realidad mide 6 m.

115 **MATEMÁTICAS Y… ASTRONOMÍA.** La distancia media entre la Tierra y la Luna es de 384 400 km y entre la Tierra y el Sol es de 149 600 000 km. Para hacer una maqueta a escala de 2 m de largo en la que aparezcan la Tierra, la Luna y el Sol, ¿a qué distancia hay que poner la Luna de la Tierra?

116 Relaciona las escalas numéricas con las gráficas.

a) 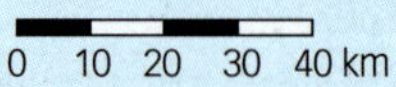

b) 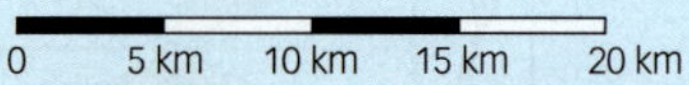

c) 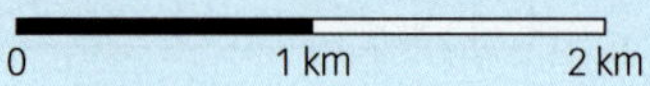

i) 1:500 000

ii) 1:2 000 000

iii) 1:50 000

117 Tenemos esta escala gráfica:

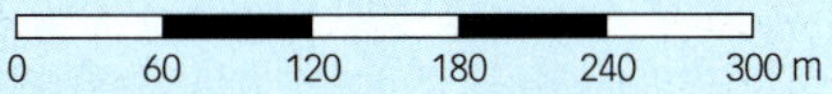

a) Determina la escala numérica equivalente.

b) Calcula la distancia real que en un mapa con esta escala está representado por una distancia de 24 cm.

118 Construye la escala gráfica que corresponde a estas escalas numéricas:

a) 1:10 b) 1:500 c) 1:600 000

INTERNET **119** **MATEMÁTICAS Y... GEOGRAFÍA.** Cuando buscas la distancia entre dos localidades en Google Maps, el mapa que se muestra adopta su propia escala para que puedas ver con más detalle esa distancia.

a) Busca la distancia entre El Provencio (Cuenca) y Minaya (Albacete). ¿A qué escala se muestra?

b) Busca ahora la distancia entre Haradh y Al Batha, en Arabia Saudí. ¿Cuál es la escala del mapa?

INTERNET **120** **MATEMÁTICAS Y... BIOLOGÍA.** ¿Cuántos aumentos tiene un microscopio electrónico que permite ver una célula de 3,5 micrómetros con un diámetro de 1,75 cm?

FAKE NEWS

¿La casa de mis sueños?

Acogedor piso de diseño con dos dormitorios independientes, cocina totalmente equipada y un amplio salón-comedor con zona de televisión. Los dormitorios son independientes y, como el resto de la casa, tranquilos y sin ruidos. Ambos cuentan con espacio suficiente para guardar tus efectos personales. ¡Disponibilidad inmediata!

Escala 1:150

Y tú, ¿qué opinas?

PROBLEMAS APARENTEMENTE DISTINTOS

121 Los catetos de un triángulo rectángulo miden 1,6 cm y 4 cm, respectivamente. El cateto menor de otro triángulo semejante mide 24 cm. ¿Cuánto mide el cateto mayor del segundo triángulo?

122 A las 6 de la tarde, Marta, que tiene una estatura de 1,60 m, proyecta sobre el suelo una sombra de 4 m. ¿Cuál será la medida de la sombra que proyecta a esa misma hora una torre de 24 m de altura?

123 Halla la medida del segmento AC sabiendo que los segmentos $\overline{ED}$ y $\overline{AB}$ son paralelos.

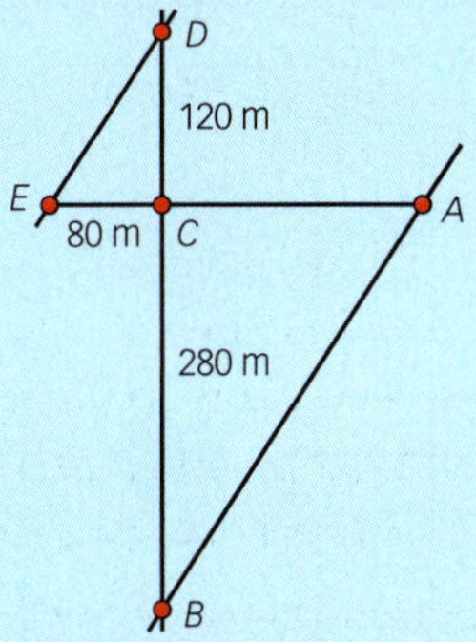

124 Cerca de un embalse hay 5 caseríos. Las rutas que unen los caseríos D y E y A y B son paralelas. ¿Qué distancia tienen que recorrer los barcos desde A hasta C?

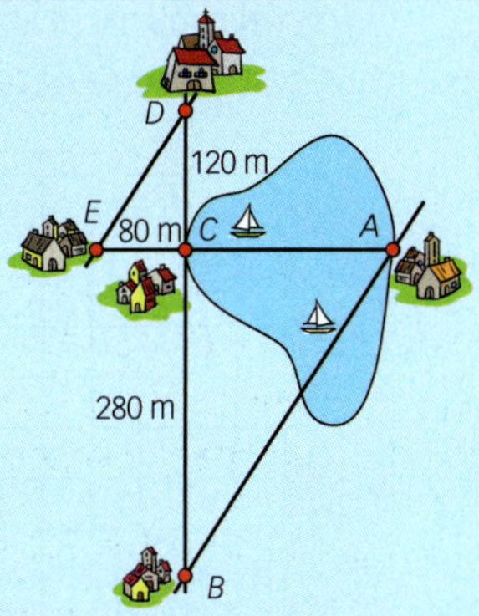

125 Calcula las medidas de un rectángulo de 2 500 cm × 3 000 cm reducido a una escala de 1:50.

126 Una arquitecta quiere dibujar el plano de un parque rectangular de 25 m de largo y 30 m de ancho. Quiere hacerlo a una escala de 1:50. ¿Cuáles serán las medidas del plano?

¿Todo el universo dentro de un mandala?

Los mandalas son originarios de la India y, por regla general, consisten en un círculo adornado con diversas figuras, en ocasiones geométricas, que está inscrito en un cuadrado. Hay algunos que no tienen forma circular, aunque una característica de todos ellos es que presentan simetrías respecto de un punto central.

Los mandalas, según los hindúes, son una representación simbólica del universo.

Para dibujar un mandala, lo primero que tenemos que hacer es elegir un centro y una figura, que es la que vamos a repetir.

Tomamos un ángulo que sea divisor de 360° (la circunferencia completa) y aplicamos un giro a la figura dibujada con el centro y el ángulo elegidos. Aplicamos este giro a las figuras resultantes hasta describir una circunferencia. A partir de esta base se pueden aplicar otros movimientos hasta completar el dibujo.

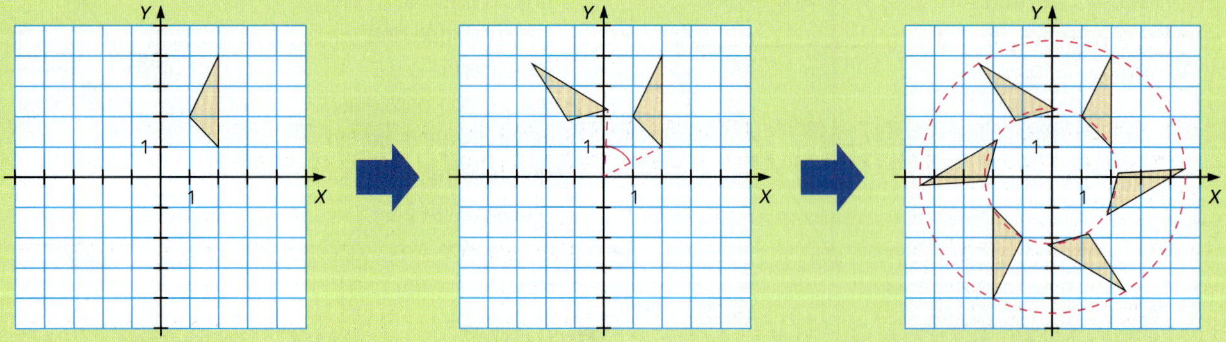

Elemento: triángulo
Centro: origen de coordenadas

Ángulo: 60°

Completar los giros y hacer las circunferencias

1 Las primeras herramientas

Lo primero que tenemos que hacer es dibujar la figura que vamos a repetir.

- Toma una hoja de papel cuadriculado y traza unos ejes de coordenadas.
- Representa en ese sistema de coordenadas un cuadrilátero cuyos vértices sean los siguientes:

$A(1, 0)$	$C(4, 2)$
$B(3, 0)$	$D(2, 2)$

2 Comenzamos con los giros

Aplicamos giros a la figura que hemos dibujado.

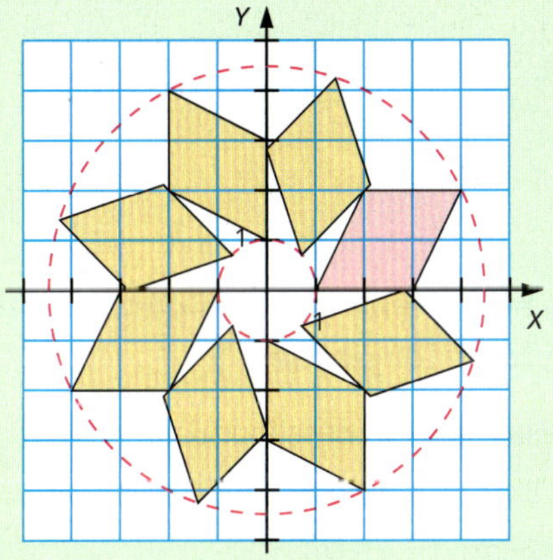

- Gira el cuadrilátero que has dibujado con centro en el origen de coordenadas y un ángulo de 45°.
- Repite el giro ahora con la figura obtenida. ¿Qué giro debes aplicar al cuadrilátero original para hallar el segundo?
- Vuelve a aplicar el mismo giro a cada una de las figuras siguientes. ¿Cuántas figuras distintas obtienes hasta volver al cuadrilátero original?
- Si todas las figuras transformadas las hubiéramos obtenido a partir del primer cuadrilátero, ¿cuáles serían sus ángulos de giro? ¿Y su centro?
- Observa el mandala resultante. ¿Existe algún eje de simetría en la figura?
- ¿Y centros de simetría? ¿Ves algún tipo de simetría central en el mandala?

3 ¿Te ves capaz de hacer tu propio mandala?

Elige tu propia figura para crear tu mandala y sigue los pasos.

- Traza el elemento que vas a repetir.
- Elige el ángulo de giro que vas a aplicar.
- Repite el giro hasta obtener el elemento inicial. ¿Cuántas veces has tenido que repetir el giro? ¿Puedes encontrar la relación entre el ángulo que has elegido y el número de veces que tienes que repetir el giro?

- Observa la figura resultante. ¿Existe algún eje de simetría en la figura?
- ¿Puedes obtener alguna de las figuras mediante una traslación de otra? En caso afirmativo, indica cuál sería su vector de traslación.
- ¿Y mediante una simetría central? ¿Dónde estaría situado su centro?

RESUMEN DE UNIDAD

VECTORES

$\overrightarrow{AB} = (b_1 - a_1, b_2 - a_2)$

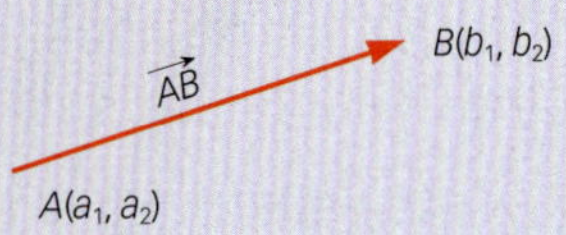

TRASLACIONES $t_{\vec{v}}$

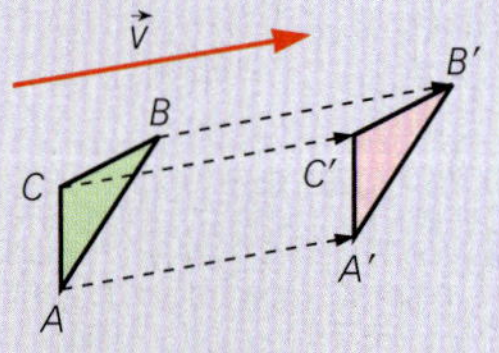

GIROS $G(O; \alpha)$

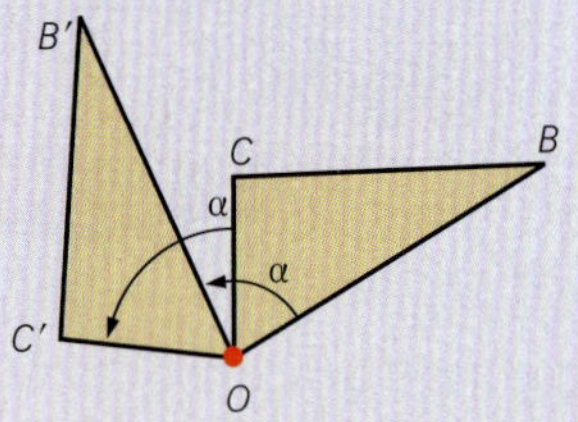

SIMETRÍAS

Respecto a un punto $S(O)$

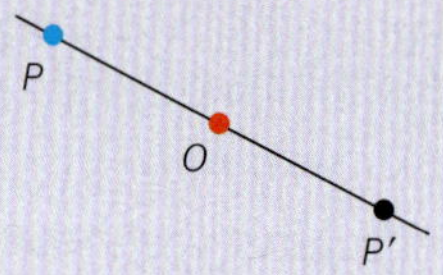

Respecto a una recta S_r

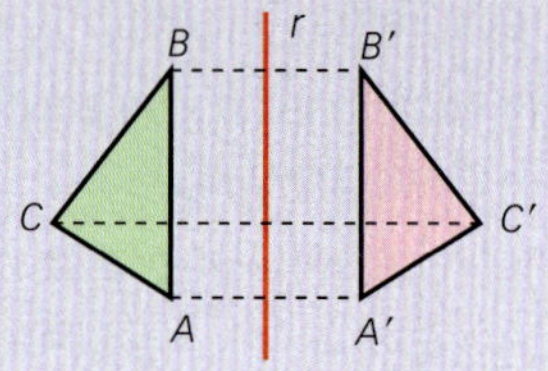

TEOREMA DE TALES

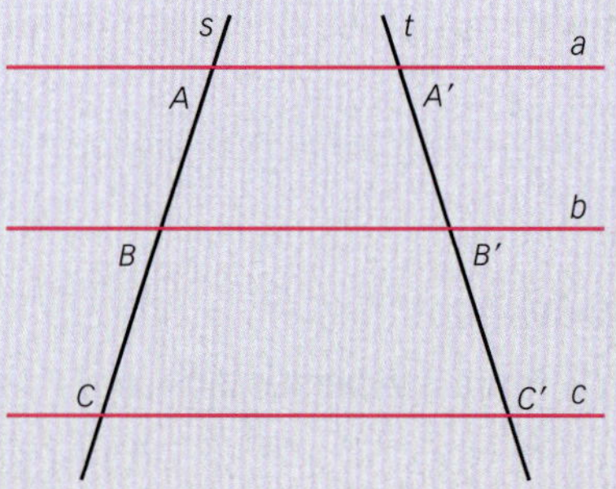

$$\frac{\overline{AB}}{\overline{A'B'}} = \frac{\overline{BC}}{\overline{B'C'}} = \frac{\overline{AC}}{\overline{A'C'}}$$

AUTOEVALUACIÓN

1. Identifica elementos de los movimientos en el plano

1 Halla las coordenadas de $\overrightarrow{AB}$ siendo $A(3, 4)$ y $B(2, -3)$.

a) $\overrightarrow{AB} = (-1, -7)$ b) $\overrightarrow{AB} = (5, 1)$ c) $\overrightarrow{AB} = (1, 7)$

2 Determina las coordenadas del transformado de $A(1, 2)$ por un giro de centro $(-2, 2)$ y ángulo 90°.

a) $A'(-2, 4)$ c) $A'(-5, 1)$

b) $A'(-2, -1)$ d) $A'(-2, 5)$

2. Genera creaciones mediante la composición de movimientos

3 Dado el segmento de extremos $A(3, 4)$ y $B(-2, 2)$, indica su transformado mediante una simetría de centro $O(2, 0)$ y una traslación de $\vec{v} = (1, 0)$.

a) $A'(2, -4), B'(7, -2)$ c) $A'(0, -4), B'(5, -2)$

b) $B'(2, -4), A'(7, -2)$ d) $B'(0, -4), A'(5, -2)$

3. Establece relaciones de proporcionalidad y reconoce triángulos semejantes

4 Dado el segmento formado por $A(2, 4)$ y $B(8, 1)$, indica los puntos que lo dividen en tres partes iguales.

a) $P(3, 4)$ y $Q(2, 6)$ c) $P(4, 3)$ y $Q(2, 6)$

b) $P(4, 3)$ y $Q(6, 2)$ d) $P(3, 4)$ y $Q(6, 2)$

4. Utiliza el teorema de Tales para el cálculo indirecto de longitudes

5 Calcula las medidas desconocidas.

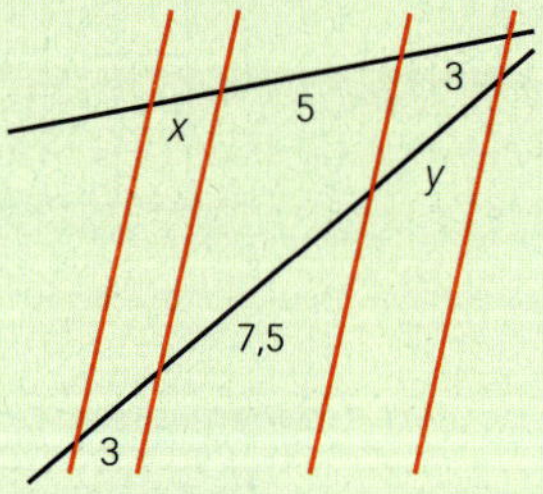

a) $x = 3$ cm; $y = 3$ cm

b) $x = 2$ cm; $y = 4,5$ cm

c) $x = 2,3$ cm; $y = 4,5$ cm

d) $x = 2$ cm; $y = 4$ cm

5. Calcula longitudes y superficies a partir de planos, mapas e imágenes

6 Un dibujo a escala 1:15 mide 10 cm de alto y 14 cm de ancho. ¿Cuáles son las dimensiones del original? ¿Cuánto mide su área?

a) Dimensiones: 1 m × 1,4 m; área: 1,4 m^2

b) Dimensiones: 1,5 m × 2,1 m; área: 2,1 m^2

c) Dimensiones: 1,5 m × 1,4 m; área: 2,1 m^2

d) Dimensiones: 1,5 m × 2,1 m; área: 3,15 m^2

VALORA TU APRENDIZAJE

- ¿Te fijas en los fallos para aprender de ellos?
- ¿Crees que pensar diferente enriquece el trabajo del grupo?

9 Cuerpos geométricos

DESAFÍO

La playa y el infinito

Los granos de arena de la playa son muy pequeños. Si coges un puñado de arena…

¿Cuántos granos de arena caben en tu puño?

¿Qué sabes ya?

Cómo se llaman los elementos de un polígono

- **Lados**: segmentos que delimitan el polígono.
- **Vértices**: puntos donde se unen dos lados.
- **Diagonales**: segmentos que unen dos vértices no consecutivos.
- **Ángulo interior**: ángulo formado por los lados del polígono.
- La **apotema**, *a*, es el segmento perpendicular al lado trazado desde su punto medio hasta el centro de un polígono regular.
- El **radio**, *r*, es el segmento que une el centro de un polígono regular con un vértice cualquiera.

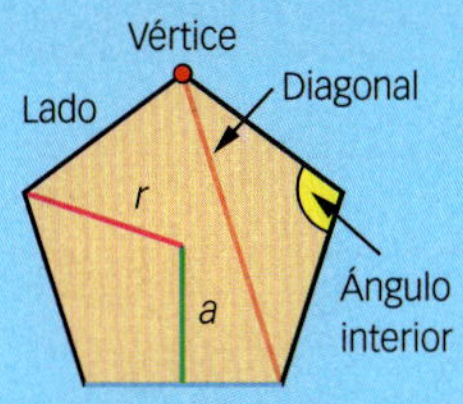

ACTIVIDADES

1 ¿Cuál de las siguientes afirmaciones es verdadera?

a) Un polígono puede tener más vértices que lados.

b) Un polígono puede tener más ángulos que vértices.

c) Un polígono puede tener más diagonales que vértices.

Cómo se calculan áreas

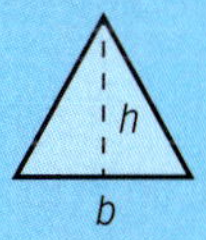

TRIÁNGULO

$A = \frac{b \cdot h}{2}$

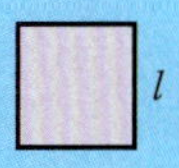

CUADRADO

$A = l^2$

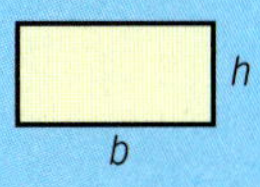

RECTÁNGULO

$A = b \cdot h$

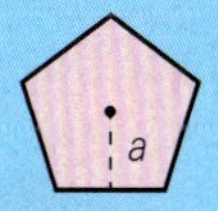

POLÍGONO REGULAR

$A = \frac{\text{perímetro} \cdot a}{2}$

CÍRCULO

$A = \pi r^2$

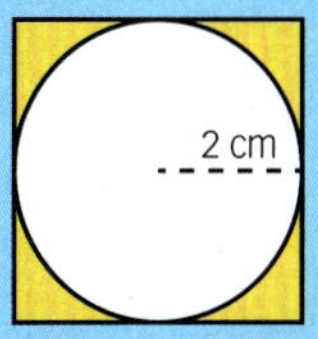

EJEMPLO

El área coloreada es igual al área del cuadrado menos el área del círculo:

$4^2 - \pi \cdot 2^2 = 3,44 \text{ cm}^2$

ACTIVIDADES

2 Halla el área de la zona coloreada.

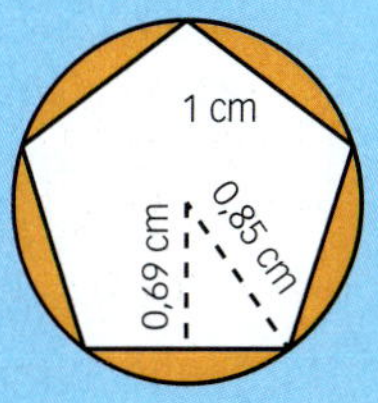

a) $0,54 \text{ cm}^2$

b) $1,73 \text{ cm}^2$

c) $2,27 \text{ cm}^2$

d) 4 cm^2

1. Poliedros

Los **poliedros** son cuerpos geométricos cerrados limitados por polígonos.

Cara
Cada polígono que limita al poliedro.

Diagonal
Segmento que une dos vértices no consecutivos.

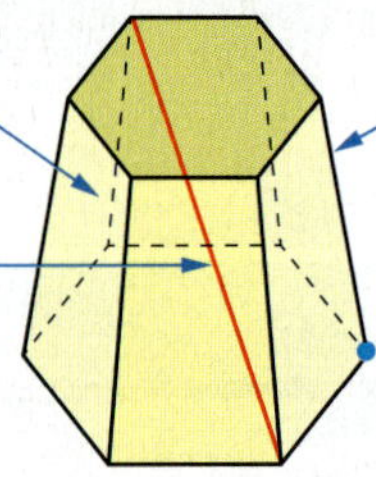

Arista
Lado de cada cara.

Vértice
En él concurren tres o más caras. Coinciden con los vértices de las caras.

Los poliedros convexos verifican la **fórmula de Euler**: $C + V = A + 2$ (donde $C =$ n.º de caras, $V =$ n.º de vértices y $A =$ n.º de aristas).

RETO

¿Cómo formarías con 12 cerillas 6 cuadrados iguales?

Poliedros regulares

Existen poliedros que no cumplen la fórmula de Euler.

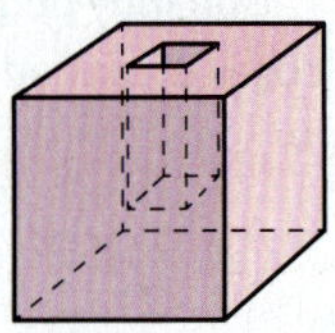

11 + 16 ≠ 24 + 2
Caras Vértices Aristas

GEOGEBRA

Un **poliedro** es **regular** si todas sus caras son polígonos regulares iguales y en cada vértice se une el mismo número de caras.

Solo existen cinco poliedros regulares:

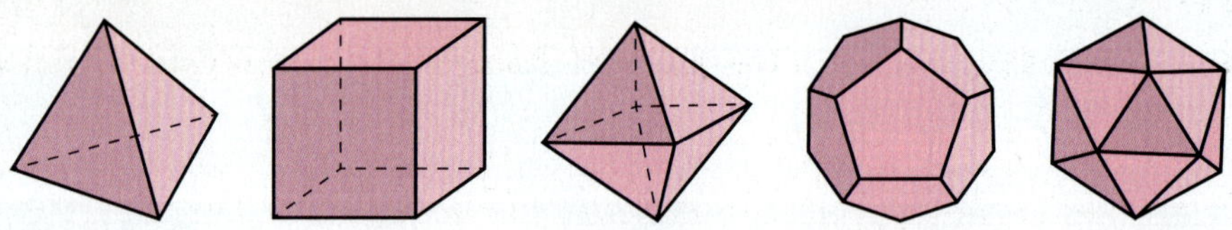

Tetraedro Cubo Octaedro Dodecaedro Icosaedro

EJEMPLO

1. Comprueba que los poliedros regulares verifican la fórmula de Euler.

	Tetraedro	Cubo	Octaedro	Dodecaedro	Icosaedro
Caras	4	6	8	12	20
Vértices	4	8	6	20	12
Aristas	6	12	12	30	30
$C + V = A + 2$	$4 + 4 = 6 + 2$	$6 + 8 = 12 + 2$	$8 + 6 = 12 + 2$	$12 + 20 = 30 + 2$	$20 + 12 = 30 + 2$

ACTIVIDADES

1. Encuentra el número de aristas, vértices y caras de este poliedro, y estudia si verifica la fórmula de Euler.

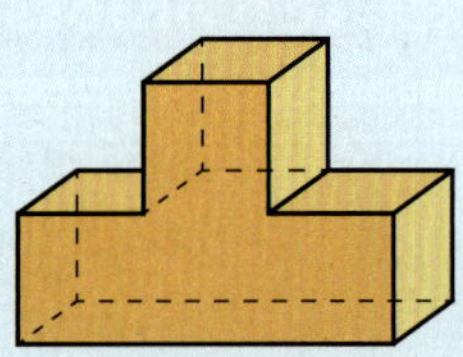

2. Justifica si es verdadero o falso: «El menor número de caras de un poliedro es 4».

3. **REFLEXIONA.** Dibuja un poliedro irregular que no verifique la fórmula de Euler.

2. Área de poliedros

2.1. Prismas

GEOGEBRA

Un **prisma** es un poliedro que tiene dos caras que son polígonos iguales y paralelos entre sí (**bases**) y el resto de las caras (**caras laterales**) son paralelogramos. La **altura** del prisma es la distancia entre las bases.

Según la forma de las bases, los prismas pueden ser triangulares, cuadrangulares, pentagonales...

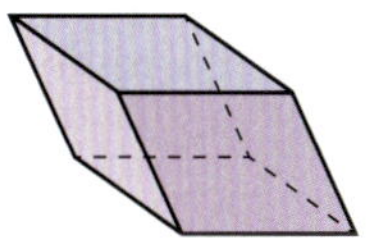

Prisma cuadrangular oblicuo

Decimos que un **prisma** es **recto** cuando sus caras laterales son todas rectángulos, es decir, son perpendiculares a las bases. En caso contrario, se denomina **oblicuo.**

Un **prisma** es **regular** si es recto y sus bases son polígonos regulares.

Los **paralelepípedos** son prismas cuya base es un paralelogramo, y si son rectos y su base es un rectángulo reciben el nombre de **ortoedros.**

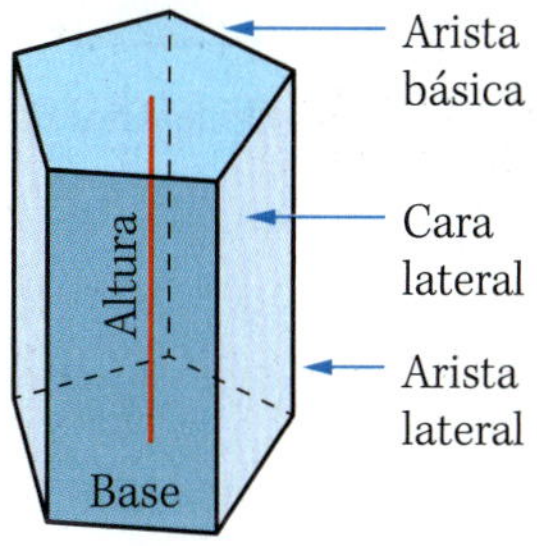

Prisma pentagonal recto

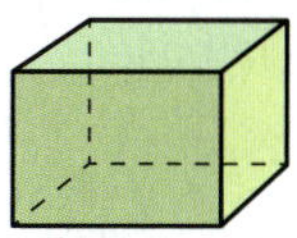

Ortoedro

Área de un prisma

El área de un prisma recto es la suma del área lateral (área de sus caras laterales) y el área de las bases.

El área lateral es la de un rectángulo de ancho el perímetro de la base y altura la del prisma.

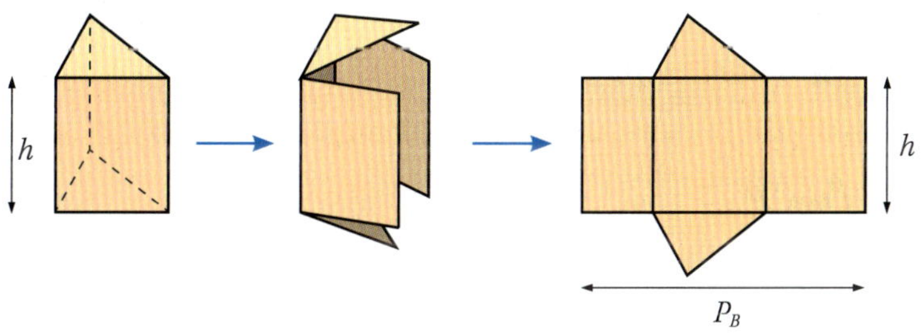

$$A = A_{\text{Lateral}} + 2A_{\text{Base}} = P_{\text{Base}} \cdot h + 2A_{\text{Base}}$$

EJEMPLO

2. Calcula el área de estos prismas.

a)

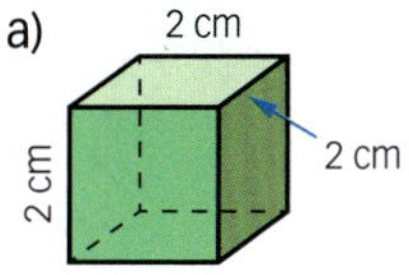

El cubo tiene 6 caras iguales.

$A_{\text{Cara}} = 2^2 = 4\ \text{cm}^2$

$A = 6 \cdot 4 = 24\ \text{cm}^2$

b)

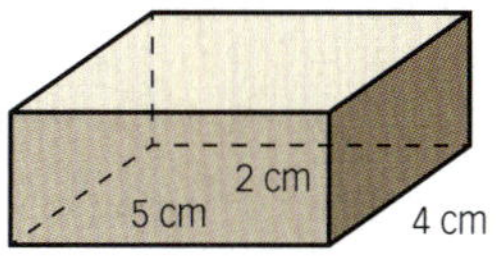

$A = P_{\text{Base}} \cdot h + 2A_{\text{Base}} =$

$= 2 \cdot (4 + 5) \cdot 2 + 2 \cdot 4 \cdot 5 =$

$= 36 + 40 = 76\ \text{cm}^2$

ACTIVIDADES

4 Dibuja el desarrollo plano de un prisma recto pentagonal y di cuántas caras, vértices y aristas tiene.

5 Calcula el área de un ortoedro de aristas 3 cm, 5 cm y 7 cm, respectivamente.

6 **REFLEXIONA.** Considera un prisma pentagonal regular, en el que el lado de la base mide 1 cm y su apotema mide 0,69 cm.

Calcula su altura sabiendo que su área total es de 18,44 cm^2.

2.2. Pirámides

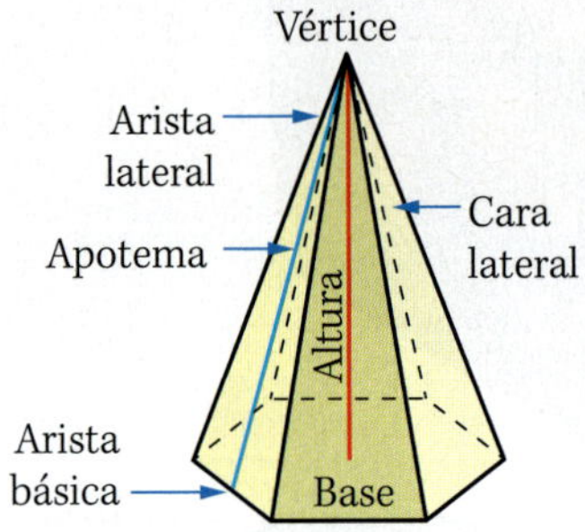

Pirámide hexagonal recta

Una **pirámide** es un poliedro que tiene por base un polígono y sus caras laterales son triángulos con un vértice común, llamado **vértice** de la pirámide. La **altura** de la pirámide es la distancia de la base a dicho vértice.

Según la forma de las bases, las pirámides pueden ser triangulares, cuadrangulares, pentagonales...

Decimos que una **pirámide** es **recta** cuando sus caras laterales son todas triángulos isósceles. En caso contrario, se denomina **oblicua**.

Una **pirámide** es **regular** si es recta y su base es un polígono regular.

Llamamos **apotema** de una pirámide regular a la altura de cualquiera de sus caras laterales.

Área de una pirámide

El área de una pirámide es la suma del área lateral (suma de las áreas de los triángulos) y el área de la base.

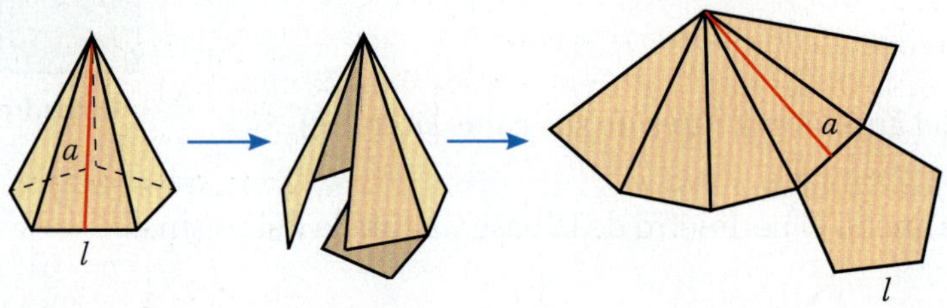

Sea n el número de aristas básicas: $A_{\text{Lateral}} = n \cdot \dfrac{l \cdot a}{2} = \dfrac{(n \cdot l) \cdot a}{2} = \dfrac{P_{\text{Base}} \cdot a}{2}$

$$A = A_{\text{Base}} + A_{\text{Lateral}} = A_{\text{Base}} + \frac{P_{\text{Base}} \cdot a}{2}$$

EJEMPLO

3. Halla el área de esta pirámide de base cuadrada.

$$A = A_{\text{Base}} + \frac{P_{\text{Base}} \cdot a}{2} = 3^2 + \frac{(4 \cdot 3) \cdot 4}{2} =$$
$$= 9 + 24 = 33 \text{ cm}^2$$

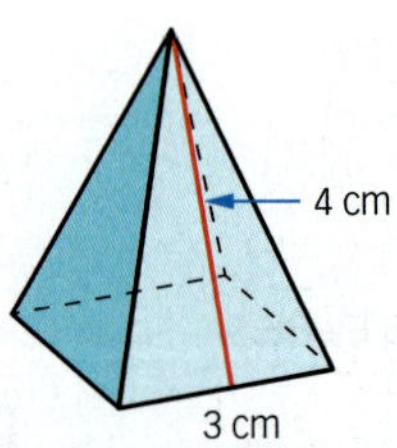

Si cortamos una pirámide por un plano paralelo a la base, obtenemos un poliedro que se llama tronco de pirámide.

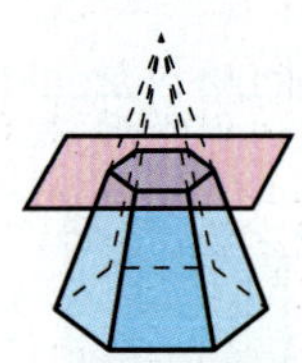

ACTIVIDADES

7. Dibuja el desarrollo plano de una pirámide recta hexagonal y di cuántas caras, vértices y aristas tiene.

8. Calcula el área de una pirámide pentagonal, sabiendo que su base tiene un lado de 2 cm y una apotema de 1,38 cm, y que la apotema de la pirámide mide 5,19 cm.

9. **REFLEXIONA.** Con cualquier triángulo como base se puede construir una pirámide recta. ¿Es posible hacerlo con cualquier cuadrilátero?

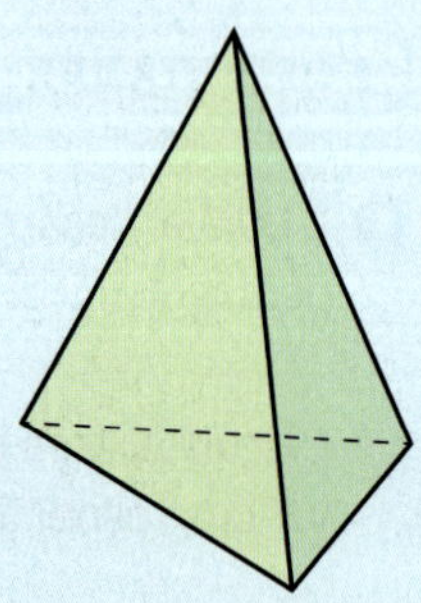

Cómo se calcula el área de un poliedro

Si el poliedro no es un prisma o una pirámide, se suman las áreas de cada una de las caras para poder hallar el área total.

Calcula el área de estos poliedros.

a)

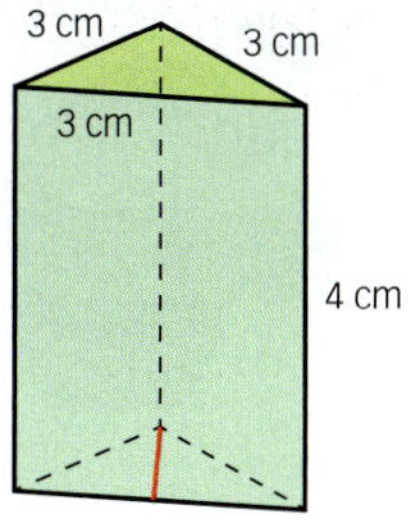

b)

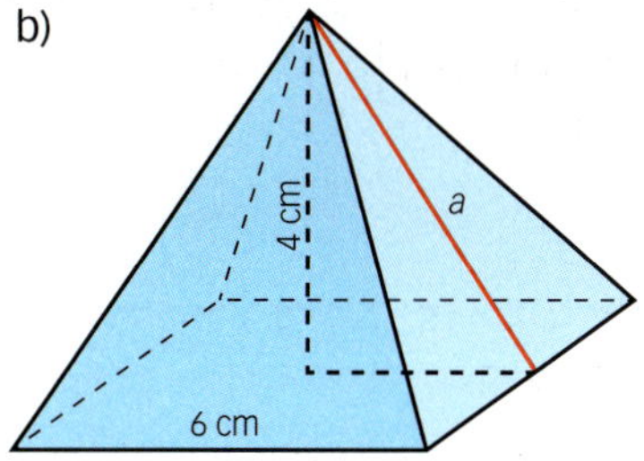

① **Determinamos el tipo de poliedro y hallamos los datos necesarios para calcular su área.**

a) Prisma recto de base un triángulo equilátero.

$A = P_{Base} \cdot h + 2A_{Base}$

$n = 3 \rightarrow P_{Base} = n \cdot l = 3 \cdot 3 = 9$ cm

$h = 4$ cm

$A_{Base} = \dfrac{b \cdot a}{2} = \dfrac{3 \cdot a}{2}$

La altura es un cateto y el otro cateto es la mitad del lado.

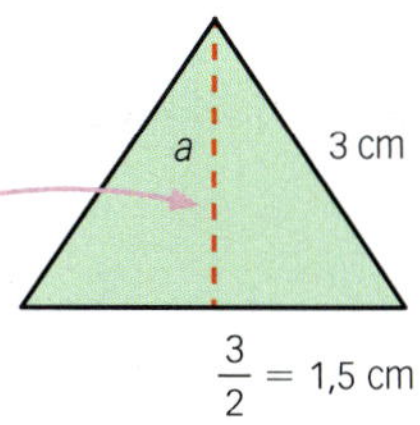

Hallamos la altura de la base.

$a^2 + 1{,}5^2 = 3^2$

$a^2 = 6{,}75 \rightarrow a = 2{,}6$ cm

b) Pirámide recta de base cuadrada.

$A = A_{Base} + \dfrac{P_{Base} \cdot a}{2}$

$A_{Base} = l \cdot l = 6 \cdot 6 = 36$ cm^2

$n = 4 \rightarrow P_{Base} = n \cdot l = 4 \cdot 6 = 24$ cm

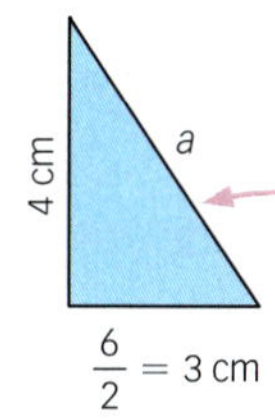

La apotema es la hipotenusa.

Calculamos la apotema de la pirámide.

$3^2 + 4^2 = a^2$

$a^2 = 25 \rightarrow a = 5$ cm

② **Calculamos el área del poliedro.**

a) $A = P_{Base} \cdot h + 2A_{Base}$

$A = 9 \cdot 4 + 2 \cdot \dfrac{3 \cdot 2{,}6}{2} = 43{,}8$ cm^2

b) $A = A_{Base} + \dfrac{P_{Base} \cdot a}{2}$

$A = 36 + \dfrac{24 \cdot 5}{2} = 96$ cm^2

ACTIVIDADES

10 Calcula el área de estos prismas.

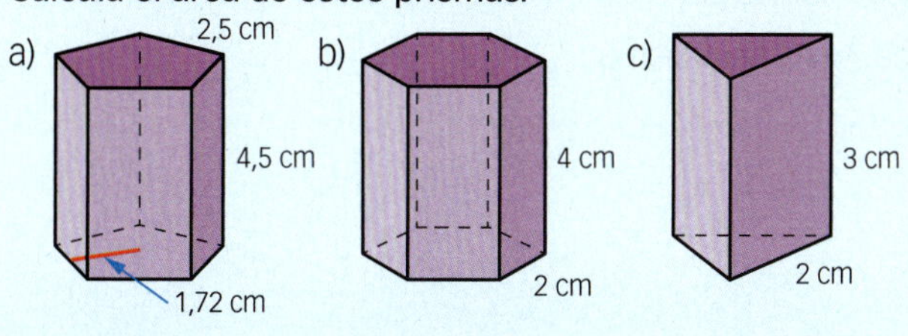

11 Halla el área de las siguientes pirámides.

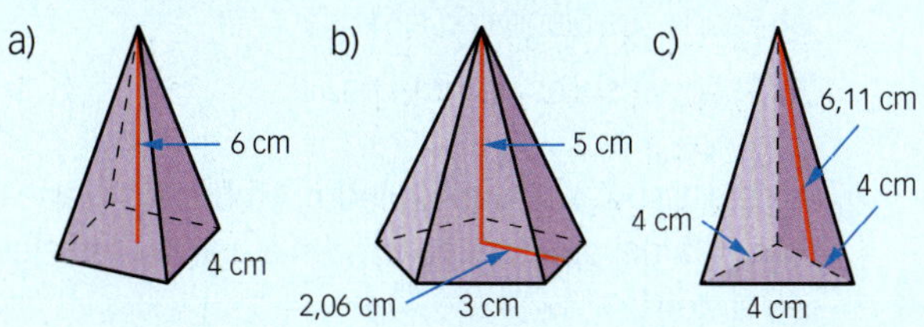

12 Obtén el área de estos poliedros de base hexagonal.

a) Prisma de lado de la base 4 cm y altura 7 cm.

b) Pirámide de lado de la base 8 cm y apotema lateral 10 cm.

13 Calcula el área de una pirámide regular de altura 10 cm y cuyas bases son:

a) Un cuadrado de área 100 cm^2.

b) Un cuadrado de perímetro 80 cm.

14 Calcula la altura de un prisma pentagonal sabiendo que su base tiene una apotema de 2,06 cm y un área de 15,48 cm^2, y que el área total del prisma es de 105,97 cm^2.

3. Simetrías en los poliedros

3.1. Planos de simetría

Un **plano de simetría de un poliedro** es un plano que divide el poliedro en dos partes iguales.

EJEMPLO

GEOGEBRA

4. **Determina todos los planos de simetría de un cubo.**

En un cubo existen dos tipos de planos de simetría:

- Planos que pasan por el punto medio de las aristas y son paralelos a dos caras opuestas.
- Planos que pasan por las diagonales de cada cara.

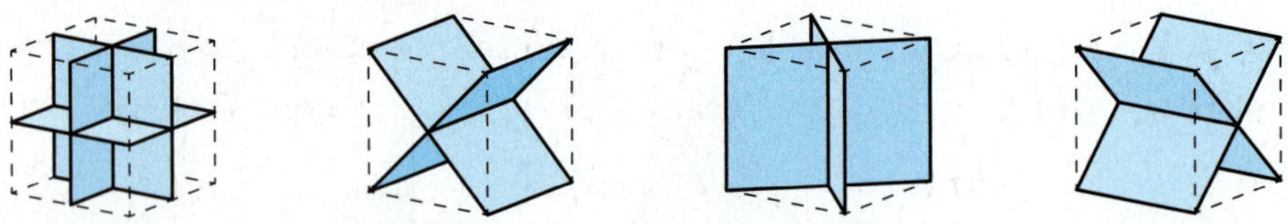

Un cubo tiene 9 planos de simetría.

3.2. Ejes de simetría

Un **eje de simetría de un poliedro** es una línea recta tal que, al girar el poliedro un ángulo determinado mayor que 0° y menor que 360° a su alrededor, el resultado es el mismo poliedro.

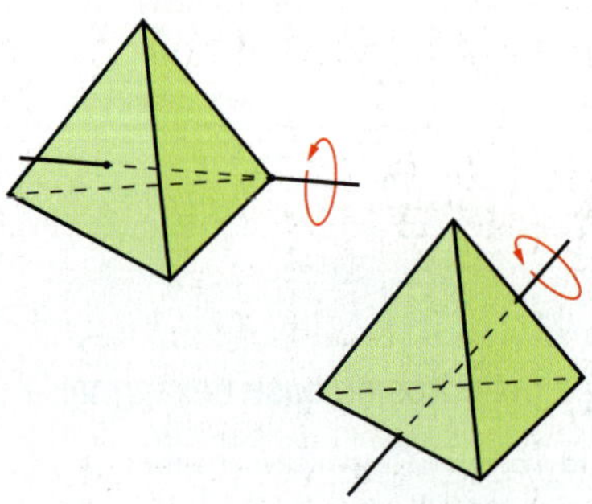

EJEMPLO

5. **Determina todos los ejes de simetría de un tetraedro.**

En un tetraedro existen dos tipos de ejes de simetría:

- Rectas que pasan por un vértice y el punto medio de la cara opuesta.
- Rectas que pasan por los puntos medios de dos aristas opuestas.

Un tetraedro tiene 7 ejes de simetría.

ACTIVIDADES

15 Determina los planos de simetría de estos poliedros.

a)

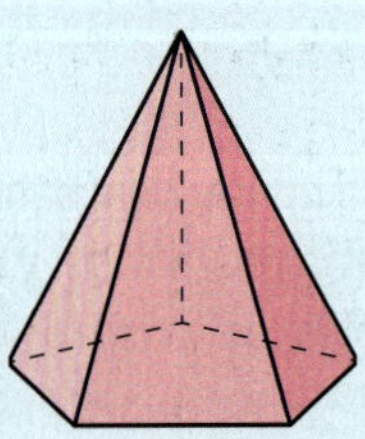

b)

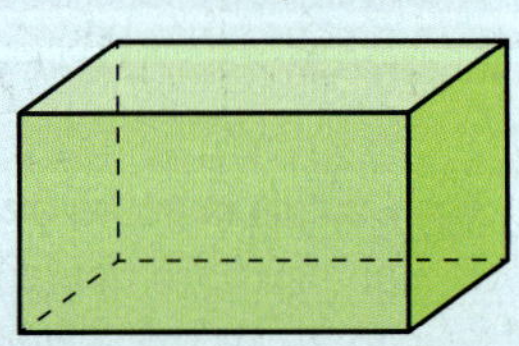

16 Dibuja un octaedro en tu cuaderno y representa:

a) Todos sus planos de simetría.

b) Todos sus ejes de simetría.

17 **REFLEXIONA.** En un poliedro, ¿todos los planos de simetría del poliedro contienen a uno de sus ejes de simetría?

4. Cuerpos de revolución. Área

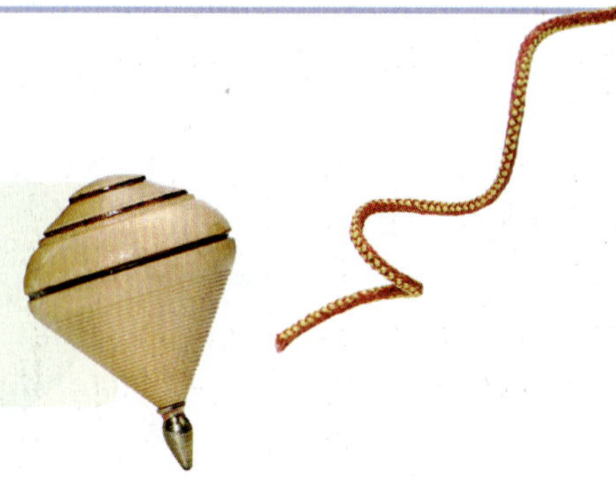

GEOGEBRA

Los **cuerpos de revolución** son cuerpos geométricos que se obtienen al girar una figura plana alrededor de una recta que se llama **eje de giro**.

Puedes girar cualquier figura plana alrededor de uno de sus lados y obtener un cuerpo de revolución; a continuación, vamos a ver los más habituales.

4.1. Cilindro

Un **cilindro** se obtiene al girar un rectángulo alrededor de uno de sus lados. Su desarrollo plano consta de un rectángulo y dos círculos, que forman sus bases.

El área es la suma del área lateral más el área de las dos bases.

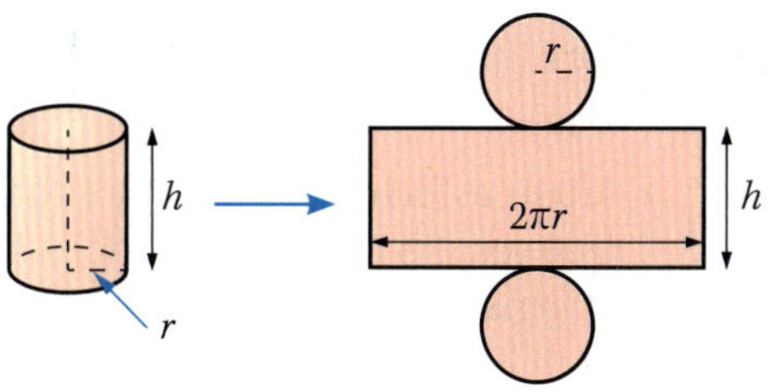

$$A = A_{\text{Lateral}} + 2A_{\text{Base}} = 2\pi rh + 2\pi r^2 = 2\pi r(h + r)$$

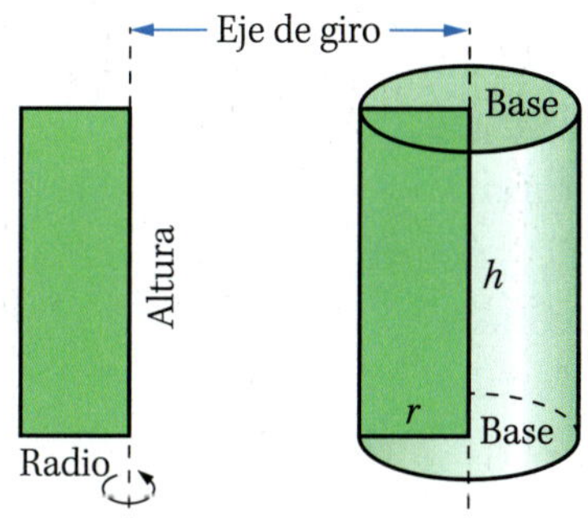

4.2. Cono

Un **cono** se obtiene al girar un triángulo rectángulo alrededor de uno de sus catetos. Su desarrollo plano consta de un círculo, que es su base, y un sector circular.

El área es la suma del área lateral más el área de la base.

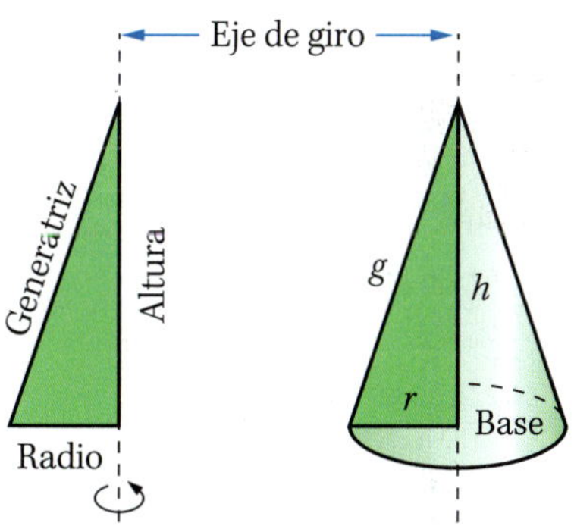

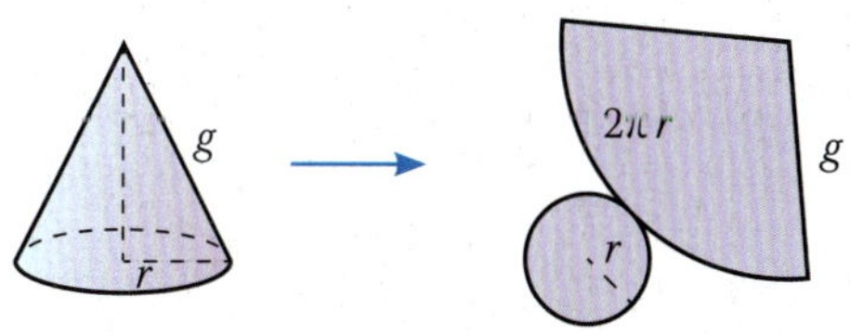

$$A = A_{\text{Lateral}} + A_{\text{Base}} = \pi g^2 \cdot \frac{\cancel{2\pi} r}{\cancel{2\pi} g} + \pi r^2 = \pi rg + \pi r^2 = \pi r(g + r)$$

ACTIVIDADES

18 Halla el área de estos cuerpos de revolución.

a) 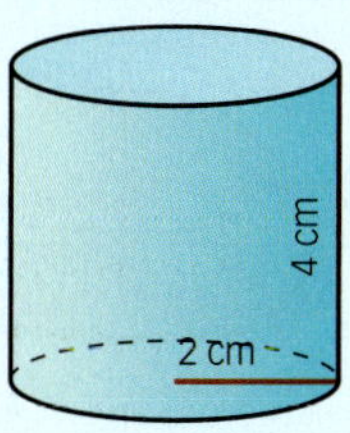

b) 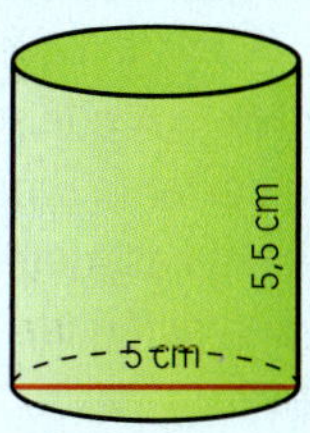

c) 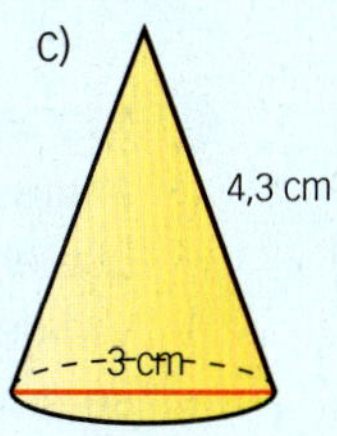

19 Calcula la generatriz de estos conos.

a) Cono de radio 5 cm y área lateral 125,6 cm^2.

b) Cono de radio 6 cm y área total 301,51 cm^2.

20 **REFLEXIONA.** Un cono tiene la misma base que un cilindro y su área es la mitad. ¿Cuál tendrá mayor altura?

4.3. Esfera

Una **esfera** se obtiene al girar un semicírculo alrededor de su diámetro. La esfera no tiene desarrollo plano.

El área de la esfera se calcula con la fórmula:

$$A = 4\pi r^2$$

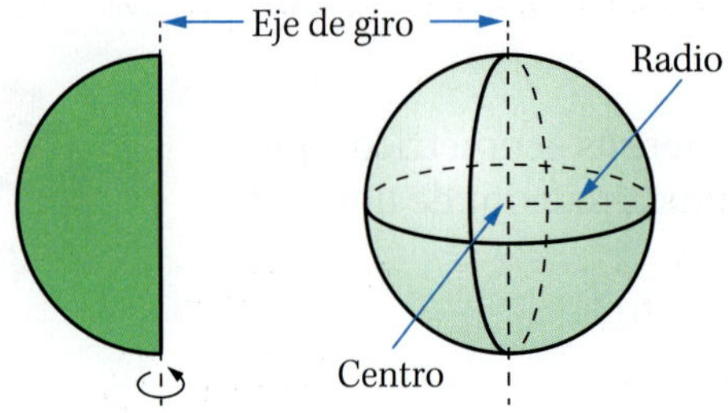

El área de una esfera es igual al área lateral del cilindro que la contiene, ajustándose completamente a ella.

RETO

El radio de la Tierra es de 6 371 km. Si tuviéramos una cinta de longitud el ecuador más un metro y la separáramos uniformemente de la superficie, ¿podría pasar un conejo por el hueco?

4.4. Figuras esféricas

Se obtienen al intersecar la superficie esférica con uno o más planos.

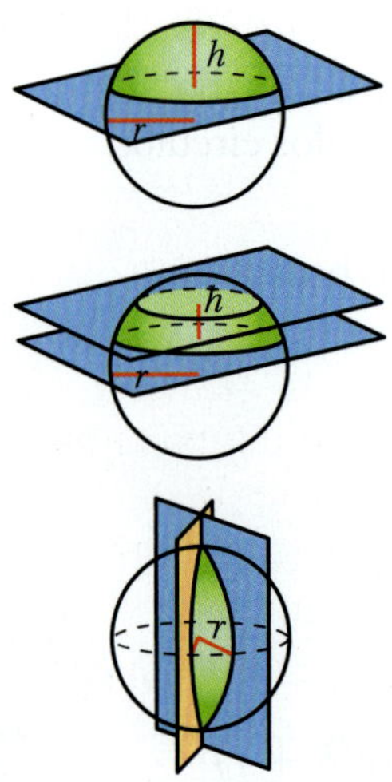

- **Casquete esférico:** cada una de las partes que se forman en la superficie esférica al intersecarla por un plano. Su área es: $A_{\text{Casquete}} = 2\pi rh$.
- **Zona esférica:** parte de la superficie esférica comprendida entre dos planos paralelos que intersecan a una esfera. Su área es: $A_{\text{Zona}} = 2\pi rh$.
- **Huso esférico:** parte de la superficie esférica que resulta al intersecar dos planos secantes que pasan por el mismo eje de la esfera. Su área es: $A_{\text{Huso}} = \dfrac{4\pi r^2 \alpha}{360}$.

EJEMPLO

6. Calcula el área de estas figuras esféricas.

a)

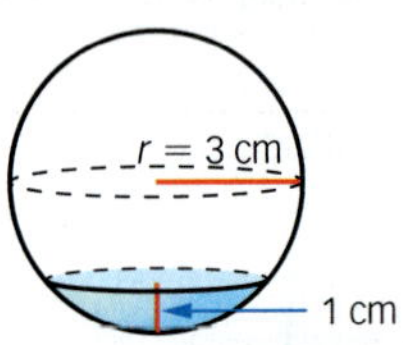

$A_{\text{Casquete}} = 2\pi rh$

$A = 2 \cdot 3{,}14 \cdot 3 \cdot 1 = 18{,}84 \text{ cm}^2$

b)

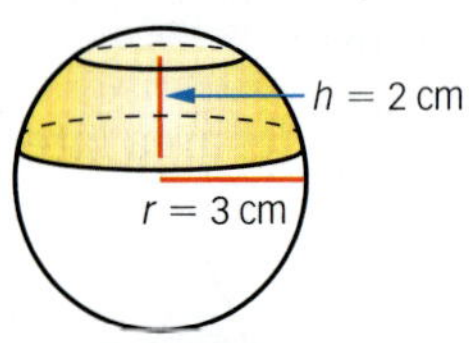

$A_{\text{Zona}} = 2\pi rh$

$A = 2 \cdot 3{,}14 \cdot 3 \cdot 2 = 37{,}68 \text{ cm}^2$

c)

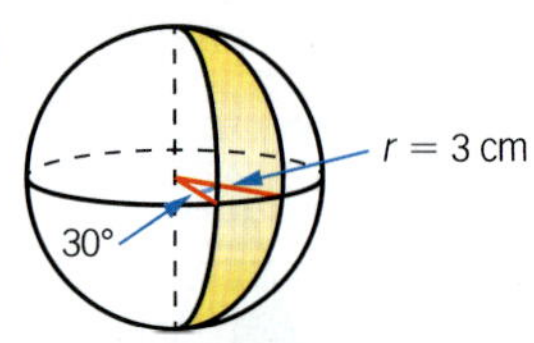

$A_{\text{Huso}} = \dfrac{4\pi r^2 \alpha}{360}$

$A = \dfrac{4 \cdot 3{,}14 \cdot 3^2 \cdot 30}{360} = 9{,}42 \text{ cm}^2$

ACTIVIDADES

21 Indica el nombre de cada una de las siguientes figuras esféricas y calcula su área.

a)

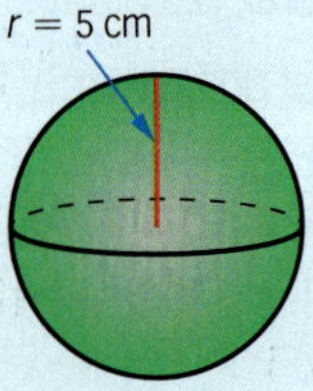

b)

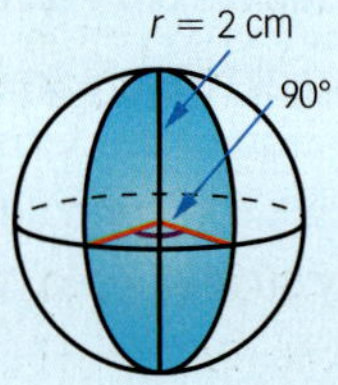

c)

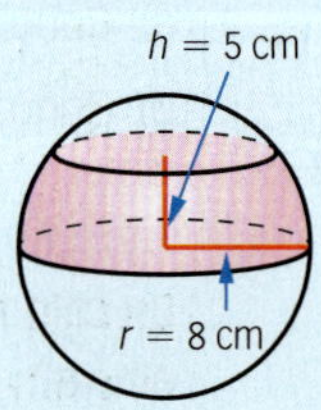

22 El área de un casquete esférico de altura 1 cm es 6,28 cm^2. ¿Cuál es el radio de la esfera?

23 **REFLEXIONA.** ¿A qué altura debe cortar la α para que el área del casquete y la de la zona esférica sean iguales?

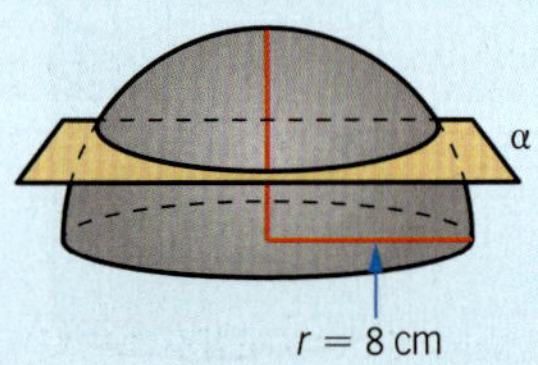

Cómo se calcula el área de un cuerpo de revolución

En algunas ocasiones, al calcular los datos que se necesitan para hallar el área de una figura geométrica, hay que utilizar el teorema de Pitágoras.

Calcula el área de estos cuerpos geométricos.

a) 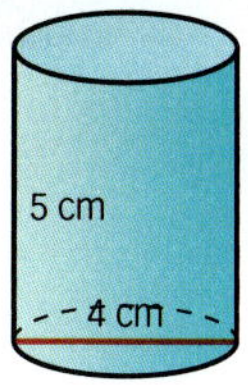

b) 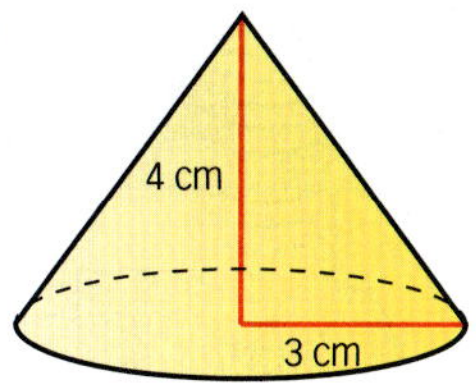

c) 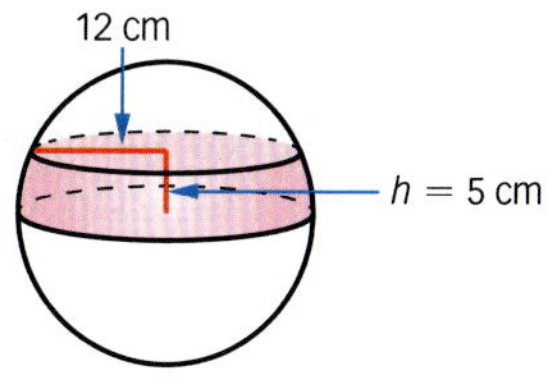

① Determinamos el tipo de cuerpo de revolución y los datos necesarios para calcular su área.

a) Cilindro

$A = 2\pi r(h + r)$

$h = 5$ cm

$r = \dfrac{4}{2} = 2$ cm

El radio mide la mitad del diámetro.

b) Cono

$A = \pi r(g + r)$

$r = 3$ cm

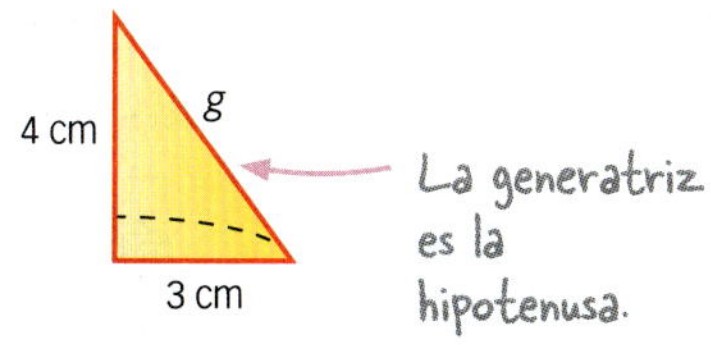

$g^2 = 3^2 + 4^2 = 25$

$g = \sqrt{25} = 5$ cm

c) Zona esférica

$A = 2\pi rh$

$h = 5$ cm

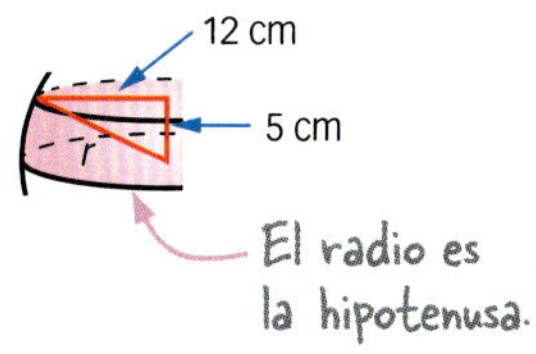

$r^2 = 12^2 + 5^2 = 169$

$r = \sqrt{169} = 13$ cm

② Aplicamos la fórmula para calcular el área del cuerpo.

$A_{\text{Cilindro}} = 2\pi r(h + r)$

$A_{\text{Cilindro}} = 2\pi \cdot 2 \cdot (5 + 2) = 87{,}92 \text{ cm}^2$

$A_{\text{Cono}} = \pi r(g + r)$

$A_{\text{Cono}} = \pi \cdot 3 \cdot (5 + 3) = 75{,}36 \text{ cm}^2$

$A_{\text{Zona esférica}} = 2\pi rh$

$A_{\text{Zona esférica}} = 2\pi \cdot 13 \cdot 5 = 408{,}2 \text{ cm}^2$

ACTIVIDADES

24 Halla el área de estos cuerpos de revolución.

a) 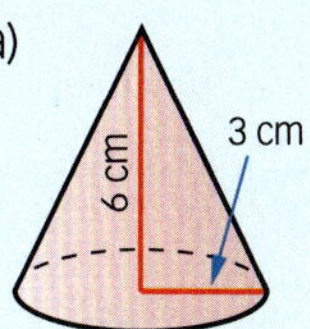

b) 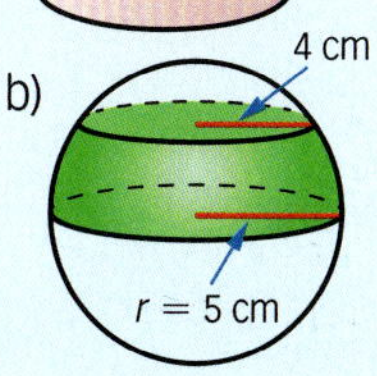

c) 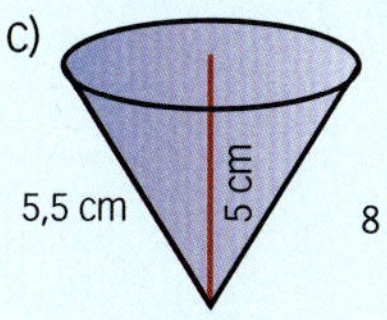

d) 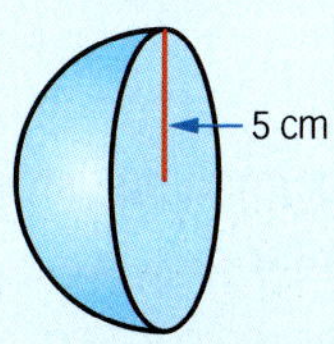

e) 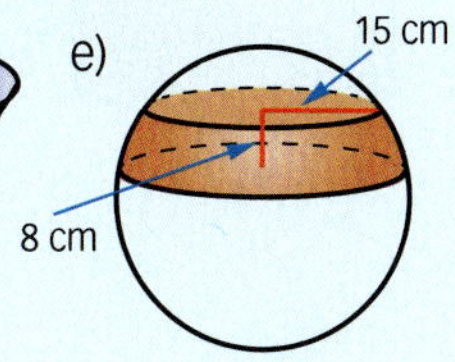

f) 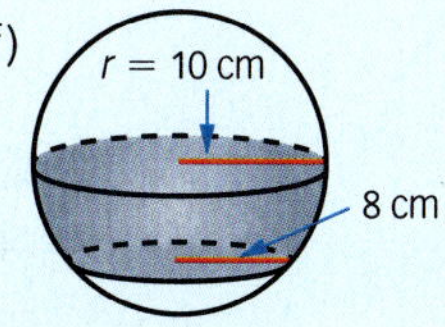

25 Encuentra la altura de un cono cuya generatriz mide 5 cm y el área de su base es de 6,15 cm². Después, calcula su área total.

26 Halla el radio de una esfera de área 50,24 cm².

27 Calcula el área de los cilindros que se generan al girar este rectángulo sobre cada uno de los ejes.

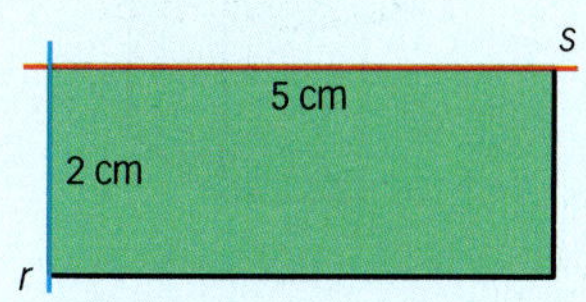

28 Halla el área de los conos que se obtienen al girar estos triángulos rectángulos alrededor de r:

a) 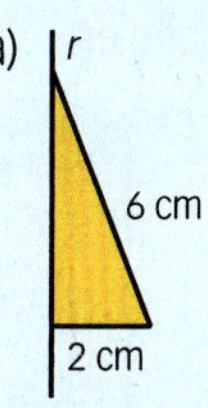

b) 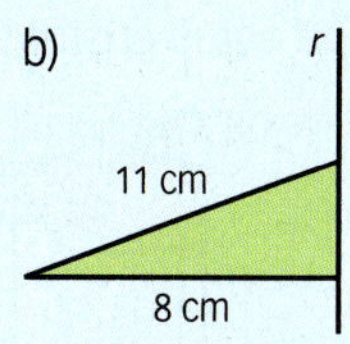

c) 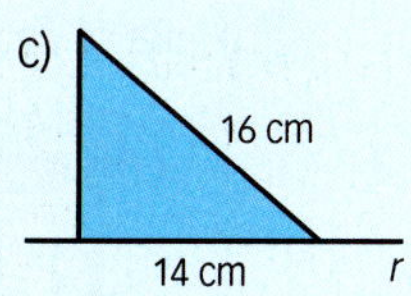

29 Calcula el área de la esfera que se obtiene al girar un semicírculo de 1,57 cm² de área.

5. Volumen de cuerpos geométricos

El **volumen de un cuerpo** es la cantidad de espacio encerrada dentro de su superficie.

Para calcular volúmenes utilizamos el **principio de Cavalieri:** si dos cuerpos tienen la misma altura y las secciones producidas al cortarlos por planos paralelos a la base presentan igual área, entonces ambos cuerpos tienen el mismo volumen.

5.1. Volumen de prismas y cilindros

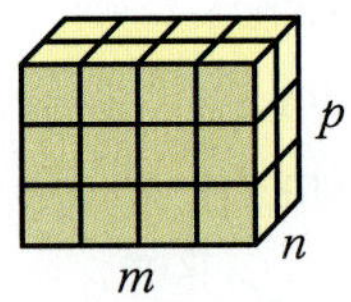

Sabemos que el volumen de un ortoedro es el producto de sus dimensiones.

$$V = m \cdot n \cdot p = (m \cdot n) \cdot p$$

Aplicando el principio de Cavalieri calculamos el volumen de cualquier prisma o cilindro. El volumen de estos cuerpos coincide con el de un ortoedro de la misma altura y una base con igual área a la del cuerpo.

Para calcular el volumen de un prisma tenemos que conocer el área de su base y la altura.

Para un cilindro, su radio y su altura.

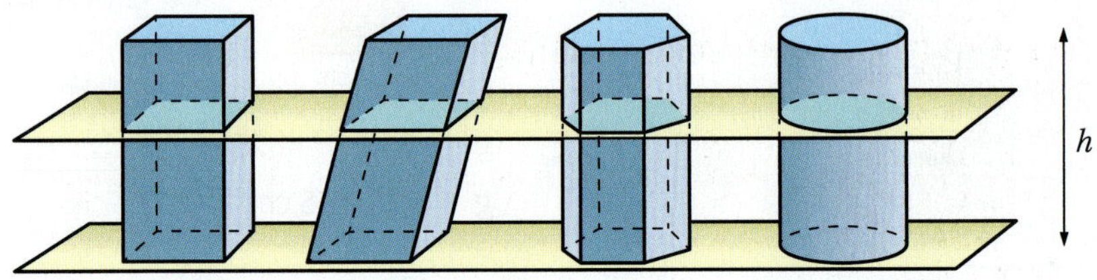

$$V_{\text{Prisma}} = A_{\text{Base}} \cdot \text{altura} = A_{\text{Base}} \cdot h \qquad V_{\text{Cilindro}} = A_{\text{Base}} \cdot \text{altura} = \pi r^2 h$$

EJEMPLO

7. Calcula el volumen de estos cuerpos geométricos.

a)

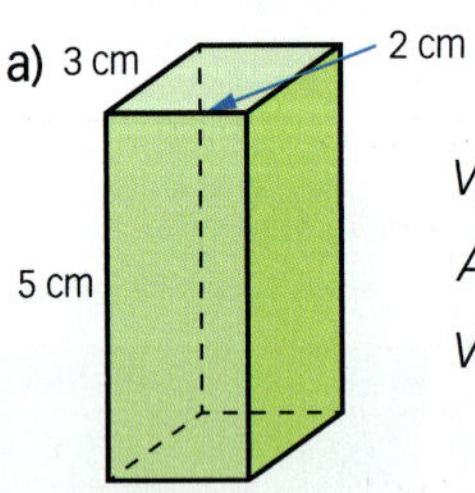

$V_{\text{Prisma}} = A_{\text{Base}} \cdot h$

$A_{\text{Base}} = 2 \cdot 3 = 6 \text{ cm}^2$

$V_{\text{Prisma}} = 6 \cdot 5 = 30 \text{ cm}^3$

b)

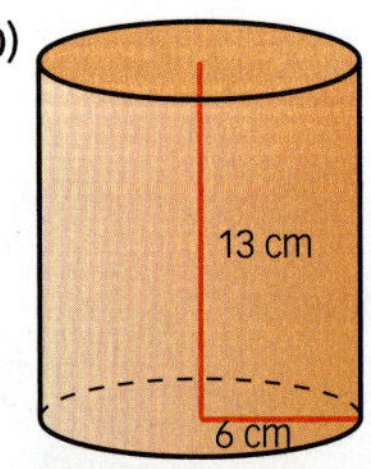

$V_{\text{Cilindro}} = A_{\text{Base}} \cdot h$

$A_{\text{Base}} = \pi \cdot 6^2 = 113{,}04 \text{ cm}^2$

$V_{\text{Cilindro}} = 113{,}04 \cdot 13 = 1469{,}52 \text{ cm}^3$

ACTIVIDADES

30. Halla el volumen de estos prismas regulares.

a)

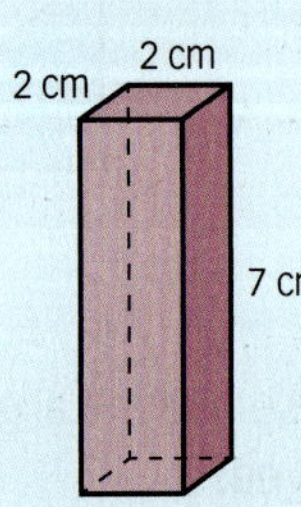

b)

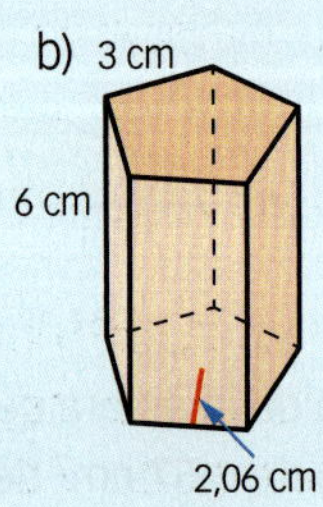

c)

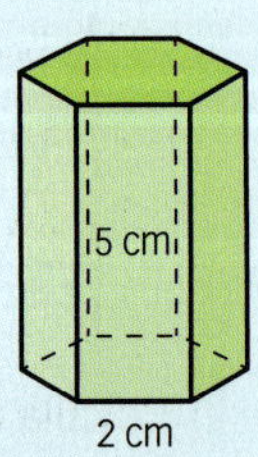

31. Calcula el volumen de estos cilindros. ¿Qué observas?

a) De 3 cm de radio y 4 cm de altura.

b) De 4 cm diámetro y 9 cm de altura.

32. **REFLEXIONA.** Tenemos dos cilindros, uno tiene la mitad de altura que el otro y el doble de radio. ¿Qué relación hay entre sus volúmenes?

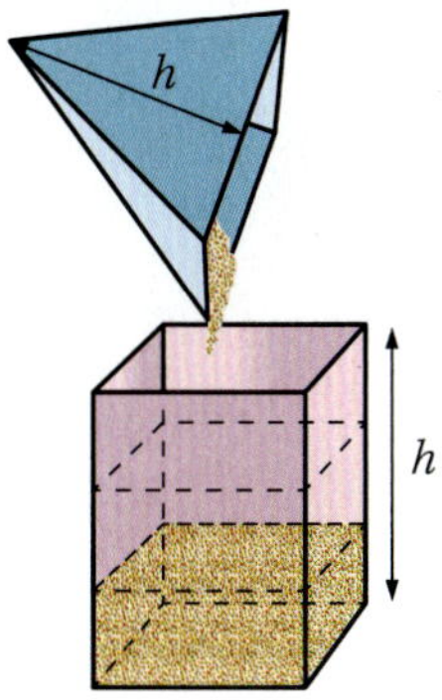

5.2. Volumen de pirámides y conos

De manera experimental podemos comprobar que el volumen de una pirámide es la tercera parte del volumen de un prisma con la misma área de la base e idéntica altura.

$$V_{\text{Pirámide}} = \frac{1}{3} V_{\text{Prisma}}$$

$$V_{\text{Pirámide}} = \frac{1}{3}(A_{\text{Base}} \cdot h)$$

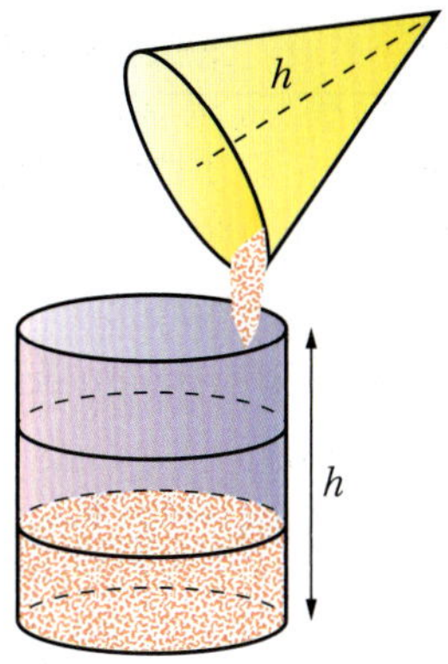

De forma análoga, podemos calcular el volumen de un cono relacionándolo con el volumen de un cilindro de igual base y altura.

$$V_{\text{Cono}} = \frac{1}{3} V_{\text{Cilindro}} \rightarrow V_{\text{Cono}} = \frac{1}{3}(\pi r^2 h)$$

> Para calcular el volumen de una pirámide tenemos que conocer el área de su base y la altura. Para un cono, su radio y su altura.

EJEMPLO

8. Calcula el volumen de estos cuerpos geométricos.

a)

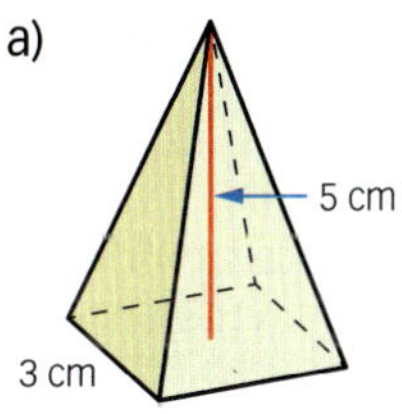

$V_{\text{Pirámide}} = \frac{1}{3} \cdot (A_{\text{Base}} \cdot h)$

$A_{\text{Base}} = 3^2 = 9 \text{ cm}^2$

$V_{\text{Pirámide}} = \frac{1}{3} \cdot (9 \cdot 5) = 15 \text{ cm}^3$

b)

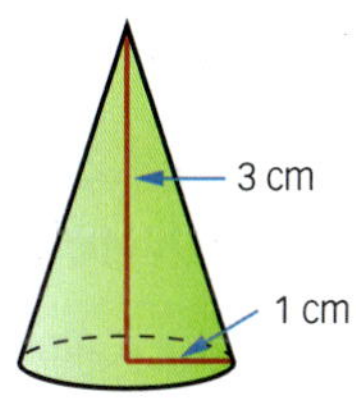

$V_{\text{Cono}} = \frac{1}{3} \cdot (A_{\text{Base}} \cdot h)$

$A_{\text{Base}} = 1^2 \cdot \pi = 3{,}14 \text{ cm}^2$

$V_{\text{Cono}} = \frac{1}{3} \cdot (3{,}14 \cdot 3) = 3{,}14 \text{ cm}^3$

RETO

Un tonel de forma cilíndrica lleno pesa 35 kg. Si lo llenamos hasta la mitad del mismo líquido, pesa 19 kg. ¿Cuánto pesa el tonel vacío?

EJEMPLO

9. Halla el volumen del cono.

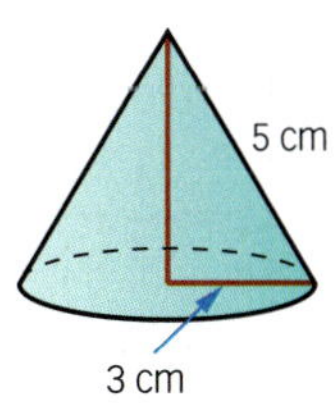

Calculamos la altura utilizando el teorema de Pitágoras.

$5^2 = h^2 + 3^2 \rightarrow h = \sqrt{5^2 - 3^2} = 4 \text{ cm}$

$V_{\text{Cono}} = \frac{1}{3} \cdot (A_{\text{Base}} \cdot h) = \frac{1}{3}\pi r^2 h$

$V_{\text{Cono}} = \frac{1}{3} \cdot 3{,}14 \cdot 3^2 \cdot 4 = 37{,}68 \text{ cm}^3$

ACTIVIDADES

33 Determina el volumen de estos cuerpos.

a)

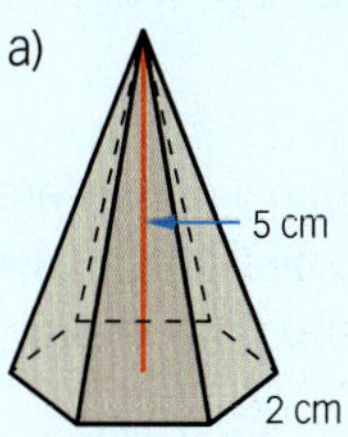

b)

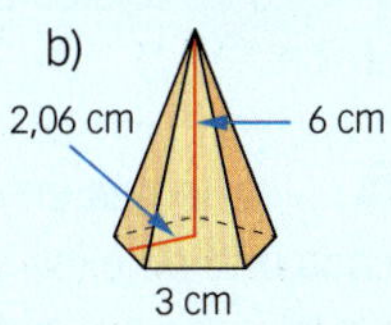

c)

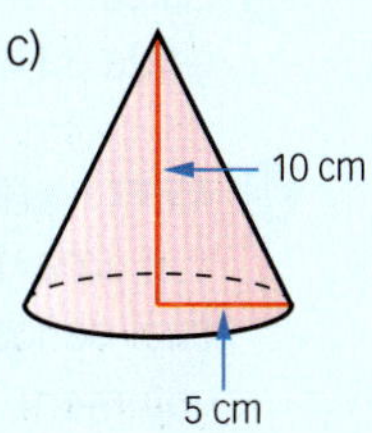

34 Calcula el volumen de estos conos.

a) De 7 cm de radio y 25 cm de generatriz.

b) De 16 cm de diámetro y 17 cm de generatriz.

35 **REFLEXIONA.** Dado un cono de radio r y altura h, ¿cómo aumenta más su volumen: aumentando 1 cm el radio o al incrementar 1 cm la altura?

5.3. Volumen de la esfera

El principio de Cavalieri nos permite relacionar los volúmenes de la esfera, el cono y el cilindro. Las áreas de cada sección verifican la siguiente relación:

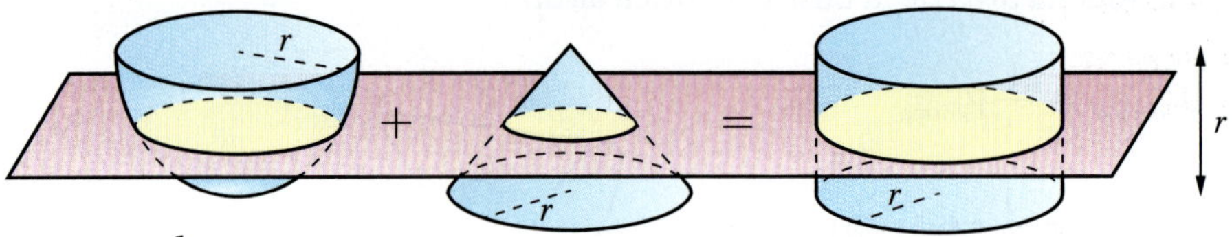

$$\frac{1}{2}V_{\text{Esfera}} + V_{\text{Cono}} = V_{\text{Cilindro}}$$

Ya sabemos que $V_{\text{Cono}} = \frac{1}{3}V_{\text{Cilindro}}$, y despejando en la igualdad anterior obtenemos el volumen de la esfera.

$$\frac{1}{2}V_{\text{Esfera}} + \frac{1}{3}V_{\text{Cilindro}} = V_{\text{Cilindro}} \rightarrow V_{\text{Esfera}} = \frac{4}{3}V_{\text{Cilindro}}$$

Para expresar el volumen de la esfera en función del radio, consideramos un cilindro de altura r y radio r. El volumen de este cilindro es:

$$V_{\text{Cilindro}} = \pi r^2 r = \pi r^3$$

Por tanto, el volumen de una esfera de radio r es:

$$\boldsymbol{V_{\text{Esfera}} = \frac{4}{3}\pi r^3}$$

> Para calcular el volumen de una esfera solo es necesario conocer su radio.

RETO

¿Cuántas bolas de 10 cm de diámetro podrás meter en una caja vacía con forma de cubo de 1 m de lado?

EJEMPLO

10. Calcula el volumen de estas esferas.

a)

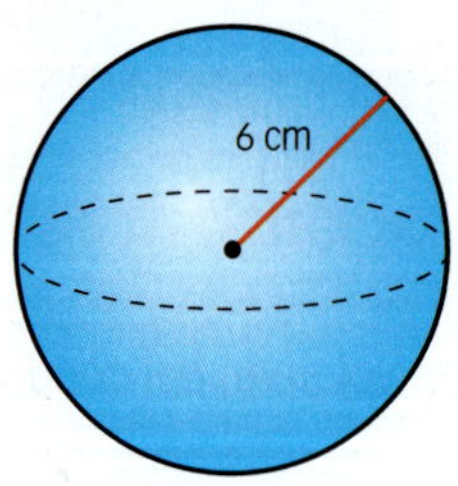

b)

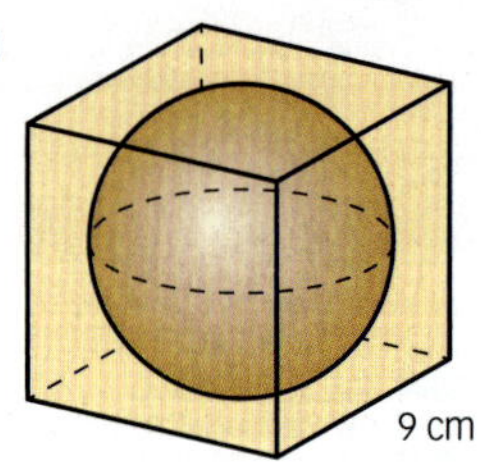

a) Es una esfera de radio $r = 6$ cm.

$$V_{\text{Esfera}} = \frac{4}{3}\pi r^3 \xrightarrow{r = 6\text{ cm}} \frac{4}{3}\pi \cdot 6^3 = 904{,}32 \text{ cm}^3$$

b) Es una esfera cuyo radio mide la mitad de la arista del cubo.

$$r = 4{,}5 \text{ cm} \rightarrow V_{\text{Esfera}} = \frac{4}{3}\pi r^3 \xrightarrow{r = 3\text{ cm}} \frac{4}{3}\pi \cdot 4{,}5^3 = 381{,}51 \text{ cm}^3$$

ACTIVIDADES

36 Nombra estos cuerpos de revolución y determina su volumen.

a)

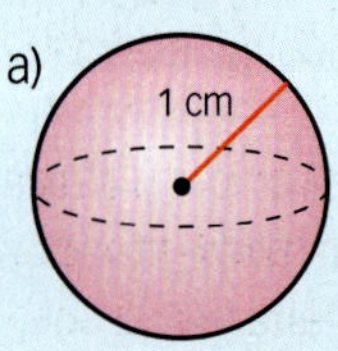

b)

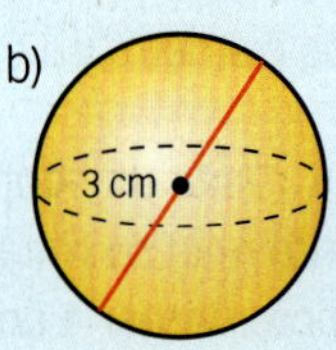

c)

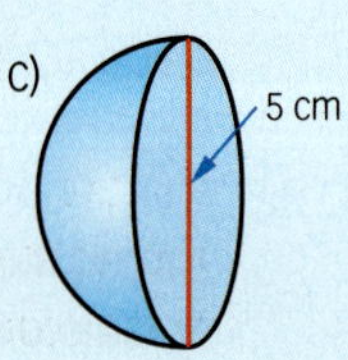

37 Calcula el diámetro de una esfera cuyo volumen es de 33,49 cm^3.

38 **REFLEXIONA.** Si tenemos un cubo y una esfera y el área de cada uno de ellos es de 216 cm^2, averigua cuál de los dos (el cubo o la esfera) tiene mayor volumen.

Cómo se calcula el volumen de un cuerpo geométrico

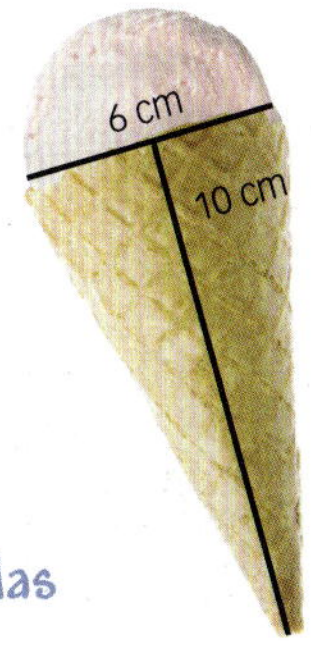

La descomposición de una figura geométrica en otras más simples no es única, hay muchas posibilidades.

Averigua el volumen de helado que hay en total, considerando el interior del cono y la bola.

① Descomponemos la figura en otras más sencillas cuyos volúmenes sepamos calcular.

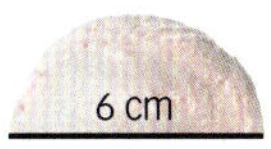

Media esfera de radio 3 cm

+

Cono de radio de la base 3 cm y altura 10 cm

② Hallamos cada uno de los volúmenes de las figuras que se han obtenido en la descomposición.

$V_{\text{Esfera}} = \frac{4}{3}\pi r^3$

$V_{\text{Esfera}} = \frac{4}{3}\pi \cdot 3^3 = 113{,}04\ \text{cm}^3$

$V_{\text{Semiesfera}} = \frac{1}{2} V_{\text{Esfera}} = \frac{1}{2} \cdot 113{,}04 = 56{,}52\ \text{cm}^3$

$V_{\text{Cono}} = \frac{1}{3}\pi r^2 h$

$V_{\text{Cono}} = \frac{1}{3}\pi \cdot 3^2 \cdot 10 = 94{,}2\ \text{cm}^3$

③ Operamos para obtener el volumen total.

$V_{\text{Total}} = V_{\text{Semiesfera}} + V_{\text{Cono}} = 56{,}52 + 94{,}2 = 150{,}72\ \text{cm}^3$

El volumen de helado contenido es de 150,72 cm³. ← 150 cm³ = 0,15 litros

ACTIVIDADES

39 Calcula el volumen de estos cuerpos geométricos.

a) 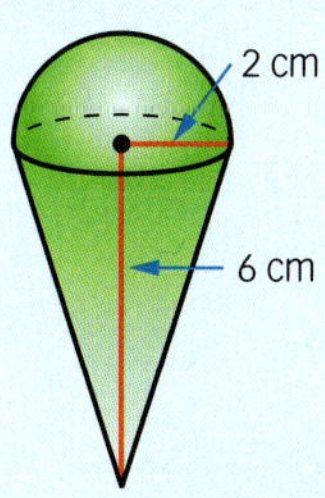

b) 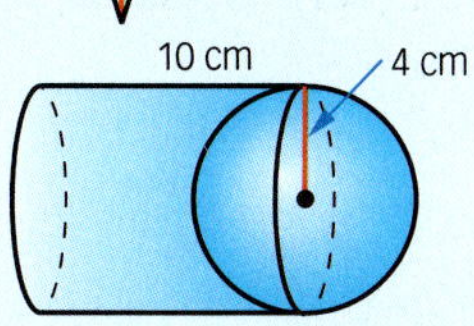

c) 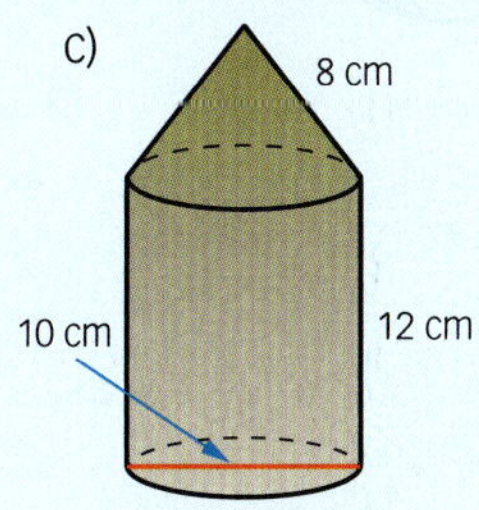

d) 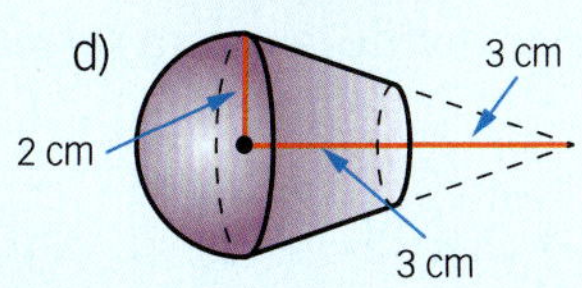

40 Halla el volumen de un cono si la longitud de la circunferencia de su base mide 50,24 cm y su altura es igual a tres medios del radio de la base.

41 Calcula el volumen comprendido entre el prisma y el cilindro de 1 cm de radio.

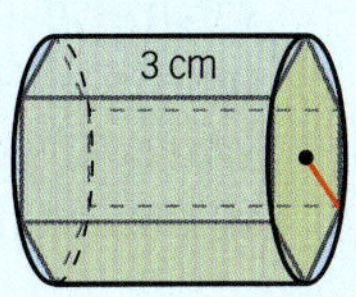

42 Halla el volumen del cilindro que está inscrito en el prisma.

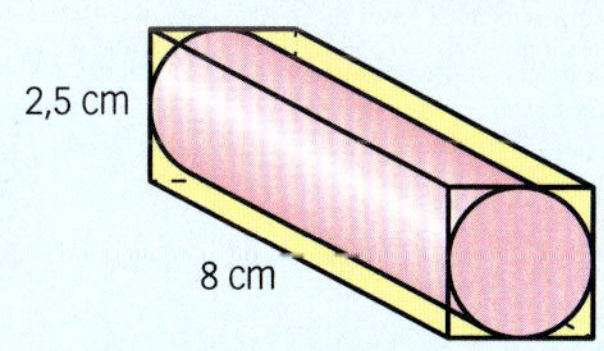

43 Calcula el volumen comprendido entre el cubo y el cono de la figura.

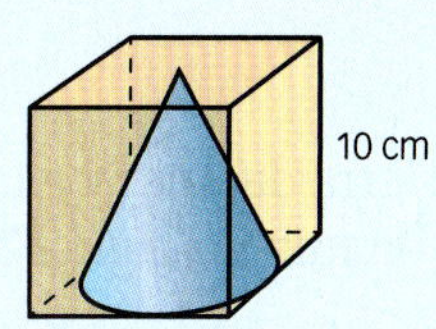

44 En el juego de las torres de Hanoi la altura de los discos es 1,5 cm, y los palos son cilindros de 1 cm de diámetro.

El disco mayor tiene un radio de 4 cm y cada uno de los siguientes discos tiene un radio de 5 mm menos que el anterior. ¿Cuál es el volumen total de los discos?

6. La esfera terrestre

Si se considera la Tierra como una esfera, estos son sus elementos:

Eje terrestre
Eje imaginario de la Tierra cuando gira sobre sí misma. Sus extremos son el **polo norte** y el **polo sur**.

Meridianos
Circunferencias que se forman al cortar la superficie de la esfera terrestre con un plano que pasa por su eje. El meridiano más importante es el **meridiano cero**, que pasa por Greenwich (Inglaterra).

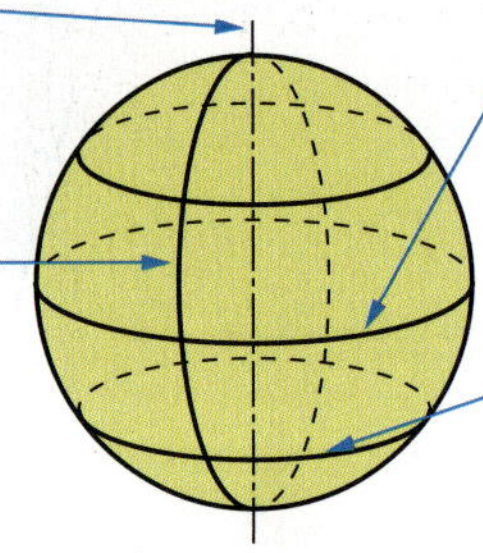

Ecuador
Circunferencia que se forma al cortar la superficie de la esfera terrestre con un plano perpendicular a su eje y que pasa por su centro. Divide la esfera en dos partes iguales llamadas **hemisferios**.

Paralelos
Circunferencias que se forman al cortar la superficie de la esfera terrestre con planos perpendiculares a su eje.

Coordenadas geográficas

La localización de los puntos sobre la esfera terrestre se hace refiriéndolos al meridiano cero y al ecuador. Así, tenemos que:

- La **latitud** es la medida en grados del arco de meridiano comprendido entre el ecuador y el punto. Puede medir de 0° a 90° y ser norte o sur, según la posición del punto respecto al ecuador.
- La **longitud** es la medida en grados del arco entre el meridiano cero y el meridiano que pasa por el punto. Puede medir de 0° a 180° y ser este u oeste, según la posición respecto al meridiano cero.

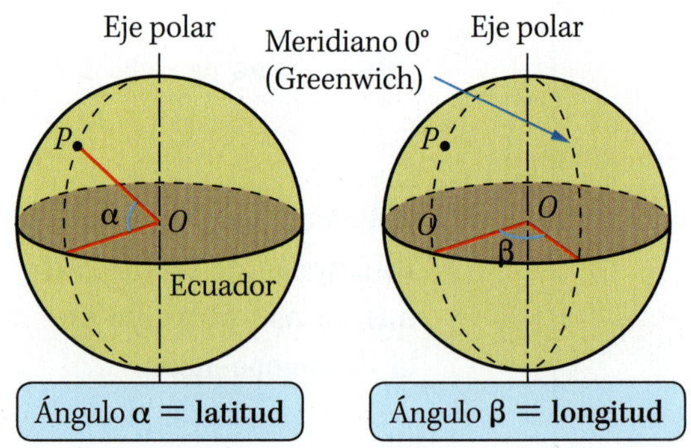

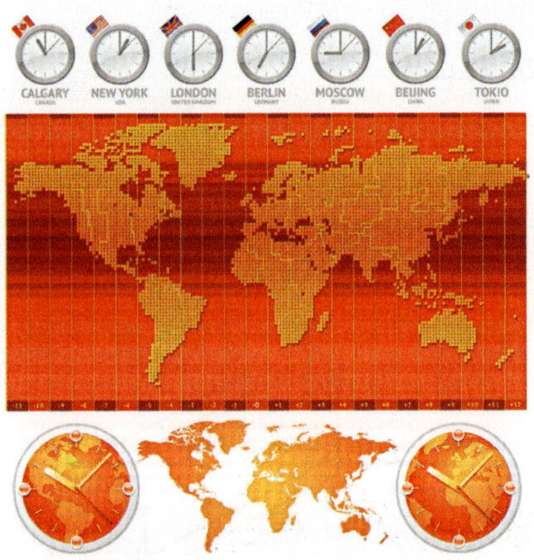

EJEMPLO

11. Di cuáles son las coordenadas geográficas, latitud y longitud, de los siguientes puntos representados en la esfera terrestre.

a)

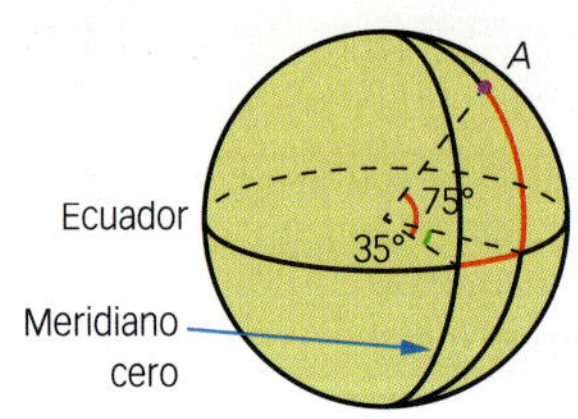

b)

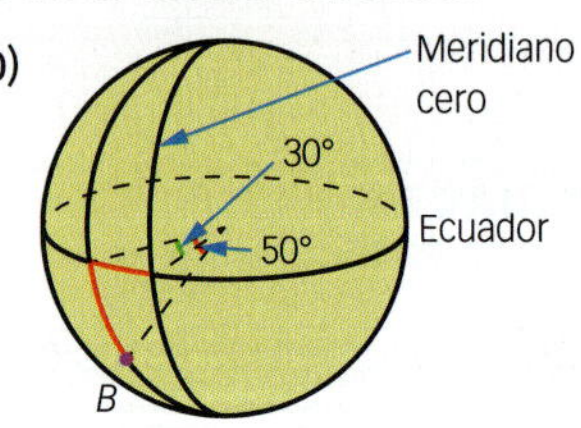

a) Latitud: 75° N
Longitud: 35° E

b) Latitud: 50° S
Longitud: 30° O

La Tierra da una vuelta sobre sí misma en 24 horas, es decir, gira 360° en 24 horas. Así, en una hora gira: 360° : 24 = 15°.

Partiendo del meridiano cero, a cada franja de 15° en las que se divide la esfera terrestre se la denomina **huso horario**.

ACTIVIDADES

45 Calcula la longitud y la latitud que separan a Washington (39° N, 77° O) y Florida (26° N, 80° O).

46 Busca en internet la latitud y la longitud de tu ciudad y compáralas con las de Lisboa.

47 **REFLEXIONA.** Si los puntos *A* y *B* están en el mismo paralelo, ¿qué relación hay entre sus latitudes? ¿Tendrían alguna relación si estuvieran en el mismo meridiano?

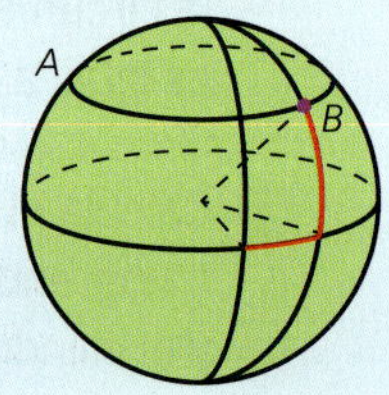

Cómo se resuelven problemas de diferencias horarias

La diferencia horaria se calcula atendiendo solo a la longitud de los puntos, no a la latitud.

¿Qué diferencia horaria hay entre la isla de El Hierro, con coordenadas geográficas 27° 45′ N 18° O, y Girona, con coordenadas 41° 58′ N 2° 49′ E?

① Escribimos las medidas de longitud en forma incompleja.

El Hierro	Girona
Longitud: 18° O	Longitud: 2° 49′ E
Está en forma incompleja.	$2 + \frac{49}{60} = 2{,}82°$ E

② Calculamos la diferencia entre las longitudes, considerando como positivas las longitudes este y como negativas las longitudes oeste.

Diferencia: $2{,}82° - (-18°) = 20{,}82°$

③ Establecemos una regla de tres, considerando que 1 huso horario abarca 15°.

$$\left.\begin{array}{r} \text{Si cada } 15° \xrightarrow{\text{equivalen a}} 1 \text{ hora} \\ 20{,}82° \xrightarrow{\text{equivalen a}} x \text{ horas} \end{array}\right\} \rightarrow x = \frac{20{,}82 \cdot 1}{15} = 1{,}39 \text{ h}$$

④ Expresamos el resultado en forma compleja.

$0{,}39 \text{ h} = 0{,}39 \cdot 60 = 23{,}4 \text{ min}$ $\qquad 0{,}4 \text{ min} = 0{,}4 \cdot 60 = 24 \text{ s}$

La diferencia horaria entre El Hierro y Girona es de 1 h 23 min 24 s.

Se suman las distancias de cada uno hasta el meridiano de Greenwich.

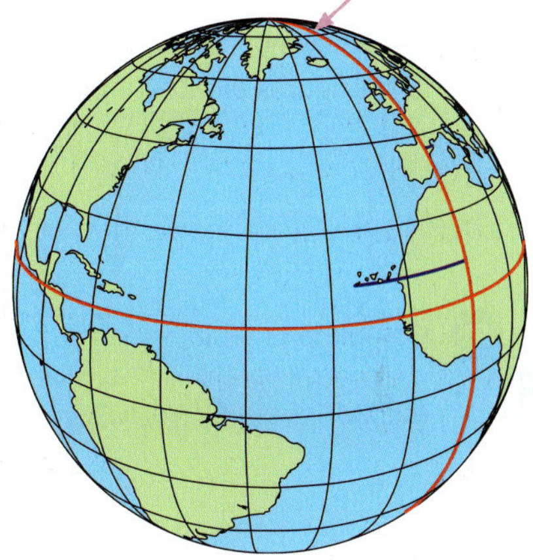

ACTIVIDADES

48 ¿Qué diferencia horaria, respecto al meridiano de Greenwich, tiene cada una de estas capitales?

a) Kiev (50,45° N; 30,52° E)
b) Katmandú (27,70° N; 85,32° E)
c) Adís Abeba (9,03° N; 38,75° E)
d) Belmopán (17,25° N; 88,77° O)
e) Yakarta (6,21° S; 106,85° E)
f) Ciudad del Cabo (33,93° S; 18,43° E)
g) Londres (51,51° N; 0,13° O)
h) El Cairo (30,06° N; 31,24° E)

49 Córdoba y Valladolid se encuentran a unos 420 km de distancia. Córdoba está en el punto de coordenadas 37° 53′ 21″ N, 4° 49′ 22″ O, y Valladolid en el punto 41° 36′ 30″ N, 4° 49′ 22″ O. ¿Qué diferencia horaria hay entre ambas ciudades?

50 ¿Qué diferencia horaria hay entre Tarragona, con coordenadas geográficas 41° 7′ N 1° 15′ E, y Cáceres, con coordenadas 39° 28′ N 6° 23′ O?

51 ¿Qué diferencia horaria hay entre dos puntos si la diferencia entre sus longitudes es de 90°?

52 La distancia ente Almería y Huelva es de unos 350 km. Se pretende establecer un vuelo entre ambas provincias de forma que podamos viajar de Almería a Huelva *teletransportándonos*, es decir, llegando a la misma hora solar a la que hemos salido.

El avión saldría de Almería, del punto de coordenadas 36° 50′ 17″ N, 2° 51′ 36″ O, y llegaría al punto 37° 15′ 58″ N, 6° 36′ 36″ O, que está en Huelva. ¿A qué velocidad media debería ir el avión? ¿Existen aviones que circulen a esta velocidad?

ACTIVIDADES FINALES

1. Identifica los principales poliedros y cuerpos de revolución

ACTIVIDADES FLASH

53 Identifica el nombre de los elementos e indica de qué cuerpo geométrico se trata.

a) 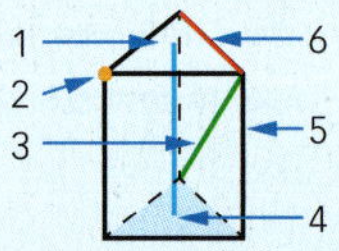

b) 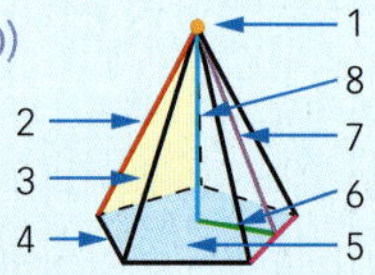

54 ¿Qué cuerpos de revolución se generan al girar estas figuras alrededor del eje?

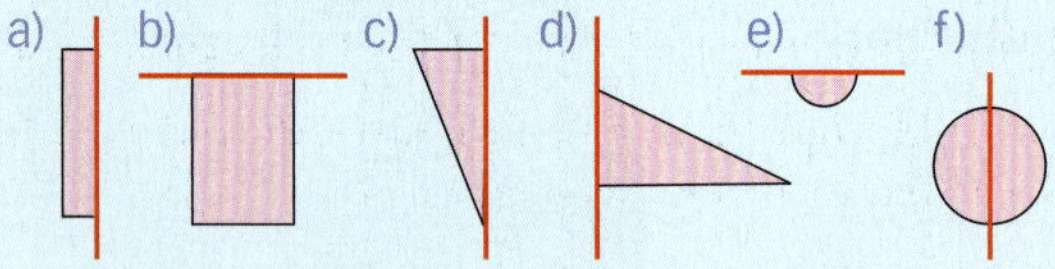

55 Completa la tabla.

Caras	Aristas	Vértices	¿Prisma o pirámide?
6		8	
6		6	
8		14	
	18	10	

56 Di cuál es la base de estos prismas que tienen el número de elementos indicado.

a) 9 caras
b) 18 aristas
c) 20 vértices
d) 10 vértices
e) 21 caras
f) 18 caras

57 ¿Qué polígono es la base de estas pirámides?

a) 7 vértices
b) 20 aristas
c) 8 caras
d) 9 vértices
e) 18 aristas
f) 10 caras

58 Razona si estos polígonos son regulares o irregulares.

a) 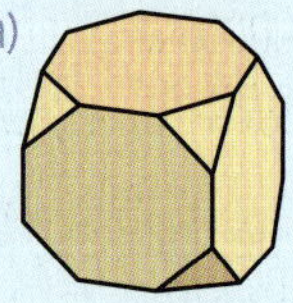

b) 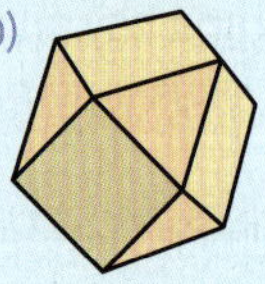

c) 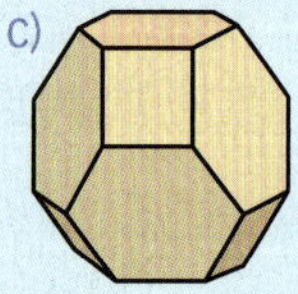

59 Determina las caras, las aristas y los vértices de estos poliedros. ¿Cumplen la fórmula de Euler?

a) Prisma triangular.
b) Pirámide cuadrangular.
c) Prisma heptagonal.
d) Pirámide hexagonal.

60 Comprueba si se cumple la fórmula de Euler.

a) 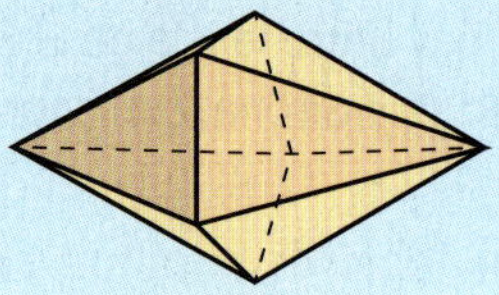

d) 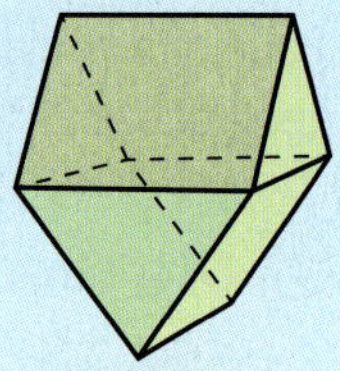

b) 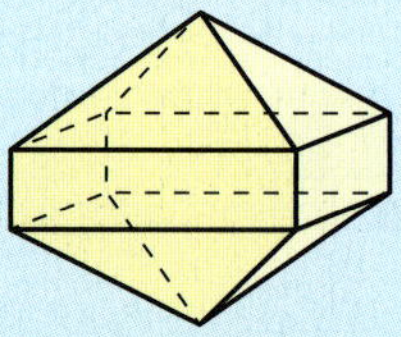

e) 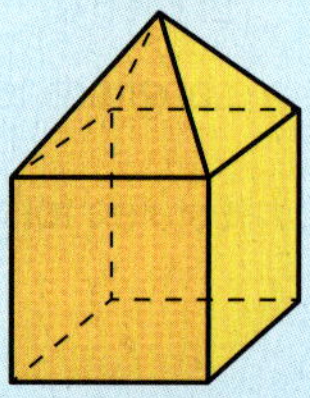

c) 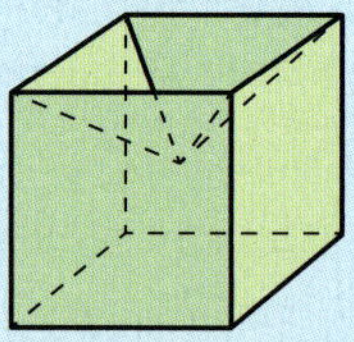

f) 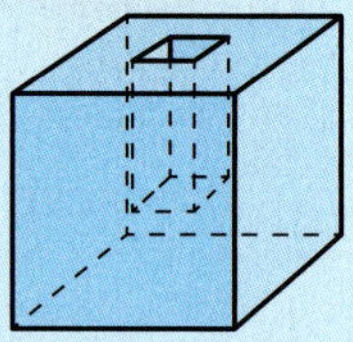

61 **INVESTIGA.** ¿Existen estos cuerpos geométricos?

a) Prisma cuadrangular de 10 vértices.
b) Pirámide pentagonal de 10 aristas.
c) Cilindro de base un pentágono regular.
d) Cono generado al girar un triángulo rectángulo alrededor de su hipotenusa.
e) Prisma hexagonal cuyas caras son cuadrados.
f) Cilindro obtenido al girar un trapecio rectángulo alrededor de su base mayor.

62 Indica el nombre de un poliedro que tenga estas características.

a) Tiene ocho caras.
b) Tiene ocho caras, siete son triángulos isósceles.
c) Tiene ocho caras, dos de ellas son hexágonos no regulares iguales y el resto son rectángulos.
d) Tiene ocho caras, dos de ellas son paralelas e iguales y el resto son romboides.
e) Tiene ocho caras que son triángulos iguales y equiláteros.

63 Tenemos un tetraedro y un octaedro, con la misma longitud de arista, y los pegamos por una cara para formar otro poliedro. ¿Cumple este poliedro la fórmula de Euler?

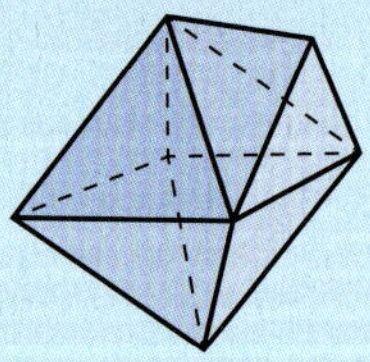

64 **INVENTA.** Dibuja cuerpos de revolución que no sean ni cilindros ni conos ni esferas.

65 **RETO.** ¿Cuántos desarrollos planos tiene un cubo si sus caras son de diferentes colores?

66 **RETO.** Averigua cómo se puede cortar un cubo con un plano, una única vez, para que la intersección sea:

a) Un trapecio.
b) Un pentágono.
c) Un rectángulo.
d) Un rombo.
e) Un triángulo equilátero.
f) Un triángulo isósceles.
g) Un hexágono regular.
h) Un hexágono no regular.

Cómo se calcula la altura de un tronco de cono

67 Al cortar un cono por un plano paralelo a la base, se obtiene un tronco de cono. Calcula la altura del tronco de cono.

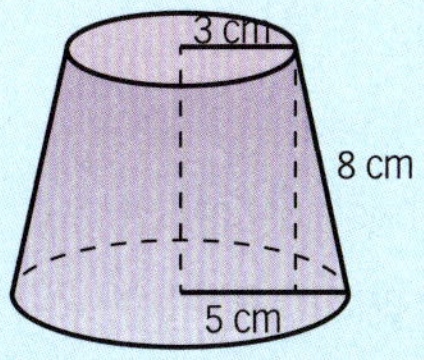

PRIMERO. Se define el triángulo rectángulo $\widehat{ABC}$.

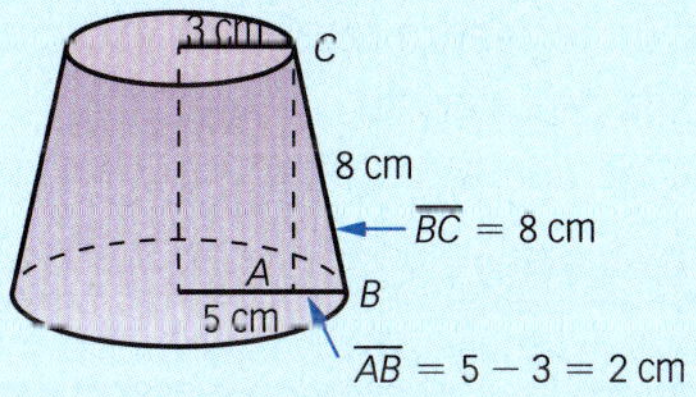

El lado desconocido $\overline{AC}$ es la altura del cono.

SEGUNDO. Se aplica el teorema de Pitágoras.

$$(\overline{BC})^2 = (\overline{AB})^2 + (\overline{AC})^2$$

$$8^2 = 2^2 + (\overline{AC})^2 \rightarrow \overline{AC} = \sqrt{64 - 4} = 7{,}75 \text{ cm}$$

68 Calcula la altura de estos troncos de cono.

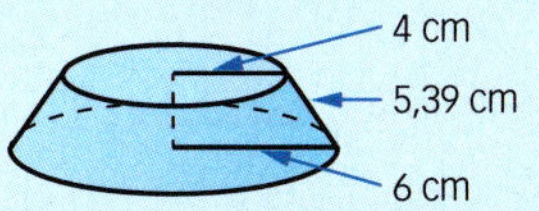

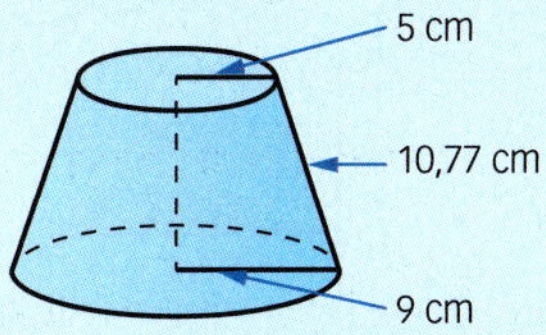

69 Halla la medida de los segmentos marcados.

a)

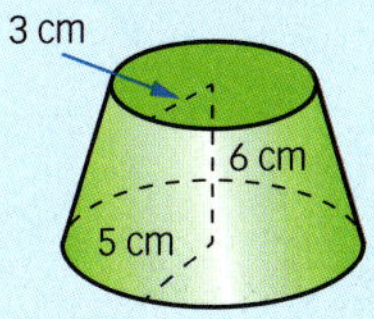

b)

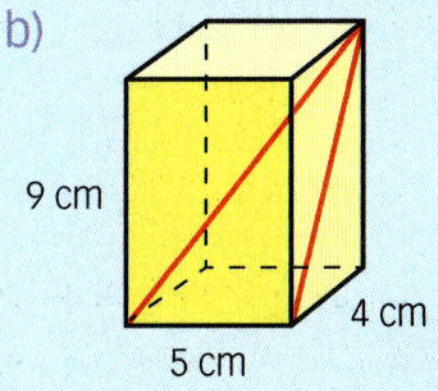

2. Calcula áreas de cuerpos geométricos

ACTIVIDADES FLASH

70 Calcula el área de estos poliedros.

a)

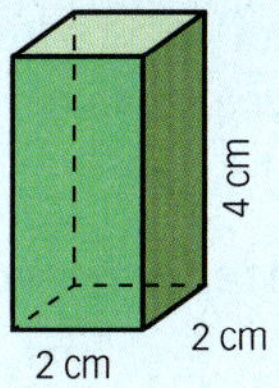

b)

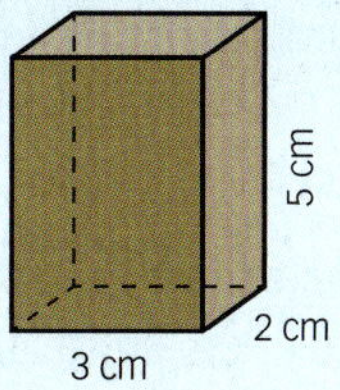

71 Halla el área de los prismas rectos pentagonales regulares de los que conocemos estas características.

a) Su altura es 12 cm, el lado de la base mide 9,4 cm y el radio de la base mide 8 cm.
b) Su altura es 10 cm, el perímetro de la base es 44,1 cm y el radio de la base mide 7,5 cm.

72 Determina, en cada caso, el área de un prisma recto hexagonal regular con estas características.

a) Su altura mide 6 cm y el radio de la base 5,2 cm.
b) Su altura mide 8 cm y el perímetro de la base es 24 cm.
c) Su altura mide 7,5 cm y su apotema de la base 5,02 cm.

73 Calcula el área de un prisma recto triangular de altura 12 cm y base un triángulo equilátero de 4 cm de lado.

74 Halla el área total de estas figuras sabiendo que el lado de cada cubo es 1 cm.

a)

b)

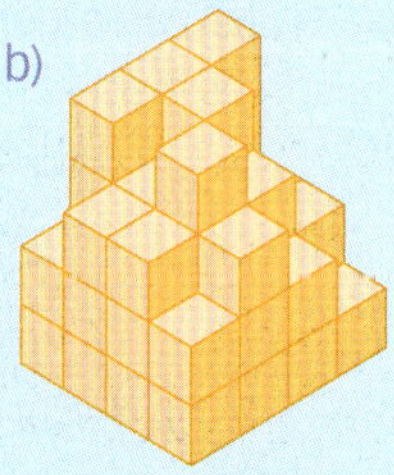

75 **INVENTA.** Da un valor a la altura en estos poliedros para que su área total sea inferior a 500 cm^2.

a) Un ortoedro con aristas de la base de 5 cm y 10 cm.
b) Un prisma recto hexagonal regular de 5 cm de arista básica y apotema de 4,33 cm.

76 Calcula la altura de un prisma de base cuadrada de área 39,69 cm^2 y con área total de 356,58 cm^2.

INTERNET

77 **INVESTIGA.** Toma las medidas necesarias en un balón de fútbol reglamentario para calcular su área. ¿Qué diferencia hay entre el área de un balón real y otro que fuera completamente esférico?

78 Halla, en cada caso, el área de una pirámide recta cuya base es un cuadrado.

a) De altura 11 cm y perímetro de la base 32 cm.

b) De altura 14 cm y diagonal de la base 9,2 cm.

79 Calcula el área total de una pirámide recta pentagonal regular de altura 18 cm, arista básica 16,46 cm y radio de la base 14 cm.

80 Halla el área total de una pirámide recta hexagonal regular de altura 20 cm y perímetro de la base 78 cm.

81 Calcula el área de una pirámide recta octogonal regular con apotema de la pirámide de 14 cm, apotema de la base de 8,87 cm y radio de la base 9,6 cm.

82 ¿Cuál es la altura de una pirámide regular de base cuadrada de área 64 cm^2 y área lateral 115,36 cm^2?

Cómo se calcula el área de un tronco de pirámide

83 Halla el área total de este tronco de pirámide pentagonal regular.

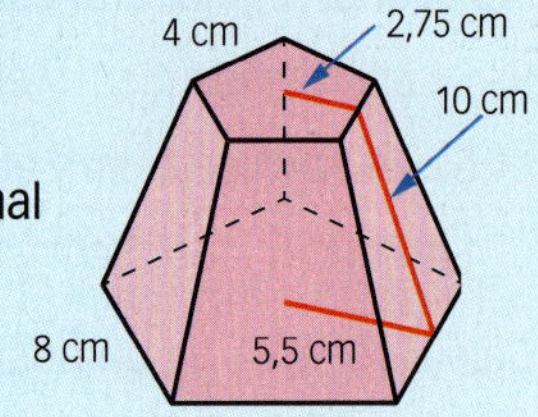

PRIMERO. Se estudia el desarrollo plano de la figura.

En este caso, por ser sus bases pentágonos regulares, las caras laterales son trapecios isósceles y su altura es la apotema del tronco de pirámide.

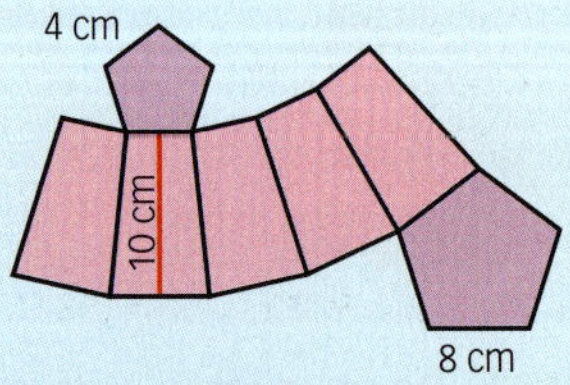

SEGUNDO. Se calcula el área lateral.

$$A_L = 5 \cdot A_{\text{Trapecio}} = 5 \cdot \left(\frac{8+4}{2} \cdot 10\right) = 5 \cdot 60 = 300 \text{ cm}^2$$

TERCERO. Se calcula el área de las bases.

$$A_{\text{Base mayor}} = \frac{P \cdot A_{\text{Base mayor}}}{2} = \frac{5 \cdot 8 \cdot 5{,}5}{2} = 110 \text{ cm}^2$$

$$A_{\text{Base menor}} = \frac{P \cdot A_{\text{Base menor}}}{2} = \frac{5 \cdot 4 \cdot 2{,}75}{2} = 27{,}5 \text{ cm}^2$$

CUARTO. Se calcula el área total.

$$A_T = A_L + A_{\text{Base mayor}} + A_{\text{Base menor}} =$$
$$= 300 + 110 + 27{,}5 = 437{,}5 \text{ cm}^2$$

84 Calcula el área total de estas figuras.

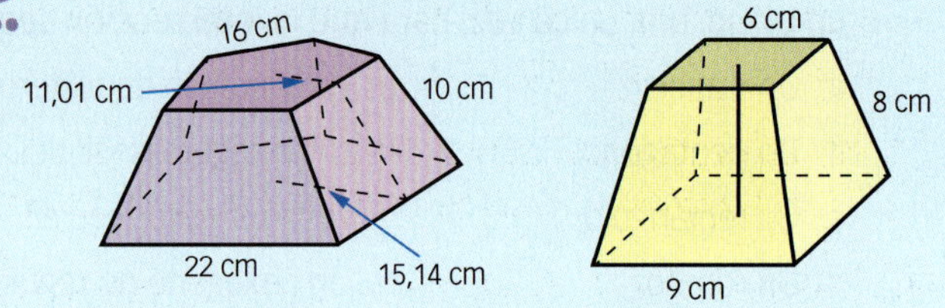

85 Calcula el área total de estas figuras.

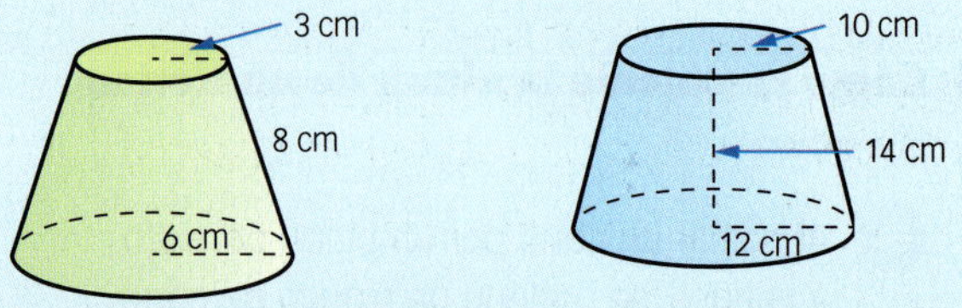

86 Halla el área de estos poliedros regulares.

a) Cubo de arista de 7 cm.

b) Tetraedro de arista de 12 cm.

c) Octaedro de arista de 10 cm.

d) Icosaedro de arista de 8 cm.

e) Dodecaedro de arista 6 cm y apotema de cada pentágono de 4,13 cm.

87 El área total de un tetraedro regular es 100 cm^2. Calcula la medida de su arista.

ACTIVIDADES FLASH

88 Calcula, en función de π, el área de estos cuerpos.

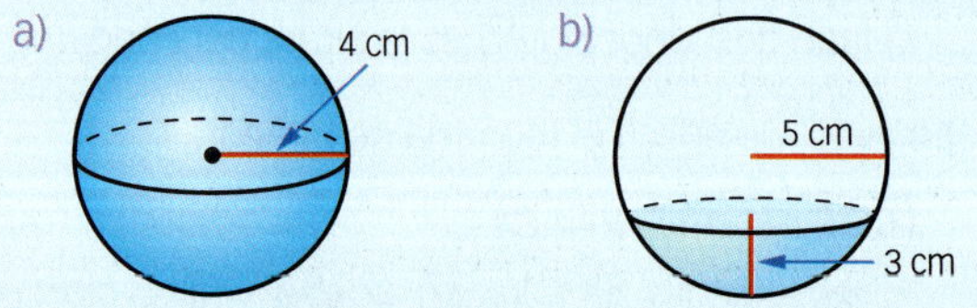

89 Calcula el área total de los cuerpos de revolución que se obtienen al girar estos polígonos.

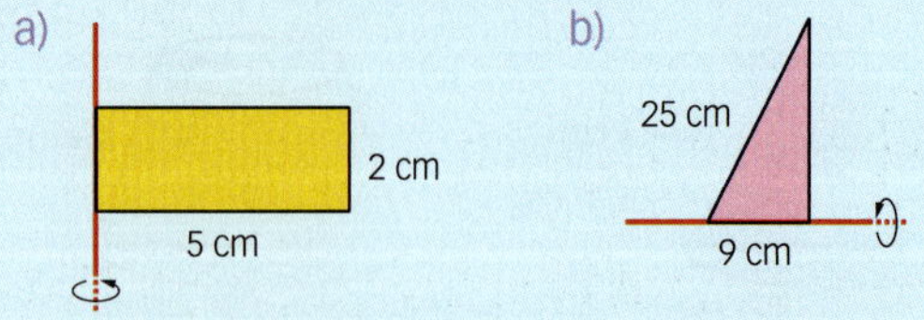

90 ¿Qué rodillo pinta mayor superficie en cada vuelta?

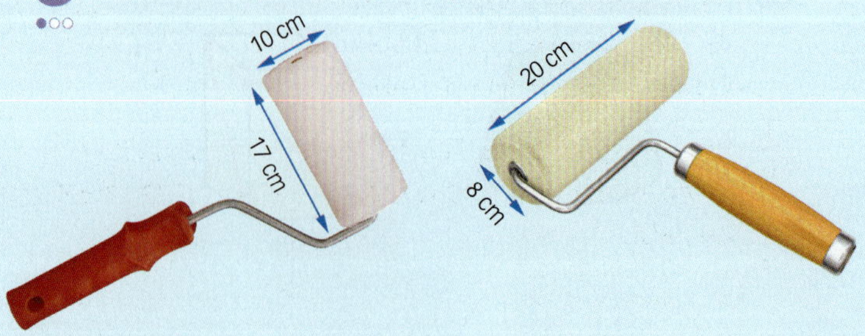

91 Calcula la altura de un cilindro y su área total sabiendo que su área lateral mide 241,32 cm^2 y la longitud de la circunferencia de su base 20,11 cm.

92 Halla el radio de la base de un cilindro que tiene 213,63 cm^2 de área lateral y cuya altura mide 8,5 cm.

93 Calcula el área total de un cono cuya área lateral mide 135,08 cm^2 y el diámetro de la base es 10 cm.

94 Considera un cilindro de altura 20 cm y radio de la base 4 cm. ¿Qué altura tendrá un cono con la misma área total en cada uno de estos supuestos?

a) Cono con la misma base que el cilindro.

b) Cono con una base de 8 cm de radio.

c) Cono con una base de área doble que la base del cilindro.

95 Halla el área total de los cuerpos de revolución que se obtienen al girar las siguientes figuras planas alrededor del eje que se indica.

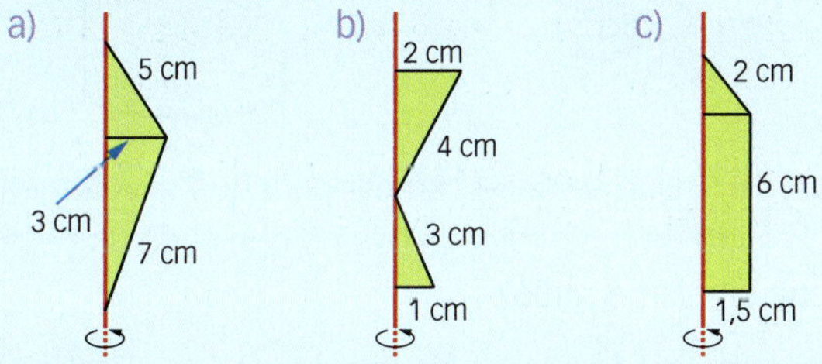

96 En una esfera de $r = 2$ cm, calcula el área de estos husos esféricos.

a) Huso esférico de 40°. b) Huso esférico de 150°.

97 Determina la figura esférica resultante al girar la parte coloreada alrededor del eje y calcula su área.

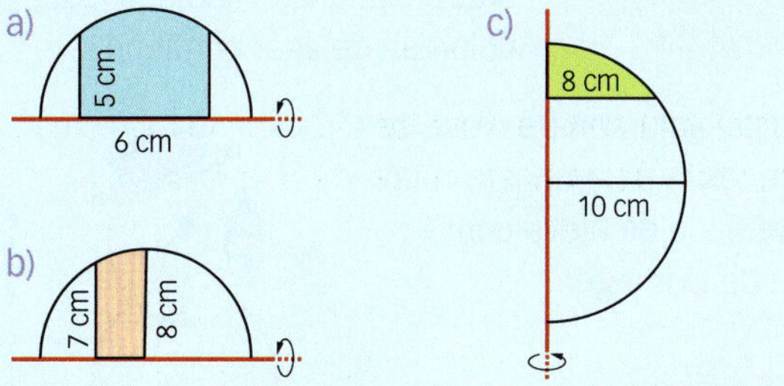

98 **INVESTIGA.** ¿Qué figura hay que hacer girar alrededor de un eje para obtener una cuenta esférica como las que se usan para hacer pulseras y collares?

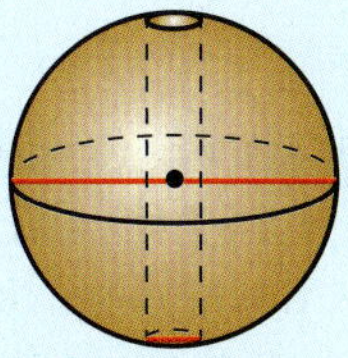

99 **RETO.** ¿Qué se debe cumplir para que el área de un cono de radio r sea la misma que la de una esfera de radio r?

100 **RETO.** Calcula el área del tronco de cono generado por la figura coloreada.

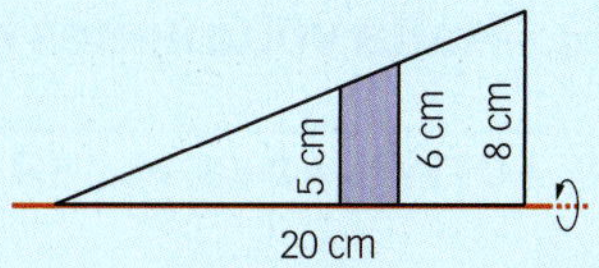

101 Obtén el área de estos cuerpos geométricos.

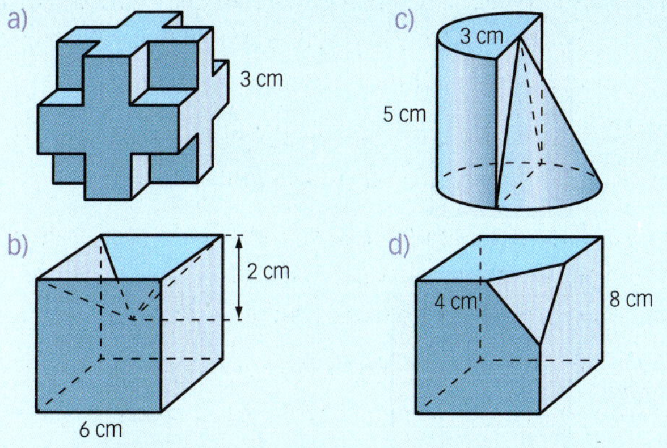

3. Identifica ejes y planos de simetría en poliedros

102 Decide cuáles de los siguientes son planos de simetría.

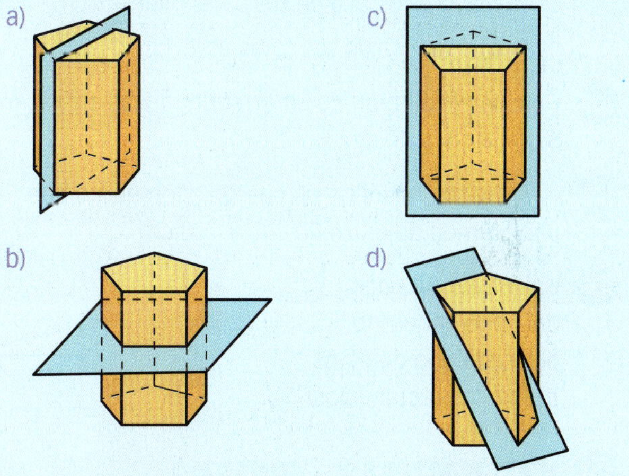

103 Estudia si estas rectas son ejes de simetría del cubo.

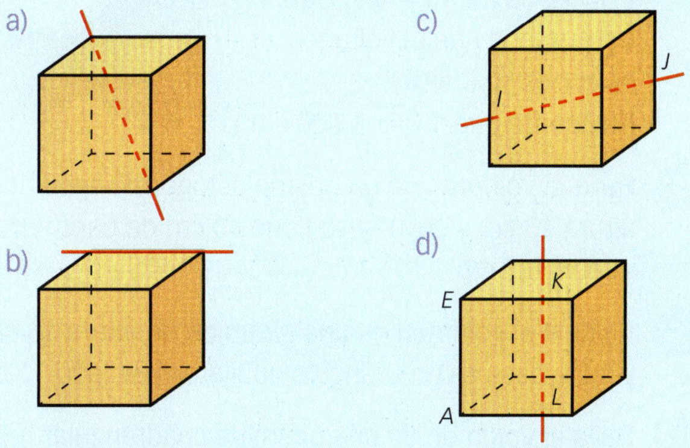

104 Dibuja un prisma recto de base triangular y una pirámide de base cuadrada. Después, marca todos sus planos y ejes de simetría.

4. Halla volúmenes de cuerpos geométricos

ACTIVIDADES FLASH

105 Calcula el volumen de estos cuerpos geométricos.

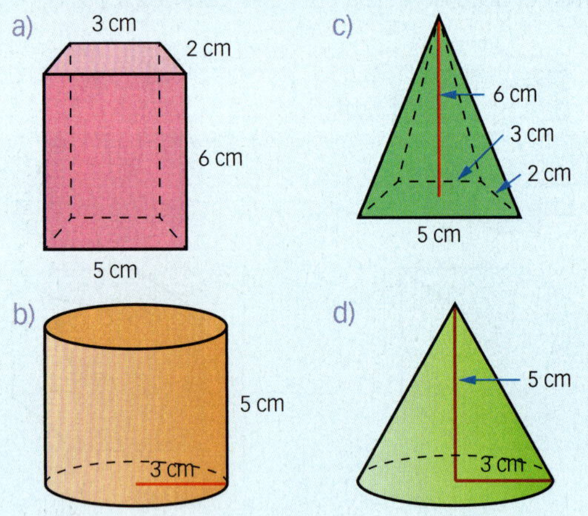

106 Halla el volumen de estos cubos.

a) El perímetro de una de sus caras mide 18 cm.

b) La diagonal de una de sus caras mide 9,9 cm.

c) El área de una de sus caras es 25 cm^2.

107 Calcula el volumen de un ortoedro cuyas aristas miden 6 cm, 8 cm y 10 cm.

108 **INVENTA.** Describe un cuerpo geométrico que tenga un volumen de entre 90 cm^3 y 100 cm^3.

109 Calcula el volumen del cono generado por cada uno de estos triángulos rectángulos.

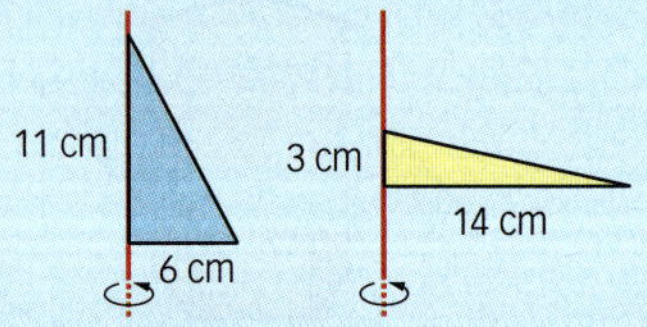

110 **MATEMÁTICAS Y... CONSUMO.** Toma una lata de refresco y anota su altura y diámetro. Comprueba que el volumen es el que se indica. (Recuerda que 1 ℓ = 1 000 cm^3).

111 Halla el volumen de un prisma octogonal regular de altura 13 cm y cuya base tiene 40 cm de perímetro y radio 6,5 cm.

112 Calcula el volumen de una pirámide de altura 16 cm y cuya base es un triángulo equilátero de lado 10 cm.

113 Halla el volumen de una pirámide cuadrangular regular de arista básica 5,8 cm con apotema de 10 cm.

114 Calcula el volumen de un cilindro de altura 20 cm y cuya base tiene una longitud de 69,12 cm.

115 Obtén el volumen de los siguientes cuerpos geométricos.

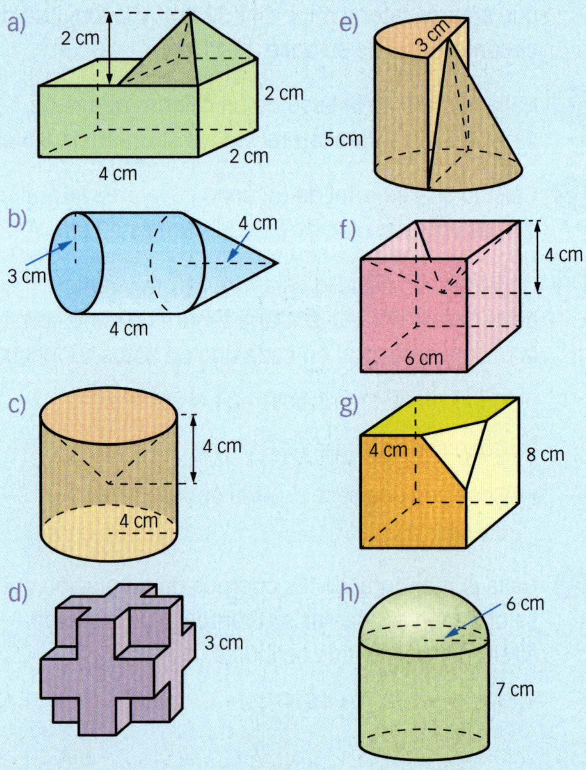

116 **RETO.** ¿Qué se debe cumplir para que el volumen de un cono de radio r sea el mismo que el de una esfera con el mismo radio?

117 **MATEMÁTICAS Y... MEDICINA.**

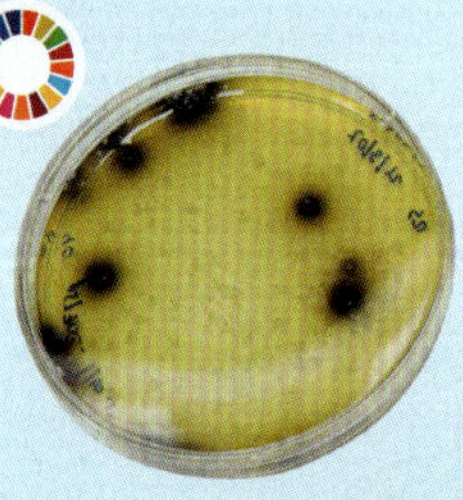

Una placa de Petri es un recipiente de vidrio o plástico que se utiliza para analizar cultivos de orina. Tiene forma cilíndrica con 120 mm de diámetro y 15 mm de altura. Además, viene rellena hasta los 6 mm de altura con un gel llamado agar. ¿Qué volumen de agar contiene?

118 ¿Qué volumen de nieve se necesita para construir un muñeco de nieve como el de la imagen?

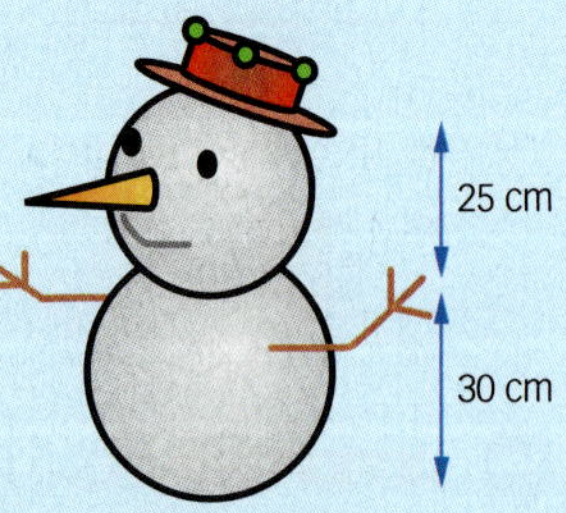

119 **MATEMÁTICAS Y... MEDIOAMBIENTE.** Las cisternas del cuarto de baño tienen dos tipos de descarga de agua, una de 3,6 ℓ y otra de 9 ℓ. ¿Qué altura alcanza el agua en una cisterna de 18 cm de ancho y 12 cm de profundidad cuando almacena su capacidad máxima, que es 9 ℓ de agua? ¿Qué altura queda si la cisterna descarga 3,6 ℓ?

5. Conoce los elementos de la esfera terrestre y las coordenadas geográficas

120 El radio de la Tierra mide, aproximadamente, 6 371 km.

a) ¿Cuál es la longitud del ecuador?

b) ¿Cuánto mide aproximadamente un meridiano?

c) ¿Cuál es el área de un huso horario?

121 ¿Hay un meridiano que pasa por cada punto de la Tierra? ¿Y un paralelo? Razona tu respuesta.

122 **RETO.** Calcula el radio del paralelo 45° sabiendo que el radio de la Tierra mide 6 371 km.

123 Considera estos puntos de la esfera terrestre.

A: longitud 25° E | *C*: longitud 100° E

B: longitud 70° O | *D*: longitud 140° O

a) ¿Cuáles son las diferencias horarias entre ellos?

b) ¿Qué hora es en *C* cuando en *B* son las 3 de la tarde?

c) ¿Qué hora es en *A* cuando en *D* son las 8 de la tarde?

124 **JUEGO.** Elegid cada uno una ciudad del mundo y realizad una estimación de la diferencia horaria entre las dos ciudades. Después, haced los cálculos y comprobad la diferencia real. Gana la persona que más se aproxime al resultado.

FAKE NEWS

Los pequeños detalles que salvarán el planeta

Ante la gran preocupación de la sociedad con el deterioro del medioambiente, Conservas Tuna ha anunciado una modificación de sus envases que permitirá reducir notablemente los residuos originados por las latas en las que envasa su atún.

Con esta simple modificación de su tamaño, donde solo se ha intercambiado el alto por el ancho de las latas, Conservas Tuna conseguirá, proporcionando el mismo contenido, reducir en casi un 25 % el metal que se utiliza para su fabricación.

Y tú, ¿qué opinas?

PROBLEMAS APARENTEMENTE DISTINTOS

125 Calcula la altura de un cono de radio 2,5 cm y cuyo volumen es 65 cm^3.

126 Una heladería ha creado nuevos conos para sus helados, que tienen un diámetro de 5 cm. ¿Qué altura deben tener para que el volumen siga siendo de 65 ml?

127 Halla el área de una semiesfera de radio 23,5 m.

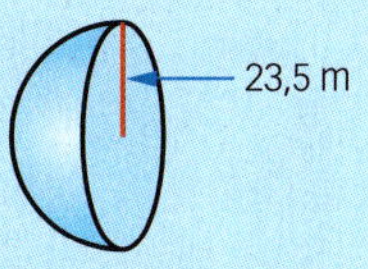

128 Sobre el parlamento alemán, Norman Foster diseñó una cúpula de vidrio con forma de semiesfera de radio 23,5 m. ¿Qué superficie de vidrio utilizó?

129 En este cubo hemos introducido una pirámide.

a) Calcula el volumen del cubo.

b) Halla el volumen del cubo que queda libre.

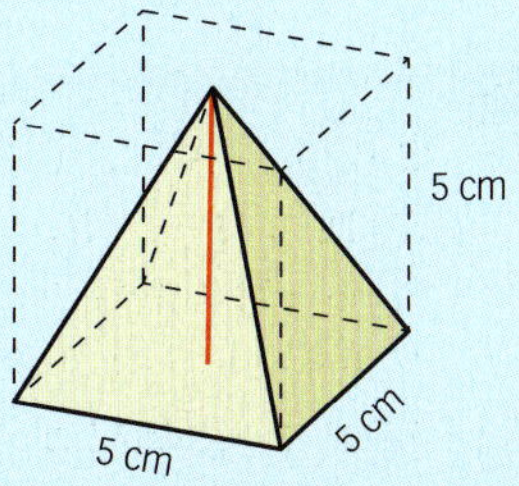

130 Una pastelería crea un nuevo bombón con forma de pirámide cuadrada de base 5 cm y altura 5 cm. ¿Qué volumen mínimo debe tener el envase en forma de cubo en el que se meterá el nuevo bombón? ¿Qué volumen del envase quedará sin ocupar?

Una imagen, ¿cien historias?

Me dedico a hacer reportajes fotográficos y me encanta mi trabajo.

Cuando salgo a trabajar, preparo con cuidado mi equipo fotográfico porque es fundamental para un trabajo perfecto.

Siempre llevo mi cámara Réflex, cuatro teleobjetivos y un *flash*.

Además, necesito 5 baterías para la cámara, porque a lo largo del día pueden llegar a consumirse, y 8 pilas recargables de formato AA para el *flash*.

1 Preparando el equipo para el transporte

Lo primero que hago es proteger el equipo antes de meterlo en la mochila.

- El *flash* y la cámara de fotos los guardo en una caja que mide 14 cm de ancho, 14 cm de profundidad y 20 cm de alto. Para mejorar la protección, suelo forrar la caja con plástico de burbujas. ¿Qué cantidad de plástico de burbujas necesito como mínimo?
- El otro objetivo también lo suelo envolver en plástico de burbujas. Para ello corto un rectángulo grande, lo suficientemente largo para cubrir todo el lateral (le suelo dejar unos 3 cm de holgura para taparlo bien) y lo suficientemente alto para poder cubrir las dos bases del teleobjetivo. ¿Qué dimensiones debe tener el rectángulo para cubrir completamente el objetivo y utilizar la menor cantidad posible de plástico de burbujas?

2 Los estuches, las pilas del *flash* y las baterías

Las pilas para el *flash* las llevo en dos estuches en los que caben 4 pilas en cada uno.

- Las pilas van separadas 1 mm unas de otras y hay también 1 mm de holgura entre las 4 paredes y las pilas. ¿Cuáles son las medidas del estuche?
- ¿Cuál es el volumen de cada estuche?

Las baterías también tienen su estuche y se adaptan exactamente a la forma que tienen.

- ¿Cuál es el volumen de cada estuche?
- ¿Cuál es el volumen total de los 5 estuches?

3 Y, ahora, ¿me cabrá todo en la mochila?

La mochila que tengo está muy vieja y un poco rota.

Quiero comprar una nueva lo suficientemente grande como para poder guardar la cámara y todos sus accesorios, pero me gustaría que fuera lo más pequeña posible.

- ¿Qué mochila me viene mejor?

Capacidad: 9 litros

Capacidad: 20 litros

Capacidad: 50 litros

RESUMEN DE UNIDAD

PRISMAS

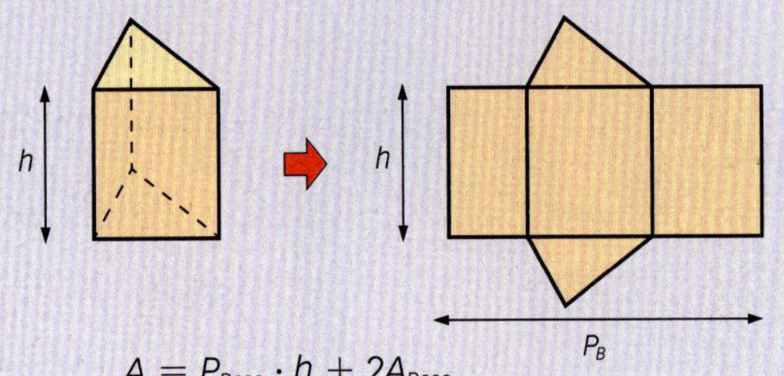

$A = P_{Base} \cdot h + 2A_{Base}$

$V = A_{Base} \cdot h$

PIRÁMIDES

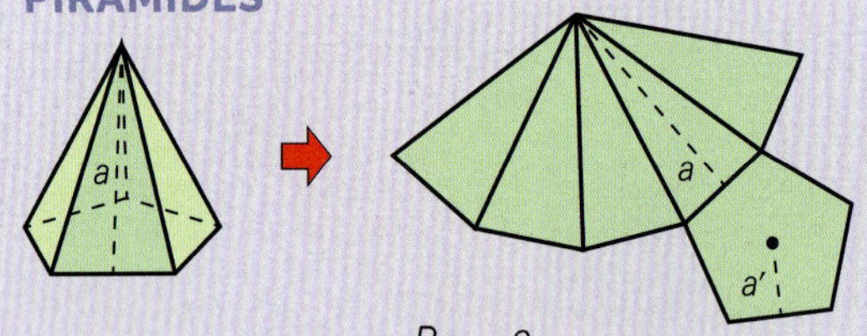

$A = A_{Base} + \dfrac{P_{Base} \cdot a}{2}$

$V = \dfrac{1}{3} A_{Base} \cdot h$

CILINDROS

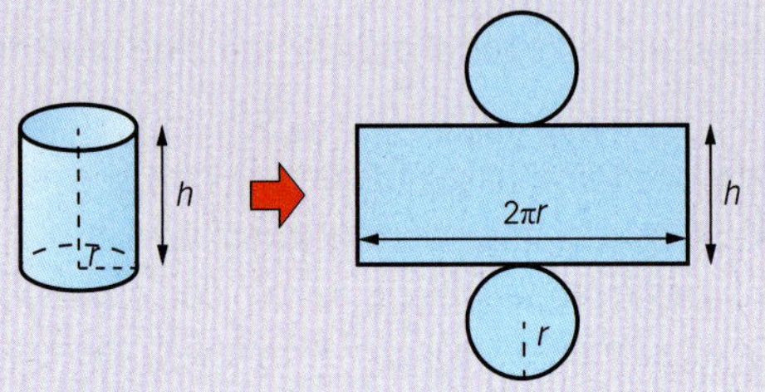

$A = 2\pi r(h + r)$

$V = \pi r^2 h$

CONOS

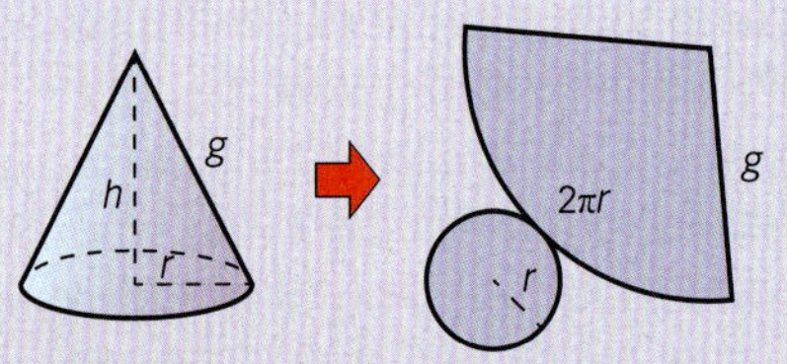

$A = \pi r(g + r)$

$V = \dfrac{1}{3}\pi r^2 h$

ESFERAS

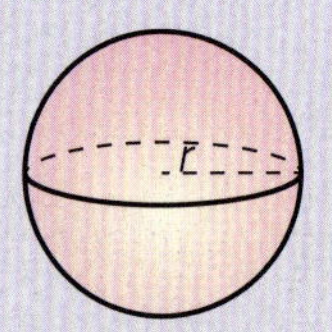

$A = 4\pi r^2$

$V = \dfrac{4}{3}\pi r^3$

AUTOEVALUACIÓN

1. Identifica los principales poliedros y cuerpos de revolución

1 ¿Qué poliedro regular tiene más vértices?

a) Cubo.
b) Octaedro.
c) Dodecaedro.
d) Icosaedro.

2. Calcula áreas de cuerpos geométricos

2 Calcula el área de este prisma pentagonal regular.

a) 31,25 cm²
b) 42 cm²
c) 52,75 cm²
d) 63,3 cm²

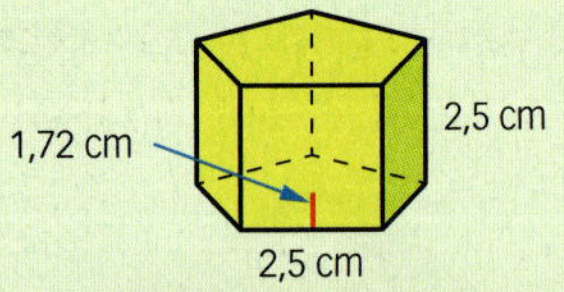

3. Identifica ejes y planos de simetría en poliedros

3 ¿Cuál es un eje de simetría del prisma?

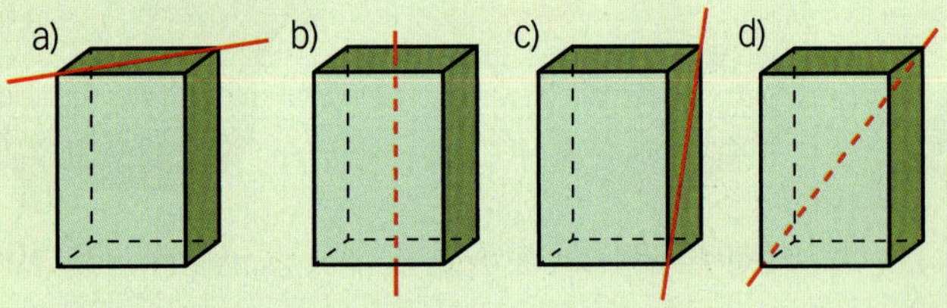

4. Halla volúmenes de cuerpos geométricos

4 ¿Cuál es la altura de una pirámide de base octogonal de lado 1 cm y apotema 1,21 cm, si su volumen es de 8,07 cm³?

a) 3 cm
b) 4 cm
c) 5 cm
d) 6 cm

5 Calcula el volumen de este cuerpo geométrico.

a) 150 cm³
b) 262 cm³
c) 523 cm³
d) 785 cm³

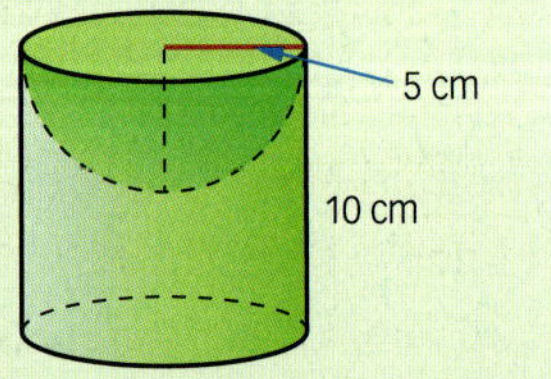

5. Conoce los elementos de la esfera terrestre y las coordenadas geográficas

6 ¿Qué longitud y latitud separan los puntos *A*(14° E, 55° N) y *B*(37° O, 45° S)?

a) Longitud: 51° Latitud: 100°
b) Longitud: 100° Latitud: 51°
c) Longitud: 23° Latitud: 10°
d) Longitud: 10° Latitud: 23°

VALORA TU APRENDIZAJE

- ¿Qué aportan las matemáticas a tu vida?
- ¿Cómo valoras las opiniones diferentes a la tuya?

10 Funciones

DESAFÍO

La isla del tesoro

El barco va de *A* a *B* por un arco de circunferencia con centro en *X*. Después, va de *B* a *C* en línea recta.

¿Cuál de estas gráficas representa el movimiento del barco?

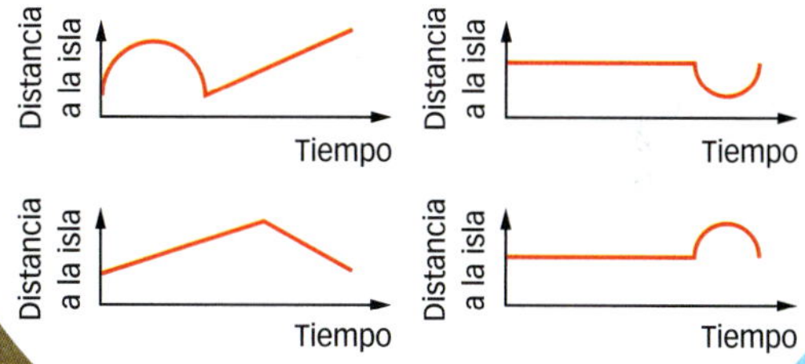

¿Qué sabes ya?

Cómo se representan puntos en un sistema de coordenadas

Un punto se representa por un par ordenado de números reales (x, y) llamados **coordenadas**.

- El número x es la **abscisa**.
- El número y es la **ordenada**.

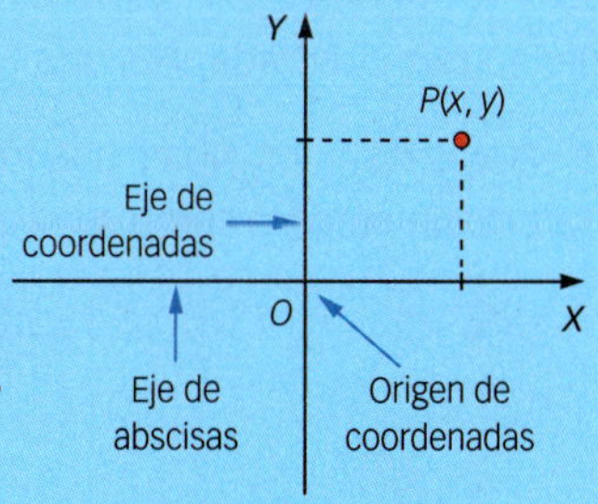

EJEMPLO

Observa las coordenadas de los siguientes puntos.

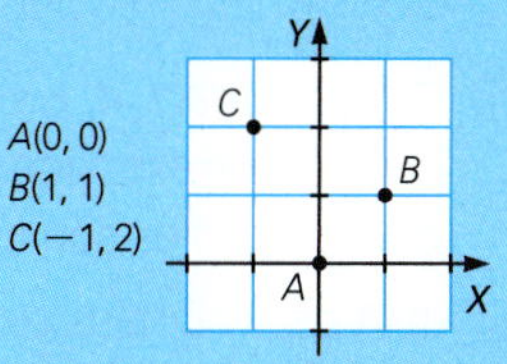

ACTIVIDADES

1 Indica los vértices de este triángulo.

a) $A(2, 1)$; $B(1, -2)$; $C(1, -2)$

b) $A(1, 2)$; $B(-2, 1)$; $C(-2, 1)$

c) $A(1, 2)$; $B(-2, 1)$; $C(1, -2)$

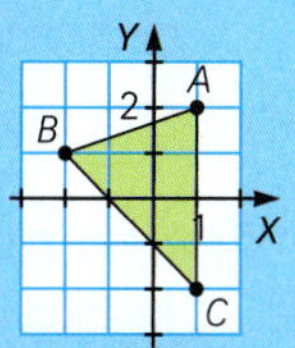

Qué es un Intervalo de números

Un intervalo de extremos a y b está formado por todos los números comprendidos entre a y b.

EJEMPLO

Representa el intervalo $[-1, 3)$.

- -1 está incluido, porque va acompañado de un corchete. Por lo tanto, lo representamos con un punto relleno.
- 3 no está incluido, porque va acompañado de un paréntesis. Por lo tanto, lo representamos con un punto hueco.

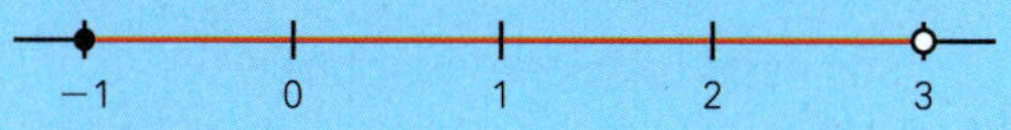

ACTIVIDADES

2 ¿Qué intervalo está representado?

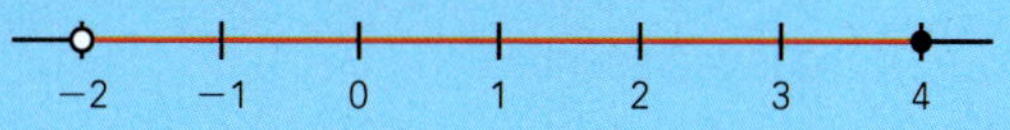

a) $[-2, 4)$ b) $(-2, 4)$ c) $[-2, 4]$ d) $(-2, 4]$

3 Indica qué intervalo incluye el -5.

a) $(-5, 4)$ b) $[-5, -4)$ c) $[-6, -5)$ d) $[0, 5]$

1. Concepto de función

Una **función** es una relación entre dos magnitudes o variables numéricas, x e y, de forma que a cada valor de x le corresponde un único valor de y.

La variable x se denomina **variable independiente**, y la variable y, **variable dependiente.**

EJEMPLOS

1. **Un kilo de peras cuesta 2 €. La relación entre el número de kilos de peras que se compran y su precio, ¿es una función?**

   La magnitud *cantidad de kilos* es la variable independiente. La llamamos x. Toma cualquier valor positivo.

   La magnitud *precio* es la variable dependiente. La llamamos y. Toma valores en función del número de kilos que compremos.

   Si compramos 1 kg $\xrightarrow{\text{cuesta}}$ $1 \cdot 2 = 2$ €

   Si compramos 1,5 kg $\xrightarrow{\text{cuesta}}$ $1{,}5 \cdot 2 = 3$ €

   Si compramos 5 kg $\xrightarrow{\text{cuesta}}$ $5 \cdot 2 = 10$ €

   A cada valor de x le corresponde un único valor de y. Por tanto, la relación es una función.

2. **¿Es una función la relación entre el peso y la edad de una persona?**

   - Si tomamos como variable x el peso y como variable y la edad, puede haber un peso que coincida en dos edades diferentes, por ejemplo, puedo pesar 70 kg a los 22 años y a los 26 años. Es decir, a un valor de x (peso) le corresponden dos valores de y (edad).
   - Sin embargo, si tomamos como variable x la edad y como variable y el peso, en cada momento el peso de una persona es único. Es decir, a un valor de x (edad) le corresponde un único valor de y (peso).

   Por tanto, en el primer caso no sería una función, pero en el segundo sí.

3. **La relación en la que a cada número le hacemos corresponder su raíz cuadrada, ¿es una función?**

   $\sqrt{4} = \pm 2$ A cualquier número positivo le corresponden dos valores distintos. No es una función. Para que sea una función se suele considerar la raíz de un número como su raíz positiva.

ACTIVIDADES

1 ¿Son estas relaciones funciones?

a) Número de cuadernos comprados y el precio que tenemos que pagar por ellos.

b) Área de un rectángulo y su ancho.

c) Número de billetes de 5 € y cantidad de dinero que representan.

d) Duración de una ducha y cantidad de agua gastada.

e) Número de teléfono y suma de sus cifras.

f) Número de palabras escritas con un bolígrafo y duración de la tinta.

2 Calcula para 1, 4, 6 y 11 el número o los números que les corresponden según estas relaciones e indica cuáles son funciones.

a) A cada número, su posterior.

b) A cada número, sus divisores.

c) A cada número, su triple menos 4.

d) A cada número, su cuadrado.

e) A cada número, su raíz cuadrada.

3 **REFLEXIONA.** Encuentra una relación que sea función y otra que no lo sea.

Cómo se representa gráficamente una función

Antes de unir los puntos debemos reflexionar sobre si tiene sentido hacerlo o no. Esto dependerá de los valores que puedan tomar las variables.

GEOGEBRA

Un ciclista viaja con su bicicleta a 20 km/h. Representa gráficamente la función que relaciona el tiempo que lleva pedaleando y la distancia que ha recorrido.

1. Identificamos las dos variables que vamos a representar.

Las magnitudes que son variables son el tiempo que lleva viajando y la distancia que ha recorrido:

Variable independiente (x) → Tiempo

Variable dependiente (y) → Distancia recorrida

La distancia que recorre depende del tiempo que lleva viajando.

2. Calculamos, si es posible, la ecuación de la función.

Si $x = 1$ h → $y = 20 \cdot 1 = 20$ km recorridos
Si $x = 2$ h → $y = 20 \cdot 2 = 40$ km recorridos
Si $x = 3$ h → $y = 20 \cdot 3 = 60$ km recorridos...

→ Por tanto, podemos expresar la función con la ecuación $y = 20x$.

3. Construimos una tabla de valores con los datos.

Tiempo en horas	0	1	2	3
Distancia en kilómetros	$20 \cdot 0 = 0$	$20 \cdot 1 = 20$	$20 \cdot 2 = 40$	$20 \cdot 3 = 60$

4. Representamos los puntos obtenidos.

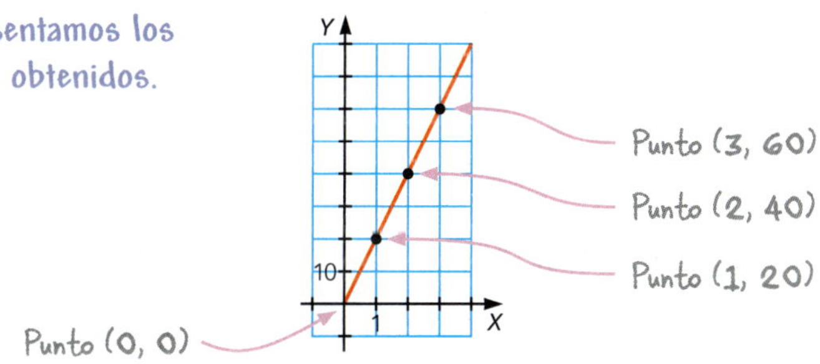

5. Analizamos si tiene sentido unir los puntos.

En este caso tiene sentido hablar de 0,5 h o de 30,75 km. Es decir, x e y pueden tomar cualquier valor.

Por tanto, unimos los puntos mediante una línea.

ACTIVIDADES

4 Representa la función que relaciona una medida en gramos con su equivalente en:

a) Miligramos. b) Kilogramos. c) Toneladas.

5 Una macedonia de frutas para una persona lleva 30 g de fresa, 40 g de kiwi, 20 g de pera y 25 g de mandarina.

Considera la relación entre la cantidad de cada fruta que se necesita y el número de comensales.

Representa en el mismo eje de coordenadas, utilizando distintos colores, estas funciones desde 1 a 6 comensales.

6 En una sala de teatro caben 250 espectadores. El teatro abre sus puertas a las 19:00 h y se va llenando a un ritmo de 5 personas por minuto. Representa la gráfica de la función que relaciona la hora con:

a) La cantidad de espectadores que han entrado.

b) El número de espectadores que faltan por entrar.

¿Cuántos espectadores habrá a las 19:30 h? ¿Cuántos faltan para llenar la sala?

7 Lidia tiene que construir la valla de su huerta rectangular. El largo de la huerta mide 5 veces más que el doble del ancho. Representa gráficamente la función que relaciona el ancho de la huerta con el perímetro.

2. Dominio y recorrido de una función

- El **dominio** de una función $f(x)$ es el conjunto de todos los valores que toma la variable independiente. Se representa por **Dom** f.
- El **recorrido** de una función $f(x)$ es el conjunto de todos los valores que toma la variable dependiente. Se representa por **Im** f.

RETO

Un caracol sube por un palo de 10 m de altura. Asciende 3 m durante el día y resbala 2 m por la noche. ¿Cuánto tiempo tardará en subir?

EJEMPLO

4. Determina el dominio y el recorrido de la función que relaciona el número de monedas de 2 € que tengo y el dinero que representan.

La variable independiente, *número de monedas*, puede tomar valores 0, 1, 2, 3…
Esto lo escribimos así: Dom $f = \{0, 1, 2, 3...\}$.

La variable dependiente, *dinero que representan*, puede tomar valores 0, 2, 4, 6…
Esto lo escribimos así: Im $f = \{0, 2, 4, 6...\}$.

El dominio de una función se puede expresar de distintas formas. Por ejemplo:

- Con intervalos:
  $[0, +\infty)$ significa que tomamos todos los valores entre 0 e infinito incluido el 0.
- Eliminando puntos:
  $\mathbb{R} - \{0\}$ significa que tomamos todos los números reales exceptuando el 0.

EJEMPLO

5. Determina el dominio de estas funciones.

a) $f(x) = 3x - 2$

La variable independiente, x, puede tomar cualquier valor (se puede calcular el triple de cualquier número real y también se le puede restar dos a cualquier número). Esto lo escribimos así: Dom $f = \mathbb{R}$.

b) $f(x) = \sqrt{x}$

La variable independiente, x, puede tomar cualquier valor que sea positivo (no existe la raíz de un número negativo). Esto lo escribimos así: Dom $f = [0, +\infty)$.

c) $f(x) = \dfrac{1}{x}$

La variable independiente, x, puede tomar cualquier valor excepto 0 (un número no se puede dividir entre 0). Esto lo escribimos así: Dom $f = \mathbb{R} - \{0\}$.

ACTIVIDADES

8. Dada la función que asocia a cada número real su doble más 4, halla:
   a) Su expresión algebraica.
   b) Su dominio.
   c) Su recorrido.
   d) Su gráfica.

9. Indica el dominio de estas funciones.
   a) $f(x) = x + 2$
   b) $f(x) = \dfrac{2}{x}$
   c) $f(x) = 2x - 5$
   d) $f(x) = \dfrac{x}{2}$

10. Indica el dominio de estas funciones.
    a) $f(x) = \dfrac{3}{x - 2}$
    b) $f(x) = \sqrt{x + 4}$

11. **REFLEXIONA.** Escribe la ecuación de una función que tenga este dominio.
    a) Dom $f = \mathbb{R}$
    b) Dom $f = \mathbb{R} - \{-1\}$
    c) Dom $f = [1, +\infty)$

Cómo se calcula el dominio y el recorrido de una función

> El dominio se define en el eje *X* y el recorrido en el eje *Y*.
>
> Si el punto (*a*, *b*) pertenece a la gráfica de la función, entonces:
>
> *a* pertenece a Dom *f*.
>
> *b* pertenece a Im *f*.

Observa la gráfica de esta función y calcula:

a) Su dominio.

b) Su recorrido.

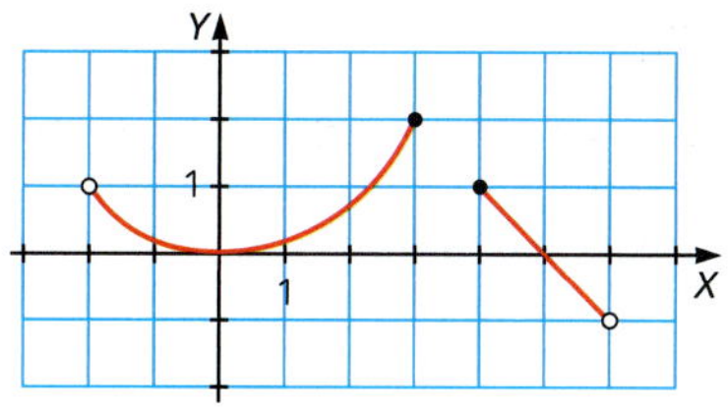

① **Nos fijamos en los ejes para determinar los valores que toman las variables.**

Los puntos $(-2, 1)$ y $(6, -1)$ están marcados con un punto hueco, esto significa que no pertenecen a la función.

a) Nos fijamos en el eje *X* para determinar los valores que puede tomar la variable *x*.

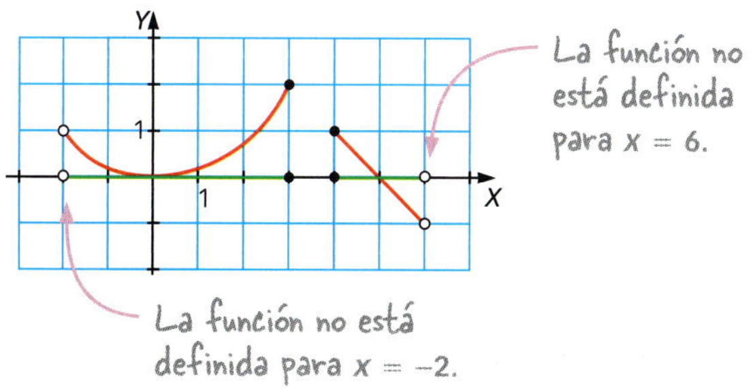

b) Nos fijamos en el eje *Y* para determinar los valores que puede tomar la variable *y*.

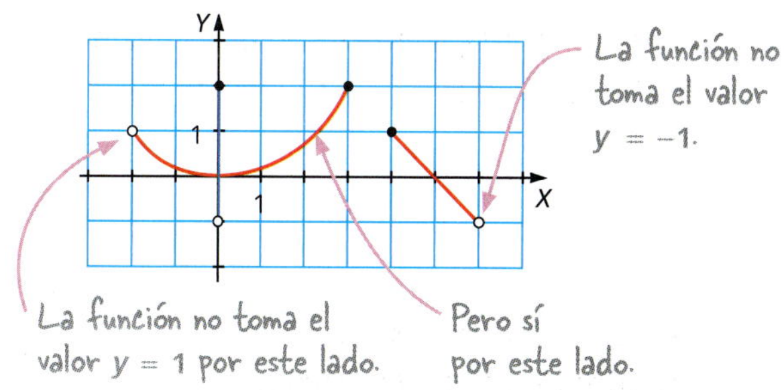

② **Escribimos el dominio y el recorrido utilizando intervalos.**

Nos fijamos en la parte que hemos marcado sobre los ejes y en los puntos que no pertenecen a la función.

a) Dom $f = (-2, 3] \cup [4, 6)$

No están incluidos −2 y 6.

b) Im $f = (-1, 2]$

No está incluido −1.

ACTIVIDADES

12 Indica el dominio y el recorrido de estas funciones.

a)

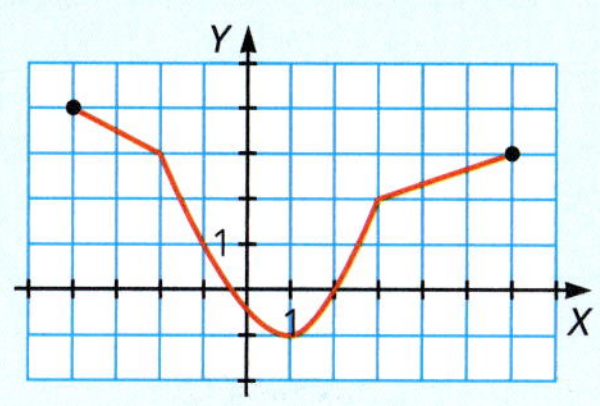

b)

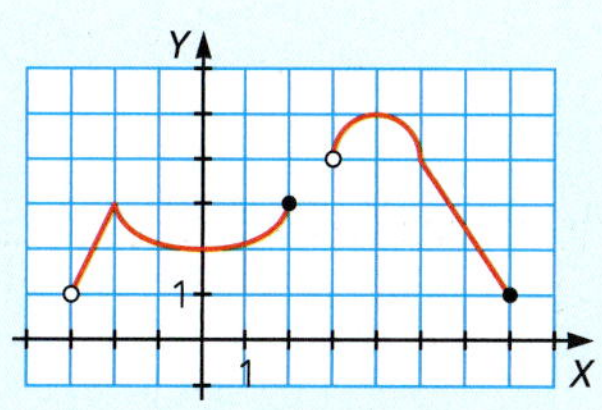

¿Cuál de las dos funciones incluye al número 3 en su dominio? ¿Y en su recorrido? ¿Y al número −2,9?

13 Indica el dominio y el recorrido de esta función.

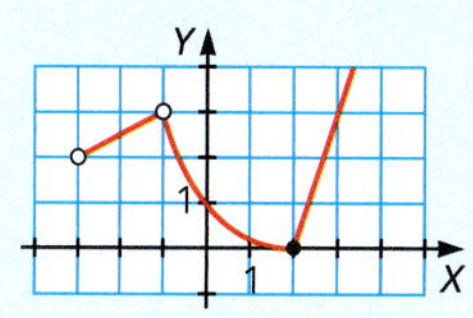

14 Esta es la gráfica de la temperatura de una ciudad durante todo el día. Indica el dominio y el recorrido.

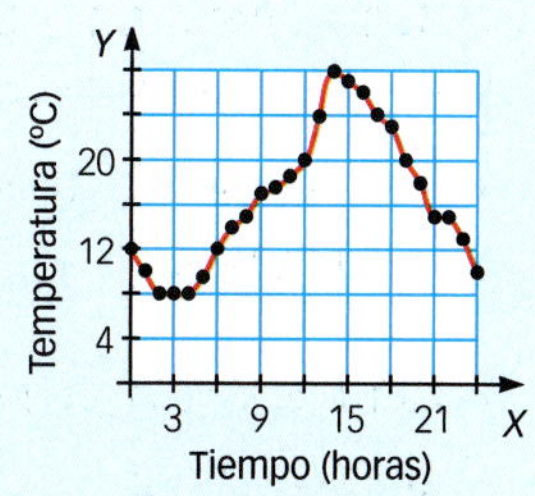

15 Dibuja una función cuyo dominio y recorrido sean:

Dom $f = (-3, 1] \cup (2, 4]$ Im $f = [-2, 2)$

3. Continuidad y puntos de corte

3.1. Continuidad

GEOGEBRA

Una función definida en un intervalo es **continua** en sus puntos si su gráfica puede dibujarse de un solo trazo.

Si al dibujar la gráfica de la función existe algún punto en el que se interrumpe, este es un **punto de discontinuidad** de la función.

EJEMPLO

6. Decide si esta función es continua. Si no lo es, indica los puntos de discontinuidad.

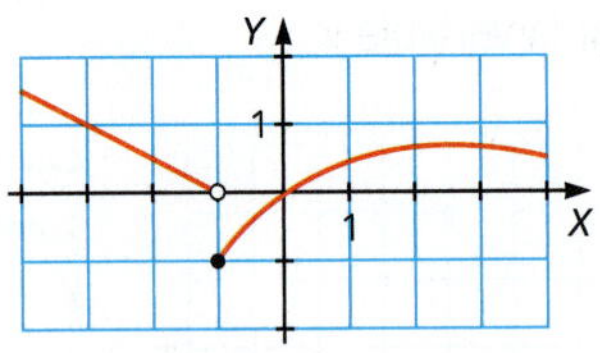

La gráfica tiene un salto en $x = -1$; por tanto, la función no es continua.

En $x = -1$ presenta un punto de discontinuidad.

Una función es continua cuando no tiene ningún punto de discontinuidad.

3.2. Puntos de corte

Los **puntos de corte** con los ejes de una función son los puntos de intersección de la gráfica con cada eje de coordenadas.

- Los puntos de corte con el eje X son de la forma $(a, 0)$ y el valor de a se calcula resolviendo la ecuación $f(x) = 0$.
- El punto de corte con el eje Y es de la forma $(0, b)$ y el valor de b se calcula hallando $f(0)$. Esto es, $f(0) = b$.

SE ESCRIBE ASÍ

La función que asocia a cada número su triple menos 7 se puede escribir como:

$y = 3x - 7$ o $f(x) = 3x - 7$

Y el valor de esta función en $x = 4$ se representa como:

$f(4) = 3 \cdot 4 - 7$

O como:

$y = 3 \cdot 4 - 7$

EJEMPLO

7. Indica cuáles son los puntos de corte de esta función.

- Puntos de corte con el eje X: $(-3, 0)$ y $(6, 0)$.
- Punto de corte con el eje Y: $(0, 3)$.

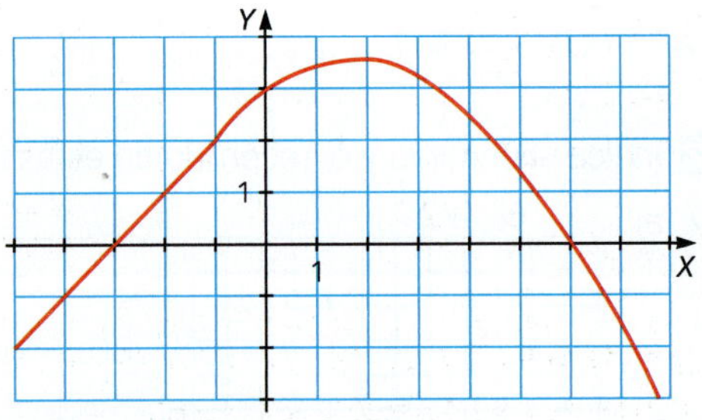

ACTIVIDADES

16 Estudia la continuidad y determina los puntos de corte con los ejes de la siguiente función.

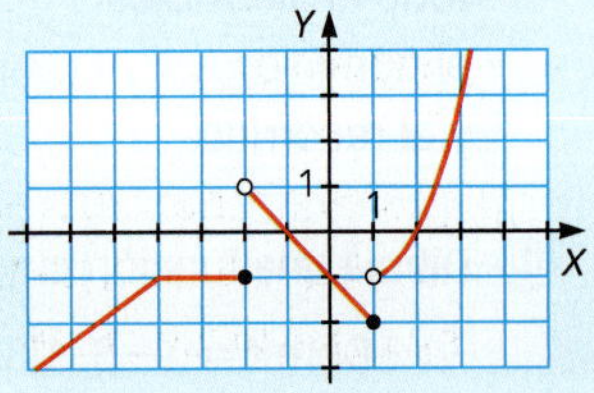

17 Dibuja una función con dos puntos de discontinuidad en $x = -1$ y $x = 3$ y que corte a los ejes en $(0, 3)$, $(-2, 0)$ y $(2, 0)$.

18 **REFLEXIONA.** Halla los puntos de corte con los ejes de la recta que pasa por los puntos $(2, 2)$ y $(4, 3)$.

Cómo se hallan los puntos de corte con los ejes

Una función puede tener más de un punto de corte con el eje X y solo uno con el eje Y.

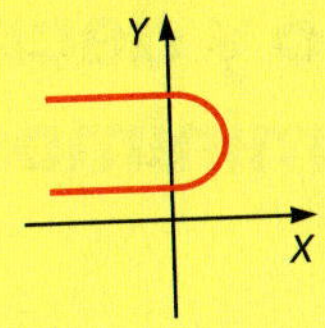

Si hay más de un punto de corte con el eje Y, no es una función.

Halla los puntos de corte con los ejes de estas funciones:

a) $f(x) = 2x - 1$ b) $f(x) = x^2 - 4x + 3$

① Resolvemos la ecuación $f(x) = 0$ para hallar los puntos de corte con el eje X.

a) $f(x) = 0$

$2x - 1 = 0$

$x = \frac{1}{2}$

b) $f(x) = 0$

$x^2 - 4x + 3 = 0$

$x = \frac{-(-4) \pm \sqrt{(-4)^2 - 4 \cdot 1 \cdot 3}}{2 \cdot 1} \rightarrow \begin{cases} x_1 = 3 \\ x_2 = 1 \end{cases}$

② Los puntos de corte con el eje X tienen como primera coordenada la x que hemos calculado y como segunda coordenada 0.

a) Punto de corte con el eje X: $\left(\frac{1}{2}, 0\right)$

b) Puntos de corte con el eje X: (3, 0) y (1, 0)

③ Calculamos $f(0)$ para hallar el punto de corte con el eje Y.

a) $f(x) = 2x - 1$

$f(0) = 2 \cdot 0 - 1 = -1$

b) $f(x) = x^2 - 4x + 3$

$f(0) = 0^2 - 4 \cdot 0 + 3 = 3$

④ Los puntos de corte con el eje Y tienen como primera coordenada 0 y como segunda coordenada el valor que hemos calculado.

a) Punto de corte con el eje Y: (0, −1)

b) Punto de corte con el eje Y: (0, 3)

ACTIVIDADES

19 Halla los puntos de corte con los ejes de estas funciones.

a) $y = 3x + 1$

b) $y = -2x + 3$

c) $y = 3(x + 1)$

d) $y = \frac{3x + 2}{4}$

e) $y = x^2 - 9$

f) $y = x^2 + x - 6$

g) $y = 4x^2 + 8x - 5$

h) $y = \frac{x^2 - 16}{3}$

20 Determina los puntos de corte con los ejes de cada una de las siguientes funciones.

a) $y = 2(x - 1)$

b) $y = 3(x + 3)$

c) $y = -5(1 - x)$

d) $y = \frac{3(2x + 3)}{4}$

e) $y = (x - 4)(x - 7)$

f) $y = (x - 2)^2$

g) $y = (2x - 1)(x + 4)$

h) $y = \frac{(5x - 4)(2x + 5)}{2}$

21 Dibuja una función que cumpla lo siguiente:

- Corta al eje X en $x = -2$ y $x = 1$.
- Corta al eje Y en $y = 5$.

22 Indica cuál de las siguientes funciones corta al eje X en el punto (−2, 0).

a) $f(x) = x^2 + 2$

b) $g(x) = 2x + 4$

c) $h(x) = 4x^2 + 6x - 4$

d) $i(x) = (3x + 6)(7x - 3)$

23 Algunas de estas funciones tienen el mismo punto de corte con el eje Y. ¿Cuáles son?

a) $f(x) = 2x + 3$

b) $g(x) = -x + 4$

c) $h(x) = 3(x + 1)$

d) $i(x) = \frac{x}{2} + 3$

e) $j(x) = 3$

24 ¿Pueden tener los mismos puntos de corte con los ejes dos funciones diferentes? Dibuja la gráfica de dos funciones que cumplan esta condición.

4. Crecimiento y decrecimiento. Máximos y mínimos

4.1. Crecimiento y decrecimiento

Dada una función continua $f(x)$ en un intervalo, si para cada par de valores del intervalo, $x = a$ y $x = b$, con $a < b$, se cumple que:

- $f(b) > f(a)$, la **función** es **creciente** en el intervalo.
- $f(b) < f(a)$, la **función** es **decreciente** en el intervalo.
- $f(b) = f(a)$, la **función** es **constante** en el intervalo.

Los valores a y b estudiados deben estar lo suficientemente próximos.

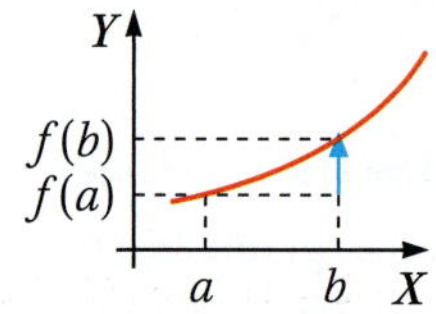

Creciente

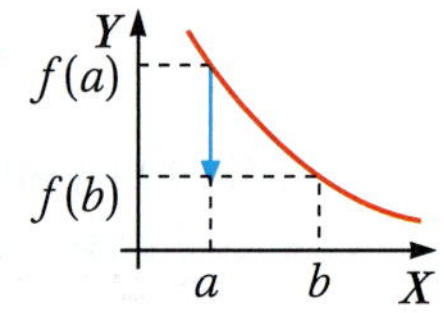

Decreciente

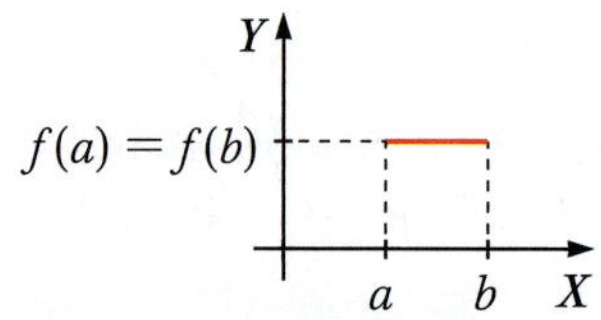

Constante

EJEMPLO

8. Determina si estas funciones son crecientes o decrecientes en el intervalo $(-1, 1)$.

Para cada par de valores, $a < b$, de $(-1, 1)$ vemos que $f(a) < f(b)$ y que $g(b) < g(a)$; por tanto, $f(x)$ es creciente y $g(x)$ es decreciente en $(-1, 1)$.

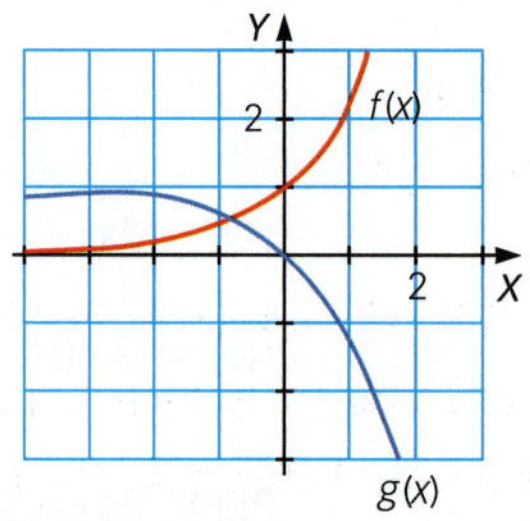

4.2. Máximos y mínimos

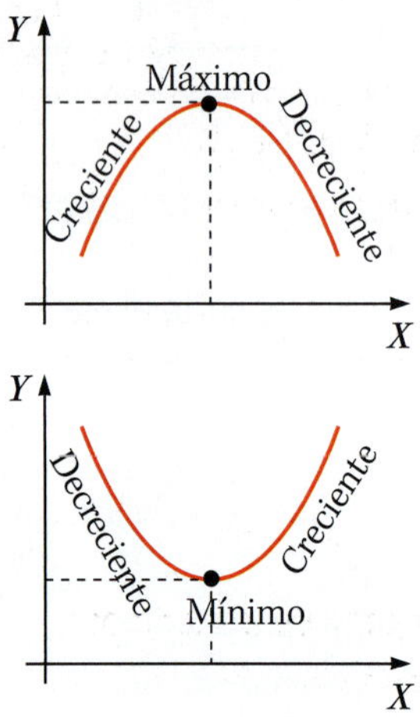

- Una función continua tiene un **máximo** en $x = a$ cuando pasa de ser creciente a decreciente en ese punto.
- Una función continua tiene un **mínimo** en $x = a$ cuando pasa de ser decreciente a creciente en ese punto.

EJEMPLO

9. Determina los máximos y mínimos de esta función.

- Máximos: en $x = 1$, $f(x)$ pasa de ser creciente a ser decreciente. Así, $f(x)$ tiene un máximo en $(1, 5)$.
- Mínimos: en $x = 3$, $f(x)$ pasa de ser decreciente a ser creciente. Así, $f(x)$ tiene un mínimo en $(3, 1)$.

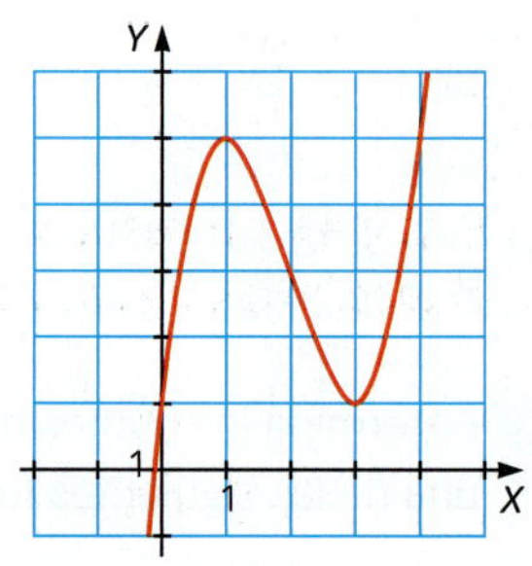

ACTIVIDADES

25 Determina los máximos y los mínimos y contesta.

a) ¿Es creciente en el intervalo $(-3, -1)$?

b) ¿Y en $(-1, 1)$?

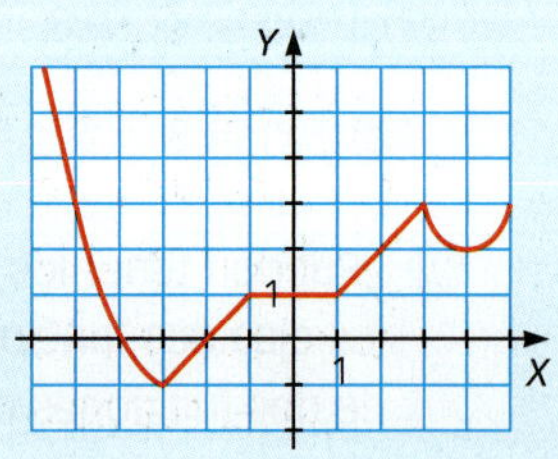

26 Dibuja una función creciente en los intervalos $(-2, 1)$ y $(3, 5)$, constante en $(1, 3)$ y decreciente en el resto. ¿Dónde hay máximos y mínimos?

27 **REFLEXIONA.** Escribe la ecuación de una función que siempre sea creciente y otra siempre decreciente.

Cómo se interpreta el crecimiento y decrecimiento de una función

Los intervalos de crecimiento y de decrecimiento siempre son abiertos.

Esta gráfica representa la evolución de la temperatura en una ciudad durante un día.

Estudia cómo crece y decrece la temperatura a lo largo del día. ¿A qué hora hace más calor? ¿Y más frío?

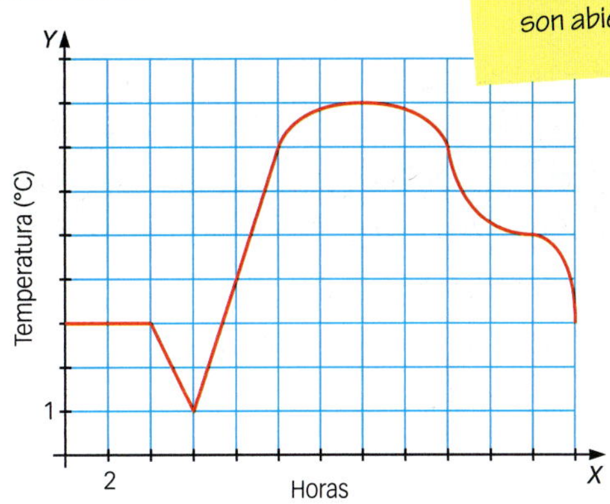

1. **Determinamos los intervalos de crecimiento y decrecimiento, y si hay algún tramo constante.**
   - La función crece en el intervalo (6, 14).
   - La función decrece en los intervalos (4, 6) y (14, 24). ← *Para obtener los intervalos nos fijamos en el eje X.*
   - La función es constante en el intervalo (0, 4).

2. **Interpretamos los resultados obtenidos.**

   Crecimiento: la temperatura sube entre las 6:00 h y las 14:00 h.

   Decrecimiento: la temperatura baja de madrugada, entre las 4:00 h y las 6:00 h, y durante la tarde y la noche, desde las 14:00 h hasta las 24:00 h.

   Constante: la temperatura no varía entre las 0:00 h y las 4:00 h de la madrugada.

3. **Estudiamos si hay algún máximo o mínimo.**

   Máximo: en $x = 14$

   Mínimo: en $x = 6$

4. **Interpretamos los resultados obtenidos.**

   Valor de y para $x = 14$

   La temperatura máxima del día se alcanzó a las 14:00 h, y fueron 8 °C.

   La temperatura mínima, 1 °C, se alcanzó a las 6:00 h de la madrugada.

   Valor de y para $x = 6$

ACTIVIDADES

28 Esta gráfica muestra la evolución del ruido, medido en decibelios, en una calle a lo largo de un día.

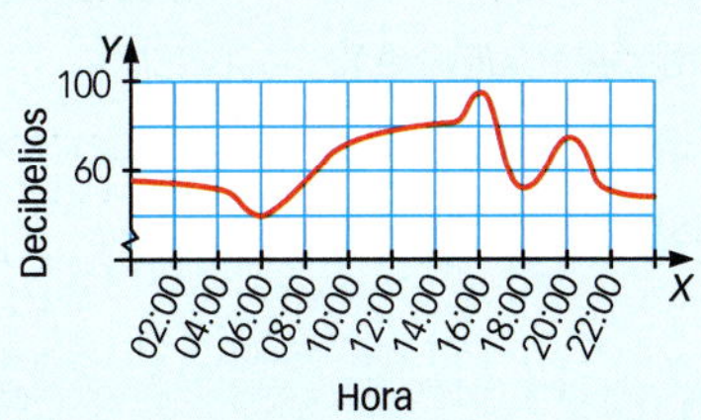

a) ¿En qué intervalos de tiempo crece el ruido? ¿En cuáles disminuye?

b) ¿Cuál es el momento más ruidoso del día? ¿Y el más silencioso?

c) ¿Por qué crees que hay más ruido a unas horas que a otras? Da una posible explicación a la gráfica.

29 En esta gráfica se muestra el perfil de los últimos 50 km de una etapa de la Vuelta Ciclista.

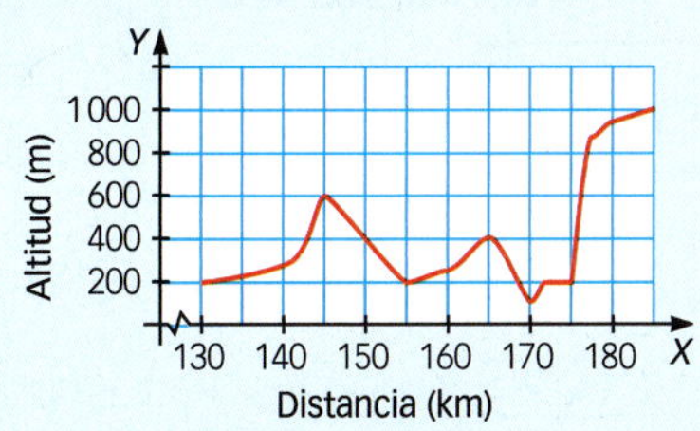

a) Indica en qué intervalos la etapa es cuesta arriba, cuesta abajo y llana.

b) ¿A cuántos picos ascenderán? ¿A qué altitud está el pico más alto?

c) ¿A cuántos kilómetros está el punto más bajo por el que pasan? ¿Cuál es su altitud?

5. Periodicidad y simetría

5.1. Periodicidad

GEOGEBRA

Una función es **periódica** si su gráfica se repite cada cierto intervalo, llamado **periodo**. Es decir, se cumple que:

$$f(x) = f(x + T) = f(x + 2T) = \ldots, \text{ siendo } T \text{ el valor del periodo.}$$

RETO

Halla el periodo de la función que relaciona el ángulo de las agujas del reloj y el tiempo.

EJEMPLO

10. Determina si esta función es periódica.

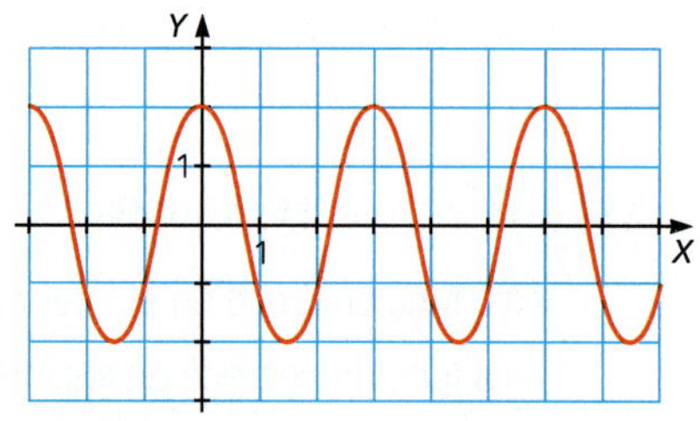

La gráfica se repite en intervalos de longitud 3.

$f(0) = f(3) = f(6) = \ldots$

$f(-1) = f(2) = f(5) = \ldots$

Es decir: $f(x) = f(x + 3) = f(x + 2 \cdot 3) = \ldots$

Por tanto, la función es periódica y su periodo es $T = 3$.

5.2. Simetría

GEOGEBRA

Una función es simétrica respecto del eje Y, o **función par**, cuando $f(-x) = f(x)$.

Una función es simétrica respecto del origen de coordenadas, o **función impar**, cuando $f(-x) = -f(x)$.

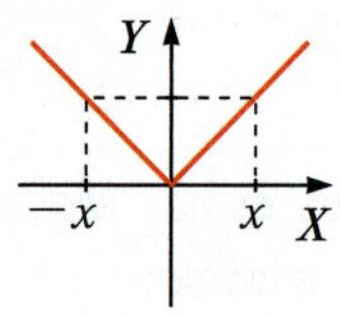

Función par

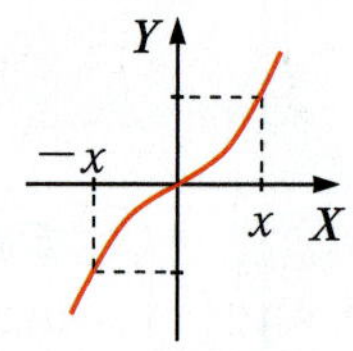

Función impar

EJEMPLO

11. Estudia las simetrías de estas funciones.

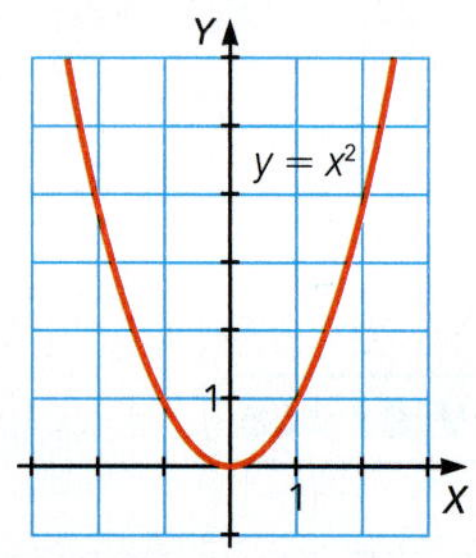

a) $f(x) = x^2$

- Simetría respecto del eje Y: $f(-x) = (-x)^2 = x^2$ $\quad f(x) = x^2$
  $f(-x) = f(x) \rightarrow$ Es simétrica respecto del eje Y.
- Simetría respecto del origen: $f(-x) = (-x)^2 = x^2$ $\quad -f(x) = -x^2$
  $f(-x) \neq -f(x) \rightarrow$ No es simétrica respecto del origen.

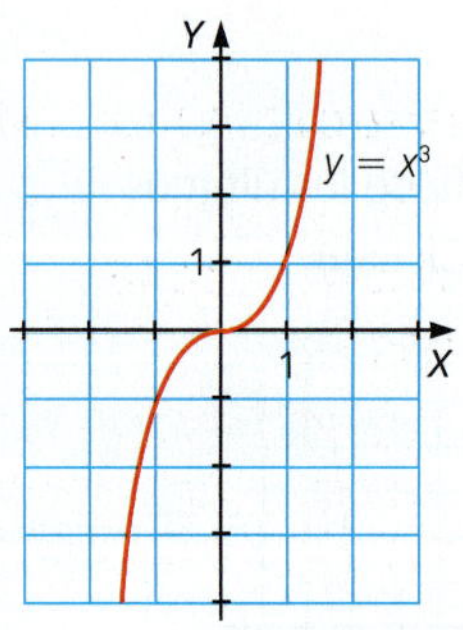

b) $f(x) = x^3$

- Simetría respecto del eje Y: $f(-x) = (-x)^3 = -x^3$ $\quad f(x) = x^3$
  $f(-x) \neq f(x) \rightarrow$ No es simétrica respecto del eje Y.
- Simetría respecto del origen: $f(-x) = (-x)^3 = -x^3$ $\quad -f(x) = -x^3$
  $f(-x) = -f(x) \rightarrow$ Es simétrica respecto del origen.

ACTIVIDADES

30 Dada la función $f(x) = \dfrac{1}{x}$, estudia las simetrías.

31 Dibuja la gráfica de una función de periodo 4.

32 Dibuja la gráfica de una función par de la que se sabe que $f(-2) = -1$ y $f(3) = 0$.

33 **REFLEXIONA.** ¿Existe una función impar periódica?

Cómo se estudia una función

En un hospital se toma la temperatura de los enfermos cada 2 horas. Esta es la gráfica de la evolución de la temperatura de uno de los pacientes durante un día. Analiza su evolución.

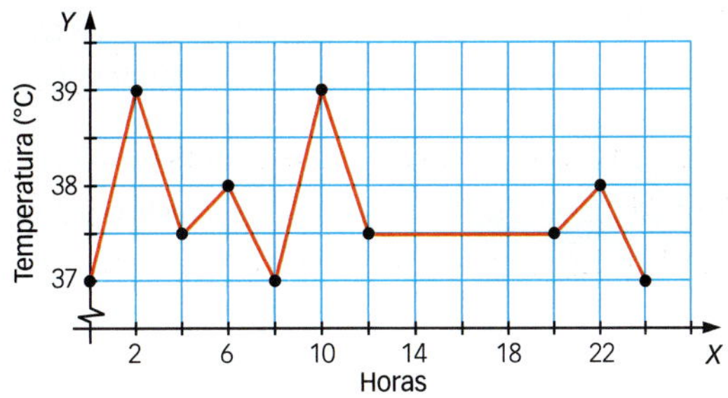

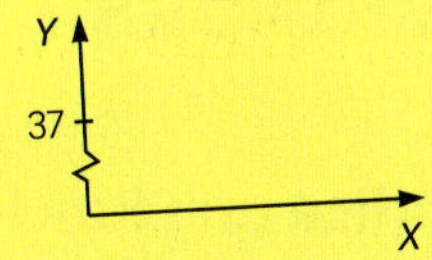

Este quebrado significa que en el eje Y, debajo del 37, hay una parte del eje de la que hemos prescindido porque no tiene gráfica.

① **Determinamos el dominio y el recorrido.**

Dominio: en el eje X, las horas toman valores entre 0 y 24. → Dom $f = [0, 24]$

Recorrido: en el eje Y, la temperatura toma valores entre 37 y 39. → Im $f = [37, 39]$

② **Calculamos los puntos de corte con los ejes.**

Cortes con el eje X: la gráfica no corta al eje X.

Cortes con el eje Y: la gráfica corta al eje Y en 37 °C. → Punto de corte: (0, 37)

③ **Analizamos el crecimiento y decrecimiento.**

Crecimiento: es creciente en los intervalos (0, 2), (4, 6), (8, 10) y (20, 22).

Decrecimiento: es decreciente en los intervalos (2, 4), (6, 8), (10, 12) y (22, 24).

Constante: es constante en el intervalo (12, 20).

④ **Identificamos los máximos y los mínimos.**

La temperatura que tenía a las 2 horas.

La temperatura que tenía a las 6 horas.

Máximos: En $x = 2$ → Punto (2, 39)
En $x = 6$ → Punto (6, 38)
En $x = 10$ → Punto (10, 39)
En $x = 22$ → Punto (22, 38)

Mínimos: En $x = 4$ → Punto (4; 37,5)
En $x = 8$ → Punto (8, 37)
En $x = 24$ → Punto (24, 37)

La temperatura que tenía a las 24 horas.

⑤ **Vemos si es periódica.**

La función no es periódica, no se repite por tramos.

⑥ **Decidimos si la función presenta simetrías.**

La función solo existe en el primer cuadrante; por lo tanto, no puede tener ninguna simetría.

⑦ **Interpretamos los resultados obtenidos.**

Se ha medido la temperatura del paciente desde las 0 h hasta las 24 h, y durante ese tiempo se ha mantenido entre los 37 °C y los 39 °C.

Su temperatura ha tenido altibajos durante gran parte del día y solo se ha mantenido constante entre las 12 h y las 20 h.

Ha alcanzado sus picos máximos, los 39 °C, a las 2 de la madrugada y a las 10 de la mañana, y los mínimos, 37 °C, a las 8 de la mañana y a las 24 h.

ACTIVIDADES

34 La siguiente gráfica muestra la velocidad que ha llevado Julia durante una media maratón. Analiza su evolución durante la carrera.

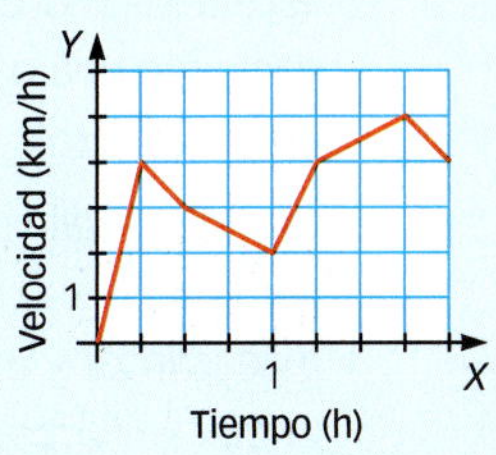

35 La gráfica muestra la altura del sol sobre el horizonte el día 1 de octubre.

Estudia la función.

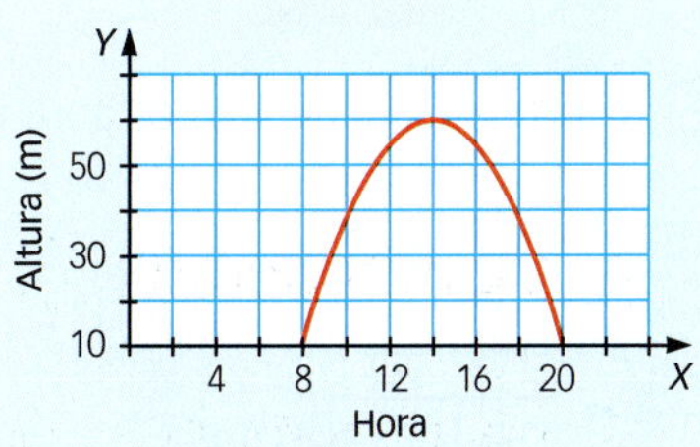

1. Identifica una función e interpreta su comportamiento

ACTIVIDADES FLASH

36 Indica qué relaciones numéricas son funciones.

a) Un número y su doble.

b) Un número y su raíz cuadrada.

c) Un número y su raíz cúbica.

d) La longitud de la base de un triángulo y su área.

e) La longitud del lado de un cuadrado y su área.

37 Determina las relaciones que son funciones.

a) El número de vehículos de color rojo que pasan por una calle y la hora del día que es.

b) El número de árboles de un bosque y la superficie en la que están plantados.

c) El día del mes y su temperatura media.

38 **INVESTIGA.** ¿Qué letras del abecedario, en mayúsculas, pueden ser la gráfica de una función?

CÁLCULO MENTAL

39 Calcula el valor de la abscisa o la ordenada para la función $y = 2 - 3x$. Rellena los círculos del triángulo con las soluciones, de forma que el producto de los vértices de cada triángulo sea el número inscrito.

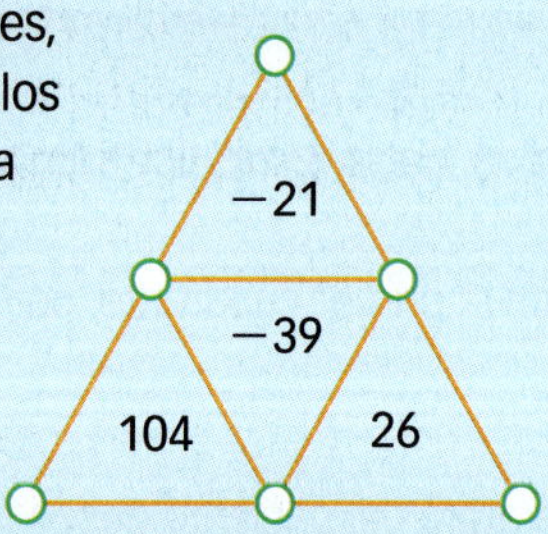

a) $x = -2$

b) $y = 0$

c) $y = 5$

d) $x = 5$

e) $x = 3$

f) $y = 11$

40 Elabora una tabla de valores para estas funciones.

a) $f(x) = \dfrac{x}{3} - 2$

b) $f(x) = -1 + \dfrac{3x}{2}$

41 **RETO.** ¿La gráfica de la función definida por esta tabla de valores puede ser una recta? ¿Por qué?

x	−1	0	2
y	−3	0	3

42 Haz una tabla de valores para estas gráficas.

a)

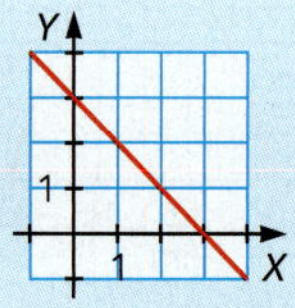

b)

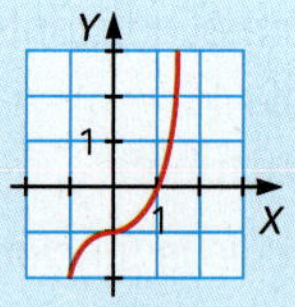

43 En esta tabla se muestra la conversión de algunas velocidades de millas por hora a kilómetros por hora.

Millas por hora	10	20	30	40	50
Kilómetros por hora	16,1	32,2	48,3	64,4	80,5

a) Dibuja una gráfica con los datos de esta tabla.

b) Si un coche fuera a 60 millas por hora, ¿cuál sería su equivalente en kilómetros por hora?

c) Y si fuera a 100 kilómetros por hora, ¿cuál sería su equivalente en millas por hora?

d) Escribe la expresión algebraica de la función.

44 Esta gráfica representa un viaje en coche.

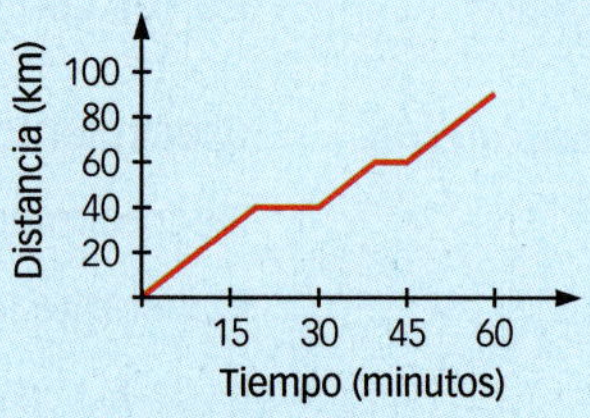

a) ¿Qué distancia ha recorrido en los primeros 10 minutos? ¿Y cuando llevaba 30 minutos?

b) ¿Cuánto tiempo ha estado el coche parado?

c) ¿Qué velocidad media ha llevado los primeros 20 minutos?

45 En una papelería han establecido distintos precios según el número de páginas que se imprimen:

- Hasta 10 páginas, a 0,15 € la página.
- De 11 a 50, a 0,12 € la página.
- De 51 a 100, a 0,10 € la página.
- Más de 100, a 0,08 € la página.

Representa la función que relaciona el número de páginas impresas con el precio.

46 Asocia cada enunciado con su gráfica.

a) Luisa sale de casa hacia el instituto. Al rato observa que ha olvidado la calculadora. Regresa a su casa y vuelve a salir.

b) Un autobús cubre la ruta Madrid-Valencia haciendo una parada en el trayecto.

c) Un ciclista sale de su casa para hacer una ruta, para a descansar y tomar un bocadillo y regresa.

1

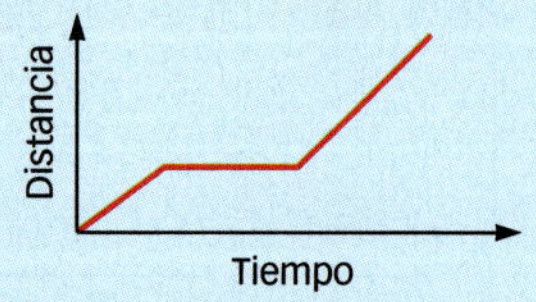

2

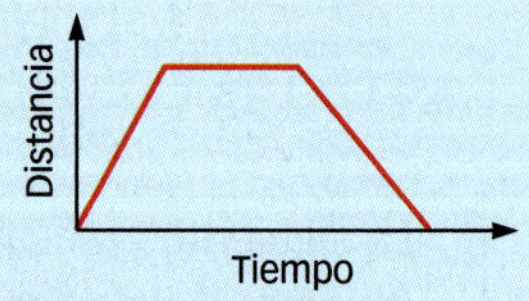

3

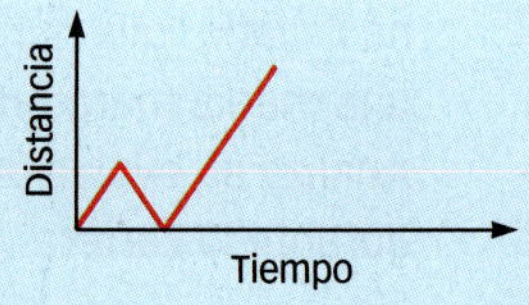

47 **INVENTA.** Piensa y escribe un enunciado que se corresponda con esta gráfica. ¿Es una función?

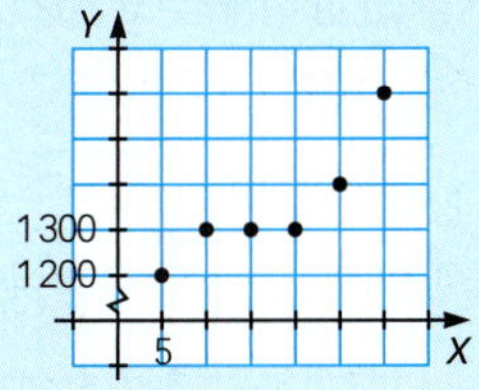

48 Alberto e Isabel salen de casa para ir al colegio. Alberto cree que llega tarde y empieza a correr, pero se cansa y sigue andando hasta llegar al colegio. Isabel empieza andando y echa a correr al oír la sirena. Ambos llegan al mismo tiempo. Indica qué gráfica representa el camino de Alberto y cuál el de Isabel.

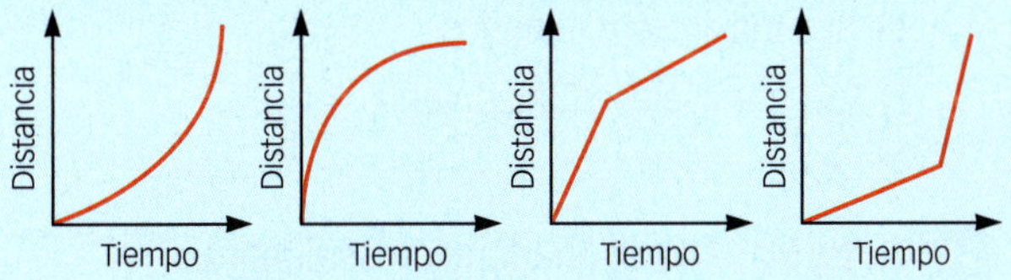

49 **RETO.** Relaciona cada circuito de carreras de automóviles con su gráfica.

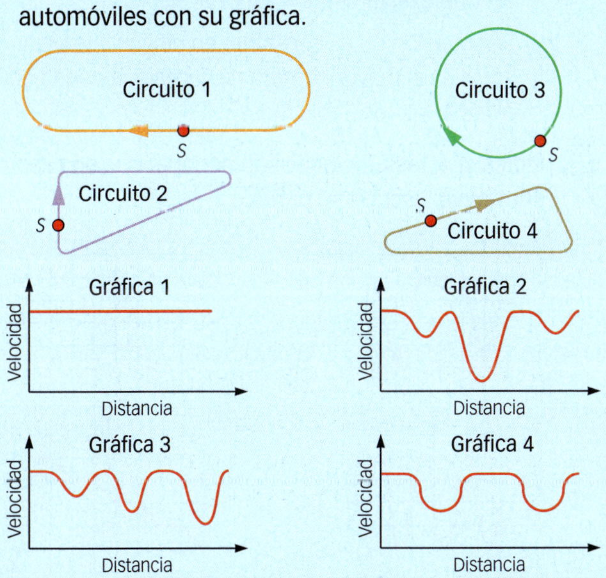

50 **INVESTIGA.** ¿Qué gráfica corresponde al llenado de cada recipiente?

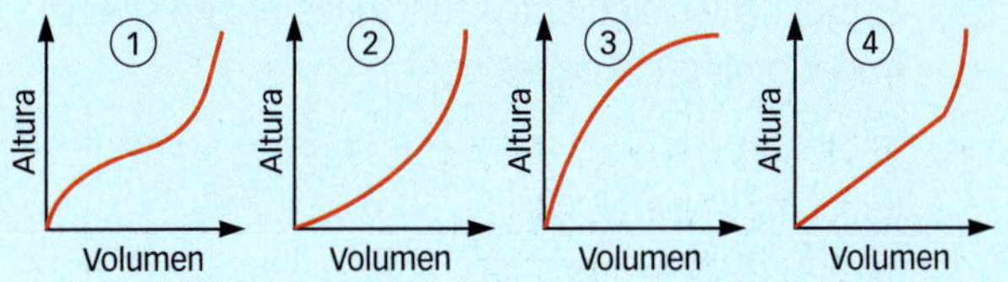

2. Identifica e interpreta las características más relevantes de una función

ACTIVIDADES FLASH

51 Estudia el dominio y recorrido de estas funciones.

a)

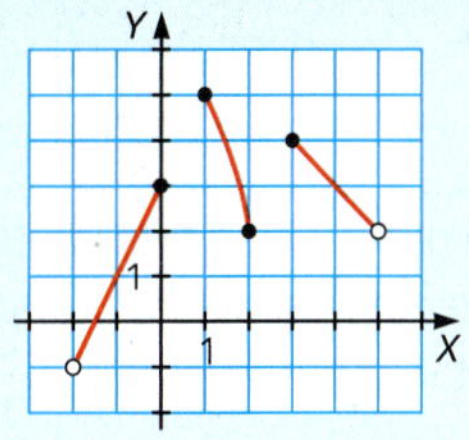

b)

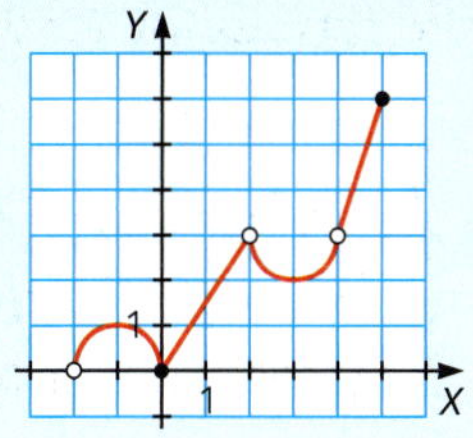

¿Cuáles de estas funciones son continuas? ¿Tienen puntos de discontinuidad? ¿Cuáles?

Cómo se calcula el dominio de una función con su expresión algebraica

52 Halla el dominio de las funciones.

a) $y = 2x - 3$

b) $y = \sqrt{x - 1}$

c) $y = \dfrac{3 + 2x}{x + 1}$

PRIMERO. Se analiza el tipo de expresión.

a) $y = 2x - 3 \longrightarrow$ Es una expresión polinómica.

b) $y = \sqrt{x - 1} \longrightarrow$ Es una expresión que tiene la variable x bajo una raíz.

c) $y = \dfrac{3 + 2x}{x + 1} \rightarrow$ Es una expresión que tiene la variable x en el denominador.

SEGUNDO. Se calcula el dominio dependiendo del tipo de expresión.

a) Estas expresiones están definidas para todos los números reales: Dom $f = \mathbb{R}$.

b) Las raíces solo están definidas para números positivos; por tanto, la función está definida cuando x es mayor o igual que 1: Dom $f = [1, +\infty)$.

c) Un cociente no está definido cuando el denominador es 0, luego la función no está definida en $x = -1$: Dom $f = \mathbb{R} - \{-1\}$.

53 Halla el dominio de estas funciones.

a) $y = -x^2 + 1$

b) $y = \dfrac{x}{2x - 8}$

c) $y = \dfrac{x - 1}{2}$

d) $y = \sqrt{2x}$

e) $y = \sqrt{x + 2}$

f) $y = \dfrac{x - 2}{x^2 - 9}$

54 Halla el dominio de estas funciones.

a) $y = \dfrac{x-1}{x-2}$ b) $y = \sqrt{2x-6}$

55 Dada la función $y = x^3$:

a) Construye una tabla de valores.
b) Dibuja su gráfica.
c) Determina su domino y su recorrido.
d) ¿Es una función continua?

56 **RETO.** ¿Se puede definir una función cuyo dominio sean todos los números reales menos un punto? ¿Y menos dos? ¿Y menos infinitos puntos?

ACTIVIDADES FLASH

57 Indica los puntos de corte con los ejes.

a)
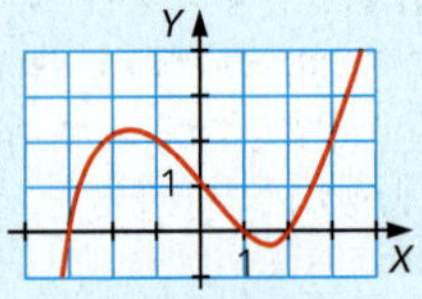

b)
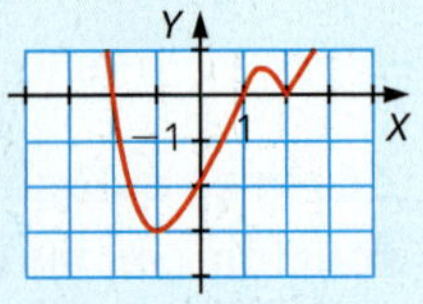

CÁLCULO MENTAL

58 Halla el corte con los ejes de estas funciones.

a) $y = x - 2$ d) $y = x^2 - 2$ g) $y = 5$
b) $y = \dfrac{x}{3}$ e) $y = \dfrac{2}{x}$ h) $y = \dfrac{x-1}{x+3}$
c) $y = 4x + 1$ f) $y = (x-1)^2$ i) $y = \sqrt{x+4}$

59 **INVENTA.** Dibuja la gráfica de una función continua que corte exactamente tres veces al eje de abscisas.

60 **JUEGO.** En la primera ronda, cada estudiante escribe la ecuación de una función que corte al eje X en $x = 1$; en la segunda ronda, en $x = 2$, etc. Pierden las personas que coincidan en una función o no escriban ninguna.

61 **INVESTIGA.** ¿Cuántos puntos de corte puede tener una función con el eje X? ¿Y con el eje Y?

ACTIVIDADES FLASH

62 Indica el dominio, recorrido, crecimiento, decrecimiento y máximos y mínimos.

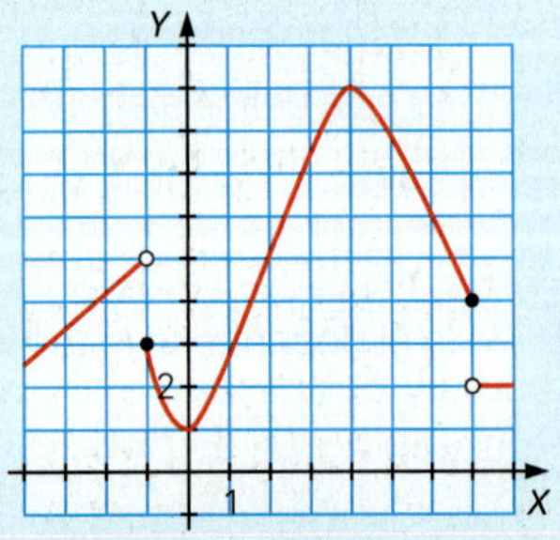

63 Observa la gráfica y calcula:

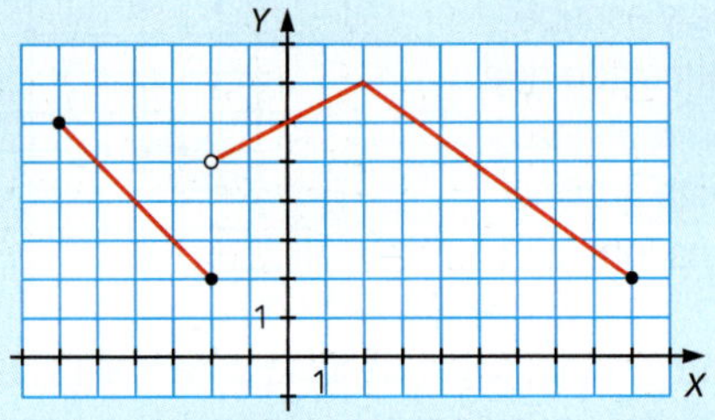

a) Su dominio y recorrido.
b) Los puntos e intervalos en los que no es continua.
c) Sus puntos de corte con los ejes.
d) Sus intervalos de crecimiento y decrecimiento.
e) Sus máximos y mínimos.
f) ¿Cuánto vale la función en $x = -2$?
g) ¿Cuánto vale la abscisa de $y = 7$?

64 **INVESTIGA.** Si una función es continua:

a) ¿Cuántos máximos, al menos, deberá tener la función si corta exactamente 4 veces al eje X?
b) Si la función no es constante en ningún intervalo, ¿cuál es el mayor número de veces que puede cortar al eje X si tiene 3 mínimos?

65 Indica si estas funciones son periódicas y, en caso afirmativo, escribe su periodo.

a)
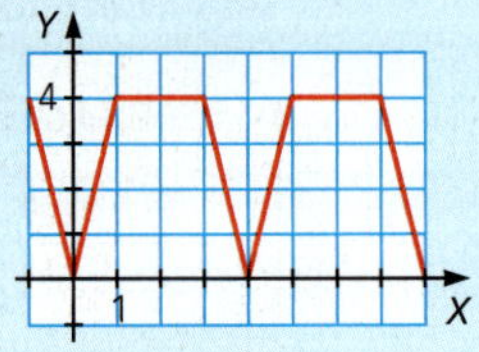

b)
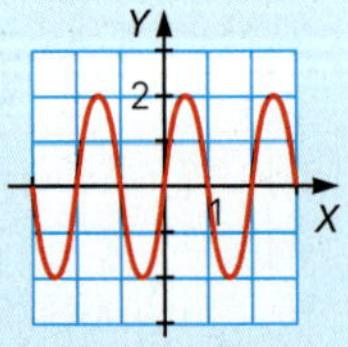

c)
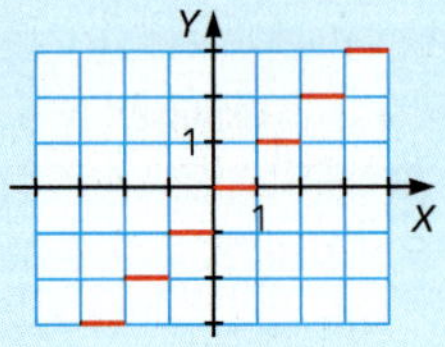

d)
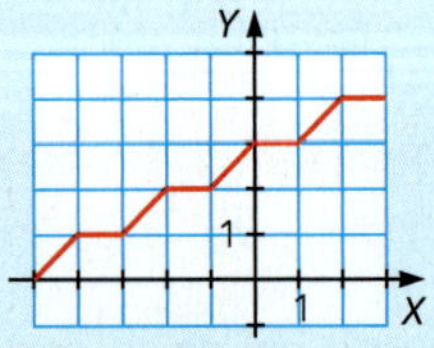

66 Completa en tu cuaderno estas funciones para que:

a) Sean simétricas respecto del eje Y.
b) Sean simétricas con respecto al origen.

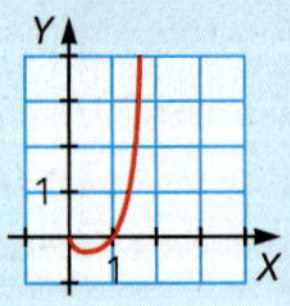

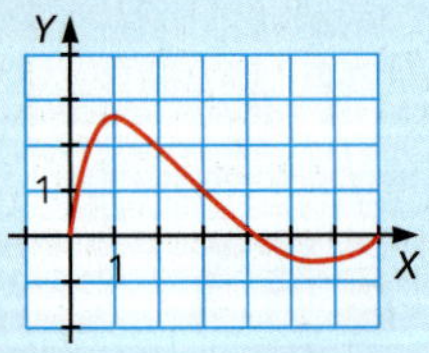

67 Estudia si las siguientes funciones tienen simetría par, impar o ninguna de las dos.

a) $y = 3x$ c) $y = x^2 + 3$ e) $y = (1-x)^2$
b) $y = \dfrac{x}{x+1}$ d) $y = \dfrac{3}{2x}$ f) $y = \dfrac{x^4}{x^2+1}$

68 **INVENTA.** Dibuja una función par $f(x)$ tal que $f(0) = -3$. ¿Es posible dibujar una función impar con esa característica? Razona la contestación.

69 **INVESTIGA.** Contesta razonadamente:

a) ¿Puede una función ser simétrica con respecto al eje X?

b) ¿Puede una función par valer -7 en $x = 0$?

3. Asocia expresiones analíticas a funciones

ACTIVIDADES FLASH

70 Escribe la expresión algebraica de la relación que a cada número le hace corresponder:

a) Su tercera parte más 2 unidades.

b) El cuadrado del número menos su mitad.

c) El inverso del número más 5 unidades.

71 Escribe la ecuación de estas funciones.

a) La relación entre el número de pizzas pedidas y su precio, sabiendo que una pizza cuesta 8,50 € y cobran 2 € por el transporte.

b) La relación entre el tiempo que un coche lleva circulando a una velocidad constante de 60 km/h y la distancia que lleva recorrida.

72 Una lata de aceitunas cuesta 1,50 €. Expresa mediante una ecuación la función *Número de latas-Precio*, construye una tabla de valores y realiza su gráfica.

73 **MATEMÁTICAS Y... CONSUMO.** Las empresas de mensajería transportan paquetes entre dos lugares. Sus tarifas se componen de un precio fijo por el transporte, alrededor de 3 € en la misma localidad, más un precio por cada kilo que se transporta, en torno a 0,70 € por kilo.

a) Escribe la expresión algebraica de la función que relaciona el coste del envío de un paquete con su peso en una misma localidad.

b) ¿Cuánto costará enviar un paquete de 3,5 kg?

c) ¿Cuál es el peso de un envío que ha costado 8,04 €?

74 Al llegar las rebajas, en una tienda hacen el 20% de descuento en todos los artículos.

a) La relación entre el precio inicial y el precio rebajado de un artículo, ¿es una función?

b) Escribe su expresión algebraica.

c) Calcula $f(15)$. ¿Qué significado tiene?

d) ¿Cuál es el precio inicial de un artículo que rebajado ha costado 40 €?

e) Representa gráficamente la función.

f) Halla su dominio y su recorrido. ¿Qué significado tienen en esta situación?

75 Un grupo de jóvenes quiere reunir 60 € para hacer un regalo de cumpleaños a una de sus amigas. Expresa mediante una tabla y con una ecuación el dinero que tiene que poner cada uno dependiendo del número de personas que forman el grupo.

76 Una cuerda elástica mide 50 cm y se alarga 15 cm por cada kilo de peso que colgamos en ella. Sabiendo que no puede soportar más de 10 kg de peso, determina:

a) La expresión algebraica de la función f que relaciona el número de kilos que colgamos con la longitud que alcanza la cuerda.

b) Representa gráficamente la función.

c) Si la cuerda ha alcanzado una longitud de 2 m, ¿cuántos kilos hemos colgado? ¿Y si alcanza 1,7 m?

77 **RETO.** Un tren realiza un trayecto entre dos ciudades A y B distantes 80 km. Sale a las 8:00 horas de A y, a velocidad constante, tarda 48 minutos en llegar a B. Espera 15 minutos y regresa hacia A, a velocidad constante, tardando 40 minutos en el trayecto. Espera 15 minutos y vuelve hacia B. Escribe la expresión algebraica espacio-tiempo de los trayectos y haz su gráfica. ¿Es una función periódica?

4. Identifica funciones a partir de sus características y de enunciados

78 Representa una función que cumpla:

- Dominio: Dom $f = \mathbb{R}$
- $f(-1) = 2$
- Puntos de corte: (3, 0) y (0, 1)
- Decrecimiento: $(-3, 0)$ y (2, 4)
- Crecimiento: (0, 2)
- Máximo: (2, 4)

79 Dibuja una función con estas características.

- Dominio: $[-3, 9]$
- Recorrido: $[0, 6]$
- La ordenada en el origen es 5.
- $f(-3) = 1$, $f(-2) = 0$, $f(4) = 6$ y $f(9) = 2$

80 Dibuja una función cuyo dominio sea $\mathbb{R}$, que sea creciente hasta $x = 3$ y decreciente en el resto, y que tenga un máximo de ordenada 8.

81 **INVENTA.** Dibuja la gráfica de tres funciones que cumplan estas condiciones.

- Dominio: Dom $f = \mathbb{R}$
- Recorrido: Im $f = [-2, 2]$
- Punto de corte con el eje X: $(1, 0)$
- Punto de corte con el eje Y: $(0, 0)$

Estudia los intervalos de crecimiento y decrecimiento, y los máximos y mínimos de cada función que has dibujado.

82 **INVESTIGA.** Analiza si existen las siguientes funciones. En caso afirmativo, pon un ejemplo.

a) Función siempre creciente y simétrica respecto del origen.

b) Función periódica y siempre creciente.

c) Función periódica y simétrica respecto del eje X.

83 INTERNET **INVESTIGA.** Busca una factura de la luz e interpreta la gráfica que aparece en ella. ¿Cuáles son las variables dependiente e independiente?

84 **MATEMÁTICAS Y... CONSUMO.** Si f es la función que relaciona el tiempo de estancia en un aparcamiento con el coste:

Tarifas para los aparcamientos públicos de concesión municipal en Madrid

Tiempo de estancia	Tarifa turismos
De 0 a 30 minutos	0,0425 €/minuto
De 31 a 90 minutos	0,0381 €/minuto
De 91 a 660 minutos	0,0508 €/minuto
De 661 minutos a un máximo 24	32,5189 €

a) Calcula f(24 minutos), f(46 minutos), f(3 horas) y f(14 horas).

b) Representa gráficamente la función y halla su dominio y su recorrido. ¿Qué significado tienen?

85 **MATEMÁTICAS Y... ECONOMÍA.** Esta gráfica muestra la evolución del paro en la comunidad de La Rioja durante más de 30 años.

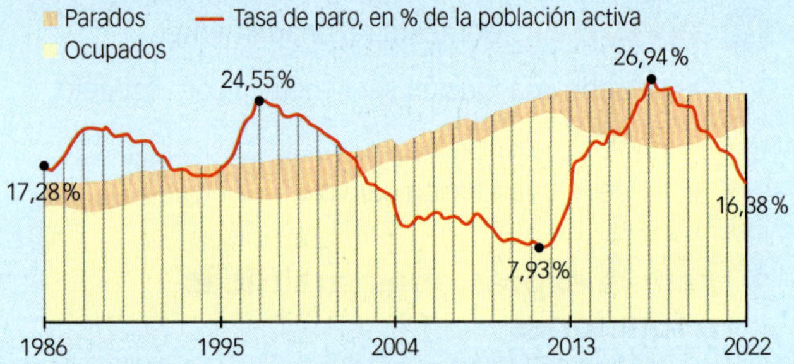

Estudia la evolución del paro en esta comunidad durante esos años. Encuentra el significado de su dominio y recorrido, sus intervalos de crecimiento y de decrecimiento, y sus máximos y mínimos.

86 **MATEMÁTICAS Y... SALUD.**

CRECIMIENTO DEL FETO DE LA SEMANA 8 A LA 40

Semana	8	16	24	32	40
Medida (cm)	1,7	15	30	42	51

a) Dibuja una gráfica con estos datos.

b) ¿Es una función continua?

c) Calcula su dominio y su recorrido.

87 La batería de un teléfono está cargada al 80 % y se descarga un 8 % cada hora.

a) Determina la función que relaciona las horas que transcurren sin cargar el teléfono con el porcentaje de batería que le queda.

b) ¿La función puede ser creciente?

c) Representa gráficamente la función.

d) ¿Cuáles son sus puntos de corte? ¿Qué significado tienen?

88 **MATEMÁTICAS Y... SALUD.** Las pulsaciones máximas de una persona de x años mientras hace deporte son $220 - x$ latidos por minuto.

Un corredor de 40 años comienza a entrenar teniendo 72 pulsaciones. Las sube poco a poco y, al cabo de 5 minutos, ya está al 80 % de sus pulsaciones máximas. Mantiene su ritmo cardiaco constante durante 10 minutos. Después, baja durante 5 minutos hasta el 65 %, para subir durante otros tantos minutos al 90 %. Utiliza los últimos 5 minutos para bajar pulsaciones y acabar con 80 latidos por minuto. Dibuja la gráfica del funcionamiento de su corazón durante los 30 minutos de entrenamiento.

89 **RETO.** El punto más bajo de una noria, que gira a velocidad constante, está a 1 m del suelo, y el más alto a 19 m. La noria da una vuelta completa en 12 minutos. Haz la representación gráfica de cuatro vueltas completas de la función *Tiempo-Altura*.

90 Estas son las trayectorias de tres corredoras en una carrera de 1000 m.

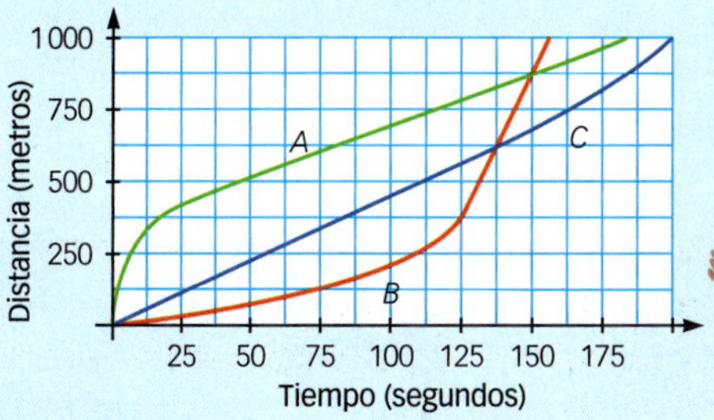

Describe cómo se ha comportado cada una:

- Qué posiciones han ido ocupando.
- Cómo han ido variando el ritmo a lo largo de la carrera.
- Cuál ha sido la clasificación final.

Los piratas y la temperatura del planeta

Desde 1840 hasta la actualidad la temperatura media global de nuestro planeta ha ido en aumento.

Por otro lado, el número de piratas en nuestro planeta ha ido disminuyendo a la misma velocidad que subían las temperaturas.

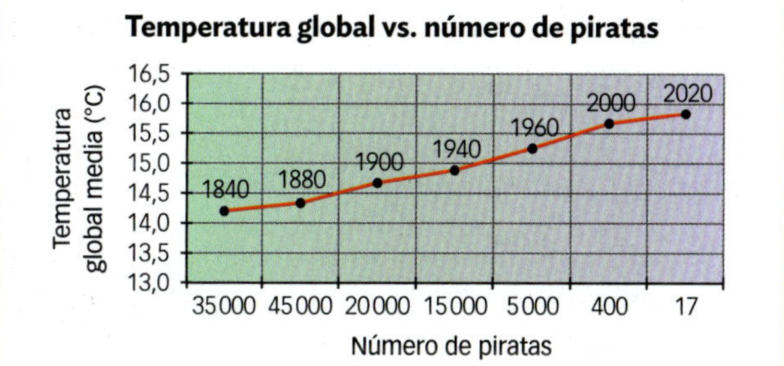

Es evidente… ¡Los piratas mantenían la temperatura de nuestro planeta!

Y tú, ¿qué opinas?

PROBLEMAS APARENTEMENTE DISTINTOS

91 Representa una función con estas características.

- Dom $f = [0, 24)$
- Puntos de corte con los ejes: (0, 2) y (4, 0)
- Pasa por el punto (12, 13).
- Es creciente en (4, 12) y (16, 18), constante en (12, 16) y decreciente en (0, 4) y (18, 24).

92 Construye una gráfica con estos datos.

A medianoche había 2 °C y la temperatura fue bajando hasta llegar a 0 °C a las 4 de la mañana. Desde ese momento, la temperatura fue ascendiendo hasta las 12 h, en que alcanzó los 13 °C. Esa temperatura se mantuvo hasta las 16 h y, a partir de ese momento, comenzó a subir durante 2 horas para volver a bajar notablemente hasta terminar el día.

93 Calcula los puntos de corte con los ejes de la función $f(x) = x^2 - x - 30$.

94 Esta función describe los beneficios mensuales de la venta de un producto: $f(t) = t^2 - t - 30$ (con t en meses y $f(t)$ en cientos de euros). ¿Qué inversión inicial se necesita? ¿A partir de qué mes los beneficios son positivos?

95 Observa la gráfica y calcula los puntos de corte, su dominio y sus máximos y mínimos.

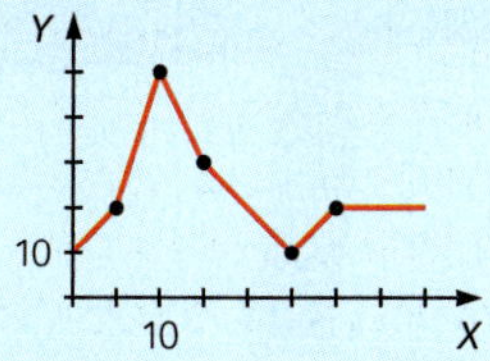

96 Esta gráfica muestra el número de pasajeros de un autobús durante un trayecto.

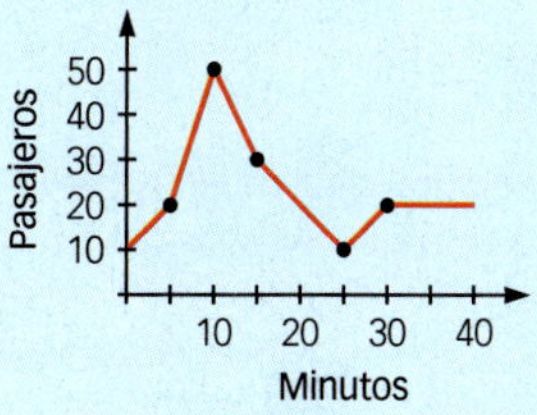

a) ¿Cuántos montan en el inicio del trayecto?

b) ¿Cuánto tarda el autobús en cubrir el trayecto?

c) ¿En qué momentos hay más pasajeros? ¿Y menos?

SITUACIÓN DE APRENDIZAJE

Pero... ¿dónde se come aquí?

Por motivos de trabajo, tengo que comer casi todos los días fuera de casa. Una dieta sana y equilibrada es fundamental, pero la parte económica también pesa a la hora de tomar la decisión de a qué restaurante ir.

Estos son los restaurantes de la zona en los que podría comer:

1 La primera semana

Durante la primera semana, solo hago una comida fuera de casa al día, de lunes a viernes. Siempre pido un plato principal, una bebida y un postre.

- ¿Cuánto cuesta comer 1 día en cada restaurante? ¿Y 2 días? ¿Cuánto cuesta comer toda la semana (de lunes a viernes)?
- Haz una tabla como esta en la que figure el precio por comer, según el número de días, en cada uno de los restaurantes.

	1 día	2 días	3 días	4 días	5 días
El Mesón					
Bar Hato					
McNolo					

- Dibuja las gráficas, una para cada restaurante, correspondientes a esta tabla de valores. Hazlo sobre unos mismos ejes de coordenadas.
- ¿Cuál es el dominio y el recorrido de las gráficas que has dibujado? ¿Qué significado tienen?
- ¿En qué restaurante te costará más comer? ¿En cuál menos?

2 Semana a semana

¿Y las siguientes semanas? ¿Habrá la misma tendencia en los precios de los restaurantes?

- ¿Cuánto cuesta comer en cada restaurante durante 2 semanas, si cada semana se trabajan 5 días? ¿Y durante 3 semanas?
- Si consideramos que un mes tiene 4 semanas, ¿cuánto nos cuesta al mes comer en los diferentes restaurantes?
- Haz ahora una tabla con los precios por semana en cada restaurante.
- Dibuja las gráficas, una para cada restaurante, correspondientes a la tabla de valores. Hazlo sobre unos mismos ejes de coordenadas.

3 Ahora sí puedo decidir

Ya tienes suficientes datos para tomar tu decisión.

- Estudia la evolución de los precios de los tres restaurantes:
  - ¿En qué momento es cada restaurante el más barato?
  - ¿A partir de cuántos días hay que comer en bar Hato para que salga más barato que en McNolo?
  - ¿Durante cuántos días el restaurante más barato es El Mesón?
  - ¿Cuántos días tienen que pasar para que el bar Hato sea el más barato?
- ¿En qué restaurante es más barato comer durante todo el mes?

RESUMEN DE UNIDAD

FUNCIÓN

Ecuación: $f(x) = x^3 - 6x^2 + 9x$

Tabla:

x	0	1	2	3	4
y	0	4	2	0	4

Variable independiente: x

Variable dependiente: y

Gráfica:

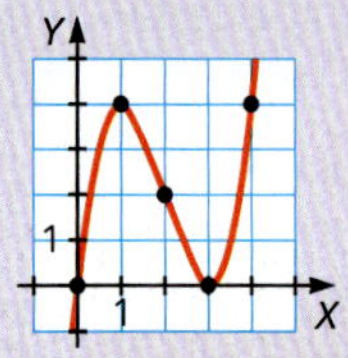

PUNTOS DE CORTE CON LOS EJES

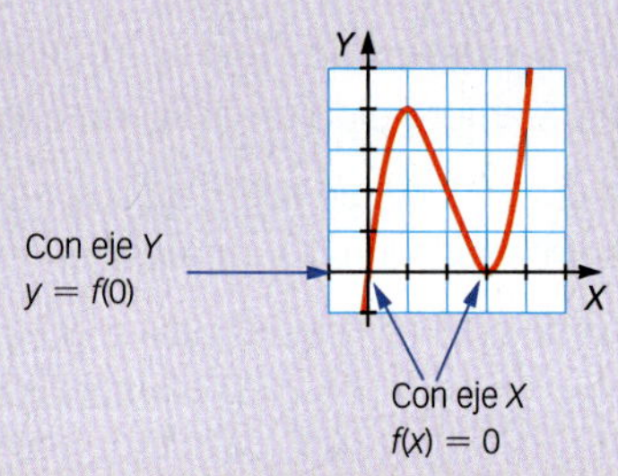

DOMINIO

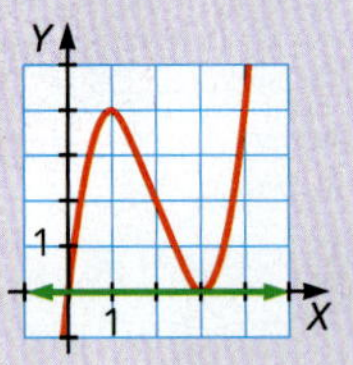

RECORRIDO

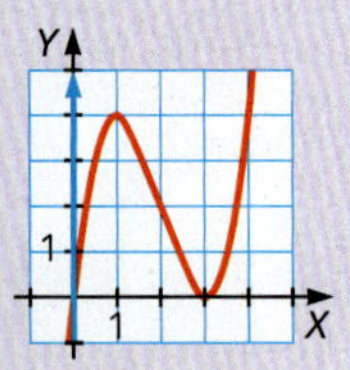

CRECIMIENTO Y DECRECIMIENTO. MÁXIMOS Y MÍNIMOS

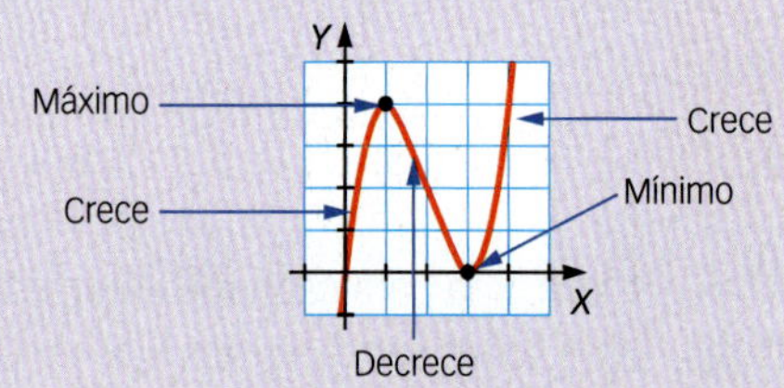

AUTOEVALUACIÓN

1. **Identifica una función e interpreta su comportamiento**

1 ¿Cuál de las siguientes gráficas es una función?

a)

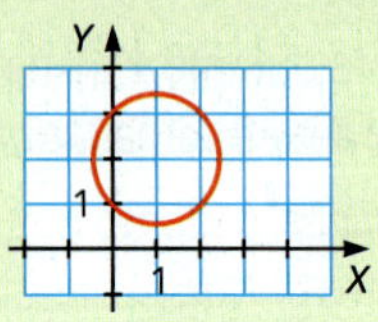

c)

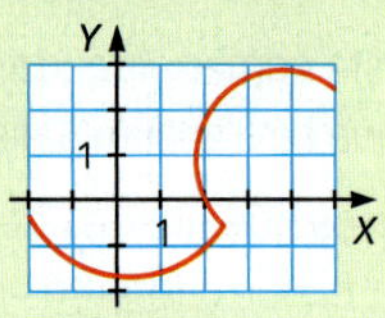

b)

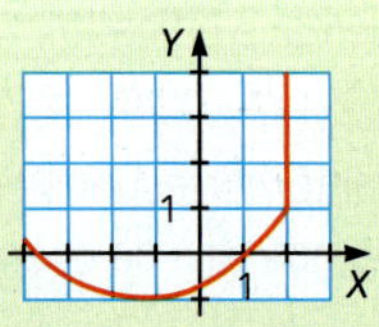

d)

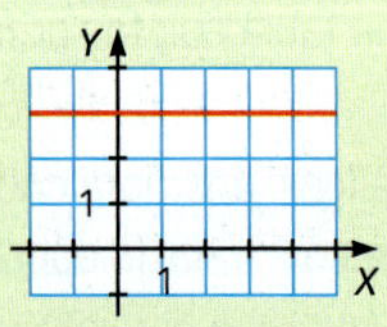

2. **Identifica e interpreta las características de una función**

2 Determina el dominio de esta función.

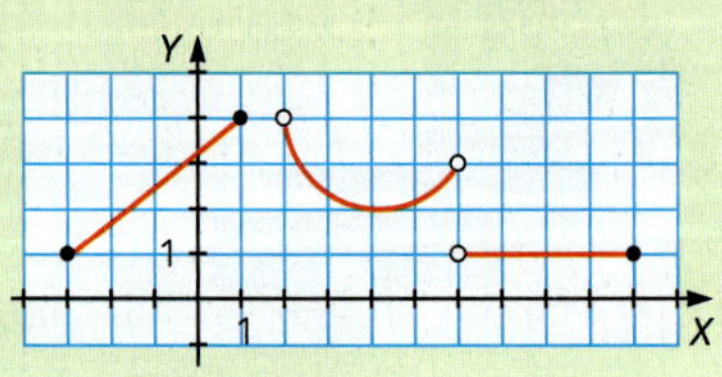

a) $(-3, 1) \cup (2, 6) \cup (6, 10)$

b) $[-3, 1] \cup [2, 6] \cup (6, 10)$

c) $[-3, 1] \cup (2, 6) \cup (6, 10]$

3. **Asocia expresiones analíticas a funciones**

3 ¿Cuál de las siguientes funciones está representada en la gráfica?

a) $f(x) = (x - 2)^2 + 1$

b) $f(x) = (x - 3)^2 - 1$

c) $f(x) = x^2 - 1$

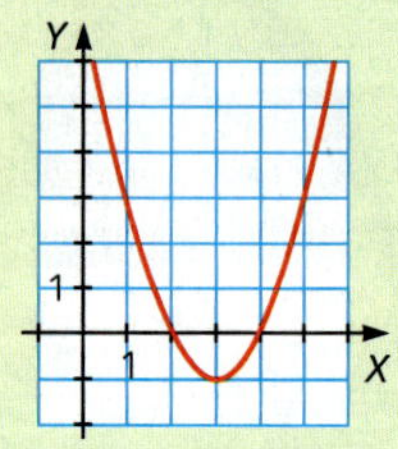

4. **Identifica funciones a partir de sus características y de enunciados**

4 La gráfica muestra la velocidad de un ciclista durante una carrera. ¿Tras cuántos minutos alcanzó la máxima velocidad?

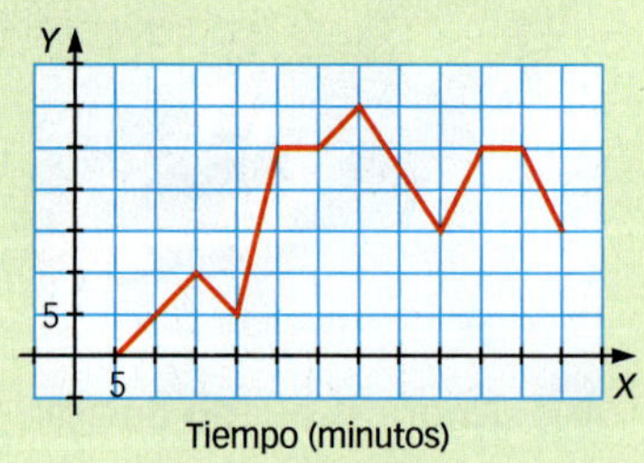

a) 15 minutos. b) 25 minutos. c) 35 minutos.

5 ¿Qué velocidades ha alcanzado en la gráfica anterior?

a) 0 y 50 km/h b) De 0 a 30 km/h c) 0 y 30 km/h

VALORA TU APRENDIZAJE

- ¿Te gusta aprender cosas nuevas?
- ¿Crees que el trabajo en grupo es positivo?

11 Funciones lineales y cuadráticas

DESAFÍO

Sin Voronoi no hay wifi

Dibuja un plano de tu centro. Averigua dónde están situadas las antenas wifi. ¿Qué zona tiene mejor cobertura? ¿Y peor?

¿Se te ocurre otra manera de colocarlas para tener mejor cobertura en todo el centro?

¿Qué sabes ya?

Cómo se resuelve una ecuación de primer grado

Una **ecuación de primer grado con una incógnita** se puede expresar de la forma $ax + b = 0$, con a y b números reales y $a \neq 0$.

Esta ecuación tiene una única solución: $x = -\frac{b}{a}$.

EJEMPLO

Resuelve la ecuación $3x + 2 = -7$.

$$3x + 2 = -7 \rightarrow 3x + 9 = 0 \rightarrow 3x = -9 \rightarrow x = \frac{-9}{3} = -3$$

ACTIVIDADES

1 Halla la solución de la ecuación $2x - 5 = 7 - x$.

a) $x = -3$ b) $x = 4$ c) $x = 0$ d) $x = 3$

2 ¿Qué ecuación tiene como solución $x = -4$?

a) $-2x + 3 = 0$ c) $x - 2 = 6$

b) $2x + 3 = -5$ d) $2x - 4 = 0$

Cómo se resuelve una ecuación de segundo grado

Una **ecuación de segundo grado con una incógnita** se puede expresar de la forma $ax^2 + bx + c = 0$, con a, b y c números reales y $a \neq 0$.

Para resolver la ecuación utilizamos esta fórmula:

$$x = \frac{-b \pm \sqrt{b^2 - 4ac}}{2a}$$

Este tipo de ecuación puede tener dos, una o ninguna solución.

EJEMPLO

Resuelve la ecuación $x^2 - 2x - 8 = 0$.

$$x = \frac{-(-2) \pm \sqrt{(-2)^2 - 4 \cdot 1 \cdot (-8)}}{2 \cdot 1} = \frac{2 \pm \sqrt{36}}{2} \rightarrow \begin{cases} x_1 = 4 \\ x_2 = -2 \end{cases}$$

ACTIVIDADES

3 Indica las soluciones de $2x^2 + 4x = 30$.

a) $x_1 = -2$, $x_2 = -3$ c) $x_1 = 3$, $x_2 = -5$

b) $x = 4$ d) Sin solución.

1. Funciones lineales

Una **función lineal** es una función con una ecuación de la forma $y = mx + n$, siendo m y n números. Estas funciones cumplen:

- Su gráfica es una línea recta.
- Corta al eje X en el punto $\left(-\frac{n}{m}, 0\right)$ si $m \neq 0$.
- Corta al eje Y en el punto $(0, n)$.

El número m se llama **pendiente**, y n, **ordenada en el origen**.

La expresión $y = mx + n$ o $f(x) = mx + n$ se denomina ecuación explícita de la recta.

Estas funciones están definidas para cualquier valor y son continuas en todo $\mathbb{R}$. Además, se cumple que:

La recta está más inclinada cuanto mayor es el valor absoluto de la pendiente.

- Si $m > 0$, la recta es siempre creciente.

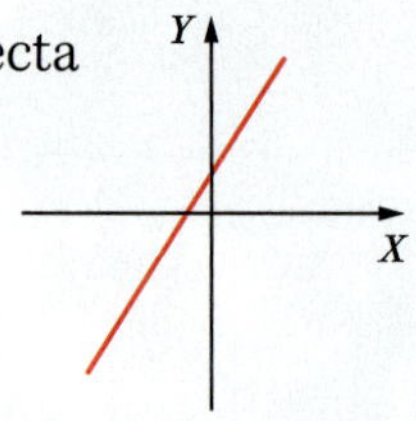

- Si $m < 0$, la recta es siempre decreciente.

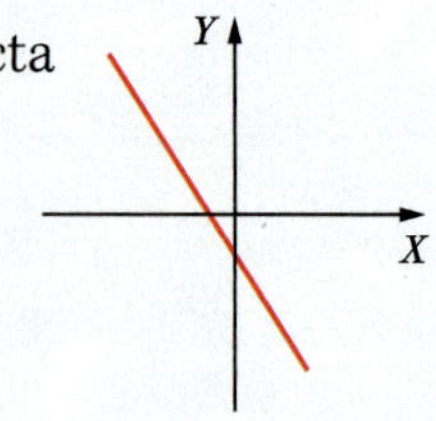

EJEMPLO

1. **Construye una tabla de valores y representa la función $y = -2x + 4$. Indica si es creciente o decreciente. ¿En qué punto corta con cada eje?**

Para construir la tabla de valores, asignamos los valores que queramos a la variable x.

x	-1	0	1	2
y	6	4	2	0

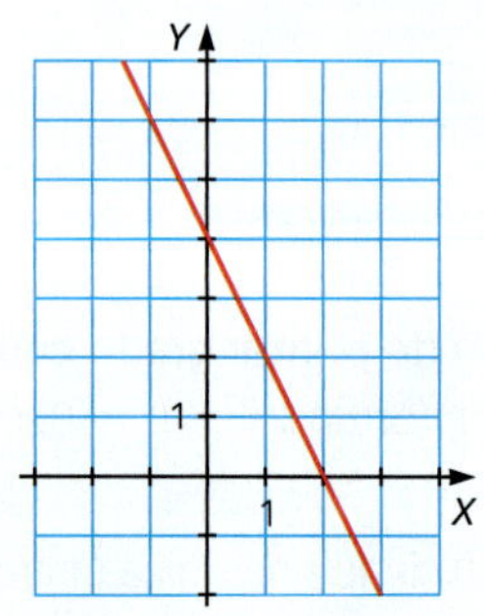

Pendiente $m = -2$

Como $m < 0$, la función es decreciente.

Ordenada en el origen $n = 4$

Para obtener el punto de corte con el eje X, hacemos $y = 0$ y resolvemos la ecuación resultante:

$0 = -2x + 4 \rightarrow 2x = 4 \rightarrow x = 2 \rightarrow$ Corta al eje X en $(2, 0)$.

Para obtener el punto de corte con el eje Y, hacemos $x = 0$ y sustituimos:

$y = -2 \cdot 0 + 4 \rightarrow y = 4 \rightarrow$ Corta al eje Y en $(0, 4)$.

ACTIVIDADES

1 Indica cuáles de estas funciones son lineales. Para ellas, calcula su pendiente y su ordenada en el origen.

a) $y = -5x + 4$

b) $y = \frac{x+3}{2}$

c) $y = x^2 + 1$

d) $y = \frac{1}{x} + 2$

2 Una función lineal pasa por los puntos (1, 5) y (3, 2). ¿Es creciente o decreciente?

3 Representa estas funciones lineales e indica sus puntos de corte con los ejes.

a) $y = x + 3$

b) $y = -4x + 8$

c) $y = 3x - 12$

d) $y = \frac{x+1}{2}$

4 **REFLEXIONA.** ¿Cuántas funciones lineales distintas pueden pasar por el punto $(-1, 2)$?

1.1. Funciones de proporcionalidad directa

Una **función de proporcionalidad directa** es una función cuya ecuación es de la forma $y = mx$, siendo m un número. Cumple que:

- Su gráfica es una recta.
- Pasa por el origen (0, 0).

El número m es la **pendiente**.

Una función de proporcionalidad directa es una función lineal con $n = 0$.

Estas funciones están definidas y son continuas en todo $\mathbb{R}$. Además, se cumple que:

La recta está más inclinada cuanto mayor es el valor absoluto de la pendiente.

- Si $m > 0$, la recta es siempre creciente.

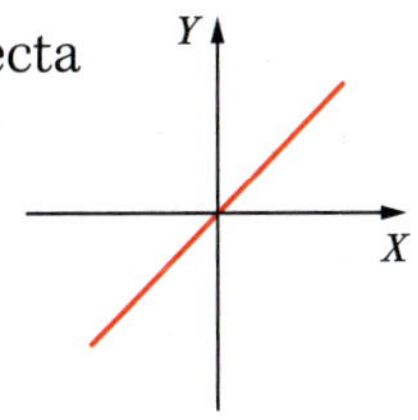

- Si $m < 0$, la recta es siempre decreciente.

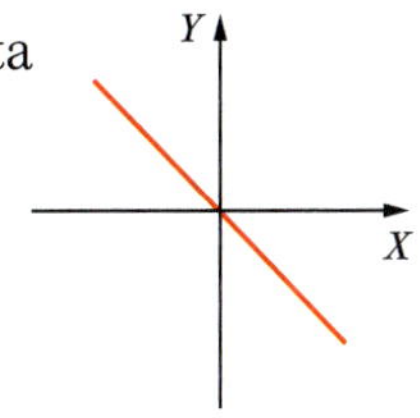

EJEMPLO

2. Representa estas funciones. ¿Son crecientes o decrecientes?

a) $y = 3x$

x	−1	0	1	2
y	−3	0	3	6

Pendiente $m = 3$

Como $m > 0$ → La función es creciente.

La recta pasa por el punto (0, 0).

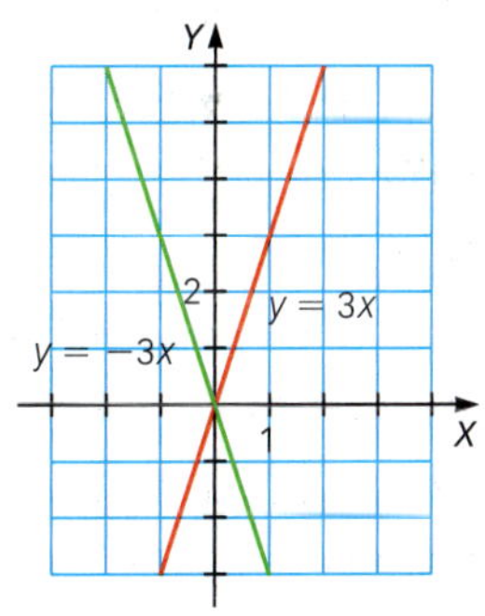

b) $y = -3x$

x	−1	0	1	2
y	3	0	−3	−6

Pendiente $m = -3$

Como $m < 0$ → La función es decreciente.

La recta pasa por el punto (0, 0).

RETO

Salgo de viaje a las 9:00 h y llego al destino a las 17:00 h. Al día siguiente comienzo el regreso a las 9:00 h y llego a casa a las 17:00 h. ¿Ha habido algún punto del camino por donde he pasado a la misma hora los dos días?

ACTIVIDADES

5. Representa las funciones e indica su pendiente.

a) $y = x$ b) $y = \frac{1}{3}x$ c) $y = -8x$ d) $y = -\frac{3}{2}x$

6. Señala cuáles de estos puntos pertenecen a la función de proporcionalidad directa de pendiente 0,5.

a) (6, 3) b) (0, 2) c) (−8, 4) d) $\left(\frac{1}{2}, \frac{1}{4}\right)$

7. Escribe la ecuación de la función de proporcionalidad directa que pasa por estos puntos.

a) (3, −3) b) (3, −4) c) (−3, −1)

8. **REFLEXIONA.** Si la representación gráfica de una función es una línea recta que pasa por tres de los cuatro cuadrantes del sistema de coordenadas, ¿es una función lineal o de proporcionalidad directa?

1.2. Funciones constantes

Una **función constante** es una función que tiene una ecuación de la forma $y = n$, siendo n un número. Cumple que:

- El valor de la variable y es el mismo para cualquier valor de la variable x. Este valor de y es n.
- Su gráfica es una recta paralela al eje X.
- Su pendiente es $m = 0$ y n es la ordenada en el origen.
- La recta corta al eje Y en el punto $(0, n)$.

Una función constante es una función lineal con $m = 0$.

Estas funciones son continuas en $\mathbb{R}$ y no son crecientes ni decrecientes.

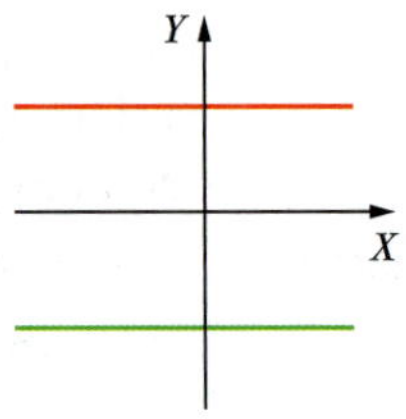

Existen rectas que no son funciones.

Las rectas paralelas al eje Y tienen como ecuación $x = k$, siendo k un número.

No son funciones, ya que un único valor de x se relaciona con múltiples valores de y.

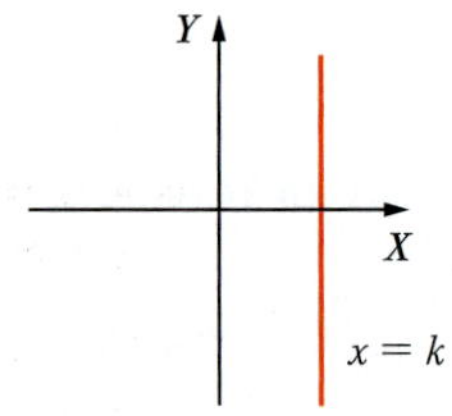

EJEMPLO

3. Construye una tabla de valores para cada función y represéntalas.

a) $y = 2$

x	-1	0	1	2
y	2	2	2	2

Pendiente $m = 0 \rightarrow$ Función constante

Ordenada en el origen $n = 2$

La gráfica corta al eje Y en $(0, 2)$.

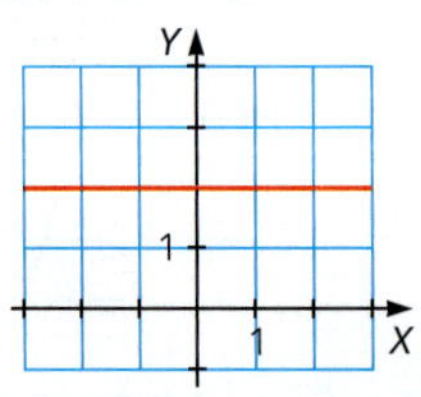

b) $y = -3$

x	-1	0	1	2
y	-3	-3	-3	-3

Pendiente $m = 0 \rightarrow$ Función constante

Ordenada en el origen $n = -3$

La gráfica corta al eje Y en $(0, -3)$.

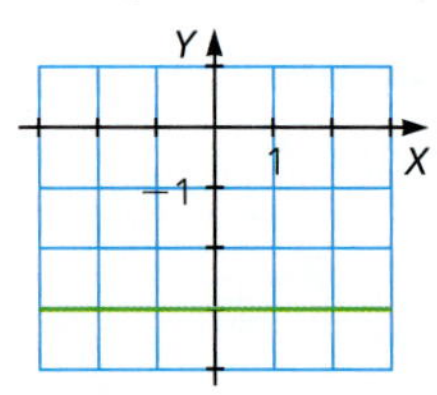

ACTIVIDADES

9 Construye una tabla de valores y representa.

a) $y = 0$
b) $y = \frac{3}{2}$
c) $y = -5$
d) $y = 4$
e) $y = -\frac{3}{2}$
f) $y = -\frac{5}{2}$

10 Encuentra la expresión algebraica de las funciones constantes que pasan por estos puntos.

a) $(-3, 4)$ b) $(2, -5)$ c) $(-3, -1)$

11 Determina la ecuación de las rectas de la gráfica y calcula las coordenadas de los puntos de corte entre ellas.

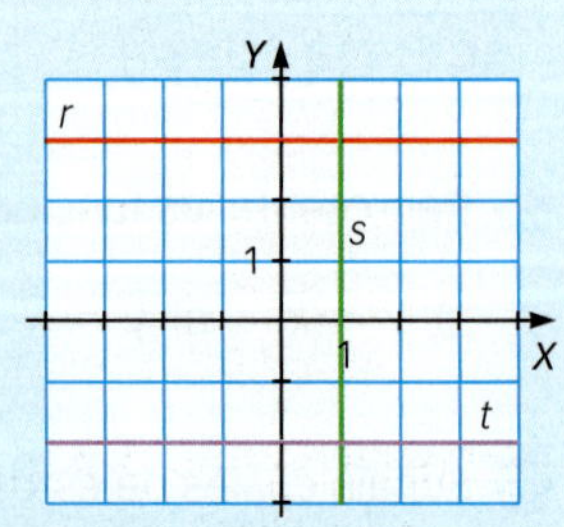

12 **REFLEXIONA.** Escribe una función constante que corte al eje X. ¿En qué punto lo corta?

Cómo se representa gráficamente una función lineal

Para representar una recta basta con conocer dos de los puntos por los que pasa.

GEOGEBRA

Representa gráficamente estas funciones.

a) $y = 2x + 4$ b) $y = -x$ c) $y = -1$

① Determinamos el tipo de función que es y sus características.

a) $y = 2x + 4$ → $m = 2$, $n = 4$

Es una función lineal.

- Pendiente: $m = 2$
  $m > 0 \rightarrow$ Función creciente
- $2x + 4 = 0 \rightarrow x = -2$
  Corta al eje X en $(-2, 0)$.
- Ordenada en el origen $n = 4$.
  Corta al eje Y en $(0, 4)$.

b) $y = -x$ → $m = -1$, $n = 0$

Es una función de proporcionalidad directa.

- Pendiente: $m = -1$
  $m < 0 \rightarrow$ Función decreciente
- $-x = 0 \rightarrow x = 0$
  Corta al eje X en $(0, 0)$.
- Ordenada en el origen $n = 0$.
  Corta al eje Y en $(0, 0)$.

c) $y = -1$ → $n = -1$, $m = 0$

Es una función constante.

- Pendiente: $m = 0$
  $m = 0 \rightarrow$ Función constante
- No corta al eje X.
- Ordenada en el origen $n = -1$.
  Corta al eje Y en $(0, -1)$.

② Determinamos dos puntos por los que pasa la función.

a) $y = 2x + 4$

x	y
-2	0
0	4

b) $y = -x$

x	y
0	0
1	-1

c) $y = -1$

x	y
0	-1
1	-1

③ Dibujamos los puntos y trazamos la recta que pasa por ellos.

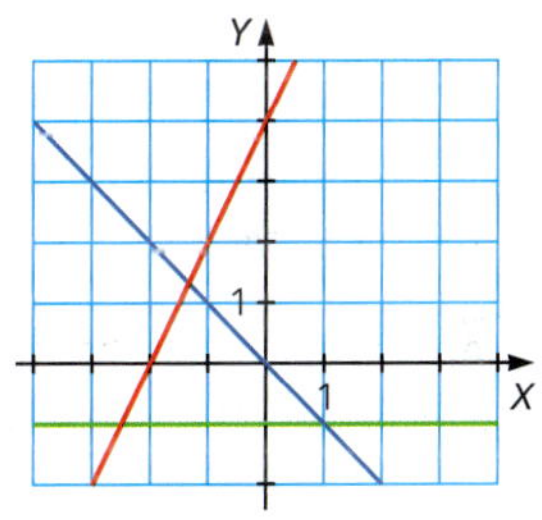

ACTIVIDADES

13 Copia y completa las tablas. Después, representa gráficamente las funciones.

a)

x	-2	-1	0	1
$y = -3x + 5$				

b)

x	-1		2	5
$y = -4$		-4		

14 Construye una tabla de valores para cada función y represéntalas.

a) $y = 2x - 1$ c) $y = -5x$

b) $y = 7$ d) $y = 3x + 5$

15 Halla los puntos de corte con los ejes de las siguientes funciones.

a) $y = 3x + 2$ b) $y = \frac{6}{5}x$ c) $y = \frac{5}{2}$

16 Calcula la abscisa de la función $y = 5x + 2$ en los puntos cuya ordenada sea:

a) $y = -3$ b) $y = 0$ c) $y = 5$ d) $y = 7$

17 A partir de la función $y = \frac{x + 4}{2} - 2$:

a) Comprueba si el punto (4, 2) pertenece a la función.

b) Construye una tabla de valores.

c) Represéntala gráficamente.

d) ¿De qué tipo de función se trata?

Cómo se halla la ecuación de una recta representada gráficamente

La ecuación de una recta es la ecuación de la función lineal que la representa, a no ser que sea paralela al eje Y, que será de la forma $x = k$.

GEOGEBRA

Obtén la ecuación de las rectas representadas en estas gráficas.

a)
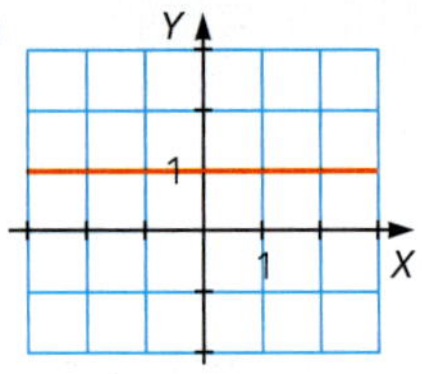

b)
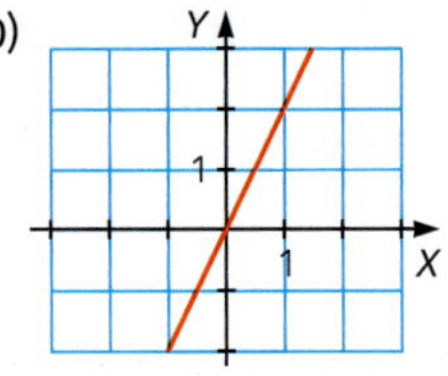

c)
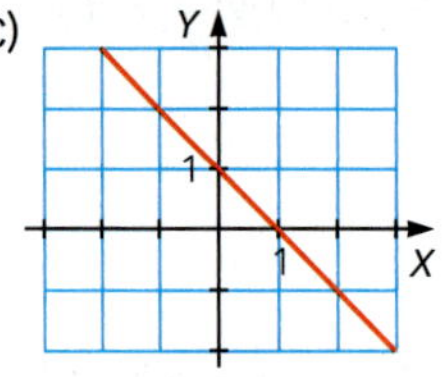

① Si la gráfica es una recta horizontal, la función es de la forma $y = n$, siendo n la ordenada en el origen.

a) La recta es horizontal.

Punto de corte con el eje Y: $(0, 1) \rightarrow n = 1$

La ecuación de la recta es: $y = n \xrightarrow{n=1} y = 1$

② Si no es una recta horizontal, comprobamos si pasa por el origen.

- Si pasa por el origen, es de la forma $y = mx$.

  b) Pasa por el origen de coordenadas.

  Es de la forma $y = mx$.

  Pasa por el origen: $(0, 0)$

  La recta pasa por $(1, 2)$.

  Se cumple que:

  $2 = m \cdot 1 \rightarrow m = 2$

  La ecuación es $y = 2x$.

- Si no pasa por el origen, es de la forma $y = mx + n$.

  c) No pasa por el origen de coordenadas.

  Es de la forma $y = mx + n$.

  La recta pasa por $(0, 1)$.

  Se cumple que:

  $1 = m \cdot 0 + n \rightarrow n = 1$

  La recta pasa por $(1, 0)$.

  Se cumple que:

  $0 = m \cdot 1 + 1 \rightarrow m = -1$

  La ecuación es $y = -x + 1$.

Vemos cuál es la ordenada para $x = 0$.

Buscamos otro punto por el que pasa la recta.

ACTIVIDADES

18 Determina la ecuación de estas funciones lineales.

a)
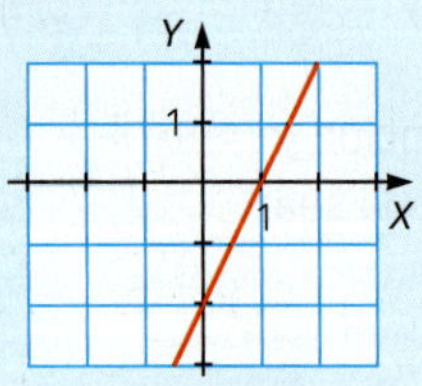

b)
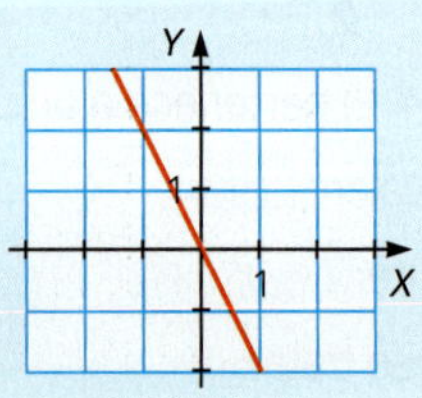

c)
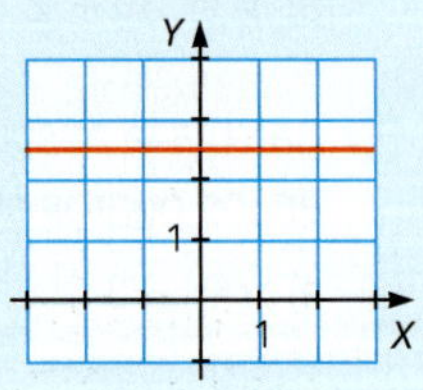

d)
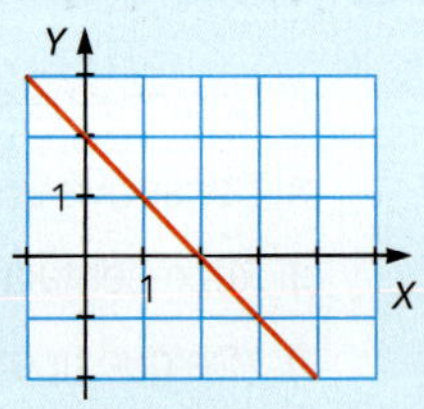

19 Copia en tu cuaderno los siguientes puntos.

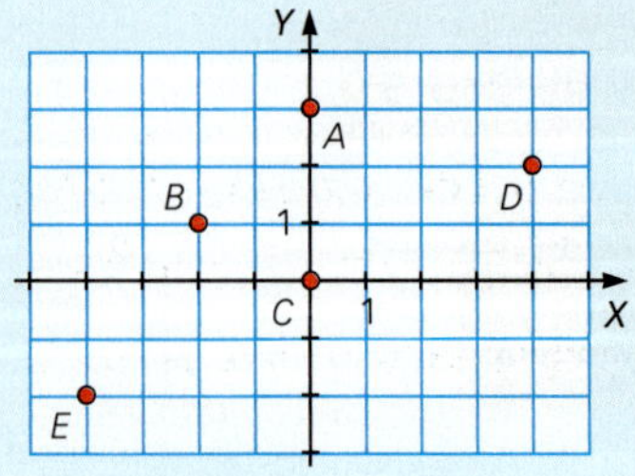

a) Traza todas las rectas desde el punto A hasta el resto de los puntos y halla sus ecuaciones.

b) Traza todas las rectas desde C y halla sus ecuaciones.

2. Ecuación punto-pendiente

La ecuación de una recta de pendiente m que pasa por el punto (a, b) es $y = b + m(x - a)$.

Se denomina **ecuación punto-pendiente** de la recta.

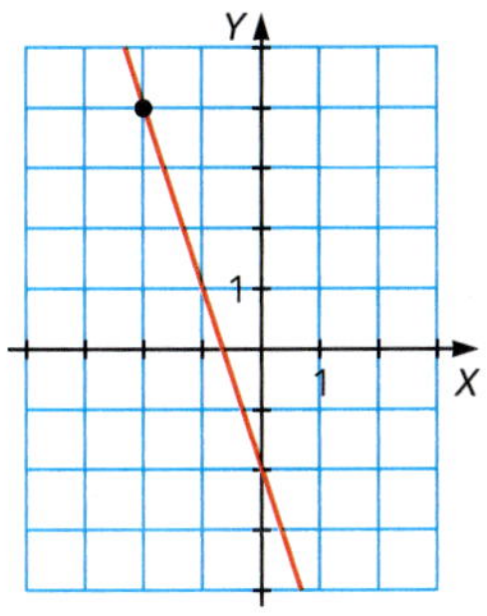

EJEMPLO

4. Halla las ecuaciones punto-pendiente y explícita de la recta cuya pendiente es -3 y que pasa por el punto $(-2, 4)$.

Pendiente: $-3 \rightarrow m = -3$ Pasa por el punto $(-2, 4) \rightarrow a = -2, b = 4$

$y = b + m(x - a) \xrightarrow[a = -2,\ b = 4]{m = -3} y = 4 + (-3) \cdot [x - (-2)] \rightarrow y = 4 - 3(x + 2)$

La ecuación punto-pendiente de la recta es $y = 4 - 3(x + 2)$.

Operando en esta ecuación: $y = 4 - 3(x + 2) = 4 - 3x - 6 = -3x - 2$.

La ecuación explícita de la recta es $y = -3x - 2$.

Ecuación de la recta que pasa por dos puntos

La pendiente, m, de la recta que pasa por los puntos (a_1, b_1) y (a_2, b_2) es $m = \dfrac{b_2 - b_1}{a_2 - a_1}$.

Así, la ecuación punto-pendiente de la recta que pasa por los puntos (a_1, b_1) y (a_2, b_2) es:

$$y = b_1 + \frac{b_2 - b_1}{a_2 - a_1} \cdot (x - a_1)$$

EJEMPLO

5. Calcula la ecuación de la recta que pasa por los puntos $(-2, -1)$ y $(1, 5)$.

$m = \dfrac{b_2 - b_1}{a_2 - a_1} \xrightarrow[a_1 = -2,\ a_2 = 1]{b_1 = -1,\ b_2 = 5} = \dfrac{5 - (-1)}{1 - (-2)} = \dfrac{6}{3} = 2$

$y = b_1 + m \cdot (x - a_1) \rightarrow y = -1 + 2 \cdot [x - (-2)] = 2x + 3$

La ecuación explícita de la recta es $y = 2x + 3$.

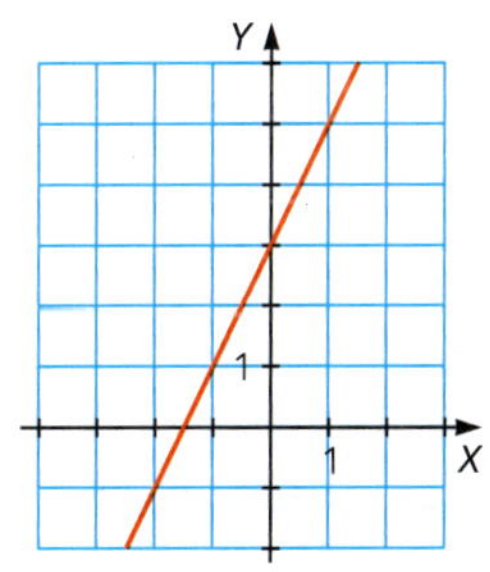

ACTIVIDADES

20 Halla la ecuación punto-pendiente de estas rectas.

a) Su pendiente es 7 y pasa por $(-1, -2)$.

b) Su pendiente es -2 y pasa por $(0, -5)$.

21 Determina las ecuaciones punto-pendiente y explícita de la recta que pasa por estos puntos.

a) $(2, 3)$ y $(-1, 5)$

b) $(4, 0)$ y $(2, -3)$

c) $(-2, -3)$ y $(4, 6)$

d) $(-5, 3)$ y $(2, 3)$

22 **REFLEXIONA.** Calcula las ecuaciones explícita y punto-pendiente de las rectas representadas.

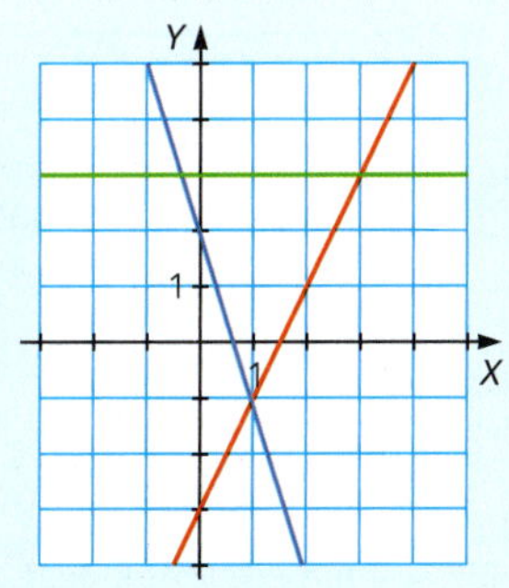

3. Ecuación general de una recta

Se llama **ecuación general de una recta** a una ecuación del tipo:

$$ax + by + c = 0$$

donde a, b y c son números reales.

Se obtiene a partir de las ecuaciones que hemos visto, agrupando todos los términos en un miembro.

RETO

Coloca 10 monedas de tal manera que formen 5 filas con 4 monedas en cada fila.

EJEMPLOS

6. **Expresa la recta $y = -x + 2$ mediante su ecuación general.**

Pasamos todos los términos a un miembro.

$y = -x + 2 \rightarrow x + y - 2 = 0$ es la ecuación general de la recta.

$$a = 1, b = 1, c = -2$$

7. **Determina dos puntos de la recta $2x - y + 3 = 0$ y calcula su pendiente.**

Despejamos y: $2x - y + 3 = 0 \rightarrow y = 2x + 3$

Para calcular dos puntos damos valores a x y calculamos los de y.

Si $x = 0 \rightarrow y = 2 \cdot 0 + 3 = 3 \rightarrow$ Pasa por el punto (0, 3).

Si $x = 1 \rightarrow y = 2 \cdot 1 + 3 = 5 \rightarrow$ Pasa por el punto (1, 5).

Hallamos la pendiente: $m = \dfrac{b_2 - b_1}{a_2 - a_1} = \dfrac{5 - 3}{1 - 0} = 2$

EJEMPLO

8. **Representa gráficamente la recta $x + 2y + 4 = 0$.**

Despejamos y: $2y = -x - 4 \rightarrow y = -\dfrac{1}{2}x - 2$

Tenemos una función lineal de pendiente $-\dfrac{1}{2}$ y que corta al eje Y en $(0, -2)$.

Calculamos otro punto por el que pasa la recta.

Para $x = 2 \rightarrow y = -\dfrac{1}{2} \cdot 2 - 2 \rightarrow y = -3$

La recta pasa por el punto $(2, -3)$.

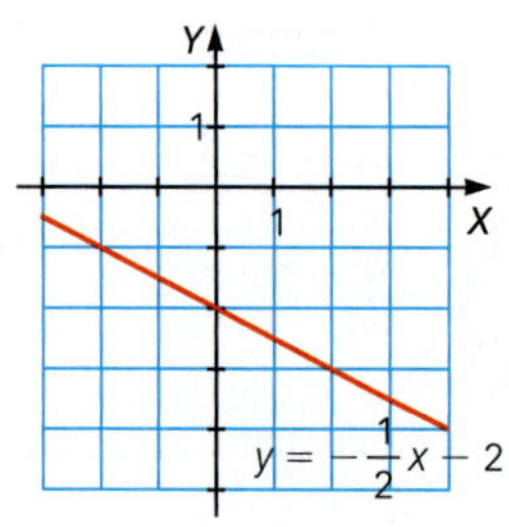

« Una recta, $ax + by + c = 0$, corresponde a una función lineal cuando $b \neq 0$.

ACTIVIDADES

23. Determina la ecuación general de estas rectas.
    a) $y = -5x + 1$
    b) $y = 2 - 3(x + 1)$
    c) Recta de pendiente 4 y que pasa por el punto $(0, -3)$.

24. Calcula dos puntos y la pendiente de estas rectas.
    a) $x + y - 4 = 0$
    b) $2x - 3y = 0$

25. Representa gráficamente estas rectas.
    a) $3x + 2y - 5 = 0$
    b) $2y - 7 = 0$

26. **REFLEXIONA.** ¿Cómo expresarías la recta paralela al eje Y, $x = 2$, en su forma general? ¿Qué ocurre cuando en la ecuación general de una recta $b = 0$?

4. Funciones cuadráticas

Una **función cuadrática** es una función que tiene una ecuación de la forma $y = ax^2 + bx + c$, siendo a, b y c números y $a \neq 0$.

Su gráfica es una curva que se llama **parábola**.

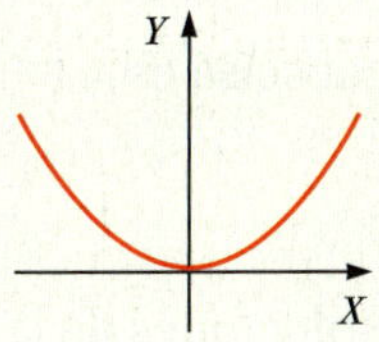

GEOGEBRA

La parábola tiene estos elementos:

- **Vértice:** es el punto en el que la función pasa de ser creciente a decreciente, o viceversa, es decir, es un máximo o un mínimo de la función.
- **Eje de simetría:** es una recta que pasa por el vértice y es paralela al eje Y, que divide la curva en dos partes simétricas.

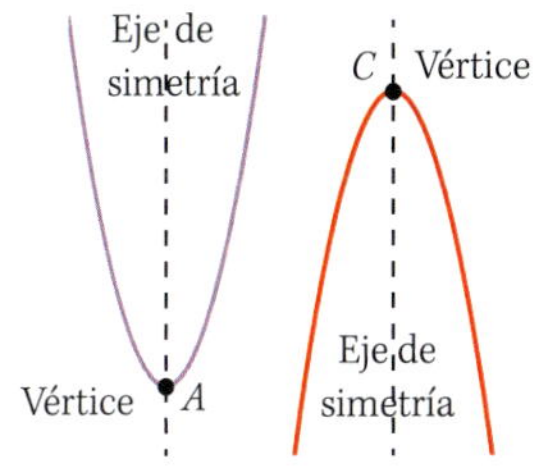

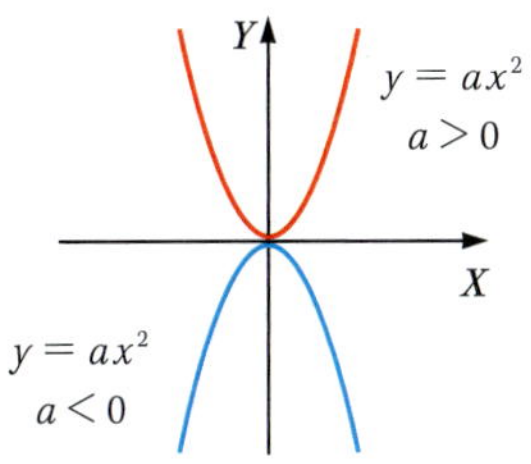

Estas funciones son continuas en todo $\mathbb{R}$, y además:

- Si $a > 0$, las ramas de la parábola van hacia arriba. El vértice es un mínimo.
- Si $a < 0$, las ramas van hacia abajo. El vértice es un máximo.
- Cuanto mayor sea $|a|$, más cerradas estarán sus ramas.

EJEMPLO

9. Observa las gráficas representadas e indica sus elementos y sus características.

a)

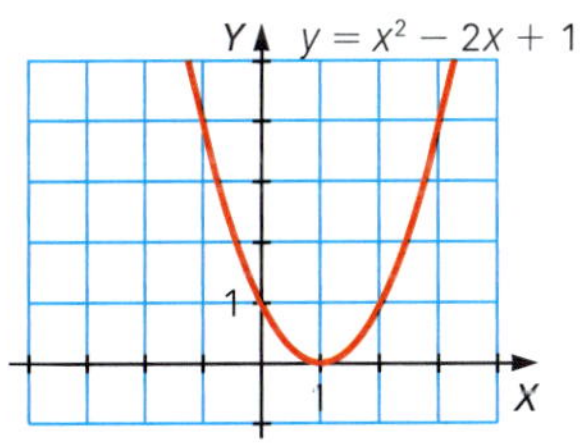

Vértice $(1, 0)$ Eje de simetría $x = 1$

Como las ramas van hacia arriba $\rightarrow a > 0$

Como $a > 0 \rightarrow$ Mínimo en $(1, 0)$

b)

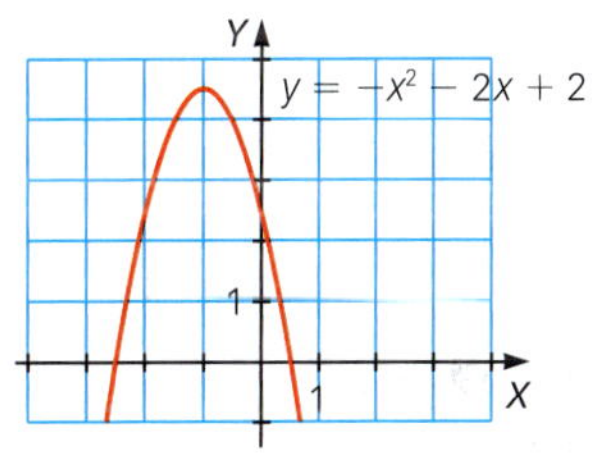

Vértice $(-1, 3)$ Eje de simetría $x = -1$

Como las ramas van hacia abajo $\rightarrow a < 0$

Como $a < 0 \rightarrow$ Máximo en $(-1, 3)$

ACTIVIDADES

27 Copia y completa en tu cuaderno esta parábola y señala sus elementos (vértice y eje de simetría) y sus propiedades (orientación de las ramas y tipo de punto que es el vértice).

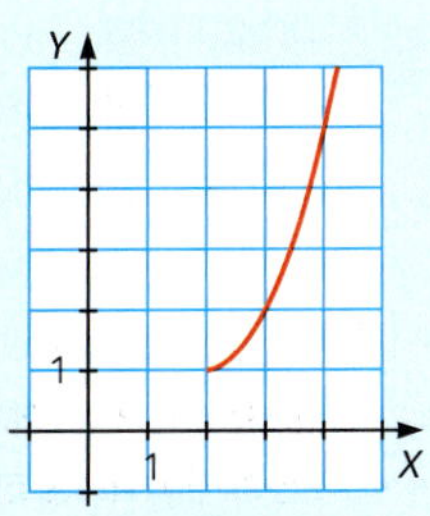

28 Indica en cuáles de estas parábolas el vértice es un máximo y en cuáles es un mínimo.

a) $y = x^2 - 1$

b) $y = 3 + 5x - 2x^2$

c) $y = 4 + 3x^2$

d) $y = -x^2 + 2x - 5$

29 **REFLEXIONA.** Si el vértice de una parábola está en $(1, 4)$ y $a > 0$, ¿cuántos puntos de corte tiene con los ejes? ¿Y si $a < 0$?

Estudio de funciones cuadráticas

En cualquier parábola de ecuación $y = ax^2 + bx + c$ se cumple que:

- Su vértice es el punto de la función cuya abscisa es $x = -\frac{b}{2a}$.
- Su eje de simetría es la recta $x = -\frac{b}{2a}$.
- Los puntos de corte con el eje X son las soluciones de la ecuación $ax^2 + bx + c = 0$.
- El punto de corte con el eje Y es $(0, c)$.
- Si a y b tienen el mismo signo, el vértice está situado a la izquierda del eje Y. Si tienen distinto signo, el vértice está a la derecha.

RETO

Una función cuadrática pasa por los puntos (0, 0), (1, 2) y (2, 6).

¿Cuál es la ecuación de la parábola?

EJEMPLO

10. Halla el vértice, el eje de simetría y los puntos de corte con los ejes de estas funciones.

a) $y = -x^2 - 2x + 3 \rightarrow a = -1 \quad b = -2 \quad c = 3$

Vértice:

$$\left.\begin{array}{l} x = -\frac{b}{2a} = -\frac{-2}{2\cdot(-1)} = -1 \\ y = -x^2 - 2x + 3 \xrightarrow{x=-1} -(-1)^2 - 2\cdot(-1) + 3 = 4 \end{array}\right\} \rightarrow V(-1, 4)$$

Eje de simetría: $x = -\frac{b}{2a} = -\frac{-2}{2\cdot(-1)} = -1 \rightarrow x = -1$

Corte del eje X: $x = \frac{-(-2) \pm \sqrt{(-2)^2 - 4\cdot(-1)\cdot 3}}{2\cdot(-1)} \rightarrow \begin{cases} x_1 = -3 \\ x_2 = 1 \end{cases} \rightarrow (-3, 0)$ y $(1, 0)$

Corte del eje Y: $y = -x^2 - 2x \xrightarrow{x=0,\ =0} y = 3 \rightarrow (0, 3)$

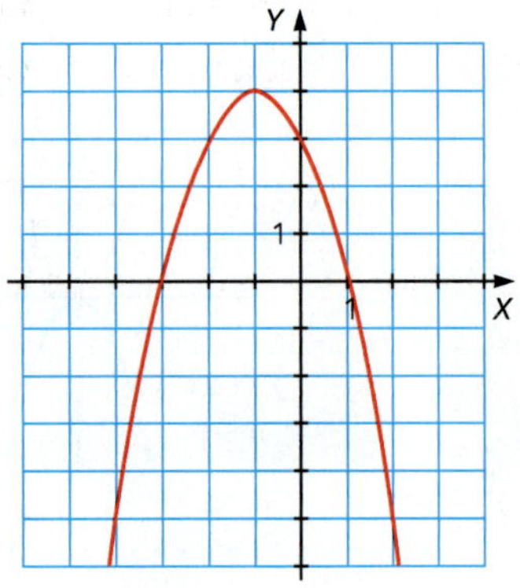

b) $y = 2x^2 - 4x + 3 \rightarrow a = 2 \quad b = -4 \quad c = 3$

Vértice:

$$\left.\begin{array}{l} x = -\frac{b}{2a} = -\frac{-4}{2\cdot 2} = 1 \\ y = 2x^2 - 4x + 3 \xrightarrow{x=1} 2\cdot 1^2 - 4\cdot 1 + 3 = 1 \end{array}\right\} \rightarrow V(1, 1)$$

Eje de simetría: $x = -\frac{b}{2a} = -\frac{-4}{2\cdot 2} = 1 \rightarrow x = 1$

Corte del eje X: $x = \frac{-(-4) \pm \sqrt{(-4)^2 - 4\cdot 2\cdot 3}}{2\cdot 2} \rightarrow$ No corta al eje X.

Corte del eje Y: $y = 2x^2 - 4x \xrightarrow{x=0,\ =0} y = 3 \rightarrow (0, 3)$

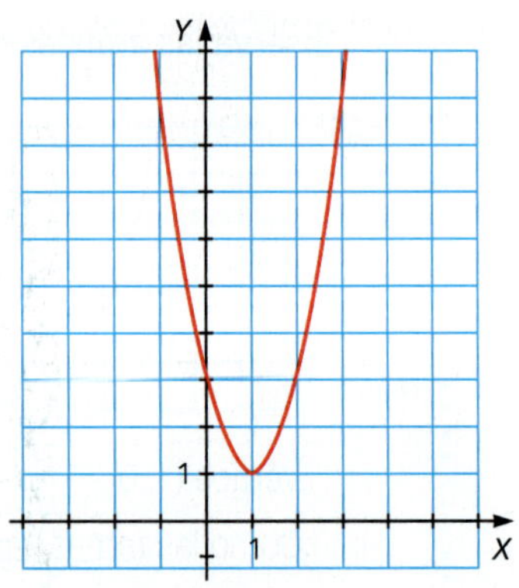

ACTIVIDADES

30. Determina el vértice, el eje de simetría y los puntos de corte con los ejes de estas funciones.

a) $y = -x^2 + 2x + 3$ c) $y = x^2 - 6x + 5$

b) $y = 2x^2 + 4x$ d) $y = -3 + 4x - x^2$

31. Halla el eje de simetría de las parábolas que pasan por estos puntos.

a) $(-3, 2)$ y $(1, 2)$ b) $(-4, 1)$ y $(-3, 1)$ c) $(0, -1)$ y $(4, -1)$

32. **REFLEXIONA.** Contesta razonadamente a estas preguntas.

a) Una parábola tiene su vértice sobre el eje X. ¿Alguno de sus coeficientes es 0? ¿Qué pasa si cambiamos el signo de sus coeficientes?

b) Una parábola tiene su vértice sobre el eje Y. ¿Alguno de sus coeficientes es 0? ¿Qué pasa si cambiamos el signo de sus coeficientes?

Cómo se representa gráficamente una función cuadrática

Para representar una parábola resulta útil construir una tabla de valores con puntos alrededor del vértice.

GEOGEBRA

Representa gráficamente estas funciones.

a) $y = x^2 + 2x - 3$ b) $y = -x^2 + 4$

① Calculamos el vértice de la parábola.

a) $a = 1 \quad b = 2 \quad c = -3$

Como $a > 0$, el vértice es un mínimo.

$$x = -\frac{b}{2a} = -\frac{2}{2 \cdot 1} = -1$$

$$y = x^2 + 2x - 3 \xrightarrow{x=-1} (-1)^2 + 2 \cdot (-1) - 3 = -4$$

Vértice: $(-1, -4)$ es un mínimo.

b) $a = -1 \quad b = 0 \quad c = 4$

Como $a < 0$, el vértice es un máximo.

$$x = -\frac{b}{2a} = -\frac{0}{2 \cdot (-1)} = 0$$

$$y = -x^2 + 4 \xrightarrow{x=0} -0^2 + 4 = 4$$

Vértice: $(0, 4)$ es un máximo.

② Hallamos los puntos de corte con el eje X.

a) $x^2 + 2x - 3 = 0$

$$x = \frac{-2 \pm \sqrt{2^2 - 4 \cdot 1 \cdot (-3)}}{2 \cdot 1} \rightarrow \begin{cases} x_1 = 1 \\ x_2 = -3 \end{cases}$$

Puntos de corte en $(1, 0)$ y $(-3, 0)$

b) $-x^2 + 4 = 0$

$x^2 = 4 \rightarrow x = \pm\sqrt{4} = \pm 2$

Puntos de corte en $(-2, 0)$ y $(2, 0)$

③ Hallamos los puntos de corte con el eje Y.

a) $y = x^2 + 2x - 3 \xrightarrow{x=0} y = -3$

Punto de corte en $(0, -3)$

b) $y = -x^2 + 4 \xrightarrow{x=0} y = 4$

Punto de corte en $(0, 4)$

④ Construimos una tabla de valores cercanos al vértice y representamos la función.

a)

x	−4	−3	2	**−1**	0	1	2
y	5	0	3	**−4**	−3	0	5

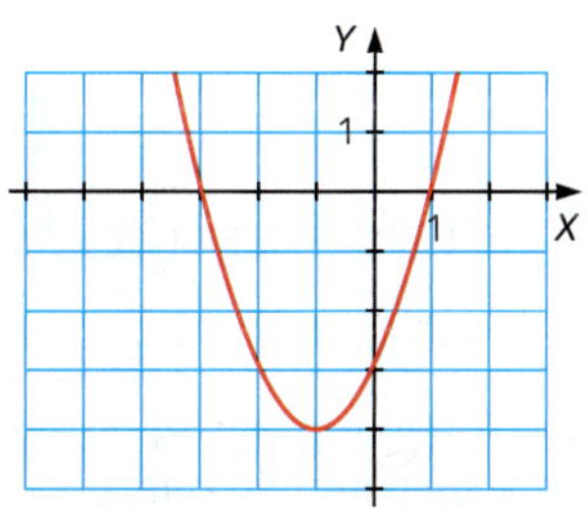

b)

x	−3	−2	−1	**0**	1	2	3
y	−5	0	3	**4**	3	0	−5

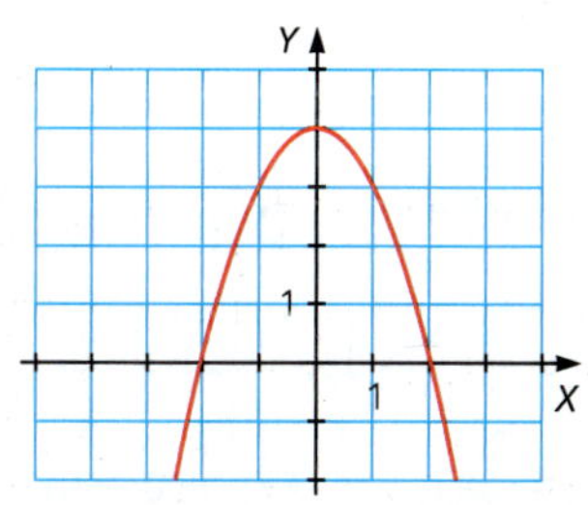

ACTIVIDADES

33 Representa gráficamente estas funciones.

a) $y = x^2 + 4x + 3$
b) $y = -4x^2 - 4x + 3$
c) $y = x^2 + 4x + 5$
d) $y = -x^2 - x + 6$

34 Calcula el vértice y los puntos de corte con los ejes de estas funciones. Después, representa su gráfica.

a) $y = x^2 - 2x$
b) $y = -x^2 + 9$
c) $y = x^2 + 6x$
d) $y = 3x^2 + 1$

35 Haz la representación gráfica de estas funciones.

a) $y = -x^2$ b) $y = 2x^2$ c) $y = -3x^2$

36 Determina la relación que existe entre cada par de parábolas. Ayúdate de su representación.

a) $y = x^2 + 3x$ $\quad y = x^2 - 3x$
b) $y = -x^2 + 5$ $\quad y = x^2 - 5$
c) $y = x^2$ $\quad y = (x + 1)^2$

5. Aplicaciones

Existen muchas situaciones reales donde encontramos magnitudes relacionadas entre sí mediante funciones lineales.

El estudio de su pendiente, sus puntos de corte con los ejes, etc., nos permite tener una visión global de la relación entre las magnitudes.

EJEMPLO

11. Los taxis de una localidad cobran un precio fijo de 2,20 € al iniciar la marcha y 0,80 € por cada kilómetro.

a) Estudia y representa la relación *Precio-Distancia recorrida*.

b) ¿Cuál será el precio del taxi si vamos a ver a un amigo que vive a 12 km?

c) ¿Cuántos kilómetros hemos recorrido si el viaje nos ha costado 15 €?

a) El precio por recorrer x kilómetros es $0{,}8x$, a lo que hay que añadir 2,20 €.

Así, el precio del taxi, y, al recorrer x kilómetros es $y = 2{,}2 + 0{,}8x$.

La ecuación de la función *Precio-Distancia recorrida* es una función del tipo $y = mx + n$, con $m = 0{,}8$ y $n = 2{,}2$.

Para representarla determinamos dos de sus puntos:

$y = 2{,}2 + 0{,}8x \xrightarrow{x\,=\,0} y = 2{,}2 + 0{,}8 \cdot 0 = 2{,}2 \rightarrow$ Punto (0; 2,2)

$y = 2{,}2 + 0{,}8x \xrightarrow{x\,=\,1} y = 2{,}2 + 0{,}8 \cdot 1 = 3 \rightarrow$ Punto (1, 3)

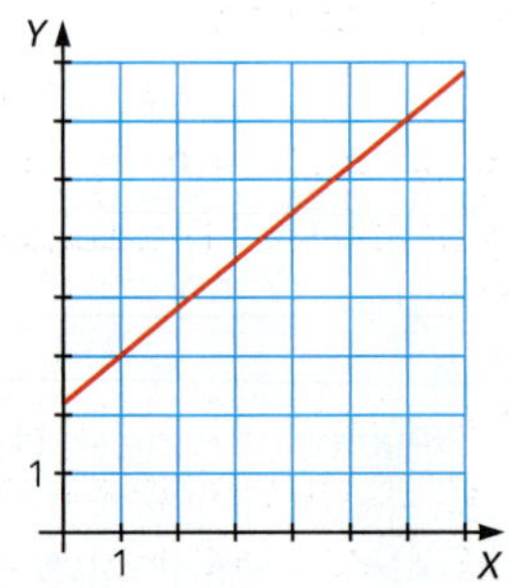

b) Si la distancia son 12 km $\rightarrow x = 12$

$y = 2{,}2 + 0{,}8x \xrightarrow{x\,=\,12} y = 2{,}2 + 0{,}8 \cdot 12 = 11{,}8 \rightarrow$ El precio del taxi será de 11,80 €.

c) Si hemos pagado 15 € $\rightarrow y = 15$

$y = 2{,}2 + 0{,}8x \xrightarrow{x\,=\,15} 15 = 2{,}2 + 0{,}8x$

$15 - 2{,}2 = 0{,}8x \rightarrow \dfrac{12{,}8}{0{,}8} = x \rightarrow x = 16 \rightarrow$ La distancia recorrida han sido 16 km.

ACTIVIDADES

37 La temperatura en un lugar de la Antártida a las 12 h es de 5 °C y cada hora baja 4 °C. Expresa esta relación mediante una ecuación y represéntala gráficamente.

38 El agua hierve a 100 °C al nivel del mar. Por cada incremento de 100 m en la altitud se necesita una décima de grado menos para hervir.

a) Calcula el punto de ebullición en las cimas del Aneto (3 404 m) y del Everest (8 848 m).

b) Indica la ecuación de la función *Temperatura de ebullición-Altitud* y represéntala gráficamente. ¿De qué tipo de función se trata?

39 **REFLEXIONA.** En un establecimiento, el precio de un producto es de 1 €/kg si se compran hasta 10 kg. Si se compran más de 10 kg, cada kilo de más tiene un descuento del 20 % respecto del precio inicial.

a) Calcula la ecuación de la función que relaciona el peso y el precio según el número de kilos que se compren.

b) Represéntala gráficamente.

40 Un técnico de calefacción cobra 22 € por el desplazamiento y 12 € por cada hora de trabajo. ¿Cuánto tiempo le ha llevado hacer un trabajo si la factura es de 40 €?

Aplicaciones de las funciones cuadráticas

Al igual que con las funciones lineales, existen muchas situaciones reales en las que podemos encontrar magnitudes relacionadas entre sí mediante una función cuadrática.

De la misma manera, el estudio de su vértice (analizar si se trata de un máximo o un mínimo, y dónde es creciente y decreciente la función), sus puntos de corte con los ejes, etc., nos permite tener una visión global de la relación entre las magnitudes.

RETO

Se lanza una piedra con una trayectoria parabólica, alcanza 40 m de altura y recorre 300 m. ¿A qué distancia alcanza la altura máxima?

EJEMPLO

12. Paula es jugadora de baloncesto. Se coloca en la línea de triple, que está a 6,75 m de la canasta, y hace un lanzamiento que sigue esta trayectoria:

$$y = -0{,}1538x^2 + 1{,}2x + 1{,}91$$

donde x es la distancia, en metros, a la que está la pelota de Paula, e y es la altura, también en metros, que alcanza la pelota en ese momento.

a) ¿A qué distancia alcanza la pelota la altura máxima?

Como la trayectoria es una ecuación cuadrática y $a < 0$, la altura máxima la alcanzará en su máximo, es decir, en su vértice.

$$x = -\frac{b}{2a} = -\frac{1{,}2}{2 \cdot (-0{,}1538)} = 3{,}9 \text{ m}$$

$$y = -0{,}1538x^2 + 1{,}2x + 1{,}91 \xrightarrow{x = 3{,}9} -0{,}1538 \cdot 3{,}9^2 + 1{,}2 \cdot 3{,}9 + 1{,}91 = 4{,}25$$

La pelota alcanza su altura máxima, 4,25 m, cuando está a 3,9 m de Paula.

b) ¿A qué altura está la pelota en el instante del lanzamiento?

En el momento del lanzamiento, la distancia entre la pelota y Paula es $x = 0$.

$$y = -0{,}1538x^2 + 1{,}2x + 1{,}91 \xrightarrow{x = 0}$$

$$\xrightarrow{x = 0} -0{,}1538 \cdot 0^2 + 1{,}2 \cdot 0 + 1{,}91 = 1{,}91$$

El lanzamiento de Paula parte de una altura de 1,91 m.

c) Si la altura de la canasta es 3 m, ¿conseguirá encestar la pelota?

Para saber si encesta, tenemos que comprobar si la parábola pasa por el punto (6,75; 3).

$$y = -0{,}1538x^2 + 1{,}2x + 1{,}91 \xrightarrow{x = 6{,}75}$$

$$\xrightarrow{x = 6{,}75} -0{,}1538 \cdot 6{,}75^2 + 1{,}2 \cdot 6{,}75 + 1{,}91 = 3$$

La parábola pasa por (6,75; 3); por tanto, encesta la pelota.

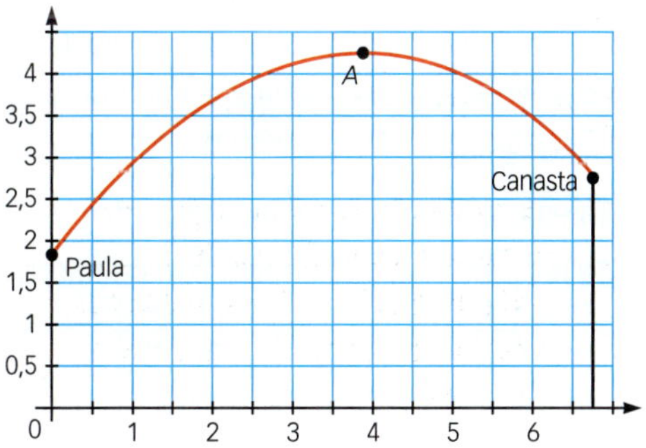

ACTIVIDADES

41 Andrea y Cristian lanzan una pelota cada uno siguiendo las trayectorias que se indican.

Andrea: $y = -\frac{1}{5}x^2 + 2x$ Cristian: $y = -x^2 + 6x$

¿Cuál llega más lejos? ¿Cuál llega más alto?

42 **REFLEXIONA.** En un partido de fútbol sala, la portera lanza el balón con una trayectoria parabólica.

El balón alcanza los 8 m de altura máxima cuando se encuentra a una distancia de 12 m de la portería. ¿Cuál es la trayectoria del balón?

1. Determina diferentes ecuaciones de la recta e identifica la pendiente y los puntos de corte

ACTIVIDADES FLASH

43 Calcula dos puntos por los que pasan estas rectas.

a) $y = x + 3$ b) $y = 2x - 1$ c) $y = 2x + 3$

44 Copia y rodea al menos diez puntos pertenecientes a las rectas $f(x) = 3x + 2$, $g(x) = -5x + 3$ y $h(x) = 2x - 1$.

2	−4	−9	0	12	5	3	−4	2
1	3	2	2	8	9	0	3	−7
−2	8	7	5	6	12	−6	11	1
0	−2	−4	−2	3	5	1	0	0
3	5	0	−1	5	−7	−2	13	12

45 Determina la pendiente de estas funciones lineales y di si son crecientes o decrecientes.

a) $y = -5x - 7$ c) $y = -x + 1$ e) $y = 3x$

b) $y = \frac{1}{2}x - 23$ d) $y = 4 - 2x$ f) $y = -2 + \frac{x}{4}$

46 Copia y completa la tabla sabiendo que corresponde a una función de proporcionalidad directa.

x	2		−1		0,5
y	−6	0		−60	

47 **INVENTA.** Dibuja unos ejes de coordenadas y marca un punto cualquiera del plano. Determina sus coordenadas y escribe la ecuación de tres funciones lineales que pasen por ese punto.

48 En este gráfico se muestra un punto de una función de proporcionalidad directa con pendiente $\frac{2}{3}$.

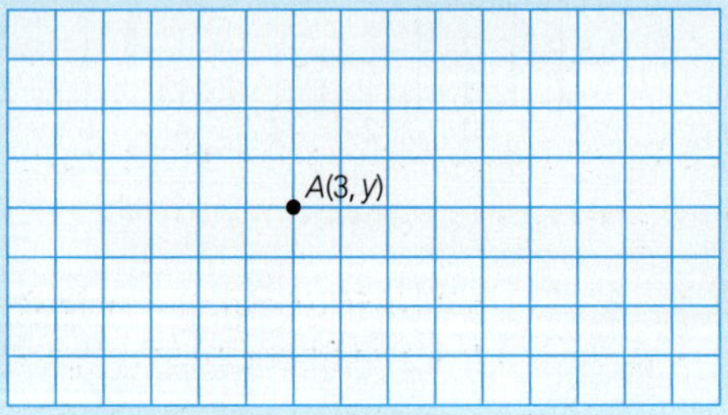

a) Escribe la ecuación de la función.

b) Halla la ordenada del punto *A*.

c) Dibuja los ejes de coordenadas y la función.

49 Escribe la ecuación lineal de pendiente −2 y ordenada en el origen 1 y represéntala.

50 Determina la ecuación de la función lineal:

a) Con pendiente 3 y que pasa por el punto $P(1, -2)$.

b) Con pendiente −1 y que pasa por el origen.

51 **INVESTIGA.** Dibuja unos ejes de coordenadas y marca un punto cualquiera del plano. Decide cuántas rectas de proporcionalidad directa, cuántas funciones lineales y cuántas constantes pasan por él.

Cómo se calcula la pendiente de una recta de forma gráfica

52 Determina las pendientes de estas rectas.

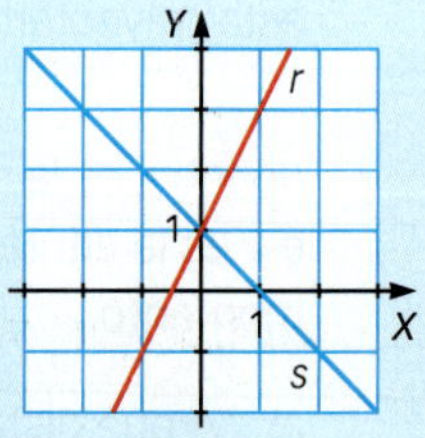

PRIMERO. Se toman dos puntos de la recta que coincidan con los vértices de la cuadrícula.

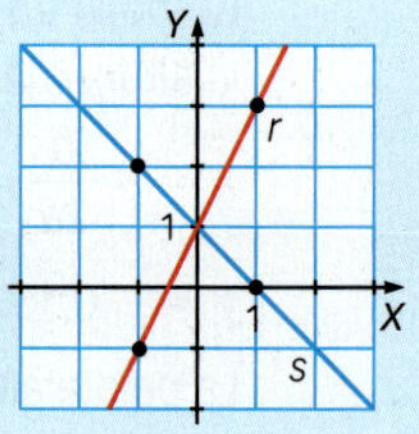

SEGUNDO. Se halla la variación de la *x* y de la *y* entre los dos puntos. Si la variación de la *y* es hacia arriba, se considera positiva. Si es hacia abajo, se toma como negativa.

TERCERO. La pendiente es el cociente de la variación de la *y* entre la variación de la *x*.

$$m_r = \frac{4}{2} = 2 \qquad m_s = \frac{-2}{2} = -1$$

53 Determina la pendiente de estas rectas.

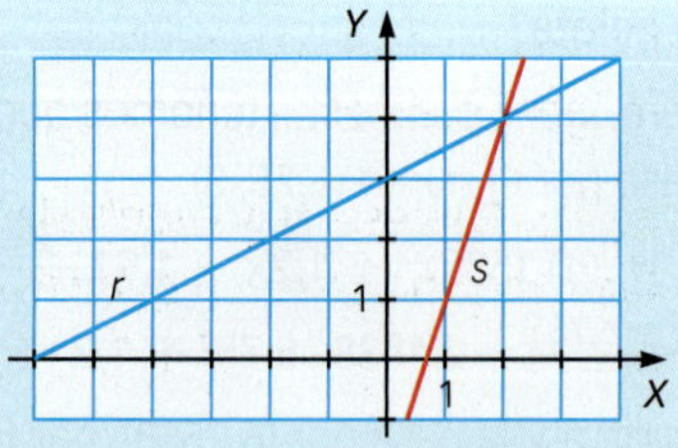

54 Calcula la pendiente y la ecuación de la función lineal a la que pertenecen estos puntos.

a) $A(-1, 3)$ y $B(2, 1)$ c) $A(1, 1)$ y $B(2, 0)$

b) $A(-3, -2)$ y $B\left(\frac{1}{2}, 7\right)$ d) $A\left(\frac{1}{2}, 1\right)$ y $B(0, 0)$

55 Sin representar gráficamente, determina qué funciones son crecientes y cuáles decrecientes.

a) $y = 2x - 5$ b) $2x - 3y = 1$ c) $x + 2y + 3 = 0$

56 Copia y completa la tabla sabiendo que corresponde a una función lineal.

x	2		-1	-4	$\frac{1}{2}$
y	2	0	$\frac{5}{2}$		

57 Halla los puntos de corte con los ejes y la ordenada en el origen de estas funciones.

a) $y = -x + 3$

b) $y = 3x$

c) $y = -2$

d) $y = \dfrac{2x + 1}{5}$

58 Representa gráficamente estas funciones.

a) $y = 2x + 3$

b) $y = -2x + \dfrac{1}{4}$

c) $y = \dfrac{3}{2}x + 1$

d) $y = \dfrac{1}{2} - \dfrac{x}{4}$

e) $y = \dfrac{7 - 2x}{5}$

f) $y = \dfrac{-1 + 2x}{3}$

59 Representa gráficamente las rectas de ecuaciones $y = 2$, $y = -1$, $x = 0$, $x = -3$. ¿Qué expresiones no corresponden a una función?

60 Halla la ecuación de la recta paralela al eje X y de la recta paralela al eje Y que pasa por el punto $(-1, 4)$.

61 **INVESTIGA.** Representa gráficamente las funciones lineales $y = \dfrac{x}{3} - 1$ y $x - 3y + 1 = 0$. ¿Qué observas?

62 **INVENTA.** Dibuja en los mismos ejes de coordenadas y escribe su ecuación.

a) Una función lineal de pendiente positiva y ordenada en el origen -2.

b) Una función decreciente de proporcionalidad directa.

c) Una función lineal creciente que corte al eje Y en un valor negativo.

d) Una función lineal de pendiente negativa y ordenada en el origen positiva.

63 **INVESTIGA.** Representa y escribe la ecuación de la recta con pendiente -2 que pasa por:

a) $A(2, 0)$ b) $B(3, 0)$ c) $C(1, 0)$

¿Qué condición tienen que cumplir las ecuaciones de dos rectas paralelas?

¿Sabrías escribir las ecuaciones de dos rectas paralelas a la recta $y = 3x - 1$?

64 Escribe la ecuación de estas rectas.

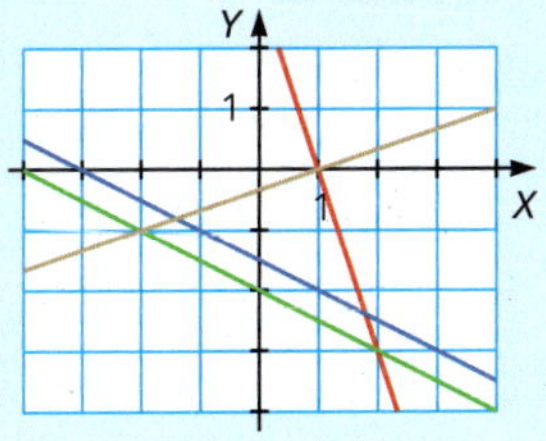

65 **INVESTIGA.** Determina el número de funciones lineales que cumplen cada condición y pon un ejemplo si existen.

a) Tienen pendiente 2.

b) Tienen pendiente 2 y cortan al eje Y en $(0, 5)$.

c) Tienen pendiente 2 y cortan al eje X en $(1, 0)$.

66 En cada caso, determina la expresión algebraica de la función lineal $f(x)$.

a) $f(-1) = 2$ y la ordenada en el origen es 1.

b) $f(4) = 4$ y su gráfica pasa por el punto $P\left(2, \dfrac{7}{2}\right)$.

c) $f(0) = 1$ y $f(3) = 0$.

67 **RETO.** Si $f(x)$ es una función lineal tal que $f(1) = -2$ y $f(3) = 4$, ¿qué valor toma en $x = 7$?

68 **RETO.** Una función verifica en todos sus puntos que $f(x - 5) = x + 2$. ¿Qué valor toma $f(x)$ para $x = 5$?

INTERNET

69 **INVESTIGA.** Busca el significado de esta señal de tráfico. ¿Coincide con el significado matemático de pendiente?

Si suponemos que el punto $(0, 0)$ está sobre la carretera, ¿puedes escribir la expresión algebraica de la función de proporcionalidad directa que representa la carretera?

70 Determina la ecuación punto-pendiente de las rectas que pasan por estos puntos.

a) $A(-1, 3)$ y $B(2, 1)$

b) $C(-3, 4)$ y $D\left(\dfrac{1}{5}, 7\right)$

c) $E(0, 0)$ y $F(-1, -1)$

d) $G(3, 2)$ y $H(-5, 2)$

71 Determina las ecuaciones general y punto-pendiente.

a) $y = 2x - 3$

b) $y = -2x + \dfrac{1}{4}$

c) $y = \dfrac{3}{2}x - 1$

d) $y = \dfrac{1}{2} - \dfrac{x}{4}$

e) $y = \dfrac{7 - 2x}{5}$

f) $y = \dfrac{-1 + 2x}{3}$

72 Halla la ecuación punto-pendiente de la recta $x - 4y + 6 = 0$.

73 **INVESTIGA.** Representa gráficamente la recta $x - 2y + 5 = 0$ y calcula la ecuación general de la recta paralela a ella que pase por el punto:

a) $A(0, -2)$ b) $B(-4, 0)$ c) $C(-1, 5)$

¿Qué condición tienen que cumplir las ecuaciones generales de dos rectas paralelas?

Escribe la ecuación general de dos rectas paralelas a la recta $-x + y - 2 = 0$.

74 **JUEGO.** Cada participante representa dos cuadriláteros, uno de cuyos vértices debe coincidir en ambos casos con el origen de coordenadas. Después, un concursante calcula las rectas que definen todos los lados y escribe todas las ecuaciones en un papel, sin especificar a qué cuadrilátero pertenecen. Después, se lo da al otro concursante, que tendrá que determinar de qué tipo son los cuadriláteros que se han dibujado.

Cómo se calcula la intersección entre dos funciones lineales

75 Determina el punto de corte entre las gráficas de estas dos funciones.

$y = 50 + 2x$

$y = 400 + x$

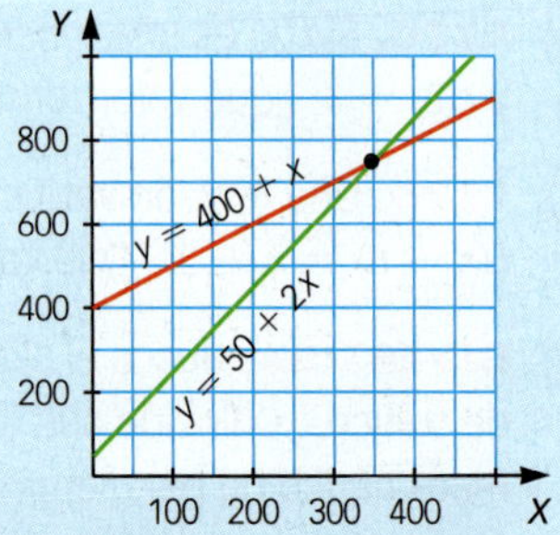

PRIMERO. Se iguala el valor de y en las dos funciones.

$$\left.\begin{aligned} y &= 400 + x \\ y &= 50 + 2x \end{aligned}\right\} \rightarrow 400 + x = 50 + 2x$$

SEGUNDO. Se resuelve la ecuación resultante.

$$400 + x = 50 + 2x \rightarrow 400 - 50 = 2x - x \rightarrow x = 350$$

TERCERO. Se determina el valor de la otra variable.

$$y = 400 + x \xrightarrow{x\,=\,350} y = 400 + 350 = 750$$

El punto de intersección entre las rectas es (350, 750).

76 Halla el punto de corte, si existe, de las funciones lineales y represéntalas gráficamente.

a) $y = 1 - 3x$ e $y = 5x - 7$

b) $y = \dfrac{x-1}{4}$ e $y = x - \dfrac{5}{2}$

c) $x - y + 3 = 0$ y $2x + y = -2$

d) $y + 1 = 2 \cdot (x - 3)$ e $y = 3x + 1$

e) $y = -x + 3$ y $x + y - 2 = 0$

77 **INVESTIGA.** Estudia y calcula las ecuaciones, si existen, de dos funciones distintas, una lineal y otra de proporcionalidad directa, que cumplan:

a) Se cortan en el origen.

b) No se cortan.

c) Sus pendientes son números opuestos.

2. Calcula los elementos de una función polinómica de grado 2 y la representa

ACTIVIDADES FLASH

78 Indica el eje de simetría de estas parábolas y si su vértice es un máximo o un mínimo.

a) $y = x^2 + 4x - 5$

b) $y = -x^2 + 2x - 10$

c) $y = 3x^2 - 6x + 1$

d) $y = -2x^2 - 8x + 5$

e) $y = x^2 - 5x + 2$

f) $y = -x^2 - 3x + 6$

79 Determina si la parábola de ecuación $y = 2x^2 - 3x + 1$ pasa por los siguientes puntos.

a) $A(0, 27)$

b) $B(-1, 0)$

c) $C(-1, 6)$

d) $D(2, -6)$

e) $E(1, 0)$

f) $F\left(\dfrac{1}{2}, 0\right)$

80 Halla el vértice de estas parábolas.

a) $-x^2 + 6x - 6$

b) $(x - 2)(x - 6) + 8$

c) $-3(x - 2)^2 + 3$

d) $-x^2 + 8x - 13$

Coloca sus coordenadas en las fichas para que sus puntos sumen los valores dados.

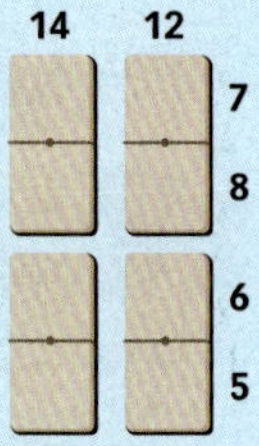

81 **INVENTA.** Escribe la ecuación de parábolas con el mismo vértice que $y = x^2 - 4x + 3$.

82 Halla los puntos de corte con los ejes de estas parábolas.

a) $y = x^2 + 5x - 6$

b) $y = (x + 2)^2$

c) $y = 2x^2 - x - 1$

d) $y = (x - 1)^2 + 1$

e) $y = 6x^2 - 5x - 6$

f) $y = -x(x + 2)$

83 Representa gráficamente estas parábolas.

a) $y = (x + 1)^2 + 2$

b) $y = -3x^2 - 3x$

c) $y = -\dfrac{x^2}{2} + 36$

d) $y = 6x^2 - 5x - 6$

e) $y = 2 - (x + 3)^2$

f) $y = \dfrac{4x^2 + 4x - 3}{2}$

84 Representa gráficamente la función cuadrática de ecuación $y = -2x^2 + 2x + 4$. ¿Cuántos puntos tienen ordenada 3? ¿Y ordenada $\dfrac{9}{2}$?

85 Asocia cada parábola con su ecuación.

a) $y = x^2$

b) $y = (x - 1)^2 - 1$

c) $y = x^2 - 2$

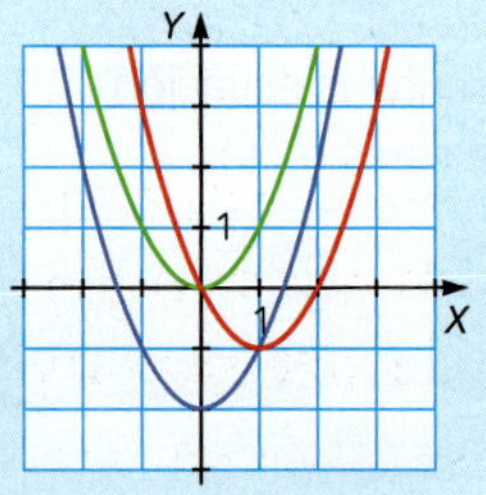

86 Calcula el valor de la función $y = x^2 + 6x + c$ para que dicha función tenga el vértice en el eje X.

87 La ecuación de una parábola es $y = x^2 + bx + 8$ y pasa por el punto $P(2, 8)$. Calcula b y represéntala.

88 Calcula el valor de k para que la parábola $y = 2x^2 - kx + 1$ tenga su vértice en el punto de abscisa $x = 2$. Determina la ordenada del vértice.

89 Escribe la ecuación de estas parábolas.

- $a = 1$
- Corta al eje Y en $P(0, 5)$.
- Su vértice es $V(3, -4)$.

- $a = 1$
- Corta al eje Y en $P(x, -4)$.
- Corta al eje X en $Q(2, y)$.

- Su vértice es $V(1, 1)$.
- Pasa por el punto $P(0, 2)$.

90 **INVENTA.** Representa gráficamente y escribe la ecuación de tres parábolas cuyos vértices tienen abscisa en $x = 2$ y que pasan por el punto $A(3, -2)$.

91 Una parábola tiene como coeficiente de x^2 $a = -2$ y corta al eje X en los puntos $A(-5, 0)$ y $B(4, 0)$.

a) ¿Cuál es su ecuación?

b) ¿En qué punto tiene su vértice?

c) Determina su eje de simetría.

d) ¿En qué punto corta al eje de ordenadas?

92 Determina, si existe, la función cuadrática $y = ax^2 + bx + c$ y represéntala en cada caso.

a) Corta al eje X en $x = -3$ y en $x = 1$ y la ordenada en su vértice es -4.

b) Tiene su vértice en el punto $V(-2, 3)$ y pasa por el punto $P(-1, 3)$.

c) Pasa por los puntos $A(0, -1)$, $B(1, 4)$ y $C(2, 15)$.

93 Halla el valor de k y m para que la parábola $y = (k - 2)x^2 + mx + 1$ tenga el vértice en el punto $V(2, -1)$.

94 Determina la ecuación de la parábola que corta al eje X en $x = 1$ y $x = 5$ y la ordenada del vértice es -2.

95 Razona si son verdaderas o falsas estas afirmaciones sobre la parábola $y = -2(x - 1)^2 + 3$.

a) El vértice es un punto de la recta $y = x + 2$.

b) Hay dos puntos de ordenada 3.

c) El vértice es un máximo.

d) Corta al eje X en dos puntos de abscisa negativa.

e) La ordenada en $x = 6$ es positiva.

96 Determina la ecuación de cada función cuadrática

a)

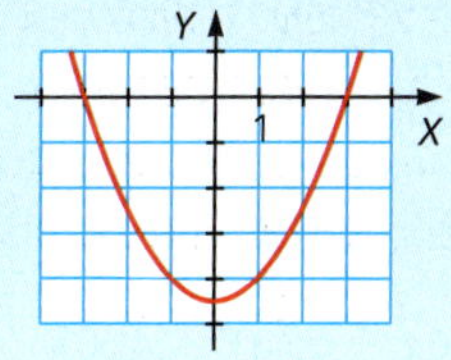

b)

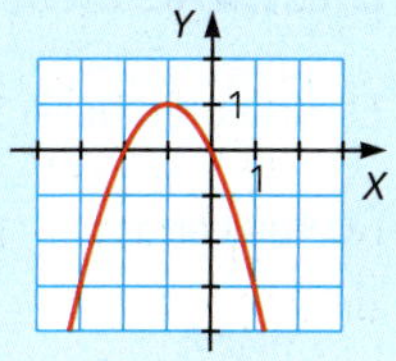

97 **JUEGO.** Escribid las ecuaciones de la recta y la parábola que representan esta portería de waterpolo.

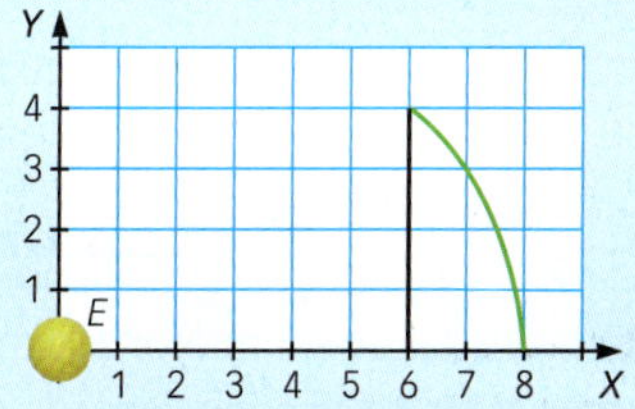

Cada participante debe escribir la ecuación de una función lineal que describa la trayectoria del balón para que acabe en gol. Se eliminan los jugadores que repitan una función y aquellos cuya trayectoria no acabe en gol.

98 **RETO.** Dadas dos funciones, una lineal y otra cuadrática, ¿qué deben cumplir sus coeficientes para que coincidan en el punto de abscisa $x = 0$?

99 **INVESTIGA.** Representa en los mismos ejes.

a) $y = x^2$ $\quad$ $y = x^2 + 2$ $\quad$ $y = x^2 - 1$

¿Sabrías dibujar la parábola $y = x^2 - 3$ sin hacer ningún cálculo? ¿Cuál será el vértice de la parábola $y = x^2 + a$?

b) $y = x^2$ $\quad$ $y = (x + 2)^2$ $\quad$ $y = (x - 1)^2$

¿Sabrías dibujar la parábola $y = (x - 3)^2$ sin hacer ningún cálculo? ¿Cuál será el vértice de la parábola $y = (x + a)^2$?

100 **RETO.** ¿Qué parábola es la que resulta de mover la gráfica de la función $y = 3x^2$ cuatro unidades hacia arriba y seis unidades a la izquierda?

a) $y = 3(x - 4)^2 + 6$

b) $y = 3(x + 4)^2 - 6$

c) $y = 3(x - 6)^2 + 4$

d) $y = 3(x + 6)^2 + 4$

3. Modeliza situaciones mediante funciones lineales y cuadráticas

101 En una panadería tienen esta tabla de precios.

N.º de barras	1	2	3	4	5
Precio	1,15 €	2,30 €	3,45 €	4,60 €	5,75 €

Dibuja la gráfica y contesta:

a) ¿Cuál es la variable independiente?

b) ¿De qué tipo de función se trata?

c) ¿Cuál es su expresión algebraica?

d) ¿Cuánto costarán 7 barras de pan?

102 La cuota mensual de mi teléfono móvil es 9,60 € al mes más 0,18 € por cada llamada realizada. Escribe la expresión algebraica de la función y represéntala.

103 **MATEMÁTICAS Y... ECONOMÍA.** Según el convenio colectivo de 2020 para los trabajadores del campo, el salario mínimo para un trabajador en la recogida de espárragos blancos es 51,26 €/día. A esto hay que añadir, a partir de los 35 kg recogidos, 1,47 € por cada kilo que exceda esa cantidad.

a) Dibuja una gráfica en la que se muestre el salario según el número de kilos recogidos, de 0 a 100 kg.

b) ¿Cuál es la ecuación de la función si recoge menos de 35 kg? ¿Y si recoge más de 35 kg?

104 **INVENTA.** Escribe una situación que quede descrita por la expresión algebraica $y = 2x + 5$. ¿Qué representa cada variable en tu ejemplo? ¿Qué obtienes y qué significa cuando $x = 0$?

105 La entrada de un cine cuesta 6,20 € y la sala tiene una capacidad de 160 personas. Cada vez que se proyecta una película el gasto es de 65 €. Escribe la expresión algebraica de la función que representa el beneficio que produce la sala en función de las personas que asisten a la proyección y represéntala gráficamente.

106 Una plataforma de televisión ofrece tres opciones para el alquiler de películas.

A. Una suscripción de socio que cuesta 24 € y 4,80 € por cada película alquilada.

B. Sin suscripción y 6 € por película.

C. Abono de 10 películas por 48 €.

a) ¿Qué expresión algebraica relaciona el número de películas alquiladas con el precio en cada opción?

b) Sobre unos ejes, representa la gráfica de cada opción y estudia cuál conviene más según el número de películas alquiladas.

107 **MATEMÁTICAS Y... ATLETISMO.** Usain Bolt, el hombre más rápido del mundo, ha sido capaz de correr los 100 m lisos en tan solo 9,69 s. En una carrera, cada una de sus zancadas midió 2,44 m. Calcula la ecuación y representa gráficamente la función que relaciona el número de zancadas que llevaba con la distancia que le quedaba para llegar a la meta.

108 **MATEMÁTICAS Y... ATLETISMO.** La ganadora de la prueba de natación de 50 m estilo libre de los Juegos Olímpicos de Río de Janeiro 2016 fue Pernille Blume, con 24,07 s, seguida de Simone Manuel, con 24,09 s.

a) Representa gráficamente la función que relaciona los segundos transcurridos con la distancia que lleva recorrida cada nadadora y calcula su ecuación.

b) ¿Qué distancia separó a la segunda de la primera cuando esta llegó a la meta?

109 **RETO.** Los autobuses salen del aeropuerto cada 3 minutos para ir al centro de la ciudad. Un coche sale del aeropuerto al mismo tiempo que un autobús, siguiendo la misma ruta. Cada autobús tarda 60 minutos en hacer el recorrido, mientras que el coche tarda 35 minutos. ¿A cuántos autobuses adelanta el coche?

110 Representa la gráfica que corresponde a la función $y = 40x - 5x^2$, donde y es la altura que alcanza un objeto lanzado con una velocidad inicial de 40 m/s y x es el tiempo que transcurre desde su lanzamiento.

a) ¿Durante cuántos segundos asciende el objeto?

b) ¿Qué altura máxima alcanza?

c) ¿Cuánto tarda en caer al suelo desde el lanzamiento?

d) ¿A qué altura está a los 5 s? ¿Cuántos segundos necesita para alcanzar los 60 m?

111 Una jugadora de fútbol se encuentra frente a una portería sin guardameta y lanza la pelota con esta trayectoria: $y = -0{,}007x^2 + 0{,}9x$, siendo x la distancia a la portería. Si la altura de la portería es 2,44 m, ¿desde qué distancia debe lanzar para meter gol? ¿Y para dar en el larguero?

INTERNET **112** **MATEMÁTICAS Y... ATLETISMO.** El lanzamiento de peso consiste en lanzar una bola de acero a la máxima distancia posible. Escribe la ecuación de la parábola que describe una bola que se ha lanzado desde una altura de 1,5 m y llega al suelo a 20 m de distancia, sabiendo que alcanzó su altura máxima cuando estaba a 8 m de distancia del lanzador. Busca la distancia del récord femenino e indica la ecuación de su trayectoria.

113 **RETO.** Cuando una escalera mecánica no funciona, tardamos 90 s en subir por ella. Cuando funciona, si no andamos, tardamos 60 s en subir. ¿Cuánto tardaremos en subir si la escalera funciona y además andamos?

FAKE NEWS

¿Nos bajamos el sueldo?

El gobierno está estudiando la subida de impuestos a las rentas más altas, las superiores a 60 000 € al año. Los impuestos en este tramo pasarían de un 45 % a un 60 %. La medida no afectaría a los demás tramos de ingresos. Esta sería la nueva tabla de IRPF:

Nuevos tramos de IRPF		
Base imponible		Tipo a aplicar
Desde	Hasta	
0,00 €	12 450,00 €	19 %
12 450,01 €	20 200,00 €	24 %
20 200,01 €	35 200,00 €	30 %
35 200,01 €	60 000,00 €	37 %
Más de 60 000,01 €		60 %

Una renta anual de 25 000 € pagará un 19 % hasta los 12 450 €, un 24 % desde los 12 450,01 € hasta los 20 200 € y un 30 % desde los 20 200,01 hasta los 25 000 €.

El representante de los afectados asegura que esto perjudica notoriamente a las rentas de hasta 70 000 € y sugiere que se reduzcan el sueldo hasta 59 999 €, lo que les permitiría ahorrar un 15 % en impuestos.

Sin embargo, el gobierno asegura que a las rentas de menos de 70 000 € solo les afectará un 2 % en su renta anual.

Y tú, ¿qué opinas?

PROBLEMAS APARENTEMENTE DISTINTOS

114 Sea la función $y = \dfrac{4x + 5}{100}$ que pasa por el punto $P(a;\ 1{,}4)$.

a) Determina el valor de a.

b) Representa la gráfica de la función.

115 Tengo una piscina de 1,4 m de profundidad. Al comenzar a llenarla este año tenía 5 cm de agua, he abierto el grifo y he comprobado que su nivel sube 4 cm por minuto. ¿Cuántos minutos tardará en llenarse? Representa la gráfica que indica el nivel del agua en cada momento.

116 Determina el máximo de la función $f(x) = -x^2 + 50x$.

117 Para construir un corral rectangular tenemos 100 m de valla. Calcula los lados para que el área sea máxima.

118 Sea la función $f(x) = -\dfrac{1}{10}x^2 + 2x$.

a) Calcula el vértice de la parábola.

b) Halla los puntos de corte con los ejes.

c) Representa la función.

119 Para sofocar un incendio, los bomberos utilizan una manguera que lanza agua con una trayectoria definida por la función $f(x) = -\dfrac{1}{10}x^2 + 2x$, siendo x la distancia en metros.

a) ¿Cuál es el punto más alto al que llega el agua?

b) ¿A qué altura mantiene el bombero la manguera? ¿A qué distancia llega? Dibuja la trayectoria del agua.

¿Y si no tengo suficientes megas?

Tengo que analizar las nuevas tarifas telefónicas para elegir la que mejor se adapta a mis necesidades. Lo que más me importa es la cantidad de datos y su precio. Prácticamente no hago llamadas de voz, lo que más utilizo son las redes sociales y algunas aplicaciones que requieren conexión.

Además, no siempre utilizo la misma cantidad de datos, depende mucho de mi tiempo libre. Por eso prefiero pagar por los datos que utilizo cada mes.

Tarifa plana sin permanencia — **45,99 € mensuales sin límite de datos**

¡NUEVA! SOLO MÓVIL	¡NUEVA! SOLO MÓVIL	¡NUEVA! SOLO MÓVIL
Tarifa 1 SIN PERMANENCIA	**Tarifa 2** SIN PERMANENCIA	**Tarifa 3** SIN PERMANENCIA
15 cts./MB	Bono 10 GB mensuales por 12 €	Bono 25 GB mensuales por 30 €
Siempre al mismo precio	Consumo fuera del bono 2 cts./MB	Consumo fuera del bono 10 € por 10 GB

1 Realmente, ¿cuánto cuesta cada giga?

Los números no engañan. ¿Cuánto costará 1 GB en las distintas tarifas?

- ¿Cuánto cuesta 1 GB con cada tarifa? ¿Y 2 GB? ¿Cuánto cuestan los primeros 10 GB con todas las tarifas?
- Completa en tu cuaderno una tabla donde aparezca el precio mensual que se pagaría en función del número de gigas que se consuman.

	1 GB	6 GB	15 GB	25 GB	30 GB
Tarifa 1					
Tarifa 2					
Tarifa 3					
Tarifa plana					

2 Seguro que puede ser más fácil

Puedes encontrar una fórmula para cada tarifa que te permita calcular lo que te va a costar según el consumo de datos que hagas.

- Escribe la ecuación de la función que relaciona el número de gigas consumidos con el precio mensual en la tarifa plana.
- Escribe ahora la ecuación de la función que relaciona el número de megas consumidos con el precio mensual en la tarifa 1.
- Si consumes más de 10 GB en un mes, ¿cuál sería la ecuación de la función que relaciona el número de gigas consumidos con el precio mensual en la tarifa 2?
- ¿Y en la tarifa 3 si consumes más de 25 GB en un mes?

3 ¿Qué tarifa me interesa?

Es hora de analizar los datos y tomar la decisión.

- Representa gráficamente las cuatro funciones que has escrito en unos mismos ejes de coordenadas.
- Compara las gráficas:
  - ¿En qué momento es cada tarifa más barata?
  - ¿A partir de cuántos gigas me interesa la tarifa plana?
  - ¿Hasta cuántos gigas consumidos interesa la tarifa 1? ¿Y la 2?
- Anota, dependiendo de los gigas consumidos, la tarifa que te interesa más.

RESUMEN DE UNIDAD

FUNCIONES LINEALES

$y = mx + n$

Pendiente (m) — Ordenada en el origen (n)

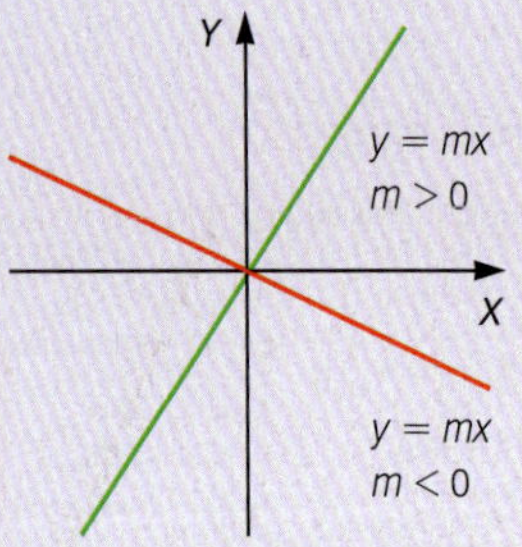

FUNCIÓN DE PROPORCIONALIDAD DIRECTA

$y = mx$

Pendiente (m)

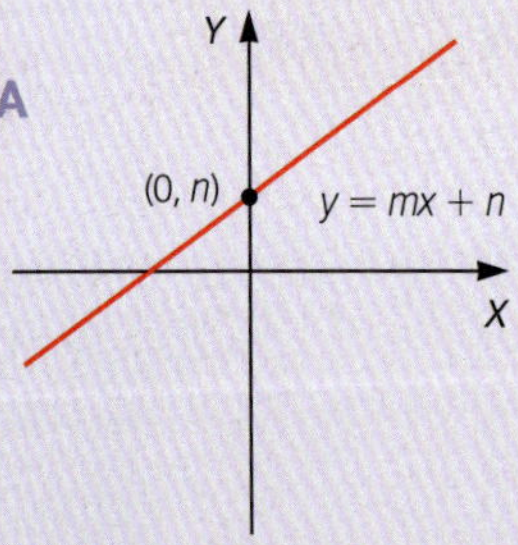

FUNCIÓN CONSTANTE

$y = n$

Ordenada en el origen (n)

ECUACIÓN EXPLÍCITA

$y = mx + n$

ECUACIÓN GENERAL

$ax + by + c = 0$

ECUACIÓN PUNTO-PENDIENTE

$y = b + m(x - a)$

Punto (a, b) — Pendiente (m)

RECTAS PARALELAS A LOS EJES

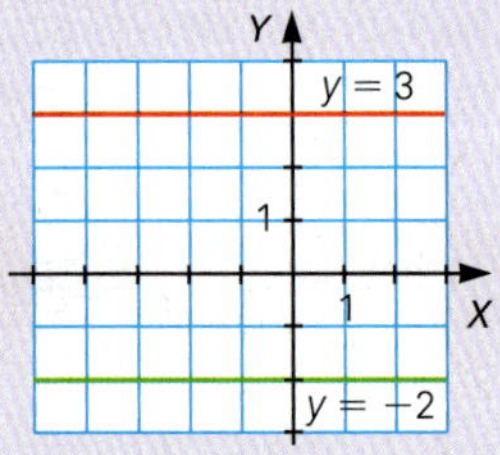

PARALELAS AL EJE X

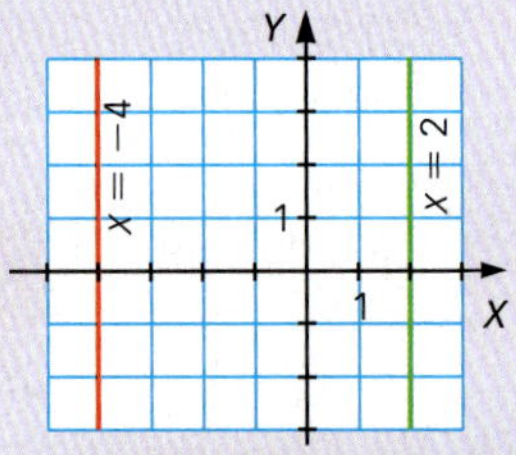

PARALELAS AL EJE Y

FUNCIÓN CUADRÁTICA

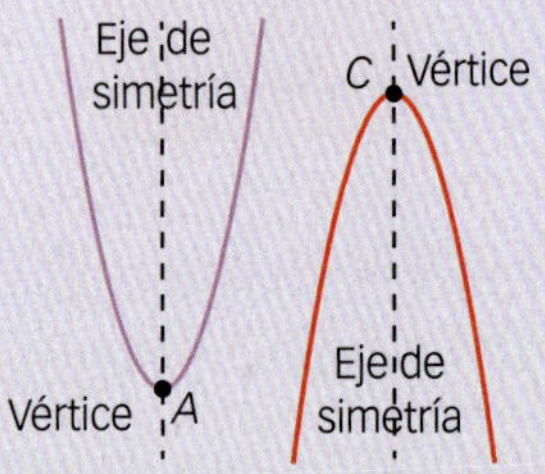

AUTOEVALUACIÓN

1. Determina diferentes ecuaciones de la recta e identifica la pendiente y los puntos de corte

1. ¿Cuál de estas rectas no es constante?

   a) $y - 5 = 0$ b) $y + 2x = 0$ c) $x = 1 - (y - x)$

2. Indica en cuál de estas rectas la pendiente no es 3.

   a) $3x - y = 4$ b) $y = 3x + 7$ c) $y = 1 - 3(x - 2)$

3. Señala los puntos de corte con los ejes de la recta $y = 3x - 6$.

   a) $(0, -6)$ y $(-2, 0)$ c) $(0, 6)$ y $(-2, 0)$

   b) $(0, 6)$ y $(2, 0)$ d) $(0, -6)$ y $(2, 0)$

2. Calcula los elementos de una función polinómica de grado 2 y la representa

4. Indica la ecuación de esta parábola.

   a) $y = x^2 - 2x - 1$

   b) $y = -x^2 + 2x - 1$

   c) $y = -x^2 + 2x + 1$

   d) $y = x^2 + 2x - 1$

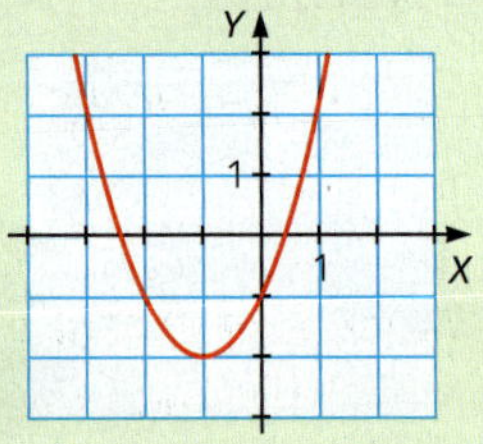

5. Elige la representación gráfica de $y = 1 - 2x - x^2$.

   a)

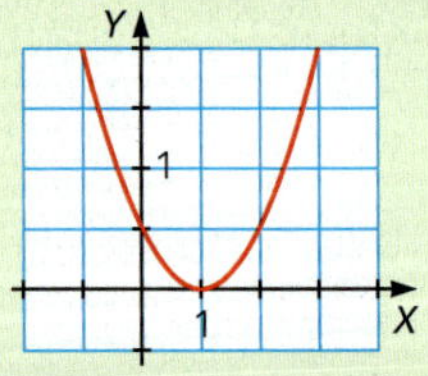

   b)

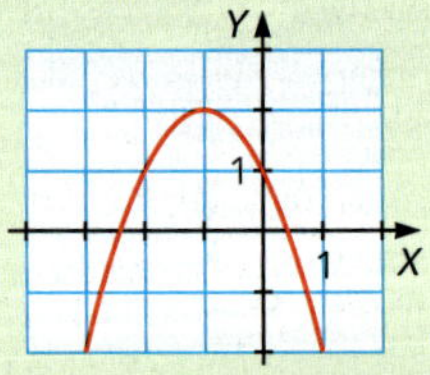

3. Modeliza situaciones mediante funciones lineales y cuadráticas

6. Al abrir las compuertas de un estanque, el nivel de agua inicial es de 120 cm y desciende 6 cm por minuto. ¿Qué tipo de función representa?

   a) Lineal. c) Constante.

   b) Cuadrática. d) De proporcionalidad directa.

7. En la actividad 6, ¿qué nivel habrá a los 15 minutos?

   a) 30 cm b) 60 cm c) 90 cm

VALORA TU APRENDIZAJE

- ¿Los fallos cometidos te ayudan a aprender?
- ¿Contribuyes a integrar a todos en el grupo?

12 Estadística y probabilidad

DESAFÍO

Secreto... ¿secreto?

¿Sabes que uno de los métodos para descifrar un mensaje es analizar la frecuencia de sus letras?

¿Qué pone aquí?

OEFO XOFAÑA OE XGJ BANA EOQGDA BLDL XLYÑLD XOYELTOE EONDOFAE

¿Qué sabes ya?

Qué es un intervalo

Un intervalo de extremos *a* y *b* está formado por todos los números comprendidos entre *a* y *b*.

Los extremos pueden estar contenidos o no en el intervalo.

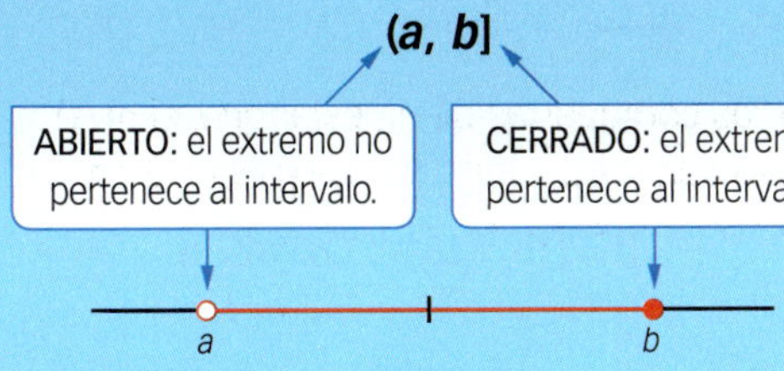

EJEMPLO

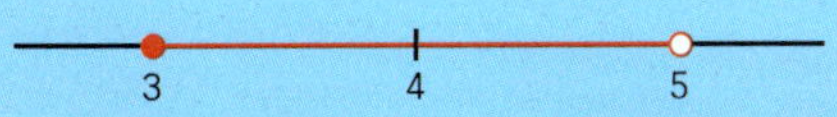

Los puntos 3; 3,01; 4; 4,9; ... pertenecen al intervalo [3, 5).

ACTIVIDADES

1. ¿Qué punto pertenece al intervalo (−2, 7]?

   a) −2 b) −2,1 c) 7 d) 7,01

Cómo se calcula un porcentaje

El tanto por ciento, *a*, de una cantidad, *C*, se calcula así:

$$a\,\%\text{ de } C = \frac{a}{100}\cdot C$$

EJEMPLO

Calcula el 18 % de 300 €.

$$18\,\%\text{ de } 300 = \frac{18}{100}\cdot 300 = 0{,}18\cdot 300 = 54\text{ €}$$

El 12 % de una cantidad es 30 €. ¿Cuál es la cantidad?

$$30 = \frac{12}{100}\cdot C \rightarrow C = \frac{30\cdot 100}{12} = 250\text{ €}$$

ACTIVIDADES

2. Calcula el 15 % de 120.

   a) 8 b) 18 c) 180 d) 800

3. El 20 % de una cantidad es 125. ¿Cuál es la cantidad?

   a) 25 b) 250 c) 500 d) 625

1. Variables estadísticas

Un estudio estadístico **recopila** y **ordena** datos sobre una cierta característica de una población para **analizarlos** e **interpretarlos**.

- En un estudio estadístico, se llama **población** al conjunto formado por todos los elementos del estudio.
- La **muestra** es la parte de la población elegida para el estudio.
- A cada elemento de la población o de la muestra se le llama **individuo**. Al número de individuos que componen una muestra se le denomina **tamaño de la muestra**.

Es necesario elegir bien la muestra para que la información que obtengamos sirva para deducir características de toda la población. Cuando esto ocurre, decimos que la muestra es representativa.

EJEMPLO

1. Se quiere hacer un estudio estadístico sobre qué desayunan los 9873 habitantes de una localidad. Para ello se pregunta a los 232 estudiantes de un centro escolar. Indica la población y la muestra.

Población: 9873 habitantes   Muestra: 232 estudiantes

Una **variable estadística** es cualquier cualidad que estudiamos en los individuos de una muestra o de la población.

Según sean sus valores, las variables estadísticas pueden ser:

- **Cualitativas:** si los valores que toma la variable no son números.
- **Cuantitativas:** si los valores que toma son números.
  - **Discretas:** en cada tramo la variable solo puede tomar un número determinado de valores.
  - **Continuas:** en cada tramo puede tomar infinitos valores.

EJEMPLO

2. Clasifica estas variables e indica algunos valores que puedan tomar.

a) Número de clientes.
Cuantitativa discreta.
{1 cliente, 2 clientes, 3 clientes, ...}

b) Color preferido.
Cualitativa.
{Azul, verde, rojo, ...}

c) Estatura.
Cuantitativa continua.
{1,45 m; 1,58 m; 1,65 m; ...}

ACTIVIDADES

1 Clasifica estas variables estadísticas.

a) Número de primos y primas.
b) Temperatura ambiental.
c) Estado de ánimo.
d) Calificación en un examen.

2 Explica cómo se llega a esta conclusión:

Las personas de una ciudad pesan de media 69 kg.

¿Qué características debe tener la muestra?

3 **REFLEXIONA.** ¿Qué muestra elegirías para estudiar la estatura de los estudiantes de un centro escolar?

2. Recuento de datos

En un estudio estadístico hay que contar y agrupar los datos.

- Si la variable es cuantitativa, se ordenan los valores en orden creciente y se anota el número de veces que aparece cada uno.
- Si es cualitativa, se escribe cada valor y se anota el número de veces que aparece cada uno de ellos.

Recuento de datos agrupados

Si la variable es cuantitativa discreta y toma muchos valores diferentes, o es continua, al realizar el recuento agrupamos los datos en intervalos.

- Los intervalos, llamados **clases**, suelen tener la misma amplitud.
- Para facilitar los cálculos tomamos como valor el punto medio del intervalo, que se llama **marca de clase**.

Las clases suelen ser intervalos cerrados por la izquierda y abiertos por la derecha.

En la clase [30, 35) el extremo 30 está incluido en ella y el extremo 35 no lo está.

EJEMPLO

3. Estos son los puntos que han anotado cada una de las jugadoras de un equipo de baloncesto durante un partido.

2 7 4 8 11 9 5 1 1 7 4 2 4 2 19

Realiza el recuento agrupando los datos en cinco clases.

La jugadora que menos puntos ha obtenido anotó 1 punto, y la que más ha obtenido anotó 19 puntos. Como tenemos que hacer 5 clases, dividimos el intervalo formado por todos los valores en cinco clases de amplitud: $\frac{19-1}{5} = 3{,}6$.

Es decir, tomamos 5 intervalos de amplitud 4:

[0, 4) [4, 8) [8, 12) [12, 16) [16, 20)

Puntos	[0, 4)	[4, 8)	[8, 12)	[12, 16)	[16, 20)
Marca de clase	2	6	10	14	18
Recuento	5	6	3	0	1

Hay 5 jugadoras que han anotado menos de 4 puntos, 6 que han anotado entre 4 y 8 puntos, 3 entre 8 y 12 puntos y 1 más de 16 puntos.

ACTIVIDADES

4. Se va a realizar un estudio sobre las edades de las personas que practican pilates en un gimnasio. Estas son las edades de las personas del grupo.

19	25	54	29	43	37
41	29	30	58	35	27
28	33	40	28	31	44

Agrupa los datos en cuatro clases y haz el recuento.

5. Vuelve a realizar la actividad anterior agrupando los datos según se indica en cada caso.

a) Agrupando los datos en cinco clases.

b) Agrupando los datos en clases de amplitud 13.

6. **REFLEXIONA.** ¿Por qué los intervalos en las tablas son cerrados por un lado y abiertos por el otro?

3. Frecuencias. Tablas de frecuencias

- La **frecuencia absoluta**, f_i, de un dato estadístico es el número de veces que se repite.

  La suma de las frecuencias absolutas de un conjunto de datos estadísticos es el número total de datos: $f_1 + f_2 + ... + f_n = N$.
- La **frecuencia absoluta acumulada**, F_i, de un dato estadístico es la suma de las frecuencias absolutas de los datos menores o iguales que él: $F_i = f_1 + f_2 + ... + f_i$.
- La **frecuencia relativa**, h_i, de un dato estadístico es el cociente entre la frecuencia absoluta y el total de datos: $h_i = \dfrac{f_i}{N}$.

  La suma de las frecuencias relativas de un conjunto de datos estadísticos es igual a la unidad: $h_1 + h_2 + ... + h_n = 1$.
- La **frecuencia relativa acumulada**, H_i, de un dato estadístico es la suma de las frecuencias relativas de los datos menores o iguales que él: $H_i = h_1 + h_2 + ... + h_i$.

La última frecuencia absoluta acumulada coincide con el número total de datos.

La última frecuencia relativa acumulada siempre es 1.

Los datos y las frecuencias se pueden organizar en una tabla que llamamos **tabla de frecuencias**.

EJEMPLO

4. Este es el número de libros leídos por los estudiantes de una clase durante el último trimestre. Construye la tabla de frecuencias.

1	0	2	4	2	0	2	0	1
3	2	2	1	0	3	2	4	0
	1	1	3	4	1	2	3	

Las frecuencias relativas pueden expresarse en forma de porcentaje multiplicando su valor por 100.

Porcentaje $= 100 \cdot h_i$

x_i	f_i	F_i	h_i	H_i	Porcentaje
0	5	5	0,2	0,2	20 %
1	6	11	0,24	0,44	24 %
2	7	18	0,28	0,72	28 %
3	4	22	0,16	0,88	16 %
4	3	25	0,12	1	12 %
	25		1		

ACTIVIDADES

7. Construye la tabla de frecuencias para las horas diarias que trabajan con el ordenador 24 personas.

3	4	0	5	5	3	4	5
0	2	2	5	3	2	0	1
2	2	1	2	0	3	1	2

8. ¿Cómo completarías una tabla de frecuencias si solo conoces las frecuencias absolutas acumuladas?

9. **REFLEXIONA.** Haz una tabla de frecuencias con cinco valores diferentes, sabiendo que cada uno aparece el doble de veces que el anterior y que $f_1 = 3$.

GEOGEBRA

Cómo se construyen tablas de frecuencias para datos agrupados

Una manera de determinar la amplitud de las clases es utilizando esta fórmula:

$$\frac{Máx. - Mín.}{\sqrt{N}}$$

Donde:
- *Máx.*: dato mayor.
- *Mín.*: dato menor.
- *N*: número de datos.

Estas son las puntuaciones que han obtenido 20 personas al realizar un test de inteligencia:

100	80	92	101	65	72	121
68	75	93	101	100	102	97
89	73	121	114	113	94	

Construye la tabla de frecuencias agrupando los datos en clases.

① Determinamos la amplitud de las clases.

Dato mayor — Dato menor — Número de datos

$$\frac{121 - 65}{\sqrt{20}} = 12{,}5 \leftarrow \text{Amplitud de los intervalos} = 13$$

② Formamos las clases con la amplitud que hemos calculado.

Como el dato menor es 65, las clases serán:

[65, 78) [78, 91) [91, 104) [104, 117) [117, 130)

③ Calculamos las marcas de clase de cada intervalo.

$$\frac{65+78}{2} = 71{,}5 \qquad \frac{78+91}{2} = 84{,}5 \qquad \frac{91+104}{2} = 97{,}5 \qquad \frac{104+117}{2} = 110{,}5 \qquad \frac{117+130}{2} = 123{,}5$$

④ Completamos la tabla de frecuencias.

Resultados	x_i	f_i	F_i	h_i	H_i	Porcentaje
[65, 78)	71,5	5	5	0,25	0,25	25 %
[78, 91)	84,5	2	7	0,1	0,35	10 %
[91, 104)	97,5	9	16	0,45	0,8	45 %
[104, 117)	110,5	2	18	0,1	0,9	10 %
[117, 130)	123,5	2	20	0,1	1	10 %
	Total	$N = 20$		1		

ACTIVIDADES

10 Los pesos, en kg, de 24 personas son:

68,5	34,2	47,5	39,2	47,3	79,2
46,5	58,3	62,5	58,7	79	63,4
58,6	50,2	60,5	70,8	30,5	42,7
59,4	39,3	48,6	56,8	72	60

a) Agrúpalos en intervalos y obtén la tabla de frecuencias.

b) ¿Cuántas personas pesan menos de 50 kg?

c) ¿Qué porcentaje de personas pesa menos de 70 kg?

11 Las páginas que han escrito para un trabajo son:

30	25	34	28	16	29	23	22	31	42	19	24
34	32	13	32	40	36	26	37	32	33	12	51

a) Construye una tabla de frecuencias agrupando los datos en 5 clases.

b) Si puntúas del 1 al 5 los trabajos en relación a las páginas que tienen, ¿qué porcentaje de estudiantes obtendrá más de un 3?

4. Gráficos estadísticos

Los datos estadísticos se suelen expresar de forma gráfica, ya que, en un golpe de vista, nos podemos hacer una idea de su distribución.

Los diagramas de barras se utilizan para representar variables cualitativas y cuantitativas discretas. Si las variables son continuas, se suelen utilizar los diagramas de sectores y los histogramas.

4.1. Diagrama de sectores

GEOGEBRA

Un **diagrama de sectores** consiste en un círculo dividido en sectores circulares que representan los valores de la variable. La amplitud de cada sector circular, su ángulo, es proporcional a la frecuencia del dato que representa:

$$\text{Ángulo del sector circular} = \frac{f_i}{N} \cdot 360° = h_i \cdot 360°$$

« Cada sector del círculo representa un valor de la variable.

EJEMPLO

5. En la siguiente tabla se han recogido las edades de los profesores y profesoras de un centro educativo. Representa los datos en un diagrama de sectores.

Edad	f_i	h_i	Amplitud
[36, 42)	4	$0{,}2\widehat{6}$	$0{,}2\widehat{6} \cdot 360° = 96°$
[42, 48)	4	$0{,}2\widehat{6}$	$0{,}2\widehat{6} \cdot 360° = 96°$
[48, 54)	5	$0{,}\widehat{3}$	$0{,}\widehat{3} \cdot 360° = 120°$
[54, 60)	2	$0{,}1\widehat{3}$	$0{,}1\widehat{3} \cdot 360° = 48°$

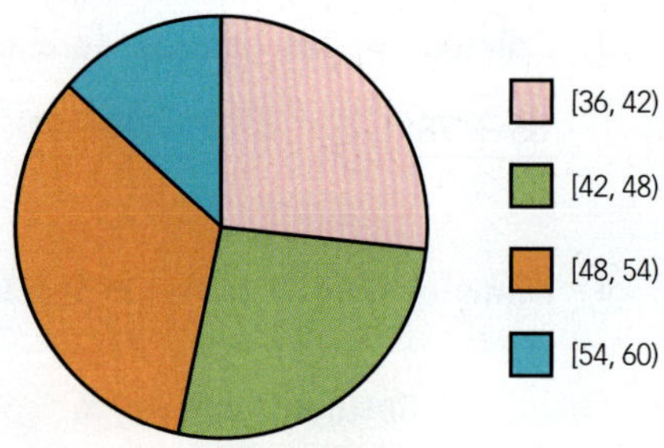

4.2. Histograma

En un **histograma** representamos:

- En el eje horizontal, los datos de la variable. Para ello, lo dividimos en intervalos.
- En el eje vertical representamos las frecuencias.

Cada clase y su frecuencia se representa por un rectángulo cuya base es la amplitud de cada intervalo y cuya altura es igual a su correspondiente frecuencia.

Si unimos con una línea poligonal los puntos medios de los lados superiores de los rectángulos, obtenemos el **polígono de frecuencias** correspondiente.

ACTIVIDADES

12 Representa estos datos en un diagrama de sectores:

- En el aula hay 50 estudiantes.
- Han suspendido 12 y 30 han obtenido suficiente.
- El 12 % ha obtenido notable.
- El resto ha obtenido sobresaliente.

13 **REFLEXIONA.** Dibuja el diagrama de sectores que corresponde a este de barras.

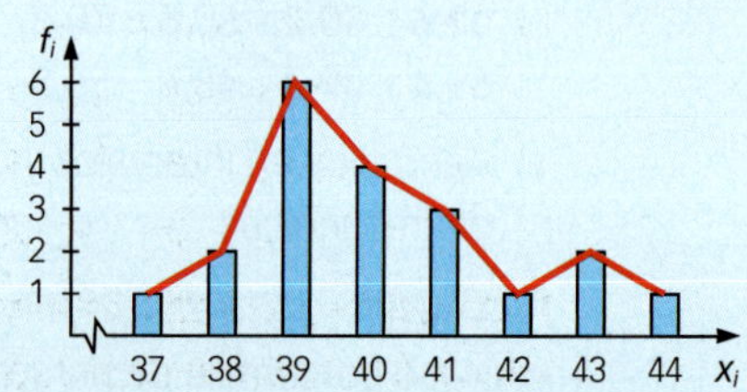

Cómo se construye un histograma y su polígono de frecuencias

En un diagrama de barras, las barras están separadas (los datos están aislados).

En un histograma los rectángulos se representan unidos.

Se ha preguntado a 100 personas por el número de libros que ha leído en el último año. Los datos se han recogido en la siguiente tabla.

N.º de libros	[0, 10)	[10, 20)	[20, 30)	[30, 40)	[40, 50)	[50, 60)	
Marca de clase (x_i)	5	15	25	35	45	55	Total
N.º de personas (f_i)	5	15	25	35	10	10	$N = 100$

Representa los datos en un histograma y traza su polígono de frecuencias.

① Dibujamos los ejes de coordenadas y representamos, mediante rectángulos unidos, los datos de la tabla.

② Unimos con una línea poligonal los puntos medios de los lados superiores de los rectángulos para obtener el polígono de frecuencias.

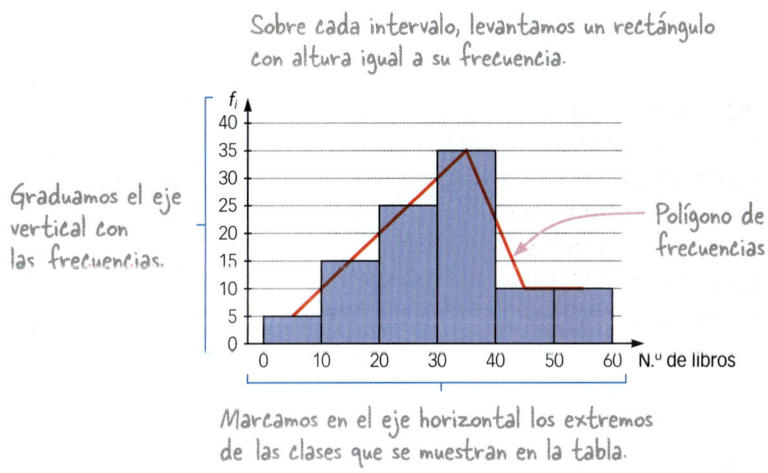

ACTIVIDADES

14 Las longitudes, en cm, de 18 grillos son:

1,8	1,9	2	2,4	2,6	2,8	1,7	1,9	2,3
1,6	2,1	3	2,3	2,7	2,9	1,5	1,8	2,6

a) Construye la tabla de frecuencias agrupando los datos en intervalos.

b) Representa los datos mediante un histograma y un polígono de frecuencias.

15 El número de vídeos que ven durante el fin de semana un grupo de estudiantes es:

27	12	4	32	19	8	0
38	15	9	6	24	23	4
1	13	54	29	34	16	7

Representa los datos mediante un histograma y su polígono de frecuencias.

16 Este es el número de pacientes de una consulta médica durante el último mes.

54	37	45	51	29	0	0	49	33	57	41	38
0	0	47	52	34	36	46	0	0	44	52	48

a) Construye la tabla de frecuencias.

b) Dibuja el histograma y traza su polígono de frecuencias.

17 Estos son los tiempos recogidos en una carrera.

29′35″	29′45″	29′47″	30′46″
30′50″	30′51″	31′01″	31′08″
31′24″	31′35″	31′52″	32′05″
32′17″	32′23″	32′41″	33′15″

Representa los datos en un histograma.

5. Medidas estadísticas

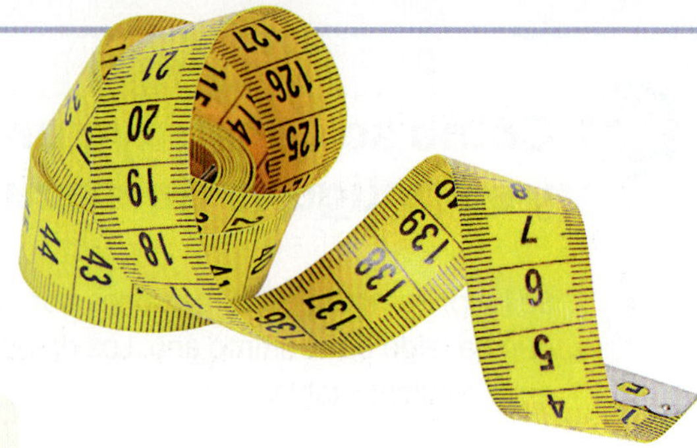

5.1. Medidas de centralización

Las **medidas de centralización** son valores que resumen la información proporcionada por los datos de la muestra.

- **Media aritmética**, $\overline{x}$: es el cociente de la suma de todos los datos por su frecuencia entre la suma de todas las frecuencias.

$$\overline{x} = \frac{f_1 \cdot x_1 + f_2 \cdot x_2 + ... + f_n \cdot x_n}{N} = \frac{\sum f_i \cdot x_i}{N}$$

En datos agrupados, x_i es la marca de clase del intervalo.

- **Moda**, *Mo*: es el dato, o la marca de clase, que tiene mayor frecuencia. Puede no ser única.
- **Mediana**, *Me*: es el valor que ocupa la posición central de los datos después de ordenarlos, o la media de los dos valores centrales en el caso de que el número de datos sea par.

Para escribir la suma de varios números utilizamos el símbolo $\sum$, que se lee *sumatorio*.

Así, por ejemplo:

$f_1 + f_2 + ... + f_n = \sum f_i$

EJEMPLO

6. Calcula las medidas de centralización del número de países que han visitado 20 estudiantes.

Países visitados (x_i)	1	2	3	4	5
Número de estudiantes (f_i)	5	4	6	3	2

- Media: $\overline{x} = \frac{1 \cdot 5 + 2 \cdot 4 + 3 \cdot 6 + 4 \cdot 3 + 5 \cdot 2}{20} = 2{,}65$

  Es decir, por término medio, cada estudiante ha visitado entre 2 y 3 países diferentes.

- Moda: $Mo = 3 \rightarrow$ El dato que más se repite es el 3.

  Lo más frecuente es que los estudiantes hayan visitado 3 países.

- Mediana: Para hallar la mediana primero ordenamos los datos:

  1 1 1 1 1 2 2 2 2 **3** **3** 3 3 3 3 4 4 4 5 5

  9 elementos — 9 elementos

  $$Me = \frac{3 + 3}{2} = 3$$

  La mediana indica que hay tantos estudiantes que han visitado 3 o menos países como estudiantes que han visitado 3 o más.

RETO

Caminamos en fila india. Lucas, que va justo delante de mí, se encuentra exactamente en el centro de la fila. Si delante de mí hay el doble de gente que detrás de mí, ¿cuántos somos en total?

ACTIVIDADES

18. Estos son los días que practican deporte a la semana 21 estudiantes. Calcula las medidas de centralización.

2 4 0 1 3 2 2 5 1 2 0
1 3 2 2 5 3 2 2 3 1

19. **REFLEXIONA.** Sean los datos:

2 3 5 2 6 7 3 7 9

a) Añade un dato que no haga variar la mediana.
b) Añade dos datos para que $Me = 4$ y $Mo = 3$.

5.2. Medidas de posición

Las **medidas de posición** son valores de la variable que informan del lugar que ocupa un dato dentro del conjunto ordenado de los datos.

Los **cuartiles** son tres valores de la variable que separan los datos en cuatro partes iguales.

- **Primer cuartil**, Q_1: deja a su izquierda el 25 % de los datos.
- **Segundo cuartil**, Q_2: deja a su izquierda el 50 % de los datos.
- **Tercer cuartil**, Q_3: deja a su izquierda el 75 % de los datos.

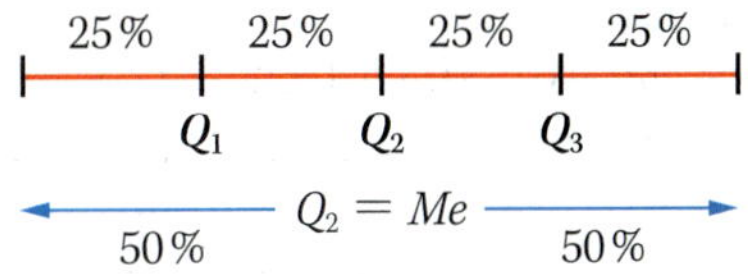

El **diagrama de caja y bigotes** es un gráfico que consiste en un rectángulo (caja) situado sobre el primer y el tercer cuartil, y un segmento cuyos extremos son los valores mínimo y máximo de los datos (bigotes).

Esta gráfica proporciona una visión de cómo están distribuidos los datos.

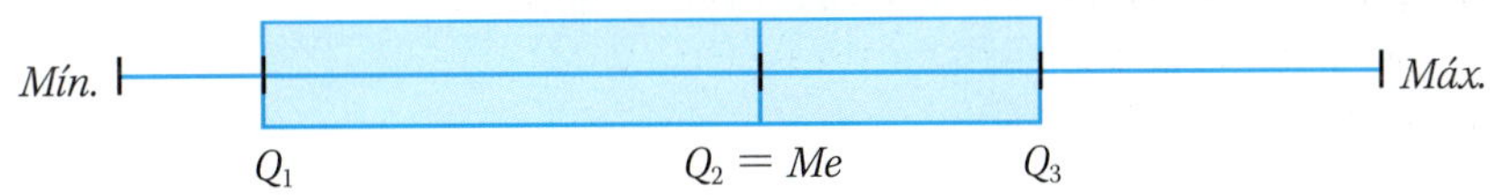

Si la mediana ocupa el centro del rectángulo, significa que los datos están distribuidos de forma uniforme.

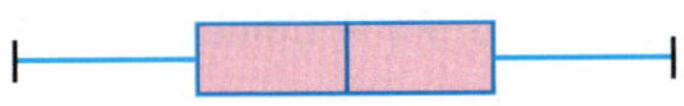

Si la mediana está próxima a un lado del rectángulo, hay mayor concentración de datos en esos valores.

EJEMPLO

7. Esta tabla recoge las tallas de calzado de un grupo de 200 personas. Calcula los cuartiles y dibuja el diagrama de caja y bigotes.

Talla (x_i)	35	36	37	38	39	40	41	42
Personas (f_i)	7	13	20	37	42	50	23	8
Frec. acumuladas (F_i)	7	20	40	77	119	169	192	200

- Primer cuartil, Q_1. Tenemos que calcular el 25 % del número total de datos: $200 \cdot 0{,}25 = 50$.
  Q_1 tiene 50 datos por debajo y el resto por encima. En la fila de frecuencias acumuladas, el primer número mayor o igual que 50 es 77, que corresponde al dato 38. $\rightarrow Q_1 = 38$
  Es decir, la cuarta parte de las personas utilizan una talla de calzado menor o igual que 38.
- Segundo cuartil, Q_2. Hallamos el 50 % del total de datos: $200 \cdot 0{,}5 = 100$.
  Como el primer número mayor o igual que 100 en las frecuencias acumuladas es 119. $\rightarrow Q_2 = 39$
  La mitad de las personas del grupo utilizan el 39 o un número menor que el 39.
- Tercer cuartil, Q_3. El 75 % de 200 es: $200 \cdot 0{,}75 = 150$. La primera frecuencia acumulada superior a 150 es 169 que corresponde al 40 $\rightarrow Q_3 = 40$. El 75 % utiliza una talla menor o igual que 40.

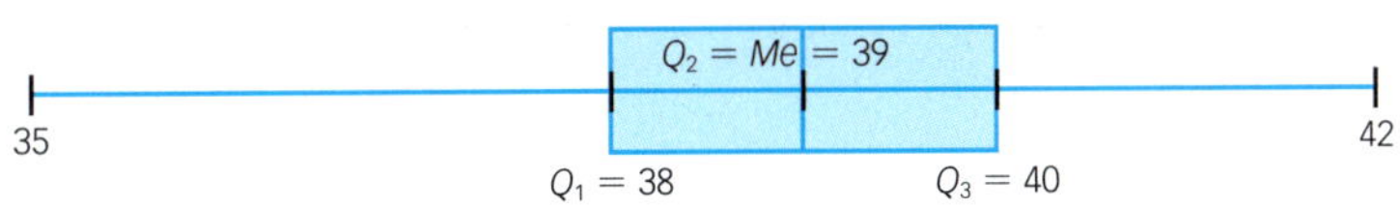

ACTIVIDADES

20 Calcula las medidas de posición, dibuja el diagrama de caja y bigotes de estos datos e interprétalos.

17 15 21 16 11 18 20 19

21 **REFLEXIONA.** A un examen de oposición para el que hay 50 plazas se presentan 200 personas. Si consideramos las notas, ¿qué indica Q_3?

5.3. Medidas de dispersión

Las medidas de dispersión permiten conocer el grado de agrupamiento de los datos en torno a la media.

Medida	Cálculo	Definición
Rango o recorrido	$R = Máx. - Mín.$	Es la diferencia entre el mayor y el menor valor de la variable.
Desviación media	$DM = \frac{\Sigma f_i \cdot \lvert x_i - \overline{x} \rvert}{N}$	Es la media aritmética de los valores absolutos de las desviaciones de cada dato.
Varianza	$\sigma^2 = \frac{\Sigma f_i \cdot (x_i - \overline{x})^2}{N}$	Es la media de los cuadrados de las desviaciones.
Desviación típica	$\sigma = \sqrt{\frac{\Sigma f_i \cdot (x_i - \overline{x})^2}{N}}$	Es la raíz cuadrada positiva de la varianza.
Coeficiente de variación	$CV = \frac{\sigma}{\overline{x}}$	Es el cociente entre la desviación típica y la media.

- El rango es la amplitud del intervalo en el que están comprendidos todos los datos.
- Cuanto mayores son DM y σ (más se acercan al rango), menos agrupados están los datos alrededor de la media. Cuanto menores son (más se acercan a 0), más concentrados están en torno a la media.

USA LA CALCULADORA

Después de introducir los datos, se pueden obtener los siguientes valores:

- n → Número de datos.
- Σx → Suma de todos los datos.
- Σx^2 → Suma de los cuadrados de todos los datos.
- $\overline{x}$ → Media aritmética.
- σ_n → Desviación típica.

EJEMPLO

8 **Las notas de 5 alumnos de 3.º ESO son 1, 1, 5, 9 y 9. Calcula las medidas de dispersión del grupo y analiza los resultados.**

Elaboramos una tabla en la que incluimos los datos, sus frecuencias, el valor absoluto de la desviación de cada dato y el cuadrado de cada desviación.

x_i	f_i	$\lvert x_i - \overline{x} \rvert$	$(x_i - \overline{x})^2$
1	2	4	16
5	1	0	0
9	2	4	16
Total	5		

$$\overline{x} = \frac{1 \cdot 2 + 5 \cdot 1 + 9 \cdot 2}{5} = 5$$

$$R = 9 - 1 = 8$$

$$DM = \frac{2 \cdot 4 + 1 \cdot 0 + 2 \cdot 4}{5} = 3,2$$

$$\sigma^2 = \frac{2 \cdot 16 + 1 \cdot 0 + 2 \cdot 16}{5} = 12,8$$

$$\sigma = \sqrt{12,8} = 3,578$$

$$CV = \frac{3,578}{5} = 0,716$$

En este caso, DM y σ son bastante grandes, lo cual nos indica que los datos no están concentrados en torno a la media. De la misma manera $CV = 0,716$, es decir, la desviación típica de los datos sobre la media es del 71,6 %. Por tanto, los datos están muy dispersos.

Uno de los datos coincide con la media, pero los otros están muy alejados.

ACTIVIDADES

22 Estas son las horas que han estudiado durante una semana cuatro estudiantes de 3.º ESO.

Carla: 2, 1, 3, 0, 1, 4, 2 Julián: 2, 2, 2, 2, 2, 1, 2

Begoña: 1, 1, 4, 3, 0, 2, 2 Javier: 2, 1, 2, 1, 3, 3, 1

Calcula las medidas de dispersión y analízalas. ¿Cuál ha sido más constante? ¿Qué medida lo refleja?

23 **REFLEXIONA.** Compara la dispersión de los datos en dos conjuntos de datos, A y B, si:

Grupo A: $\overline{x}_A = 0,5$
$\sigma_A = 0,2$

Grupo B: $\overline{x}_B = 12$
$\sigma_B = 2$

Cómo se calculan e interpretan las medidas estadísticas para datos agrupados

Hay que añadir a la tabla de frecuencias las columnas que nos faciliten los cálculos.

Esta tabla muestra el número de goles que han marcado 32 jugadoras de fútbol en lo que va de temporada. Calcula las medidas estadísticas e interprétalas.

Goles	[0, 5)	[5, 10)	[10, 15)	[15, 20)	[20, 25)
Marca de clase (x_i)	2,5	7,5	12,5	17,5	22,5
N.º de jugadoras (f_i)	12	9	1	4	6
Frec. acumuladas (F_i)	12	21	22	26	32

① **Calculamos las medidas de centralización.**

Media: $\overline{x} = \dfrac{2{,}5 \cdot 12 + 7{,}5 \cdot 9 + 12{,}5 \cdot 1 + 17{,}5 \cdot 4 + 22{,}5 \cdot 6}{32} = 9{,}84$

Moda: Intervalo modal: [0, 5) → $Mo = 2{,}5$

Mediana: El primer valor de F_i mayor o igual que $32 : 2 = 16$ es 21, que corresponde al intervalo [5, 10). → $Me = 7{,}5$

Interpretación: Por término medio, las jugadoras han marcado más de 9 goles ($\overline{x} = 9{,}84$), pero la mitad de las jugadoras ha metido menos de 8 goles ($Me = 7{,}5$). La mayoría ha marcado entre 0 y 5 goles ($Mo = 2{,}5$).

② **Completamos la tabla de frecuencias con las columnas necesarias para facilitarnos el cálculo de las medidas de posición y de dispersión.**

Goles	[0, 5)	[5, 10)	[10, 15)	[15, 20)	[20, 25)	
x_i	2,5	7,5	12,5	17,5	22,5	
f_i	12	9	1	4	6	32
F_i	12	21	22	26	32	
$f_i \cdot \lvert x_i - \overline{x} \rvert$	88,08	21,06	2,66	30,64	75,96	218,4
$f_i \cdot (x_i - \overline{x})^2$	646,51	49,28	7,08	234,7	961,65	1 899,22

③ **Hallamos las medidas de posición.**

Primer cuartil: $0{,}25 \cdot 32 = 8 \rightarrow F_1 = 12 \rightarrow Q_1 = 2{,}5$

Segundo cuartil: $0{,}5 \cdot 32 = 16 \rightarrow F_2 = 21 \rightarrow Q_2 = 7{,}5$

Tercer cuartil: $0{,}75 \cdot 32 = 24 \rightarrow F_4 = 26 \rightarrow Q_3 = 17{,}5$

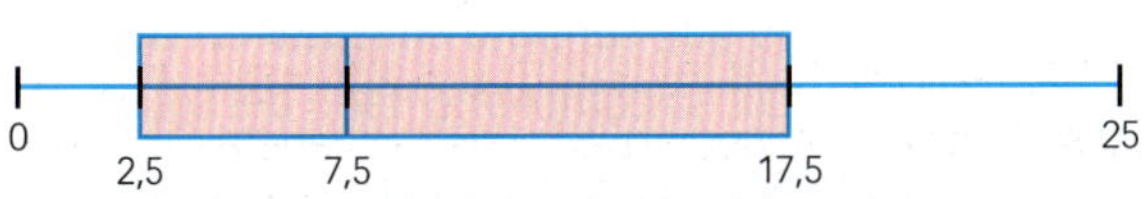

Interpretación: La cuarta parte, 8 jugadoras, ha metido una media de 2,5 goles y la mitad, 16 jugadoras, ha metido menos de 8 goles.

④ **Calculamos las medidas de dispersión.**

$R = 25 - 0 = 25$

$DM = \dfrac{218{,}4}{32} = 6{,}83$

$\sigma^2 = \dfrac{1899{,}22}{32} = 59{,}35$

$\sigma = \sqrt{59{,}35} = 7{,}7$

$CV = \dfrac{7{,}7}{9{,}84} = 0{,}78$

Interpretación: La desviación media es superior a 6 y el coeficiente de variación es del 78 %. Aunque la media en el equipo ha sido de casi 10 goles, el número de goles que han metido es muy diverso.

ACTIVIDADES

24 Calcula e interpreta las medidas estadísticas de los datos recogidos en la tabla.

N.º de menús	[10, 20)	[20, 30)	[30, 40)	[40, 50)
N.º de días	2	6	16	6

25 La estatura de un grupo de estudiantes es:

1,55 1,59 1,64 1,55 1,65 1,62
1,70 1,67 1,74 1,49 1,71 1,66

Halla todas las medidas estadísticas, agrupando los datos en cinco clases, e interprétalas.

6. Experimentos aleatorios. Sucesos

Un experimento es un proceso que se puede observar y que además puede repetirse bajo las mismas condiciones.

Un experimento es aleatorio cuando se pueden obtener varios resultados y no podemos predecir cuál de ellos se obtendrá antes de realizarlo.

El **espacio muestral** es el conjunto de todos los posibles resultados que se pueden obtener. Se representa con la letra E.

Un **suceso** es uno o varios de los resultados que se pueden obtener. Existen diferentes tipos de sucesos:

- **Suceso elemental:** cada uno de los resultados que se pueden obtener al realizar el experimento.
- **Suceso compuesto:** está formado por más de un resultado.
- **Suceso seguro:** es el que ocurre siempre.
- **Suceso imposible:** no ocurre nunca. Se representa por $\varnothing$.
- **Suceso contrario o complementario** a un suceso A: está formado por todos los sucesos elementales que no están en A. El suceso contrario al suceso A se representa por $\overline{A}$.

Un suceso compuesto está formado por varios sucesos elementales.

«Que salga un múltiplo de 2» $= \{2, 4, 6\} = \{2\} \cup \{4\} \cup \{6\}$

$\overline{A}$ está formado por los sucesos elementales de E que no pertenecen a A.

$E = \{1, \cancel{2}, 3, \cancel{4}, 5, \cancel{6}\}$

$A =$ «Múltiplos de 2» $= \{2, 4, 6\}$

$\overline{A} =$ «No múltiplos de 2» $=$
$= \{1, 3, 5\}$

EJEMPLOS

9. En el experimento de lanzar un dado y anotar el resultado, indica:

   a) El espacio muestral $\rightarrow E = \{1, 2, 3, 4, 5, 6\}$

   b) Un suceso elemental $\rightarrow$ «Que salga 1» $= \{1\}$

   c) Un suceso compuesto $\rightarrow$ «Que salga un múltiplo de 2» $= \{2, 4, 6\}$

   d) Un suceso seguro $\rightarrow$ «Que salga un número menor que 7» $= E$

   e) Un suceso imposible $\rightarrow$ «Que salga 8» $= \varnothing$

10. Considera el experimento aleatorio que consiste en lanzar un dado numerado del 1 al 6. Expresa el suceso complementario del suceso:

    $A =$ «Obtener un número par»

    $A =$ «Obtener un número par» $= \{2, 4, 6\}$

    $\overline{A} =$ «No obtener un número par» $=$ «Obtener un número impar» $= \{1, 3, 5\}$

ACTIVIDADES

26 Escribe el espacio muestral de estos experimentos aleatorios.

   a) Anotar el color de una bola extraída de una urna en la que hay bolas rojas, azules y amarillas.

   b) Extraer una carta de la baraja española y anotar la carta extraída.

27 Indica un suceso compuesto, un suceso seguro y un suceso imposible en el experimento que consiste en elegir una letra de la palabra *ESTUDIANTE*.

28 **REFLEXIONA.** Dado el suceso $A = \{2, 4, 6, 8\}$, ¿puedes calcular su complementario? Calcúlalo si puedes o razona tu respuesta en caso contrario.

Cómo se determina el espacio muestral utilizando un diagrama de árbol

El **diagrama de árbol** es un gráfico utilizado para contar, como si fueran rutas o ramas de un árbol, los posibles resultados de un experimento aleatorio.

Marta tiene 2 pantalones de colores azul y verde, respectivamente, y 3 camisetas de colores rojo, azul y verde. Si escoge al azar unos pantalones y una camiseta, ¿cómo se puede vestir?

① Para construir el diagrama de árbol, fijamos la primera posibilidad de elección.

② Añadimos, a cada primera posibilidad de elección, el resto de posibilidades.

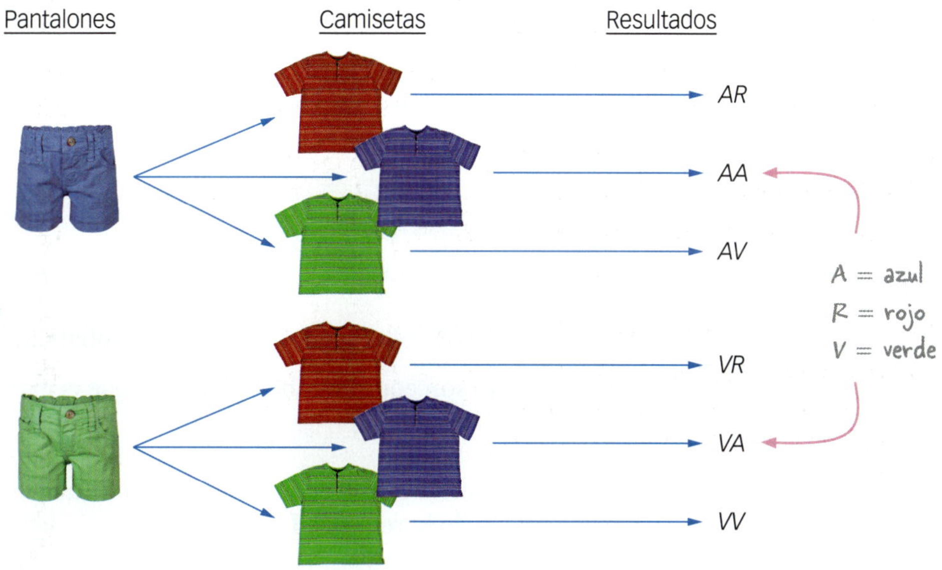

③ Determinamos el espacio muestral fijándonos en las ramas finales.

Si llamamos A = azul, R = rojo y V = verde, y consideramos que el primer elemento son los pantalones y el segundo la camiseta:

$E = \{AR, AA, AV, VR, VA, VV\}$ → Tiene 6 posibilidades diferentes para vestirse.

ACTIVIDADES

29 Se lanza una moneda cuatro veces. Representa en un diagrama de árbol los posibles resultados.

Indica el espacio muestral y los siguientes sucesos:

a) A = «No se obtiene ninguna cara»

b) B = «Se obtienen dos cruces»

c) C = «El segundo lanzamiento es cara»

¿Son sucesos elementales o compuestos?

30 Se extraen dos cartas de la baraja española y se anota el palo al que pertenecen. Dibuja el diagrama de árbol para este experimento y, a partir de él, escribe el espacio muestral.

31 En el menú diario de un restaurante se puede elegir entre dos primeros, tres segundos y tres postres. Utiliza un diagrama de árbol para representar esta situación. ¿Cuántas opciones puede elegir un comensal?

32 Realizamos el siguiente experimento aleatorio: primero lanzamos un dado y anotamos el número de su cara superior.

- Si el resultado es un número par, lanzamos una moneda y anotamos el resultado.
- Si es impar, volvemos a lanzar el dado y anotamos el número de su cara superior.

a) Indica todos los resultados posibles.

b) Determina el suceso «Que salga número par» en la segunda tirada.

7. Probabilidad de un suceso. Regla de Laplace

La **probabilidad**, *P*, de un suceso es un número entre 0 y 1 que indica el grado de posibilidad de que ocurra dicho suceso.

EJEMPLO

11. Para sortear un viaje se han vendido 500 papeletas.

a) Si una persona ha comprado las 500 papeletas, ¿cuál es la probabilidad de que le toque el viaje?

Si ha comprado todas las papeletas, es seguro que le tocará el viaje. $P(\text{Le toque el viaje}) = 1$

b) ¿Y si no ha comprado ninguna papeleta?

Si no tiene ninguna papeleta, es imposible que le toque. $P(\text{Le toque el viaje}) = 0$

Dos sucesos de un experimento aleatorio son **equiprobables** si tienen la misma probabilidad de ocurrir.

Si todos los sucesos elementales de un experimento son equiprobables, decimos que el **experimento** es **regular**.

En un experimento regular, la probabilidad de que ocurra un suceso A, $P(A)$, se puede calcular aplicando la **regla de Laplace**.

$$P(A) = \frac{\text{n.º de casos favorables al suceso } A}{\text{n.º de casos posibles}}$$

RETO

Mi vecino me ha dicho que tiene 2 hijos y me ha hablado de uno de ellos que es chico. ¿Cuál es la probabilidad de que sean los dos chicos?

EJEMPLO

12. Lanzamos un dado y anotamos el resultado. Calcula la probabilidad de estos sucesos.

A = «Obtener un múltiplo de 3» B = «Obtener un número menor o igual que 5»

Espacio muestral: $E = \{1, 2, 3, 4, 5, 6\}$

Los sucesos pedidos son: $A = \{3, 6\}$ $B = \{1, 2, 3, 4, 5\}$

Todos los números del dado tienen las mismas posibilidades de salir. Los sucesos elementales son equiprobables. Se puede aplicar la regla de Laplace.

a) $P(A) = \frac{\text{n.º de casos favorables}}{\text{n.º de casos posibles}} = \frac{2}{6} = \frac{1}{3}$ b) $P(B) = \frac{\text{n.º de casos favorables}}{\text{n.º de casos posibles}} = \frac{5}{6}$

ACTIVIDADES

33 En una bolsa hay 5 caramelos de fresa, 3 de limón y 1 de naranja.

a) ¿Cuál es la probabilidad de sacar un caramelo de limón? ¿Y de naranja?

b) ¿Cuál es la probabilidad de que no sea de fresa?

34 Para un sorteo se han vendido 1 000 papeletas. ¿Cuál es la probabilidad de que me toque si tengo 25 papeletas?

35 **REFLEXIONA.** Escribe un experimento aleatorio que no sea regular.

Cómo se calcula la probabilidad utilizando permutaciones

Cristina, Rubén y Julia echaron una carrera.
¿Cuál es la probabilidad de que Cristina acabase segunda?

> El producto de un número, n, por todos los números naturales menores que él se llama factorial de n y se escribe $n!$
>
> Este número coincide con las permutaciones de n elementos, es decir, el número de formas diferentes de ordenarlos.
>
> $3! = 3 \cdot 2 \cdot 1 = 6$

① **Hallamos los casos posibles.**

1.er puesto	2.º puesto	3.er puesto	Clasificación
En el 1.er puesto tenemos 3 posibilidades.	Fijado el 1.er puesto, quedan 2 corredores.	Fijado el 2.º puesto, solo queda 1 corredor.	
Cristina	Rubén	Julia	CRJ
	Julia	Rubén	CJR
Rubén	Cristina	Julia	RCJ
	Julia	Cristina	RJC
Julia	Cristina	Rubén	JCR
	Rubén	Cristina	JRC

② **Hallamos el número de casos posibles y casos favorables.**

Casos posibles $= 3 \cdot 2 \cdot 1 = 6$ *También se puede escribir $3! = 6$, son las permutaciones de 3 elementos.*

Casos favorables $= 2$ *Cristina acaba segunda si la clasificación es RCJ o JCR.*

③ **Aplicamos la regla de Laplace.** $P(2.^a\ C) = \dfrac{\text{Casos favorables}}{\text{Casos posibles}} = \dfrac{2}{6} = 0,\hat{3}$

ACTIVIDADES

36 En una carrera participan 5 amigos. ¿Cuántas clasificaciones posibles existen?

37 Raquel quiere crear una clave de 9 dígitos para bloquear su móvil utilizando todas las cifras del 1 al 9. ¿De cuántas formas puede hacerlo?

38 Santiago tiene que hacer los deberes de Lengua, Matemáticas, Francés e Historia durante una tarde.

a) ¿De cuántas maneras puede organizarse las asignaturas?

b) Si ya ha hecho los deberes de Francés, ¿de cuántas formas puede organizarse el resto de las asignaturas? Represéntalas mediante un diagrama de árbol.

39 Cristóbal, Andrés y Sofía van a pagar a la caja del supermercado.

a) ¿De cuántas maneras se pueden colocar en la cola? Represéntalas mediante un diagrama de árbol.

b) ¿Cuál es la probabilidad de que Sofía se coloque primero?

c) ¿Cuál es la probabilidad de que Andrés no sea el último?

40 Escribimos las letras O, N, U en tres papelitos y los metemos en una bolsa. Calcula la probabilidad de que, sacando uno a uno los papelitos de la bolsa, se forme, en orden de salida, la palabra UNO.

ACTIVIDADES FINALES

1. Distingue población, muestra y los diferentes tipos de variables

ACTIVIDADES FLASH

41 Clasifica estas variables en cualitativas, cuantitativas discretas o cualitativas continuas. Indica la población y una muestra, y di si para realizar un estudio estadístico sería mejor estudiar una muestra o toda la población.

a) Marca de teléfono móvil de tus amigos.

b) N.º de hermanos de los estudiantes de tu centro.

c) Peso de las personas de tu familia.

d) Horas que duermen las personas de tu localidad.

e) N.º de ascensores de los hoteles de Sevilla.

f) Lugar de nacimiento de las personas que asisten a un congreso.

g) Calificación en un examen de Matemáticas de los estudiantes de tu clase.

h) N.º de wasaps que escribes en un día.

42 Razona si es verdadero o falso.

a) El tamaño de una muestra puede ser mayor que el número de individuos de la población.

b) El tamaño de una muestra puede ser menor que el número de individuos de una población.

c) El tamaño de una muestra y de la población siempre deben coincidir.

43 **INVENTA.** Obtén información sobre los deportes que practican los estudiantes de tu centro. Determina una muestra representativa.

44 **RETO.** En un centro escolar hay 100 estudiantes de 1.º ESO, 80 de 2.º, 70 de 3.º y 50 de 4.º. Se quiere tomar una muestra representativa de 60 estudiantes del centro para hacerles una prueba psicotécnica. ¿Cuántos estudiantes habrá que tomar de cada curso?

45 **MATEMÁTICAS Y... CIENCIAS SOCIALES.** Según el Instituto Galego de Estatística, los habitantes que viven en cada provincia gallega son 1 119 596 en A Coruña, 329 587 en Lugo, 307 651 en Ourense y 942 665 en Pontevedra. Si queremos entrevistar a 600 personas para saber su opinión sobre los servicios públicos de la comunidad, ¿a cuántos habitantes de cada provincia tendremos que preguntar?

2. Elabora tablas de frecuencias y construye gráficos estadísticos

46 Copia y completa en tu cuaderno esta tabla de frecuencias que representa el número de horas semanales que un grupo de personas hace deporte.

Datos	f_i	h_i	F_i	Porcentaje
3	3	0,15		
5		0,2		
7				
9		0,3		
12	5			

a) ¿A cuántas personas se ha preguntado?

b) ¿Cuánto vale f_4? ¿Y F_3? ¿Qué significa?

47 Estas son las calificaciones en Matemáticas de 50 estudiantes de 3.º ESO.

5	2	4	9	7	4	5	6	5	7
7	5	5	2	10	5	6	5	4	5
8	8	4	0	8	4	8	6	6	3
6	7	6	6	7	6	7	3	5	6
9	6	1	4	6	3	5	5	6	7

a) Elabora una tabla con los datos agrupados en 4 clases, su marca de clase, sus frecuencias absolutas, relativas y acumuladas, y sus porcentajes.

b) ¿Cuántos estudiantes han suspendido?

c) ¿Cuál es el porcentaje de estudiantes suspensos? ¿Y de aprobados?

d) Haz ahora una tabla de frecuencias que muestre el porcentaje de suspensos, el de estudiantes que han sacado suficiente, bien, notable y sobresaliente.

48 Estas son las velocidades, en km/h, a las que circulaban 80 coches a los que se les hizo un control de velocidad en un tramo de autovía.

Velocidad (km/h)	80-90	90-100	100-110	110-120
Porcentaje de coches	15 %	20 %	35 %	30 %

a) Elabora una tabla de frecuencias.

b) Representa la tabla mediante un histograma y su polígono de frecuencias.

49 **MATEMÁTICAS Y... REDES SOCIALES.** La tabla muestra los 4 canales con más suscriptores en YouTube en 2020, indicando el país, el idioma y con cada total redondeado al millón.

Nombre del canal	País del canal	Idioma principal	Número de suscriptores
T-Series	India	Hindi	135 000 000
PewDiePie	Suecia	Inglés	104 000 000
Cocomelon-Nursery	Estados Unidos	Inglés	78 100 000
SET India	India	Hindi	69 200 000

Representa los datos con un gráfico adecuado.

50 **MATEMÁTICAS Y... CIENCIAS SOCIALES.** Esta es la distribución del gasto de una familia española.

Alimentación y vestido	20,7 %
Vivienda	35,3 %
Transporte y comunicaciones	15,9 %
Ocio y cultura	15,4 %
Otros	12,7 %

a) Representa los datos con un gráfico adecuado.

b) La renta media anual de una familia española es 25 072 €, ¿cuánto dinero dedicará a cada concepto?

51 **INVESTIGA.** Formad grupos de 5 personas. Aportad cada uno una factura de agua y haced un estudio estadístico completo. Indicad las variables estadísticas, haced gráficos, tablas de frecuencias, etc. Después, comparadlo con los de los otros grupos.

3. Calcula e interpreta las medidas de posición y dispersión

ACTIVIDADES FLASH

52 Observa la tabla y contesta.

x_i	1	2	3	4	5
f_i	12	8	5	3	2

a) ¿Qué será mayor: la media o la moda?

b) ¿Qué será mayor: la moda o la mediana?

c) ¿Será la media un valor próximo a 5?

53 Los salarios mensuales de las 5 personas que trabajan en un almacén son estos:

Director del almacén .... 3 962 €
Encargado de almacén .... 1 851 €
Operario especializado .... 1 489 €
Operario .... 1 326 €
Aprendiz .... 1 142 €

a) Calcula el sueldo medio de los empleados del almacén.

b) Calcula la mediana.

c) ¿Qué medida representa mejor los 5 salarios? ¿Por qué?

54 Este es el color de los coches que se han vendido en un concesionario durante el último año.

Blanco: 20	Rojo: 42	Gris: 16
Azul: 35	Verde: 18	Otros: 19

¿Se puede calcular la media, la mediana y la moda de estos datos? ¿Qué representarían cada una de ellas? Halla las medidas que se puedan calcular.

Cómo se calcula la media de un grupo de datos desconocidos

55 La media de 9 datos es 5. Si le añadimos un dato más, la media es 6. ¿Qué nuevo dato hemos añadido?

PRIMERO. Se calcula la suma de los datos iniciales.

$$\overline{x} = \frac{\text{Suma datos}}{9} = 5$$

$$\text{Suma datos} = 5 \cdot 9 = 45$$

SEGUNDO. Se añaden los nuevos datos a la nueva media y se calculan los datos desconocidos.

Si llamamos *a* al nuevo dato:

$$\overline{x} = \frac{\text{Suma datos} + a}{10} = 6$$

$$a = 6 \cdot 10 - \text{Suma datos} = 60 - 45 = 15$$

56 **INVENTA.** Dados los datos:

25 8 7 9 12 10 21 12

a) Añade un dato que haga que la media siga siendo la misma. ¿Qué les pasa a la mediana y a la moda?

b) ¿Puedes añadir un dato más y que la mediana siga siendo la misma? ¿Y dos datos?

c) ¿Puedes añadir un dato más y que la moda siga siendo la misma? ¿Y para que cambie?

57 Los siguientes datos: 10, 17, a, 19, 21, b, 25, tienen como media, mediana y moda 19. ¿Cuánto valen a y b?

58 **INVENTA.** Escribe 8 datos que tengan como media, mediana y moda 12. Multiplica todos los datos por 2, ¿Qué relación tienen la nueva media, mediana y moda con las anteriores?

59 **INVESTIGA.** En una lista de 7 números, si tomamos los cuatro primeros, su media es 5; si tomamos los últimos cuatro, su media vale 8. Si la media de todos los números es $\frac{46}{7}$, ¿cuál es el número que ocupa la cuarta posición?

60 **RETO.** La media de las edades de las personas que asisten a una fiesta coincide con el número de personas que hay. Entra en la fiesta una persona de 29 años y vuelve a coincidir la edad media con el número de personas. ¿Cuántas personas había al principio?

61 Estas son las estaturas de los 32 estudiantes de 3.º ESO:

1,75	1,68	1,92	1,71	1,66	1,75	1,67	1,77
1,59	1,91	1,69	1,64	1,72	1,62	1,81	1,89
1,66	1,73	1,74	1,69	1,90	1,60	1,72	1,68
1,78	1,70	1,67	1,69	1,75	1,68	1,72	1,76

a) Agrupa en clases estos datos.

b) Calcula e interpreta sus medidas de centralización, de posición y de dispersión.

62 Estos son los resultados de una prueba de cálculo mental y una prueba de psicomotricidad que se ha hecho a 28 estudiantes de Primaria.

Puntuación	Cálculo mental	Psicomotricidad
[10, 20)	2	1
[20, 30)	8	7
[30, 40)	11	9
[40, 50)	4	5
[50, 60)	2	4
[60, 70)	1	2

a) ¿En qué prueba han obtenido mayor puntuación media?

b) ¿Hasta qué nota han llegado la mitad de los estudiantes con menor puntuación? ¿Y la cuarta parte?

c) ¿Qué prueba ha tenido mayor dispersión de puntuaciones? ¿Por qué?

63 Este es el gráfico relativo al número de kilómetros semanales que realizan los trabajadores de una empresa desde su domicilio hasta su trabajo.

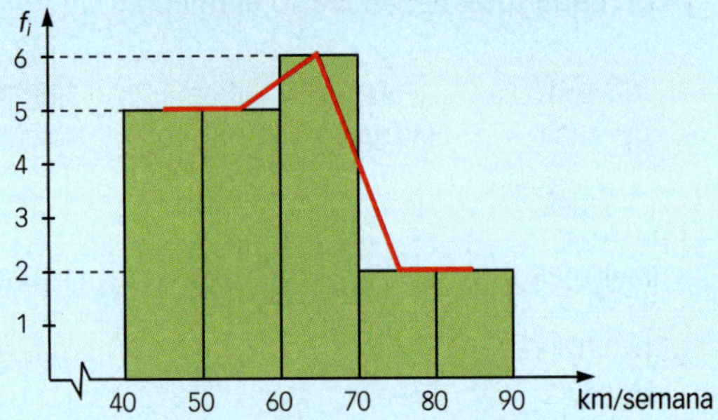

a) ¿Cuántos se desplazan menos de 80 km semanales?

b) ¿Cuántos kilómetros recorren por término medio?

c) Calcula la mediana e interprétala.

d) ¿Cuántos kilómetros recorren las tres cuartas partes de los trabajadores?

e) Dibuja su diagrama de cajas e interprétalo.

64 **INVESTIGA.** Un grupo de estudiantes pone dinero para hacer una merienda.

a) Si por término medio han puesto 5 € y la desviación típica ha sido 2 €, ¿aportan todos el mismo dinero?

b) ¿Y si la media es 5 € y la desviación típica es 0?

65 **INVENTA.** Escribe un grupo de datos.

a) Cuya media sea mayor que su mediana.

b) Cuya mediana sea mayor que su media.

c) ¿Puede ser mayor la desviación media que la media?

4. Interpreta información estadística recogida de diferentes medios

66 **MATEMÁTICAS Y... CIENCIAS SOCIALES.** Esta es la evolución de la población española durante la segunda mitad del siglo XX.

Año	Habitantes
1950	28 172 268
1960	30 776 935
1970	34 041 531
1980	37 682 355
1990	38 872 268
2000	40 665 545

a) Elige el tipo de gráfica que creas más adecuado para estos datos y represéntalos.

b) ¿Cuál fue la población media de España durante la segunda mitad del siglo XX?

67 **MATEMÁTICAS Y… COMUNICACIONES.** En esta tabla se muestra el número de personas que vivían en localidades en las que no había acceso a internet en Galicia en 2022.

Provincia	Sin acceso a internet	Población total
A Coruña	190795	1121484
Lugo	63470	331507
Ourense	81548	309293
Pontevedra	149315	940927

a) ¿Qué porcentaje, del total de los habitantes de Galicia, no tienen acceso a internet en cada provincia? Haz un diagrama de sectores con estos datos.

b) ¿Qué porcentaje de los habitantes de cada provincia no tienen acceso a internet? ¿Puedes representar estos datos en un único diagrama de sectores? ¿Qué gráfico utilizarías para representarlos?

68 Calcula e interpreta las medidas de centralización y las de dispersión para los siguientes datos.

Estatura (cm)	N.° de alumnos
[140, 150)	25
[150, 160)	43
[160, 170)	50
[170, 180)	38
[180, 190)	24

69 **MATEMÁTICAS E… IGUALDAD DE GÉNERO.** Se hizo una encuesta sobre las horas que dedican al día a las tareas del hogar 2400 chicas y 2400 chicos entre 16 y 22 años.

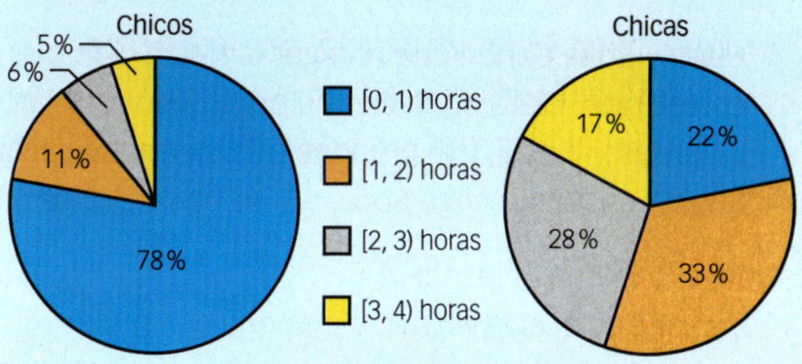

a) ¿Cuántas horas de media dedican los chicos a labores domésticas? ¿Y las chicas?

b) ¿Cuántas horas como máximo emplean la mitad de las chicas que dedican menos horas a esas labores?

c) ¿Cuántas horas dedican la mayor parte de los chicos?

d) Dibuja un diagrama de caja y bigotes para ambas gráficas e interprétalo.

70 **INVESTIGA.** Un equipo de baloncesto tiene que elegir entre dos jugadoras que, en los últimos partidos, han anotado estos puntos.

Jugadora *A*	16	14	13	13	14
Jugadora *B*	25	10	8	6	21

Calcula la media y la desviación típica de cada jugadora y razona cuál elegirías.

71 **MATEMÁTICAS Y… VIDEOJUEGOS.** En un videojuego aparecen los siguientes personajes.

Nombre	Puntos combate	Ataque	Defensa	Vida
Ortagón	5441	319	201	300
Dodecono	3644	257	248	160
Cubotrón	3532	277	168	190
Tricofante	3004	198	314	140
Ciprisco	2964	237	220	136

Haz un estudio estadístico de estos personajes y selecciona el que te parece mejor para el juego. Después, exponle a tu compañero tus conclusiones y valora el personaje que él ha elegido.

5. Identifica los experimentos aleatorios

ACTIVIDADES FLASH

72 Evalúa si estos experimentos son aleatorios. Si lo son, determina su espacio muestral y pon un ejemplo de suceso compuesto, suceso seguro y suceso imposible.

a) Preguntar a un estudiante un número de dos cifras.

b) Anotar el color de una bola que sacamos de una urna que contiene 6 bolas azules.

c) Tirar un dado de 6 caras y anotar las veces que sale un número superior a 6.

d) Lanzar 20 veces una moneda al aire y anotar las veces que cae de canto.

e) Medir la altura del edificio situado en el número 1 de cada calle.

f) Averiguar el número de goles de un partido de fútbol.

g) Anotar el color de ojos de la primera persona con la que te cruzas en la calle.

73 Determina el espacio muestral de estos sucesos.

a) Elegir, con los ojos tapados, una ficha de un dominó.

b) Abrir al azar un libro de 300 páginas y anotar el número de la página de la izquierda.

c) Lanzar dos dados y sumar los puntos obtenidos.

74 **INVENTA.** Propón un experimento. Determina unas condiciones para que el experimento sea aleatorio y otras para que no lo sea.

75 Utiliza un diagrama de árbol para determinar el espacio muestral.

a) Se lanzan tres monedas y se observa el número de caras.

b) Se lanzan dos dados, uno rojo y otro verde, y se restan los puntos del dado verde menos los del rojo.

c) Se lanza una moneda. Si sale cara se lanza un dado y si sale cruz se extrae una bola de una bolsa con una bola roja, otra verde y una azul y se anota su color.

76 Tenemos tres tarjetas: una negra, otra roja y otra blanca. ¿Cuántas secuencias diferentes se pueden formar? ¿Y si tenemos 2 negras, una roja y otra blanca?

6. Asigna probabilidades a sucesos en experimentos aleatorios

77 Considera el experimento que consiste en extraer una tarjeta de una urna que contiene tarjetas numeradas del 1 al 10. Calcula la probabilidad de estos sucesos.

a) «Que salga una tarjeta con un número mayor que 8».

b) «Que salga una tarjeta con un número divisible entre 3».

c) «Que salga una tarjeta con el número 0».

d) «Que salga una tarjeta con un número menor que 11».

78 Extraemos una bola de una bolsa en la que hay 3 bolas negras, 2 rojas y 1 verde. Calcula la probabilidad de estos sucesos.

a) «Que salga bola negra».

b) «Que salga bola negra o roja».

c) «Que no salga bola roja».

d) «Que no salga bola negra ni roja».

79 **INVESTIGA.** ¿Cuál es la probabilidad de que, al abrir al azar un libro que tiene 96 páginas, la página de la izquierda sea un número par?

80 **MATEMÁTICAS Y... JUEGOS DE AZAR.** La ruleta es un juego que utiliza un plato giratorio horizontal con 37 huecos en los que puede caer la bola. En cada hueco hay escrito un número, del 0 al 36, que está pintado de color rojo o negro, excepto el 0, que está pintado de color verde. Se pueden hacer estas apuestas:

Apuestas simples	Apuestas múltiples
– Número rojo – Número negro – Número par – Número impar – Alto: número del 1 al 18 – Bajo: número del 19 al 36	– Apuesta a un único número. – A caballo: apuesta a dos números consecutivos. – Columna: apuesta a una columna del tablero, 12 números.

Calcula la probabilidad de ganar en cada apuesta.

81 En la familia de Raúl juegan al amigo invisible en Navidad. Para sortear quién hace el regalo a quién, escriben el nombre de cada uno en un papelito y van extrayendo papeles. Raúl tiene dos hermanas y han jugado 15 familiares en total.

a) ¿Cuál es la probabilidad de que le toque hacerle el regalo a una de sus hermanas?

b) ¿Cuál es la probabilidad de que el papel que se extrae no tenga su nombre?

7. Toma decisiones teniendo en cuenta las probabilidades

82 GEOGEBRA Clara y Sofía tienen que recoger la habitación que comparten. Clara pone en una bolsa 3 bolas rojas, 2 verdes y 1 azul, y le propone a su hermana sacar una. Si es roja, recoge Sofía, y si es azul, recoge ella.

a) ¿Es justo lo que propone Clara?

b) Sofía no acepta el trato y propone que si sale roja recogerá ella, y si sale azul o verde, recogerá Clara. ¿Es justo este trato? ¿Por qué?

83 **JUEGO.** Organizaos en grupos de 6 personas. Por orden, elegid un número del 1 al 12 sin repetir números. Después, lanzad dos dados y sumad sus puntos. Si algún participante ha elegido el número resultante obtiene 1 punto. Gana el jugador que primero llega a los 10 puntos.

84 **INVESTIGA.** Tenemos un tapete rectangular y en su interior hay un paralelogramo que se forma uniendo el punto medio de sus lados. Si lanzamos una canica, ¿en qué zona es más probable que caiga?

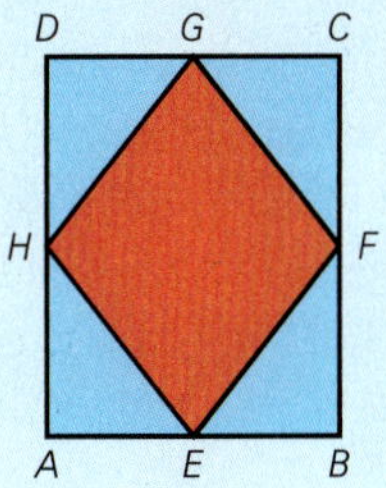

85 **RETO.** Dos jugadores de baloncesto tienen un porcentaje de acierto del 50 % en los tiros libres. Disputan un duelo alternando los tiros hasta que uno de ellos enceste. ¿Tienen los dos la misma probabilidad de ganar?

86 **MATEMÁTICAS Y... TELÉFONOS MÓVILES.** El PIN de un teléfono tiene cuatro dígitos y hay tres oportunidades de acertar antes de que se bloquee.

a) Si lo has olvidado, ¿qué probabilidad tienes de no bloquearlo?

b) Probabilísticamente, ¿es lo mismo olvidar las dos primeras cifras que las dos últimas?

c) Si solo dudas en una cifra, ¿qué probabilidad tienes de que se bloquee?

FAKE NEWS

La mortalidad por infarto varía un 50 % entre comunidades

MORTALIDAD INTRAHOSPITALARIA

Los cardiólogos culpan de la diferencia a la organización de los servicios

En la Comunidad Valenciana, con una incidencia de infartos durante el año pasado del 2,36 por cada 100 000 habitantes, falleció un 9,57 % de las personas afectadas. Mientras que en Navarra, con un 18,61 de afectados por cada 100 000 habitantes, lo hizo el 6,06 %. Esta diferencia de más de un 50 % ha sido puesta de manifiesto en un trabajo que se presentó ayer en la Semana del Corazón celebrada en Toledo.

Y tú, ¿qué opinas?

PROBLEMAS APARENTEMENTE DISTINTOS

87 Calcula la media y la mediana del conjunto de datos representados en este histograma.

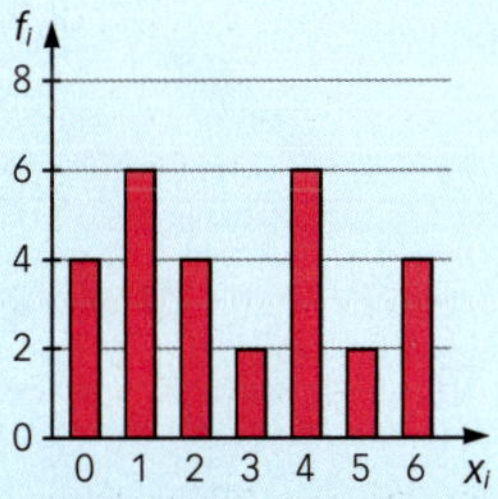

88 Este gráfico muestra las horas semanales que juegan con videojuegos los estudiantes de 3.º ESO.

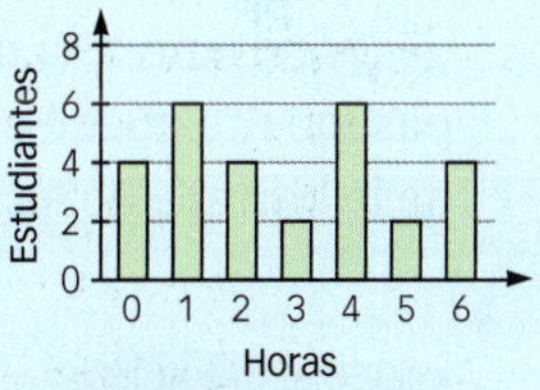

Nina juega 3 horas a la semana. ¿Por término medio juega más que los demás? ¿Es de la mitad de los estudiantes que juegan menos horas?

89 Halla la media y la desviación típica de estos datos.

x_i	[5, 25)	[25, 45)	[45, 65)	[65, 85)
f_i	12	8	21	2

90 En una tienda 12 personas pagaron entre 5 y 25 €, 8 entre 25 y 45 €, 21 entre 45 y 65 € y 2 entre 65 y 85 €. ¿Cuánto gastaron de media? ¿Cuál es la desviación típica de ese gasto?

91 En una urna tenemos 7 bolas de color amarillo y 9 de color verde. Si extraemos una bola al azar, ¿cuál es la probabilidad de que la bola sea amarilla? ¿Y la probabilidad de que no sea amarilla?

92 El temario de una oposición convocada por el ayuntamiento está formado por 16 temas. El día del examen se elige un tema al azar y se expone ante el tribunal. Pablo ha estudiado 7 temas, ¿cuál es la probabilidad de que sepa el tema? ¿Y de que no lo sepa?

¡Había una vez un patito chiquitito!

¡Ya huele a fiesta! Hoy comienzan las fiestas del barrio y lo voy a pasar genial con la gente de la pandilla.

Desde hace unos días van llegando los camiones y caravanas de los feriantes, la mayoría de ellos repiten año tras año. El año pasado me quedé con ganas de conseguir el peluche gigante de la barraca de los patitos de la suerte.

Los patitos de la suerte

¡Todos ganan, nadie pierde en los patitos de la suerte!

¡Atrapa tu patito
y mira el numerito,
devuelve el patito
y llévate el regalito!

Canjea tu suerte

Listado de premios

1 Paquete de chuches
2 Bolsa sorpresa
3 Juguete pequeño
4 Juguete grande
5 Peluche gigante

1 ¿En qué consiste el juego?

Se trata de pescar uno de los patitos de goma que, en gran cantidad, flotan en una especie de piscina circular. Una vez pescado se mira el número que lleva grabado por debajo y se devuelve al estanque para que los siguientes jugadores pesquen el suyo. Los patitos tienen números del 1 al 5.

- La acción de pescar un patito y mirar el número que lleva grabado por debajo, ¿es un experimento aleatorio? ¿Es un experimento regular? ¿Qué condiciones debe cumplir para que sea un experimento regular?
- Describe el espacio muestral de este experimento.
- Di dos sucesos elementales y dos sucesos compuestos.
- ¿Cuál es el suceso que permite ganar un juguete? ¿Y el que hace ganar el peluche gigante?

2 La experiencia importa

Número	1	2	3	4	5	Total
N.º de veces	1201	489	198	102	10	2000

Ganar el peluche gigante es bastante difícil. El año pasado, mis amigos y yo nos turnamos durante toda la feria para anotar los números que le salían a la gente que jugaba y ganaba premios. Con todos los datos hicimos esta tabla.

- ¿Qué es más probable: que te toque un juguete o un paquete de chuches? ¿Es un experimento regular?
- ¿Cuál es la probabilidad de obtener cada premio?

3 Mejor vamos a lo seguro

Este año nos hemos hecho amigos del hijo del feriante y nos ha dicho que ganar el peluche gigante es muy difícil, de hecho dice que solo hay un patito que lleva el 5. Hemos seguido preguntando y de los 200 patitos que nadan en el estanque 120 llevan el 1, 50 llevan el 2 y 20 llevan el 3.

- ¿Cuál es la probabilidad de que al pescar un patito tenga el 4?
- ¿Y la probabilidad de obtener el peluche gigante?
- ¿Se corresponde esto con los datos que tomamos el año pasado? ¿Por qué crees que ocurre esto?

RESUMEN DE UNIDAD

GRÁFICOS ESTADÍSTICOS

Diagrama de barras

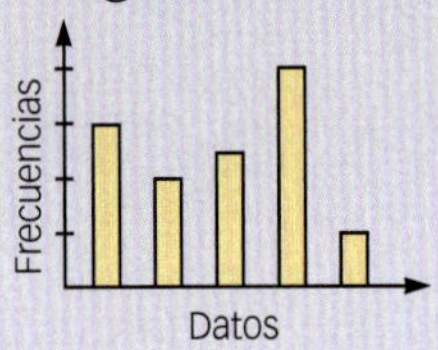

Histograma

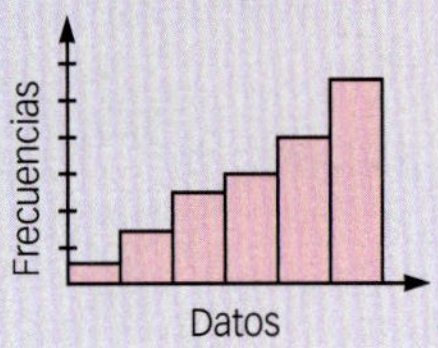

Polígono de frecuencias

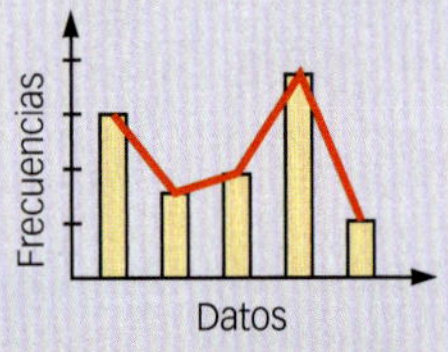

Diagrama de sectores

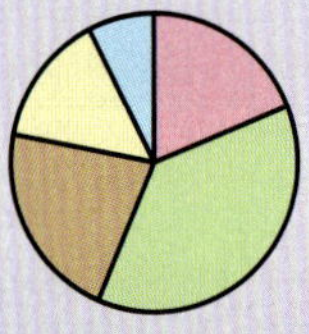

TABLA DE FRECUENCIAS

Intervalos o clases

Intervalo	x_i	f_i	F_i	h_i	H_i
[35, 40)	37,5	6	6	0,3	0,3
[40, 45)	42,5	3	9	0,15	0,45
[45, 50)	47,5	5	14	0,25	0,7
[50, 55)	52,5	3	17	0,15	0,85
[55, 60)	57,5	3	20	0,15	1
		20		1	

MEDIDAS DE CENTRALIZACIÓN Y POSICIÓN

Media: $\overline{x} = \dfrac{\sum f_i \cdot x_i}{n}$ Mediana: *Me*

Moda: *Mo* Cuartiles: Q_1, Q_2, Q_3

MEDIDAS DE DISPERSIÓN

$DM = \dfrac{\sum f_i \cdot |x_i - \overline{x}|}{N}$ $\sigma = \sqrt{\dfrac{\sum f_i \cdot (x_i - \overline{x})^2}{N}}$

$\sigma^2 = \dfrac{\sum f_i \cdot (x_i - \overline{x})^2}{N}$ $CV = \dfrac{\sigma}{\overline{x}}$ $R = Máx. - Mín.$

EXPERIMENTOS ALEATORIOS

Espacio muestral
$E = \{1, 2, 3, 4, 5, 6\}$

Suceso elemental {5}

Suceso elemental {1}

Suceso elemental {3}

REGLA DE LAPLACE

$$P(A) = \frac{\text{Número de casos favorables al suceso } A}{\text{Número de casos posibles}}$$

$0 \leq P(A) \leq 1$ $P(E) = 1$ $P(\emptyset) = 0$

AUTOEVALUACIÓN

1. Distingue población, muestra y los diferentes tipos de variables

1 Selecciona la variable cuantitativa discreta.

a) Edad. b) Color de ojos. c) Estatura.

2. Elabora tablas de frecuencias y construye gráficos estadísticos

2 En un edificio hay 90 vecinos. Se han recopilado los datos sobre el número de mascotas de cada vecino. ¿Cuántos vecinos tienen 2 mascotas?

a) 5 b) 10 c) 20 d) 45

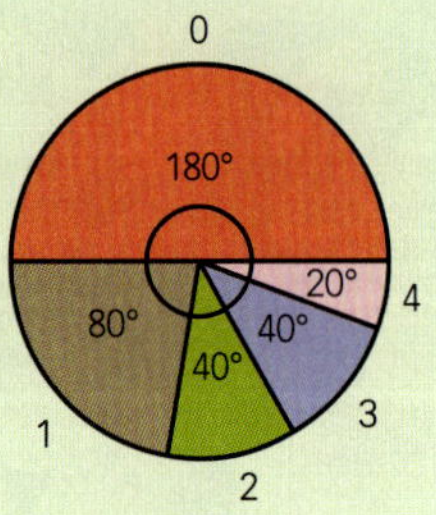

3. Calcula e interpreta las medidas de posición y dispersión

3 Calcula la desviación típica de 5, 4, 3, 2, 4.

a) 1,02 b) 1,04 c) 3 d) 3,6

4. Interpreta información estadística recogida de diferentes medios

4 ¿Cuál es la nota media de los estudiantes?

Nota	2	5	7	8	10
N.º alumnos	1	4	8	5	2

a) 6,375
b) 6,68
c) 6,9

5. Identifica y asigna probabilidades a los sucesos de experimentos aleatorios y toma decisiones

5 Al lanzar un dado, ¿cuál es la probabilidad de obtener un divisor de 4?

a) 0 b) 0,25 c) 0,5 d) 1

VALORA TU APRENDIZAJE

- ¿Utilizas las matemáticas en otras materias?
- ¿Te gusta realizar las tareas dentro del grupo?

SOLUCIONES
de las autoevaluaciones

UNIDAD 1

1. b)
2. a)
3. b)
4. b)
5. a)
6. b)

UNIDAD 2

1. c)
2. b)
3. a)
4. c)
5. a)
6. b)
7. d)
8. b)
9. b)
10. c)

UNIDAD 3

1. d)
2. a)
3. d)
4. a)
5. c)
6. b)
7. c)
8. b)
9. b)
10. a)
11. c)
12. a)
13. c)

UNIDAD 4

1. c)
2. b)
3. b)
4. c)
5. a)
6. c)
7. b)
8. a)
9. a)
10. c)

UNIDAD 5

1. c)
2. b)
3. b)
4. c)
5. c)
6. a)
7. b)
8. c)
9. a)

UNIDAD 6

1. b)
2. a)
3. c)
4. b)
5. b)
6. c)
7. b)
8. b)

UNIDAD 7

1. c)
2. d)
3. c)
4. b)
5. c)
6. c)

UNIDAD 8

1. a)
2. d)
3. a)
4. b)
5. b)
6. d)

UNIDAD 9

1. c)
2. c)
3. b)
4. c)
5. c)
6. a)

UNIDAD 10

1. d)
2. c)
3. b)
4. c)
5. b)

UNIDAD 11

1. b)
2. c)
3. d)
4. d)
5. b)
6. a)
7. a)

UNIDAD 12

1. a)
2. b)
3. a)
4. c)
5. c)